“十四五”时期国家重点出版物出版专项规划项目

量子信息前沿丛书

量子计算导论

(上册)

Introduction to Quantum Computation

(Volume 1)

韩永建　郭光灿　著

科学出版社

北　京

内 容 简 介

本书全面而系统地介绍了量子计算领域的基本理论、核心概念、关键方法和重要结论，并兼顾近期的前沿进展。本书内容主要包括：经典和量子计算的复杂性理论、计算复杂度与物理理论间的关系；基本量子算法；不同量子计算模型及其与量子线路模型的等价；基于离子阱系统、超导系统及光学系统的量子计算的物理实现；量子纠错码与容错量子计算。本书既突出了每个章节的逻辑完整性，也强调了不同章节间内容上的联系，保证了量子计算学科的完整性和自洽性。本书中的重要结论都给出了详尽的证明，使读者不仅能学到量子计算的相关知识，也能学到解决这类问题所需的典型技能，有能力解决未来科研中遇到的新问题。

本书可供量子科学与技术专业、物理专业及计算机专业的高年级本科生、研究生、大学教师和量子计算相关科技工作者阅读和参考。

图书在版编目（CIP）数据

量子计算导论：全 2 册/韩永建，郭光灿著. —北京：科学出版社，2023.10
（量子信息前沿丛书）
ISBN 978-7-03-076640-3

Ⅰ. ①量… Ⅱ. ①韩… ②郭… Ⅲ. ①量子计算机 Ⅳ. ①TP385

中国国家版本馆 CIP 数据核字 (2023) 第 196083 号

责任编辑：钱 俊 李香叶 / 责任校对：彭珍珍
责任印制：张 伟 / 封面设计：无极书装

科 学 出 版 社 出版
北京东黄城根北街 16 号
邮政编码：100717
http://www.sciencep.com
北京建宏印刷有限公司印刷
科学出版社发行 各地新华书店经销
*
2023 年 10 月第 一 版 开本：720 × 1000 1/16
2024 年 7 月第二次印刷 印张：55
字数：1 109 000
定价：228.00 元（上下册）
（如有印装质量问题，我社负责调换）

“量子信息前沿丛书”编委会名单

“量子信息前沿丛书”序言

量子力学与相对论一起构成现代物理学的两大支柱。与相对论不同，基于量子力学理论已经产生了一系列对人类社会具有深远影响的技术，而这些技术已经潜移默化地改变了我们的生活。

基于量子力学的技术可以分为两大类：一类是基于量子系统能谱的技术，而另一类是基于量子系统量子态的技术。在 20 世纪 80 年代以前，人们主要研究基于前者的量子技术，并已经产生了以激光和半导体为代表的一系列新技术，这些技术的影响已经深入到我们生活的方方面面。可以毫不夸张地说，量子技术已经改变了人类的思维和生活方式。从 20 世纪 80 年代起，科学家们开始研究基于量子态操控的量子信息技术，近年来量子信息技术已经成为最前沿的颠覆性技术，它对人类社会和技术的影响深度和广度都将不亚于基于量子能谱的技术对人类的影响。探索基于量子态操控的技术极限是二次量子革命的重要课题，基于此已经产生了量子计算与模拟、量子密钥分配与量子通信、量子传感与量子精密测量等一系列颠覆性技术：利用量子态的叠加特性、量子演化的幺正性以及量子测量的离散特性，以实现普适、容错量子计算为终极目标，量子计算在大数因式分解（Shor 算法）等关键问题上相对于经典计算有指数级加速；基于量子纠缠和不可克隆定理，量子密钥分配可实现信息传输原理上的绝对安全，是解决后量子时代信息安全的有力武器，是信息传输的安全盾；基于量子纠缠及量子态对环境的敏感性，利用量子态可实现超越经典极限的精密测量。

国际量子信息技术研究兴起于 20 世纪 80 年代，特别是 1982 年费曼提出利用量子系统模拟量子多体系统以后。Ekert 码和 BB84 码是量子密钥分发系统以及量子通信发展的关键性事件；而 Shor 算法和 Grover 算法的发现是量子计算引起广泛关注的里程碑。随着量子密钥分配在百公里级的实用化，量子密钥分配已经逐渐走出实验室，进入产业化和商业化。在量子计算方面，Google 的悬铃木已在量子随机线路采样中实现了量子计算相对于经典计算的优越性，各种量子计算在不同领域的应用也在蓬勃发展，实现普适容错的量子计算是下一个关键目标。进入 21 世纪 20 年代，在量子力学建立即将 100 年之际，量子信息技术已经发展成为颠覆性技术的前沿和各国政府及商业公司必争的高地。

我国的量子信息研究起源于 20 世纪 80—90 年代，与国际量子信息研究并没有明显的代差。本人在 20 世纪 80 年代就开始量子光学的研究，在 90 年代率先进行量子信息方面的研究，并迅速通过量子避错码以及概率性量子克隆的发现使研究团队成为国际量子信息研究的重要组成部分，成为中国量子信息研究的主要发源地。2001 年中国科学院量子信息重点实验室（其前身为 1999 年成立的中国科学院量子通信与量子计算开放实验室）的成立是我国量子信息研究的重要转折点：它不仅是我国量子信息领域的第一个省部级重点实验室，更重要的是，以此实验室为依托，本人作为首席科学家承担了我国量子信息领域的首个 973 项目（量子通信与量子信息技术），这为我国量子信息科学的研究奠定了基础，并为此领域培养了重要的科研骨干。中国科学院量子信息重点实验室的研究领域涵盖量子信息科学的主要方向并取得了一系列重要成果，包括对量子信息基础理论进行系统研究；2002 年首次实现了国内 6.4 公里的光纤密钥分配，2005 年率先实现北京和天津之间、国际最长的实用光纤量子密钥分配，率先实现量子路由器，实现芜湖政务网等关键技术的突破；实验室在 2005 年开始布局量子计算方向的研究，已建立基于量子点的量子计算系统和基于离子阱的量子计算系统，并已实现量子计算方面的关键突破；实验室也开展了基于金刚石 NV 中心的量子精密测量研究。

在进行量子信息科学研究的同时，实验室研究人员在中国科学技术大学率先开展了量子信息科学的教学工作。从 1998 年开始组织“量子信息导论”的本硕贯通课程，并不断完善课程内容和组织方式，教学至今已超过 20 年。鉴于量子科学与技术已经成为我国重要的科技创新方向，而量子科学与技术也已经成为我国高等院校的本科专业，将有大量的科研人员及研究生进入这一领域。我们整理中国科学院量子信息重点实验室 20 多年的科研和教学经验，帮助有志于量子信息研究的研究生和科研人员迅速进入这一领域。量子信息科学是一门典型的交叉学科（即将成为新的一级交叉学科①），我们整理出版这一套量子信息前沿丛书，从基础到前沿，从不同的角度、不同的方向来介绍这一领域的主要成果。希望为进入这一领域的研究者提供借鉴，聊尽微薄之力。

诚然，由于我们的学识所限，不妥之处在所难免，望大家批评指正。

郭光灿

2021 年 4 月于中国科学院量子信息重点实验室

① 量子科学与技术已于 2021 年底获批一级交叉学科，学科编号 9902。

前　　言

从人类生产、生活的早期开始，计算就一直伴随着人类的进步与发展。从结绳记事到现在利用超级计算机模拟宇宙的演化，计算理论已经从早期的算术发展成为一门庞大的学科，而计算工具也从早期的算盘发展到“太湖之光”这样的超级计算机。

在图灵（Turing）于 1936 年提出图灵机模型（丘奇（Church）也提出了等价的模型）以后，计算理论和计算工具都得到了飞速发展。图灵模型使得人们能够精确地定义算法，其本身也成为现代计算机的雏形。基于 Church-Turing 论题，任何可计算函数都可通过图灵机计算（也可看作可计算函数的定义）。Church-Turing 论题也说明，函数的可计算性与计算模型、实现模型的物理理论（经典的还是量子的）以及实现计算的一切外在因素等都无关。计算的普适性使我们可以在同一个计算模型下通过“编程”的方式实现不同的计算任务，进而可以比较不同计算任务的复杂程度（所消耗的时间和空间资源），而计算复杂度问题是计算科学的核心问题之一。

尽管不同的计算模型（如确定性图灵机与量子图灵机）在问题的可计算性上是一致的，但它们对同一问题的计算效率并不相同。因此，不同计算模型在解决相同问题时所消耗的资源也就不尽相同。研究基于不同普适计算模型的计算复杂度之间的关系尤其重要。量子计算基于量子力学，其量子叠加特性使得它在解决某些问题时比经典计算机拥有更高的效率。量子计算的这一优势最早是费曼 (Feynman) 在 1982 年指出，并用以解决多体物理中经典模拟的希尔伯特空间随系统规模指数增长的难题（指数墙问题）。如果说 Deutsch-Jozsa 算法第一次让人们在一个人工构造的问题上看到了量子计算的优势，那么，Shor 算法就切实地让人们在一个实际的重大问题上看到了量子计算的颠覆性能力：它可在多项式时间内解决大数因式分解问题，相较于任何已知的经典算法都有指数加速。鉴于大数因式分解问题在 RSA 密钥系统中的核心作用，量子计算的价值得到了充分的展现。而随后 Grover 发现的以其名字命名的搜索算法，再次提供了量子计算相对于经典计算具有算力优势的经典案例。

除了算法优势，量子计算还解决了提升经典算力的另外两个瓶颈。一直以来，计算机算力的提高都依赖于微处理器芯片集成度的提高，集成度的提高遵循 Intel

公司的创始人之一 Moore 提出的以他名字命名的定律：在价格不变的情况下，芯片的集成度每 18—24 个月提高一倍。在过去的几十年间，这一定律都被很好地遵守。显然，这一趋势无法永远持续下去。一方面，随着元件集成度的提高，芯片单位体积内的散热将增加，进而限制集成度的上限；另一方面，当元件做到纳米甚至是埃的尺度时，微观客体的运行机制将服从量子力学（比如量子隧穿效应将不可避免），芯片将不再遵循经典理论（芯片设计理论基于经典理论）。而量子计算可以同时解决这两个方面的问题。量子计算原理上遵循量子力学，第二个问题自动解决。而对于计算机的热耗效应，美国科学家 Landauer 发现，热耗产生于计算过程中的不可逆操作，如果消除了计算过程中的不可逆操作，从物理上讲，就不存在计算的能耗下限。因此，可逆计算就可以解决热耗的问题。而量子计算中的操作是幺正变换，天然具有可逆性。

量子计算的算力优势最终需在具体的物理系统上实现。自离子阱系统作为实现量子计算的方式提出以来，超导系统、光学系统、量子点系统、中性原子系统以及拓扑系统等不同系统都被视为实现量子计算的潜力系统进行研究。虽然各个量子系统都有其自身的优势，但同时也存在内在的不足，迄今为止还没有一个能在所有 DiVencenzo 判据上都表现良好的系统。基于离子阱和超导约瑟夫森结的系统是现阶段相对成熟的系统，是实现普适量子计算的强有力候选。事实上，人们已经能在超导系统中实现中等规模的含噪声量子比特系统（NISQ），在此系统中，一些特定的采样问题（玻色采样和随机线路采样）已初步展示了量子计算相对于经典计算的优势。尽管已经取得了巨大的成就和进展，但要实现量子计算在重要问题上的应用以及普适量子计算，还需对量子比特进行编码，对噪声进一步压缩。总而言之，实现容错的普适量子计算仍还要解决一系列理论和技术难题。

本书的目的是为学习量子计算的研究生和科研工作者提供量子计算全面而系统的知识和技术（书中涉及理论及技术的 Credit 完全归属于原发现者），我们期望读者不仅能从中学到量子计算的相关知识，也能学到解决相关问题所需的典型技能，未来有能力解决科研中遇到的新问题。本书共 5 章（每一章都尽量做到自明且逻辑独立）：第一章主要介绍了经典计算和量子计算的复杂性理论，并阐明计算复杂度与物理理论之间的关系；第二章主要介绍了基本的量子算法；第三章介绍了几个不同的量子计算模型以及它们与线路模型之间的等价性；第四章介绍了实现量子计算的 DiVencinzo 判据以及基于离子阱系统、超导系统和光学系统的量子计算；第五章介绍了量子纠错码以及容错量子计算的基本理论和方法。由于本书篇幅较大，在使用本书进行学习和教学时，可根据自身的背景和目标进行选择性使用。为控制本书定价，在出版社建议下，正文中彩图均采用黑白印刷，但在图和公式旁附二维码便于读者通过手机扫码获取彩色原图。诚然，由于时间、精力和学识有限，不当之处在所难免，望大家批评指正。

特别感谢中国科学技术大学周正威教授为第一章提供了部分讲义。本书在写作过程中得到了中国科学技术大学陈哲、陶思景、王以煊、张昊清、徐小惠等众多研究生的协助，在此表示感谢。中国科学技术大学林毅恒教授、周祥发副教授、吴玉椿副教授，清华大学魏朝晖副教授，中山大学李绿周教授，福建师范大学叶明勇教授，南京大学于扬教授、姚鹏晖副教授，中国工程物理研究院李颖研究员，国防科技大学陈平形教授，中国人民大学张威教授，中国海洋大学顾永建教授，电子科技大学李晓瑜副教授，合肥幺正量子科技有限公司贺冉博士等同仁对本书的书稿进行了阅读并提供了宝贵意见，一并表示感谢。

本书主要在新冠肺炎疫情期间完成，感谢辛勤付出使我能安静工作的所有人。特别感谢我的夫人于慧敏女士、女儿韩筱庭以及儿子韩世虞所营造的舒适工作环境，没有他们的理解和鼓励本书不可能完成。

本书是 2022 年度中国科学技术大学研究生教育创新计划项目优秀教材出版项目。

韩永建

2023 年 7 月于中国科学院量子信息重点实验室

目　录

第一章　计算模型及计算复杂度

Information is a physical entity.

—— Rolf Landauer

尽管计算模型及其计算能力都是抽象的数学问题，但将计算模型实现并用于解决实际问题，需通过真实的物理系统来完成（并非所有计算模型都可物理实现）：一个计算过程（算法）的实现就是控制物理系统随时间演化的过程（测量可看作特殊的演化）。因此，一个物理系统的计算能力既是一个数学问题，也是一个物理问题。事实上，物理系统的计算能力具有普适性（universality）：它与具体物理系统的细节无关，仅与系统的动力学演化方式相关。量子系统和经典系统遵循不同的动力学演化方式（分别遵循量子力学和经典力学），人们普遍相信量子系统将提供比经典系统更强大的计算能力。在包括 Shor 算法、Grover 算法等在内的诸多算法中，基于量子物理系统设计的算法都明显优于已知的基于经典物理系统设计的算法。

为表征不同计算模型的计算能力以及不同问题的计算复杂程度，在每个计算模型上，都可按计算问题所需消耗的时间、空间等资源进行分类，这样的类称为计算复杂类。研究不同计算复杂类之间的关系是计算理论的核心课题；而研究基于量子理论的计算复杂类与基于经典理论的计算复杂类之间的关系则是量子计算的核心理论课题。

在这一章中，我们将首先介绍几种不同的经典计算模型：确定性图灵机、非确定性图灵机和含 Oracle 的图灵机。在这些图灵机模型上定义不同计算复杂类，并介绍它们之间的一些已知关系。其次我们还将介绍经典线路和量子线路模型（后面的量子算法主要基于线路模型）以及不同的量子普适门集合。在量子图灵机和量子线路模型基础上，我们将定义不同的量子计算复杂类，并介绍它们与经典复杂类之间的重要已知关系。最后我们还将讨论计算能力与物理理论之间的关系，介绍基于特殊量子理论（未必对应于真实的物理世界）的计算模型及其计算能力。

1.1　普适经典计算

现代计算理论的建立与发展是从经典图灵机（Turing machine）模型的建立开始的，我们下面首先就来介绍最简单的经典图灵机。

1.1.1 图灵机及可计算性

确定性图灵机是现代计算理论的开端，它最早由英国数学家图灵（Allen Turing）于 1936 年提出且由 Alonzo Church 命名为图灵机[①]。而另外一名数学家 Emil Post 也提出了与图灵机模型类似的数学系统，并且很快证明了它们之间的相互等价性[②]。这种等价性是计算普适性的一个最早体现。

图灵机的提出，与希尔伯特（Hilbert）二十三个问题中的第十问题密切相关[③]。第十问题又称整数解判定问题，其具体表述如下：

整数解判定问题 *任意给定一个丢番图（Diophantine）方程，是否存在一种算法可以在有限步骤内判定此方程是否有整数解？*

此命题中的丢番图方程是指整系数多项式方程，比如：$x+2y=0$ 就是一个二元一次的丢番图方程（x 的系数 1 和 y 的系数 2 都是整数）。很容易判断，此丢番图方程有整数解，我们甚至能直接给出一个解，比如 $x=2$，$y=-1$。然而，对一个一般的丢番图方程，比如

$$x^3+y^3=z^3 \tag{1.1}$$

要判断它是否有整数解就远没有这么简单。事实上，式（1.1）就是著名的费马大定理 $n=3$ 的特例，安德鲁 · 怀尔斯（Andrew Wiles）证明了 $x^n+y^n=z^n$ $(n\geqslant 3)$ 没有整数解，并由此获得 1995 年沃尔夫奖（Wolf prize）和 1998 年世界数学大会菲尔兹特别奖（Fields medal）（当时其年龄已超过 40 岁）。

要解决希尔伯特第十问题，需首先对算法——或者说一系列确定性的（我们暂且要求其确定性）、按某种规则实施的步骤——这个词给出精确且科学的定义。尽管算法的实例早在古希腊时期就已出现，如著名的求最大公因子的欧几里得算法:

例 1.1 欧几里得算法

问题： *求两个整数 a 和 b 的最大公因子。*

算法： 假设 $a>b$, 则下面一系列等式成立

$$a=q_0b+r_0$$

$$b=q_1r_0+r_1$$

① 参见文献 A. M. Turing, in: Proceedings of the London Mathematical Society, p. 230-265 (1937); A. Church, The Journal of Symbolic Logic, **2**, 42-43 (1937).

② 参见文献 E. L. Post, The Journal of Symbolic Logic, **12**, 1-11 (1947).

③ 参见文献 D. Hilbert, in: Nachrichten von der Gesellschaft der Wissenschaften zu Göttingen, Mathematisch-Physikalische Klasse, p. 253-297 (1900).

$$r_0 = q_2 r_1 + r_2$$

$$\vdots$$

$$r_N = 0$$

其中 r_i 是除法中的非负余数 (r_{i+1} 总小于等于 r_i)，这一除法操作一直持续到余数 $r_N = 0$ 为止。此时，r_{N-1} 就是 a 和 b 的最大公因子。

但算法的精确定义却一直未出现。图灵准确地意识到了算法与执行此算法的机器之间的密切关系（如果没有机器，算法就无从谈起），基于此，他率先引入了我们今天称为图灵机的机器。图灵机是一种自动机，它的下一步动作完全由机器的当前状态确定，不需外界输入任何额外的指令。如果图灵机的下一步操作被它当前的状态**唯一**确定，那么，它就是一种确定性机器。在图灵机上可以定义计算所遵循的规则表，在给定编码方式下，不同的规则表就对应于不同的算法（也是不同的图灵机）。每个算法（图灵机）都能解决一类问题（通过输入来区分同类问题中的不同特例），而不仅仅解决某一个特定的问题。

图灵机可看作一个抽象化的数学“仪器”，我们来介绍含**可列**[①]个记录单元的单带图灵机模型（图 1.1）。一个单带图灵机由三个主要部分构成。

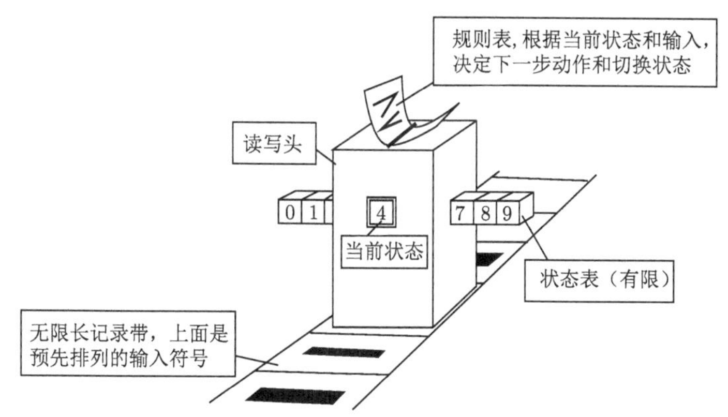

图 1.1 图灵机模型：它包含一个无穷长的记录带；一个含状态的读写头以及一个控制单元（规则表）

(1) **一条记录带**。它由按顺序排列的可列（无穷）个单元格子组成，每个单元格子仅容纳一个记录符号 $a_i, a_i \in \Sigma, \Sigma = \{a_0, a_1, a_2, \cdots, a_n\}$ 是一个**有限**符号集

① 若一个集合能够与正整数 (自然数) 之间建立一一对应关系，则称其为可列或可数集合。

且包含空白符号 $a_0 = \text{Blank}$。在任意图灵机中，非空白的记录格子数目均为有限。特别地，香农 (Claude Elwood Shannon) 证明，任何的图灵机都可以约化为两字符的图灵机，即 $\Sigma = \{0,1\}$（0 表示空白）。这可通过将原符号集 Σ 中的符号 a_i 编码为二进制实现。为此，图灵机可仅考虑 $\Sigma = \{0,1\}$ 的情况。

(2) **一个含状态的读写头**。读写头状态由一个**有限集合** $S = \{S_0, S_1, \cdots, S_m\}$ 描述。特别地，停机状态 $S_0 = S_{\text{halt}}$（表示整个计算结束）必须在状态集 S 中。读写头每次只能读取记录带中一个单元格中的符号信息，读取后，它按照控制单元中的指令（图灵机第三个主要部分）在当前单元格中写入 Σ 中的一个符号（可以与当前符号相同），同时改变（不改变作为其特例）读写头的状态。若某时刻读写头的状态显示为停机状态（S_{halt}），则表明计算过程结束，整个记录带此时的状态即为输出结果。

(3) **一个控制单元（处理器）**。控制单元确定读写头的操作规则，它是图灵机的核心部件。控制单元包括一个**有限**的控制指令集 δ，也称作状态转移函数 δ（transition function）：

$$\delta : (S_i, a_i) \to (S_f, a_f, \gamma)$$

其中 (S_i, a_i) 表示读写头当前状态为 S_i，当前被读取单元格中符号为 a_i。而 S_f 表示读写头的下一个状态（它可与 S_i 相同，也可不同，由状态转移函数 δ 决定）；a_f 取代 a_i 成为当前单元格中的符号；而 $\gamma \in \{L(\text{左}), R(\text{右})\}$ 表示读写头的下一步动作：左移一格或右移一格①。很显然，状态转移函数 δ 的输入变量 S_i 和 a_i 仅与图灵机的当前状态相关，而与图灵机的历史状态无关（即 δ 具有马尔可夫性）。在确定性图灵机中，任意二元状态组 (S_i, a_i) 能且仅能转移到唯一一个三元组 (S_f, a_f, γ)（在随机图灵机中可（以一定概率）转移到多个三元组中的一个）。

例 1.2 两态图灵机状态转移函数

一般地，两态图灵机 ($\Sigma = \{0,1\}$) 的指令集合最多含有 $4m$（m 为读写头的状态数）条指令，下面是一个最简单的状态转移函数：

$$(S_1, 0) \Longrightarrow (S_1, 0, R)$$
$$(S_1, 1) \Longrightarrow (S_2, 0, R)$$
$$(S_2, 1) \Longrightarrow (S_2, 1, R)$$
$$(S_2, 0) \Longrightarrow (S_{\text{halt}}, 1, R)$$

① 原则上读写头可不移动或移动多格，它们与此处的定义等价，如不移动可通过连续的左移和右移实现。

0 和 1 表示记录带上的符号，而 S_1、S_2 和 S_{halt} (停机状态) 表示读写头上的不同状态。其中，最后一条指令与停机相关，它表明：如果读写头的当前状态为 S_2 且记录带符号为 0，那么，系统即将进入停机状态（读写头在记录带的当前位置写下 1 并右移一格后进入停机状态）。

状态转移函数 δ 有不同的表示形式，除前面的函数形式外，还可表示为表格形式（表 1.1）。

表 1.1 状态转移函数的表格表示

读写头状态	在记录带上扫描到的符号	
	1	0
S_1	$(S_2, 0, R)$	$(S_1, 0, R)$
S_2	$(S_2, 1, R)$	$(S_{\text{halt}}, 1, R)$
S_{halt}	停止	停止

在读写头状态和记录带符号比较少时，表格形式比函数形式更直观和清晰。如果在计算过程中，我们重点关注读写头的状态变化（比如在停机问题中），将状态转移函数表示为状态转移图的形式（图 1.2）更方便。

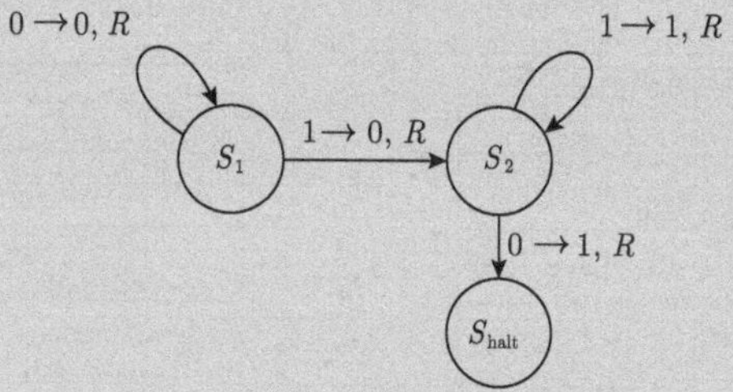

图 1.2 状态转移函数的图表示：状态转移图以读写头的状态为中心，它清晰表明读写头状态如何按状态转移函数变化

那么，如何在一个图灵机上实现计算过程呢？事实上，在编码方式一定时，计算过程由状态转移函数（规则表）完全确定。利用前面的状态转移函数，我们以计算 $1+2$ 的过程为例来说明算法在图灵机上如何执行。

在这一计算中，图灵机的输入包含两部分：记录带上的输入（整数 1 和 2）和图灵机读写头的初始状态。首先，我们把整数 1 和 2 用记录带上的符号（如 0 和 1）进行编码，并作为记录带输入。为简便，用连续符号 1 的个数来编码不同的数（相对于二进制编码，这是一种低效率的编码方式）即

$$1 \Longrightarrow 1$$

$$2 \Longrightarrow 11$$

$$3 \Longrightarrow 111$$

$$\vdots$$

不同数之间用空白字符 0 隔开。因此，记录带上的输入为 011010，而读写头上的输入为 S_1。在此编码下，加法运算可通过两态状态转移函数（表 1.1）实现。具体的算法过程如下：

(1) 读写头从左往右读记录带上的符号（此时读写头状态为 S_1），在读到 1 之前（全为 0），读写头将保持状态 S_1 且记录带上的符号也保持为 0，仅读写头向右移动一格，直到读写头读到记录带上的 1 为止。

(2) 当记录带上首次读到 1 时，按状态转移表格，记录头的状态由 S_1 变为 S_2，且将记录带上当前格子上的 1 变为 0，然后读写头右移一格（图 1.3(a)）。

(3) 当读写头读到第二个 1 时，此时读写头状态为 S_2，根据状态转移表，读写头保持状态 S_2，记录带上当前格子的状态也保持 1 不变，仅读写头右移一格（图 1.3(b)）。

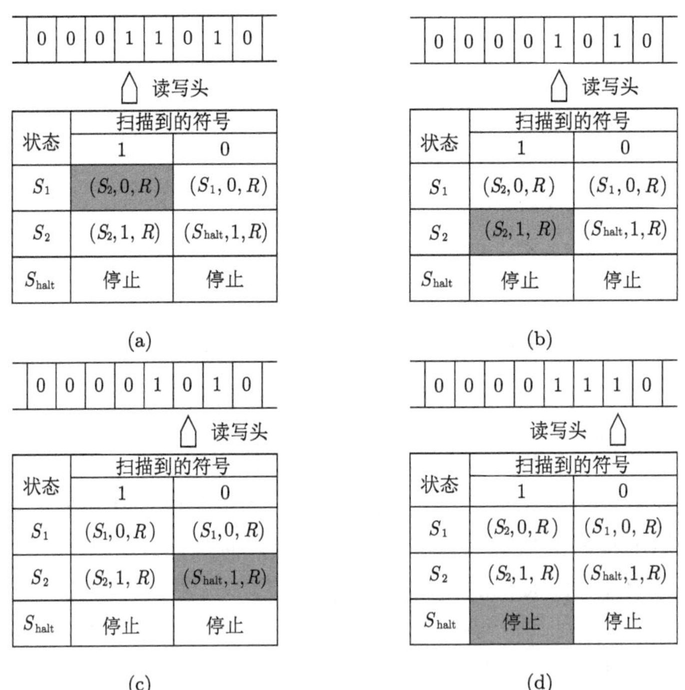

图 1.3　1 + 2 在图灵机上的算法实现：(a) 读写头读到 1 且读写头状态为 S_1；(b) 读写头读到 1 且读写头状态为 S_2；(c) 读写头读到 0 且读写头状态为 S_2；(d) 读写头读到 1 且读写头状态为 halt

(4) 此时，读写头读到符号 0，读写头处于状态 S_2，根据状态转移表，读写头状态变为停机状态，且当前读写头所在位置的符号变为 1，然后读写头右移一格（图 1.3(c)）。

(5) 此时，读写头的状态为停机状态 S_{halt}，机器停止工作。整个记录带的状态 01110 即为此次计算的输出结果，按编码计算方式，结果为 3（图 1.3(d)）。

整个计算过程中读写头的状态变化可用状态转移图表示为图 1.4。

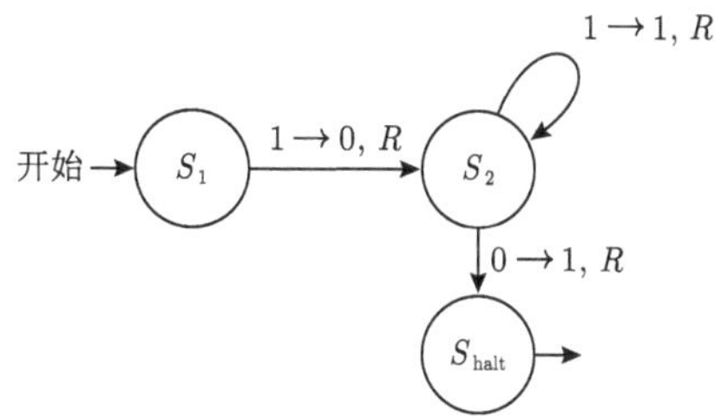

图 1.4 1+2 算法中读写头状态转移图

每一种图灵机（包含编码方式、读写头初始状态和状态转移函数）都能处理一类问题（而非某个特定问题）。对这类问题中的任何一个，只需将其按给定编码方式通过记录带输入，图灵机就会在给定初始状态、给定状态转移函数下运行，最终给出此问题的正确结果。比如，前面介绍的加法图灵机，不仅能计算 $1+2$，按相同的编码、初始状态和状态转移函数，它可以计算任意两个数的和（当然计算时间可能需要很长）。图灵机模型使算法这一直观的概念提升为严格的数学定义，也明确了算法与执行算法“机器”之间的关系。

图灵机模型存在多种变种，如记录带的形状和条数都可以变化，但这些在物理上合理的变通，并不拓展图灵机可计算问题的范围（量子计算机也不能扩展可计算函数）。我们有著名的 Church-Turing 论题（Church-Turing thesis）。

论题 *若某函数可按某种方式计算，那么，它也能被单带图灵机计算。*

尽管这一论题不能被严格证明或否定（除非我们能够对“可按某种方式计算”这一概念做出严格、有效的定义），但人们都普遍相信这一论题的正确性。

通过定义不同的图灵机（不同算法），我们就可以计算不同的问题。那么，有没有图灵机不能计算的问题呢？从 Church-Turing 论题可以看出，一个问题是否能被图灵机计算也具有普适性：它与具体使用什么样的图灵机模型无关。为证明不可计算问题的存在性，我们首先需要下面的命题。

命题 1.1.1 *所有图灵机的个数是可列（可数）的。*

通过单带图灵机的定义可以看到，它的三个主要部分都是可列（可数）的：①不同记录带的数目是可列的（记录带上的格子是可列的，而每一个格子上可能的符号为有限）；②读写头上的状态是有限的；③状态转移指令是有限的。因而，不同的单带图灵机是可列的，同时图灵机的变种也不改变可列这一事实。由可列（可数）性，我们就可以把所有图灵机按照一定的规则进行排序，得到一个可列的（无限）图灵机序列 $\{T_1, T_2, \cdots, T_i, \cdots\}$（为简单计，我们称图灵机的序列编号为图灵数）。然而，所有函数构成的集合是一个不可列的无限集。

定理 1.1.2　所有函数 $f: \mathbb{N} \to \mathbb{N}$ 构成的集合 F 是一个不可列的无限集，其中 $\mathbb{N}$ 为自然数集合。

证明　此定理的证明思路与康托尔证明线段 [0, 1] 上的实数点不可列一样（有时称之为对角化方法，diagonalization）。按照集合论中的理论，只需要说明无法建立函数集合 F 与自然数集合之间的一一对应即可。我们采用反证法，假定集合 F 为可列集合，那么，它就可以与自然数之间建立一一对应的关系，因此，F 中函数就可以排序为 $F = \{f_1, f_2, f_3, \cdots\}$。我们只需证明：无论怎样地排序，总存在函数 $g: \mathbb{N} \to \mathbb{N}$ 不在此序列之中。为此，构造函数 $g: g(k) = f_k(k) + 1, \forall k$，它与集合 F 中的任何函数都至少有一个函数值不相同（表 1.2）。因而，g 不在前面的函数序列中。换言之，我们无法建立集合 F 与自然数之间的一一对应。这就证明了 F 为一个不可列集合。 □

表 1.2　通过对角化方法构造新函数 g

a_1	a_2	a_3	a_4	a_5	a_6	$\cdots$
f_1	$\boxed{f_1(1)+1}$	$f_1(2)$	$f_1(3)$	$f_1(4)$	$f_1(5)$	$\cdots$
f_2	$f_2(1)$	$\boxed{f_2(2)+1}$	$f_2(3)$	$f_2(4)$	$f_2(5)$	$\cdots$
f_3	$f_3(1)$	$f_3(2)$	$\boxed{f_3(3)+1}$	$f_3(4)$	$f_3(5)$	$\cdots$
f_4	$f_4(1)$	$f_4(2)$	$f_4(3)$	$\boxed{f_4(4)+1}$	$f_4(5)$	$\cdots$
$\vdots$	$\vdots$	$\vdots$	$\vdots$	$\vdots$	$\vdots$	

不可列集合（函数集合 F）比可列集合（所有的图灵机）多，因而一定存在不能用图灵机计算的函数。那么，什么样的函数才不能由图灵机计算呢？图灵给出了第一个不可计算函数的例子，即著名的停机问题。

停机问题　是否能设计这样的一台图灵机 H，它能对任意图灵机的任意输入进行判定：它是否会停机？

由于所有图灵机的个数是可列的，每个图灵机都对应一个自然数 i（称为图灵数），我们用此数指代对应的图灵机；同样地，任意图灵机的输入也是可列的，每个输入也对应于一个自然数 j。所以，前面的停机判定问题等价于：对任意图

灵机 i 和任意输入 j 计算判定函数 $h:\mathbb{N}\times\mathbb{N}\Longrightarrow\{0,1\}$：

$$h(i,j)=\begin{cases}1, & \text{图灵机}\,i\,\text{在输入为}\,j\,\text{时停机}\\ 0, & \text{图灵机}\,i\,\text{在输入为}\,j\,\text{时不停机（一直运行）}\end{cases}\tag{1.2}$$

的值。

对此问题，我们有如下结论。

定理 1.1.3 *不存在能对任意图灵机的任意输入进行停机判定的图灵机。*

这一定理的证明与前面的对角化方法类似。

证明 为证明这一结论，我们仍采取反证法。假定我们可以设计一台这样的图灵机 H，它能够对任意图灵机的任意输入进行停机判定（即它能对前面定义的函数 h 进行计算）。因此，函数 $h(i,j)$ 的计算结果可列为表 1.3。

表 1.3 图灵机 H 对函数 h 的计算结果：横轴对应于输入编号 j，纵轴对应于图灵数 i。表中对应于函数 $h(i,j)$ 的计算结果。而方框对应于新定义的可计算函数 $\bar{h}$

1	2	3	4	5	6	$\cdots$
T_1	$\boxed{h(1,1)\oplus 1}$	$h(1,2)$	$h(1,3)$	$h(1,4)$	$h(1,5)$	$\cdots$
T_2	$h(2,1)$	$\boxed{h(2,2)\oplus 1}$	$h(2,3)$	$h(2,4)$	$h(2,5)$	$\cdots$
T_3	$h(3,1)$	$h(3,2)$	$\boxed{h(3,3)\oplus 1}$	$h(3,4)$	$h(3,5)$	$\cdots$
T_4	$h(4,1)$	$h(4,2)$	$h(4,3)$	$\boxed{h(4,4)\oplus 1}$	$h(4,5)$	$\cdots$
$\vdots$	$\vdots$	$\vdots$	$\vdots$	$\vdots$	$\ddots$	

在可计算函数 $h(i,j)$ 的基础上，定义一个新的函数：

$$\bar{h}(x)=h(x,x)\oplus 1,\qquad \oplus\ \text{表示}\ \mathbb{Z}_2\ \text{上的加法}\tag{1.3}$$

它是函数 $h(i,j)$ 的对角元 $h(x,x)$ 与 1 的模 2 加（对角化方法）。由于任意函数 $f:\mathbb{N}\Longrightarrow\{0,1\}$ 都可映射为一个图灵机的停机判定问题（函数值 1 对应停机，0 对应不停机），我们设函数 $\bar{h}(x)$ 对应于图灵机 $\bar{H}$（图灵数为 m）的停机判定。按假设图灵机 H 也能对图灵机 $\bar{H}$ 的任意输入 x 进行停机判定，换言之，函数值 $\bar{h}(x)=h(m,x)$，当 x 取值遍历 $1,2,3,\cdots$ 时，它形成表 1.3 中的某一行。然而，这是不可能的，因为按函数 $\bar{h}(x)$ 的构造方式，它与任何一行都至少有一个值不相同。

因此，图灵机 $\bar{H}$ 不存在，进而图灵机 H 也不存在。 □

在图灵机这一自洽的数学结构中，图灵首次证明了存在不能被图灵机判定的命题[①]。基于图灵等的思想，1970 年，马提亚瑟维奇（Y. V. Matijasevich）

① 这可被看成哥德尔不完全性定理的一个实际例子。

在戴维斯（M. Davis）等的工作基础上，证明了希尔伯特第十问题的结果也是否定的，即不存在可以在有限步内对任意丢番图方程是否有整数解进行判定的算法①。

从不同的图灵机出发，我们可以定义各种不同的计算复杂类，而研究不同计算复杂类之间的关系是计算理论的核心问题。为定义不同图灵机以及计算复杂类的方便，我们给出图灵机的形式化表述。

一个输入、输出和计算分别使用不同记录带的图灵机（对应于可解决一类问题的算法）可用一个七元组进行标识：

$$T=(\Sigma,S,\delta,\Gamma_{\text{in}},s_0,\Gamma_{\text{out}},F)$$

其中 Σ、S 和 δ 与前面单带图灵机中的定义相同，分别表示计算记录带中的符号集合、读写头的状态集合以及状态转移函数②。

（1）$\Gamma_{\text{in}}\subseteq\Sigma$ 表示输入记录带上的符号集合，Γ_{in} 中符号组成的字符串集合 $\Gamma_{\text{in}}^*\subseteq\Sigma^*$ 它是此图灵机所能解决问题的所有合法输入。输入记录带只允许读出，不允许写入，在整个计算过程中都不发生变化。

（2）$s_0\in S$ 是图灵机（读写头）的初始状态。

（3）$\Gamma_{\text{out}}\subseteq\Sigma$ 是输出记录带上的字符集合，它也是字符集合 Σ 的子集。Γ_{out} 中符号组成的字符串集合记为 $\Gamma_{\text{out}}^*\subseteq\Sigma^*$，它是此图灵机（算法）对应计算问题的所有可能结果。输出记录带在计算结束前为空，计算结束时才被允许写入。

（4）$F\subset S$ 是图灵机停机时的状态。判定问题的计算结果仅有两种情形：1 或 0（前者称为图灵机 T “接受”（accept）输入字符串，而后者称为图灵机 T “拒绝”（reject）输入字符串）。因此，“接受”和“拒绝”状态仅以计算的结果出现在计算结束，而不会出现在计算过程中。一般将输入 x 在图灵机 T 中的计算结果表示为 $T(x)$。

在给定图灵机 $T=(\Sigma,S,\delta,\Gamma_{\text{in}},s_0,\Gamma_{\text{out}},F)$ 后，对应算法就完全确定了。对任意合法输入 $x_{\text{in}}\subset\Gamma_{\text{in}}^*$，运行图灵机 T 就能获得结果 $T(x_{\text{in}})$（“接受”或“拒绝”）。但对不同的输入 x_{in}，运行图灵机所消耗的资源并不相同：一般而言，输入规模越大，消耗资源会越多。

为细致刻画图灵机运行所消耗的资源，我们需引入图灵机的构型（configuration）概念。此构型包含给定时刻图灵机的所有信息，为一个多元数组

$$C=(s;\boldsymbol{a};\boldsymbol{p};x_{\text{in}};y_{\text{out}})\in S\times(\Sigma^*)^k\times N^k\times\Gamma_{\text{in}}^*\times\Gamma_{\text{out}}^*$$

① 参见文献 Y. V. Matijasevich, The Journal of Symbolic Logic, **11**, 354-357 (1970).

② Σ^* 包含字符集合 Σ 中字符组成的所有字符串.

其中 s 表示此时刻图灵机（读写头）的状态。$\boldsymbol{a}=(a_1,a_2,\cdots,a_k)$ 表示所有 k 条 (单带图灵机 $k=1$) 记录带上的符号串信息（$a_i\in\Sigma^*$ 表示第 i 条记录带的信息）。而 $\boldsymbol{p}=(p_1,p_2,\cdots,p_k)$ 表示读写头所在位置（p_i 是第 i 个读写头在第 i 条记录带上的当前位置）。x_{in} 和 y_{out} 分别表示输入、输出记录带上的信息。

特别地，

(1) **图灵机的初始构型**

$$C_0=\{s_0;\boldsymbol{e};\boldsymbol{0};x_{\text{in}};e_{\text{out}}\}$$

其中 s_0 为图灵机的初始状态；$\boldsymbol{e}$ 表示用于计算的记录带处于 empty 状态（无记录）；$\boldsymbol{0}$ 表示读写头初始时都指在 0 位置；x_{in} 表示输入记录带上的输入信息（计算中不发生变化）；e_{out} 表示初始时，输出记录带为空（empty），它在计算结束前不发生变化。

(2) **图灵机的停机构型**

$$C_f=\{f;\boldsymbol{a};\boldsymbol{p};x_{\text{in}};y_{\text{out}}\}$$

其中 $f\in F$ 表示图灵机停机时的状态 (“接受” 还是 “拒绝”)；x_{in} 表示输入记录带上的信息 (与初始构型相同, 计算过程中不发生变化)；y_{out} 表示输出记录带上的信息；$\boldsymbol{a}$ 是停机时计算记录带上的信息；而 $\boldsymbol{p}$ 表示停机时读写头的位置信息。

图灵机 T 相邻时刻的构型通过状态转移函数 δ 连接。反之，如果两个构型 C 和 C' 满足关系：

$$\delta(C)=C'$$

则构型 C' 称为构型 C 的下一个构型, 它可通过图灵机的一步状态转移连接。图灵机 T（算法）的计算过程就是图灵机从初始构型 C_0 到停机构型 C_f 的状态转移过程，整个过程可以用一个有向的构型树表示 (我们称之为计算构型树)。若对初始构型，图灵机 T 会停机，那么，构型树具有有限深度；反之，构型树会无限深。我们将基于计算构型树来定义各种图灵机模型中的计算复杂类。

1.1.2 计算复杂度理论

给定一个计算模型 (状态转移函数满足某种性质的图灵机, 如确定性图灵机)，可计算函数可按函数在此模型上的计算难易程度进行分类，这就是计算复杂度理论（complexity theory）。具体地，一个可计算函数的计算复杂度可通过求解此问题所消耗的资源与此问题的输入规模之间的标度（scaling）关系来定义。这里的资源主要是指时间资源或空间资源。如果用计算所消耗的时间资源（计算过程中状态转移函数的运行次数或从输入构型到输出构型组成的序列的长度）来定义复杂度，我们就称之为时间复杂度；如果用计算所消耗的空间资源（图灵机运行中实际使用的记录单元格数目）来定义复杂度，我们就称之为空间复杂度。

在计算复杂度理论中，我们仅对计算所消耗的资源与问题规模（输入的二进制长度为 n）之间的主导标度关系感兴趣。换言之，我们仅对其渐近行为感兴趣，而不关心更细节的部分。为此，我们引入下面的渐近符号。

定义 1.1.1 (渐近符号 $\mathcal{O}$)　设 f 和 g 为 $\mathbb{N} \to \mathbb{N}$ 的两个函数，如果存在整常数 $c > 0$ 和 $n_0 \in \mathbb{N}$，使得当 $n \geqslant n_0$ 时，总有 $f(n) \leqslant cg(n)$，我们称 $g(n)$ 是 $f(n)$ 的渐近上界（记为 $f(n) = \mathcal{O}(g(n))$）。

按此定义，渐近符号 $\mathcal{O}$ 有下面的性质：

（1）如果函数 $f(n)$ 由不同项相加而成，那么，g 就是 f 中随 n 增长最快的那一项（我们称之为主部），其他项都可以忽略。而且，如果 f 中增长最快的那一项前面有常数，这个常数也可以省略。如 $f(n) = 8n^6 + 5n^4 + n + 5$ 就可以记为 $f(n) = \mathcal{O}(n^6)$（即 $g(n) = n^6$）。取 $c = 19, n_0 = 1$ 就可以按定义证明此表达式的正确性。

（2）在 $\mathcal{O}$ 记号中并不需要指明对数函数的底是多少。不同底的对数之间只相差一个常数：$\log_a n = \log_2 n / \log_2 a$，而常数可忽略。因此，$f(n) = 8n\log_2 n + 5\log_2\log_2 n + 9 = \mathcal{O}(n\log n)$。

（3）一般称 $\mathcal{O}(n^\alpha)$ ($\alpha > 0$ 为常数) 为多项式界，$\mathcal{O}(2^{n^\alpha})$ ($\alpha > 0$ 为常数) 为指数界。

通过符号 $\mathcal{O}$ 可定义计算复杂度上的等价关系：设计算问题 A 和 B 所消耗的资源分别为 $f(n)$ 和 $g(n)$（n 为输入问题的规模），若它们满足关系：$f(n) = \mathcal{O}(h(n))$ 和 $g(n) = \mathcal{O}(h(n))$，则这两个问题具有相同的计算复杂度（它们在计算上同等困难）。按此等价关系，可计算问题可按其计算复杂度进行分类，且原则上所有可计算函数均可比较其计算的复杂程度。

对一个可计算问题的计算复杂度，我们有如下几点说明：

（1）一个问题可能有多种求解方法，而不同求解方法可能具有不同的复杂度，我们总以最优算法（消耗资源最少的算法）作为此问题的计算复杂度。一个问题的理论最优算法一般未知，我们总以已知的最优算法作为该问题的计算复杂度（事实上，它是此问题理论计算复杂度的上界）。因此，一个问题的计算复杂度可能会随着新算法的发现而发生改变（参见质数的判定问题（例 1.3））。

（2）即使在给定算法下，当问题的输入不同时（相同输入规模），求解问题所需的资源也可能很不一样。此时，该问题的计算复杂度以最差事例消耗的资源（消耗资源最多）为准。由于计算复杂度中考虑的是最坏情况，对某些复杂度极高的问题，最坏情况可能只是极少数，而大多数情况仍可以用较少资源求解①。

① 有时候我们也关心平均事例（average case）下的复杂度，参见 2.5 节。

（3）计算复杂度表示计算问题的渐近求解难度，而当问题规模较小时，复杂度高的问题未必消耗更多资源。比如，求解某个问题的计算复杂度为 $\mathcal{O}(2^{n/1000})$，而另一个问题的计算复杂度为 $\mathcal{O}(n^{1000})$。显然，前者随 n 指数增长而后者多项式增长，但当 n 较小时，求解第二个问题需要更多时间：只有当 $n\approx 10^8$ 时，求解第一个问题才需要更多时间。

（4）计算复杂度与计算模型有关，同一个问题在不同计算模型上求解所消耗的资源可能并不相同。

在经典计算复杂度中，我们仅考虑判定性问题（decision problem），此类问题的计算结果就是图灵机的停机状态：接受（accept）或拒绝（reject）。判定性问题的求解与一个语言（language）L 的判定问题等价。对一个给定集合 $L\in\Gamma_{\text{in}}^*$，如果存在图灵机 T 满足以下条件：

- 当图灵机 T 的输入 $x\in L$ 时，图灵机的计算结果 $T(x)=1$（接受）；
- 当图灵机的输入 $x\in\Gamma_{\text{in}}^*\backslash L$ 时，图灵机的计算结果 $T(x)=0$（拒绝）。

我们就称语言 L 可被图灵机 T（有时也称算法）判定。我们也往往将求解判定性问题的图灵机过程 $T(x)$ 看作一个布尔函数。因此，在经典计算复杂度中，在不同的地方我们可能会使用语言、判定问题以及布尔函数来表示计算问题。

1.1.2.1 基于确定性图灵机的复杂度理论

根据图灵机 T 中状态转移函数的性质可定义不同类型的图灵机。特别地，若图灵机 T 中的状态转移函数 δ：

将 T 的任意构型 C 转移到唯一的构型 C'

则称其为确定性图灵机。确定性图灵机的计算构型树是一条构型链（马尔可夫链），此构型链的长度可用于定义此算法的时间复杂度（图 1.5）。

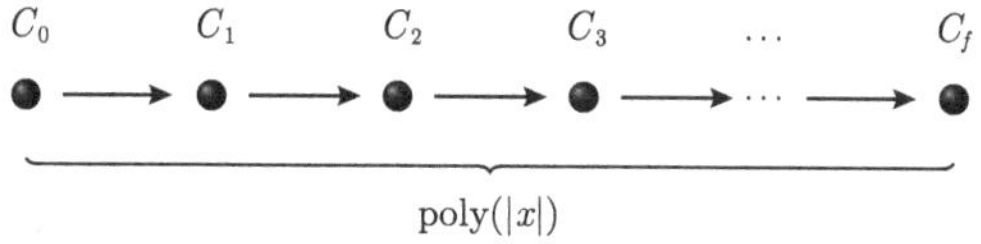

图 1.5 确定性图灵机的计算构型树：从初始构型 C_0 到停机构型 C_f 形成一条马尔可夫链，链长对应于计算时间。P 问题的链长为 poly(|x|)（|x| 为输入字符串长度）

下面我们来考虑基于确定性图灵机的计算复杂度。

1. 时间复杂度

确定性图灵机中常见的时间复杂度问题包括 P 问题、NP 问题、co-NP 问题、NP-hard 问题、NPC 问题以及指数时间问题等。我们将重点介绍它们的定义及其相互之间的关系。

定义 1.1.2 (P 问题)　语言 L（判定问题）称为 P 问题是指存在确定性图灵机 T，使得

（1）对任意输入 $x_{\text{in}} \in L$，图灵机 T 计算过程所形成的构型链长度与输入规模 $|x_{\text{in}}|$ 最多呈多项式关系，且图灵机 T 的停机状态为“接受”。

（2）对任意输入 $x_{\text{in}} \notin L$，图灵机 T 计算过程所形成的构型链长度与输入规模 $|x_{\text{in}}|$ 最多呈多项式关系，且图灵机 T 停机状态为“拒绝”。

P 问题也称为多项式时间可求解问题或易处理问题，相应的多项式算法称为解决此问题的有效算法。P 问题集合可表示为

$$P = \bigcup_k \text{Time}(n^k)$$

其中集合 $\text{Time}(n^k)$ 由时间复杂度为 $\mathcal{O}(n^k)$ 的问题组成。P 问题广泛存在，如求两个正整数的最大公约数（欧几里得算法（例1.1））以及质数的判定问题。

例 1.3　质数的判定是 P 问题

质数是数学（特别是数论）中的一个核心概念，而判定一个给定的整数是否为质数则是其中最基本的问题。人们很早就知道质数的判定是 NP ∩ co-NP 问题[⑧]，然而，直到 2002 年 M. Agrawal 等才证明它实际上是一个 P 问题（可在多项式时间内给出确定的答案）。

此算法基于如下核心定理。

定理　令数 $a \in \mathbb{Z}$ 和 $n \in \mathbb{N}$ $(n \geqslant 2)$ 互质，则 n 为质数的充要条件是

$$(X+a)^n \equiv X^n + a \pmod n \tag{1.4}$$

此定理的证明只需对 X 的多项式 $f(X) = (X+a)^n - (X^n + a)$ 中系数模 n 后是否为 0 进行讨论。此定理给出了判定 n 是否为质数的简单算法：对给定 n，任选 a 判定等式（1.4）是否成立。一般而言，判定等式（1.4）是否成立需计算 $f(X)$ 的 n 个系数，因此，其计算复杂度为 $\mathcal{O}(n)$（计算时间随输入规模指数增长）。为减少需计算的系数个数，可对等式（1.4）两边先同时模掉多项式 $X^r - 1$（需选择合适的参数 r），即验证等式：

$$(X+a)^n \equiv X^n + a \pmod{X^r - 1, n} \tag{1.5}$$

此等式对所有质数 n 都成立，但遗憾的是，它对某些合数 n 也成立。因此，判定 n 是否为质数的核心问题就变为如何排除满足等式（1.5）的合数。M. Agrawal 等发现对适当的 r，若等式（1.5）对多个 a 都成立，则 n 必为某个质数的方幂。更为重要的是，这样的 r 和 a 都仅有多项式 $\text{poly}(\log n)$ 个，因此，整个算法的复杂度仅为 p。

具体算法如下[b]：

输入: 整数 $n > 1$。

（1）若 $n = a^b$（a 为自然数，b 为大于 1 的整数），则输出结果为**合数**[c]。判定一个给定整数 n 是否为某个自然数 a 的幂次可在 $\mathcal{O}(\log^3 n)$ 时间内完成。其核心算法如下：依次对幂次 $b = 1, 2, \cdots, \log n$ 进行检验。

(i) 对一个给定的幂次 b，对 a 再进行二分法查询。具体地：对给定 b，若 a 存在，那么，它一定在 $[1, n]$ 内。计算 $k = \left(\dfrac{n}{2}\right)^b$，若 k 大于 n，那么令 $c_0 = 1$，$d_0 = \dfrac{n}{2}$；若 k 小于 n，那么令 $c_0 = \dfrac{n}{2}$，$d_0 = n$。

(ii) 令 $p = \left\lceil \dfrac{c_0 + d_0}{2} \right\rceil$，计算 $k = p^b$，若 k 大于 n，那么令 $c_0 = c_0$ $d_0 = p$；若 k 小于 n，那么令 $c_0 = k$，$d_0 = d_0$。

(iii) 重复前面的步骤直到 $d_0 - c_0 \leqslant 1$。

（2）寻找最小整数 r 使周期 $K(r, n)$ 满足条件 $K(r, n) > \log^2 n$，其中 $K(r, n)$ 为满足等式 $n^k \equiv 1 \pmod r$ 的最小周期（r 与 n 互质时，周期 k 总存在）。

此过程可在 $\mathcal{O}(\log^7 n)$ 时间内完成，核心算法如下：

(i) 对不同的 r 依次进行测试，可以证明当 $r \leqslant \mathcal{O}(\log^5 n)$ 时，必有 r 满足条件 $K(r, n) > \log^2 n$[d]；

(ii) 对每个给定的 r，对小于 $\log^2 n$ 的 k 进行依次测试，直到找到满足 $n^k \equiv 1 \pmod r$ 的 k 为止。此步骤最多耗时 $\mathcal{O}(\log^2 n \cdot \log r)$。

（3）如果 $1 < \mathrm{GCD}(a, n) < n$ 对某个满足条件 $a \leqslant r$ 的 a 成立，则输出结果为**合数**。因最大公因子 $\mathrm{GCD}(a, n)$ 的计算时间为 $\mathcal{O}(\log n)$，故此步骤的总计算时间为 $\mathcal{O}(r \log n) = \mathcal{O}(\log^6 n)$。

（4）如果 $n \leqslant r$, 输出结果为**质数**。

（5）对 $a = 1, 2, \cdots, \lfloor \sqrt{\phi(r)} \log n \rfloor$（函数 $\phi(r)$ 表示小于 r 且与 r 互质的整数个数）分别检验等式（1.5）是否成立。如果不成立，那么，输出结果为**合数**。此检验过程可在 $\mathcal{O}(\log^{21/2} n)$ 时间内完成：

(i) 共有 $\lfloor \sqrt{\phi(r)} \log n \rfloor$ 个等式需检验;

(ii) 每个等式的检验需计算 $\mathcal{O}(\log n)$ 个因子的乘积，而每个因子都是含 $\mathcal{O}(\log n)$ 个系数的 r 次多项式，因此，单个等式可在 $\mathcal{O}(r \log^2 n)$ 时间内确认。而此步骤的总计算复杂度为

$$
\begin{aligned}
\mathcal{O}(r \log^2 n \cdot \sqrt{\phi(r)} \log n) &= \mathcal{O}(r \sqrt{\phi(r)} \log^3 n) \\
&\leqslant \mathcal{O}(r^{\frac{3}{2}} \log^3 n) \simeq \mathcal{O}(\log^{\frac{21}{2}} n)
\end{aligned}
$$

（6）其他情况，输出结果为质数。

由此可见，整个算法的核心是第 3 步和第 5 步，而整体复杂度由第 5 步主导，即 $\mathcal{O}(\log^{21/2} n)$，这显然是一个多项式复杂度。

ⓐ NP 和 co-NP 的具体定义参见非确定性图灵机部分。

ⓑ 参见文献 M. Agrawal, N. Kayal, and N. Saxena, Ann. Math. **160**, 739 (2002).

ⓒ 排除使等式（1.5）成立的合数。

ⓓ 参见文献 M. Agrawal, N. Kayal, and N. Saxena, Ann. Math. **160**, 739 (2002) 中 Lemma 4.3。

例 1.4 线性规划问题是 P 问题

定义 (线性规划问题) 给定实数域上的 $m \times n$ 矩阵 A, m 维矢量 $\boldsymbol{b}$ 和 n 维矢量 $\boldsymbol{c}$, 以及实数 α, 是否存在 n 维矢量 $\boldsymbol{x}$ 使得

$$A\boldsymbol{x} \geqslant \boldsymbol{b}, \quad \boldsymbol{c}^{\mathrm{T}}\boldsymbol{x} \geqslant \alpha \quad 且 \quad \boldsymbol{x} \geqslant 0$$

此问题可在多项式时间内求解。

定义 1.1.3 (NP 问题) 语言 L（判定问题）称为 NP 问题是指对任意 $x \in L$ 都存在一个确定性图灵机，它能在多项式时间内对其证实。

例 1.5

（1）**大数因子分解问题**: 已知一个大数 N 是两个质数的乘积，即 $N = pq$，求 p 和 q。尽管人们还未曾发现求解此问题的多项式时间算法，但若给定质数 p 或 q，人们在多项式时间内就可以判定它确实为 N 的因子（简单的除法即可）。

（2）**P 问题**: 在 P 问题中确认给定答案的正确性并不比求解此问题本身更困难，最差情况下验证者也可通过自行求解后的对比来确认其正确性。

由前面的定义可见，NP 定义中只对证实过程（$x \in L$）有要求（在确定性图灵机上多项式时间内完成），而未对证伪过程（$x \notin L$）作复杂度要求。因此，证实与证伪过程之间的不对称性使我们可以定义一个与 NP 密切相关的复杂类：co-NP 类，它是 NP 的补类 (complementary)①，其定义如下。

定义 1.1.4 (co-NP 问题) 语言 L（判定问题）属于 co-NP 是指对任意 $x \notin L$ 都存在确定性图灵机能在多项式时间内对其证伪。

---

① 一般而言，一个复杂类的补通过交换 $x \in L$ 和 $x \notin L$ 的作用进行定义。

按此定义，P 问题（如质数的判定问题）显然是 co-NP 问题。若一个问题既能在多项式时间内被证实也能在多项式时间内被证伪，那么，它就属于 NP $\cap$ co-NP 问题（因式分解问题就属于 NP $\cap$ co-NP 问题）。显然，P $\subseteq$ NP $\cap$ co-NP。但 P 问题是否等于 NP $\cap$ co-NP 问题仍是一个开放问题。

在 NP（co-NP）问题中，是否还存在严格不属于 P 的问题呢？若存在，那么 P $\neq$ NP（P $\neq$ co-NP）；反之，则有 P = NP（P = co-NP）。P 问题与 NP 问题之间的关系是计算复杂性理论的核心开放问题（它是克雷数学研究所的七个千禧年难题之一①），其影响力远远超出计算领域本身，对包括数学、物理学甚至哲学在内的诸多领域都将产生深远影响。尽管，绝大多数科学家都坚信 P$\neq$ NP，但这一结论的证实或证伪都异常困难。根据 P、NP 和 co-NP 类的定义，我们有如下定理：

定理 1.1.4 *如果 P $\neq$ NP $\cap$ co-NP，那么，NP $\neq$ P。*

在研究 P 问题与 NP 问题的关系时，原则上需考虑所有 NP 问题的最优算法。然而，遍历所有 NP 问题显然是一个无法完成的工作，那么，只考虑某个特定的 NP 问题是否就足够了呢？答案是肯定的。为此，需引入一个称为归约（reducibility）的工具。

定义 1.1.5 (归约) *问题 A 可归约为问题 B (记为 $A \leqslant_p B$) 是指存在一个多项式时间内可计算的函数 f，将问题 A 变为问题 B。有时候归约也称为多项式归约。*

此归约过程又称为 Karp 归约②，如无特殊说明，我们说的归约都是指 Karp 归约。由实数域上多项式运算的封闭性可知归约具有传递性，即：如果 $A \leqslant_p B$ 且 $B \leqslant_p C$，那么，$A \leqslant_p C$。当问题 A 能归约为问题 B 时，我们就说问题 B 至少和问题 A 一样困难。将“归约”方法应用于复杂类 α，若 α 中所有问题都可归约到某个具体的问题 H，则问题 H 至少和 α 中最困难的问题一样难。因此，只要我们解决了问题 H，整个复杂类 α 中的问题都可解决（在多项式等价的意义下）。

具体地，复杂类 α 可通过归约关系定义其困难（hard）类和完全（complete）类问题如下：

定义 1.1.6 (困难问题和完全问题) *如果复杂类 α 中的任何问题都可归约为问题 H，那么，问题 H 就称为 α-hard 问题。进一步，若问题 H 本身也属于复杂类 α，那么，问题 H 就称为 α-完全问题。*

由此可见，α-完全问题是 α 中最困难的问题，且 α-完全问题间可以相互归约。

特别地，在 NP 复杂类上我们有：

---

① 这七个千禧年问题包括：P 是否等于 NP 问题、霍奇猜想、庞加莱猜想（已被解决）、黎曼猜想、杨-米尔斯规范场存在性和质量间隔问题的严格数学证明、纳维-斯托克斯方程解的存在性与光滑性以及贝赫-斯维纳通-戴尔猜想。参见文献 T. Baker, J. Gill, and R. Solovay, SIAM J. Comput. **4**, 431-442 (1975); R. A. Demillo, and R. J. Lipton, Inform. Process. Lett. **7**, 193-195 (1978).

② 除 Karp 归约外还有图灵归约，也称 Cook 归约。参见文献 R. M. Karp, Complexity of Computer Computations, p. 85-103 (1972).

定义 1.1.7 (NP 困难（NP-hard）问题)　如果 NP 中的任何问题都可归约为问题 H，那么，问题 H 就称为 NP-hard 问题。若问题 H 本身也是 NP 问题，那么，此问题就称为 NP-完全问题（以下称为 NPC 问题）。

由归约的性质得知 NP-hard 和 NPC 类中的任何问题都至少和 NP 中最困难的问题一样复杂。因此，我们有如下结论：

(1) 如果 NP-hard 中的某个问题 $A \in \mathrm{P}$，那么，$\mathrm{NP} = \mathrm{P}$。

(2) NPC 中存在问题 $A \in \mathrm{P}$ 与 $\mathrm{P} = \mathrm{NP}$ 等价。

显然，NPC 包含在 NP-hard 中。通过归约技术，P 与 NP 是否相等的问题就简化为

NPC 中是否存在某个具体问题属于 P?

确定性图灵机中复杂度类 P，NP，NPC 和 NP-hard 的关系可表示为图 1.6。

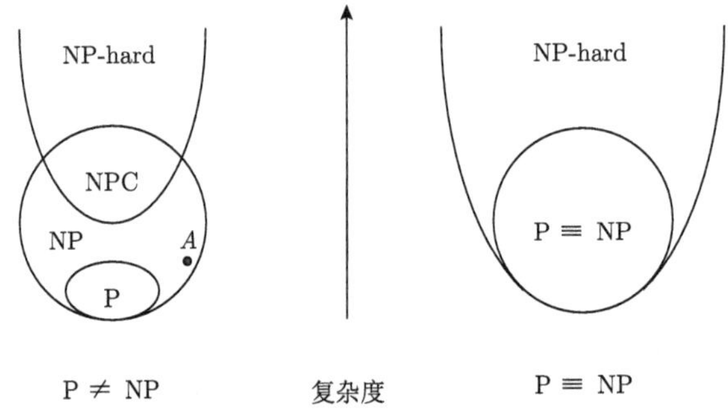

图 1.6　确定性图灵机中不同计算复杂度间的关系：值得注意，在 P≠ NP 时，存在问题 $A \in \mathrm{NP}\backslash\mathrm{P}$，但不属于 NPC

由此可见，NPC 问题对理解 NP 问题与 P 问题间的关系至关重要，那么，NPC 问题存在吗？若存在，哪些问题属于 NPC 问题呢？Cook 和 Levin 独立地证明了 NPC 问题的存在，并给出了第一个 NPC 问题的实例，即如下定理。

定理 1.1.5 (Cook-Levin 定理)　SAT 和 3SAT 问题是 NPC 问题①。

SAT 问题是 Satisfiability 问题的简称，其定义如下。

定义 1.1.8 (SAT 问题)　给定一个包含 n 个变量的布尔函数 $f(x_1, x_2, \cdots, x_n)$: $\{0,1\}^n \Longrightarrow \{0,1\}$（每个变量取值均为 0 或 1），判断是否存在变量 $\{x_i, i = 1, 2, \cdots, n\}$ 的一组取值使布尔函数 $f(x_1, x_2, \cdots, x_n)$ 为真（即 $f(x_1,x_2,\cdots,x_n)$

① 参见文献 S. Cook, Proceedings of the Third Annual ACM Symposium on Theory of Computing (STOC, 1971), p. 151 158 和 L. Levin, Problems of Information Transmission (in Russian), **9**, 115-116 (1973); L. Gaher, PhD Thesis of Saarland University (2020).

= 1)。若存在，就称函数 $f(x_1, x_2, \cdots, x_n)$ 被满足，否则，则称此函数未被满足。

此定理的证明基于 NP 问题的非确定性图灵机的定义（证明可在学习非确定性图灵机的 NP 问题的定义后阅读）。

证明 这里我们简要说明此定理的证明思路。显然，SAT 是 NP 问题：给定变量 x_i, $i = 1, 2, \cdots, n$ 的一个赋值，很容易计算布尔函数 $f(x_1, x_2, \cdots, x_n)$ 的值，并判断其是否为 1。我们只需说明任意 NP 问题均可被归约到 SAT 问题即可。换言之，需将任意一个 NP 问题通过多项式规模的资源映射（编码）到一个 SAT 问题。其映射（编码）过程如下：按 NP 问题的定义，任意 NP 问题 A 都可在多项式时间内（设最大为 n^k）被非确定性图灵机 NT 解决（至少有一个长度为 n^k 的分支状态为“接受”）。我们将非确定性图灵机的某个计算过程总结如表 1.4 所示。

表 1.4 NP 问题计算过程形成的表格: 表中每行表示非确定性图灵机 NT 计算过程中对应时刻的构型

#	s_0	x_0^0	x_1^0	$\cdots$	x_{n-1}^0	x_n^0	#	$\cdots$	#
#	x_0^1	s_1	x_1^1	$\cdots$	x_{n-1}^1	x_n^1	#	$\cdots$	#
#	x_0^2	x_1^2	s_2	$\cdots$	x_{n-1}^2	x_n^2	#	$\cdots$	#
#	$\cdots$	$\cdots$	$\cdots$	$\cdots$	$\cdots$	$\cdots$	$\cdots$	$\cdots$	#

表 1.4 中每行都表示图灵机 NT 计算过程中对应时刻的构型：s_i 表示读写头处于标号为 i 的单元格且状态为 s_i（特别地，s_0 表示初始时读写头处于位置 0 且状态为 s_0）；x_i^j 表示 i 时刻（第 i 个构型）第 j 个单元格上的符号（特别地，$(x_0^0, x_1^0, \cdots, x_n^0)$ 表示输入 $\boldsymbol{x}_{\rm in}$）；符号 # 表示空白单元格。若非确定性图灵机中每次仅左移或右移一个单元格，则表中每行的非空白单元格数目最多为 n^k（n^k 为计算时间，且此表共有 n^k 行）。故整个表格中非空格元素最多为 n^{2k}。每个这样的表格都对应于非确定性图灵机 NT 计算构型树上的一条路径。

下面我们来将表1.4 对应为一个 SAT 问题（一个逻辑表达式）的输入，且使此 SAT 问题的输出值在满足一定条件时为 1。表 1.4 中所有元素均来自集合 $C = \{\#\} \cup S \cup \Sigma$，因此，每个位置上可能的元素最多为 $|C|$ 个。若在表 1.4 上定义一组取值为 0 和 1 的变量:

$$x_{i,j,c} = \begin{cases} 1, & \text{表中位置 } (i,j) \text{ 处的元素为 } c \\ 0, & \text{其他} \end{cases}$$

则这样的变量最多有 $n^{2k} \cdot |C|$ 个（$|C|$ 为常数）。

在变量 $x_{i,j,c}$ 的基础上，我们将 NP 问题的布尔函数 f（即表 1.4）表示为一个布尔函数 $f(x_{i,j,c})$ 值为 1 的 $x_{i,j,c}$ 赋值。为使表 1.4的确表示一个 NP 问题的计算过程，变量 $x_{i,j,c}$ 的取值需满足如下条件:

(1) 每个表格中的元素 c 具有确定性；

(2) 第一行为初始行，且 $\boldsymbol{x}_{\text{in}}$ 为 NP 问题的输入；

(3) 上下两行（构型）之间满足状态转移函数（下一行的构型由上一行的构型通过一步状态转移生成）；

(4) 存在状态为 $s_m = \text{accept}$ 的行。

这些要求可通过变量 $x_{i,j,c}$ 的下列布尔函数实现：

(1) 表格位置 (i,j) 上元素的唯一性可通过要求如下表达式值为 1 来实现：

$$\phi_{i,j} = \underbrace{\left(\vee_{s\in C} x_{i,j,s}\right)}_{\text{保证合法性}} \wedge \underbrace{\left(\vee_{s,t\in C;s\neq t}\left(\overline{x_{i,j,s}} \vee \overline{x_{i,j,t}}\right)\right)}_{\text{保证唯一性}}$$

其中所有位置元素的唯一性由要求 $f_{\text{cell}} = \wedge_{i,j}\phi_{i,j}$ 的值为 1 来实现[①]。

(2) 输入条件通过要求如下布尔表达式值为 1 来确定：

$$\begin{aligned} f_{\text{start}} = & x_{1,1,\#} \wedge x_{1,2,x_1^0} \wedge x_{1,3,x_2^0} \wedge \cdots \wedge x_{1,n,x_{n-1}^0} \\ & \wedge x_{1,n+1,x_n^0} \wedge x_{1,n+2,\#} \wedge \cdots \wedge x_{1,n^k,\#} \end{aligned}$$

(3) 由图灵机中状态转移函数的局域性（读写头只能左移或右移一格，且仅改变读写头及其当前所在方格的状态），它最多改变 3 个方格的状态。因此，两个构型之间的合法性可分解为所有 2×3 的窗口表格的合法性。设窗口表格为表 1.5。

表 1.5 2×3 的窗口表格：根据非确定性图灵机的特性，我们只需考虑此 2×3 的窗口即可

a_1	a_2	a_3
a_4	a_5	a_6

设 a_2 所在的位置为 (i,j)，那么，此窗口表格的合法性可通过要求如下布尔函数值为 1 得到。

$$\begin{aligned} \psi_{\text{window},i,j} = & \vee_{(a_1,\cdots,a_6)\text{合法}} \left(x_{i-1,j,a_1} \wedge x_{i,j,a_2} \wedge x_{i+1,j,a_3}\right. \\ & \left.\wedge x_{i-1,j+1,a_4} \wedge x_{i,j+1,a_5} \wedge x_{i+1,j+1,a_6}\right) \end{aligned}$$

其中所有合法的 $(a_1,\cdots,a_6)$（窗口表格）数目不大于 $|C|^6$。而整个表格（表 1.4）的合法性由所有窗口表格的合法性确定，即如下函数等于 1

$$f_{\text{move}} = \wedge_{0\leqslant i,j\leqslant n^k-1}\psi_{\text{window},i,j}$$

① 逻辑运算 $\wedge$（与）定义为 $x\wedge y = xy$，$\vee$（或）定义为 $x\vee y = x\oplus y\oplus x\cdot y$（$\oplus$ 为 $\mathbb{Z}_2$ 上的加法）。

（4）表格中需出现状态为**接受**的行可通过如下布尔函数等于 1 来实现：

$$f_{\text{accept}} = \vee_{i,j} x_{i,j,\text{accept}}$$

综上，给定非确定性图灵机 NT 和输入 $\boldsymbol{x}_{\text{in}}$，其计算可在多项式时间内约化为布尔函数

$$f = f_{\text{cell}} \wedge f_{\text{start}} \wedge f_{\text{move}} \wedge f_{\text{accept}}$$

在变量 $x_{i,j,c}$ 上的满足问题。 □

任意布尔函数 $f(x_1, x_2, \cdots, x_n)$ 都可表示为一个标准形式, 即如下命题[①]。

命题 1.1.6 任何布尔函数 $f(x_1, x_2, \cdots, x_n)$ 都可表示为合取范式（conjunctive normal form, CNF）：

$$f = f_1(x_1, x_2, \cdots, x_n) \wedge f_2(x_1, x_2, \cdots, x_n) \wedge \cdots \wedge f_m(x_1, x_2, \cdots, x_n)$$

且

$$f_i = \vee_j u_{i_j}$$

其中 $u_{i_j} = x_{i_j}$ 或 $1 \oplus x_{i_j}$。

内容命题中的函数 f_i 称为一个语句（clause）。若 SAT 问题中每个语句 f_i 所包含的变量数目最多为 k 个，则称其为 kSAT 问题（对应的合取范式为 kCNF）。特别地，若每个语句 f_i 中包含的变量个数不超过 3，我们就称此 SAT 问题为 3SAT 问题。

在 SAT 是 NPC 问题的基础上，3SAT 问题为 NPC 问题的证明相对简单，只需证明 SAT 问题可归约为 3SAT 问题即可。

证明 按布尔函数 $f(x_1, \cdots, x_n)$ 的合取范式，它总可以表示成某个 kCNF 形式。因此，只需证明任意 kCNF 形式都可归约为 3CNF 形式即可。首先我们来说明如下结论：4CNF 中的任意语句均可通过添加新变量 y 的方式将其转化为 3CNF 形式。我们以语句

$$g = x_1 \vee x_2 \vee \bar{x}_3 \vee x_4$$

为例来进行构造性说明。为此，构造布尔函数：

$$g_1 \wedge g_2 = (x_1 \vee x_2 \vee y) \wedge (\bar{x}_3 \vee x_4 \vee \bar{y})$$

其中 g_1 和 g_2 均只包含 3 个变量，因此，它具有 3CNF 形式。语句 g 与构造出的布尔函数 $g_1 \wedge g_2$ 之间有如下关系。

（1）如果存在变量 x_i 的赋值使 $g = 1$，那么，一定也存在 y 和 x_i 的赋值使 $g_1 \wedge g_2 = 1$。

① 此命题的证明详见 1.1.3 节。

按“∨”的运算规则，满足 $g=1$ 的变量赋值有三种不同情况，我们分别讨论如下：

- $x_1 \vee x_2 = 1$ 且 $\bar{x}_3 \vee x_4 = 0$，此时, 只需令 $y=0$，则 $g_1 \wedge g_2 = 1$；
- $x_1 \vee x_2 = 0$ 且 $\bar{x}_3 \vee x_4 = 1$，此时, 只需令 $y=1$，则 $g_1 \wedge g_2 = 1$；
- $x_1 \vee x_2 = 1$ 且 $\bar{x}_3 \vee x_4 = 1$，此时无论 $y=0$ 还是 1，都有 $g_1 \wedge g_2 = 1$。

（2）如果对 x_i 的所有赋值 g 均为 0（不存在 x_i 的赋值使 $g=1$），那么，无论 y 取何值，对 x_i 的所有赋值均有 $g_1 \wedge g_2 = 0$。按“∨”的运算规则，$g=0$ 对任意 x_i 的赋值均成立意味着 $x_1 \vee x_2 = 0$ 且 $\bar{x}_3 \vee x_4 = 0$，此时，无论 $y=0$ 还是 1，都有 $g_1 \wedge g_2 = 0$。

由此可见，语句 g 的 SAT 问题与 $g_1 \wedge g_2$ 的 SAT 问题等价。若将这一构造应用于 4CNF 形式中的每一个语句，它就变成了 3CNF 形式。换言之，任意 4SAT 问题均可归约为 3SAT 问题。

类似的构造方法可将任意 $(k+1)$CNF 形式归约为 kCNF 形式，反复使用此方法就可将任意 kSAT 问题归约为 3SAT 问题。 □

那么，相同的构造方法是否可进一步将 3SAT 问题归约为 2SAT 问题呢？答案是否定的，无论将 3CNF 形式中的语句（比如 $g = x_1 \vee \bar{x}_2 \vee x_3$）从哪里分开并添加新的变量都不可能将它归约为 2CNF 形式。事实上，2SAT 问题是一个 P 问题。

在 Cook-Levin 定理基础上，利用归约方法，已证明了一大批问题均为 NPC 问题。一些著名的 NPC 问题之间的归约关系如图 1.7 所示。

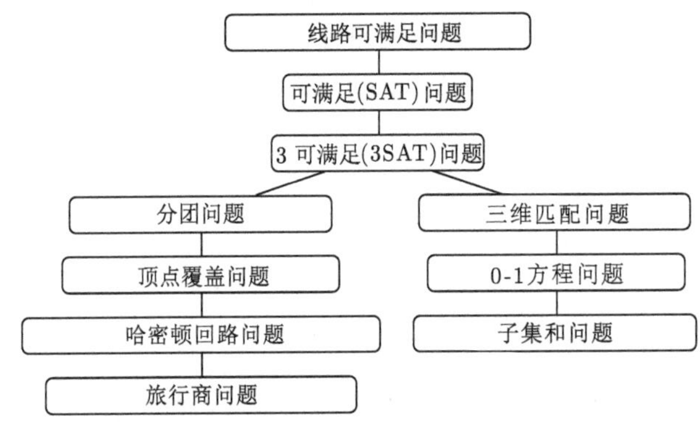

图 1.7　一些著名 NPC 问题之间的归约关系

在确定性图灵机中，除前面定义的几类重要复杂度外，还有一类异常困难的问题，其求解所消耗的时间资源与问题规模呈指数增长。

定义 1.1.9 (EXPTIME 问题)　EXPTIME 问题记为

$$\mathrm{EXPTIME} = \bigcup_k \mathrm{Time}(2^{n^k})$$

其中 $\mathrm{Time}(2^{n^k})$ 表示在确定性图灵机上解决此问题所需时间为 $\mathcal{O}(2^{n^k})$。

EXPTIME 问题常称为难解问题。

2. 空间复杂度

除时间外，空间也是重要的计算资源，它和时间资源在某种意义上可转换。在考虑空间复杂度时，我们仅考虑解决问题所需的最小空间资源，而解决此问题所需要的时间资源可任意大。对一个确定性单带图灵机 T，其判定问题 L 的空间复杂度 $f(n)$ 可严格定义为：解决此问题过程中，读写头在记录带上扫描过的不同方格的数目（显然，此数目与问题的输入长度 n 相关）。因此，空间复杂度类 $\mathrm{SPACE}(f(n))$ 定义如下。

定义 1.1.10 (空间复杂度) 判定问题 L 的空间复杂度为 $\mathrm{SPACE}(f(n))$ 是指：存在确定性图灵机能在 $\mathcal{O}(f(n))$ 空间内对此问题进行判定。

特别地，多项式空间可判定问题 PSPACE 可定义为

$$\mathrm{PSPACE} = \bigcup_k \mathrm{SPACE}(n^k)$$

通过归约方式，我们也可定义它的完全类问题，即 PSPACE-完全问题。

定义 1.1.11 (PSPACE-完全问题) 语言 L（判定问题）被称为 PSPACE-完全问题是指：

（1）PSPACE 中任意问题 A 都可在多项式时间内归约为 L；

（2）$L \in \mathrm{PSPACE}$。

注意：此定义中要求多项式时间内归约，而非多项式空间内可归约。由于状态转移函数的局域性，多项式时间内可归约也一定多项式空间内可归约。

与 NP-完全问题类似，我们需要一个典型的 PSPACE-完全问题。TQBF(true quantified Boolean formula) 问题就是这样一个问题。

量化布尔公式（QBF）是由一组布尔变量 x_i（包括 $\bar{x}_i$），通过逻辑运算 $\wedge$ 和 $\vee$ 以及量词（quantifier）$\forall x_i$（全称量词[①]）和 $\exists x_i$（存在量词[②]）组成的表达式，如

$$B = \forall x_1 \forall x_2 \exists x_3 [(x_1 \vee x_2) \wedge \exists x_4 (\bar{x}_2 \wedge x_3 \wedge x_4)]$$

若 QBF 表达式 B 中的所有自由变量均有一个量词（$\forall$ 或 $\exists$）限定，那么此公式的计算结果就是确定的：真（T）或假 (F)，此时我们称表达式 B 为闭 QBF。反之，若 QBF 表达式 B 中还有自由变量，我们就称 B 为开 QBF。判定一个闭 QBF 是否为真的问题称为 TQBF 问题。与证明 SAT 为 NPC 问题的方法类似，可证

① 表达式对变量的任意取值均为真。

② 存在变量的取值使表达式为真。

明如下定理。

定理 1.1.7 TQBF 是 PSPACE-完全问题。

TQBF 问题作为一个 PSPACE-完全问题在后面证明 PSPACE 与其他计算复杂类（如 IP 类）的关系时将被作为普适代表使用。

空间复杂度问题 PSPACE 与几类时间复杂度问题之间有如下关系（图 1.8）。

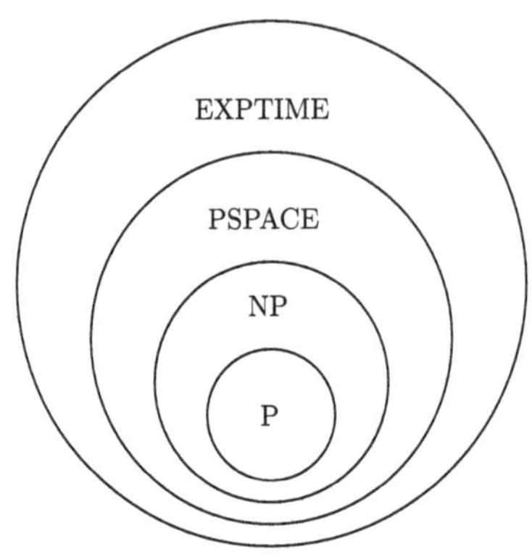

图 1.8 确定性图灵机中空间复杂度问题 PSPACE 与几类时间复杂度问题之间的关系①

闭 QBF 及其算术表达式

每个闭 QBF 都可通过如下方法对应一个算术表达式：

（1）将每一个布尔变量 x_i 换成一个取值为整数的新变量 z_i；

（2）将每个 $\bar{x}_i$（布尔变量 x_i 的非）换为表达式 $1-z_i$；

（3）将逻辑运算 $\wedge$ 换为整数之间的乘法，而把逻辑运算 $\vee$ 换为整数之间的加法；

（4）将全称量词 $\forall x_i$ 换为乘法运算 $\prod_{z_i\in\{0,1\}}$，而将存在量词 $\exists x_i$ 换为求和运算 $\sum_{z_i\in\{0,1\}}$。

如前面的 QBF 表达式 B 可改写为下面的算术表达式：

$$A=\prod_{z_1\in\{0,1\}}\prod_{z_2\in\{0,1\}}\sum_{z_3\in\{0,1\}}\left[(z_1+z_2)\cdot\left(\sum_{z_4\in\{0,1\}}((1-z_2)\cdot z_3\cdot z_4)\right)\right]$$

QBF 表达式 B 的值与其对应的算术表达式 A 之间有如下关系：

① 已假设 $\mathrm{P}\neq\mathrm{NP}$。

命题 QBF 表达式 B 为真的充要条件是它对应的算术表达式 A 不为 0。

当然，QBF 表达式 B 为真时，其算术表达式 A 的值可能非常大。为避免 A 的值随变量数目 n 增长过快，可将 A 的值限制在某个域 $\mathbb{F}_p$ 上并保持 B 的真值与 A 的取值关系不变，即得如下命题。

命题 1.1.8 若 B 是含 n 个变量 x_i 的闭 QBF，其对应算术表达式为 A，那么，存在质数 p（其长度为 n 的多项式）使得

$$B\text{值为真} \Longleftrightarrow A \neq 0 \pmod p$$

1.1.2.2 基于非确定性图灵机的复杂性分类

1. 非确定性图灵机

对任意输入构型 C，确定性图灵机中的状态转移函数使得它能且仅能被转移到唯一构型 C'。若状态转移函数使图灵机的输入构型 C 可转移到多个构型 $C'_1, C'_2, \cdots, C'_k$，则称此图灵机为非确定性图灵机（如无特殊说明设 $k=2$）。

根据非确定性图灵机的性质，其计算过程会形成一棵构型树而非构型链，此构型树（图 1.9）中的每个节点对应图灵机的一个构型。特别地，根节点是此图灵机的起始构型 C_0，而每一个叶子节点都表示此图灵机的一个停机构型 C_f，它可处于“接受”状态，也可处于“拒绝”状态。

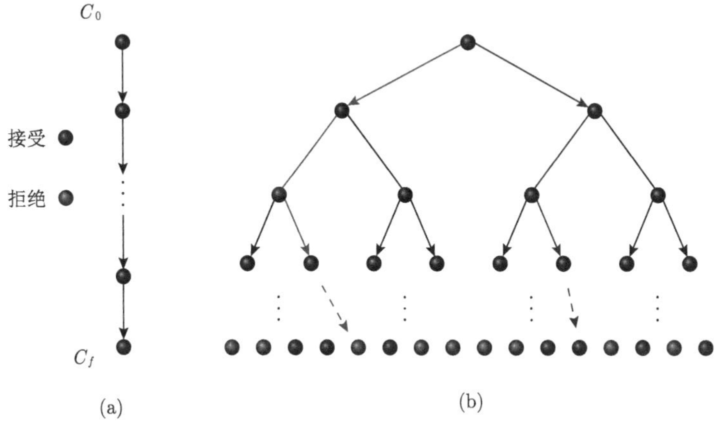

图 1.9 不同图灵机的计算构型图：(a) 为确定性图灵机的计算构型图，每个构型都只能转移到一个确定的构型上，停机状态为“接受”（蓝色）或“拒绝”（红色）；（b）为非确定性图灵机。每个构型都可转移至多个构型（图中为两个），其停机状态仍为“接受”或“拒绝”。红色折线给出了一条停机状态为“拒绝”的计算路径；而蓝色折线给出了一条停机状态为“接受”的计算路径。每条给定路径上的计算都可由一个确定性图灵机实现

不同图灵机之间可相互模拟，如非确定性图灵机就可由确定性图灵机模拟，即有如下定理。

定理 1.1.9　设 $d(n) \geqslant n$，那么，非确定性单带图灵机上时间复杂度为 $d(n)$ 的任意计算，均可被确定性单带图灵机以时间复杂度为 $2^{\mathcal{O}(d(n))}$ 模拟。

证明　确定性图灵机 T 可通过搜索非确定性图灵机 NT 的计算构型树来模拟。设输入 x 的长度为 n，当非确定性图灵机 NT 的计算时间为 $d(n)$ 时，其计算构型树的层数为 $d(n)$。假设此计算构型树上任意节点的子节点数均不超过 a 个（a 的大小由非确定性图灵机的状态转移函数决定，按前面的约定一般令 $a=2$），则计算构型树叶子节点数最多为 $a^{d(n)}$ 个。如果从根节点开始搜索每一个节点，最多只需 $d(n)$ 步，而整棵计算构型树上的节点数目不大于

$$1+a+a^2+\cdots+a^{d(n)}=\frac{a^{d(n)+1}-1}{a-1}\leqslant a^{d(n)+1}-1<a^{d(n)+1}\quad(a\geqslant 2)$$

因此，用确定性图灵机模拟这棵计算构型树的步骤不超过 $\mathcal{O}(d(n)a^{d(n)+1})=2^{\mathcal{O}(d(n))}$。 □

由此可见，确定性图灵机模拟非确定性图灵机需要呈指数增长的时间，这也从一个侧面表明不同图灵机对同一问题的计算效率可能不同。

在 Cook-Levin 定理的证明中已提到，NP 问题可通过非确定性图灵机来定义。实际上，NP 就是 Non-deterministic Polynomial-time 的缩写，它表示可被非确定性图灵机在多项式时间内求解的问题。NP 问题可形式地定义为

$$\mathrm{NP}=\bigcup_k \mathrm{Ntime}(n^k)$$

其中语言（判定问题）$L\in \mathrm{Ntime}(n^k)$ 是指：存在非确定性图灵机 NT，使得对任意输入 $x\in L$，在计算构型树深度 $\mathcal{O}(n^k)$ 内至少存在一个状态为“接受”的叶子节点。

在确定性图灵机中，计算时间通过计算过程所形成的构型链长度来定义；在非确定性图灵机中，计算时间也同样地可通过构型树中路径的长度来定义。非确定性图灵机 NT 生成的构型树中，每个叶子节点均对应于一条从根节点到此叶子节点的路径 r（$r\in\{0,1\}^{d(n)}$，$d(n)$ 是对应路径的长度），且将此叶子节点上的停机状态表示为 $\mathrm{NT}(x,r)$（其中 x 为输入，$\mathrm{NT}(x,r)=1$ 表示“接受”状态，而 $\mathrm{NT}(x,r)=0$ 表示“拒绝”）。按此表示，NP 问题和 co-NP 问题可重新表述为图 1.10。

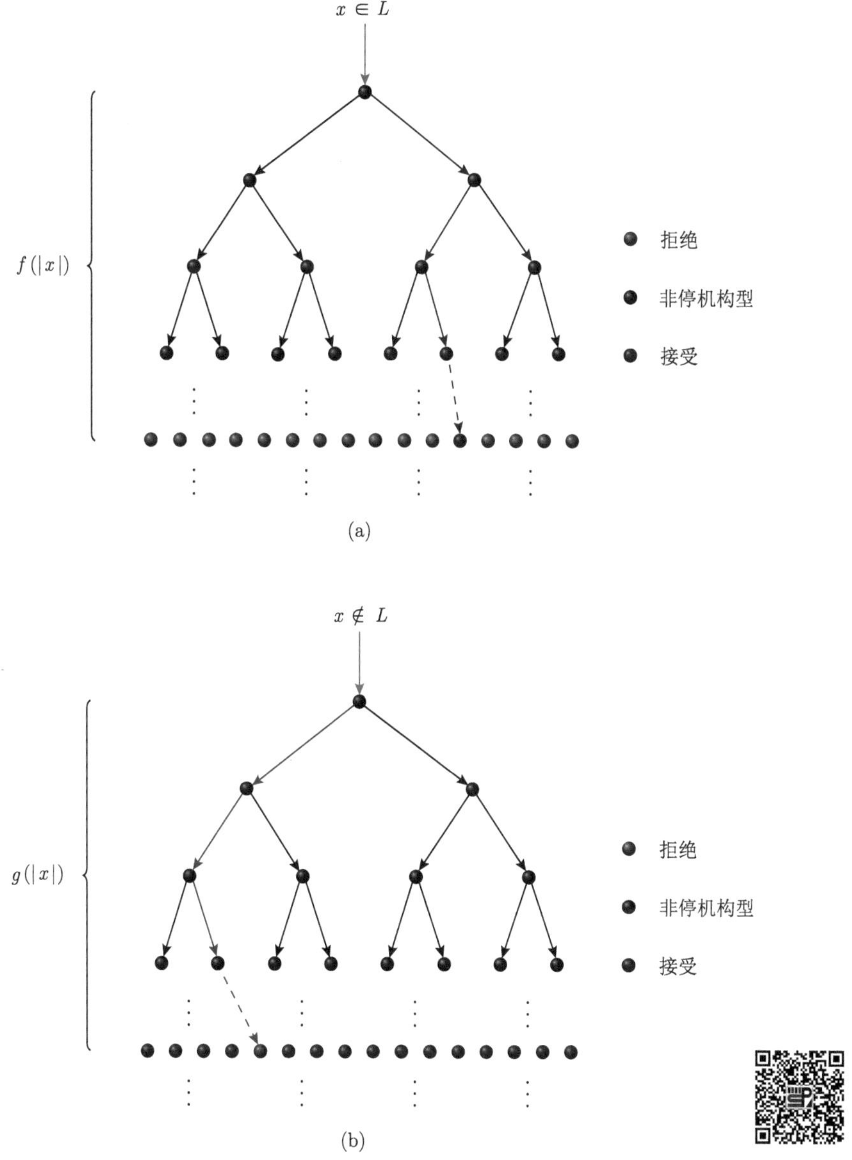

图 1.10 NP 与 co-NP 对应的构型树：蓝色球表示处于“接受”状态的叶子节点；红色球表示处于“拒绝”状态的叶子节点；黑色球表示图灵机计算的中间构型（非停机构型）。(a) 对任意输入 $x \in L$, NP 问题的计算构型树存在一个长度为 $f(|x|)$（$f(n)$ 为多项式函数）、状态为“接受”的叶子节点；(b) 对任意输入 $x \notin L$，co-NP 问题的计算构型树存在一个长度为 $g(|x|)$（$g(n)$ 为多项式函数）、状态为“拒绝”的叶子节点

定义 1.1.12 (NP 问题)　语言 $L \in \mathrm{NP}$ 是指：存在非确定性图灵机 NT 使得对任意 $x \in L$ 都有一条长度最多为 $\mathrm{poly}(|x|)$ 的路径 r 使得 $\mathrm{NT}(x,r)=1$（接受）。

语言 $L \in \text{co-NP}$ 是指：存在非确定性图灵机 NT 使得对任意 $x \notin L$ 都有一条长度最多为 $\mathrm{poly}(|x|)$ 的路径 r 使得 $\mathrm{NT}(x,r)=0$（拒绝）。

而 r 对应路径上的状态转移就是用确定性图灵机对结果进行验证时需使用的状态转移函数。

对 NP 问题，我们仅关心其多项式时间解（处于“接受”状态的叶子节点）的存在性；而在某些情况下，我们不仅关心多项式时间解的存在性，同时也关心多项式时间解的个数（多项式非确定性图灵机构型树中处于“接受”状态叶子节点的数目），这就涉及计数（counting）复杂度 #P。

定义 1.1.13 (#P 问题)　函数 $f:\{0,1\}^n \Longrightarrow \mathbb{N}$ 属于 #P 是指：存在多项式时间的非确定性图灵机 NT（计算构型树层数 $d(x)$ 与输入规模 n 呈多项式关系），使得对任意输入 $x\in\{0,1\}^n$，$f(x)$ 都等于此计算构型树中处于“接受”状态的叶子节点数目，即

$$f(x)=\sum_{r\in\{0,1\}^{d(n)}} \mathrm{NT}(x,r)$$

通过定义可见，#P 问题严格难于 NP 问题。利用归约关系（定义1.1.5）可进一步定义新的计数复杂度。

定义 1.1.14 (#P-hard 问题)　若所有 #P 问题都可在多项式时间内归约到问题 A，则称问题 A 为 #P-hard 问题。

定义 1.1.15 (#P-完全问题)　若所有 #P 问题都可在多项式时间内归约到问题 A，且 A 本身也是 #P 问题，则称问题 A 为 #P-完全问题。

与 NPC 问题一样，#P-完全问题也是 #P 问题中最困难的部分，找到一个 #P-完全问题的实例对研究计数问题具有重要意义。对此，我们有如下重要定理。

定理 1.1.10 (Valiant 定理)　积和式（permanent）是 #P-完全问题[①]。

积和式的定义与矩阵行列式在形式上非常类似。为便于理解，我们先来看一个 $m\times m$ 矩阵 A 的行列式，定义为

$$\det(A)=\sum_{\sigma\in S_m}(-1)^{\mathrm{sgn}(\sigma)}\prod_{i=1}^{m}a_{i,\sigma(i)}$$

其中 S_m 表示 m 阶置换群，σ 是 S_m 中的元素。利用拉普拉斯展开、LU 分解（高斯消元法）或 Bareiss 算法等，行列式的计算都可在 $\mathcal{O}(n^3)$ 时间复杂度内完成。

① 参见文献 L. G. Valiant, Theor. Comput. Sci. 8, 189-201 (1970).

置换群

置换群是有限群的标准模板群，任意有限群都与一个置换群同构。一般地，一个 m 阶置换群中的元素 σ 可表示为

$$\sigma = \begin{pmatrix} a_1, a_2, a_3, \cdots, a_m \\ b_1, b_2, b_3, \cdots, b_m \end{pmatrix}$$

其中 b_i 是 a_i 在置换 σ 下的像。m 阶置换群有 $m!$ 个元素，与 $1, 2, \cdots, m$ 的不同排列一一对应，因此，置换群中的元素也常表示为

$$\sigma = \begin{pmatrix} 1, 2, 3, \cdots, m \\ \alpha_1, \alpha_2, \alpha_3, \cdots, \alpha_m \end{pmatrix}$$

其中 $\alpha_1, \alpha_2, \alpha_3, \cdots, \alpha_m$ 是 $1, 2, \cdots, m$ 的一个排列（常用 $(\alpha_1, \alpha_2, \alpha_3, \cdots, \alpha_m)$ 直接表示群元素 σ）。可以证明，任意置换群中的元素 σ 均可表示为一系列对换操作 (a_i, a_j) 的乘积，其中对换操作 (a_i, a_j) 表示将 a_i 位置和 a_j 位置上的数对换。将一个置换群元 σ 表示为对换的乘积，其形式并不唯一，但不同表示中对换操作次数的奇偶性（称之为置换元 σ 的奇偶性）保持不变。而行列式表达式中的 $\mathrm{sgn}(\sigma)$ 就是置换元 σ 的奇偶性（奇为 1，偶为 0）。

例 6 阶置换群 S_6 中的元素：

$$(1, 3, 5, 4, 2, 6)$$

可由不同的置换产生，如

$$(1, 2, 3, 4, 5, 6) \xrightarrow{(2,3)} (1, 3, 2, 4, 5, 6) \xrightarrow{(3,5)} (1, 3, 5, 4, 2, 6)$$

$$(1, 2, 3, 4, 5, 6) \xrightarrow{(2,5)} (1, 5, 3, 4, 2, 6) \xrightarrow{(2,3)} (1, 3, 5, 4, 2, 6)$$

或

$$\begin{aligned} (1, 2, 3, 4, 5, 6) &\xrightarrow{(2,5)} (1, 5, 3, 4, 2, 6) \xrightarrow{(3,4)} (1, 5, 4, 3, 2, 6) \\ &\xrightarrow{(2,3)} (1, 4, 5, 3, 2, 6) \xrightarrow{(2,4)} (1, 3, 5, 4, 2, 6) \end{aligned}$$

可以看出，这些不同置换表示都具有相同的奇偶性（2 个和 4 个）。

若去掉行列式定义中的相位 $(-1)^{\mathrm{sgn}(\sigma)}$，我们就得到了积和式的定义

$$\mathrm{Perm}(A) = \sum_{\sigma \in S_m} \prod_{i=1}^{m} a_{i,\sigma(i)}$$

行列式与积和式的定义尽管形式上很像，但它们的计算复杂度却有天壤之别。前面已经提到，行列式的计算可在多项式时间内完成（复杂度为 $\mathcal{O}(n^3)$ 甚至可利用快速矩阵乘法改进到 $\mathcal{O}(n^{2.373})$）。然而，Valiant 证明积和式的求值是一个 #P-完全问题（即使矩阵元随机取值于集合 $\{0,1\}$，它也是一个 #P-完全问题，且在平均事例（average case）下其计算都是很困难的[①]）。按完全类问题的定义，任何 #P 中的计数问题都能在多项式时间内归约到积和式的求值问题上。到现在为止，积和式求值的最优算法仍随输入规模 $|x|$ 呈指数增长。

例 1.6　二部图完美匹配与积和式

若图 $G=\{V,E\}$ 的顶点集合 V 可表示为 $V_A\cup V_B$，且 E 中任意边 e 的顶点都分属 V_A 和 V_B，我们就称图 G 为二部图。二部图 G 的匹配 $M\subseteq E$ 是一个满足如下条件的边集合：任意两条 M 中的边都没有公共顶点。如果 M 还正好覆盖了 G 中所有顶点 V（V 中顶点都在 M 的某条边上），则称 M 为二部图 G 的一个完美匹配（图 1.11）。

对二部图中完美匹配的数目，我们有如下定理。

定理　*二部图 G 中完美匹配的数目与图 G 相邻矩阵 Γ 的积和式*

$$\mathrm{Perm}(\Gamma)=\sum_{\sigma\in S_n}\prod_i\Gamma_{i,\sigma(i)}$$

相等。

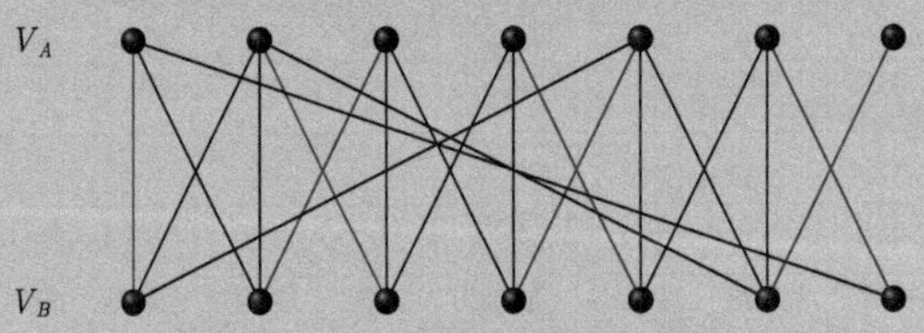

图 1.11　二部图：二部图的顶点分为 V_A（上面一排）和 V_B（下面一排），边仅连接 V_A 和 V_B 中的顶点。图中红色边形成二部图的一个完美匹配

在计数类问题 #P 的基础上可定义 GapP 函数类，它在研究量子计算中不同 Feynman 路径的干涉（量子线路输出量子态的振幅）时将起重要作用。

定义 1.1.16 (GapP 函数)　*函数 $f(x):\Sigma^*\Longrightarrow\mathbb{Z}$ 被称为 GapP 函数是指：对任意 $x\in\Sigma^*$ 都存在函数 $g(x)$，$h(x)\in$ #P 使得 $f(x)=g(x)-h(x)$。*

① 积和式计算包含一类问题，并非每个特定的问题都是困难的。当矩阵元从 $\{0,1\}$ 中随机取值，得到困难事例的概率较大时，我们就称它在平均事例下困难。玻色采样问题的困难性证明需用到此特征。

其中 $\mathbb{Z}$ 是整数集。特别地，一个非确定性多项式图灵机 NT 的构型树中状态为“接受”的叶子节点数目与状态为“拒绝”的叶子节点数目之差是一个 GapP 函数，常记为 gap(NT)。GapP 函数在减法、加法以及最多多项式个乘法运算下保持封闭。在量子计算部分我们将看到量子线路的振幅与 GapP 函数关系密切。

2. 概率图灵机

在非确定性图灵机中仅关心不同状态转移的存在性，并不关心不同状态转移的细节。如果非确定性图灵机中不同状态转移按某个给定的概率发生，则称这样的非确定性图灵机为概率图灵机。显然，任意非确定性图灵机都可通过概率图灵机模拟。在最简单的情况下，概率图灵机的状态转移函数作用到任一构型上仅产生两个可能的新构型（按某个概率出现），设它们对应于读写头的左移或右移（如无特殊说明，后面的概率图灵机均指这种概率图灵机）。因此，概率图灵机的状态转移函数表示为

$$\delta : S \times A \to S \times A \times \gamma$$

S 表示读写头的状态集合，A 表示记录带的符号集合，γ 表示读写头的移动（左移或右移）。概率图灵机中每一步计算的前面部分都与确定性图灵机相同，直到一个操作周期结束需决定读写头左移还是右移时，才需引入一个额外的概率过程（比如投掷一枚“公正”的硬币）来实现。

按概率图灵机定义，其计算构型树为二叉树，不失一般性，设概率图灵机读写头左移和右移的概率分别为 ω 和 $1-\omega$。此时，计算构型树上的每个叶子节点（由连接此叶子节点与根节点路径的比特串 r 表示）都对应一个概率。因此，概率图灵机 PT 对每个输入 x 都可定义“接受”概率 $\mathbb{P}_{\text{accept}}$，它等于所有状态为“接受”的叶子节点上的概率之和：

$$\mathbb{P}_{\text{accept}}(x) = \sum_{\text{PT}(x,r_i)=1(\text{接受})} P(x, r_i)$$

其中比特串 r_i 表示叶子节点 i 对应的路径，而 $P(x, r_i)$ 表示叶子节点 i 出现的概率

$$P(x, r_i) = \omega^{n_1(r_i)}(1-\omega)^{n_0(r_i)}$$

(其中 $n_k(r_i)$ 表示比特串 r_i 中 k①出现的次数)。特别地，若 $\omega = \dfrac{1}{2}$，那么，每个状态为“接受”的叶子节点出现的概率均为 $P(r) = \dfrac{1}{2^m}$（仅与路径长度 m 相关）。

① $k=0$ 表示读写头左移，$k=1$ 表示读写头右移。

此时，输入 x 的总接受概率为

$$\mathbb{P}_{\text{accept}}(x) = \frac{N_{\text{acc}}}{2^m} = \frac{1}{2^m} \sum_{r\in\{0,1\}^m} \text{PT}(x_{\text{in}}, r) \tag{1.6}$$

其中 N_{acc} 是处于“接受”状态的叶子节点数目，因此，求此概率是一个 #P 问题。

通过不断重复概率图灵机的计算，当重复次数足够多时，总能得到一个停机状态为“接受”的解。若 $\mathbb{P}$ 本身并不依赖于输入问题的规模 $|x|$，或与 $|x|$ 的依赖关系为 $\mathbb{P}_{\text{accept}} = \mathcal{O}(1/\text{poly}(|x|))$，则我们可在多项式时间内获得答案。

基于概率图灵机中“接受”和“拒绝”的概率，可定义不同的复杂类。一类被称为 **BPP**（bounded-error probability polynomial-time）的计算复杂类定义如下。

定义 1.1.17 (BPP 问题) 语言 L（判定问题）属于 BPP 问题是指：存在多项式时间的概率图灵机 PT，使得对任意 $x \in L$ 的“接受”概率 $\mathbb{P}_{\text{accept}}(x)$ 不小于 $\frac{2}{3}$；而对于任意 $x \notin L$ 的“接受”概率 $\mathbb{P}_{\text{accept}}(x)$ 不大于 $1-\frac{2}{3}$。

事实上，概率 $\frac{2}{3}$ 可改为满足如下条件的任意正数 P_0：

$$\frac{1}{2} + \frac{1}{\text{poly}(|x|)} \leqslant P_0 \leqslant 1 - 2^{-\text{poly}(|x|)} \tag{1.7}$$

（其中 $\text{poly}(|x|)$ 表示输入问题规模的多项式），而不改变对应复杂类。复杂类中的 B（bounded）就是指“接受”概率 P_0 要满足不等式（1.7）。

若 P_0 满足不等式（1.7），利用 Chernoff bound 可以证明最多通过重复运行概率图灵机多项式次就可达到设定的概率 $\frac{2}{3}$。

例 1.7 Chernoff bound

定理 1.1.11 (Chernoff bound [a]) 令 $X_1, X_2, \cdots, X_m$ 是取值为 $\{0,1\}$ 的独立变量，$X = \sum_{i=1}^{m} X_i$ 且 X 的期望值为 μ，则

$$\mathbb{P}(X \geqslant (1+\delta)\mu) \leqslant e^{\frac{-\delta^2\mu}{2+\delta}}$$

且

$$\mathbb{P}(X \leqslant (1-\delta)\mu) \leqslant e^{\frac{-\delta^2\mu}{2}}$$

其中 $\delta > 0$。

若将变量 X_i 对应于概率图灵机第 i 次计算的状态（1 对应“接受”，0 对应“拒绝”）。利用 Chernoff bound 定理可知：运行结果对期望值的偏差

随重复次数 m 指数减小。

ⓐ 参考文献 H. Chernoff, Ann. Math. Stat. **23**, 493-507 (1952).

显然，P 问题是 BPP 问题的一个子集（确定性图灵机是概率图灵机的特例）。然而，P 问题是否等价于 BPP 问题以及 BPP 问题与 NP 问题之间的关系仍悬而未决。看起来 NP 问题和 BPP 问题都基于非确定性图灵机进行定义（概率图灵机属于非确定性图灵机），它们之间的关系好像比较容易确定。然而，从 BPP 问题的定义中可以看到，它对 $x \in L$ 和 $x \notin L$ 两种情况下的接受（拒绝）概率都进行了限制，而在 NP 或 co-NP 定义中都仅关心其中一种情况下的存在性（无概率限制）。

多项式恒等检测问题是一个著名的 BPP 问题，但它是否为 P 问题仍悬而未决。

例 1.8 多项式恒等检测问题 (polynomial identity testing, PIT)

定义 (PIT 问题) 给定一个多项式 $p(\boldsymbol{x})$，判断其是否恒等于 0。

此处恒等于 0 是指其每个单项式前的系数均为 0。此问题是一个 BPP 问题，它的 BPP 算法基于如下的 Schwartz-Zippel 引理[a]。

引理 设 $p(\boldsymbol{x})$ 是一个定义在域 $\mathcal{F}$ 上的 n 元 d 次多项式，如果它不恒等于 0，那么，对任意集合 $S \subseteq \mathcal{F}$ 有

$$\mathbb{P}_{x_{i=1,\cdots,n} \in S}[p(x_1, x_2, \cdots, x_n) = 0] \leqslant \frac{d}{|S|}$$

其中 $|S|$ 表示集合 S 中元素的个数。

证明 此引理可通过对变量数目进行归纳法证明。

(1) 当 $k = 1$ 时，$p(\boldsymbol{x})$ 是一元 d 次方程，根据代数基本定理，它最多有 d 个根。因此，引理成立。

(2) 假设当 $k = n-1$ 时，引理也成立，那么，当 $k = n$ 时，将多项式 $p(\boldsymbol{x})$ 按变量 x_n 整理

$$p(x_1, x_2, \cdots, x_n) = \sum_{i=0}^{d} p_i(x_1, x_2, \cdots, x_{n-1}) x_n^i$$

其中，$p_i(x_1, x_2, \cdots, x_{n-1})$ 是含有 $n-1$ 个变量、最多为 $d-i$ 次的多项式。

若 $p_i(x_1, x_2, \cdots, x_{n-1})$ 中仅 $p_0(x_1, x_2, \cdots, x_{n-1})$ 非零，那么，对 x_n 在 S 中的任意取值，$p(x_1, x_2, \cdots, x_n) = 0$ 的概率直接等于函数 $p_0(x_1, x_2, \cdots, x_{n-1}) = 0$ 的概率。而 $p_0(x_1, x_2, \cdots, x_{n-1})$ 是一个最多为 d 次的 $n-1$ 元多项式。按假设引理成立。

假设某个 $i>0$ 的 $p_i(x_1,x_2,\cdots,x_{n-1})$ 非 0（设 i 为满足此条件的最小值），那么，由于 $p_i(x_1,x_2,\cdots,x_{n-1})$ 最多为 $d-i$ 次的 $n-1$ 元多项式，按假设，在 S 中随机选取变量值使它等于 0 的概率为 $\dfrac{d-i}{|S|}$。一旦确定了 $n-1$ 个变量 $x_1,x_2,\cdots,x_{n-1}$ 的值，所有 $p_j(x_1,x_2,\cdots,x_{n-1})$（包括 $p_i(x_1,x_2,\cdots,x_{n-1})$）的值就完全确定了，换言之，多项式 $p(\boldsymbol{x})$ 就变成了变量 x_n 的 i 次方程。按假设，随机选取 x_n 使其为 0 的概率为 $\dfrac{i}{|S|}$。综合可知，$p(x_1,x_2,\cdots,x_n)=0$ 的总概率上限为 $\dfrac{d-i}{|S|}+\dfrac{i}{|S|}=\dfrac{d}{|S|}$。

因此，当 $k=n$ 时，引理也成立。

(3) 按归纳法，引理成立。 □

特别地，若域 $\mathcal{F}$ 为 $\mathcal{F}_q$（其中 q 为一个大的质数），那么，一个 d 次多项式 $p(\boldsymbol{x})$ 在 $\mathcal{F}_q^n$ 上取值并使 $p(\boldsymbol{x})=0$ 的概率最多为 $\dfrac{d}{q}$。基于此，多项式恒等检测问题有如下随机算法。

Schwartz-Zippel PIT 算法

输入 n 元 d 次多项式 $p(x_1,x_2,\cdots,x_n)$:

（1）选择一个质数 q, 使得 $2d^c<q(c\geqslant 1)$。

（2）在 $\mathcal{F}_q^n$ 中等概率选取 $\alpha_1,\alpha_2,\cdots,\alpha_n$。

（3）如果 $p(\alpha_1,\alpha_2,\cdots,\alpha_n)=0$，接受；否则，拒绝。

显然，若出现 $p(\alpha_1,\alpha_2,\cdots,\alpha_n)\neq 0$，$p(x)$ 一定会被“拒绝”。而当 $p(x)\neq 0$，却被“接受”的概率通过 Schwartz-Zippel 引理可知：对随机选取的变量 $\alpha_1,\alpha_2,\cdots,\alpha_n$，$p(x)=0$（接受）的概率上限为 $\dfrac{d}{2d^c}=\dfrac{1}{2d^{c-1}}\leqslant\dfrac{1}{2}$。通过增加采样数可有效降低错误概率。由此可见，PIT 是 BPP 问题[b]。此随机算法非常简单，当然，人们更希望能找到去除随机性后的多项式算法 (P 算法)，但迄今还未成功。

[a] 参见文献 R. A. DeMillo, R. J. Lipton, Inform. Process. Lett. **7**, 193-195 (1978); R. Zippel, Lec. Notes Comput. Sc. **72**, 216-226 (1979); J. Schwartz, J. ACM, **27**, 701-717 (1980).

[b] 事实上，PIT 算法是一个 RP（randomized polynomial time）算法。语言 L 属于 RP 是指存在多项式时间的概率图灵机 PT，使得 $x\notin L$ 时，图灵机 PT 总是输出“拒绝”；$x\in L$ 时，图灵机 PT 输出“接受”的概率不大于 1/2。而 RP 问题都属于 BPP 问题。

例 1.9　二部图完美匹配存在性

如果我们仅关心二部图 G（1.1.2.2 节）是否存在完美匹配而不关心具体有多少个完美匹配，那么，它是一个 BPP 问题[a]。为此，对二部图 G 定义 Tutte 矩阵：

$$A=\begin{bmatrix} a_{11} & a_{12} & \cdots & a_{1n} \\ a_{21} & a_{22} & \cdots & a_{2n} \\ \vdots & \vdots & & \vdots \\ a_{n1} & a_{n2} & \cdots & a_{nn} \end{bmatrix}$$

其中

$$a_{ij}=\begin{cases} x_{ij}, & ij\in E \\ 0, & ij\notin E \end{cases}$$

此时行列式 det(A) 就是变量 x_{ij} 的多项式，对此行列式有如下结论。

命题 $\det(A)=0$ 与二部图 G 无完美匹配等价。

换言之，我们对 det(A) 进行多项式恒等检验就能判断 G 是否有完美匹配。而 PIT 是 BPP 问题。

ⓐ 它可化为前面的多项式恒等检测问题。

若放宽 BPP 问题中对概率图灵机接受概率 P_0 的限制（不等式（1.7）），我们可得到另一个重要的复杂类：

定义 1.1.18 (PP 问题) 一个语言 L 属于 PP 问题是指：存在一个多项式时间概率图灵机 PT 使得

（1）若输入 $x\in L$，那么，PT 的接受概率 $\mathbb{P}_{\text{accept}}$ 严格大于它的拒绝概率 $\mathbb{P}_{\text{reject}}$，即 $\mathbb{P}_{\text{accept}}\geqslant P_0>1/2$。

（2）若输入 $x\notin L$，那么，PT 的拒绝概率 $\mathbb{P}_{\text{reject}}\geqslant P_0>1/2$。

此时的概率 P_0 只要求大于 1/2, 不要求大于 $\dfrac{1}{2}+\dfrac{1}{\text{poly}(n)}$，换言之，它与 1/2 的差可随系统规模呈指数减小。显然，BPP 问题属于 PP 问题。

当概率图灵机中两个状态转移的概率相等 $\left(\text{均为}\dfrac{1}{2}\right)$ 时，其接受概率可用式（1.6）表示。此时，PP 问题可通过处于“接受”状态的叶子节点数多于处于“拒绝”状态的叶子节点数来定义[①]，即要求 GapP 函数（定义 1.1.16）gap(PT) 大于零。事实上，PP 问题可直接通过 GapP 函数来定义。

定义 1.1.19 (PP 问题的另一种定义) 语言 L 属于 PP 类是指：存在函数 $f(x)\in \text{GapP}$ 使得

（1）$x\in L$，$f(x)>0$；

（2）$x\notin L$，$f(x)<0$。

① BPP 问题也可基于此概率图灵机定义。

尽管 NP 和 BPP 之间的关系悬而未决，但 PP 与 NP 问题有如下关系：

定理 1.1.12　NP $\subseteq$ PP。

证明　由于任意 NP 问题都可在多项式时间内归约到 SAT 问题，我们只需说明 SAT 问题属于 PP 问题即可。事实上，SAT 问题（$f:\{0,1\}^n \Longrightarrow \{0,1\}$ 是否存在 $f(x)=1$ 的解）可按如下随机方法转化为 PP 问题。

将 $x \in \{0,1\}^n$ 等概率地输入函数 f，根据 $f(x)$ 的值按如下规则接受或拒绝：

（1）若 $f(x)=1$，直接接受；

（2）若 $f(x)\neq 1$，以 $\frac{1}{2}-\frac{1}{2^{n+1}}$ 的概率接受，并以 $\frac{1}{2}+\frac{1}{2^{n+1}}$ 的概率拒绝。

按此设定，我们来计算在不同情况下接受和拒绝的概率：

（1）若存在 x 使得 $f(x)=1$，那么，接受概率至少为

$$\left(\frac{1}{2}-\frac{1}{2^{n+1}}\right)\left(1-\frac{1}{2^n}\right)+\frac{1}{2^n}=\frac{1}{2}+\frac{1}{2^{2n+1}}>\frac{1}{2}$$

（2）若不存在 x 使得 $f(x)=1$，即对所有 x 有 $f(x)\neq 1$。那么，拒绝概率为 $\frac{1}{2}+\frac{1}{2^{n+1}}>\frac{1}{2}$。

按 PP 问题的定义，这是一个 PP 问题。　□

PP 与 PSPACE 的关系也有如下定理。

定理 1.1.13

$$\text{PP} \subseteq \text{PSPACE}$$

证明　设多项式概率图灵机 PT 形成的计算构型树深度最多为 $\text{poly}(|x|)$，则构型树的每条路径都可用 $r \in \{0,1\}^{\text{poly}(|x|)}$ 表示。对任意输入 x 和给定路径 r，计算结果 $\text{PT}(x,r)$ 都可通过一个多项式时间的确定性图灵机计算。而多项式时间的确定性图灵机一定属于 PSPACE。当然，要完整地模拟多项式概率图灵机的结果，对任意输入 x，都需模拟所有路径 r，这需呈指数增长的时间。　□

1.1.2.3　Oracle 图灵机与多项式层谱

Oracle 图灵机

与无 Oracle 的图灵机相比，Oracle 图灵机有一条额外的 Oracle 记录带，且在图灵机读写头状态集 S 中新增三个与 Oracle 相关的状态：$\{\text{query}, \text{yes}, \text{no}\}$（这些状态仅出现在计算过程中，停机状态仍为“接受”和“拒绝”）。因此，Oracle 图灵机的构型表示为

$$C=(s;a_{\text{o}},\boldsymbol{a};p_{\text{o}},\boldsymbol{p};x_{\text{in}};y_{\text{out}})$$

其中 a_{o} 表示 Oracle 记录带上的信息，而 p_{o} 表示读写头在 Oracle 记录带上的位置。

当图灵机的构型为

$$C = (\text{query}; a_\text{o}, \boldsymbol{a}; p_\text{o}, \boldsymbol{p}; x_\text{in}; y_\text{out})$$

即读写头状态为 query 时，我们称 Oracle 被调用，此时 Oracle 图灵机的下一个构型 C' 与 Oracle 密切相关，即

$$C' = \begin{cases} (\text{yes}; e, \boldsymbol{a}; 0, \boldsymbol{p}; x_\text{in}; y_\text{out}), & a_\text{o} \in A \\ (\text{no}; e, \boldsymbol{a}; 0, \boldsymbol{p}; x_\text{in}; y_\text{out}), & a_\text{o} \notin A \end{cases}$$

其中 e 表示 empty，A 为满足 Oracle 条件的集合。根据 Oracle 记录带上的输入 a_o 是否属于 A，读写头的状态变为“yes”或“no”。等读写头状态（yes 或 no）确定后，将 Oracle 记录带清零（等待下一次调用），同时 Oracle 记录带上的读写头重置到位置 0。在非 Oracle 调用情况下，Oracle 图灵机的运行与非 Oracle 图灵机相同。

根据 Oracle 图灵机中的计算构型树的不同可定义不同的复杂类。

定义 1.1.20 (P^A 复杂类) 语言 L（判定问题）称为 P^A 问题是指：对任意输入 $x \in L$，存在确定性 Oracle 图灵机 T，使得基于 Oracle A 的计算构型链长度与输入规模 $|x|$ 呈多项式关系，且停机状态为“接受”；对任意输入 $x \notin L$，存在确定性 Oracle 图灵机 T，使得基于 Oracle A 的计算构型链长度与输入规模 $|x|$ 呈多项式关系，且停机状态为“拒绝”。

类似地可以定义与 NP 复杂类对应的问题。

定义 1.1.21 (NP^A 复杂类) 语言 L（判定问题）称为 NP^A 问题是指：对任意 $x \in L$，存在非确定性 Oracle 图灵机，使得基于 Oracle A 的多项式计算构型树中有处于“接受”状态的叶子节点。

根据前面两类问题的定义，Oracle 的调用次数与输入问题规模 $|x|$ 最多呈多项式关系。前面的定义仅针对某个 Oracle A 进行，且未对 Oracle 的计算复杂度进行任何限制。事实上，此定义可扩张到具有任意计算复杂度的语言类 L 上，即可定义复杂类：

$$\text{P}^L = \bigcup_{A \in L} \text{P}^A$$

$$\text{NP}^L = \bigcup_{A \in L} \text{NP}^A$$

利用 Oracle 复杂类的定义，我们有如下定理。

定理 1.1.14 $\text{P}^{\text{PP}} = \text{P}^{\#\text{P}} = \text{P}^{\text{GapP}}$①。

证明 首先来证明以 #P 中问题为 Oracle 可有效模拟 PP 问题。对任意输

① 参见文献 S. Toda, SIAM J. Comput. **20**, 865-877 (1991).

入 $x \in L \in \mathrm{PP}$，调用 #P 中 Oracle 可获得 PP 问题对应的（多项式时间）概率图灵机 PT 中处于“接受”状态的叶子节点数目，进而可直接得到接受概率（状态为“接受”的叶子节点数/总叶子节点数）大于 $\dfrac{1}{2}$；相同地，对输入 $x \notin L \in \mathrm{PP}$，也可通过调用 #P 中 Oracle 直接获得其接受概率小于 $\dfrac{1}{2}$。因此，一定有 $\mathrm{P}^{\mathrm{PP}} \subseteq \mathrm{P}^{\#\mathrm{P}}$。

其次来证明调以 PP 中问题为 Oracle 可有效模拟 #P 问题。对任意输入 $x \in L \in \#\mathrm{P}$，调用 PP 中 Oracle 可判定 #P 问题对应概率图灵机 PT 的接受概率 $\mathbb{P}_{\text{accept}}$ 是否大于 $\dfrac{1}{2}$。不失一般性，设 $\mathbb{P}_{\text{accept}}>1/2$。令 $\mathbb{P}_1 = \dfrac{1}{2}$，$\mathbb{P}_2 = 1$ 且阈值设为 $\mathbb{P}_0 = (\mathbb{P}_1 + \mathbb{P}_2)/2$。再次调用 PP 中 Oracle 判定接受概率 $\mathbb{P}_{\text{accept}}$ 是否大于阈值 $\mathbb{P}_0$：

（1）若 $\mathbb{P}_{\text{accept}}$ 大于 $\mathbb{P}_0$，则令 $\mathbb{P}_1 = \mathbb{P}_0$，且新的阈值仍设为 $\mathbb{P}_0 = (\mathbb{P}_1 + \mathbb{P}_2)/2$；

（2）若 $\mathbb{P}_{\text{accept}}$ 小于 $\mathbb{P}_0$，则令 $\mathbb{P}_2 = \mathbb{P}_0$，且新的阈值仍设为 $\mathbb{P}_0 = (\mathbb{P}_1 + \mathbb{P}_2)/2$。

不断重复上面的步骤，接受概率的估计值的精度将呈指数提高，多项式次调用就能精确获知处于“接受”状态的叶子节点数目。这表明 $\mathrm{P}^{\#\mathrm{P}} \subseteq \mathrm{P}^{\mathrm{PP}}$。

综上可知定理的第一个等式成立，第二个等式的证明可通过 GapP 函数的定义直接获得。 □

若进一步将 Oracle 的语言类 L 限定在复杂类 P（多项式复杂度）中，通过递归的方式可定义计算复杂类 Σ_k^{P} 和 Π_k^{P} 如下（Meyer-Stockmeyer 定义）：

$$\Sigma_0^{\mathrm{P}} = \mathrm{P}$$
$$\Sigma_{k+1}^{\mathrm{P}} = \mathrm{NP}^{\Sigma_k^{\mathrm{P}}}$$
$$\Pi_k^{\mathrm{P}} = \text{co-}\Sigma_k^{\mathrm{P}}$$

事实上，复杂类 Σ_k^{P} 和 Π_k^{P} 还可通过其他方式定义，如量词定义和交替图灵机定义。

量词定义

复杂类 Σ_k^{P} 和 Π_k^{P} 可看作 NP 和 co-NP 类的推广。

首先，我们来看 NP 和 co-NP 类通过量词方式在确定性图灵机上的定义。语言 $L \in \mathrm{NP}$ 是指存在一个运行时间为 $\mathrm{poly}(|x|)$ 的确定性图灵机 T，使得

$$x \in L \Longleftrightarrow \exists \omega T(x;\omega) = 1$$

相应的 co-NP 可定义为：语言 $L \in$co-NP 是指存在一个运行时间为 $\mathrm{poly}(|x|)$ 的确定性图灵机 T，使得

$$x \in L \Longleftrightarrow \forall \omega T(x;\omega) = 1$$

其中 $T(x;\omega)=1$ 表明图灵机的停机状态为“接受”，确定性图灵机 T 的输入由 x 和 ω 共同组成（ω 可看作概率图灵机中的路径信息）。

这种定义方式可推广为如下复杂类。

定义 (Σ_i) 语言 $L\in\Sigma_i$（i 为正整数）是指：存在运行时间以多项式为界的确定性图灵机 T，使得

$$x\in L \Longleftrightarrow \underbrace{\exists\omega_1\forall\omega_2\cdots Q_i\omega_i}_{\text{共}i\text{个}} T(x;\omega_1,\omega_2,\cdots,\omega_i)=1$$

当 i 为奇数时，量词 Q_i 为 $\exists$；而 i 为偶数时，量词 Q_i 为 $\forall$（量词 $\exists$ 和 $\forall$ 交替出现）。

定义 1.1.22 (Π_i) 语言 $L\in\Pi_i$（i 为正整数）是指：存在运行时间以多项式为界的确定性图灵机 T，使得

$$x\in L \Longleftrightarrow \underbrace{\forall\omega_1\exists\omega_2\cdots Q_i\omega_i}_{\text{共}i\text{个}} T(x;\omega_1,\omega_2,\cdots,\omega_i)=1$$

当 i 为奇数时，量词 Q_i 为 $\forall$；而 i 为偶数时，量词 Q_i 为 $\exists$（量词 $\forall$ 和 $\exists$ 交替出现）。

与 PSPACE 中介绍的 QBF 相比较，Σ_i 和 Π_i 均为 QBF 的特例。由于 TQBF 为 PSPACE-完全问题，因此，Σ_i 和 Π_i 自动属于 PSPACE 类。

特别地，语言 $L\in\Sigma_2$ 的充要条件为

$$x\in L \Longleftrightarrow \exists\omega_1\forall\omega_2 T(x;\omega_1,\omega_2)=1$$

为简单计，我们统一用符号 Σ_k 和 Π_k 表示相应的复杂类 Σ_k^{P} 和 Π_k^{P}。通过定义，很容易得到 Σ_k 和 Π_k 类的如下简单性质：

（1）$\Sigma_1=\mathrm{NP}$ 且 $\Pi_1=$co-NP；

（2）co-$\Sigma_i=\Pi_i$ 且 co-$\Pi_i=\Sigma_i$ 对任意正整数 i 成立；

（3）$\Sigma_i,\Pi_i\subseteq\Sigma_{i+1}$ 且 $\Sigma_i,\Pi_i\subseteq\Pi_{i+1}$ 对任意正整数 i 成立。

利用复杂类 Σ_k 和 Π_k，可定义**多项式层谱类**（polynomial hierarchy）：

$$\mathrm{PH}=\bigcup_k\Sigma_k=\bigcup_k\Pi_k$$

由于复杂类 Σ_i（Π_i）均属于 PSPACE，我们有如下结论。

定理 1.1.15 PH $\subseteq$ PSPACE。

对复杂类 Σ_i（Π_i）有如下层谱不坍塌猜想。

猜想 (层谱不坍塌) 多项式层谱不坍塌猜想有如下几个等价表述：

(1) $\Sigma_i \neq \Pi_i$，对所有 i 成立；

(2) $\Sigma_i \subset \Sigma_{i+1}$，对所有 i 成立；

(3) $\Pi_i \subset \Pi_{i+1}$，对所有 i 成立。

如果前面的猜想不成立，那么，多项式层谱 PH 将会坍塌，即有结论

命题 1.1.16 *若存在 i 使得 $\Sigma_i = \Pi_i$，那么，$\mathrm{PH} = \Sigma_i$，即层谱坍塌到第 i 层。*

证明 我们基于 Σ_i 的量词定义来证明此命题，为此只需证明 $\Sigma_i = \Pi_i$ 时，$\Sigma_j = \Sigma_{j-1}$ 对任意 $j \geqslant i$ 均成立即可。

按 Σ_j 的定义，设语言 $L \in \Sigma_j$，则存在运行时间为多项式的确定性图灵机 T，使得

$$x \in L \Longleftrightarrow \exists \omega_j \forall \omega_{j-1} \cdots Q_1 \omega_1 T(x, \omega_j, \omega_{j-1}, \cdots, \omega_1) = 1$$

为方便，此表达式中变量的排序方式与原定义中稍有不同。

假设 $j-i$ 为偶数（奇数情况可类似处理），我们定义新的语言 L'：

$$(x, \omega_j, \cdots, \omega_{i+1}) \in L' \Longleftrightarrow \exists \omega_i \forall \omega_{i-1} \cdots Q_1 \omega_1 T(x, \omega_j, \cdots, \omega_{i+1}; \omega_i, \cdots, \omega_1) = 1$$

显然，这样定义的语言 $L' \in \Sigma_i$。由命题的假设 $L' \in \Pi_i$，因此，按 Π_i 的定义，存在运行时间为 $\mathrm{poly}(|x|)$ 的图灵机 T' 使得

$$(x, \omega_j, \cdots, \omega_{i+1}) \in L' \Longleftrightarrow \forall \omega'_i \exists \omega'_{i-1} \cdots Q'_1 \omega'_1 T'(x, \omega_j, \cdots, \omega_{i+1}; \omega'_i, \cdots, \omega'_1) = 1$$

其中的变量 ω'_k 与 ω_k 没有任何关系。综合以上两方面结果可得

$$\begin{aligned} x \in L &\Longleftrightarrow \exists \omega_j \forall \omega_{j-1} \cdots \forall \omega_{i+1} \text{使得} (x, \omega_j, \cdots, \omega_{i+1}) \in L' \\ &\Longleftrightarrow \exists \omega_j \forall \omega_{j-1} \cdots \forall \omega_{i+1} [\forall \omega'_i \exists \omega'_{i-1} \cdots Q'_1 \omega'_1 T'(x, \omega_j, \cdots, \omega_{i+1}; \omega'_i, \cdots, \omega'_1) = 1] \\ &\Longleftrightarrow \exists \omega_j \forall \omega_{j-1} \cdots \forall (\omega_{i+1}, \omega'_i) \exists \omega'_{i-1} \cdots Q'_1 \omega'_1 T'(x, \omega_j, \cdots, \omega_{i+1}; \omega'_i, \cdots, \omega'_1) = 1 \end{aligned}$$

最后一行表达式中仅包含 $j-1$ 个交替量词 (具有相同量词、紧挨着的变量可合并为一个整体变量)，因此，$L \in \Sigma_{j-1}$。 □

类似的方法可证明如下结论。

命题 *若 $\Sigma_i = \Sigma_{i+1}$，PH 坍塌到第 i 层，则 $\mathrm{PH} = \Sigma_i$。特别地，若 $\mathrm{P} = \mathrm{NP}$ ($i = 0$)，则 $\mathrm{PH} = \mathrm{P}$。*

而在层谱不坍塌猜想成立的情况下有如下命题。

命题 PH ⊂ PSPACE。[①]

① 参见文献 S. Fenner, S. Homer, R. Pruim, and M. Schaefer, Theor. Comput. Sci. **262**, 241-256(2001).

证明 首先，我们来说明 PH 没有完全类。若语言 L 属于 PH 的完全类，那么，L 必然属于 PH，因而也必属于某个 Σ_i。按完全类的定义 Σ_{i+1} 中的问题都可多项式归约到 Σ_i，这就意味着 $\Sigma_{i+1}=\Sigma_i$。这与不坍塌猜想矛盾。另一方面，PSPACE 存在完全类，TQBF 就是一个 PSPACE-完全问题。因此，PH 不可能等于 PSPACE。 □

反之，若 PH = PSPACE，则必存在某个 i 使 PH = Σ_i（层谱坍塌到第 i 层）。

下面我们来研究多项式层谱类与其他复杂类之间的关系。首先，BPP 与复杂类 Σ_2 和 Π_2 之间有如下关系。

定理 1.1.17 (Sipser-Gacs-Lautemann 定理)

$$\text{BPP} \subseteq \Sigma_2 \cap \Pi_2$$ ①

证明 由于 Σ_2 与 Π_2 互为补复杂类（$\Sigma_2=\text{co-}\Pi_2$），且 BPP 的补类为其自身（BPP = co-BPP），因此，只需证明 BPP $\subseteq \Sigma_2$ 即可。

对任一语言 $L\in$ BPP，按 BPP 问题的定义，存在一个多项式时间的概率图灵机 PT 使得：对任意输入 $x\in L$，其接受概率 $\geqslant 1-2^{-|x|}$；而对任意输入 $x\notin L$，其拒绝概率 $\geqslant 1-2^{-|x|}$（参见式（1.7）对接受和拒绝概率的限制）。换言之，图灵机 PT 的错误率最多为 $2^{-|x|}$。

概率图灵机 PT 的计算构型树中每个叶子节点的状态由 $\text{PT}(x,r)$ 的值决定（1 为“接受”，0 为“拒绝”），其中 $x\in\{0,1\}^{|x|}$ 为输入，$r\in\{0,1\}^m$（$m=\text{poly}(|x|)$）为连接叶子节点与根节点的路径。设 $\text{PT}(x,r)=1$ 的路径形成集合 $\text{Acc}_{\text{PT}}(x)$。由 BPP 问题定义及概率图灵机 PT 的性质，在 $\{0,1\}^m$ 中随机选取的路径 r 满足如下条件：

（1）若 $x\notin L$，$r\in\text{Acc}_{\text{PT}}(x)$ 的概率最多为 $2^{-|x|}$（误判率）；

（2）若 $x\in L$，$r\in\text{Acc}_{\text{PT}}(x)$ 的概率至少为 $1-2^{-|x|}$（正确率）。

我们先将 BPP 问题转化为一个图论问题。对任意包含 $k=\dfrac{m}{|x|}+1$ 个元素的集合 $U=\{u_1,u_2,\cdots,u_k\}\subset\{0,1\}^m$，定义一个含 2^m 个顶点的图 G_U：它以 $\{0,1\}^m$ 中的 2^m 个点为顶点；顶点 a、b 相邻的充要条件是存在 U 中元素 u_i 使 $a=b\oplus u_i$（$\oplus$ 为 $\mathbb{Z}_2$ 上的加法）。按图 G_U 的定义，任意顶点集合 S（$S\in V(G_U)$）的相邻集合 $\Gamma_U(S)$ 定义为

$$\Gamma_U(S)=\{r\in\{0,1\}^m:\ r=s\oplus u_i,\ \exists u_i\in U \text{ 且 } s\in S\}$$

在此基础上，我们来建立 BPP 问题与相邻集合 $\Gamma_U(\text{Acc}_{\text{PT}}(x))$ 间的关系。

① 参见文献 M. Sipser, in: Proceedings of the 15th Annual ACM Symposium on Theory of Computing (ACM, 1983), p. 330-335; C. Lautemann, Inf. Proc. Lett. **17**, 215-217 (1983).

（1）若 $x \notin L$，则不存在集合 U 使得 $\Gamma_U(\mathrm{Acc}_{\mathrm{PT}}(x)) = \{0,1\}^m$。

图 G_U 中每个顶点的度（degree）均为 k (每个 u_i 都对应一条边，U 中共有 k 个元素)，因此，集合 $\mathrm{Acc}_{\mathrm{PT}}(x)$ 的邻居最多为 $k|\mathrm{Acc}_{\mathrm{PT}}(x)|$。在 $x \notin L$ 的条件下，$k|\mathrm{Acc}_{\mathrm{PT}}(x)| \leqslant k2^{m-|x|} = 2^m \dfrac{k}{2^{|x|}} < 2^m \left(\dfrac{k}{2^{|x|}}\text{严格小于1}\right)$。

（2）若 $x \in L$，则一定存在集合 U 使得 $\Gamma_U(\mathrm{Acc}_{\mathrm{PT}}(x)) = \{0,1\}^m$。

设集合 $U = (u_1, u_2, \cdots, u_k)$ 中每个元素 u_i 都从 $\{0,1\}^m$ 中均匀、独立地选取，我们来证明 $\Gamma_U(\mathrm{Acc}_{\mathrm{PT}}(x)) \neq \{0,1\}^m$ 的概率严格小于 1，进而表明存在 U 使 $\Gamma_U(\mathrm{Acc}_{\mathrm{PT}}(x)) = \{0,1\}^m$。为此，我们来计算给定 $r \in \{0,1\}^m$ 不在 $\Gamma_U(\mathrm{Acc}_{\mathrm{PT}}(x))$ 中的概率。

按概率图灵机 PT 的定义，$\mathrm{Acc}_{\mathrm{PT}}(x)$ 至少含有 $2^m - 2^{m-|x|}$ 个元素。

设 U 中元素 u_i 确定的相邻集合为

$$\Gamma_i(\mathrm{Acc}_{\mathrm{PT}}(x)) = \{s \oplus u_i :\ s \in \mathrm{Acc}_{\mathrm{PT}}(x)\}$$

由于 u_i 在 $\{0,1\}^m$ 中均匀选取，$\Gamma_i(\mathrm{Acc}_{\mathrm{PT}}(x))$ 在 $\{0,1\}^m$ 上也均匀分布。因此，$r \notin \Gamma_i(\mathrm{Acc}_{\mathrm{PT}}(x))$ 的概率为

$$\frac{2^m - |\mathrm{Acc}_{\mathrm{PT}}(x)|}{2^m} \leqslant \frac{2^m - 2^m + 2^{m-|x|}}{2^m} = 2^{-|x|}$$

因此，$r \notin \Gamma_U(\mathrm{Acc}_{\mathrm{PT}}(x))$ 的概率为 $(2^{-|x|})^k$（所有集合 $\Gamma_i(\mathrm{Acc}_{\mathrm{PT}}(x))$（$1 \leqslant i \leqslant k$）都不包含 r）。

因此，至少有一个 r 不属于 $\Gamma_U(\mathrm{Acc}_{\mathrm{PT}}(x))$ 的概率不超过

$$2^{m-k|x|} = 2^{-|x|} < 1$$

故总存在满足 $\Gamma_U(\mathrm{Acc}_{\mathrm{PT}}(x)) = \{0,1\}^m$ 的集合 U。

由此可见，BPP 问题的求解（判定 x 是否属于 L）与判定是否存在 U 使 $\Gamma_U(\mathrm{Acc}_{\mathrm{PT}}(x)) = \{0,1\}^m$ 成立等价。而后者可总结为量词形式，即

$$x \in L \Longleftrightarrow \exists\{u_1, u_2, \cdots, u_k\} \forall r \vee_{i=1}^{k} T(x, r \oplus u_i) = 1$$

其中 $u_i, r \in \{0,1\}^m$。对比可知，此即 Σ_2 的定义。定理得证。 □

若能以 #P 或 PP 问题作为 Oracle，在多项式时间下就可以解决 PH 问题，即有如下著名定理。

定理 1.1.18 (Toda 定理①)

$$\mathrm{PH} \subseteq \mathrm{P}^{\#\mathrm{P}} = \mathrm{P}^{\mathrm{PP}} = \mathrm{P}^{\mathrm{GapP}}$$

① 参见文献 S. Toda, SIAM J. Comput. **20**, 865-877 (1991).

此定理的证明分为两步：第一步，用随机化 (randomized) 方法将 PH 问题约化为 $\oplus$SAT 问题；第二步，再将随机化去掉，将 $\oplus$SAT 问题约化为 #SAT 问题。从而证明 PH 问题可通过调用一次 #P 中的 Oracle 来解决。

证明 首先 给出 $\oplus$SAT 问题的定义。

$\oplus$ 称为宇称量词, 其作用与量词 $\forall$ 和 $\exists$ 类似。

定义 1.1.23 ($\oplus$SAT) 宇称量词 $\oplus$ 作用于布尔函数 $\psi(\boldsymbol{x})$ ($\boldsymbol{x}=(x_1,x_2,\cdots,x_n)$) 得到

$$\oplus\psi(\boldsymbol{x})=\begin{cases}1\,(\text{真}), & \text{有奇数个 } \boldsymbol{x} \text{ 使 } \psi(\boldsymbol{x})=1\\ 0\,(\text{假}), & \text{其他}\end{cases}$$

而语言 $\oplus$SAT 由所有满足 $\oplus\psi(\boldsymbol{x})=1$ 的布尔公式 $\psi(\boldsymbol{x})$ 组成。

因此，$\oplus$SAT 问题就是判定满足布尔函数 $\psi(\boldsymbol{x})=1$ 的 $\boldsymbol{x}$ 的数目是否为奇数。

其次 将 PH 问题约化为 $\oplus$SAT 问题。

我们需使用如下工具。

定理 (Valiant-Vazirani 约化①) 存在一个多项式时间的概率图灵机(算法)A，它可将任意含 n 个变量的布尔函数 $\beta(\boldsymbol{x})$ 变换为满足如下条件的函数 $\alpha(\boldsymbol{x},\boldsymbol{y})$:

(1) $\exists\boldsymbol{x}$ 使 $\beta(\boldsymbol{x})=1 \Longrightarrow \text{Prob}[\oplus(\alpha(\boldsymbol{x},\boldsymbol{y})\wedge\beta(\boldsymbol{x}))=1]\geqslant\dfrac{1}{8n}$;

(2) 其他情况 $\Longrightarrow \text{Prob}[\oplus(\alpha(\boldsymbol{x},\boldsymbol{y})\wedge\beta(\boldsymbol{x}))=1]=0$。

通过 Valiant-Vazirani 约化可将任意布尔函数 $\beta(\boldsymbol{x})$ 的 SAT 问题约化为 $\oplus$SAT 问题。而 Valiant-Vazirani 约化可通过如下过程实现:

- 在 $\{0,1,\cdots,n\}$ 中均匀地选取指标 i, 然后在 $\{0,1\}^n$ 中随机选取 $i+1$ 个矢量 $\boldsymbol{v}_1,\boldsymbol{v}_2,\cdots,\boldsymbol{v}_{i+1}$;
- 令布尔公式

$$\alpha(\boldsymbol{x},\boldsymbol{y})=\phi_{\boldsymbol{v}_1}(\boldsymbol{x},\boldsymbol{y})\wedge\phi_{\boldsymbol{v}_2}(\boldsymbol{x},\boldsymbol{y})\wedge\cdots\wedge\phi_{\boldsymbol{v}_{i+1}}(\boldsymbol{x},\boldsymbol{y})$$

其中布尔函数 $\phi_{\boldsymbol{v}_j}$ 满足关系:

$$\phi_{\boldsymbol{v}_j}(\boldsymbol{x},\boldsymbol{y})=1 \Longleftrightarrow \boldsymbol{v}_j\cdot\boldsymbol{x}=0$$

- 输出 $\alpha(\boldsymbol{x},\boldsymbol{y})\wedge\beta(\boldsymbol{x})$。

前面 Valiant-Vazirani 约化得到的布尔公式 $\alpha(\boldsymbol{x},\boldsymbol{y})$ 并不包含量词 $\forall$ 和 $\exists$, 但 PH 的定义中包含这两个量词。因此，我们需将前面的 Valiant-Vazirani 定理推广到包含量词 $\forall$ 和 $\exists$ 的形式（即 ψ 是 QBF 形式)，即需要如下引理。

引理 1.1.1 存在一个多项式时间的概率图灵机（算法）B，它使交替层数为

① 参见文献 L. G. Valiant and V. V. Vazirani, in: Proceedings of the 17th Annual ACM Symposium on Theory of Computing (ACM, 1985), p. 458-463.

c 的任意 QBF 公式 ψ 变换为 $B(\psi)$，且满足条件：

$$\psi = 1 \Longrightarrow \text{Prob}[B(\psi) \in \oplus\text{SAT}] \geqslant \frac{2}{3};$$

$$\psi = 0 \Longrightarrow \text{Prob}[B(\psi) \in \oplus\text{SAT}] \leqslant 1 - \frac{2}{3}。$$

与 BPP 中错误率类似，此处的概率 $\frac{2}{3}$ 也可改为其他满足条件式（1.7）的概率。当 $c = 1$ 时，此引理回到 Valiant-Vazirani 约化①。此引理可通过对量词个数归纳并使用 Chernoff bound 定理证明。

通过此引理就可将 PH 问题约化为含 $\oplus$SAT 的随机算法。

最后 去随机化。

由于 $\text{P}^{\#\text{P}}$ 定义于确定性图灵机上，我们需对前面的随机算法 B 去随机化。这可通过先对概率图灵机 B 中的每条路径 r（对应一个确定性图灵机）考虑，再对所有路径求和来实现。

通过确定性图灵机可将 $\oplus$SAT 问题转化为 #SAT 问题，即如下引理。

引理 1.1.2 存在多项式时间的确定性图灵机 T，它使输入为 1^m（$m = 2^a$ 为常数）和任意布尔公式 ψ 时，其输出 ϕ（也是布尔公式）满足如下条件：

- $\psi \in \oplus\text{SAT} \Longrightarrow \#\phi \equiv -1 \pmod{2^m}$;
- $\psi \notin \oplus\text{SAT} \Longrightarrow \#\phi \equiv 0 \pmod{2^m}$,

其中 $\#\phi$ 表示使 $\phi(\boldsymbol{x}) = 1$ 的 $\boldsymbol{x}$ 的数目。

此引理的正确性可通过下面的过程获得验证。

（1）当 $m = 1$ 时，引理的正确性可通过令 $\phi = \psi$ 获得。

（2）当 $m = t$ 时引理成立，即存在多项式时间的确定性图灵机将布尔函数 ψ 约化为 γ' 且满足

$$\psi \in \oplus\text{SAT} \Longrightarrow \#\gamma' \equiv -1 \pmod{2^t}$$
$$\psi \notin \oplus\text{SAT} \Longrightarrow \#\gamma' \equiv 0 \pmod{2^t}$$

那么，通过令 $\gamma = 4\gamma'^3 + 3\gamma'^4$ 得到

$$\#\gamma' \equiv 0 \pmod{2^t} \Longleftrightarrow \#\gamma \equiv 0 \pmod{2^{2t}}$$
$$\#\gamma' \equiv -1 \pmod{2^t} \Longleftrightarrow \#\gamma \equiv -1 \pmod{2^{2t}}$$

这表明 $m = 2t$ 时结论仍成立。

（3）通过重复上面的方法 a 次即可获知 $m = 2^a$ 时的正确性。

① 错误率不同可通过 Chernoff bound 定理（定理 1.1.11）改变。

在前面的准备知识之上，Toda 定理可证明如下：

为判定 PH 中任一个包含 i 个交替量词的量化布尔公式 ψ 是否为 1，我们利用多项式时间的概率图灵机（随机算法）B，将量化布尔公式 ψ 约化为布尔公式 ψ_r（r 为概率图灵机构型树中的一条路径，其长度 R 为 $\text{poly}(|x|)$）（参见引理 1.1.1)；然后利用确定性图灵机 T，将布尔公式 ψ_r 约化为 ψ'_r（参见引理 1.1.2)。

为去除 r 的随机性影响，我们来计算

$$K = \sum_{r\in\{0,1\}^R} \#(\psi'_r)$$

由于 K 已对所有 r 求和，r 的随机性已被消除。对布尔公式 ψ 的不同真值，K 的计算如下：

若 $\psi = 0$，通过概率图灵机 B 得到的 $\psi_r \in \oplus\text{SAT}$ $\left(\text{概率} \leqslant \dfrac{1}{3}\right)$，并通过确定性图灵机 T 得到 ψ'_r。因此，$\#\psi'_r \equiv -1 \pmod{2^m}$ 的概率 $\leqslant \dfrac{1}{3}$；同时，布尔函数 ψ'_r 满足条件 $\#(\psi'_r) \equiv 0 \pmod{2^m}$ 的概率 $\geqslant \dfrac{2}{3}$。代入 K 计算可得

$$-\frac{1}{3}2^R \leqslant K \leqslant 0 \pmod{2^m}$$

若 $\psi = 1$，通过概率图灵机 B 得到的 $\psi_r \in \oplus\text{SAT}$ $\left(\text{概率} \geqslant \dfrac{2}{3}\right)$，并通过确定性图灵机 T 得到的 ψ'_r 满足 $\#\psi'_r \equiv -1 \pmod{2^m}$ 的概率 $\geqslant \dfrac{2}{3}$；而布尔函数 ψ'_r 满足条件 $\#(\psi'_r) \equiv 0 \pmod{2^m}$ 的概率 $\leqslant \dfrac{1}{3}$。此时，计算可得

$$-2^R \leqslant K \leqslant -\frac{2}{3}2^R \pmod{2^m}$$

由此可见，当 $\psi = 0$ 和 $\psi = 1$ 时，K 的取值无交集 $\left(\text{中间有间隔 } \dfrac{1}{3}2^R \pmod{2^m}\right)$。因此，只要能区分 K 的值就能对 QBF 表达式 ψ 的真值进行计算。而 K 的计算可通过调用一个 #SAT Oracle 来实现。 □

利用多项式分层可对 #P 问题进行近似，即我们有如下定理。

定理 1.1.19（Stockmeyer 近似①） 设 $f(x)\ \{0,1\}^n \Longrightarrow \mathbb{N}$ 为 #P 问题，则对任意满足条件 $a \geqslant 1 + \dfrac{1}{\text{poly}(n)}$ 的乘子 a，通过调用 Π_2 中的 Oracle，可在多项

① 参见文献 L. Stockmeyer, Proceedings of the 15th ACM Symposium on Theory of Computing (STOC, 1983), p. 118-126.

式时间内获得 $f(x)$ 满足如下条件的近似值 $g(x)$:

$$af(x) \leqslant g(x) \leqslant f(x)/a$$

此定理的证明需使用 Hash 函数的一些性质（Hash 函数常用于将长度较大的数据集映射为长度较小的数据集，以便于提高后续处理的效率）。设 Hash 函数为

$$h : \{0,1\}^t \Longrightarrow \{0,1\}^m \qquad (m \ll t)$$

它将一个大集合（数据长度为 t）映射为一个小集合（数据长度为 m），因此，存在不同输入数据被映射到相同输出数据的情况，即

$$h(z') = h(z) \qquad (z \neq z' \in \{0,1\}^t)$$

此时单个 Hash 函数并不能在集合 $\{0,1\}^m$ 中区分所有 $\{0,1\}^t$ 中元素（区分需引入多个 Hash 函数）。

证明　设计算布尔函数 $f(x)$（属于 #P）的非确定性图灵机为 NT，其构型树深度 t（计算时间）最多为 poly(n) 层（n 为输入 x 的长度）。给定输入 x，非确定性图灵机 NT 形成的构型树中状态为“接受”（$\mathrm{NT}(x)=1$）的叶子节点组成集合 $\mathrm{Acc_{NT}}(x)$（其元素为路径 $r \in \{0,1\}^t$），按 #P 的定义，函数值 $f(x)$ 就等于集合 $\mathrm{Acc_{NT}}(x)$ 中元素的个数 $|\mathrm{Acc_{NT}}(x)|$。

考虑定义在 $\mathrm{Acc_{NT}}(x)$ 上具有如下性质的一组 Hash 函数 $H(x,m) = \{h_1, h_2, \cdots, h_m$: $\{0,1\}^t \Longrightarrow \{0,1\}^m\}$。

(1) 每个 Hash 函数的计算规模 $\leqslant mt$;

(2) 对每个 $z \in \mathrm{Acc_{NT}}(x)$，都存在一个 Hash 函数 h_i 使得

$$h_i(z) \neq h(z'), \qquad z' \in \mathrm{Acc_{NT}}(x) - z$$

我们称这组 Hash 函数 $H(x,m)$ 在 $\{0,1\}^m$ 中将 $\mathrm{Acc_{NT}}(x)$ 分离（分离的定义不依赖于集合 $\mathrm{Acc_{NT}}(x)$ 的性质，可定义在任意集合 A 上）。此时，$\mathrm{Acc_{NT}}(x)$ 中所有元素可通过 $H(x,m)$ 作用后在 $\{0,1\}^m$ 中的像完全区分，即 $\mathrm{Acc_{NT}}(x)$ 中不存在两个不同元素 z、z' 使得 $H(x,m)$ 中所有 Hash 函数的值都相等。

那么，$\mathrm{Acc_{NT}}(x)$ 满足什么条件时 $H(x,m)$ 才存在呢？我们有如下命题。

引理 1.1.3 (编码引理①)　设集合 $A \subset \{0,1\}^n$，$k = |A|$ 且 $m = 1 + \lceil \log k \rceil$。若 H 包含 m 个随机产生的线性变换 $h_i : \{0,1\}^n \Longrightarrow \{0,1\}^m$（均为 $m \times n$ 矩阵），则

① 参见文献 M. Sipser, in: Proceedings of the 15th Annual ACM Symposium on Theory of Computing (ACM, 1983), p. 330-335.

$$
\begin{aligned}
&\mathbb{P}_H[\forall x \in A \exists h_i \in H \forall x \neq y \in A : h_i(x) \neq h_i(y)] \\
=&\mathbb{P}_H[H \text{ 在 } A \text{ 中将 } A \text{ 分离}] \geqslant \frac{1}{2}
\end{aligned}
$$

这表明存在 Hash 函数集合 H 可在 A 中分离 A。

将此引理应用于集合 $\mathrm{Acc}_{\mathrm{NT}}(x)$，可得如下结论。

命题 若存在非负的常整数 c 使 $\mathrm{Acc}_{\mathrm{NT}}(x)$ 满足 $|\mathrm{Acc}_{\mathrm{NT}}(x)| \leqslant 2^{m-c}$，则存在 Hash 函数集合 $H(x,m)$ 使 $\mathrm{Acc}_{\mathrm{NT}}(x)$ 在其内分离。反之，若存在 Hash 集合 $H(x,m)$ 使 $\mathrm{Acc}_{\mathrm{NT}}(x)$ 在其内分离，则必有 $|\mathrm{Acc}_{\mathrm{NT}}(x)| \leqslant m2^m$。

证明概要

根据上面的编码引理，若 $|\mathrm{Acc}_{\mathrm{NT}}(x)| \leqslant 2^{m-c}$ 成立，则存在含 $l = 1 + m - c$ 个 Hash 函数的集合 $H(x,l)$ 将 $\mathrm{Acc}_{\mathrm{NT}}(x)$ 在其内分离。特别地，当 $c = 1$ 时（c 为不小于 1 的整数），$l = m$，即存在 m 个函数的集合 $H(x,m)$ 将 $\mathrm{Acc}_{\mathrm{NT}}(x)$ 在其内分离。显然，当 $l > m$ 时（c 大于 1），$H(x,l)$ 也能分离 $\mathrm{Acc}_{\mathrm{NT}}(x)$（Hash 函数越多越容易分离）。另一方面，若已知 $H(x,m)$ 可分离所有 $\mathrm{Acc}_{\mathrm{NT}}(x)$，则按分离的条件 (2)，$\mathrm{Acc}_{\mathrm{NT}}(x)$ 中不同元素 z 都对应不同的二元组 $(h_i, h_i(z))$。由于不同二元组 $(h_i, h_i(z))$ 的数目最多为 $m2^m$。因此，$\mathrm{Acc}_{\mathrm{NT}}(x)$ 的元素个数不大于 $m2^m$。这就证明了上述命题。

显然，通过从小到大遍历 m，找到可使 $\mathrm{Acc}_{\mathrm{NT}}(x)$ 分离的 $H(x,m)$ 中最小的参数 $\bar{m}$。前面的命题就给出了 #P 问题 $f(x) = |\mathrm{Acc}_{\mathrm{NT}}(x)|$ 的估计值，即[①]

$$
2^{\bar{m}-c-1} \leqslant |\mathrm{Acc}_{\mathrm{NT}}(x)| \leqslant \bar{m}2^{\bar{m}}
$$

此表达式可改写为

$$
\bar{m}2^{c+1}|\mathrm{Acc}_{\mathrm{NT}}(x)| \leqslant 2^{\bar{m}-c-1} \leqslant \frac{|\mathrm{Acc}_{\mathrm{NT}}(x)|}{\bar{m}2^{c+1}}
$$

这表明 $2^{\bar{m}-c-1}$ 是 $|\mathrm{Acc}_{\mathrm{NT}}(x)|$ 的乘子为 $a = \bar{m}2^{c+1}$ 的近似。此乘子可通过与 Chernoff bound 定理（定理 1.1.11）类似的方法缩小到 $1 + \dfrac{1}{\mathrm{poly}(n)}$。

乘子 a 的缩小

由 k 个相同的非确定性图灵机 NT 定义新的非确定性图灵机

$$
\mathrm{newNT}(x_1, x_2, \cdots, x_{x_k}) = \wedge_i \mathrm{NT}(x_i),
$$

① 左侧不等式由上述命题前半部分的逆否命题确定。

此图灵机形成的构型树深度（运行时间）仍为输入长度的多项式关系。按前面讨论，非确定性图灵机构型树中 $\mathrm{NT}(x)=1$ 的叶子节点数目为 $|\mathrm{Acc}_{\mathrm{NT}}(x)|$，因此，非确定性图灵机 newNT 构型树中 $\mathrm{newNT}(x)=1$ 的叶子节点数目为 $|\mathrm{Acc}_{\mathrm{NT}}(x)|^k$。将前面的估计应用于非确定性图灵机 newNT，得到

$$\bar{m}2^{c+1}|\mathrm{Acc}_{\mathrm{NT}}(x)|^k \leqslant 2^{\bar{m}-c-1} \leqslant \frac{|\mathrm{Acc}_{\mathrm{NT}}(x)|^k}{\bar{m}2^{c+1}}$$

此结果可改写为

$$(\bar{m}2^{c+1})^{1/k}|\mathrm{Acc}_{\mathrm{NT}}(x)| \leqslant 2^{(\bar{m}-c-1)/k} \leqslant \frac{|\mathrm{Acc}_{\mathrm{NT}}(x)|}{(\bar{m}2^{c+1})^{1/k}}$$

此即 $|\mathrm{Acc}_{\mathrm{NT}}(x)|$ 乘子为 $(\bar{m}2^{c+1})^{1/k}$ 的近似，当 k 足够大时即可得到前面的结论。

另一方面，$H(x,m)$ 的存在性问题可表述为：是否存在 Hash 函数 $h_1,h_2,\cdots,h_m$ 使得对所有 $z,z'\in \mathrm{Acc}_{\mathrm{NT}}(x) h(z)\neq h(z')$ 成立。根据 Π_i 的定义（定义1.1.22），此为 Π_2 问题。证毕。 □

1.1.3 线路模型与普适门

前面我们介绍了几种不同的图灵机模型，但从实用的角度线路模型应用更为广泛，也更直观。

1.1.3.1 普适逻辑门

本质上，计算都可表示为 n-比特输入，m-比特输出的布尔函数:

$$f:\{0,1\}^n \to \{0,1\}^m$$

下面我们将证明，这些布尔函数都可通过一组普适逻辑门按一定方式的搭建来实现。这些基本逻辑门搭建的方式可通过一个线路来表示，我们称此计算模型为线路模型。显然，这样的基本逻辑门并非随意，它们需要精心挑选。

为找到这些普适逻辑门，我们需对函数 $f(x)$ 进行逐层拆分[①]。

(1) 将任一个 n-比特输入、m-比特输出的函数 $f(x)$ 拆分为一组（m 个）n-比特输入、1-比特输出的布尔函数 $f_{[k]}(x)$（每个布尔函数 $f_{[k]}(x)$ 都可视为一个判定问题），使得第 k 个布尔函数 $f_{[k]}(x)$ 的输出值恰好与函数 $f(x)$ 的第 k 位输出相等。通过这样的拆分，计算函数 $f(x)$ 就变成了计算所有函数 $f_{[k]}(x)$。值得注意，在这一拆分中，需将输入 x（在函数 $f(x)$ 中只需输入一次）“拷贝” $m-1$ 次，并

① 类比于将物质拆分成基本粒子。

分别作为布尔函数 $f_{[k]}(x)$ 的输入。

(2) n-比特输入、1-比特输出的不同布尔函数共有 2^{2^n} 个，每个布尔函数可由其函数值为 0 的输入集合 s 完全确定①。对这 2^{2^n} 个不同的布尔函数进行排序，并将第 i 个函数记为 $f_i(x)$：

$$f_i(x):\{0,1\}^n \to (0,1)$$

且设共有 p 个 x 使得 $f_i(x)=0$，即 $s=\{x^{(1)},x^{(2)},\cdots,x^{(p)}\}$。

若定义 p 个新的函数 $f_i^{(a)}(x)$（$a=1,2,\cdots,p$）：

$$f_i^{(a)}(x)=\begin{cases}0, & x=x^{(a)}\\1, & x\neq x^{(a)}\end{cases}$$

则布尔函数 $f_i(x)$ 的值可通过新函数 $f_i^{(a)}(x)$ 的逻辑运算

$$f_i(x)=f_i^{(1)}(x)\wedge f_i^{(2)}(x)\wedge\cdots\wedge f_i^{(p)}(x)$$

得到，此表达式中只要有一个函数 $f_i^{(a)}(x)$ 为 0，函数 $f_i(x)$ 的值就为 0。值得注意，此过程中仍需将 x 拷贝后输入所有函数 $f_i^{(a)}(x)$（$a=1,2,\cdots,p$）。至此，在逻辑运算 $\wedge$ 和“拷贝”操作的辅助下，函数 $f(x)$ 的计算已约化为计算函数 $f_i^{(a)}(x)$。

(3) 假定函数 $f_i^{(a)}(x)$ 中 $x^{(a)}=00\cdots0$（$x^{(a)}\neq00\cdots0$ 的情况在后面讨论），则此函数可表示为

$$f_i^{(a)}(x)=\begin{cases}0, & x=00\cdots0\\1, & x=\text{其他}\end{cases}$$

它可进一步改写为逻辑运算形式：

$$f_i^{(a)}(x)=x_1^{(a)}\vee x_2^{(a)}\vee\cdots\vee x_n^{(a)}$$

当且仅当所有 $x_k^{(a)}$（$k=1,2,\cdots,n$）为 0 时，函数 $f_i^{(a)}$ 才为 0。

如果函数 $f_i^{(a)}(x)$ 中 $x^{(a)}\neq0\cdots0$，比如，$x^{(a)}=100\cdots1$，那么，只需将 $x_k^{(a)}=1$ 的比特施加逻辑非操作，就可将 $x^{(a)}$ 变成 $00\cdots0$。与前面相同的推理可知

$$f_i^{(a)}(x)=\bar{x}_1^{(a)}\vee x_2^{(a)}\vee x_3^{(a)}\vee\cdots\vee\bar{x}_n^{(a)}$$

故函数 $f_i^{(a)}(x)$ 可通过非运算和 $\vee$ 运算实现。

综上，任意函数 $f(x)$ 均可通过四种基本逻辑操作：“与”($\wedge$)、“或”($\vee$)、“非”($^-$)、“拷贝”进行计算。因此，{$\vee$，$\wedge$，$^-$，拷贝 } 称为经典计算的普适门集合。同时，前面的分解过程也说明任意布尔函数均可表示为合取范式（CNF）(参见

① 而函数值为 0 的可能集合共有 $\sum_{m=1}^{2^n}\mathrm{C}_{2^n}^m=2^{2^n}$ 个，其中 m 表示集合 s 中的元素个数。

命题 1.1.6)。

显然,普适门集合的选取并不唯一。事实上,与非门 ($\mathrm{NAND}(x,y)=x\uparrow y$)[①]和拷贝门一起也构成普适门集合。与非门与前一组普适门的关系如下:

- $\bar{x}=x\uparrow x$;
- $x\wedge y=(x\uparrow y)\uparrow(x\uparrow y)$;
- $x\vee y=(x\uparrow x)\uparrow(y\uparrow y)$。

前面两组普适门都包含拷贝门,在经典计算中的"拷贝"操作很容易实现。然而,在量子力学框架下,由于量子不可克隆定理的存在,无法对任意量子态进行拷贝。因此,量子计算的普适门必然不包括"拷贝"操作。为避免"拷贝"操作,我们需具备对已知比特(如状态 1)的制备能力。在此前提下,经典普适逻辑门集合可简化为一个逻辑门:

$$(x,y)=(\bar{x},x\uparrow y)$$

- 这是一个两比特输入、两比特输出的逻辑门;
- 若忽略第一个输出比特,它是一个与非门;
- 若输入 $y=1$,它就是一个拷贝门(拷贝比特状态 $1\oplus x$)。

1.1.3.2　线路复杂度

前一节的分析表明任意布尔函数的计算都可通过普适门构成的线路实现,因此,一个可计算问题的计算复杂度很自然地可通过线路所消耗的门资源来定义。为此,我们首先来定义布尔线路(图 1.12)。

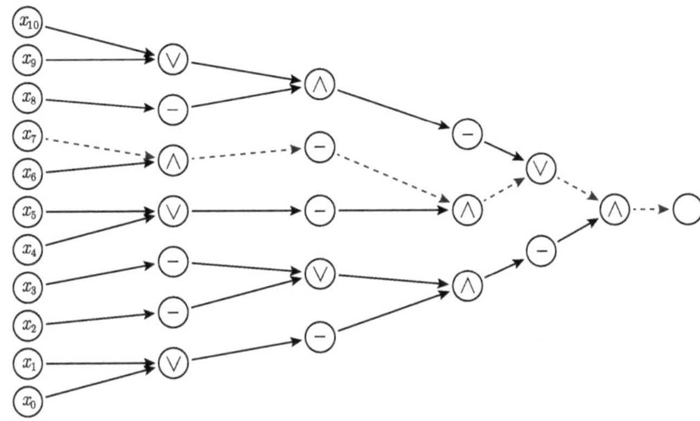

图 1.12　布尔线路示例: 这是一个 11 输入单输出的布尔线路。此线路规模为 18,而其线路深度为 5(图中虚线路径上的门数目)

① $x\uparrow y=1\oplus xy$。

定义 1.1.24 (布尔线路) 一个 n 输入、m 输出的布尔线路，可以用一个有向路、无回路的图表示。n 个无入向的节点表示输入，m 个无出向的节点表示输出。其余的所有节点都表示一个逻辑门，它们可在一组普适门中任意选取，总的节点（门）数目称为线路的规模（size），而在线路中从输入到输出的最长路径所包含的逻辑门数目则称为此线路的深度（depth）。

在图灵机模型中，任意输入 x（具有不同长度）的计算都可在同一台图灵机中完成，图灵机的这种性质我们称为一致性（uniform）。然而，在线路模型中，每个不同长度（比特数目 n）的输入都需要不同的计算线路 C_n，换言之，线路模型不具有一致性。因此，为定义线路复杂度，需对一组线路 $\{C_n, n > 0\}$ 进行研究。任意一个布尔线路都可描述为一个包含如下信息的带标签（需标注逻辑门类型）图：

- 有向图中的顶点；
- 有向图中的相邻关系；
- 每个顶点上的具体门操作。

若将这些信息编码到一个比特串中，则线路组 $\{C_n, n > 0\}$ 可用一个函数 $\alpha : \mathbb{N} \Longrightarrow \{0,1\}^*$ 描述，我们用 $|\alpha(n)|$ 表示描述布尔线路的比特串长度。若线路组 $\{C_n, n > 0\}$ 的描述 $\alpha(n)$ 均可通过含 $\log n$ 空间的图灵机从输入 1^n 获得（因图灵机具有一致性，所有 n 都使用相同的算法），我们就称这组线路 $\{C_n, n > 0\}$ 具有一致性。可以证明，在一致性要求下，多项式规模线路可计算的问题与 P 问题等价。显然，一致性限制了多项式规模线路组的计算能力，若不要求一致性（在实际应用中，n 总是有限大小，一致性并不重要），我们将得到线路复杂类 P/poly。它有两个等价的定义。

(1) **基于线路模型的定义：**

$$\mathrm{P/poly} = \bigcup_{c \in \mathbb{N}} \mathrm{Size}(n^c)$$

其中 $\mathrm{Size}(n^c)$ 表示可由规模为 n^c 的线路解决的问题。

(2) **基于图灵机的定义：**

$$\mathrm{P/poly} = \bigcup_{a,b} \mathrm{Time}(n^a)/n^b$$

其中，判定问题 L 属于 $\mathrm{Time}(f(n))/g(n)$ 是指：存在确定性图灵机 T 以及建议函数（advice function）$\alpha : \mathbb{N} \Longrightarrow \{0,1\}^*$，使得

- $|\alpha(n)| \leqslant g(n)$；
- 当 $x \in L$ 时，$T(x, \alpha(n))$ 在 $\mathcal{O}(f(n))$ 时间内停机且状态为“接受”；
- 当 $x \notin L$ 时，$T(x, \alpha(n))$ 在 $\mathcal{O}(f(n))$ 时间内停机且状态为“拒绝”。

此处的 Advice($\alpha(n)$) 可看作辅助计算的字符串 [1]。

显然，P $\subseteq$ P/poly。事实上，P/poly 的计算能力有更紧的下界（不低于 BPP）。我们有如下定理。

定理 1.1.20 (Adleman 定理[2])

$$\mathrm{BPP} \subseteq \mathrm{P/poly}$$

证明　对任意判定问题 $L \in \mathrm{BPP}$，存在多项式时间概率图灵机 PT，使得对任意输入 x 其误判率不大于 $2^{-(n+1)}$（其中 $n = |x|$），即

当 $x \in L$ 时，$\mathbb{P}(T(x,r) = 0) \leqslant 2^{-(n+1)}$；

当 $x \notin L$ 时，$\mathbb{P}(T(x,r) = 1) \leqslant 2^{-(n+1)}$，

其中 $T(x, r_0)$ 是 PT 对应的确定性图灵机，$r \in \{0,1\}^{\mathrm{poly}(|x|)}$ 表示连接不同叶子节点路径[3]。

对此多项式时间的概率图灵机 PT，我们有如下事实。

引理　*存在路径 $r_0 \in \{0,1\}^{\mathrm{poly}(n)}$ 使 $T(x, r_0)$ 对所有输入 $x \in \{0,1\}^n$ 均给出正确结果（即无误判发生）。*

引理证明

设 r 为 PT 中任意给定的一条路径，则

$$\mathbb{P}[T(x,r) \text{ 对所有输入 } x \text{ 均给出正确结果}] = 1 - \mathbb{P}[\exists x \text{ 使 } T(x,r) \text{ 误判}]$$

$$\geqslant 1 - \sum_{x\in\{0,1\}^n} \mathbb{P}[T(x,r) \text{ 误判}] \geqslant 1 - 2^n \cdot 2^{-(n+1)} = \frac{1}{2}$$

由此可见，至少有一半的路径对任意输入 x 都能给出正确的结果。

设集合 R_0 由对所有输入均给出正确结果的路径组成，将 R_0 中的任意路径 r_0 作为 P/poly 定义中的 Advice ($\alpha(n)$)，则

（1）$r_0 \in \{0,1\}^{\mathrm{poly}(|x|)}$，因此，$|r_0| = \mathrm{poly}(n)$。

（2）按 r_0 的性质：当 $x \in L$ 时，图灵机可在多项式时间内得到 $T(x, r_0) = 1$（处于“接受”状态）；同样地，当 $x \notin L$ 时，图灵机也可在多项式时间内得到 $T(x, r_0) = 0$（处于“拒绝”状态）。

对比可知，这就是 P/poly(n) 的定义。 □

---

① 参考非确定性图灵机中的一条路径。

② 参见文献 L. M. Adleman, Proceedings of the Nineteenth Annual IEEE Symposium on Foundations of Computer Science (IEEE, 1978), p. 75-83.

③ 参见 BPP 定义中参数 P_0 的取值范围（式（1.7））。

那么，P/poly(n) 的上界在哪里呢？它能包含整个 NP 吗？特别地，它能在多项式时间内解决 NPC 问题吗？答案不太可能是肯定的。事实上，我们有如下定理。

定理 1.1.21 (Karp-Lipton 定理[①]) 若 NP $\subseteq$ P/poly，则多项式分层类 PH 将坍塌到第二层，即 PH $= \Sigma_2$。

证明此定理前，我们先介绍下面的引理。

引理 若 NP $\subseteq$ P/poly，则存在一组多项式规模的线路 $C_n = \{C_n^k\}$，它将多项式时间可计算的布尔公式 $\psi(x_1, x_2, \cdots, x_n)$ 作为输入，而将

$$\begin{cases} \{a_1, a_2, \cdots, a_n\}, & \psi \text{ 可被满足} \\ \{0, 0, \cdots, 0\}, & \text{其他} \end{cases}$$

作为输出（其中输出 $\{a_1, a_2, \cdots, a_n\}$ 使 $\psi(a_1, a_2, \cdots, a_n) = 1$）。

首先，按如下方式构造一组满足引理中输入、输出关系的线路 C_n。

C_n^1：输入布尔公式 $\psi(x_1, x_2, \cdots, x_n)$，当且仅当 $\psi(1, x_2, \cdots, x_n)$（$x_1 = 1$）可被满足时（即存在 $x_2, x_3, \cdots, x_n$ 使 $\psi(1, x_2, \cdots, x_n) = 1$），线路输出为 1。

C_n^2：输入布尔公式 $\psi(x_1, x_2, \cdots, x_n)$ 和比特 b_1（线路 C_n^1 的输出结果），当且仅当 $\psi(b_1, 1, x_3, \cdots, x_n)$（$x_1 = b_1, x_2 = 1$）可被满足时，线路输出为 1。

$$\vdots$$

C_n^i：输入布尔公式 $\psi(x_1, x_2, \cdots, x_n)$ 和比特 $b_1, b_2, \cdots, b_{i-1}$（线路 $C_n^{k<i}$ 的输出结果），当且仅当 $\psi(b_1, \cdots, b_{i-1}, 1, x_{i+1}, \cdots, x_n)$（$x_1 = b_1, \cdots, x_{i-1} = b_{i-1}, x_i = 1$）可被满足时，线路输出为 1。

$$\vdots$$

C_n^n：输入布尔公式 $\psi(x_1, x_2, \cdots, x_n)$ 和比特 $b_1, \cdots, b_{n-1}$（线路 $C_n^{k<n}$ 的输出结果），当且仅当 $\psi(b_1, \cdots, b_{n-1}, 1) = 1$ 时，线路输出为 1。

因每个线路都实现了一个 SAT 问题，按假设 NP $\subseteq$ P/poly，则 C_n^i 均可由多项式规模的线路实现。又由于 SAT 为 NPC 问题，因此，在这组线路基础上，任意 NP 问题都可通过一组多项式规模的线路求解。

在此引理基础上，我们来证明 Karp-Lipton 定理。

证明 我们来证明在 NP $\subseteq$ P/poly 假设下，必有 $\Pi_2 \subseteq \Sigma_2$，即层谱坍塌到第二层[②]。

① 参见文献 R. M. Karp, R. J. Lipton, Proceedings of the 12th Annual ACM Symposium on Theory of Computing (ACM, 1980), p. 302-309.

② 这与 PH $= \Sigma_2$ 等价，参见命题 1.1.16。

设语言 $L \in \Pi_2$，则按定义存在多项式时间的确定性图灵机 T，使得

$$x \in L \Longleftrightarrow \forall\omega_1\exists\omega_2 T(x,\omega_1,\omega_2) = 1 \tag{1.8}$$

其中 $|\omega_{i=1,2}| \leqslant \text{poly}(|x|)$。

显然，$T(x,\omega_1,\omega_2)$ 等价于一个多项式时间可计算的布尔函数（转化方法可参见 Cook-Levin 定理 1.1.5 的证明），它含有 3 个变量。按引理的构造方式，存在多项式规模的线路 C_n 使得输入为布尔函数 $T(x,\omega_1,\omega_2)$ 和参数 x、ω_1 时，其输出 μ 满足 $T(x,\omega_1,\mu)=1$。因此，表达式 (1.8) 中 ω_2 的存在性等价于线路 C_n 的存在性。另一方面，线路 C_n 对任意输入 ω_1 均成立，因此，量词 $\exists C_n$ 应出现在 $\forall\omega_1$ 的左边。综上，表达式 (1.8) 可改写为

$$x \in L \Longleftrightarrow \exists C_n \forall\omega_1 T(x,\omega_1,C_n(x,\omega_1)) = 1$$

这表明 $L \in \Sigma_2$。得证 $\Pi_2 \subseteq \Sigma_2$。　□

并行计算在经典计算中起着重要作用，能被并行计算高效解决的问题组成一个重要的计算复杂类（NC 类）。

定义 1.1.25 (NC 类 (Nick's Class))　NC 类定义为 $\text{NC} = \cup_i \text{NC}^i$，其中判定问题 L 属于 NC^i 是指它可通过扇入（fan-in）为 2[①] 的与门和或门（加上扇入为 1 的非门）生成的深度为 $\mathcal{O}(\log^i n)$ 且规模不超过多项式的一致性布尔线路计算。

显然，NC 类属于 P 问题。特别地，NC^0 中的线路深度为常数，常称为浅层线路。浅层线路中的某些问题可实现无条件的量子优越性[②]。若将 NC 类中逻辑与门和或门的扇入限制去掉就得到了 AC(alternating class) 复杂类. 可以证明，高效并行类 NC^i 和 AC^i 间满足关系：$\text{NC}^i \leqslant \text{AC}^i \leqslant \text{NC}^{i+1}$，因此有 $\text{NC} = \text{AC}$。

若将 NC 中的线路深度放宽到多项式则得到 NC(poly)类，它具有如下的重要性质[③]。

定理 1.1.22　NC(poly) = PSPACE[④]。

1.2　普适量子计算

经典计算中的基本逻辑门 $\vee, \wedge$ 和 $\uparrow$ 等都是不可逆门（两输入一输出）；后来的研究发现，基于不可逆门的计算在真实的物理体系中会导致热耗问题。这使人们开始重新审视计算与物理定律之间的关系，并着手研究可逆计算模型。量子计

① 逻辑门的输入比特数目为 2。往往也表述为扇入受限。
② 参见文献 S. Bravyi, D. Gosset, R. König, Science, **362**, 308-311 (2018).
③ 在证明定理 1.3.12，即 QIP = PSPACE 时需使用此性质。
④ 参见文献 A. Borodin, SIAM J. Comput. **6**, 733-744 (1977).

算本身基于幺正变换，具有天然的可逆性，它不仅可解决热耗问题，还能带来计算效率的额外提升（对某些问题有指数提升）。在这一节中，我们将介绍经典可逆计算以及量子线路模型。

1.2.1 可逆计算

20 世纪六七十年代，随着计算机技术的提高，人们开始考虑计算机运行速度的物理上限。此上限无法从抽象的计算模型中获得（事实上，计算模型与具体物理实现无关），它必须结合物理规律，从实际的系统出发加以考虑。计算芯片集成度的提高有利于提高运算速度，但同时集成度的提高也将导致“热耗效应”的提升。这二者之间的竞争使其计算能力有物理上限。因此，定量研究计算过程（逻辑操作）中热的产生机制就显得至关重要。

物理学家 Landauer 最早系统研究了计算过程中热的产生机制：他发现热由**不可逆过程中的信息擦除**产生。例如，在两个比特的“加法”操作中，计算输出只需一个比特（图 1.13），另一个比特就会被丢弃，且这个被丢弃的比特在后续计算中将会被恢复至某个标准状态（如“0”），因此，其信息被擦除了。基于此发现，Landauer 给出了信息擦除与热产生之间的定量关系。

Landauer 法则[①] *计算中每擦除一个比特的信息，至少有 $k_BT\ln 2$ 的能量以热的形式耗散到环境中，其中 k_B 为 Boltzmann 常数，T 是计算机的环境温度。*

Landauer 法则不仅可以解释计算过程中热的产生问题，还可对一些基本的物理现象，比如热力学中的“Maxwell 妖佯谬”进行解释。按 Landauer 法则，只要消除了计算过程中的不可逆操作，就可通过提高集成度来提高计算速度的上限（当然，我们知道随着集成度的提高，量子效应将不可避免地发生）。虽然可逆计算的每一步都不产生额外的热量，但在计算完成后，为下一次计算做准备时，仍需擦除参与计算的比特信息（通过测量等将其制备为标准态），这仍将导致热的产生。物理学家 Bennett 发现这种不可逆操作可通过如下方式避免[②]：在计算结束时记下运算结果，然后将计算反向运行，就可将输出状态可逆地返回输入状态（标准输入态）。这样就能恢复全部比特的初始状态，并没有不可逆的过程，整个计算过程将不产生热。

那么，如何将不可逆操作改造为可逆操作呢？通过保留无用比特的简单方法就可将不可逆逻辑门改造为可逆逻辑门，如图 1.13 所示。

① 参见文献 R. Landauer, IBM J. Res. Dev. **5**, 183-191 (1961).

② 参见文献 C. H Bennett, IBM J. Res. Dev. **17**, 525-532 (1973).

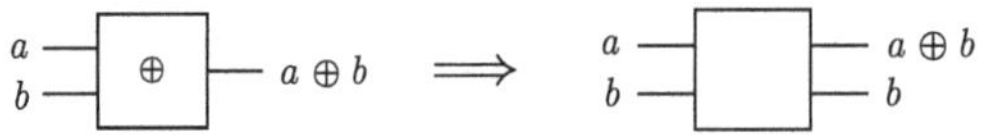

$$a, b \to \boxed{\oplus} \to a \oplus b \quad \Longrightarrow \quad a, b \to \boxed{} \to a \oplus b,\ b$$

图 1.13 不可逆门的改造：通过在不可逆门中加上闲置输出就可将其改造为可逆门

那么，将不可逆计算中的普适门进行可逆化改造后就能实现普适的可逆计算吗？答案是否定的。

1.2.1.1 普适的可逆逻辑门

可逆门是 n-比特输入到 n-比特输出的一一映射，它可表示为函数 $f:\{0,1\}^n \to \{0,1\}^n$（满足条件：$f\cdot f^{-1}=f^{-1}\cdot f=I$）。容易证明，任何不可逆函数 $f:\{0,1\}^n \to \{0,1\}^{(m)}$ 都可以通过添加比特的方式将其改造为相应的可逆函数，如

$$\begin{aligned} f:&\quad \{0,1\}^n \to \{0,1\}^m \\ \Longrightarrow f':&\quad \{x^{(n)}, y^{(m)}\} \to \{x^{(n)}, f(x^{(n)})\} \end{aligned}$$

n-比特输入 n-比特输出的可逆函数与 $(1,2,3,\cdots,2^n)$ 的排列一一对应，共有 $(2^n)!$ 种。与不可逆函数类似，任意可逆函数也可通过一组普适门的组合实现。为寻找普适门集合，我们从最简单的可逆门开始分析。

1. 单比特可逆门

单比特可逆门只有两种 $((2^1)!=2)$，分别是“单位门”和“非门”（NOT 门）。

2. 双比特可逆门

双比特可逆门有 $(2^2)!=24$ 种。特别注意，所有双比特可逆门均可表示为统一的线性形式：

$$f(\vec{x}) = M\vec{x} + \vec{s} \tag{1.9}$$

其中 $\vec{x}$（对应两比特输入的值）和 $\vec{s}$ 均为 $\mathbb{Z}_2$ 上的 2 维矢量。M 为 2×2 的可逆矩阵，共有 6 种不同的取法：

$$M = \begin{bmatrix}1&0\\0&1\end{bmatrix},\quad \begin{bmatrix}0&1\\1&0\end{bmatrix},\quad \begin{bmatrix}1&1\\1&0\end{bmatrix},\quad \begin{bmatrix}1&1\\0&1\end{bmatrix},\quad \begin{bmatrix}1&0\\1&1\end{bmatrix},\quad \begin{bmatrix}0&1\\1&1\end{bmatrix}$$

而矢量 $\vec{s}$ 有 4 种不同的取法：

$$\begin{bmatrix}0\\0\end{bmatrix},\quad \begin{bmatrix}0\\1\end{bmatrix},\quad \begin{bmatrix}1\\0\end{bmatrix},\quad \begin{bmatrix}1\\1\end{bmatrix}$$

两者组合正好是 $6\times 4=24$ 种可逆函数（可逆化后的与门、非门均在其中）。特别地，受控非门 $\text{CNOT}:(x,y)\to(x,x\oplus y)$ 也是双比特可逆门（图示见图 1.14）。

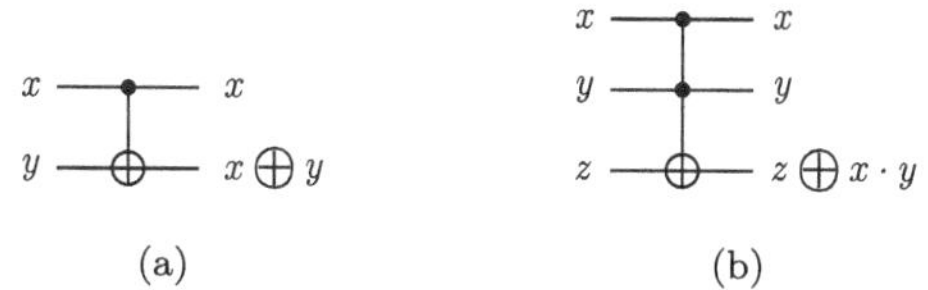

图 1.14 典型可逆门图示: (a) 为两比特 CNOT 门; (b) 为三比特 Toffoli 门，它是经典可逆计算的普适门

那么，单比特和双比特可逆门是否就能构成可逆计算的普适门呢？结论是否定的。由表达式（1.9）可以看出，这些可逆门均为线性变换，它们的任意级联仍是线性变换，不可能实现非线性函数。由此可见，它们并不具有普适性。因此，必须考虑有更多比特参与的可逆逻辑门。

3. 三比特可逆门

三比特可逆门共有 $(2^3)! = 40320$ 种，其中具有代表性的非线性可逆门是 Toffoli 门（$\theta^{(3)}$ 门）:

$$\theta^{(3)} : (x, y, z) \to (x, y, z \oplus x \cdot y)$$

仅当两个控制比特 x 和 y 均为 1 时，第三个比特才会发生翻转；而在其他情况下，所有比特均保持不变。

下面我们来说明 Toffoli 门的普适性。从 Toffoli 门出发，通过固定输入比特、忽略输出比特等方式可以实现不可逆计算中的普适逻辑门：COPY、∨、∧、¯(非)，因此，仅由 Toffoli 门（和赋值为 1 的存储器）就能实现普适的不可逆计算。值得注意，构造每个不可逆计算的普适逻辑门所需的 Toffoli 门个数均为常数（由构造方式确定），因此，用 Toffoli 门（可逆门）实现的不可逆计算并不改变原问题的线路复杂度。更重要的是，对可逆计算，Toffoli 门也有如下定理①。

定理 1.2.1 *在一个赋值为 1 的单比特存储器辅助下，3-比特 Toffoli 门是可逆计算的普适门。*

证明 我们首先来证明：n-比特 Toffoli 门和单比特 NOT 门可实现任意 n-比特可逆函数。

我们已经知道，n-比特可逆函数 $f : \{0,1\}^n \Longrightarrow \{0,1\}^n$ 与置换群 S_{2^n} 中元素 σ 一一对应。因置换群中任意元素 σ 均可分解为一系列互换操作 (i, j) 之积，因此，只需证明任意互换操作 (i, j) 均可通过 n-比特 Toffoli 门和 NOT 门

① 参见文献 T. Toffoli, in: Automata, Languages and Programming (ICALP, 1980), p. 632-644; S. Aaronson, D. Grier, and L. Schaeffer, in: 8th Innovations in Theoretical Computer Science Conference (ITCS, 2017), p. 23.

实现即可。置换群中一个互换操作 $(\boldsymbol{a}_i, \boldsymbol{a}_j)$ 使 2^n 个比特串（长度为 n）中的两个互换并保持其他比特串不变。下面我们根据比特串 $\boldsymbol{a}_i$ 和 $\boldsymbol{a}_j$ 的不同情况进行讨论：

(1) 两个海明（Hamming）距离为 1（仅有一个比特的值不同）的比特串[①]间的互换（保持其余 2^n-2 个比特串不变）可通过 Toffoli 门实现。

• 一个标准的 n-比特 Toffoli 门

$$\theta^{(n)}:(x_1,x_2,\cdots,x_{n-1},y)\Longrightarrow(x_1,x_2,\cdots,x_{n-1},y\oplus x_1x_2\cdots x_{n-1})$$

实现了比特串 $11\cdots\mathbf{10}$ 与 $11\cdots\mathbf{11}$ 间的互换（保持其他比特串不变）。

• 在若干非门的辅助下（图 1.15（a）），$\theta^{(n)}$ 门可实现任意仅末位比特值不同的两个比特串间的互换。

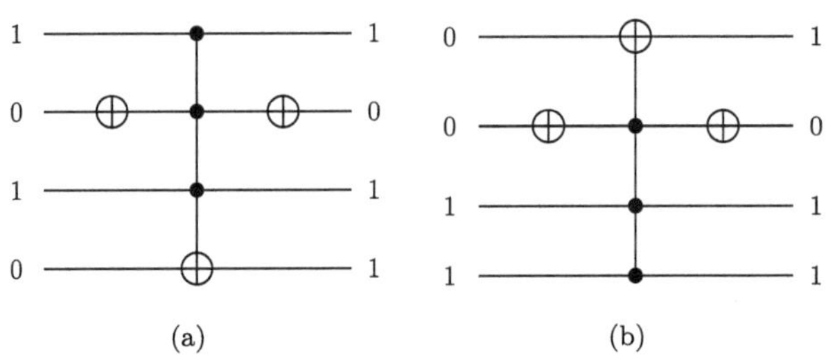

图 1.15　4-比特串互换示意图 (比特编号自上而下为 1, 2, 3, 4)：(a) 表示比特串 1011 与 1010 间的互换（其他比特串保持不变），用同样的方法可利用 n-比特 Toffoli 门实现所有仅末位比特不同的比特串（长度为 n）间的互换；(b) 图实现了比特串 0011 和 1011 间的互换（保持其他比特串不变），其中比特 1 是 Toffoli 门的目标比特。图中符号 $\oplus$ 表示 NOT（非）操作

• 进一步，若选择不同比特作为 n-比特 Toffoli 门的目标比特（其他比特为控制比特），可实现任意两个海明距离为 1 的比特串间的互换（比特串中赋值不同的比特位作为 Toffoli 门的目标比特），具体实现如图 1.15 所示。

(2) 若比特串 $\boldsymbol{a}_0$ 与 $\boldsymbol{a}_m$ 间的海明距离为 m（它们有 m 个比特的值不同），那么，如何实现它们间的互换操作（保持其他比特串不变）呢？事实上，

海明距离为 m 的两个比特串 $\boldsymbol{a}_0$ 和 $\boldsymbol{a}_m$ 之间，总存在 $m-1$ 个比特串 $\boldsymbol{a}_1, \boldsymbol{a}_2, \cdots, \boldsymbol{a}_{m-1}$，使得当它们与 $\boldsymbol{a}_0$、$\boldsymbol{a}_m$ 排成一行

$$\boldsymbol{a}_0, \boldsymbol{a}_1, \boldsymbol{a}_2, \cdots, \boldsymbol{a}_{m-1}, \boldsymbol{a}_m$$

时，任意两个相邻比特串 $\boldsymbol{a}_s, \boldsymbol{a}_{s+1}$ 之间的海明距离为 1。

① 如 $11\cdots\mathbf{1}00$ 和 $11\cdots\mathbf{1}10$。

如海明距离为 3 的比特串 1101 与 0110 间可添加比特串 0101 和 0111 来产生比特串序列（1101, 0101, 0111, 0110），此序列中任意两个相邻比特串之间的海明距离为 1。

因此，比特串 $\boldsymbol{a}_0 \leftrightarrow \boldsymbol{a}_m$ 之间的互换操作，可通过级联下面的 m 个海明距离为 1 的互换完成

$$\begin{aligned}\boldsymbol{a}_0 \leftrightarrow \boldsymbol{a}_m = &(\boldsymbol{a}_{m-1} \leftrightarrow \boldsymbol{a}_m)(\boldsymbol{a}_{m-2} \leftrightarrow \boldsymbol{a}_{m-1})\cdots(\boldsymbol{a}_1 \leftrightarrow \boldsymbol{a}_2)(\boldsymbol{a}_0 \leftrightarrow \boldsymbol{a}_1)\\ &\cdot(\boldsymbol{a}_1 \leftrightarrow \boldsymbol{a}_2)\cdots(\boldsymbol{a}_{m-2} \leftrightarrow \boldsymbol{a}_{m-1})(\boldsymbol{a}_{m-1} \leftrightarrow \boldsymbol{a}_m)\end{aligned}$$

其中 $a_i \leftrightarrow a_{i+1}$ 表示比特串 a_i 与 a_{i+1} 间的互换操作。

例 1.10

比特串 1101 与 0110 间的对换过程可显式地写为

变换 \ 比特串	0101	0110	0111	1101
(0111 $\longleftrightarrow$ 0110)	0101	0111	0110	1101
(0101 $\longleftrightarrow$ 0111)	0111	0101	0110	1101
(1101 $\longleftrightarrow$ 0101)	0111	1101	0110	0101
(0111 $\longleftrightarrow$ 0101)	0101	1101	0110	0110
(0110 $\longleftrightarrow$ 0111)	0101	1101	0111	0110

其中，表的右侧是对换过程中比特串的变化。对比一头一尾两行的比特串，仅有比特串 1101 与 0110 发生了对换，而其他比特串未发生变化。

由此可见，$\{0,1\}^n$ 中任意两个比特串间的互换都可通过 n-比特 Toffoli 门和单比特 NOT 门实现，这就实现了置换群 S_{2^n} 中的任意元素，也就实现了 n-比特可逆函数 f。因此，我们只需进一步说明 n-比特 Toffoli 门 $\theta^{(n)}$ 以及单比特 NOT 门均可由 3-比特 Toffli 门和赋值为 1 的单比特存储器实现即可。

单比特 NOT 门的实现： 对 Toffoli 门中的控制比特均输入 1（由赋值为 1 的单比特存储器完成），此时目标比特上就实现了 NOT 操作。NOT 门和赋值为 1 的单比特存储器结合就可以产生赋值为 0 的单比特。

***n*-比特 Toffoli 门的实现：** 一个赋值为 0 的单比特和 3 个 $\theta^{(3)}$ 门的级联就可实现 $\theta^{(4)}$ 门，其级联方式如图 1.16(a)。事实上，一个赋值为 0 的单比特、两个 $\theta^{(n-1)}$ 门和一个 $\theta^{(3)}$ 总能生成更高阶的 $\theta^{(n)}$ 门，其生成方式如图 1.16(b)。因此，在赋值为 1 的单比特存储器帮助下，用 $2^{n-2}-1$ 个 $\theta^{(3)}$ 门级联就可生成一个 $\theta^{(n)}$（$n \geqslant 3$）门。

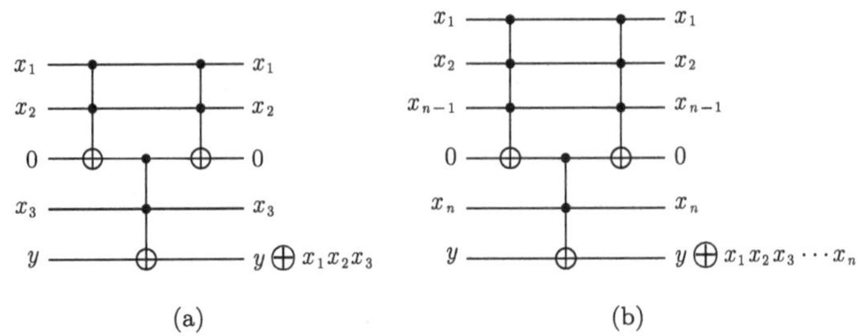

图 1.16 n-比特 Toffoli 门的实现：(a) 为 4-比特 Toffoli 门的实现，需要 3 个 Toffoli 门和一个 0 存储器；(b) 是两个 $(n-1)$-比特 Toffoli 门，一个 3-比特 Toffoli 门以及一个 0 存储器级联实现 $\theta^{(n)}$ 门

综上得知，3-比特 Toffoli 门和赋值为 1 的单比特存储器就可实现普适的可逆计算。 □

1.2.2 量子线路模型及普适量子逻辑门

在研究经典计算（可逆与不可逆）时，我们已经证明任意的函数运算均可拆解为有限个基本门的组合。换言之，通过对普适逻辑门的搭建就可实现任意函数的计算。基本门的组合形成线路模型，而基本门的规模可自然地给出对应计算的线路复杂度。在量子计算中，普适量子逻辑门以及量子线路可类似地获得。

量子逻辑门的普适性与经典逻辑门的普适性不同：经典普适逻辑门的组合可精确得到任意布尔函数。而在量子系统中，量子系统的所有幺正变换组成一个连续群，幺正变换的数目为不可数；而有限个量子逻辑门形成的量子线路只有可数个，故有限量子门生成的量子线路并不能覆盖所有的幺正矩阵。因此，量子线路中普适门的含义是指：通过普适门级联生成的量子线路可将 n 量子比特空间中的**任意幺正变换**近似到**任意精度**。

1.2.2.1 生成门

由实数的特性可得如下定理。

定理 1.2.2 *若 $e^{i\theta}$ 中的 θ 与 π 不可公度* (incommensurate)，*那么，$e^{in\theta}$ $(n=1,2,\cdots,\infty)$ 在复平面的单位圆上稠密。*

θ 与 π 不可公度表明 θ/π 是无理数，反之，如果 $\theta=\dfrac{p}{q}\pi$（p，q 为整数），那么，由 e^{ia} 函数的周期性可知 $e^{i2q\theta}=e^{i2p\pi}=1$。显然，$e^{in\theta}$（$n=1,2,\cdots$）具有周期性，它仅能覆盖单位圆上的有限个点，不可能稠密。稠密则意味着可用某个序列 $e^{if(n)\theta}$（$f(n)$ 为自然数 n 的某个函数）任意逼近单位圆上的任意点 $e^{i\Phi}$。

生成门可看作这一性质在幺正矩阵上的推广。任意幺正变换 U 在对应本征态表象中可表示为对角形式：

$$U_g = \begin{bmatrix} e^{i\theta_1} & & & \\ & e^{i\theta_2} & & \\ & & \ddots & \\ & & & e^{i\theta_{2^k}} \end{bmatrix}$$

若此幺正变换满足如下两条限制：

(1) 所有 θ_i 与 π 不可公度；

(2) 任意两个 θ_i 和 $\theta_j(i \neq j)$ 之间不可公度，

则称其为 k-量子比特生成门（记为 U_g）。

第一个条件与定理 1.2.2 中的条件一致，可保证每个 $e^{in\theta_j}(n = 1, 2, \cdots, \infty)$ 在对应单位圆上稠密。而第二个条件保证不同 $e^{i\theta_j}$ 之间无关联，相互独立。

如果将生成门 U_g 的正整数次幂 U_g^n 的对角元 $(e^{in\theta_1}, e^{in\theta_2}, \cdots, e^{in\theta_{2^k}})$ 看作 2^k 维圆环面上的点，那么，当 n 从 1 开始变大时，这个点会在 2^k 维的圆环面上移动。当 $n \Longrightarrow \infty$ 时，这些点逐渐稠密，即对任意点 $(e^{i\alpha_1}, e^{i\alpha_2}, \cdots, e^{i\alpha_{2^k}})$，都能找到一个无穷序列 $\{U_g^{m_1}, U_g^{m_2}, \cdots, U_g^{m_i}, \cdots\}$，使得 $(e^{im_j\theta_1}, e^{im_j\theta_2}, \cdots, e^{im_j\theta_{2^k}})$（当 m_j 趋于无穷时）可任意逼近 $(e^{i\alpha_1}, e^{i\alpha_2}, \cdots, e^{i\alpha_{2^k}})$。

利用生成门的性质可得如下定理。

定理 1.2.3 如果 $U_1 = e^{iA}$, $U_2 = e^{iB}$（A, B 为厄密矩阵）为生成门，则通过它们的级联可生成任意幺正变换 e^{iL}，其中 L 是算符 A, B 生成的李代数 $\mathcal{L}(A, B)$ 中的任意元素。

证明 要证明此定理，需证明两个事实。

（1）通过生成门 U_1 和 U_2 的级联可任意逼近幺正变换 $e^{i(\alpha A+\beta B)}$（其中 α，β 为任意实数）。

（2）通过生成门 U_1 和 U_2 的级联可任意逼近幺正变换 $e^{-\gamma[A,B]}$（γ 为任意实数）。

由于 U_1 为生成门，则存在 U_1 的幂次方序列：

$$e^{if(1)A}, e^{if(2)A}, \cdots, e^{if(j)A}, \cdots$$

任意逼近幺正变换 $U_1(\lambda) = e^{i\lambda A}$（$\lambda$ 为任意实数）。同理，幺正变换 $U_2(\lambda) = e^{i\lambda B}$（$\lambda$ 为任意实数）也可由 U_2 的幂次方任意逼近。基于此，我们有

$$\begin{aligned} e^{i(\alpha A+\beta B)} &= \lim_{n\Longrightarrow\infty}[e^{i\frac{\alpha A+\beta B}{n}}]^n \\ &= \lim_{n\Longrightarrow\infty}\left(1+i\frac{\alpha A+\beta B}{n}\right)^n \\ &= \lim_{n\Longrightarrow\infty}\left[\left(1+i\frac{\alpha A}{n}\right)\left(1+i\frac{\beta B}{n}\right)\right]^n \end{aligned}$$

$$= \lim_{n\Longrightarrow\infty}(e^{i\frac{\alpha A}{n}}e^{i\frac{\beta B}{n}})^n$$

因此, $e^{i(\alpha A+\beta B)}$ 可由 $e^{i\frac{\alpha}{n}A}$（由 U_1 的幂次生成）和 $e^{i\frac{\beta}{n}B}$(由 U_2 的幂次生成) 的级联生成。这就证明了第一个事实。而对第二个事实，我们同样有

$$\begin{aligned}
e^{-\gamma[A,B]} &= \lim_{n\Longrightarrow\infty}[e^{\frac{-\gamma[A,B]}{n}}]^n \\
&= \lim_{n\Longrightarrow\infty}\left[1-\frac{\gamma}{n}(AB-BA)\right]^n \\
&= \lim_{n\Longrightarrow\infty}(e^{i\sqrt{\frac{\gamma}{n}}A}e^{i\sqrt{\frac{\gamma}{n}}B}e^{-i\sqrt{\frac{\gamma}{n}}A}e^{-i\sqrt{\frac{\gamma}{n}}B})^n
\end{aligned}$$

所以，$e^{-\gamma[A,B]}$ 也可由 U_1, U_2 的级联生成。

由此可见，算符 A、B 以及对易子 $[A,B]$ 的任意线性组合对应的幺正变换都可通过生成门 U_1, U_2 的级联生成。更一般地，对算符不断地进行对易操作（如 $[[A,B],A],[[[A,B],A],A],\cdots$），直到整个算符集合封闭（对易操作不再产生新的算符），就会形成算符 A 和 B 生成的封闭李代数 $\mathcal{L}(A,B)$。因此，李代数 $\mathcal{L}(A,B)$ 中任意算符 L 对应的幺正变换 e^{iL} 都可通过生成门 e^{iA} 和 e^{iB} 的级联来实现。 □

若某个逻辑门 M 的级联能任意逼近一组生成门 $e^{i\theta A_k}$（$k=1,2,\cdots,n$），则 M 能生成整个李代数 $\mathcal{L}(A_1,A_2,\cdots,A_n)$ 对应的幺正变换 $e^{i\mathcal{L}}$。特别地，若 n（$n\in\mathbb{N}$）量子比特系统中的任意厄密算符均在 $\mathcal{L}(A_1,A_2,\cdots,A_n)$ 中，则逻辑门 M 能生成 n 量子比特上的所有幺正变换，因此，M 就是普适量子逻辑门。我们将证明 Deutsch 门就是具有此性质的普适逻辑门，通过它的级联，可任意逼近 $n\in\mathbb{N}$ 量子比特上的任意幺正变换。

1.2.2.2　Deutsch 门的普适性

普适量子门的存在性最早由英国物理学家 Deutsch 提出并给出了以他名字命名的实例——Deutsch 门，此门的线路表示如图 1.17 所示。

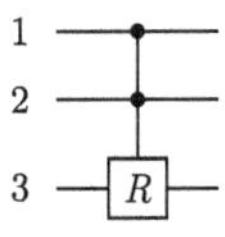

图 1.17　Deutsch 门的线路表示：比特 1 和 2 为控制比特，仅当这两个比特值均为 1 时，比特 3 才执行 R 门操作

它是一个 3 量子比特的控制-控制门，仅在前两个比特值均为 1 时，第三个比特才执行单比特操作 R (在其他情况下，所有比特均保持状态不变)。单比特操作 R 在标准计算基下可表示为

$$R = -ie^{i\frac{\theta}{2}\sigma^x} = -i\left(\cos\frac{\theta}{2} + i\sin\frac{\theta}{2}\right)\sigma^x$$

其中，θ 与 π 不可公度，σ^x 是 Pauli 矩阵①。

Deutsch 门具有如下性质②。

定理 1.2.4 Deutsch 门是普适量子门。

证明 （1）首先证明 Deutsch 门在 3 量子比特系统中的普适性。为此需对希尔伯特空间 $2^{\otimes 3}$ 上一组满足条件：

$$\mathcal{L}(h_1, h_2, \cdots, h_n)\text{张成整个厄密算符空间}$$

的厄密算符 $\{h_i\}$ 证明算符 $e^{i\theta h_i}$（θ 为任意参数）可被 Deutsch 门任意逼近。选择 3 量子比特厄密算符空间中的一组 8×8 厄密矩阵 $(\sigma^x)_{mn}$ $(m, n = 0, 1, \cdots, 7)$ 作为基本算符 $\{h_i\}$，其中 $(\sigma^x)_{mn}$ 表示第 m、n 两行与 m、n 两列交叉所形成的 2×2 子矩阵为 σ^x，而其他矩阵元都为 0，如图 1.18 所示。

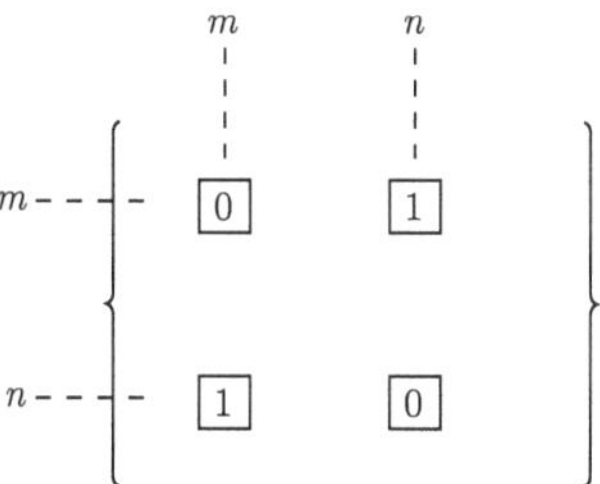

图 1.18 $(\sigma^x)_{mn}$ 示意图

第一步，我们来说明在基矢量的置换操作 P（置换操作 P 可由 Toffoli 门生成，而 Toffoli 门可由 Deutsch 门任意逼近③）帮助下，从 Deutsch 门出发可生成幺正变换 $-ie^{i\frac{\theta}{2}(\sigma^x)_{mn}}$。

由于，Deutsch 门事实上就是 $-ie^{i\frac{\theta}{2}(\sigma^x)_{67}}$，且

$$P(-ie^{i\frac{\theta}{2}(\sigma^x)_{67}})P = -ie^{i\frac{\theta}{2}P(\sigma^x)_{67}P} \quad (P^2 = I)$$

---

① Pauli 矩阵定义为 $\sigma^x = \begin{bmatrix} 0 & 1 \\ 1 & 0 \end{bmatrix}$，$\sigma^y = \begin{bmatrix} 0 & i \\ -i & 0 \end{bmatrix}$，$\sigma^z = \begin{bmatrix} 1 & 0 \\ 0 & -1 \end{bmatrix}$。在本书中，根据上下文，Pauli 矩阵常表示为 σ^α（$\alpha = x, y, z$）或者 X, Y, Z。

② 参见文献 D. E. Deutsch, P. Roy. Soc. A. Math. Phy. **425**, 73-90 (1989).

③ 直接级联 Deutsch 门就可形成控制-控制-R^n 门的序列，考虑到 R 中因子 $-i$ 具有周期 4，我们选择的序列为控制-控制-R^{4m+1} 门。因 θ 与 π 不可公度，按定理 1.2.2，一定存在序列 $\{e^{i\frac{\theta}{2}(4m+1)}, m = 0, 1, \cdots\}$ 的子序列可任意逼近 $e^{i\frac{\pi}{2}}$。此时，

$$-i\left(\cos\frac{(m+1)\theta}{2} + i\sin\frac{(m+1)\theta}{2}\right)\sigma^x$$

可任意逼近算符 σ^x，因此，级联 Deutsch 门可任意逼近 Toffoli 门。

因此，只需要研究厄密算符 $(\sigma^x)_{67}$ 在置换操作 P 下的变换。通过置换操作 $P=(6m)(7n)$（第 6 行与第 m 行对换，第 6 列也与第 m 列对换；第 7 行与第 n 行对换，第 7 列也与第 n 列对换），厄密算符 $(\sigma^x)_{67}$ 变换为 $(\sigma^x)_{mn}$，即

$$P(\sigma^x)_{67}P=(\sigma^x)_{mn} \qquad (m\neq n)$$

由此可产生所有的厄密算符 $(\sigma^x)_{mn}$。相应地，通过 Deutsch 门级联就可产生所有形如 $-ie^{i\frac{\theta}{2}(\sigma^x)_{mn}}$ 的生成门。按定理 1.2.3，通过级联生成门 $-ie^{i\frac{\theta}{2}(\sigma^x)_{mn}}$，就能产生任意幺正算符 $e^{iL}(L\in\mathcal{L})$，$\mathcal{L}$ 是 $\{(\sigma^x)_{mn}\}$ 生成的李代数。

第二步，我们来说明 $(\sigma^y)_{mn}$ 和 $(\sigma^z)_{mn}$ 都在 $\{(\sigma^x)_{mn}\}$ 生成的李代数 $\mathcal{L}$ 中，进而李代数 $\mathcal{L}$ 就是希尔伯特空间 $2^{\otimes 3}$ 上的整个厄密算符空间。

厄密算符 $(\sigma^y)_{mn}$ 可通过形如 $(\sigma^x)_{56}$ 和 $(\sigma^x)_{67}$ 的对易产生，即

$$[(\sigma^x)_{56},(\sigma^x)_{67}]=\left[\begin{bmatrix}0&1&0\\1&0&0\\0&0&0\end{bmatrix},\begin{bmatrix}0&0&0\\0&0&1\\0&1&0\end{bmatrix}\right]=\begin{bmatrix}0&0&1\\0&0&0\\-1&0&0\end{bmatrix}=i(\sigma^y)_{57}$$

一般地，$[(\sigma^x)_{nm},(\sigma^x)_{nk}]=i(\sigma^y)_{mk}$。而厄密算符 $(\sigma^z)_{mn}$ 则可以通过对易关系：$[(\sigma^x)_{mn},(\sigma^y)_{mn}]=i(\sigma^z)_{mn}$ 获得。这就证明了 $(\sigma^y)_{mn}$ 和 $(\sigma^z)_{mn}$ 都在李代数 $\mathcal{L}$ 中。由厄密矩阵基 $(\sigma_k)_{mn}(m,n=0,2,\cdots,7;\ k=x,y,z)$ 的完备性可知 2^3 维希尔伯特空间中的任意幺正变换都可通过 Deutsch 门的级联产生。

（2）n 量子比特 Deutsch 门可用 3-比特 Deutsch 门通过递归的方式级联而成。级联方法与证明 Toffoli 门在经典可逆计算中的普适性类似，一般地，n 量子比特 Deutsch 门可通过两个 (n-1)-比特 Toffoli 门和一个 3-比特 Deutsch 门级联生成。按与 3 量子比特中类似的方法可以证明，n 量子比特系统中的任意幺正变换都可通过 n 量子比特 Deutsch 门的级联生成。

于是，Deutsch 门的普适性得证。 □

1.2.2.3 两比特控制-U 门的普适性

尽管 Deutsch 门是普适量子门，但它需操控 3 个量子比特，从实验的角度，我们希望操控的量子比特越少越好。那么，是否存在仅需操控两个量子比特的普适门呢？换言之，是否存在两比特量子逻辑门通过级联的方式能以任意精度逼近 Deutsch 门呢？事实上，Deutsch 门可由一个控制-U_R 门生成，其中 $U_R=e^{-i\pi/4}e^{i\frac{\theta}{4}\sigma^x}$, θ 与 π 不可公度。与 Deutsch 门中的讨论类似，不可公度性保证控制-U_R^{-1} 门和控制-σ^x（CNOT 门）门可被 U_R^n 任意逼近。通过控制-U_R 门，控制-U_R^{-1} 门和受控非门的级联就能构建 Deutsch 门，其级联线路如图 1.19 所示。

由此可见，控制-U_R 门也是普适量子门。事实上，几乎所有的 2 比特控制-U

门都是普适量子门（这里的“几乎”是指普适量子门稠密）①。

图 1.19 控制-U_R 门构建 Deutsch 门的线路：其中 $x,y\in\{0,1\}$，$|\phi\rangle$ 是比特 3 的输入量子态。按控制门定义，仅当两个控制比特 $x=y=1$ 时，第 3 个量子比特才执行操作 U_R^2。按 U_R 的定义，$U_R^2=R$，这就实现了 Deutsch 门

1.2.2.4 CNOT 加上全体单比特门的普适性

从实验实现的层面，两比特控制-U 门比 Deutsch 门更方便、更易实现，但两比特控制-U 门的实验难度仍较大（特别是对参数 θ 的控制）。那么，是否有更易于实现的普适量子门集合呢？事实上，我们有如下定理②。

定理 1.2.5 CNOT 门和全体单比特门组成普适量子门。

在这组普适门中只需一个无参数的两比特量子门（CNOT），而其他参数控制部分都在单比特操作中。这组普适门的实验和控制难度相比于控制-U 门都大幅降低。

在证明这组量子门的普适性之前，我们先介绍单比特幺正变换的如下引理。

引理 1.2.1 任意单比特幺正变换都可表示为

$$U=e^{i\delta}R_z(\alpha)R_y(\theta)R_z(\beta)$$

其中 $R_z(\alpha)$、$R_y(\theta)$ 和 $R_z(\beta)$ 分别表示沿 Bloch 球的 z 轴、y 轴和 z 轴的转动，我们称 (α,θ,β) 为欧拉角，这一表示也称为算符 $U\in U(2)$ 的欧拉角表示。

显然，这一分解意味着，任意幺正变换都可以分解成先沿 z 轴转动一个角度 β，然后沿 y 轴转动角度 θ，最后再沿 z 轴转动角度 α。如果我们只考虑 SU(2) 中的幺正变换 W（即 $\det(W)=1$），那么，我们就可以去掉 U 中的整体相位 $e^{i\delta}$ 而得到

$$W=R_z(\alpha)R_y(\theta)R_z(\beta)$$

我们称其为 SU(2) 算符 W 的欧拉角表示。事实上，y 轴和 z 轴可以换成任意两个正交的轴。

① 参见文献 S. Lloyd, Phys. Rev. Lett. **75**, 346-349 (1995); D. E. Deutsch, A. Barenco, and A. Ekert, P. Roy. Soc. A. Math. Phy. **449**, 669-677 (1995).

② 参见文献 A. Barenco, C. H. Bennett, R. Cleve, D. P. DiVincenzo, et al, Phys. Rev. A **52**, 3457 (1995).

按此引理，任意单比特变换都可表示为下面 3 个矩阵的乘积（忽略整体相位）：

$$\begin{bmatrix} e^{i\frac{\alpha}{2}} & 0 \\ 0 & e^{-i\frac{\alpha}{2}} \end{bmatrix} \begin{bmatrix} \cos\dfrac{\theta}{2} & \sin\dfrac{\theta}{2} \\ -\sin\dfrac{\theta}{2} & \cos\dfrac{\theta}{2} \end{bmatrix} \begin{bmatrix} e^{i\frac{\beta}{2}} & 0 \\ 0 & e^{-i\frac{\beta}{2}} \end{bmatrix}$$

即

$$\begin{bmatrix} e^{i\frac{\alpha+\beta}{2}}\cos\dfrac{\theta}{2} & e^{i\frac{\alpha-\beta}{2}}\sin\dfrac{\theta}{2} \\ -e^{-i\frac{\alpha-\beta}{2}}\sin\dfrac{\theta}{2} & e^{-i\frac{\alpha+\beta}{2}}\cos\dfrac{\theta}{2} \end{bmatrix}$$

另一方面，任意单比特幺正变换总可以表示为量子态沿 Bloch 球上某个轴 $\vec{n}$ 的转动，即

$$U = R_{\vec{n}}(\Theta) = e^{i\Theta\vec{n}\cdot\vec{\sigma}/2}$$

为了显式地看出两种表示之间的联系，利用 $\mathrm{Tr}\sigma_i\sigma_j = 2\delta_{ij}$ 可得

$$\cos\frac{\Theta}{2} = \cos\frac{\theta}{2}\cos\frac{\alpha+\beta}{2}, \qquad \vec{n} = \frac{1}{\sin\dfrac{\Theta}{2}}\begin{bmatrix} \sin\dfrac{\theta}{2}\sin\dfrac{\alpha-\beta}{2} \\ \sin\dfrac{\theta}{2}\cos\dfrac{\alpha-\beta}{2} \\ \cos\dfrac{\theta}{2}\sin\dfrac{\alpha+\beta}{2} \end{bmatrix}$$

在此引理的基础上，定理的证明如下。

证明　为证明 CNOT 门加上全体单比特操作是普适门集合，只需证明 CNOT 和单比特操作级联可生成控制-U_R 门即可。为此，可构造如下线路（图 1.20）。

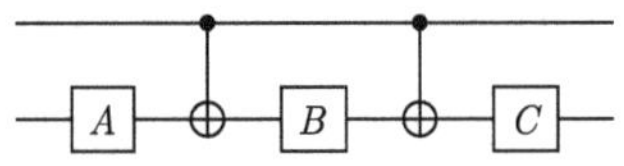

图 1.20　控制-U_R 门的分解：A, B, C 均为单比特幺正变换

在此线路中，当控制比特为 0 时，目标比特发生变换 ABC；而当控制比特为 1 时，目标比特上实施变换 $A\sigma^x B\sigma^x C$ 。对比此线路与控制-U_R 门，要使这两者相同，需满足如下条件：

$$\begin{cases} ABC = I \\ A\sigma^x B\sigma^x C = U_R \end{cases}$$

事实上，根据单比特幺正算符的欧拉角表示，将幺正变换 U_R 表示为 $U_R =$

$R_z(\alpha)R_y(\theta)R_z(\beta)$，选择

$$\begin{cases} A = R_z(\alpha)R_y\left(\frac{\theta}{2}\right) \\ B = R_y\left(-\frac{\theta}{2}\right)R_z\left(-\frac{\alpha+\beta}{2}\right) \\ C = R_z\left(\frac{\beta-\alpha}{2}\right) \end{cases}$$

则有

$$\begin{aligned} ABC &= R_z(\alpha)R_y\left(\frac{\theta}{2}\right)R_y\left(-\frac{\theta}{2}\right)R_z\left(-\frac{\alpha+\beta}{2}\right)R_z\left(\frac{\beta-\alpha}{2}\right) = I \\ A\sigma^x B\sigma^x C &= R_z(\alpha)R_y\left(\frac{\theta}{2}\right)\sigma^x R_y\left(-\frac{\theta}{2}\right)R_z\left(-\frac{\alpha+\beta}{2}\right)\sigma^x R_z\left(\frac{\beta-\alpha}{2}\right) \\ &= R_z(\alpha)R_y\left(\frac{\theta}{2}\right)\sigma^x R_y(-\frac{\theta}{2})\sigma^x\sigma^x R_z\left(-\frac{\alpha+\beta}{2}\right)\sigma^x R_z\left(\frac{\beta-\alpha}{2}\right) \\ &= R_z(\alpha)R_y\left(\frac{\theta}{2}\right)R_y\left(\frac{\theta}{2}\right)R_z\left(\frac{\alpha+\beta}{2}\right)R_z\left(\frac{\beta-\alpha}{2}\right) \\ &= R_z(\alpha)R_y(\theta)R_z(\beta) \end{aligned}$$

换言之，前面的条件在此选择下被满足。

这就构造性证明了存在单比特门 A, B 和 C，它们与 CNOT 门一起生成控制-U_R 门，由控制-U_R 门的普适性得知所有单量子比特幺正门和 CNOT 门构成普适量子门集合。 □

1.2.2.5 普适量子门与量子计算资源

量子计算中的普适门可进一步简化为少数几个离散量子门，寻找最小离散量子门集合与探讨量子计算超越经典计算能力的来源密切相关。我们将介绍两个不同的最小普适量子门集合（减少其中任何一个都会影响其普适性），它们都有一个含 $m-1$ 个逻辑门（m 为普适门个数）的经典可模拟子集合，这为探讨量子计算的资源提供了重要洞察。

1. 非 Clifford 门与普适量子计算

常用的单比特量子门包括：

（1）Hadamard 变换（记为 H），它在计算基下的变换矩阵和线路图表示为

$$H = \frac{1}{\sqrt{2}}\begin{bmatrix} 1 & 1 \\ 1 & -1 \end{bmatrix}, \qquad —\boxed{H}— \tag{1.10}$$

容易验证 Hadamard 门有如下性质：

$$H^2 = I, \qquad H\sigma^x H = \sigma^z, \qquad H\sigma^z H = \sigma^x$$

(2) $\dfrac{\pi}{4}$ 门（记为 S）和 $\dfrac{\pi}{8}$ 门（记为 T），它们在计算基下的变换矩阵和线路表示为

$$S = \begin{bmatrix} 1 & 0 \\ 0 & e^{i\pi/2} \end{bmatrix} = \begin{bmatrix} e^{-i\pi/4} & 0 \\ 0 & e^{i\pi/4} \end{bmatrix} = \begin{bmatrix} 1 & 0 \\ 0 & i \end{bmatrix}, \qquad -\boxed{S}- \tag{1.11}$$

$$T = \begin{bmatrix} 1 & 0 \\ 0 & e^{i\pi/4} \end{bmatrix} = \begin{bmatrix} e^{-i\pi/8} & 0 \\ 0 & e^{i\pi/8} \end{bmatrix}, \qquad -\boxed{T}- \tag{1.12}$$

其中整体相位已忽略。其中 H 门、S 门和 CNOT 门属于下面定义的 Clifford 门（算符），而 T 门不属于 Clifford 门。

为定义 Clifford 算符，我们首先来定义单量子比特上的 Pauli 群 $\mathcal{P}_1$，它定义为算符 $\{i, \sigma^x, \sigma^z\}$ 通过乘法生成的群，共包含 16 个元素：

$$\{\pm I,\ \pm\sigma^x,\ \pm\sigma^y,\ \pm\sigma^z,\ \pm iI,\ \pm i\sigma^x,\ \pm i\sigma^y,\ \pm i\sigma^z\}$$

而 n 量子比特上的 Pauli 群 $\mathcal{P}_n$ 则定义为

$$\langle i, \sigma_1^x, \sigma_1^z, \sigma_2^x, \sigma_2^z, \cdots, \sigma_n^x, \sigma_n^z \rangle .$$

因此，Pauli 群 $\mathcal{P}_n$ 上的 Clifford 群定义如下。

定义 1.2.1 (Clifford 群) *若 n-比特算符 $g \in \mathrm{SU}(2^n)$ 使 Pauli 群中任意元素 $p \in \mathcal{P}_n$ 满足*

$$gpg^{-1} \in \mathcal{P}_n$$

则算符 g 称为 n-比特 Clifford 算符。所有 Clifford 算符 g 形成群结构，称之为 n-比特 Clifford 群。

在考虑 Pauli 群元素的对易关系时，元素前的系数并不起作用①。此时，Pauli 群中元素可由生成元 σ_i^x, σ_i^z 表示。换言之，Pauli 群中任意算符 p 可用一向量 $\boldsymbol{v} = (\boldsymbol{v}_x|\boldsymbol{v}_z) \in \{0,1\}^{2n}$ 表示 (其中 $\boldsymbol{v}_x, \boldsymbol{v}_z \in \{0,1\}^n$)，其对应关系如下：

$$p(\boldsymbol{v}) = (\sigma_1^x)^{a_1}(\sigma_1^z)^{b_1} \otimes \cdots \otimes (\sigma_n^x)^{a_n}(\sigma_n^z)^{b_n} \Longleftrightarrow \boldsymbol{v} = (a_1, \cdots, a_n|b_1, \cdots, b_n)$$

其中 $a_i, b_i \in \{0,1\}$。由于 Pauli 群中任意两元素要么对易要么反对易，这一特性诱导其向量 $\boldsymbol{v}$ 上的辛 (sympletic) 结构。

命题 *$\forall \boldsymbol{v}, \boldsymbol{w} \in \mathbb{Z}_2^{2n}$ 和 $p(\boldsymbol{v}), p(\boldsymbol{w}) \in \mathcal{P}_n$ 有*

---

① 此时，Pauli 群中的元素可在 $\mathcal{P}_n \backslash \langle i \rangle$ 的意义下考虑，在量子纠错码中的算符均在此意义下定义。

$$p(\boldsymbol{v})p(\boldsymbol{w})=(-1)^{(\boldsymbol{v},\boldsymbol{w})}p(\boldsymbol{w})p(\boldsymbol{v})$$

其中，向量内积 $(\boldsymbol{v},\boldsymbol{w})$ 定义为 $(\boldsymbol{v},\boldsymbol{w})=\boldsymbol{v}\Lambda\boldsymbol{w}^{\mathrm{T}}$ 且

$$\Lambda=\begin{bmatrix}0 & I\\ I & 0\end{bmatrix}$$

因此，Pauli 算符的这一表示称为辛表示。两个 Pauli 算符的乘积对应于它们的辛表示（向量）之间的模 2 加（$\oplus$），而 Clifford 群就是保持上述辛内积不变的变换。在第三章中的图态以及第五章中的稳定子码中我们都将使用 Pauli 算符的辛表示来简化计算。

例 1.11　Clifford 算符

表 1.6 给出典型的单比特 Clifford 群中元素。

表 1.6　单比特 Clifford 算符：左边第一列为单比特 Pauli 算符，上面第一行为单比特 Clifford 算符，右下表格中为 Clifford 算符作用于相应 Pauli 算符后得到的结果。可见 Clifford 作用后的 Pauli 算符仍在 Pauli 群中

Pauli\Clifford	σ^x	σ^z	$\sqrt{i\sigma^x}$	$\sqrt{i\sigma^y}$	$\sqrt{i\sigma^z}$	H	S
σ^x	σ^x	$-\sigma^x$	σ^x	σ^z	$-\sigma^y$	σ^z	σ^y
σ^y	-σ^y	$-\sigma^y$	-σ^z	σ^y	σ^x	$-\sigma^y$	$-\sigma^x$
σ^z	$-\sigma^z$	σ^z	σ^y	$-\sigma^x$	σ^z	σ^x	σ^z

利用 Pauli 算符的性质，很容易检验表中作用的正确性，其中 Clifford 算符：

$$\sqrt{i\sigma^k}=e^{i\frac{\pi}{4}\sigma^k}=\frac{\sqrt{2}}{2}(I+i\sigma^k),\qquad k=x,y,z$$

下面我们来检验 CNOT 门的 Clifford 特性，CNOT 门可写为算符形式：

$$\text{CNOT}=\frac{1}{2}(I\otimes I+\sigma^z\otimes I+I\otimes\sigma^x-\sigma^z\otimes\sigma^x)\tag{1.13}$$

表 1.7 中给出了一些典型的两比特 Pauli 算符在 CNOT 作用下的变换。

表 1.7　典型的两比特 Pauli 算符在 CNOT 门下的变化：前四个算符是基本算符，其他算符都可通过它们的乘积生成，如算符 $\sigma^y\otimes\sigma^y$ 经过 CNOT 门后的结果就可通过前面四个算符的乘积得到

Clifford\Pauli	$\sigma^x\otimes I$	$\sigma^z\otimes I$	$I\otimes\sigma^x$	$I\otimes\sigma^z$	$\sigma^y\otimes\sigma^y$
CNOT	$\sigma^x\otimes\sigma^x$	$\sigma^z\otimes I$	$I\otimes\sigma^x$	$\sigma^z\otimes\sigma^z$	$\sigma^x\otimes\sigma^z$

由表 1.7 中可见：当控制比特出现算符 σ^x 时，它将通过 CNOT 门传播到目标比特中；而算符 σ^z 则不会传播到目标比特。当目标比特出现算符 σ^z 时，CNOT 门将它传播到控制比特；而算符 σ^x 则不会传播到控制比特。CNOT 门中控制比特和目标比特对算符 σ^x 和 σ^z 的不同作用在容错量子计算中起着重要作用（第五章中，我们还会回到此问题）。

对 n 量子比特系统的 Clifford 群，我们有如下定理①。

定理 1.2.6 n 量子比特 Clifford 群可由单比特 S 门、H 门和两比特 CNOT 门生成。

证明 我们用归纳法证明此定理。

(1) 当 $k=1$ 时（单比特），Pauli 群 $\mathcal{P}_1$ 仅包含 16 个元素，而 Clifford 群中元素使这 16 个 Pauli 算符重排（典型的 Clifford 算符可在表 1.6 中看到）。通过简单计算可得

$$\begin{aligned} &\sigma^z = S^2, && \sigma^x = H\sigma^z H = HS^2H \\ &\sqrt{i\sigma^x} = SHS, && \sqrt{-i\sigma^x} = S^\dagger H S^\dagger \\ &\sqrt{i\sigma^z} = HSHSH, && \sqrt{-i\sigma^z} = HS^\dagger HS^\dagger H \\ &\sqrt{i\sigma^y} = HS^2, && \sqrt{-i\sigma^y} = S^2H \end{aligned}$$

其中 $S^\dagger = S^7$。其他 Clifford 算符可通过前面这几个算符的乘积获得，因此，所有单比特 Clifford 门可通过 H 门和 S 门的组合获得。故定理成立。

(2) 假设当 $k \leqslant n$ 时，定理仍成立，即 k 量子比特上的 Clifford 门均可由 H 门、S 门和 CNOT 门生成。那么，当 $k=n+1$ 时：

- $n+1$ 个量子比特上的任意 Clifford 算符 U 使 Pauli 算符 $I\otimes\sigma^z_{n+1}$ 变为另一个 Pauli 算符 M，使 Pauli 算符 $I\otimes\sigma^x_{n+1}$ 变为另一个 Pauli 算符 N，即

$$U(I\otimes\sigma^z_{n+1})U^\dagger = M \tag{1.14}$$

$$U(I\otimes\sigma^x_{n+1})U^\dagger = N \tag{1.15}$$

  M 和 N 依然是反对易的，因此可以找到在某一位量子比特（记为第 m 个比特）上 M 与 N 的作用不同且均不为 I。

- 利用 3 个 CNOT 门生成的 SWAP 门，见图 1.21，将第 $n+1$ 个比特与第 m 个比特进行交换，然后对第 $n+1$ 个单比特上的 Pauli 算符做 Clifford 操作使 M 在第 $n+1$ 个比特上的算符变为 σ^x，同时使 N 在第

① 参见文献 D. Gottesman, Phys. Rev. A **57**: 127-137 (1998).

$n+1$ 个比特上的算符变为 σ^z。总之，对任意 Clifford 算符 U 都存在新的 Clifford 算符 U_1 使

$$U_1(I\otimes\sigma_{n+1}^z)U_1^\dagger = M'\otimes\sigma_{n+1}^x \tag{1.16}$$

$$U_1(I\otimes\sigma_{n+1}^x)U_1^\dagger = N'\otimes\sigma_{n+1}^z \tag{1.17}$$

其中 M' 和 N' 是前 n 个量子比特上的 Pauli 算符。

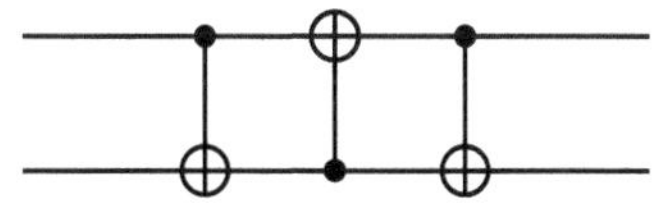

图 1.21 SWAP 门构造：SWAP 门实现了两个比特 i,j 之间的交换，它可由 3 个 CNOT 生成

显然，满足关系式（1.16）和（1.17）的 Clifford 算符 U_1 并不唯一，它们形成集合 S_U。任选 $U_2\in S_U$，则 Clifford 算符 U_2 总可在第 $n+1$ 个比特的算符基下展开为

$$\begin{aligned} U_2 &= U_{00}\otimes|0\rangle_{n+1}\langle 0| + U_{01}\otimes|0\rangle_{n+1}\langle 1| + U_{10}\otimes|1\rangle_{n+1}\langle 0| + U_{11}\otimes|1\rangle_{n+1}\langle 1| \\ &= \begin{bmatrix} U_{00} & U_{01} \\ U_{10} & U_{11} \end{bmatrix} \end{aligned} \tag{1.18}$$

其中 U_{ij} 为前 n 个量子比特上的算符，$|i\rangle$（$i=0,1$）为第 $n+1$ 个量子比特上的计算基矢量。将展开式（1.18）代入前面的条件（1.16），并考虑幺正条件 $U_2U_2^\dagger = U_2^\dagger U_2 = I\otimes I$ 得到

$$U_{10} = M'U_{00};\qquad U_{ij}U_{ij}^\dagger = \frac{1}{2}I\quad (i,j\in\{0,1\})$$

进一步考虑条件（1.17）得到

$$U_{01} = N'U_{00},\qquad U_{11} = -M'N'U_{00}$$

令 $U_{00}=U'$，则 U_2 可表示为

$$U_2 = \begin{bmatrix} U' & N'U' \\ M'U' & -M'N'U' \end{bmatrix} = \begin{bmatrix} I & \mathbf{0} \\ \mathbf{0} & M' \end{bmatrix}\times\begin{bmatrix} I & I \\ I & -I \end{bmatrix}\times\begin{bmatrix} I & \mathbf{0} \\ \mathbf{0} & N' \end{bmatrix}\times\begin{bmatrix} U' & \mathbf{0} \\ \mathbf{0} & U' \end{bmatrix}$$

这表明 Clifford 变换 U_2 可分解为如下操作：

（1）一个 n 量子比特上的 Clifford 门 U'；

（2）一个控制-N' 门（第 $n+1$ 个比特控制前面 n 个比特，N' 为 Pauli 算符）；

（3）一个第 $n+1$ 比特上的 Hadamard 门；

（4）一个控制-M' 门（第 $n+1$ 个比特控制前面 n 个比特，M' 为 Pauli 算符）。

按假设小于等于 n 量子比特上的 Clifford 算符均可由 H、S 和 CNOT 门生成，只需说明控制-X 门（X 为 n 比特空间中的 Pauli 算符）也可由 S、H 和 CNOT 门生成即可。

事实上，任意控制-X 门均可分解为一系列两比特控制 Pauli 门的乘积，即

$$\text{控制}-\left(\prod_i \sigma_i^{k_i}\right)=\prod_i \text{控制}-\sigma_i^{k_i}\qquad (k_i=x,y,z,0)$$

显然，控制 $-\sigma_i^{k_i}$ 为两体 Clifford 算符，它们可表示为 S、H 和 CNOT 门的组合。因此，U_2 可由 S、H 和 CNOT 门生成，进而任意 Clifford 算符 U 也可由它们生成。

由归纳法可知，结论成立。 □

Clifford 层谱（Clifford hierarchy, CH）

与 Clifford 群的定义类似，在 Pauli 群的基础上，可递归地定义一组称为 Clifford 层谱的门集合。

定义 (Clifford 层谱)　*设第 1 层 Clifford 层谱为 n 量子比特上的 Pauli 群 $(\mathcal{P}_n)$，而第 $j+1$ 层 Clifford 层谱递归地定义在第 j 层 Clifford 层谱上：*

$$\mathcal{CH}_{j+1}(n)=\{U\in \mathrm{SU}(2^n):\ U\mathcal{P}_nU^\dagger\subseteq \mathcal{CH}_j(n)\}$$

其中 $\mathrm{SU}(2^n)$ 是 n 比特上的幺正变换群。

按此定义，Clifford 层谱具有如下性质。

（1）不同 Clifford 层谱之间存在关系：$\mathcal{CH}_j(n)\subseteq \mathcal{CH}_{j+1}(n)$。

（2）$\mathcal{CH}_2(n)$ 就是 Clifford 群，而 $\mathcal{CH}_3(n)$ 中包含非 Clifford 门 (如 Toffoli 门和 T 门)。一般地，算符

$$R_k|x\rangle=e^{i2\pi\frac{x}{2^k}}|x\rangle$$

在 $\mathcal{CH}_k(n)$ 中。特别地，$S=R_2$ 在 $\mathcal{CH}_2$ 中；且 $T=R_3$ 在 $\mathcal{CH}_3$ 中（图 1.22)。

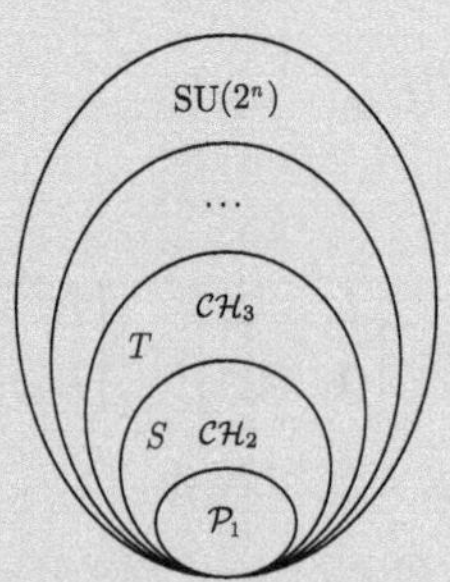

图 1.22　Clifford 分层之间的包含关系。$\mathcal{CH}_j(n)\subseteq \mathcal{CH}_{j+1}(n)$ 且算符 S 属于 $\mathcal{CH}_2$，算符 T 属于 $\mathcal{CH}_3$

（3）如果不计入相位，$\mathcal{CH}_n$ 是一个有限集合，且仅在 $j=1$ 和 2 时，$\mathcal{CH}_j(n)$ 才具有群结构，即当 $j\geqslant 3$ 时，$\mathcal{CH}_j(n)$ 不再具有群结构。

尽管 Clifford 算符有很好的性质，但仅仅包含 Clifford 门并不能实现普适的量子计算。我们有如下的著名定理[①]。

定理 1.2.7（Gottesman-Knill 定理） *如果一个量子线路仅包含如下操作：*

（1）计算基上的初态制备；

（2）Clifford 门；

（3）计算基上的测量，

那么，此量子线路可被经典计算机有效模拟。

证明 设 Clifford 门组成的量子线路为 C_n，它对应 Clifford 算符 U。按条件（1），此量子线路 C_n 的输入量子态 $|\phi_0\rangle$ 需制备在计算基上，不失一般性，我们设 $|\phi_0\rangle=|0^n\rangle$（若有某些比特上的输入态为 $|1\rangle$，仅需在线路 C_n 中相应比特的输入位置增加 σ^x 门形成新线路 C_n' 即可）。值得注意，初态 $|\phi_0\rangle=|0^n\rangle$ 满足本征方程 $\sigma_i^z|\phi_0\rangle=|\phi_0\rangle\ (i=1,2,\cdots,n)$；换言之，$|\phi_0\rangle=|0^n\rangle$ 是 σ_i^z（$i=1,2,\cdots,n$）的本征值为 1 的共同本征态（唯一）。

C_n 的输出态（末态）$|\phi_f\rangle$ 满足下面的等式：

$$|\phi_f\rangle=U|0^n\rangle=U\sigma_i^zU^\dagger U|0^n\rangle \qquad (i=1,2,\cdots,n)$$

这表明末态 $|\phi_f\rangle$ 是 Pauli 算符

$$Q_i=U\sigma_i^zU^\dagger \qquad (i=1,2,\cdots,n)$$

本征值为 $+1$ 的唯一共同本征态（Q_i 之间相互对易且相互独立）。

要有效模拟量子线路 C_n，需能有效计算输出量子态 $|\phi_f\rangle$ 在任意计算基 $|x\rangle$ 上的概率。不失一般性，设 $|x\rangle=|0^n\rangle$（若计算基 $|x\rangle$ 中某些比特的量子态为 $|1\rangle$，只需在量子线路 C_n 中对应量子比特的输出位置加上 σ^x 门形成新线路 C_n' 即可）。由于同时测量和逐位测量并不影响最终的分布概率，不失一般性，我们按逐位测量进行讨论。

(1) 顺次考察算符 $\sigma_1^z,\sigma_2^z,\cdots$ 与集合 $\{Q_i\}$ 中算符的反对易关系。设 $\sigma_{a_1}^z$ 是第一个与 $\{Q_i|i=1,2,\cdots,n\}$ 中某些算符存在反对易关系的 σ^z 算符，换言之，$\{Q_i|i=1,2,\cdots,n\}$ 中所有算符与 $j<a_1$ 的算符 σ_j^z 均对易。设 $\{Q_i|i=1,2,\cdots,n\}$ 中与 $\sigma_{a_1}^z$ 反对易的算符组成集合 $\mathcal{S}_1$，而与 $\sigma_{a_1}^z$ 对易的算符组成集合 $\mathcal{S}_2$。

① 参见文献 D. Gottesman, in: Proc. XXII International Colloquium on Group Theoretical Methods in Physics (1998), p. 32-43; S. Aaronson and D. Gottesman, Phys. Rev. A **70**, 052328 (2004).

由于 $\mathcal{S}_1$ 非空，不妨设 $Q_k \in \mathcal{S}_1$ 且 $|\phi\rangle$ 为 $\{Q_i(i=1,2,\cdots,n)\}$ 的本征值为 1 的共同本征态（输出量子态），则有

$$\begin{aligned}\langle\phi|\sigma_{a_1}^z|\phi\rangle &= \langle\phi|\sigma_{a_1}^z Q_k|\phi\rangle \qquad (|\phi\rangle \text{ 是 } Q_k \text{ 的本征值为 1 的本征态})\\ &= \langle\phi|-Q_k\sigma_{a_1}^z|\phi\rangle \qquad (Q_k\text{与 }\sigma_{a_1}^z \text{ 反对易})\\ &= \langle\phi|-\sigma_{a_1}^z|\phi\rangle \qquad (Q_k = Q_k^\dagger)\\ &= 0\end{aligned}$$

因此，对比特 a_1 进行测量并得到量子态 $|0\rangle$ 的概率为

$$\mathbb{P}_1(0) = \langle\phi|0\rangle_{a_1}\langle 0|\phi\rangle = \langle\phi|\frac{I+\sigma_{a_1}^z}{2}|\phi\rangle = \frac{1}{2} + \langle\phi|\sigma_{a_1}^z|\phi\rangle = \frac{1}{2}$$

对量子比特 a_1 沿 σ^z 进行测量后，设它处于量子态 $|0\rangle$ 且与其他比特处于直积状态，此时系统量子态记为 $|\phi^1\rangle = |0\rangle_{a_1}\langle 0|\phi\rangle$（未归一）。

在算符 $\{Q_i\}$ 基础上定义一组新的算符 Q_i^1（$k=1,2,\cdots,n$）使测量后的量子态 $|\phi^1\rangle$ 为其本征值为 1 的共同本征态。为此，构造 $\{Q_i^1\}$ 如下：

- 任取 $\mathcal{S}_1$ 中算符 Q_k（其在算符集合 $\{Q_i\}$ 中排序指标为 k），令 $\{Q_i^1\}$ 中排序指标也为 k 的对应算符为 $Q_k^1 = \sigma_{a_1}^z$；
- 对算符 $Q_{l\neq k} \in \mathcal{S}_1$，$\{Q_i^1\}$ 中对应算符（排序指标为 l）构造为 $Q_l^1 = Q_k Q_l$；
- 对算符 $Q_i \in \mathcal{S}_2$，$\{Q_i^1\}$ 中对应算符为 $Q_i^1 = Q_i$（排序指标为 i）。

这样就得到了 n 个相互独立的算符 $\{Q_i^1|i=1,2,\cdots,n\}$，直接计算可知测量后的量子态 $|\phi^1\rangle$ 确实为这些算符的共同本征态，且本征值为 1。

(2) 重复前面的步骤，继续考察 $\sigma_1^z,\cdots,\sigma_n^z$ 与 $\{Q_i^1\}$ 中算符的反对易关系，找到第一个与 $\{Q_i^1\}$ 中某些算符反对易的 $\sigma_{a_2}^z$。对编号为 a_2 的量子比特进行测量，得到 $|0\rangle$ 的概率仍为 $\frac{1}{2}$。设测量后的量子态 $|\phi^2\rangle = |0\rangle_{a_2}\langle 0|\phi^1\rangle$。采用相同的方式构造算符 Q_k^2（$k=1,2,\cdots,n$）使 $|\phi^2\rangle$ 为其本征值为 1 的共同本征态。

(3) 重复此操作 m 次，直至任意 σ_i^z 算符与 $\{Q_i^m|i=1,2,\cdots,n\}$ 中所有算符均对易。特别地，已测量比特上的 Pauli 算符 $\sigma_{a_i}^z\,(i=1,2,\cdots,m)$ 均在算符集合 $\{Q_i^m|i=1,2,\cdots,n\}$ 中。注意到，$\{Q_i^m|i=1,2,\cdots,n\}$ 中每个算符与 σ_i^z $(i=1,2,\cdots,n)$ 都对易，因此，它们可由算符 $\sigma_i^z\ (i=1,2,\cdots,n)$ 生成。换言之，$\{Q_i^m|i=1,2,\cdots,n\}$ 与 $\sigma_i^z\ (i=1,2,\cdots,n)$ 生成相同的群。

按前面的构造方式，此时的量子态 $|\phi^m\rangle$ 是算符 $\{Q_i^m|i=1,2,\cdots,n\}$ 的本征值为 1 的共同本征态。按稳定子理论①，此量子态可表示为算符 $\{Q_i^m|i=$

① 详见第三章的 3.1.1 节。

$1,2,\cdots,n\}$ 生成的稳定子群中所有元素的平均，即

$$\rho^m = \frac{1}{2^n}\prod_j (I + Q_j^m) = \frac{1}{2^n}\prod_j (I \pm \sigma_j^z)$$

仅当 $\{Q_k^m|k=1,2,\cdots,n\}$ 中包含负号元素时，上式中的负号才会出现。一旦负号出现，对应比特 j 将被投影到量子态 $|1\rangle$ $\left(\dfrac{I-\sigma^z}{2}\text{就是投影算符}|1\rangle\langle 1|\right)$。

综上可得，测量得到 $|0^n\rangle$ 态的概率为

$$\mathbb{P}(|0^n\rangle) = \begin{cases} \dfrac{1}{2^m}, & Q_i^m\ (i=1,2,\cdots,n)\ \text{符号均为正，}m\ \text{为已测量比特数目} \\ 0, & \text{存在算符}\ Q_p^m\ \text{符号为负} \end{cases}$$

经典计算只需按上面的流程计算所有 Q_i^m 即可，其计算复杂度估计如下：

建立最初的算符 Q_i。由于幺正变换 U 仅由 Clifford 算符组成，不失一般性，U 由 Clifford 算符 S，H 和 CNOT 组成。建立这 3 个算符与所有两比特 Pauli 算符的变换表格，通过查询此表格就可建立初始算符 $\{Q_i\}$（它们均为 Pauli 算符）。此过程的复杂度最多为 $n\cdot n_c$，其中 n_c 为 Clifford 门的个数。

依次更新算符 $\{Q_k^i\}$，直至算符 Q_k^m。最多需执行 $n+(n-1)+\cdots+2+1=\mathcal{O}(n^2)$ 次的 Pauli 矩阵相乘。

因此，整个过程可被经典计算机有效模拟。 □

例 1.12　Gottesman-Knill 定理示例

如下由 Clifford 门组成的线路（图 1.23）。

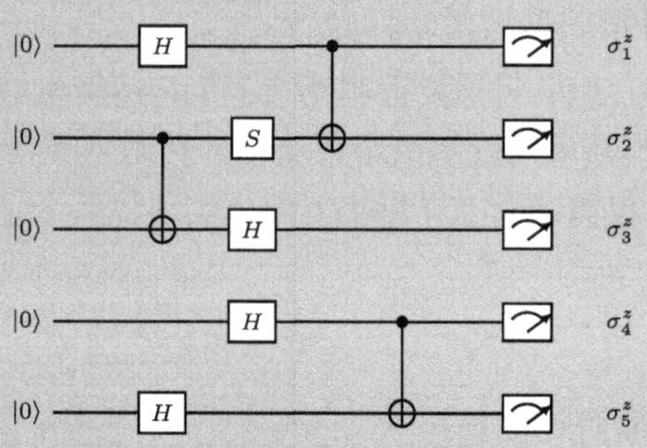

图 1.23　Clifford 线路示例

利用表 1.6 和表 1.7 中 H 门、S 门和 CNOT 门对 Pauli 算符的变换可得到初始算符：

$$Q_1 = \sigma_1^x\sigma_2^x,\quad Q_2 = \sigma_1^z\sigma_2^z,\quad Q_3 = \sigma_1^z\sigma_2^y\sigma_3^z,\quad Q_4 = \sigma_4^x\sigma_5^x,\quad Q_5 = \sigma_5^x$$

按前面的算法，算符 $\{Q_i^m|\,i=1,2,3,4,5\}$ 构造如表 1.8 所示。

表 1.8　Q_i^m 的构造

	1	2	3	4	5	备注
Q_i	Q_1	Q_2	Q_3	Q_4	Q_5	Q_1 与 σ_1^z 反对易，其他对易；测量比特 1
Q_i^1	σ_1^z	$\sigma_1^z\sigma_2^z$	$\sigma_1^z\sigma_2^y\sigma_3^z$	$\sigma_4^x\sigma_5^x$	σ_5^x	Q_3 与 σ_2^z 反对易，其他对易；测量比特 2
Q_i^2	σ_1^z	$\sigma_1^z\sigma_2^z$	σ_2^z	$\sigma_4^x\sigma_5^x$	σ_5^x	Q_4 与 σ_4^z 反对易，其他对易；测量比特 4
Q_i^3	σ_1^z	$\sigma_1^z\sigma_2^z$	σ_2^z	σ_4^z	σ_5^x	Q_4 与 σ_5^z 反对易，其他对易；测量比特 5
Q_i^4	σ_1^z	$\sigma_1^z\sigma_2^z$	σ_2^z	σ_4^z	σ_5^z	Q_4 与 σ_5^z 反对易，其他对易；测量比特 5

经过 4 次（$m=4$）构造后，集合 $\{Q_i^4\,|\,i=1,2,3,4,5\}$ 中已无算符与 σ_i^z（$i=1,2,3,4,5$）反对易，且无负号产生。因此，测量得到量子态 $|00000\rangle$ 的概率为 $\dfrac{1}{2^4}$。

因此，要实现普适量子计算，至少需要一个非 Clifford 门。通过简单地计算：

$$T\sigma^x T^\dagger = \cos\frac{\pi}{4}\cdot\sigma^x + \sin\frac{\pi}{4}\cdot\sigma^y$$

可确认 T 门不在 Clifford 群中（Pauli 算符 σ^x 经 T 变换后不在 Pauli 群中）。事实上，在 Clifford 门中仅需添加 T 门就足以完成普适量子计算。特别地，我们有如下定理①。

定理 1.2.8　量子门 $\{H,T,\text{CNOT}\}$ 组成普适量子门。

由于 S 门可由 T 门生成，因此，前面的定理可理解为在 Clifford 群中加入非 Clifford 门 T 就可形成普适量子门集合。

证明　根据定理 1.2.5，只需要证明 H 门和 T 门能生成任意单比特门即可。由于任意单比特幺正变换都可通过绕两个正交轴的转动生成（幺正变换的欧拉角表示（引理 1.2.1）），因此，仅需证明 T 门和 H 门可实现绕两个正交轴的任意转动即可。

将量子门 T 写为转动形式：

$$T = e^{-i\frac{\pi}{8}\sigma^z}\qquad\text{（整体相位已忽略）}$$

通过 H 门与 T 门级联可得算符：

$$HTH = He^{-i\frac{\pi}{8}\sigma^z}H = e^{-i\frac{\pi}{8}H\sigma^z H} = e^{-i\frac{\pi}{8}\sigma^x}$$

此算符与 T 门进一步级联得到单比特门：

$$THTH = e^{-i\frac{\pi}{8}\sigma^z}\times e^{-i\frac{\pi}{8}\sigma^x}$$

① 参见文献 P. O. Boykin, T. Mor, M. Pulver, V. Roychowdhury, and F. Vatan, in: 40th Annual Symposium on Foundations of Computer Science (IEEE, 1999), p. 486-494.

$$
\begin{aligned}
&= \left(\cos\frac{\pi}{8}I - i\sin\frac{\pi}{8}\sigma^z\right)\left(\cos\frac{\pi}{8}I - i\sin\frac{\pi}{8}\sigma^x\right) \\
&= \cos^2\frac{\pi}{8}I - i\sin\frac{\pi}{8}\left[\cos\frac{\pi}{8}\sigma^x + \sin\frac{\pi}{8}\sigma^y + \cos\frac{\pi}{8}\sigma^z\right] \\
&= \cos\theta + i(\boldsymbol{n}\cdot\boldsymbol{\sigma})\sin\theta = e^{i\theta\boldsymbol{n}\cdot\boldsymbol{\sigma}} \equiv R_{\boldsymbol{n}}(\theta)
\end{aligned}
$$

其中

$$
\boldsymbol{n} \propto \left(\cos\frac{\pi}{8}, \sin\frac{\pi}{8}, \cos\frac{\pi}{8}\right) \qquad (\boldsymbol{n}\ \text{为单位矢量}), \quad \cos\theta = \cos^2\frac{\pi}{8}
$$

显然，θ 与 π 不可公度，因此，级联 $R_{\boldsymbol{n}}(\theta)$ 可任意逼近幺正变换 $R_{\boldsymbol{n}}(\alpha)$（$\alpha$ 为任意实数）。

另一方面，将 H 门作用于 $R_{\boldsymbol{n}}(\theta)$ 上可改变其转动轴，即

$$
\begin{aligned}
HTHT &= He^{-i\frac{\pi}{8}\sigma^z} \times e^{-i\frac{\pi}{8}\sigma^x}H \\
&= \cos^2\frac{\pi}{8}I - i\sin\frac{\pi}{8}\left[\cos\frac{\pi}{8}\sigma^x - \sin\frac{\pi}{8}\sigma^y + \cos\frac{\pi}{8}\sigma^z\right] \\
&= R_{\boldsymbol{m}}(\theta)
\end{aligned}
$$

其中单位矢量 $\boldsymbol{m} \propto \left(\cos\frac{\pi}{8}, -\sin\frac{\pi}{8}, \cos\frac{\pi}{8}\right)$。级联 $R_{\boldsymbol{m}}(\theta)$ 也可任意逼近任意幺正变换 $R_{\boldsymbol{m}}(\alpha)$。

由定理1.2.3 可知，$e^{i(a\boldsymbol{n}+b\boldsymbol{m})\cdot\boldsymbol{\sigma}}$（$a$、$b$ 为任意系数）可由 $R_{\boldsymbol{n}}(\theta)$ 和 $R_{\boldsymbol{m}}(\theta)$ 任意逼近。因单位矢量 $\boldsymbol{n}$ 与 $\boldsymbol{m}$ 线性无关，选择合适的 a 和 b 总可产生两个垂直的矢量 $\boldsymbol{p}_1$ 和 $\boldsymbol{p}_2$（即 $\boldsymbol{p}_1 \perp \boldsymbol{p}_2$）。这就实现了两个转动轴垂直的幺正变换 $R_{\boldsymbol{p}_1}(\alpha)$ 和 $R_{\boldsymbol{p}_2}(\beta)$，根据单比特幺正变换的欧拉表示，它们可产生任意单比特门。 □

此定理与 Gottesman-Knill 定理一起确认了非 Clifford 门（T 门）在量子计算中的独特能力。事实上，正是基于这一点，量子互文（contextuality）被认为是量子计算超越经典计算的能力来源之一[①]。然而，基于不同的普适门集合，量子计算超越经典计算的来源会有不同解读。

2. *H 门与量子计算资源*

我们已知道 Toffoli 门能实现普适的经典可逆计算机，但它并不能实现普适的量子计算，那么，Toffoli 门加上哪些量子门才能普适呢？事实上，一个 H 门就足以提供普适量子计算所需的能力。即有如下定理[②]：

定理 1.2.9 Toffoli 门和 H 门可实现普适的量子计算。

我们注意到，H 门和 Toffoli 门都是实矩阵，而幺正矩阵本身可能包含有虚部，因此，含虚数的幺正矩阵不可能由 H 门和 Toffoli 门直接产生。那么，为什

① 参见文献 M. Howard, J. Wallman, V. Veitch, and J. Emerson, Nature, **510**, 351-355 (2014).

② 参见文献 Y. Shi, Quantum Inform. Compu. **3**, 84-92 (2003).

么 H 门和 Toffoli 门还具有普适性呢？

前面的普适门集合能以任意精度逼近 $\mathrm{SU}(2^n)$ 中的任意算符 U，我们称之为严格的普适性。事实上，在实际的量子计算中，这种严格的普适性并不必需。特别地，我们可通过引入少量辅助比特来实现 n 量子比特空间中的普适量子计算。换言之，在 n 量子比特空间中直接逼近算符 U 并不必需，若能在 $(n+m)$-比特形成的扩展空间中逼近与 n-比特算符 U 含相同信息的新算符 $\tilde{U}$（$(n+m)$-比特算符）也能实现相同的计算功能。Toffoli 门和 H 门就是在此意义下的普适量子门，这种普适性可严格化为如下定义。

定义 1.2.2 (计算普适性 (computational universality))　逻辑门集合 $\{c_1, c_2, \cdots\}$ 具有计算普适性是指：由严格普适性门集合中逻辑门生成的任意线路 (包含 n 个量子比特和 t 个逻辑门)，均可被 $\{c_1, c_2, \cdots\}$ 中逻辑门在 $\mathrm{poly}(n, t, 1/\epsilon)$ 规模下模拟到误差 ϵ（任意）以内。

显然，严格的普适性是计算普适性的特例。下面我们就来说明 H 门和 Toffoli 门具有计算普适性。

首先我们来说明：在辅助比特帮助下，任意量子线路都可变换为一个只含实逻辑门（矩阵）的量子线路。变换规则如下：将任意幺正变换 U(复数) 替换为它的实数化算符 $\bar{U}$，它实现了如下变换：

$$\bar{U}|i\rangle|0\rangle_a = \mathrm{Re}(U)|i\rangle|0\rangle_a + \mathrm{Im}(U)|i\rangle|1\rangle_a \tag{1.19}$$

$$\bar{U}|i\rangle|1\rangle_a = -\mathrm{Im}(U)|i\rangle|0\rangle_a + \mathrm{Re}(U)|i\rangle|1\rangle_a \tag{1.20}$$

其中 $\mathrm{Re}(U)$ 和 $\mathrm{Im}(U)$ 分别表示幺正变换 U 的实部和虚部，$|0\rangle_a$ 和 $|1\rangle_a$ 表示辅助比特上的量子态。在此操作下，一个含复矩阵的量子线路都可转化为仅含实矩阵操作的量子线路，其代价是增加了一个辅助比特。更重要的是，实数化算符 $\bar{U}$ 在算符乘法（逻辑门级联）下保持如下性质：

$$\bar{U}_1\bar{U}_2 = \overline{U_1U_2}$$

这就保证了变换后计算结果的正确性。

在证明 H 门和 Toffoli 门的计算普适性之前，我们还需如下定理[①]。

定理 1.2.10　控制 S 门和 H 门组成普适量子门集合。

证明　我们已经知道，所有两比特门组成普适量子门集合（单比特门可看作两比特门的特例）。因此，只需证明控制-S 门和 H 门能生成两比特幺正算符的稠密子集即可。考虑控制-S 门和 H 门级联而成的线路 X_1 和 X_2（图 1.24）。它们

① 参见文献 A. Y. Kitaev, Russ. Math. Surv. **52**, 1191 (1997).

在基矢 $\{|00\rangle, |01\rangle, |10\rangle, |11\rangle\}$ 下的矩阵表示为

$$X_1 = \begin{bmatrix} 1 & & & \\ & 1 & & \\ & & \frac{1}{\sqrt{2}} & \frac{-i}{\sqrt{2}} \\ & & \frac{-i}{\sqrt{2}} & \frac{1}{\sqrt{2}} \end{bmatrix}, \qquad X_2 = \begin{bmatrix} 1 & & & \\ & \frac{1}{\sqrt{2}} & & \frac{-i}{\sqrt{2}} \\ & & 1 & \\ & \frac{-i}{\sqrt{2}} & & \frac{1}{\sqrt{2}} \end{bmatrix}$$

通过 X_1 和 X_2 可生成的幺正算符：

$$Y_1 = X_1 X_2^{-1}, \qquad Y_2 = X_2^{-1} X_1$$

(a) (b)

图 1.24 线路对应：(a) 为 X_1 对应线路；(b) 为 X_2 对应线路

计算可知，这两个幺正算符的本征值为 $\dfrac{1}{4} \pm \dfrac{\sqrt{15}}{4} i = e^{\pm i\theta}$，显然 θ 与 π 不可公度。由定理 1.2.2 可知，它们能生成稠密子集。 □

在此基础上就可以证明 H 门和 Toffoli 门的计算普适性了。

证明 对任意由控制-S 门和 H 门（由定理 1.2.10 可知它们具有严格普适性）生成的量子线路 C_n，设其含有 t 个逻辑门和 n 个量子比特。我们来证明线路 C_n 可由 H 门和 Toffoli 门在 $\text{poly}(n,t)$ 规模下进行模拟。由于集合 $\{\text{Toffoli}, H\}$ 与普适门集合 $\{$控制-$S, H\}$ 共用 H 门，只需考虑如何用 Toffoli 门和 H 门替换控制-S 门即可。

显然，控制 S 门含有虚数部分，我们需利用辅助比特和等式 (1.20) 中的实数化变换 $\overline{\text{控制-}S}$，事实上，这就是控制-控制-XZ 门（其中 X 和 Z 分别表示 Pauli 矩阵 σ^x 和 σ^z）。由于 $XZ = XHXH$，控制-控制-XZ 门可用 Toffoli 门和 H 门实现如图 1.25。

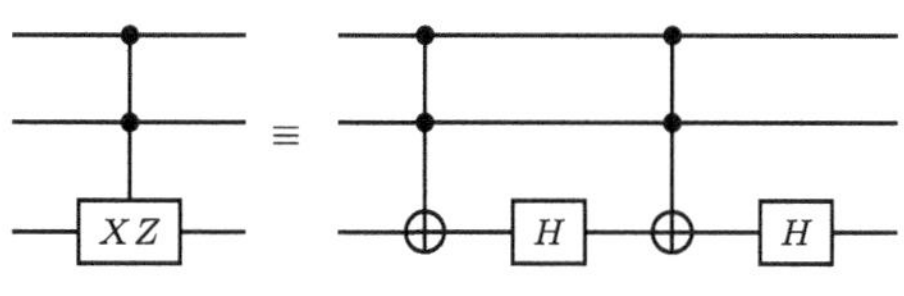

图 1.25

因此，在增加一个辅助比特（可重复使用）的情况下，利用 Toffoli 门和 H 门，最多只需 $4t$ 个门即可模拟任意包含 t 个来自普适逻辑门集合 {控制-S, H} 的线路。按定义，它们具有计算普适性。 □

因此，从计算普适性的角度，H 门提供了量子计算超越经典计算的能力。而这与前面非 Clifford 门提供了量子计算超越经典计算能力的结论并不一致。由此可见，如何刻画量子计算超越经典计算的算力来源仍是一个开放问题。

1.2.3 量子门的线路复杂度与精度

1.2.3.1 单比特量子门的复杂度和精度

前面介绍了几组不同的普适逻辑门，显然，这些不同普适门间可相互模拟。那么，它们之间是否能有效模拟呢？其具体模拟复杂度是多少呢？我们有如下著名定理①。

定理 1.2.11 (Solovay-Kitaev 定理) *任意单量子比特门都可由逆操作封闭的量子普适门集合 S 中 $\mathcal{O}\left(\log^c\left(\frac{1}{\epsilon}\right)\right)$（$c$ 为常数）个量子门近似到精度 ϵ 内。*

逆操作封闭的普适量子门集合可由任意普适门集合通过添加其逆元素扩张而成。如对普适门集合 $\{H, T, \text{CNOT}\}$，由于 H 和 CNOT 的逆就是其自身，而 T 的逆可记为 T^{-1}（$T^{-1} = T^{15}$ 看作一个操作），那么，门集合 $\{H, T, T^{-1}, \text{CNOT}\}$ 就是逆操作封闭的普适门集合。若原普适门集合为有限集合，那么，经逆操作扩张后的普适门集合也为有限集。Solovay-Kitaev 定理表明任何单比特操作都可由一个有限普适门集合中的逻辑门进行有效近似，且量子门的个数为 $\mathcal{O}\left(\log^c\frac{1}{\epsilon}\right)$（$\epsilon$ 为近似精度，c 为常数）。这一有效性使不同普适门集合之间可进行有效模拟，换言之，基于不同普适门集合定义的线路复杂度等价。

在证明此定理之前，需要先定义一些概念，以便更直观地表达 Solovay-Kitaev 定理的几何意义。

（1）设 G 为 SU(2) 中一个有限集合，我们称乘积 $g_1g_2\cdots g_k$（$g_i \in G$）为一个定义在 G 上的长度为 k 的字，长度最多为 k 的字组成集合 G_k，而所有有限长度的字组成的集合 $\{G_k|k\text{为有限}\}$ 记为 $\langle G\rangle$。

（2）用迹距离 $D(U,V) \equiv \text{Tr}|U-V|$（其中 $|X| = \sqrt{X^\dagger X}$）的大小来度量两个幺正矩阵 U 和 V 之间的近似程度。两个矩阵越接近，它们的迹距离就越小。直

① 参见文献 A. Y. Kitaev, Russ. Math. Surv. **52**, 1191 (1997); C. M. Dawson and M. Nielsen, Quantum Information & Computation, **6**, 81-95 (2006).

接计算可知迹距离具有如下性质：若 U，V 为幺正矩阵，则

$$D(U,V) = D(UV^{\dagger}, I)$$

（3）若 SU(2) 中子集 S 满足要求：对任意 $U \in \mathrm{SU}(2)$ 及 $\epsilon > 0$，总存在 $s \in S$ 使得 $D(s,U) < \epsilon$，则称 S 在 SU(2) 中稠密。

（4）设 S 和 W 是 SU(2) 的两个子集，若对任意 $w \in W$，总存在 $s \in S$ 使得 $D(s,w) < \epsilon$（其中 $\epsilon > 0$），则称 S 是 W 的一个 ϵ 网。S 是 W 的 ϵ 网表明，以 W 中任意元素 w 为圆心，做半径（以迹距离作为度量）为 ϵ 的球，总包含一个 S 中元素。

利用前面的这些概念，Solovay-Kitaev 定理可重新表述为如下定理。

定理 1.2.12 (Solovay-Kitaev 定理新表述) G 为 SU(2) 中包含自身逆的有限集合且 $\langle G \rangle$ 在 SU(2) 中稠密（普适性表述），对任一给定 $\epsilon > 0$，G_k 是 SU(2) 的一个 ϵ 网，其中 $k = \mathcal{O}\left(\log^c \dfrac{1}{\epsilon}\right)$（$c$ 为常数）。

设 S_ϵ 为 SU(2) 中满足条件 $D(U,I) < \epsilon$ 的所有幺正变换 U 组成的集合（即与单位算符 I 距离小于 ϵ 的幺正算符），它满足如下引理。

引理 1.2.2 G 为 SU(2) 中包含自身逆的有限集且 $\langle G \rangle$ 在 SU(2) 中稠密。那么，存在与 G 无关的常数 ϵ_0，使得对任意 $\epsilon < \epsilon_0$，若 G_k 是 S_ϵ 的 ϵ^2 网，则 G_{5k} 是 $S_{\sqrt{C}\epsilon^{3/2}}$ 的 $C\epsilon^3$ 网（C 为某个常数），如图 1.26。

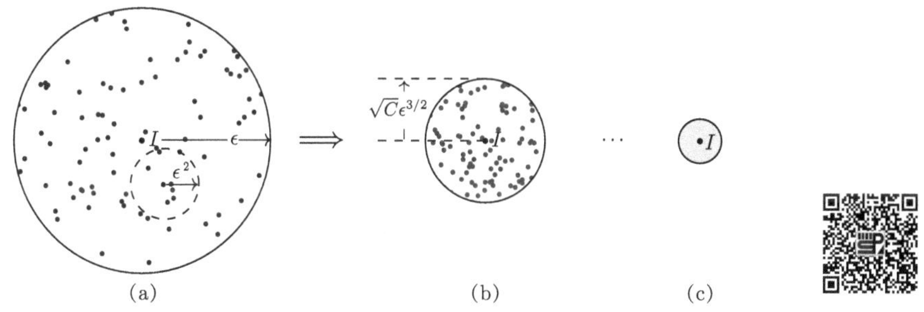

图 1.26 引理 1.2.2 示意图：（a）G_k 是 S_ϵ 的 ϵ^2 网，即 S_ϵ 中的任意元素（黑色圆点）附近（半径为 ϵ^2）都存在 G_k 中的元素（蓝色圆点）；（b）G_{5k}（红色圆点）是 $S_{\sqrt{C}\epsilon^{3/2}}$ 的 $C\epsilon^3$ 网；（c）多次利用该引理即可将近似精度呈指数提高

引理 1.2.2 表明线性增加线路长度（从 k 到 $5k$），其近似精度将呈指数提高（从 ϵ 到 ϵ^3）。为证明此引理，需引入两个矩阵 U 和 V 的群对易子：

$$[U,V]_{gp} \equiv UVU^{\dagger}V^{\dagger}$$

可以验证，$[U,V]_{gp}$ 具有如下性质：若 $\mathrm{Tr}|A|$，$\mathrm{Tr}|B|<\epsilon$，则

$$D([e^{iA},e^{iB}]_{gp},e^{-[A,B]})=\mathcal{O}(\epsilon^3) \tag{1.21}$$

性质证明

为证明该式，首先将 e^{iA} 展开到二阶:

$$e^{iA}=I+iA-\frac{A^2}{2}+\mathcal{O}(A^3)$$

同理展开 e^{iB}，代入 $[e^{iA},e^{iB}]_{gp}$ 可得

$$\begin{aligned}&[e^{iA},e^{iB}]_{gp}\\=&e^{iA}e^{iB}e^{-iA}e^{-iB}\\=&\left(I+iA-\frac{A^2}{2}\right)\left(I+iB-\frac{B^2}{2}\right)\left(I-iA-\frac{A^2}{2}\right)\left(I-iB-\frac{B^2}{2}\right)\\&+\mathcal{O}(A^3)+\mathcal{O}(B^3)\\=&I-[A,B]+\sum_{k,l}\mathcal{O}(A^kB^lA^{3-k-l})\end{aligned}$$

根据定义，

$$\begin{aligned}&D([e^{iA},e^{iB}]_{gp},e^{-[A,B]})\\=&\mathrm{Tr}\left|[e^{iA},e^{iB}]_{gp}-e^{-[A,B]}\right|\\=&\mathrm{Tr}\left|I-[A,B]+\sum_{k,l}\mathcal{O}(A^kB^lA^{3-k-l})-(I-[A,B]+\mathcal{O}([A,B]^2))\right|\\=&\mathrm{Tr}\left|\sum_{k,l}\mathcal{O}(A^kB^lA^{3-k-l})\right|\\\leqslant&\sum_{k,l}\mathrm{Tr}|\mathcal{O}(A^kB^lA^{3-k-l})|\end{aligned}$$

因 $\mathrm{Tr}|A|<\epsilon$，$\mathrm{Tr}|B|<\epsilon$，所以

$$D([e^{iA},e^{iB}]_{gp},e^{-[A,B]})=\mathcal{O}(\epsilon^3)$$

将式（1.21）中的 e^{iA} 和 e^{iB} 分别换为单比特上的幺正算符 $R(\vec{a})=e^{-i\vec{a}\cdot\vec{\sigma}/2}$ 和 $R(\vec{b})=e^{-i\vec{b}\cdot\vec{\sigma}/2}$。由于

$$[\vec{a}\cdot\vec{\sigma},\vec{b}\cdot\vec{\sigma}]=2i(\vec{a}\times\vec{b})\cdot\vec{\sigma}$$

因此，当 $|\vec{a}|$，$|\vec{b}|<\epsilon$ 时，式（1.21）变为

$$D([R(\vec{a}),R(\vec{b})]_{gp},R(\vec{a}\times\vec{b}))=\mathcal{O}(\epsilon^3) \tag{1.22}$$

这表明沿轴 $\vec{a}\times\vec{b}$ 的转动 $R(\vec{a}\times\vec{b})$ 可由沿 $\vec{a}$ 和 $\vec{b}$ 的转动 $R(\vec{a})$ 和 $R(\vec{a})$ 有效近似为 $R(\vec{a})R(\vec{b})R^\dagger(\vec{a})R^\dagger(\vec{b})$。在此基础上，引理 1.2.2 可分两步证明：

证明 (1) 存在常数 C，使 $[G_k, G_k]_{gp}$ 是 S_{ϵ^2} 的 $C\epsilon^3$ 网。

结论证明

任选 $U=R(\vec{a})\in S_{\epsilon^2}$，则按 S_{ϵ^2} 的定义有

$$
\begin{aligned}
D(R(\vec{a}),I) &= \mathrm{Tr}\left|e^{i\vec{a}\cdot\vec{\sigma}/2}-I\right| \\
&= \mathrm{Tr}\left|\cos\frac{a}{2}+i\vec{e}_a\cdot\vec{\sigma}\sin\frac{a}{2}-I\right| \\
&= \mathrm{Tr}\left|2\sin^2\frac{a}{4}+i2\vec{e}_a\cdot\vec{\sigma}\sin\frac{a}{4}\cos\frac{a}{4}\right| \\
&= 2\sin\frac{a}{4}\mathrm{Tr}\left|\sin\frac{a}{4}+i\vec{e}_a\cdot\vec{\sigma}\cos\frac{a}{4}\right| \\
&= 4\sin\left(\frac{a}{4}\right) \\
&\simeq a<\epsilon^2
\end{aligned}
\tag{1.23}
$$

（$\vec{a}=a\vec{e}_a$ 且 $\vec{e}_a$ 为单位矢量），因此，参数 $\vec{a}$ 需满足 $|\vec{a}|<\epsilon^2$。进一步，存在参数 $|\vec{b}|$，$|\vec{c}|<\epsilon$（对应幺正变换 $R(\vec{b})$、$R(\vec{c})\in S_\epsilon$ ）使 $\vec{a}=\vec{b}\times\vec{c}$。

按引理 1.2.2 中条件，G_k 是 S_ϵ 的 ϵ^2 网。因此，对 S_ϵ 中的幺正算符 $R(\vec{b})$ 和 $R(\vec{c})$ 存在 $U_1, U_2\in G_k$ 使

$$
D(U_1, R(\vec{b}))<\epsilon^2,\quad D(U_2, R(\vec{c}))<\epsilon^2
$$

若令 $U_1=R(\vec{b}_0)$，则由 $R(\vec{b}_0)$，I 和 $R(\vec{b})$ 组成的三角形上的不等式可得

$$
D(U_1, I)\leqslant D(U_1, R(\vec{b}))+D(R(\vec{b}), I)<\epsilon^2+\epsilon
$$

与式（1.23）相同的推导可得参数 $\vec{b}_0$ 需满足的条件：

$$
|\vec{b}_0|<\epsilon+\mathcal{O}(\epsilon^2)
$$

进一步由 $D(R(\vec{b}_0), R(\vec{b}))=|\vec{b}_0-\vec{b}|+\mathcal{O}(\epsilon^3)$ 可知

$$
|\vec{b}_0-\vec{b}|=\mathcal{O}(\epsilon^2)
$$

对 $U_2=R(\vec{c}_0)$，同理可得

$$
\begin{cases}
|\vec{c}_0|<\epsilon+\mathcal{O}(\epsilon^2) \\
|\vec{c}_0-\vec{c}|=\mathcal{O}(\epsilon^2)
\end{cases}
$$

现在我们来计算 $D(U,[U_1,U_2]_{gp})$ 的上限，由 $R(\vec{b}_0\times\vec{c}_0)$，$R(\vec{a})$ 和

$[U_1, U_2]_{gp}$ 组成的三角形不等式可得

$$D(U, [U_1, U_2]_{gp}) \leqslant D(U, R(\vec{b}_0 \times \vec{c}_0)) + D(R(\vec{b}_0 \times \vec{c}_0), [R(\vec{b}_0), R(\vec{c}_0)]_{gp})$$

右边第二项由群对易子性质（式（1.22））可知为 $\mathcal{O}(\epsilon^3)$，而第一项:

$$D(U, R(\vec{b}_0 \times \vec{c}_0)) = |\vec{a} - \vec{b}_0 \times \vec{c}_0| = |\vec{b} \times \vec{c} - \vec{b}_0 \times \vec{c}_0| = \mathcal{O}(\epsilon^3)$$

因此，我们就证明了存在一个常数 C，使得 $D(U, [U_1, U_2]_{gp}) \leqslant C\epsilon^3$，即 $[G_k, G_k]_{gp}$ 是 S_{ϵ^2} 的 $C\epsilon^3$ 网。

（2）对任意常数 C，存在 ϵ_0 使得对任意 $\epsilon < \epsilon_0$ 都满足 $\sqrt{C}\epsilon^{3/2} < \epsilon$，此时 $S_{\sqrt{C}\epsilon^{3/2}} \subset S_\epsilon$。在此条件下，$G_k$ 是 S_ϵ 的 ϵ^2 网可直接得到 G_k 也是 $S_{\sqrt{C}\epsilon^{3/2}}$ 的 ϵ^2 网。因此，任给 $U \in S_{\sqrt{C}\epsilon^{3/2}}$，存在 G_k 中的算符 V 使得 $D(U, V) < \epsilon^2$。等价地，$D(UV^\dagger, I) < \epsilon^2$，即 $UV^\dagger \in S_{\epsilon^2}$。由第一步证明可知，存在 $W_1, W_2 \in G_k$，使得

$$D([W_1, W_2]_{gp}, UV^\dagger) < C\epsilon^3$$

即

$$D([W_1, W_2]_{gp}V, U) < C\epsilon^3$$

因此，$[W_1, W_2]_{gp}V \in G_{5k}$（算符 W_1、W_2 和 V 均属于 G_k，而 $[W_1, W_2]_{gp}V$ 是 5 个长度为 k 的算符之积），引理得证。 □

利用已证明的引理 1.2.2 就可证明 Solovay-Kitaev 定理了，其步骤与引理 1.2.2 证明中的第 (2) 步类似。

证明　由于 $\langle G\rangle$ 在 SU(2) 中稠密，所以存在 l_0 使得 G_{l_0} 是 SU(2) 的一个 ϵ_0^2 网，从而也是 S_{ϵ_0} 的一个 ϵ_0^2 网。在 $l = l_0$，$\epsilon = \epsilon_0$ 的情况下反复使用引理 1.2.2，我们就可以得到 G_{5l_0} 是 $S_{\sqrt{C}\epsilon_0^{3/2}}$ 的一个 $C\epsilon_0^3$ 网，G_{25l_0} 是 $S_{\sqrt{C}(\sqrt{C}\epsilon_0^{3/2})^{3/2}}$ 的一个 $C(\sqrt{C}\epsilon_0^{3/2})^3$ 网,$\cdots$,$G_{5^k l_0}$ 是 $S_{\epsilon(k)}$ 的一个 $\epsilon(k)^2$ 网，且

$$\epsilon(k) = \frac{(C\epsilon_0)^{(\frac{3}{2})^k}}{C}$$

选择 ϵ_0 足够小，使 $\epsilon(k)^2 < \epsilon(k+1)$。将上面的讨论应用于具体的幺正算符 U，令 $U_0 \in G_l$ 是 U 的一个 $\epsilon(0)^2$ 近似，定义 $V = UU_0^\dagger$，有 $D(V, I) = D(U, U_0) < \epsilon(0)^2 < \epsilon(1)$，即 $V \in S_{\epsilon(1)}$。于是可以找到 $U_1 \in G_{5l_0}$ 是 V 的 $\epsilon(1)^2$ 近似。$D(V, U_1) = D(UU_0^\dagger, U_1) = D(U, U_1U_0)$，所以 U_1U_0 是 U 的 $\epsilon(1)^2$ 近似。重复此过程，可以不断地构造 $U_k \in G_{5^k l_0}$，使得 $U_kU_{k-1}\cdots U_0$ 是 U 的 $\epsilon(k)^2$ 近似。选择适当的 k 使

$\epsilon(k)^2 < \epsilon$（ϵ 为给定误差），将 $\epsilon(k)$ 表达式代入可得

$$\left(\frac{3}{2}\right)^k > \frac{\log\left(\frac{1}{C^2\epsilon}\right)}{2\log\left(\frac{1}{C\epsilon_0}\right)}$$

取 $k = \left\lfloor \frac{2}{3}\log\frac{\log\left(\frac{1}{C^2\epsilon}\right)}{2\log\left(\frac{1}{C\epsilon_0}\right)}\right\rfloor + 1$。所需门的数量为

$$l_0 + 5l_0 + 25l_0 + \cdots + 5^k l_0 < \frac{5}{4}5^k l_0 \approx \frac{5}{4}\left(\frac{\log\left(\frac{1}{C^2\epsilon}\right)}{2\log\left(\frac{1}{C\epsilon_0}\right)}\right)^c l_0$$

其中，$c = \frac{\log 5}{\log\frac{3}{2}} \approx 4$。因此我们能够用 $\mathcal{O}\left(\left(\log\frac{1}{\epsilon}\right)^c\right)$ 个门将任意单量子比特门近似到精度 ϵ 以内。 □

Solovay-Kitev 定理虽然确定了使用逆封闭的普适门集合可有效逼近任何单比特门，但如何有效地构造最优门线路仍是一个远未解决的问题, 也是量子编译的主要任务。

1.2.3.2 多比特量子门的线路复杂度

前面给出了普适门集合近似单比特门的复杂度，但对于 n 量子比特 $(n > 1)$ 空间中的任意幺正变换 U，普适性只证明了近似的可行性，并未给出实现此幺正变换的复杂性。事实上，量子算法就可看成实现具有某一特定功能的幺正变换的线路，而普适门个数就是此算法的复杂度。我们来考虑最一般的情况，与 Solovay-Kitaev 定理不同，我们在 n-比特情况中仅通过考虑参数个数来估计线路复杂度。为讨论方便，我们引入下面关于 2-比特幺正变换标准形式的定理。

定理 1.2.13 任意 2-比特幺正变换 $U_{AB} \in \mathrm{SU}(2^2)$，可表示为如下标准形式：

$$U_{AB} = UU_dV$$

其中 U_d 有形式：

$$U_d = e^{-i(\alpha_x\sigma^x\otimes\sigma^x + \alpha_y\sigma^y\otimes\sigma^y + \alpha_z\sigma^z\otimes\sigma^z)}, \quad \alpha_i\ (i = x, y, z) \text{ 为实数}$$

且幺正变换 $U = U_A \otimes U_B$ 和 $V = V_A \otimes V_B$ 均为直积形式。

此定理给出了一般两比特幺正算符的 15 个参数的分配方式：整体参数 3 个

(U_d 中)；比特 A 上的局域参数 6 个（前后各 3 个)；比特 B 上的局域参数 6 个（前后各三个)。

这一定理的证明，需用到两比特希尔伯特空间中的魔幻基（magic basis）：

$$|\Phi_1\rangle = |\Phi^+\rangle, \qquad |\Phi_2\rangle = -i|\Phi^-\rangle$$
$$|\Phi_3\rangle = |\Psi^-\rangle, \qquad |\Phi_4\rangle = -i|\Psi^+\rangle$$

它们是两比特 Bell 基的变形，其中 $|\Phi^\pm\rangle = \dfrac{1}{\sqrt{2}}(|00\rangle \pm |11\rangle)$ 和 $|\Psi^\pm\rangle = \dfrac{1}{\sqrt{2}}(|01\rangle \pm |10\rangle)$ 为对应 Bell 基。

魔幻基有如下性质：

(1) 定理 1.2.13 中的 U_d 在魔幻基下具有对角形式：

$$U_d = \sum_{k=1}^{4} e^{-i\lambda_k}|\Phi_k\rangle\langle\Phi_k|$$

其中参数 λ_k 为

$$\lambda_1 = \alpha_x - \alpha_y + \alpha_x, \qquad \lambda_2 = -\alpha_x - \alpha_y + \alpha_x$$
$$\lambda_3 = -\alpha_x - \alpha_y - \alpha_x, \quad \lambda_4 = \alpha_x + \alpha_y - \alpha_x$$

(2) 若已知两比特量子态 $|\Psi\rangle = \sum_{k=1}^{4} \mu_k|\Phi_k\rangle$，则

• $|\Psi\rangle$ 为直积态的充要条件是 $\sum_k \mu_k^2 = 0$;

• $|\Psi\rangle$ 为最大纠缠态的充要条件是 $\mu_k^2 = e^{i\delta}|\mu_k|^2$ $(k = 1, 2, 3, 4)$ (相位为整体相位与 k 无关);

(3) 任一组正交完备的 2 比特最大纠缠基 $\{|\psi_k\rangle\}$ $(k = 1, 2, 3, 4)$ 与魔幻基 $|\Phi_k\rangle$ $(k = 1, 2, 3, 4)$ 有如下关系：

$$U_A^k \otimes U_B^k e^{i\gamma_k}|\psi_k\rangle = |\Phi_k\rangle \quad (k = 1, 2, 3, 4)$$

其中 U_A^k 和 U_B^k 分别为作用于比特 A 和 B 上的幺正变换。

在魔幻基这些性质的基础上，我们就可以来证明 2-比特幺正变换的标准分解定理。

证明　设一个 2-比特幺正变换在魔幻基下的矩阵为 U，令 $\{|\Psi_k\rangle\}$ 为矩阵 $U^{\mathrm{T}}U$ 的本征态 (U^{T} 是 U 的转置矩阵)，且对应的本征值为 $\{\exp(2i\epsilon_k)\}$，即

$$U^{\mathrm{T}}U = V\mathrm{diag}(e^{2i\epsilon_1}, \cdots, e^{2i\epsilon_4})V^\dagger$$

其中 $V^{\mathrm{T}} = (|\Psi_1\rangle, |\Psi_2\rangle, |\Psi_3\rangle, |\Psi_4\rangle)$。

首先,我们来说明本征态集 $\{|\Psi_k\rangle\}$ 是一组最大纠缠基。由 $U^{\mathrm{T}}U = (U^{\mathrm{T}}U)^{\mathrm{T}}$ 得知 $V\mathrm{diag}(e^{2i\epsilon_1}, \cdots, e^{2i\epsilon_4})V^\dagger = V^*\mathrm{diag}(e^{2i\epsilon_1}, \cdots, e^{2i\epsilon_4})V^{\mathrm{T}}$，由此可推出 $V = V^*e^{i\delta}$

（δ 为某个相位），即

$$|\Psi_k\rangle = \begin{bmatrix} a_{k1} \\ a_{k2} \\ a_{k3} \\ a_{k4} \end{bmatrix} = e^{i\delta} \begin{bmatrix} a_{k1}^* \\ a_{k2}^* \\ a_{k3}^* \\ a_{k4}^* \end{bmatrix}$$

其中，$\{a_{kl}\}$ 是量子态 $|\Psi_k\rangle$ 在魔幻基上的展开系数。由于 $\sum_l a_{kl}^2 = \sum_l (a_{kl} \cdot e^{i\delta} a_{kl}^*) = e^{i\delta} \sum_l |a_{kl}|^2$，根据魔幻基的性质 (2)，$\{|\Psi_k\rangle\}$ 就是一组最大纠缠基。

通过本征矢量组 $\{|\Psi_k\rangle\}$ 可定义另一组完备正交基：

$$|\tilde{\Psi}_k\rangle = e^{-i\epsilon_k} U |\Psi_k\rangle$$

若对本征方程 $(U^{\mathrm{T}}U - e^{2i\epsilon_k} I)|\Psi_k\rangle = 0$ 两边左乘 $U^* e^{-i\epsilon_k}$ 得到

$$(e^{-i\epsilon_k} U - e^{i\epsilon_k} U^*)|\Psi_k\rangle = 0$$

由此可知 $e^{-i\epsilon_k}U$ 在魔幻基下为实幺正矩阵（正交矩阵）。利用 $e^{-i\epsilon_k}U$ 的实数性及 $\{|\Psi_k\rangle\}$ 为最大纠缠态，通过魔幻基的性质（2）可以证明 $|\tilde{\Psi}_k\rangle$（$k = 1,2,3,4$）也是最大纠缠基。

至此，我们得到了两组最大纠缠基 $\{|\Psi_k\rangle\}$ 和 $\{|\tilde{\Psi}_k\rangle = e^{-i\epsilon_k} U|\Psi_k\rangle\}$。根据魔幻基性质（3），这两组最大纠缠基与魔幻基之间存在如下变换关系：

$$V_A^\dagger \otimes V_B^\dagger e^{i\xi_k} |\Psi_k\rangle = |\Phi_k\rangle$$
$$U_A^\dagger \otimes U_B^\dagger e^{i\eta_k} |\tilde{\Psi}_k\rangle = |\Phi_k\rangle$$

于是，$|\tilde{\Psi}_k\rangle\langle\tilde{\Psi}_k|$ 可表示为

$$|\tilde{\Psi}_k\rangle\langle\tilde{\Psi}_k| = U_A \otimes U_B e^{-i(\eta_k - \epsilon_k - \xi_k)} |\Phi_k\rangle\langle\Phi_k| V_A \otimes V_B U^\dagger$$

令 $\lambda_k = \eta_k - \epsilon_k - \xi_k$，则由 $\{|\tilde{\Psi}_k\rangle\,(k = 1,2,3,4)\}$ 的完备性可得

$$I = \sum_k |\tilde{\Psi}_k\rangle\langle\tilde{\Psi}_k| = U_A \otimes U_B \sum_k e^{-i\lambda_k} |\Phi_k\rangle\langle\Phi_k| V_A \otimes V_B U^\dagger$$
$$\Longrightarrow U = U_A \otimes U_B U_d V_A \otimes V_B \tag{1.24}$$

于是，幺正矩阵的标准形式得证。 □

利用 2-比特幺正变换的标准形式，我们就可以讨论 $U \in U(2^n)$ 基于两比特幺正变换的近似复杂度了。

先考虑一个简单的情况：假设我们采用的普适量子门集合为任意两比特门 (即所有 SU(4) 中的幺正变换)，那么，实现一个 SU(2^n) 中幺正变换，至少需要多少个 SU(4) 中的幺正变换呢？我们通过分析自由度的个数来给出一般性的下限。

作为例子，我们先来讨论最简单的情况：实现 SU(2^3) 中一个任意的算符需

要多少个 SU(2^2) 中的操作。一个 SU(8) 算符一般有 $8^2-1=63$ 个自由参数，而一个 SU(4) 算符的自由参数为 $4^2-1=15$ 个（由定理 1.2.13 可知 3 个为整体参数，12 个为单比特局域参数）。由此可知，分解一个 SU(8) 的操作，至少需要 6 个 SU(4) 操作。我们用图1.27 来说明此问题。

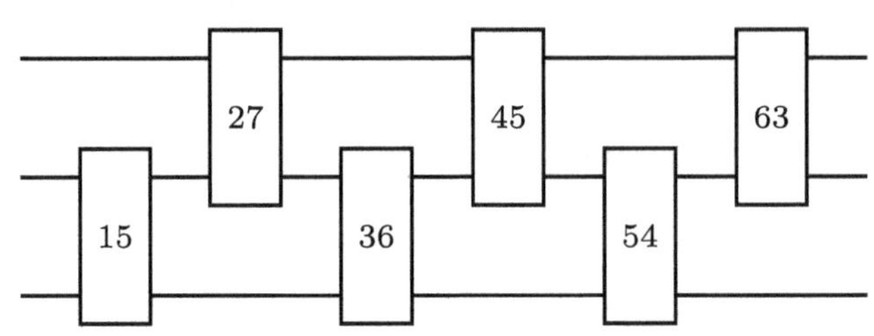

图 1.27　SU(8) 按 SU(4) 的分解：一个方框表示一个 SU(4) 中的幺正变换，而其中的数字表示到此幺正变换为止所包含的自由参数个数

图 1.27 中每个方框中的数字表示包含此方框在内的左侧线路能调节的最大自由参数个数。如左起第一个方框中标记的 15 表示一个 SU(4) 算符中可调节的自由参数个数最多为 15；而左起第二个方框中的 27，则表明两个 SU(4) 算符中可调节的总自由参数最多为 27。为什么不是 $15\times 2=30$ 呢？因为第二个 SU(4) 算符中的一个输入与第一个 SU(4) 算符的一个输出相同，由定理1.2.13 中 2-比特幺正变换的标准形式可知此处有两个单比特幺正变换级联，它们可归并为一个单比特算符，总自由度数目需减掉 3 个。因此，两个 SU(4) 算符能调节的自由参数个数最多为 $30-3=27$ 个。按此分析后面增加的 SU(4) 算符的两个输入都是前面幺正变换的输出，所以要减掉 2 个单比特幺正变换的自由参数，于是，每增加一个 SU(4) 算符仅增加 $15-3\times 2=9$ 个自由参数。由此可见，要达到 SU(4) 中的 63 个自由参数，所需的 SU(4) 的个数为 $2+(63-27)/9=6$。

对 n 量子比特空间中的任一幺正变换 SU(2^n)，按相同的方法通过自由度估计，容易推导出需要 SU(4) 数目的下限为

$$\frac{1}{9}(4^n-1-3n)$$

其中 4^n-1 为 SU(2^n) 中算符的总自由度数目；$3n$ 表示与最左侧 n 个输入相连的算符额外获得的自由度（每个输入 3 个）；除此之外，每增加一个 SU(4) 门增加 9 个自由参数。很遗憾，门的数目随量子比特数目的增加而指数增加。

若普适逻辑门集合由任意单比特幺正变换和两比特 CNOT 门组成，那么，近似任意一个 $U(2^n)$ 中的变换至少需要多少 CNOT 门呢？由于 CNOT 门本身不含有可调参数，所有可调参数只能来源于单比特幺正变换，因此，我们需考虑 CNOT 门

个数与单比特算符中独立参数之间的关系。假设一个能实施任意 $U(2^n)$ 变换的电路仅包含两类门：单门和 CNOT 门，我们用占位符来标记单比特算符。如果两个紧邻的占位符之间没有 CNOT 操作，那么，两个占位符就可以归并为一个占位符（两个级联的单 qubit 操作可以合并成一个单 qubit 操作）；但如果两个占位符之间有 CNOT 操作（无论这个 qubit 是控制位还是受控位），占位符就不能完全归并，见图 1.28。这样一来，这个 n-比特电路中有多少占位符呢？

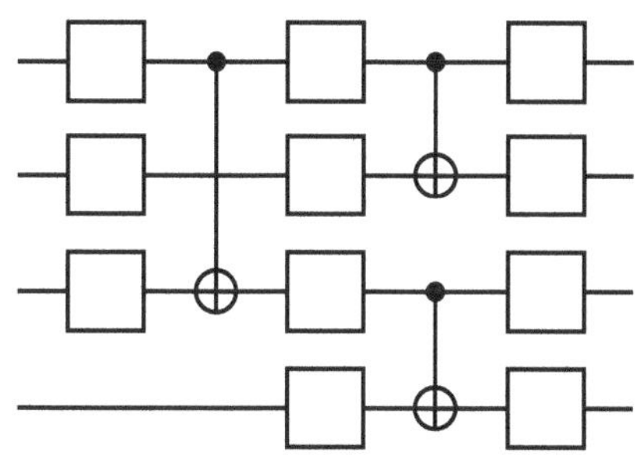

图 1.28 线路拓扑：方框表示单比特算符的占位符。由于 CNOT 门本身不含有自由参数，自由参数需单比特算符来提供而且只有被 CNOT 门隔开的单比特算符才能有效增加自由参数

假如整个电路有 k 个 CNOT 操作，那么，约化后占位符的数目至多为 $n+2k$（每多一个 CNOT，最多可增加 2 个占位符）。如图 1.28 所示为一个 n-比特线路的拓扑片段，其中方框为单比特操作的占位符。假设我们选用两类单比特门：$R_x(\theta)$ 和 $R_z(\theta)$ 来具体化占位符操作。按幺正变换的欧拉表示（式（1.2.1）），任意幺正变换均可由它们的组合来表示。因此，任一占位符中的幺正变换为 u，可以有两类不同的表示：

$$u_1 = R_z(\theta)R_x(\phi)R_z(\psi)$$
$$u_2 = R_x(\tilde{\theta})R_z(\tilde{\phi})R_x(\tilde{\psi})$$

我们约定：当同一个量子比特上的两个占位符被一个 CNOT 门隔开，如果此量子比特为 CNOT 门的控制位，我们就选择 u_1 表示；如果它是 CNOT 门的受控比特，我们就选择 u_2 表示。按这样的选择，每个 CNOT 操作都可约化掉两个单参数门 $R_z(\psi)$ 和 $R_x(\tilde{\psi})$$\left(\text{CNOT} = \frac{1}{2}(I + \sigma^z \otimes I + I \otimes \sigma^x - \sigma^z \otimes \sigma^x)\right.$ 与控制位上的 R_z 以及受控位上的 R_x 对易$\left.\right)$，如图 1.29 所示。

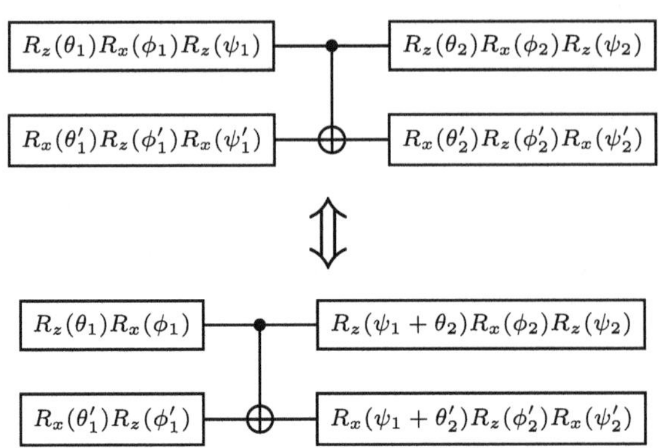

图 1.29　利用 CNOT 门和单比特门的对易关系可减少线路有效参数个数

经过此约化，所有占位符中所包含的单参数门有：$3\times(n+2k)-2k=3n+4k$ 个。而 $\mathrm{SU}(2^n)$ 变换的自由参数个数为 4^n-1，为了能够模拟 $\mathrm{SU}(2^n)$ 变换，自由参数的个数不应少于这个数目。这就要求 $3n+4k\leqslant 4^n-1\Longrightarrow k\leqslant\dfrac{1}{4}(4^n-3n-1)$，于是，我们就获得了 $\mathrm{SU}(2^n)$ 变换所需要的 CNOT 门的下限数目。

若使用 Deutsch 门作为普适门来近似 $\mathrm{SU}(2^n)$ 中的幺正变换，我们有如下定理①。

定理 1.2.14　任意的 n-比特幺正变换 U 可通过 $2^{\mathcal{O}(n)}$ 个转角 θ 可任选的 Deutsch 门以及 $\mathcal{O}(n)$ 个辅助比特实现。

此处我们不直接讨论幺正变换 $U\in\mathrm{SU}(2^n)$ 的分解，而是等价地考虑任意的 n-比特量子态 $|\psi\rangle$ 变回标准量子态 $|1\rangle^{\otimes n}$ 所需的 Deutsch 门个数（逆过程即为量子态 $|\psi\rangle$ 的制备）。

证明　设 $|\psi\rangle=\sum_{i=0}^{2^n-1}c_i|i\rangle$（$\sum_i|c_i|^2=1$）。通过选择 n-比特 Deutsch 门中 R 矩阵的参数 θ，可实现变换：

$$|\psi_1\rangle=U|\psi\rangle=\sum_{i=0}^{2^n-3}c_i|i\rangle+\sqrt{|c_{2^n-2}|^2+|c_{2^n-1}|^2}|2^n-1\rangle$$

即在前 $n-1$ 个比特均为 1 时，在第 n 个比特上将 $\alpha|0\rangle+\beta|1\rangle$（$|\alpha|^2+|\beta|^2=1$）变换为 $|1\rangle$。此操作使量子态 $|\psi\rangle$ 中的分量减少一个（分量 $|2^n-2\rangle$ 消失）。

通过 Deutsch 门对 $|\psi_1\rangle$ 中的基矢进行适当置换，将振幅不为 0 的某个分量 $|i\rangle(i<2^n-2)$ 调整为 $|2^n-2\rangle$，然后对调整后的量子态实施操作 U。每进行一次这样的操作，$|\psi\rangle$ 中小于 2^n-1 的非 0 分量就减少一个。重复此操作（重复 2^n 次），

① 参见文献 D. E. Deutsch, P. Roy. Soc. A. Math. Phy. **425**, 73-90 (1989).

直到所有小于 2^n-1 的分量的振幅均为 0，此时量子态 $|\psi\rangle$ 就变为了 $|11\cdots1\rangle$。

上面的 2^n 次操作中，每次含两个基本操作：n-比特 Deutsch 门和 n-比特基矢置换。实现 n-比特 Deutsch 门需 $\mathcal{O}(n)$ 个 Deutsch 门级联（级联过程需 $\mathcal{O}(n)$ 个置 0 的辅助量子比特）；而置换基矢的操作最多需要 $\mathcal{O}(n)$ 个 Toffoli 门（Deutsch 门特例）。因此，共需 $2^{\mathcal{O}(n)}$ 个 Deutsch 门。 □

从上面的分析可知，若使用基本逻辑门来精确模拟任意的 $\mathrm{SU}(2^n)$ 中变换，所需的逻辑门数目至少将随比特数 n 呈指数增长。值得注意，这里要求对任意幺正变换进行近似，若仅对具有一定性质的幺正变换（可对应一个算法）进行近似，则完全可能由多项式增长的线路实现。

1.2.3.3 量子误差与线路精度

在量子门的物理实现过程中，误差在所难免。那么，这些误差将如何影响量子线路的计算精度呢？对一个量子线路，其理想的无误差变换 U 可表示为

$$U = U_N U_{N-1}\cdots U_2 U_1$$

其中，N 为总量子门操作数目，U_i 是按时序上的第 i 个理想门操作。但在实际的操作中，真实的幺正演化我们记为 $\tilde{U}$：

$$\tilde{U} = \tilde{U}_N \tilde{U}_{N-1}\cdots \tilde{U}_2 \tilde{U}_1$$

其中 $\tilde{U}_i$ 是与 U_i 相对应的实际幺正变换。真实幺正变换 $\tilde{U}_i$ 相对于理想幺正变换 U_i 之间的误差大小可通过这两个幺正矩阵之间的距离来定义，即

$$\epsilon_i = \|\tilde{U}_i - U_i\|$$

其中 $\|\cdot\|$ 表示距离（如前面定义的迹距离）。那么，线路的总误差与门的单个误差之间有怎样的关系呢？或者说门误差如何在线路中传播以及相互影响呢？我们在这里做一个最粗略的估计。

线路总误差（$\tilde{U}$ 与 U 之间差异）：

$$\begin{aligned}
\|\tilde{U}-U\| &= \|\tilde{U}_N\tilde{U}_{N-1}\cdots\tilde{U}_2\tilde{U}_1 - U_NU_{N-1}\cdots U_2U_1\| \\
&= \|(\tilde{U}_N\tilde{U}_{N-1}\cdots\tilde{U}_2 - U_NU_{N-1}\cdots U_2)\tilde{U}_1 - U_NU_{N-1}\cdots U_2(U_1-\tilde{U}_1)\| \\
&\leqslant \|(\tilde{U}_N\tilde{U}_{N-1}\cdots\tilde{U}_2 - U_NU_{N-1}\cdots U_2)\tilde{U}_1\| + \|U_NU_{N-1}\cdots U_2(U_1-\tilde{U}_1)\| \\
&= \|(\tilde{U}_N\tilde{U}_{N-1}\cdots\tilde{U}_2 - U_NU_{N-1}\cdots U_2)\tilde{U}_1\| + \epsilon_1 \\
&= \cdots \\
&\leqslant \sum_{i=1}^{N}\epsilon_i
\end{aligned}$$

如果所有量子门的误差都小于某个值：$\epsilon_i \leqslant \epsilon$（$i = 1, 2, \cdots, N$），那么，最终的幺正变换 $\tilde{U}$ 与 U 之间差异的上限随着门的数目呈线性增长：

$$\|\tilde{U}_m - U_n\| \leqslant N\epsilon$$

一般而言，逻辑门的个数是一个巨大的数（在有效算法中，它也随比特数 n 呈多项式增加），很显然，不做任何处理的量子线路在实际计算中将无法使用。假设总误差 1%是量子计算可容忍的范围，那么，每个量子门的单独误差应小于：

$$\epsilon \leqslant \frac{1}{100N} = \frac{1}{100\text{poly}(n)}$$

显然，这一要求将随着 n 的增大很快超出我们对物理系统的操控能力。

所幸的是，人们已经在理论上找到了克服误差线性增长的有效方法（量子编码、量子测量和量子纠错），使得在物理系统上实现误差可控的量子计算成为可能。

1.3 量子图灵机与计算复杂度

20 世纪 80 年代初，Feynman 提出利用简单可控量子系统模拟复杂量子多体系统的思想①，用于解决经典量子多体模拟中的指数墙困境（经典模拟复杂度随量子系统规模指数增长）。而 Benioff 和 Deutsch 进一步建立了量子图灵机模型②，正式将量子图灵机作为一种独立的计算模型进行研究。量子系统天然具有叠加性，而系统的幺正演化（可逆）对所有的叠加分量同时进行操作，正是这种随系统指数增长的并行性使人们普遍相信量子计算能提供比经典计算更强大的算力。

1.3.1 量子图灵机

量子图灵机可看作非确定性图灵机的量子版，与经典图灵机类似，量子图灵机仍由三部分组成：一个含无限多存储单元的量子存储器、一个具有内部状态的控制处理器以及一个读写头。

含无限多存储单元的量子存储器： 存储单元序列对应于经典图灵机中的记录带，每个存储单元（对应于经典记录带上的单元格子）都有一个量子比特。在经典图灵机中，整个记录带的状态由每个单元格符号（来自符号集合 Σ）的直积组成；然而，在量子图灵机中，单个存储器（量子比特）状态的直积 $\otimes_{i=-\infty}^{\infty}|\psi_i\rangle$ 已不足以描述整个存储器的状态，存储器的状态需定义在所有比特形成的希尔伯特空间 $\mathcal{H}_m = \otimes_{i=-\infty}^{\infty}\mathcal{H}_i$

① 参见文献 R. P. Feynman, Int. J. Theor. Phys. **21**, 467-488 (1982).

② 参见文献 P. Benioff, J. Stat. Phys. **22**, 563-591 (1980); D. Deutsch, P. Roy. Soc. A. Math. Phy. **400**, 97-117 (1985).

(其中 $\mathcal{H}_i$ 为单比特量子态组成的希尔伯特空间) 中，它是直积态的叠加态 (纠缠态)；我们称直积状态 $\{\otimes_{i=-\infty}^{\infty}|m_i\rangle|m_i=0,1\}$ 为存储器的一组基矢量。

一个具有内部状态的控制处理器：与经典图灵机类似，控制处理器是整个量子图灵机的控制单元。控制器的内部状态 (也简称为控制器状态) 形成希尔伯特空间 $\mathcal{H}_s=\text{span}\{|1\rangle,|2\rangle,\cdots,|2^p\rangle\}$，其中 $|s\rangle$ ($s=1,2,\cdots,2^p$) 称为控制器的基矢量 (停机状态接受和拒绝等都在其中)。控制处理器的作用是通过跃迁函数 δ (幺正变换，对应于经典图灵机中的状态转移函数) 来实现图灵机不同量子态间的跃迁。跃迁函数 δ 具有局域性，它仅作用在读写头附近的存储比特 (希尔伯特空间 $\mathcal{H}_i$) 上。与经典情况相同，跃迁函数具有马尔可夫性，即控制器的下一个状态仅与当前状态相关。

一个读写头：与经典图灵机中的读写头类似，它是控制处理器与存储单元序列间相互作用的桥梁。读写头指针可遍历整个存储单元序列，指针对应的希尔伯特空间为 $\mathcal{H}_x:=\{|x\rangle|x\in\mathbb{Z}\}$，$|x\rangle$ 称为指针基矢。

在量子图灵机中，这三个部分都是量子系统，因此，量子图灵机任何时候的状态都由希尔伯特空间：$\mathcal{H}_{\text{QT}}:=\mathcal{H}_s\otimes\mathcal{H}_x\otimes H_m$ 中的一个 (整体) 量子态刻画，因此，它总可以表示为基矢量：

$$|s;x;\vec{m}\rangle:=|s;x;\cdots,m_{-1},m_0,m_1,\cdots\rangle$$

的叠加，其中 $|s\rangle$、$|x\rangle$ 和 $|\vec{m}\rangle$ 分别表示控制处理器、指针和存储器的基矢量。与经典图灵机类似，我们也可以把某一时刻图灵机的状态称为它的构型 (希尔伯特空间 $\mathcal{H}_{\text{QT}}$ 中的量子态)①，而跃迁函数就是把量子图灵机从一个构型变换到另一个构型的幺正矩阵。由于量子力学的线性性，跃迁函数 (幺正变换) 可定义在基矢量 $|s;x;\vec{m}\rangle$ (也称为基构型) 上，每次跃迁都会使基构型 $|s;x;\vec{m}\rangle$ 跃迁到不同基构型的叠加态 (不同跃迁之间相干)。若将基构型与非确定性图灵机中的构型相对应，量子图灵机就可看作量子版的非确定性图灵机。

与经典图灵机中类似，量子图灵机模型可进一步简化为

(1) 读写头仅与当前所在位置的量子比特发生作用 (幺正演化仅仅改变读写头及读写头当前所在比特的状态)；

(2) 读写头仅进行局域移动：左移一个单元，右移一个单元或保持不动。

此简化不改变其普适性，且量子图灵机的跃迁函数 δ 在基构型 $|s;x;\vec{m}\rangle$ 下可表示为

$$\begin{aligned}&\delta:|s;x;\vec{m}\rangle\\&\Longrightarrow\sum_{s',m'}\delta(s,m_x,\circ,s',m'_x)|s';x;\cdots,m_{x-1},m'_x,m_{x+1},\cdots\rangle\end{aligned}$$

① 值得注意，量子图灵机中可能的构型数目比经典图灵机多得多，它不可列。

$$+\sum_{s',m'}\delta(s,m_x,\leftarrow,s',m'_x)|s';x-1;\cdots,m_{x-1},m'_x,m_{x+1},\cdots\rangle$$
$$+\sum_{s',m'}\delta(s,m_x,\Longrightarrow,s',m'_x)|s';x+1;\cdots,m_{x-1},m'_x,m_{x+1},\cdots\rangle \tag{1.25}$$

其中 x 为读写头当前所在位置，量子图灵机在跃迁函数作用下处于三种移动的叠加状态。读写头仅与处于单元格 x 上的量子比特相互作用，仅改变此比特的状态、读写头的状态和位置。因此，量子图灵机的每次跃迁都可表示为局域幺正矩阵 Δ。

从一个基构型出发，若将量子图灵机中每次（局域）跃迁都看作 Feynman 路径的一次分叉，那么，量子图灵机的计算过程就会产生一系列相干的 Feynman 路径 P_α（图 1.30），这些路径由基构型序列 $\{|\alpha_0\rangle,|\alpha_1\rangle,\cdots,|\alpha_f\rangle\}$（类似于概率图灵机中的路径标记 r）来标记（其中 $|\alpha_0\rangle$ 为初始基构型，而 $|\alpha_f\rangle$ 是停机时的基构型）。为简单计，系统初始构型往往从基构型 $|\mathbf{0}\rangle$ 开始（$\alpha_0=|\mathbf{0}\rangle$），且读写头处于编号为 0 的量子比特处。不同的 Feynman 路径之间处于叠加状态。

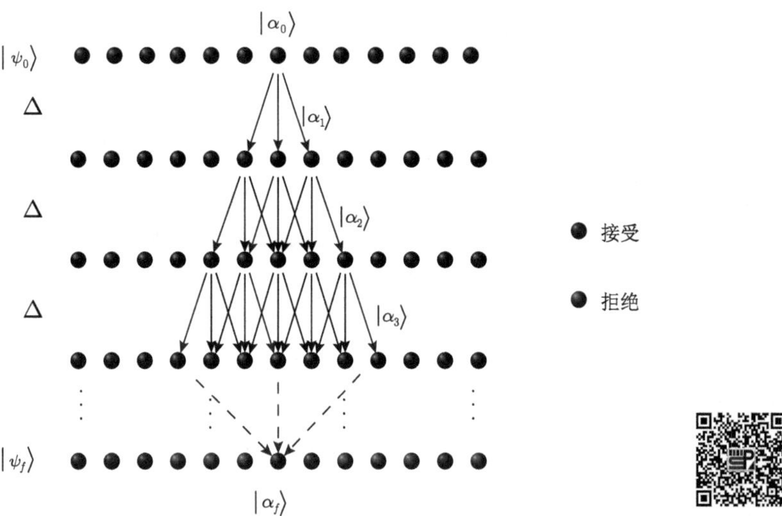

图 1.30　量子图灵机 Feynman 路径示意图：量子图灵机的跃迁过程形成基构型上的一系列 Feynman 路径 P_α (如 $\alpha=(\alpha_1,\alpha_2,\cdots,\alpha_f)$ 为一条路径的标识)，基构型 $|\alpha_f\rangle$ 上的振幅 A_{α_f} 等于所有以 $|\alpha_f\rangle$ 为终点的 Feynman 路径振幅 A_{P_α} 之和。图中蓝色折线示意了从基构型 $|\alpha_0\rangle$ 到 $|\alpha_f\rangle$ 的 3 条不同 Feynman 路径

一条 Feynman 路径 P_α 对应的振幅 A_{P_α} 可用 Δ 中的矩阵元表示为

$$A_{P_\alpha}=\Delta(\alpha_f,\alpha_m)\Delta(\alpha_{m-1},\alpha_{m-2})\cdots\Delta(\alpha_2,\alpha_1)\Delta(\alpha_1,\alpha_0), \tag{1.26}$$

而停机时基构型 $|\alpha_f\rangle\in H_{\mathrm{QC}}$ 前的总振幅 A_{α_f} 是所有以基构型 $|\alpha_f\rangle$ 为结束的

Feynman 路径上的振幅之和（这是路径相干叠加的结果），即 $A_{\alpha_f} = \sum_{\alpha_f \in P_\alpha} A_{P_\alpha}$。因此，测量得到基构型 α_f 的概率为 $|A_{\alpha_f}|^2$。

与经典图灵机类似，当量子图灵机停机时，每个基构型上都有一个“接受”或“拒绝”的状态①。因此，量子图灵机计算结束时的“接受”和“拒绝”概率分别为

$$\mathbb{P}_{接受} = \sum_{\alpha_f \in S_a} |A_{\alpha_f}|^2, \qquad \mathbb{P}_{拒绝} = \sum_{\alpha_f \in S_r} |A_{\alpha_f}|^2$$

其中 S_a 表示处于“接受”状态的基构型；S_r 表示处于“拒绝”状态的基构型。不同基构型之间正交，其概率可直接相加。

量子图灵机与经典图灵机之间的本质差别在于：信息和控制载体的物理属性不同。在量子图灵机中，信息的载体和控制都服从量子力学规律，量子图灵机天然处于叠加状态，因而，任何施加在量子图灵机上的幺正变换，都会同时驱动每一个基矢量演化。这种并行特性（并行度随系统规模可呈指数增加）是量子力学本身所固有的，与经典并行计算完全不同。

1.3.2 量子图灵机与线路模型的等价

与经典图灵机类似，量子图灵机也具有普适性，且 Church-Turing 论题可推广到量子图灵机中②。

命题 1.3.1 (Church-Turing-Deutsch 论题) *物理上可计算的函数都可通过量子图灵机进行模拟。*

另一方面，由量子普适门组成的线路也可任意逼近每个幺正变换。换言之，量子图灵机和量子线路都具有某种意义的普适性，它们之间应可相互转换。事实上，我们有如下定理③。

定理 1.3.2 *量子线路模型与量子图灵机等价。*

两个计算模型间的等价性是指它们之间能相互进行有效模拟（消耗资源最多为原问题消耗资源的多项式倍）。因此，量子线路模型与量子图灵机的等价应包含两个部分。

（1）任意量子图灵机 QT 可被一个量子线路有效模拟：对任意输入规模为 n，时间资源消耗 (跃迁次数) 为 t，且输出（在计算基上）分布为 $\mathbb{P}$ 的量子图灵机，总能被一个由普适量子逻辑门构成的、规模最多为 $\mathcal{O}(\text{poly}(n,t))$ 的量子线路 C_n 模拟（其输出分布与 $\mathbb{P}$ 相同）。

（2）对任意量子线路 C_n，存在量子图灵机 QT 最多能以多项式倍的资源模

① 往往用第一个量子比特上的 $|1\rangle$ 表示“接受”，$|0\rangle$ 表示“拒绝”。

② 参见文献 D. Deutsch, P. Roy. Soc. A. Math. Phy. **400**, 97-117 (1985).

③ 参见文献 A. C. C. Yao, in: Proceedings of 1993 IEEE 34th Annual Foundations of Computer Science (IEEE, 1993), p. 352-361.

拟该量子线路。这一证明相对简单，只需说明每个普适门都能被量子图灵机有效模拟即可。

下面我们仅给出第一部分的构造性证明。不失一般性，量子图灵机的状态基构型（系统基矢量）由

$$|s;x;\vec{m}\rangle := |s;x;\cdots,m_{-1},m_0,m_1,\cdots\rangle$$

描述, 其中 $|x\rangle$ 是描述指针位置的量子态; $|s\rangle$ 是控制处理器的基矢量（$s=1,2,\cdots,Q$）; $|\vec{m}\rangle=|\cdots,m_{-1},m_0,m_1,\cdots\rangle$ 是量子存储器的一组基矢量。

跃迁函数在基构型 $|s;x;\vec{m}\rangle$ 上表示为

$$\begin{aligned}
&\delta:|s;x;\vec{m}\rangle\\
\Longrightarrow&\sum_{s',m'_x}\delta(s,m_x,\circ,s',m'_x)|s';x;\cdots,m_{x-1},m'_x,m_{x+1},\cdots\rangle\\
&+\sum_{s',m'_x}\delta(s,m_x,\leftarrow,s',m'_x)|s';x-1;\cdots,m_{x-1},m'_x,m_{x+1},\cdots\rangle\\
&+\sum_{s',m'_x}\delta(s,m_x,\Longrightarrow,s',m'_x)|s';x+1;\cdots,m_{x-1},m'_x,m_{x+1},\cdots\rangle
\end{aligned}\tag{1.27}$$

跃迁函数改变存储器 x（指针所在位置）的状态（$|m_x\rangle\Longrightarrow|m'_x\rangle$）和处理器的状态 ($|s\rangle\Longrightarrow|s'\rangle$)，且指针处于不同位置（保持不动 ($\circ$)、向左 ($\leftarrow$) 或向右 ($\Longrightarrow$) 移动一格）的状态之间保持相干。从跃迁函数的形式可见，跃迁矩阵在存储器和指针位置上具有局域特性（仅改变当前存储器上的状态并移动到当前存储器的近邻单元），正是这种空间局域性使得它能够被量子线路有效模拟。

设量子图灵机 QT 进行了 t 次（t 可看作时间复杂度）跃迁（此过程记为量子图灵机过程 K），由跃迁过程的局域性可知读写头此时处于 $[-t,t]$ 范围内（读写头初始处于位置 0）。因此，此图灵机 QT 的量子态处于希尔伯特空间：$\mathcal{H}_K=\mathcal{H}_s\otimes\mathcal{H}_x\otimes\mathcal{H}_m$ 内，其中 $\mathcal{H}_s=\text{span}\{|1\rangle,|2\rangle,\cdots,|Q\rangle\}$ 为控制器的状态空间，$\mathcal{H}_x=\text{span}\{|-t\rangle,\cdots,|t\rangle\}$ 为读写头的位置空间，$\mathcal{H}_m=\otimes_{j=-t}^{t}\mathcal{H}_j$ 为存储器的态空间（为简单计，设 $\mathcal{H}_j$ 中仅含一个量子比特）。

为利用跃迁过程的局域性，我们将量子图灵机 QT 中的基构型 $|s;x;\vec{m}\rangle$ 编码到具有直积结构的希尔伯特空间 $\tilde{\mathcal{H}}_c=\otimes_{i=-t}^{t}\tilde{\mathcal{H}}_i$ 中，其中 $\tilde{\mathcal{H}}_i$ 仍具有直积结构 $\tilde{\mathcal{H}}_i=\tilde{\mathcal{H}}_{is}\otimes\tilde{\mathcal{H}}_{ix}\otimes\tilde{\mathcal{H}}_{im}$，且

- 希尔伯特空间 $\tilde{\mathcal{H}}_{is}$ 由读写头状态（控制处理器的基矢量）$\{|s\rangle,s=1,2,\cdots,Q\}$ 和 $|\varnothing\rangle$（表示读写头不在 i 处）张成。此希尔伯特空间可编码于 $p=\lceil\log(Q+1)\rceil$ 个量子比特。
- 读写头在位置 i 的位置状态 $\{|0\rangle,|1\rangle,|2\rangle\}$ 张成希尔伯特空间 $\tilde{\mathcal{H}}_{ix}$（编

码于两个量子比特)：

$$\begin{cases} |0\rangle: & \text{读写头不在位置 } i \\ |1\rangle: & \text{读写头在位置 } i \text{ 且正执行跃迁操作} \\ |2\rangle: & \text{读写头在位置 } i \text{ 且刚执行完跃迁操作} \end{cases}$$

值得注意，量子图灵机中基构型 $|s;x;\vec{m}\rangle$ 中指针在位置 i 原则上只存在两种状态“在”(0) 或“不在”(1)。此处将“在”的状态又分成了两种正交的情况，为后面局域幺正变换的构造提供便利。当读写头位置状态为 $|\sigma_i\rangle=|0\rangle$ 时，控制器状态一定为 $|s\rangle=|\varnothing\rangle$。

- $\tilde{\mathcal{H}}_{im}$ 是希尔伯特空间 $\mathbb{C}^2$。

因此，每个希尔伯特空间 $\tilde{\mathcal{H}}_i$（称为元胞 i）包含 $p+3$ 个量子比特，其基矢量表示为 $|s_i,\sigma_i,m_i\rangle$。所以，模拟 t 步跃迁量子图灵机需 $2t+1$ 个这样的元胞，整个系统的基矢量表示为

$$|s_{-t},\sigma_{-t},m_{-t};\cdots;s_t,\sigma_t,m_t\rangle \quad (s_i \text{ 中仅有一个非 } \varnothing)$$

按量子图灵机的跃迁规则，每步跃迁只影响 3 个相邻元胞上的量子态，因此，我们期望量子图灵机过程 K 的模拟线路可用图 1.31 所示的线路表示。它包括 $2t-1$ 个子线路 G_i 以及一个 $\hat{E}$ 线路：线路 G_i 作用于元胞 $i-1$、i 和 $i+1$；而线路 $\hat{E}$ 实现 σ_i（$i=-t,-t+1,\cdots,t-1,t$）中读写头位置状态 $|1\rangle$ 和 $|2\rangle$ 的交换（保证处于状态 $|2\rangle$ 的读写头下一步执行跃迁）。显然，线路 $\hat{E}$ 可写作 $2t+1$ 个两比特门的直积，故用 $\mathcal{O}(t)$ 个基本门即可实现。因此，证明量子图灵机过程 K 的任一步跃迁都能用基本门有效模拟的核心就是证明线路 G_i 可被基本门有效模拟（它是幺正变换）。

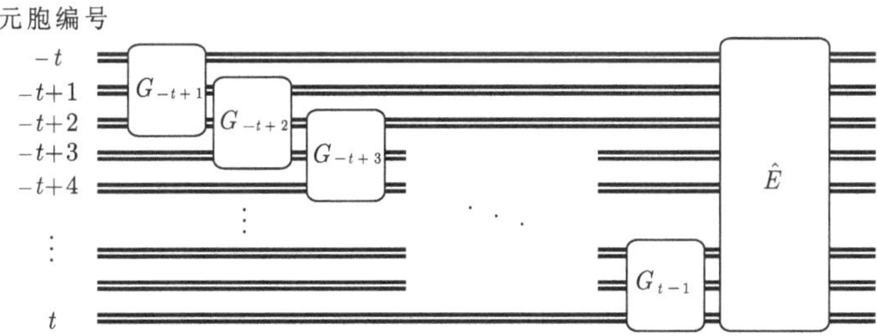

图 1.31 实现图灵机过程 K 的模拟线路图：它包含 $2t-1$ 个子线路 G_i 和一个子线路 $\hat{E}$。线路从左边输入，每个 G_i 都作用在 3 个元胞上。单个 G_i 可由常数（与 t 和输入规模 n 无关）个基本门生成，而线路 $\hat{E}$ 可由 $\mathcal{O}(t)$ 个基本门生成

下面我们就来证明存在幺正变换 G_i 满足条件。

证明 按定义，线路 G_i 需实现与量子图灵机对应的一步跃迁相同的功能（式

(1.27)）。首先，G_i 作用在元胞 $i-1$、i 和 $i+1$ 对应希尔伯特空间 $\tilde{\mathcal{H}}_{3i} = \tilde{\mathcal{H}}_{i-1} \otimes \tilde{\mathcal{H}}_i \otimes \tilde{\mathcal{H}}_{i+1}$ 中 $\sigma_i = 1$ 的基矢量时，需实现如下变换：

$$\begin{aligned} & G_i|\varnothing, 0, m_{i-1}; s_i, 1, m_i; \varnothing, 0, m_{i+1}\rangle \\ = & \sum_{s'_{i-1}, m'_i} \delta(s_i, m_i, \leftarrow, s'_{i-1}, m'_i)|s'_{i-1}, 2, m_{i-1}; \varnothing, 0, m'_i; \varnothing, 0, m_{i+1}\rangle \\ & + \sum_{s'_i, m'_i} \delta(s_i, m_i, \circ, s'_i, m'_i)|\varnothing, 0, m_{i-1}; s'_i, 2, m'_i; \varnothing, 0, m_{i+1}\rangle \\ & + \sum_{s'_{i+1}, m'_i} \delta(s_i, m_i, \Longrightarrow, s'_{i+1}, m'_i)|\varnothing, 0, m_{i-1}; \varnothing, 0, m'_i; s'_{i+1}, 2, m_{i+1}\rangle \end{aligned} \tag{1.28}$$

根据量子图灵机跃迁过程的幺正性可以证明，不同量子态 $|\varnothing, 0, m_{i-1}; s_i, 1, m_i; \varnothing, 0, m_{i+1}\rangle$ 变换后的量子态 $G_i|\varnothing, 0, m_{i-1}; s_i, 1, m_i; \varnothing, 0, m_{i+1}\rangle$ 也相互正交，令它们张成的希尔伯特空间为 $\mathcal{H}_G$。

从元胞 $i-1$、i 和 $i+1$ 组成的总希尔伯特空间 $\tilde{\mathcal{H}}_{3i}$ 的角度，G_i 的输入态除形如量子态 $|\varnothing, 0, m_{i-1}; s_i, 1, m_i; \varnothing, 0, m_{i+1}\rangle$ 外，还包括如下子空间中的态。

（1）读写头不在位置 i 且 σ_{i-1} 和 σ_{i+1} 均不等于 2 的基矢量

$$|s_{i-1}, 0, m_{i-1}; s_i, 1, m_i; s_{i+1}, 0, m_{i+1}\rangle$$

张成的空间 $\mathcal{H}_1$。显然，此空间与等式（1.28）右边的量子态张成的空间 $\mathcal{H}_G$ 正交。

（2）量子态 $|\varnothing, 0, m_{i-2}; s_i, 1, m_{i-1}; \varnothing, 0, m_i\rangle$ 跃迁产生的量子态在希尔伯特空间 $\tilde{\mathcal{H}}_{3i}$ 中的投影

$$\begin{aligned} & \sum_{s', m'_{i-1}} \delta(s, m_{i-1}, \circ, s', m'_{i-1})|s', 2, m'_{i-1}; \varnothing, 0, m_i; \varnothing, 0, m_{i+1}\rangle \\ & + \sum_{s', m'_{i-1}} \delta(s, m_{i-1}, \Longrightarrow, s', m'_{i-1})|\varnothing; 0, m'_{i-1}; s', 2, m_i; \varnothing, 0, m_{i+1}\rangle \end{aligned}$$

张成希尔伯特空间 $\mathcal{H}_2$。

（3）而量子态 $|\varnothing, 0, m_{i-3}; s, 1, m_{i-2}; \varnothing, 0, m_{i-1}\rangle$ 跃迁产生的量子态在希尔伯特空间 $\tilde{\mathcal{H}}_{3i}$ 中的投影

$$\sum_{s', m'_{i-2}} \delta(s, m_{i-2}, \Longrightarrow, s', m'_{i-2})|s', 2, m_{i-1}; \varnothing, 0, m_i; \varnothing, 0, m_{i+1}\rangle$$

张成希尔伯特空间 $\mathcal{H}_3$。

容易证明，$\mathcal{H}_1$、$\mathcal{H}_2$、$\mathcal{H}_3$ 以及 $\mathcal{H}_G$ 相互正交。因此，满足式（1.28）及

$$G_i|g\rangle = |g\rangle, \qquad |g\rangle \in \mathcal{H} \tag{1.29}$$

的幺正变换存在。值得注意，G_i 是 $3p+9$ 个比特上的幺正变换，根据定理 1.2.14，

它可通过 $2^{\mathcal{O}(3p+9)}$ 个（与参数 n 及 t 均无关）参数可调的 Deutsch 门实现。因此，模拟图灵机过程 K 需 $2t-1$ 个 G_i 门 (每个需 $2^{\mathcal{O}(p+9)}$ 个基本门) 和一个 $\hat{E}$ 门（需 $\mathcal{O}(t)$ 个基本门），总共所需的基本门为 $\mathcal{O}(t)$ 个。这就证明了模拟的有效性。 □

鉴于量子图灵机与线路模型的等价性，我们后面在讨论复杂度问题时常使用线路模型。

1.3.3 量子计算复杂度

在量子计算中，我们考虑承诺问题（promise problem）[①]。承诺问题由一对集合 $A=\{A_{\text{接受}},A_{\text{拒绝}}\}$ 定义，其中集合 $A_{\text{接受}}$ 和 $A_{\text{拒绝}}$ 均为 Σ^* 中的子集，且满足 $A\ \cap A_{\text{拒绝}}=\varnothing$。$x\in A_{\text{接受}}$ 称为接受实例，$x\in A_{\text{拒绝}}$ 称为拒绝实例。判定问题是承诺问题中 $A\ \cup A_{\text{拒绝}}=\Sigma^*$ 的特例[②]。

基于量子图灵机可定义如下复杂类。

定义 1.3.1 (BQP(bounded-error quantum polynomial time) 问题) *承诺问题 $A=\{A_{\text{接受}},A_{\text{拒绝}}\}$ 为 BQP 问题是指：存在多项式时间的量子图灵机 QT 使得*

（1）*对每个 $x\in A_{\text{接受}}$，$\mathbb{P}_{\text{接受}}\geqslant\dfrac{2}{3}$；*

（2）*对每个 $x\in A_{\text{拒绝}}$，$\mathbb{P}_{\text{接受}}\leqslant\dfrac{1}{3}$。*

BQP 问题是经典 BPP 问题的量子推广。与 BPP 中类似，这里的概率 2/3 和 1/3 也可改为其他满足一定条件的数而不影响整个复杂类，即有如下命题。

命题 *令 a，b: $\mathbb{N}\Longrightarrow[0,1]$ 为多项式时间可计算的函数，若它们满足 $a(n)-b(n)\geqslant\dfrac{1}{g(n)}$（$g(n)$ 至多为多项式函数），那么*

$$\mathrm{BQP}(a,b)=\mathrm{BQP}=\mathrm{BQP}(1-2^{-h(n)},2^{-h(n)})$$

对至多为多项式的任意函数 $h(n)$ 成立。其中承诺问题 $A\in\mathrm{BQP}(a,b)$ 是指：存在多项式时间量子图灵机 QT 使得: 对每个 $x\in A_{\text{接受}}$ 有 $\mathbb{P}_{\text{接受}x}\geqslant a$；而对每个 $x\in A_{\text{拒绝}}$ 有 $\mathbb{P}_{\text{接受}x}\leqslant b$。

显然，$\mathrm{P}\subseteq\mathrm{BPP}\subseteq\mathrm{BQP}$。经典计算复杂性理论中已知 $\mathrm{BPP}\subseteq\mathrm{PSPACE}$（但两者是否相等未知），BQP 与 PSPACE 也有类似的关系[③]。

定理 1.3.3 $\mathrm{BQP}\subseteq\mathrm{PSPACE}$。

证明 根据量子图灵机的计算过程，输入任意 x，其接受概率 $\mathbb{P}_{\text{接受}\ x}$ 等于停

① 有些文献也考虑判定问题。

② 在承诺问题中复杂类及其“补”类可更直接地定义。

③ 参见文献 E. Bernstein, and U. Vazirani, in: Proceedings of the 25th Annual ACM Symposium on Theory of Computing (ACM, 1993), p. 11-20.

机时处于“接受”状态[①]的基构型 α_f 上的概率 $|A_{\alpha_f}|^2$ 之和。而基构型 $|\alpha_f\rangle$ 前的概率幅 A_{α_f} 等于从初始构型 $|\alpha_0\rangle$ 出发跃迁到停机构型 $|\alpha_f\rangle$ 的不同 Feynman 路径 P_α 上的振幅 A_{P_α} 之和，即 $A_{\alpha_f}=\sum_{P_\alpha}A_{P_\alpha}$。由此可见，只要能计算每个 Feynman 路径 P_α 上的振幅 A_{P_α}，就能模拟量子图灵机上的计算。

按 BQP 定义，任意 $A\in \text{BQP}$ 都存在多项式时间 (poly($|x|$)) 的量子图灵机 QT 对其求解。这意味着量子图灵机 QT 只需跃迁 poly($|x|$) 次，即任意 Feynman 路径 P_α 的长度最多为 poly($|x|$)（参见图 1.30）。根据公式（1.26），其 Feynman 路径对应的振幅 A_{P_α} 均为多项式个跃迁矩阵元之积。显然，它可在多项式空间 poly($|x|$) 内进行计算。当然，这样的 Feynman 路径数目随图灵机的跃迁次数可能会呈指数增长，因而，计算总时间也可能呈指数增长。 □

量子图灵机计算过程的路径相干可通过量子线路将其具体化，并建立它与概率图灵机间的联系。

由于 H 门和 Toffoli 门的计算普适性[②]，任何算法均可由仅包含 Toffoli 门和 H 门的线路实现（输入态 $|\psi_0\rangle$ 设定为基矢量 $|00\cdots0\rangle$）。在单个 Toffoli 门作用下，量子态中每个计算基矢量（量子图灵机中的基构型）都变换（跃迁）为单一基矢量（不变或跃迁为另一个基矢量）；而当一个 H 门作用时，每个基矢量都将变换（跃迁）为两个正交基矢量的叠加 $\left(\text{跃迁振幅为}\pm\dfrac{1}{\sqrt{2}}\right)$。因此，基矢量 $|00\cdots0\rangle$ 经过含 n 个 H 门的线路将产生 2^n 条不同的 Feynman 路径（Feynman 路径的数目不受 Toffoli 门影响），此量子线路的输出量子态 $|\psi_f\rangle=\sum_z a_z|z\rangle$ 中基矢量 $|z\rangle$ 前的振幅 a_z 由连接 $|00\cdots0\rangle$ 和 $|z\rangle$ 的所有 Feynman 路径 z_k 的振幅之和确定，即

$$\langle z|\psi_f\rangle=a_z=a_{z_1}+a_{z_2}+\cdots+a_{z_m}\tag{1.30}$$

其中 $a_{z_k}=\left(\dfrac{1}{\sqrt{2}}\right)^n\text{sign}(z_k)$ 为 Feynman 路径 z_k 的振幅（$\text{sign}(z_k)$ 表示路径 z_k 的符号），它是路径 z_k 上 H 门中对应矩阵元 $\left(\pm\dfrac{1}{\sqrt{2}}\right)$ 之积。振幅表达式（1.30）可进一步简化为

$$\langle z|\psi_f\rangle=\frac{1}{\sqrt{2}^n}(N_{\text{sign}=1}-N_{\text{sign}=-1})\tag{1.31}$$

其中 $N_{\text{sign}=1}$ 和 $N_{\text{sign}=-1}$ 分别表示符号为正、符号为负的 Feynman 路径数目（图 1.32）。显然，计算 $N_{\text{sign}=1}$ 和 $N_{\text{sign}=-1}$ 是 #P 问题，而振幅 $\langle z|\psi_f\rangle$ 的计算是一个 GapP 函数（参见定义 1.1.16）。

---

① 第一个比特处于 $|1\rangle$ 态。

② 参见定理 1.2.9。

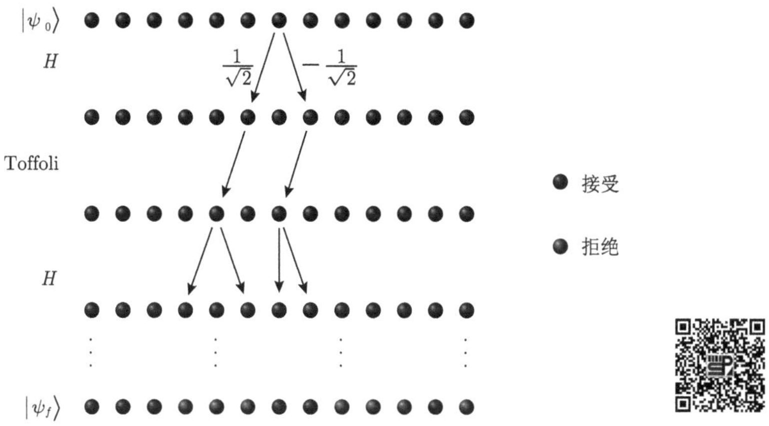

图 1.32 由 H 门和 Toffoli 门组成线路生成的 Feynman 路径：每个黑球表示一个基构型，一个基构型在 Toffoli 门作用下只跃迁到一个基构型，而每个基构型在 Hadamard 门作用下会跃迁到两个不同的基构型 $\left(\text{跃迁元分别为}\frac{1}{\sqrt{2}}\text{和}-\frac{1}{\sqrt{2}}\right)$ 上。因此，单个基构型在 n 个 Hadamard 门作用下会产生 2^n 条不同的 Feynman 路径

GapP 函数与 #P 问题

经典概率图灵机 PT 多项式时间内可模拟的概率分布可表示为

$$\mathbb{P}_c(x) = \frac{N_y(x)}{N} = \frac{\sum_r \mathrm{PT}(x,r)}{2^n}$$

其中 $N_y(x) = \sum_r \mathrm{PT}(x,r)$ 是概率图灵机 PT 计算构型树中状态为“接受”的叶子节点数目，2^n 是总的叶子节点数目。计算 N_y 是一个 #P 问题，它是取值于 $[0,\ N = 2^n]$ 的非负整数。

而计算一个 BQP 问题输出量子态（量子计算机运行时间为多项式）的振幅是一个 GapP 问题，它是两个 #P 函数之差（式 (1.31)）。显然，不能保证 GapP 函数的取值为正，事实上，它的取值范围为 $[-2^n, 2^n]$。正是由于振幅中有负数出现（类似蒙特卡罗算法中的符号问题），求量子系统的振幅（GapP 问题）比 #P 问题更复杂。换言之，正是量子计算可对 GapP 问题进行有效模拟，才使量子优越性成为可能[a]。

严格计算 GapP 问题是困难的，若降低要求仅将 GapP 函数 $g(x)$ 近

似到乘子 c，即近似函数 $f(x)$ 与 GapP 函数 $g(x)$ 间满足关系[b]：

$$cg(x) \leqslant f(x) \leqslant g(x)/c \tag{1.32}$$

（乘子 $c \in (0,1]$ 与输入 x 无关），此近似函数 $f(x)$ 能在经典计算机上有效模拟吗？事实上，我们仍有如下定理[c]。

定理　*设函数 $f(x) \in \#\mathrm{P}$，则将 GapP 函数 $\mathrm{gap}(f)$ 近似到乘子 c（任意）仍是一个 GapP-困难问题。*

由此可见，即使是在乘子近似的情况下，GapP 函数的计算也比 #P 更困难。事实上，在 Stockmeyer 近似（定理 1.1.19）的基础上，可以证明对任意 GapP 函数 $\mathrm{gap}(f)$ 的有效模拟都将导致多项式层谱坍塌（证明参见 2.5.2 节）。

ⓐ 参见 2.5 节。

ⓑ 由于在乘子近似下，$g(x)$ 与 $f(x)$ 仍具有相同的符号（大于零、小于零），根据 PP 问题的定义，乘子近似下仍能判定 PP 问题。也可参见 Stockmeyer 定理中的乘子近似。

ⓒ 证明参见 D. Hangleiter, Sampling and the complexity of nature, Ph.D. Thesis (Freie Universität, Berlin, 2020)。

探讨包含 BQP 问题的最小经典复杂类是理解量子计算能力的核心问题之一，对此我们有如下定理[1]。

定理 1.3.4　BQP $\subseteq$ PP。

证明　设量子线路中的第一个比特用于存储停机状态（1 为接受，0 为拒绝）。按 BQP 问题的定义，对任意输入 x，存在多项式量子线路 C_Q 使得

$$\mathbb{P}_{\text{接受}} = \sum_{i \in z_1} \alpha_i^2 > \frac{2}{3}, \qquad x \in A_{\text{接受}}$$

$$\mathbb{P}_{\text{拒绝}} = \sum_{i \in z_0} \alpha_i^2 > \frac{2}{3}, \qquad x \in A_{\text{拒绝}}$$

其中集合 z_1（z_0）由所有以 1（0）开头的基矢量（比特串）组成。模拟 BQP 问题就是对任意输入 x 计算概率 $\mathbb{P}_{\text{接受}}$ 和 $\mathbb{P}_{\text{拒绝}}$。

设初始状态为 $\langle 0, 00 \cdots 0 \rangle$，则 BQP 问题（由多项式规模线路 C_Q 计算且对应幺正变换为 U_C）的接受概率可表示为

$$\mathbb{P}_{\text{接受}} = \langle 0, 00 \cdots 0 | U_C^{\dagger} | 1 \rangle_1 \langle 1 | U_C | 0, 00 \cdots 0 \rangle$$

① 参见文献 L. Adleman, J. DeMarrais, and M. D. Huang, SIAM J. Comput. **26**, 1524-1540 (1997).

$$= \frac{1}{2}(1 + \langle 0, 00 \cdots 0 | U_C^\dagger \sigma_1^z U_C | 0, 00 \cdots 0 \rangle)$$

其中 $|1\rangle_1\langle 1| = \frac{1}{2}(I + \sigma_1^z)$ 是将第一个比特投影到状态 $|1\rangle$。而拒绝的概率为

$$\mathbb{P}_{\text{拒绝}} = \frac{1}{2}(1 - \langle 0, 00 \cdots 0 | U_C^\dagger \sigma_1^z U_C | 0, 00 \cdots 0 \rangle)$$

按此设定，仅需计算 $\langle 0, 00 \cdots 0 | U_C^\dagger \sigma_1^z U_C | 0, 00 \cdots 0 \rangle$ 即可。

由于量子线路 C_Q 是 H 门和 Toffoli 门组成的多项式线路，$U_C^\dagger \sigma_1^z U_C$ 对应的量子线路 C'_Q 也是 H 门和 Toffoli 门组成的多项式线路。按前面的讨论，此线路的输出量子态 $|\psi_f\rangle$ 中基矢量 $|0, 00 \cdots 0\rangle$ 前的振幅可表示为

$$a = \langle 0, 00 \cdots 0 | \psi_f \rangle = \frac{1}{\sqrt{2}^n}(N_{\text{sign}=1} - N_{\text{sign}=-1})$$

其中 $N_{\text{sign}=1}$ 和 $N_{\text{sign}=-1}$ 分别表示在线路 C'_Q 作用后得到基矢量 $|0, 00 \cdots 0\rangle$ 的 Feynman 路径中符号为正和负的数目。

因此，BQP 问题就变成根据 a 的数值，对任意输入 x 做如下判定：

$$a > \frac{1}{3} \Longrightarrow x \in A_{\text{接受}}$$
$$a < -\frac{1}{3} \Longrightarrow x \in A_{\text{拒绝}}$$

这等价于判定

$$3(N_{\text{sign}=1} - N_{\text{sign}=-1}) - 2^n > 0$$
$$3(N_{\text{sign}=1} - N_{\text{sign}=-1}) + 2^n < 0$$

由于 GapP 函数相乘和相减仍是 GapP 函数（整数是特殊的 GapP 函数），因此，前面的判定就是判定一个 GapP 函数是否大于 0，按定义这就是 PP 问题（定义 1.1.19）。 □

类似的方法可证明 BQP 与 $\mathrm{P}^{\#\mathrm{P}}$ 等复杂类的如下关系①。

定理 1.3.5 $\mathrm{BQP} \subseteq \mathrm{P}^{\mathrm{PP}} = \mathrm{P}^{\#\mathrm{P}} = \mathrm{P}^{\mathrm{GapP}}$。

BQP 问题与几类复杂度问题的关系示意图如图 1.33。

① 参见文献 L. Adleman, J. DeMarrais, and M. D. Huang, SIAM J. Comput. **26**, 1524-1540 (1997); C. M. Dawson, H. L. Haselgrove, A. P. Hines, D. Mortimer, M. A. Nielsen, and T. J. Osborne, Quantum Information and Computation, **5**, 102-112 (2005).

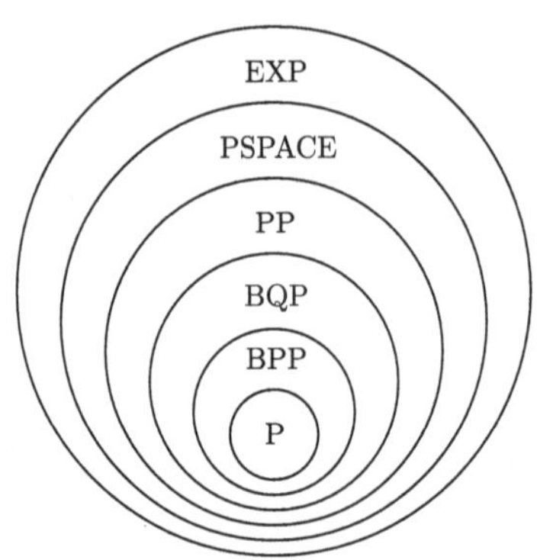

图 1.33　BQP 问题与其他复杂度问题分类的关系示意: 示意图中假设了真包含关系

1.3.4　量子证明和交互证明系统

量子系统固有的叠加特性为量子计算结果的提取带来困难：量子计算结束时，系统一般处于多个计算基矢的叠加状态。为获取计算结果需对量子系统进行测量，而每次测量系统都会随机地坍缩到某个叠加基矢量上（此基矢量出现的概率由它在叠加态中的概率幅的模平方决定）。换言之，我们每次测量获得的计算结果可能并不相同。那么，哪次测量结果才是正确的呢？一般而言，需对测量结果进行验证。对于 NP 问题，经典计算机就可在多项式时间内对它的正确性进行检验。而对于更复杂的问题，验证却没有这么简单。这需要一个证明系统。

事实上，NP 问题的完整定义需要一个证明者（prover）和一个验证者（verifier)。证明者想说服验证者他所提供的比特串 x 是某个问题的解（证明者获得此比特串的方式可以是经典计算机，也可以是量子计算机）；而验证者只接受 x 的确是问题解的证明。形式地说：语言 $L \in \text{NP}$ 是指，存在一个多项式时间的确定性图灵机 T 使得

完备性 (completeness)：对每个 $x \in L$, 都存在 $r_0 \in \{0,1\}^{\text{poly}(|x|)}$ 使得 $T(x, r_0) = 1$（接受）；

可靠性 (soundness)：对每个 $x \notin L$, 所有 $r_0 \in \{0,1\}^{\text{poly}(|x|)}$ 都有 $T(x, r_0) = 0$（拒绝）。

r_0[①]由证明者提供给验证者。当 $x \in L$ 时，证明者和验证者之间是合作关系，他们共同寻找 r_0 使得验证者能确定 $x \in L$；而当 $x \notin L$ 时，证明者和验证者是对抗关系，证明者努力寻找让验证者接受的比特串 r_0，但验证者并不一定接受。

验证问题的核心是要在验证者所拥有的验证（计算）工具上进行多项式时间

① r_0 可理解为在 NP 的非确定性图灵机定义中，一条从根节点到状态为“接受”的叶子节点的路径。

内（有效）的验证。根据验证者所拥有的工具不同，可以定义不同的证明问题。在 NP 问题中，验证者的验证工具为确定性图灵机；若将验证者的验证工具变为概率性图灵机（证明者提供的信息仍为经典信息），那么，就可以定义 Merlin-Arther（MA）问题[①]，即

定义 1.3.2 (MA 问题) 语言（判定问题）$L \in \mathrm{MA}$ 是指：存在一个多项式时间的概率图灵机 PT，使得

完备性：对每个 $x \in L$，存在 $y \in \{0,1\}^{p(|x|)}$ 使得 $\mathbb{P}_{\mathrm{PT}\ \text{接受}(x,y)} \geqslant 2/3$；

可靠性：对每个 $x \notin L$，所有 $y \in \{0,1\}^{p(|x|)}$ 都有 $\mathbb{P}_{\mathrm{PT}\ \text{接受}(x,y)} \leqslant 1/3$，

其中 $p(|x|)$ 至多为多项式函数。

进一步，若将验证者的验证工具升级为量子计算机并允许证明者向验证者提供多项式规模的量子态 ρ 作为辅助，则经典的 MA 问题就升级为 quantum Merlin-Arther(QMA) 问题，即[②]

定义 1.3.3 (QMA 问题) 设 $a, b : \mathbb{N} \Longrightarrow [0,1]$ 是多项式时间可计算函数，承诺问题 $A = (A_{\text{接受}}, A_{\text{拒绝}})$ 属于 $\mathrm{QMA}_{p(|x|)}(a,b)$（$p$ 为辅助证明的量子比特数目）是指：存在一组多项式规模的一致量子线路 $C = \{C_{|x|}\}$[③]，使得

完备性：对每个 $x \in A_{\text{接受}}$，存在一个含 $p(|x|)$ 比特的量子态 ρ[④]使得

$$\mathbb{P}[C\ \text{接受}\ (x,\rho)] \geqslant a(|x|)$$

可靠性：对每个 $x \in A_{\text{拒绝}}$，所有含 $p(|x|)$ 比特的量子态 ρ 都满足

$$\mathbb{P}[C\ \text{接受}\ (x,\rho)] \leqslant b(|x|)$$

定义 $\mathrm{QMA}(a,b) = \bigcup_p \mathrm{QMA}_p(a,b)$。

与 BQP 中的接受（拒绝）概率类似，QMA 问题中的概率 $(2/3, 1/3)$ 也可选为满足一定条件的其他形式而不改变复杂类，即

定理 1.3.6 (strong error reduction theorem) 设 $a, b : \mathbb{N} \Longrightarrow [0,1]$ 为多项式时间可计算的函数，且满足条件：$a(n) - b(n) \geqslant \dfrac{1}{g(n)}$（其中 $g(n) : \mathbb{N} \Longrightarrow \mathbb{N}$ 至多为多项式函数），则

$$\mathrm{QMA} = \mathrm{QMA}(a,b) = \mathrm{QMA}(1 - 2^{-h}, 2^{-h})$$

其中 $h : \mathbb{N} \Longrightarrow \mathbb{N}$ 也是至多为多项式的函数。

---

① 参见文献 L. Babai, in: Proceedings of the seventeenth annual ACM Symposium on Theory of computing (ACM, 1985), p. 421-429.

② 参见文献 J. Watrous, in: Proceedings 41st Annual Symposium on Foundations of Computer Science (IEEE, 2000), p. 537-546.

③ 此量子线路的输入含 $|x| + p(|x|)$ 个比特，输出为单比特（常为第一个比特的测量值）信息：“接受”还是“拒绝”。

④ 通过纯化过程，总能将辅助量子态 ρ 变为纯态，若无特殊说明，可假设它为纯态。

下面我们来看一个 QMA 问题的具体例子①。

例 1.13 group non-membership problem

判定群 G 中任给元素 g 是否为 G 中某个给定子群 H_s 中元素是一个典型的 QMA 问题。

定义 (group non-membership problem)

输入：*有限群* G *的子群* $H_s = \langle h_1, h_2, \cdots, h_s\rangle$ *以及* G *中给定元素* g。

输出：*接受（若* $g \notin H_s$*）*；*拒绝（若* $g \in H_s$*）*。

此问题的量子证明协议如下：

(1) 证明者向验证者提供一个子群 H_s 上的最大叠加态：

$$|H_s\rangle = \frac{1}{\sqrt{|H_s|}} \sum_{h_s \in H_s} |h_s\rangle$$

(2) 验证者将量子态 $|H_s\rangle$ 输入如图 1.34。

根据辅助比特的测量结果给出证明输出（1 是接受，0 是拒绝）。

完备性：若 $g \notin H_s$，则 $g|H_s\rangle = |gH_s\rangle$ 与 $|H_s\rangle$ 正交。因此，验证结束时，辅助比特的测量结果有一半概率获得 $|1\rangle$，即接受概率 $\mathbb{P}_{接受} \geqslant 1/2$。

可靠性：若 $g \in H_s$，则 $g|H_s\rangle = |gH_s\rangle = |H_s\rangle$，因此，线路结束时，辅助比特处于量子态 $|0\rangle$。此时的接受概率 $\mathbb{P}_{接受} = 0$。

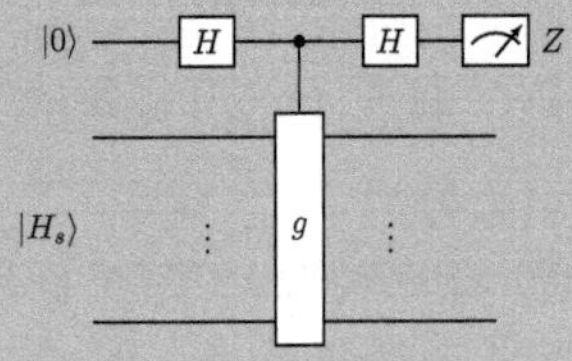

图 1.34 验证线路：这是一个 Hadamard 测试线路 (参见第二章)，其中 H 为 Hadamard 门，而 g 是给定的待判定群元素。辅助比特的测量结果即为验证结果

由 QMA 的定义可知：NP $\subseteq$ MA $\subseteq$ QMA。可以证明 QMA 问题与 PP 问题之间有如下关系②。

定理 1.3.7 QMA$\subseteq$ PP。

证明 按 QMA 的定义和性质，若承诺问题 $A = (A_{接受}, A_{拒绝}) \in$ QMA，则存在一个以多项式为界的函数 $p(|x|)$ 使得 $A \in \text{QMA}_p(1 - 2^{-(p+2)}, 2^{-(p+2)})$（$p$ 为证

① 参见文献 J. Watrous, in: Proceedings 41st Annual Symposium on Foundations of Computer Science (IEEE, 2000), p. 537-546.

② 该定理由 Kitaev 与 Watrous 首先给出但未出版，定理细节可以参见文献 C. Marriott, and J. Watrous, Comput. Complex. **14**, 122-152 (2005).

明者向验证者传递的量子比特数目)。利用 $A \in \mathrm{QMA}_p(1-2^{-(p+2)}, 2^{-(p+2)})$,我们来定义对应的 PP 问题。

假设验证者未从证明者处获得任何量子信息,他只能随机地(等权)猜一个 p 比特量子态 $|\psi\rangle_p$。这等价于证明者向验证者提供的 p 个量子比特处于完全混态,即 $\rho_p = I_p$。

考虑 $\mathrm{QMA}_p(1-2^{-(p+2)}, 2^{-(p+2)})$ 问题的完备性和可靠性。

(1) 按完备性要求, 若 $x \in A_{接受}$,则必然存在一个量子态 $|\psi\rangle_p$ 使得 $(x, |\psi\rangle_p)$ 的接受概率至少为 $1-2^{-(p+2)}$。在完全混态 I_p 中,量子态 $|\psi\rangle_p$ 出现的概率为 2^{-p}。因此,验证者接受 (x, I_p) 的概率至少为 $2^{-p}\left(1-2^{-(p+2)}\right) \geqslant 2^{-(p+1)}$。

(2) 按可靠性要求,若 $A \in A_{拒绝}$,则任意量子态 ρ_p 的接受概率都不超过 $2^{-(p+2)}$。因此,验证者对 (x, I_p) 的接受概率最多为 $2^{-(p+2)}$。

由此可见,当输入 x 属于不同集合 $A_{接受}$ 和 $A_{拒绝}$ 时,其接受概率(在量子线路中第一个量子比特获得 1 的概率)会不同(二者概率无交集)。因此,通过计算此概率就可判断输入 x 属于哪个集合。对 QMA 问题而言,验证者的计算工具为多项式规模的量子线路,与证明 BQP $\subseteq$ PP 中相同地讨论可得: 判定多项式规模线路中第一个比特输出为 1 的概率是否大于某个值是 PP 问题。 □

与经典情况类似,通过归约可引入完全类问题,特别地,可以定义 QMA-完全问题。下面给出两个 QMA-完全问题的著名例子。

例 1.14 k-局域哈密顿量问题

局域哈密顿量问题可看作经典的 Max-k-SAT 问题的量子版本,或简单地看作 SAT 问题的量子版本。它的严格定义如下:

定义 (k-局域哈密顿量问题)

输入:(1) n 量子比特系统中 $m = \mathrm{poly}(n)$ 个本征值处于 [0,1] 的 k ($k \geqslant 2$-局域哈密顿量 $\{H_i, i = 1, 2, \cdots, m\}$;

(2) 常数 α 和 β 满足条件 $\alpha > \beta$。设系统哈密顿量 $H = \sum_{i=1}^{m} H_i$ 的基态能为 $\epsilon = \min_{|\psi\rangle}\langle\psi|H|\psi\rangle$。

输出:接受(系统的基态能 $\epsilon \leqslant \beta$);拒绝(若系统基态能量 $\epsilon \geqslant \alpha$)。

此处的 k-局域哈密顿量是指哈密顿量中每项仅包含不超过 k 个格点的局域算符。

对此问题有下面的著名结论。

定理 1.3.8 k-局域哈密顿量问题 ($k \geqslant 2$) 是 QMA-完全问题[ⓐ]。

值得注意,$k = 2$ 时此问题已是 QMA-完全问题。

ⓐ 参见文献 J. Kempe and O. Regev, Quantum Computation and Information, **3**, 258-264 (2003); J. Kempe, A. Y. Kitaev, and O. Regev, SIAM J. Comput. **35**, 1070-1097 (2006).

例 1.15 约化密度矩阵的相容问题

约化密度矩阵的相容问题定义如下[a]。

定义 (约化密度矩阵的相容问题)

输入：一组约化密度矩阵 $\{\rho_1, \rho_2, \cdots, \rho_m\}$。

输出：接受（存在一个 n-比特量子态 ρ 使得输入约化密度矩阵为其对应的约化密度矩阵）；拒绝（输入约化密度矩阵不是任何 n-比特量子态的对应约化密度矩阵）。

约化密度矩阵相容问题与量子化学以及多电子体系中的 N 表示（N-representability）问题密切相关，它是多体问题的核心问题之一。可以证明，约化密度矩阵相容问题在 Cook 约化下是 QMA-完全问题。

[a] 参见文献 A. Broadbent, and A. B. Grilo, SIAM J. Comput. **51**, 1400-1450 (2022); H. Kummer, J. Math. Phys. **8**, 2063 (1967).

前面的证明中，证明者单向地向验证者提供一次信息（经典证明中是一个比特串 r_0，量子证明中是一个 $p(|x|)$ 比特的量子态 ρ），如果证明者和验证者之间可进行多次信息交互，这就是交互证明 (interactive proof，IP) 系统。

交互证明系统 在交互证明系统中，验证者利用其（量子或经典的）计算工具在多项式时间内对证明者给出的结论进行验证，而证明者假设拥有无限的计算能力，验证者与证明者之间可传输多项式次数的信息。证明者试图说服验证者相信其结论的正确性，而验证者根据自身信息和证明者提供的信息，通过计算输出“接受”还是“拒绝”。根据证明者的数目不同可分为单人和多人的交互证明系统；而根据验证者的计算能力不同可分为经典交互证明系统和量子交互证明系统。在经典交互证明系统中，验证者的能力限制为 BPP，而量子交互证明系统中，验证者的能力限制为 BQP。

1. 单人经典交互证明

单人经典交互证明类定义为：

定义 1.3.4 (IP 问题) 语言（判定问题）$L \in \mathrm{IP}$ 是指存在一个具有 BPP 计算能力的验证者 V，使得

完备性：若 $x \in L$，存在证明者 P 使得验证者 V 以不低于 2/3 的概率接受 x;

可靠性：若 $x \notin L$，对于所有证明者 P 使得验证者 V 以不大于 1/3 的概率接受 x。

交互过程如图 1.35 所示，验证者由一组多项式时间的概率图灵机 $V = \{V_1, V_2,$

$\cdots, V_m\}$（m 最多为 $\mathrm{poly}(|x|)$）组成[①]；证明者 P 为一组长度最多为 $\mathrm{poly}(|x|)$ 的比特串 $\{\alpha_1, \alpha_2, \cdots, \alpha_{m-1}\}$，它们由一组物理上可行的操作 $\{P_1, P_2, \cdots, P_{m-1}\}$ 产生，而这组操作的选取与验证者向证明者提供的信息 $\{\beta_1, \beta_2, \cdots, \beta_{m-1}\}$ 相关（β_i 的长度也最多为 $\mathrm{poly}(|x|)$）。验证者的结论“接受”还是“拒绝”由最后一个概率图灵机（V_m）的计算结果确定。

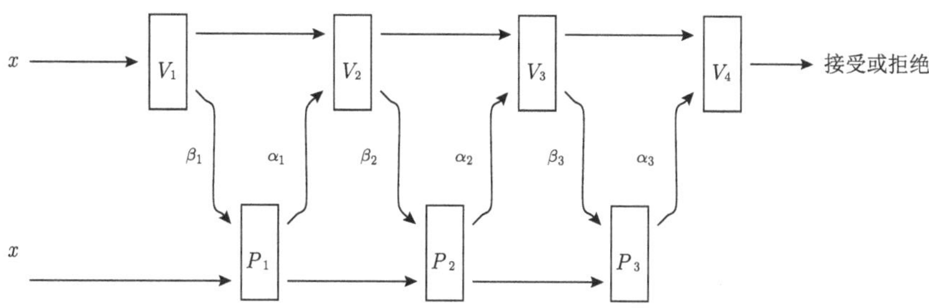

图 1.35 交互证明系统：V_j 表示在第 i 次验证中所使用的概率图灵机；而 P_i 表示证明者在发出交互信息 α_i 前所使用的操作。验证者和证明者之间共进行了 $m-1$ 轮（图中为 $m=4$）信息交换（接受并反馈信息算一轮）。验证者根据最后一个的概率图灵机 V_m（V_4）的输出结果确定“接受”还是“拒绝”

与定义 BPP，BQP，QMA 等问题类似，此定义中的概率（2/3，1/3）也可改为其他满足相应条件的数而不影响整个复杂类。

按此定义，NP 和 BPP 都显然属于 IP 类。事实上，对 IP 类有如下重要定理[②]。

定理 1.3.9 IP = PSPACE。

证明 此定理的证明包含两部分：IP $\subseteq$ PSPACE 和 PSPACE $\subseteq$ IP. 我们先来证明 IP $\subseteq$ PSPACE。为此只需说明对任意给定的验证者 V（至多含 $\mathrm{poly}(|x|)$ 个多项式时间的概率图灵机），最优化（最大化接受概率）证明者策略的过程可在 PSPACE 内完成即可。值得注意，任意优化过程总可通过暴力搜索（遍历所有可能）的方式实现。因此，只需说明对每个给定的多项式时间概率图灵机 V_i 以及任意合法的输入比特串 α_i（长度至多为 $\mathrm{poly}(|x|)$），其计算过程都可在 PSPACE 中完成即可。而对多项式时间概率图灵机 V_i，其输入规模最多为 $|x|+\mathrm{poly}(|x|)$，按定理 1.1.13 它属于 PSPACE。另一方面，IP 中的概率图灵机数目最多为 $\mathrm{poly}(|x|)$。因此，计算所需的总空间资源仍以 $\mathrm{poly}(|x|)$ 为界，即 IP $\subseteq$ PSPACE。

下面我们来证明 PSPACE $\subseteq$ IP。为此，仅需说明一个 PSPACE-完全问题（所有 PSPACE 问题均可在多项式时间内转化为 PSPACE-完全问题）属于 IP 即可。

① 原则上，交互证明中的 V、P 以及交互信息都与输入 x 相关，为简单起见，我们都省略了 x 的标记。

② 参见文献 A. Shamir, J. ACM, **39**, 869-877 (1992); A. Shen, J. ACM, **39**, 878-880 (1992).

因此，我们来说明 TQBF（true quantized Boolean function）问题（PSPACE-完全问题）属于 IP。

任给一个封闭 QBF 表达式 B（TQBF 问题就是判断其是否为真），按对应规则（参见 1.1.2.1 节）B 对应于一个算术表达式 A，而 B 为真的充要条件是 A 不为 0。因此，TQBF 问题就转化为计算算术表达式 A 是否为 0 的问题。

若将算术表达式 A 中最左边量词 $\forall z_i$（或 $\exists z_i$）对应的算术运算 $\prod z_i \in \{0,1\}$（或 $\sum z_i \in \{0,1\}$）去掉，就形成了表达式 $\tilde{A}(z_i)$，化简后得到仅含变量 z_i 的函数 $q(z_i)$①。一般地，函数 $q(z_i)$ 的阶数可能会随着 B 中变量数目 n 呈指数增长。但在 B 为简单表达式的情况下②，由于其对全称量词的限制（仅全称量词使阶数增长），$q(z_i)$ 的阶数最多随 n 呈线性增长（给定 z_i 其值可有效计算）。

在此基础上可定义一个交互过程来证明 $B \neq 0$。证明者 P 将 A 的估计值 a 发送给验证者 V 后（为限制数值过大，所有的数值均限制在 $\mathbb{Z}_p$ 上，其中 p 为一个大质数）③，通过将 B 逐步拆分为更小部分的方式来验证。在交互的每个阶段，当前的算术表达式 A 总被拆分为 $A = A_1 + A_2$（最左侧量词为 $\exists$）或 $A_1 \cdot A_2$（最左侧量词为 $\forall$），其中 A_2 部分对应于最左边以量词（$\forall$ 或 $\exists$）开始的布尔表达式；而 A_1 部分对应于变量值已知的多项式。A_1 的值可通过验证者 V 有效计算，而 A_2 的值需通过交互的方式获得。由此得到如下交互过程。

输入：封闭 QBF 表达式 B。

(1) 若 A_2 为空，V 的验证结束。当且仅当 $a_1 = a$ 时（a_1 为验证者 V 计算得到 A_1 的值），验证者 V 输出“接受”。

(2) 若 A_1 非空，证明者 P 将 A 替换为 A_2 并将 a 换成 $a - a_1 \pmod p$（对应 $A = A_1 + A_2$）或 $a/a_1 \pmod p$（对应 $A = A_1A_2$）。若出现 a/a_1 且 $a_1 \equiv 0 \pmod p$ 的情况（a_1 由验证者计算），则 V 的验证结束，且在 $a \equiv 0 \pmod p$ 时，输出“接受”（图 1.36）。

(3) 在其他情况下（A_2 非空，A_1 为空），证明者 P 将 A_2 对应的函数 $q(z_i)$ 发送给验证者 V。验证者 V 验证等式 $a \equiv q(0) + q(1) \pmod p$（$A_2$ 最左边量词为 $\exists x_i$）或 $a \equiv q(0)q(1) \pmod p$（$A_2$ 最左边量词为 $\forall x_i$）是否成立。若不成立，则输出“拒绝”；否则，验证者 V 产生一个随机数 $r \in \mathbb{Z}_p$ 发送给 P；证明者 P 根据接受的 r 将算术表达式 A 替换为 $\tilde{A}(z_i = r)$，而验证者同时将 a 换为 $q(r)$。

---

① 化简过程复杂度可能会很高，由算力无限制的证明者来完成。

② QBF 表达式中每个变量 z_i、$\bar{z}_i$ 及其自身的量词 $\forall z_i$（或 $\exists z_i$）之间最多相隔一个其他变量的全称量词 $\forall z_j$（$j \neq i$）(仅对全称量词做限制，其他符号无限制)。任意 n 个变量的 QBF 表达式 ϕ 均可转化为一个等价的简单 QBF 表达式 $\tilde{\phi}$，且 $\tilde{\phi}$ 中的变量数目最多为 n 的多项式。

③ 参见命题 1.1.8。

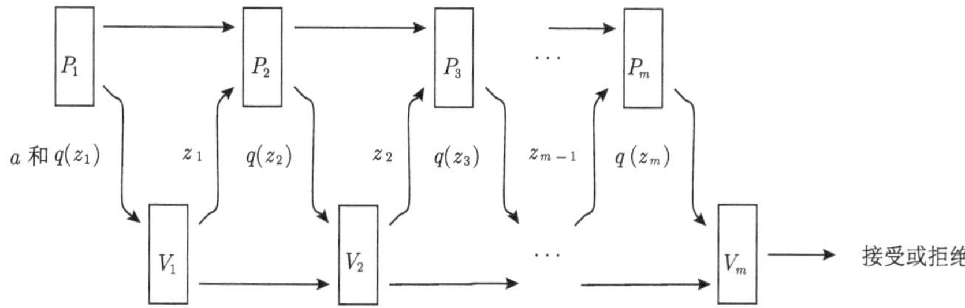

图 1.36 QBF 的交互证明系统：证明者 P 首先将给定封闭 QBF 表达式 B 的估计值 a 发送给验证者，并在接下来的交互过程中依次交换含变量 z_i 的表达式 $q(z_i)$（P 到 V）以及随机选取的变量值 z_i（V 到 P），直到验证结束。此过程的交互次数 m 最多与变量个数 n 相等（每交换一次变量减少一个）

(4) 证明者 P 将当前的算术表达式 A 分解为两部分并重复前面的过程，直至验证结束。

可以证明在此交互过程中，当 B 值为真时，V 总能接受此证明（完备性）。而在 B 值为假时，V 以极小的概率接受此证明（可靠性）。 □

例 1.16 QBF 交互过程示例

通过如下 TQBF 表达式的交互证明来演示前面的证明过程。设 TQBF 表达式为

$$B = \forall x_1[\bar{x}_1 \vee \exists x_2 \forall x_3 (x_1 \wedge x_2) \vee x_3]$$

其算术形式为

$$A = \prod_{z_1 \in \{0,1\}} \left[(1 - z_1) + \sum_{z_2 \in \{0,1\}} \prod_{z_3 \in \{0,1\}} (z_1 z_2 + z_3)\right]$$

此算术表达式的值为 2（B 为真），由于我们选择的质数 p 足够大，$A \equiv 2 \pmod p$ 仍成立。去掉最左边的量词 $\forall$ 得到含 z_1 的函数为

$$\tilde{A}(z_1) = (1 - z_1) + \sum_{z_2 \in \{0,1\}} \prod_{z_3 \in \{0,1\}} (z_1 z_2 + z_3)$$

证明者 (计算能力无限制) 计算此表达式得到函数

$$q(z_1) = z_1^2 + 1$$

按交互流程，证明者欲证明 $A \neq 0 \pmod p$:

(1) 证明者 P 将 A 的值 2 发送给验证者 V。由于 $A_1 = 0, A_2 = A$ 且

$a_1=0$，交互过程直接进入第 (3) 步：证明者将多项式 $q(z_1)$ 发送给验证者 V，验证者 V 计算并验证 $q(0)q(1)=1\cdot 2=2=a$ 成立（量词 $\forall$ 对应乘法）；然后，验证者 V 随机选取 z_1 的值 r（如取 $r=3$）并发送给证明者 P；与此同时将算术表达式 A 替换为 $\tilde{A}\ (z_1=3)$，算术值 a 替换为 $q(3)=10$。

(2) 此时，A 的表达式为

$$A=-2+\sum_{z_2\in\{0,1\}}\prod_{z_3\in\{0,1\}}(3z_2+z_3)$$

将其拆分为两部分：

$$\begin{aligned}A_1&=-2\\A_2&=\sum_{z_2\in\{0,1\}}\prod_{z_3\in\{0,1\}}(3z_2+z_3)\end{aligned}$$

因 A_1 非空，执行第 (2) 步操作：将 A 替换为 A_2，a 替换为 $a-(-2)=12$。

(3) 此时，A 对应的函数形式

$$\tilde{A}(z_2)=\prod_{z_3=\{0,1\}}(3z_2+z_3)$$

计算可得其显式表示式为 $q(z_2)=9z_2^2+3z_2$。证明者 P 将 $q(z_2)$ 发送给验证者 V，当验证者 V 接受到 $q(z_2)$ 后，验证得知 $q(0)+q(1)=0+12=12=a$ 成立。他随机选择 z_2 的取值 $r=2$ 并发送给验证者。证明者 P 将算术表达式 A 替换为 $\prod_{z_3\in\{0,1\}}(6+z_3)$，而验证者 V 将 a 替换为 $q(2)=42$。

(4) 此时的 A 中 $A_1=0, A_2=A$，直接执行第 (3) 步。证明者 P 将 $q(z_3)=6+z_3$ 发送给验证者，验证者 V 计算确认 $q(0)q(1)=6\cdot 7=42=a$ 成立。验证者 V 随机选择 z_3 的取值 $r=5$, 并检测 $\tilde{A}(5)=6+5=11$。它与 $q(5)=5+6=11$ 相等。

(5) 验证者输出结论“接收”。

2. 单人量子交互系统

与经典交互证明系统中证明者和验证者之间只能交换经典信息（长度不超过 $\text{poly}(|x|)$ 的比特串）不同，在量子交互证明系统中，验证者和证明者之间可交换量子信息（比特数不超过 $\text{poly}(|x|)$ 的量子态），且验证者具有 BQP 的计算能力（证明者仍具有无限的计算能力）。

整个量子交互证明过程如图 1.37。

通过纯化总可将验证者的操作变为幺正操作，因此，验证者定义为一组多项式时间可生成的量子线路（多项式规模的一致线路）：

$$V=\{C_j:j\in\{1,2,\cdots,m\}\}$$

其中 m 最多为 $\mathrm{poly}(|x|)$。C_j 表示在第 j 次验证中验证者所使用的量子线路，它的输入和输出比特可分为两个部分：验证者比特（由验证者自身持有）和交互比特（用于与证明者交互，数目最多为 $\mathrm{poly}(|x|)$）。如无特殊说明，假设交互证明中用于信息交互的量子比特数目、验证者和证明者持有的量子比特数目在整个交互过程中保持不变（此假设可通过添加不起作用的哑比特满足）。为简单计，所有量子比特的状态在交互证明开始时设为 $|0\rangle$。

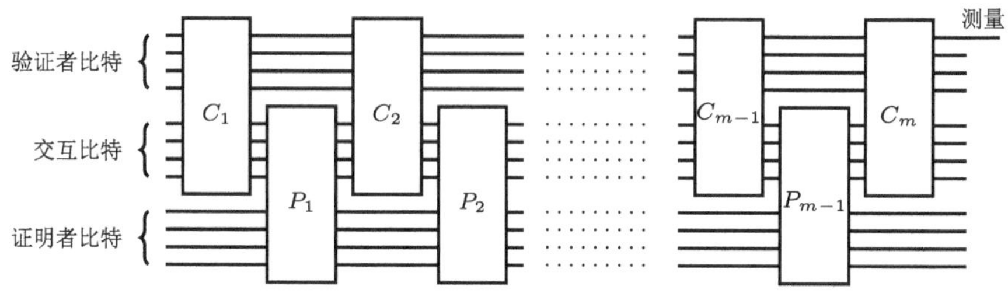

图 1.37 量子交互证明系统：C_j 表示在第 j 次验证过程中验证者使用的量子线路；而 P_j 表示证明者使用的第 j 个量子操作。验证者和证明者之间可交换量子信息（最多 $\mathrm{poly}(|x|)$ 比特的量子态），信息交互的总次数为 $2(m-1)$。验证者根据最后一个量子线路 C_m 的输出结果（第一个量子比特处于 1 还是 0）来确定“接受”还是“拒绝”

一般而言，证明者的操作可由一组量子信道描述：

$$P=\{P_j:j\in\{1,2,\cdots,m-1\}\}$$

它们是物理上合法的任意量子信道（量子信道可描述为从合法量子态到合法量子态的映射）。与经典情况一样，量子线路 $\{C_i\}$ 和量子信道 $\{P_j\}$ 都与交互证明的输入 x 相关，为简单此标记已省略。

基于此，量子交互证明（quantum interactive proof，QIP）可定义如下。

定义 1.3.5 (QIP) 承诺问题 $A=(A_{接受},A_{拒绝})\in \mathrm{QIP}(2(m-1),a,b)$（其中 a,b: $\mathbb{N}\Longrightarrow[0,1]$ 为多项式时间可计算函数）的充要条件是：存在 m 个多项式规模的一致量子线路 C_i（$i=1,2,\cdots,m$）(验证者 V) 使得

完备性：对每个 $x\in A_{接受}$ 存在量子证明者 P（由一组交互量子态 $\{\rho_{\alpha_i},\rho_{\beta_i}\}$ 和量子信道 $\{P_i|i=1,2,\cdots,m-1\}$）使得验证者 V 以至少 a 的概率接受输入 x；

可靠性：对每个 $x\in A_{拒绝}$，所有量子证明者 P 都不会使验证者 V 接受 x 的

概率大于 b，其中 m 最多为 $\mathrm{poly}(|x|)$。而 QIP 定义为

$$\mathrm{QIP}=\bigcup_t \mathrm{QIP}(t),\qquad \mathrm{QIP}(t)=\mathrm{QIP}\left(t,\frac{2}{3},\frac{1}{3}\right)$$

其中 $t=2(m-1)$ 表示进行了 t 次信息交互（$m-1$ 个回合的交互）。

量子线路可区分问题是一个典型的 QIP 问题。

例 1.17　量子线路可区分问题(quantum circuit distiguishability problem)

定义（量子线路可区分问题）

输入: 两个经典描述的量子线路 Q_1 和 Q_2，其输入均为 n-量子比特量子态，且输出为 m-比特量子态。

输出: 接受（$d_\diamond(Q_1,Q_2)=|Q_1,Q_2|_\diamond\geqslant 2/3$）; 拒绝（$d_\diamond(Q_1,Q_2)=|Q_1,Q_2|_\diamond\leqslant 1/3$）。

其中 diamond 距离（$|\cdot|_\diamond$）用于度量两个线路（幺正矩阵）之间的距离，其定义为

$$d_\diamond(Q_1,Q_2)=\max_{|\psi\rangle}||Q_1|\psi\rangle,Q_2|\psi\rangle||_{\mathrm{Tr}} \tag{1.33}$$

其中 $||S||_{\mathrm{Tr}}=\mathrm{Tr}(\sqrt{S^*S})$ 是 S 的奇异值（singular value）之和[⑧]。

此问题可通过如下协议实现交互证明:

(1) 证明者将量子态 $|\psi\rangle$ 发送给验证者（证明者宣称 $|\psi\rangle$ 将显著体现量子线路 Q_1 与 Q_2 之间的差异)。

(2) 验证者随机（等概率）选取线路 Q_1 和 Q_2 中的一个（记为 Q_b），运行并得到 $Q_b|\psi\rangle$。然后将此量子态发送给证明者（不告知证明者他具体选择了哪个线路)。

(3) 根据此结果，证明者判断 b 的值 b'（哪个线路）并回复给验证者。

(4) 验证者当且仅当 $b=b'$ 时输出“接受”。

此协议的完备性和可靠性可通过定义直接证明。在 Karp 约化下，此问题为 QIP-完全问题。

⑧ 第二章中式（2.5.1）将使用相同的定义度量算符距离。

QIP 的定义对完备性和可靠性函数 a, b 的选取仍保持鲁棒性。特别地，任意 QIP 问题都可在多项式时间转换为一个“精确完备”（perfect completeness，完备概率 $a=1$，而可靠概率 $b<1$）的 QIP 问题，即有如下定理[①]。

① 参见文献 A. Y. Kitaev, and J. Watrous, in: Proceedings of the 32nd Annual ACM symposium on Theory of Computing (ACM, 2000), p. 608-617.

定理 1.3.10 若多项式时间可计算函数 a, b: $\mathbb{N} \Longrightarrow [0,1]$ 满足 $a(n) > b(n)$，则对任意以多项式为界的函数 m 有

$$\text{QIP}(2(m-1), a, b) \subseteq \text{QIP}(2(m+1), 1, c)$$

其中 QIP(2(m+1), 1, c) 为精确完备 QIP 问题且 $c = 1 - \frac{1}{2}(a-b)^2$。

为证明此定理，我们首先需证明如下事实：对任一给定的由 $V = \{V_1, V_2, \cdots, V_m\}$、$P = \{P_1, P_2, \cdots, P_{m-1}\}$ 以及交互量子态 $\{\rho_{\alpha_i}, \rho_{\beta_i} | i = 1, 2, \cdots, m-1\}$ 确定的量子交互证明 (V, P)（含 $2(m-1)$ 个交互过程），均可有效构造新的交互证明 (V', P')，使得

(1) (V', P') 的交互信息数目比 (V, P) 多 2 个；

(2) 若输入 x 在量子交互证明 (V, P) 中的接受概率 $\omega(V)$ 超过设定的接受阈值 α，那么，x 在新的量子交互证明 (V', P') 中的接受概率为 1（对应于证明的确定性要求）；

(3) 若输入 x 在交互证明 (V, P) 中的接受概率 $\omega(V)$ 低于设定阈值 α，那么，x 在证明过程 (V', P') 中的接受概率小于 $1-(\alpha-\omega(V))^2$（对应于可靠性要求），其中接受概率 $\omega(V)$ 表示给定验证操作 V，优化证明者的操作 P 而得到的最大接受概率，它常由证明结束后验证者自持的第一个量子比特处于量子态 $|1\rangle$ 的概率确定。

证明 若 (V, P) 对输入 x 的最大接受概率 $\omega(V)$①大于设定的阈值 α，则可通过调整 $P = \{P_1, P_2, \cdots, P_{m-1}\}$ 以及交互量子态 $\{\rho_{\alpha_i}, \rho_{\beta_i}\}$ 可使其接受概率严格等于 α。因此，不失一般性，我们假设交互证明 (V, P) 的接受概率严格等于阈值 α。在此基础上，新的量子交互证明 (V', P') 可构造如下（图 1.38）。

对任意输入 x，按最优的量子交互证明 (V, P) 执行整个证明过程，在最后一个量子线路 V_m 执行完毕后，系统输出量子态为 $|\psi\rangle$。设第一个量子比特上测得 $|1\rangle$ 的概率对应于交互证明的接受概率，则量子态 $|\psi\rangle$ 可表示为 Schmidt 形式②

$$|\psi\rangle = \sqrt{\alpha}|1\rangle_1|\phi_{\text{acc}}\rangle + \sqrt{1-\alpha}|0\rangle_1|\phi_{\text{rej}}\rangle$$

验证者通过引入一个辅助比特 a 来对量子比特 1 上的量子态进行冗余编码（$00 \Longrightarrow 0, 11 \Longrightarrow 1$）。因此，在量子态 $|\psi\rangle$ 上执行操作 $|00\rangle\langle 0| + |11\rangle\langle 1|$ 后得到量子态：

$$|\psi^1\rangle = \sqrt{\alpha}|11\rangle_{a,1}|\phi_{\text{acc}}\rangle + \sqrt{1-\alpha}|00\rangle_{a,1}|\phi_{\text{rej}}\rangle \tag{1.34}$$

---

① 可通过遍历 V、P 以及交互量子态获得。

② 任意 n 体纯态 $|\psi\rangle$ 都可以表示成 $|\psi\rangle = a|\psi_0\rangle_A|\phi_0\rangle_B + b|\psi_1\rangle_A|\phi_1\rangle_B$，其中比特集合 A, B 满足条件 $A \cap B = \varnothing, |A| + |B| = n$，$|\psi_0\rangle_A$ 与 $|\psi_1\rangle_A$、$|\phi_0\rangle_B$ 与 $|\phi_1\rangle_B$ 相互正交且 $|a|^2 + |b|^2 = 1$。

然后，验证者仅保留辅助比特 a，并将其他量子比特都发送给证明者 P。这是额外的第一次量子信息交互。

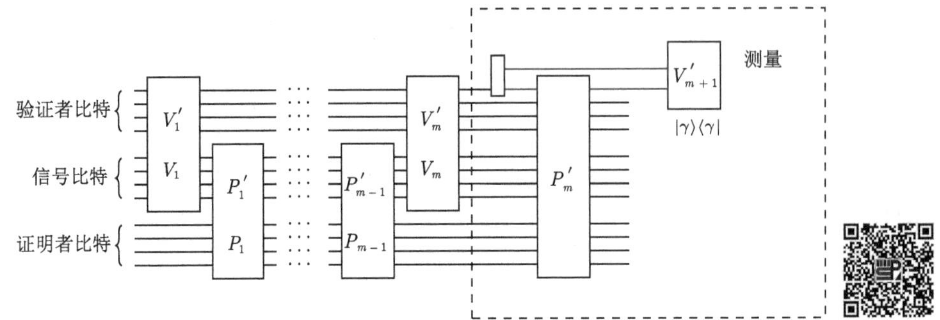

图 1.38 任意量子交互证明转化为精确完备的交互证明：通过对原量子交互证明系统 (V,P) 添加两个新的交互过程（虚线框内）来实现精确完备的交互证明。虚线框内表示新加的交互过程：蓝色框表示将单个量子比特编码到两个量子比特的过程；红色实线表示两个编码比特，一个在验证者手中，一个发送给证明者；证明结束时验证者沿 $|\gamma\rangle$ 进行测量

证明者收到验证者发来的量子比特后，对其做如下操作：

$$|1\rangle_1|\phi_{\mathrm{acc}}\rangle \Longrightarrow |1\rangle_1|\Phi\rangle \quad 且 \quad |0\rangle_1|\phi_{\mathrm{rej}}\rangle \Longrightarrow |0\rangle_1|\Phi\rangle$$

由于变换前后两个量子态间的正交性得以保持，存在幺正变换 U 实现此变换。经过 U 变换后，整个系统的量子态变为[①]

$$|\psi^2\rangle = (\sqrt{\alpha}|11\rangle_{a1} + \sqrt{1-\alpha}|00\rangle_{a1})|\Phi\rangle$$

然后，证明者将其手中的量子比特 1 发送给验证者。这是额外的第二次量子信息交互。

验证者将量子比特 a 和 1 沿 $|\gamma\rangle\langle\gamma|$ 和 $I-|\gamma\rangle\langle\gamma|$（其中 $|\gamma\rangle = \sqrt{\alpha}|11\rangle + \sqrt{1-\alpha}|00\rangle$）测量：若得到 $|\gamma\rangle$，则输出“接受”；若得到其他，则输出“拒绝”。此时将 100% 地输出结论“接受”。

上面的过程表明存在新量子交互证明（V', P'），它仅比 (V,P) 多两次信息交互且具有精确完备性。下面我们还需证明（V', P'）的可靠性也满足要求。

当量子交互证明 (V,P) 的最大接受概率 $\omega(V)$ 小于阈值 α（设为 $\alpha-\epsilon,\epsilon>0$），完成新量子交互证明 (V',P') 中额外的第一次信息交互后，验证者手上保留的辅

① 比特 a 和 1 与其他量子比特解纠缠。

助比特 a 处于量子态①：

$$\rho = \begin{bmatrix} 1-\alpha+\epsilon & 0 \\ 0 & \alpha-\epsilon \end{bmatrix}$$

无论证明者最后一步对其拥有的比特做何种操作，输入 x 的接受概率都可表示为

$$\mathbb{P}_{\text{接受}} = F(|\gamma\rangle\langle\gamma|, \sigma)^2 = \langle\gamma|\sigma|\gamma\rangle$$

其中 $F(\rho_1, \rho_2) = \mathrm{Tr}\sqrt{\sqrt{\rho_1}\rho_2\sqrt{\rho_1}} = ||\sqrt{\rho_2}\sqrt{\rho_1}||_{\mathrm{Tr}}$ 为两个密度矩阵间的保真度，σ 为验证者经过 V'_{m+1} 后量子比特 a 和 1 的密度矩阵（它满足条件 $\rho = \mathrm{Tr}_2(\sigma)$）。由于保真度 $F(\rho_1, \rho_2)$ 在部分求迹操作下的单调特性（对两个密度矩阵同时部分求迹后其保真度不减）②，因此，此时的接受概率 $\mathbb{P}_{\text{接受}}$ 满足条件：

$$\begin{aligned}
\mathbb{P}_{\text{接受}} &= F(|\gamma\rangle\langle\gamma|, \sigma)^2 \leqslant F(\mathrm{Tr}_2(|\gamma\rangle\langle\gamma|), \mathrm{Tr}_2(\sigma))^2 \\
&= F(\mathrm{diag}(1-\alpha, \alpha), \rho)^2 \\
&\leqslant F\left(\frac{1}{2}I, \mathrm{diag}\left(\frac{1}{2}-\epsilon, \frac{1}{2}+\epsilon\right)\right)^2 \qquad \left(\alpha = \frac{1}{2}\right) \\
&\leqslant 1-\epsilon^2
\end{aligned}$$

至此，我们就构造了满足前面条件的新交互证明 (V', P')。 □

另一方面，给定函数 a，b 后，选择满足条件：

$$\frac{3a+b}{4} \leqslant \alpha \leqslant a$$

的 α 作为交互证明 $\mathrm{QIP}(2(m-1), a, b)$ 的接受阈值，利用前面的事实，对任意承诺问题 $A = (A_{\text{接受}}, A_{\text{拒绝}}) \in \mathrm{QIP}(2(m-1), a, b)$ 都有 $A \in \mathrm{QIP}(2(m+1), 1, c)$，其中 $c \leqslant 1 - \left(\frac{3(a-b)}{4}\right)^2 \leqslant 1 - \frac{1}{2}(a-b)^2$。

更进一步，对精确完备的量子交互证明系统，我们有下面的重要定理③。

定理 1.3.11 (QIP = QIP(3)) *对每个以多项式为界的函数 m，令 ϵ: $\mathbb{N} \Longrightarrow [0,1]$，则有*

$$\mathrm{QIP}(m, 1, \epsilon) \subseteq \mathrm{QIP}\left(3, 1, \frac{\epsilon}{m^2}\right)$$

---

① 参见量子态 (1.34)。

② 此性质可从 Uhlmann 定理 $F(\rho_1, \rho_2) = \max_{|\psi_1\rangle, |\psi_2\rangle} |\langle\psi_2|\psi_1\rangle|$ 得到，其中 $|\psi_1\rangle$ 和 $|\psi_2\rangle$ 分别是密度矩阵 ρ_1 和 ρ_2 的纯化。

③ 参见文献 A. Kitaev, and J. Watrous, in: Proceedings of the 32nd Annual ACM Symposium on Theory of Computing (ACM, 2000), p. 608-617.

证明此定理需说明：对任意包含 m 次信息交互的精确完备量子交互证明系统 (V,P)，都存在满足如下条件的新交互证明 (V',P')：

（1）(V',P') 包含 3 次量子信息交互；

（2）当原交互证明系统的接受概率 $\omega(V)=1$ 时，新证明系统的接受概率也满足 $\omega(V')=1$。

（3）当原交互证明系统的接受概率 $\omega(V)<1$ 时，新证明系统的接受概率 $\omega(V')<1-\dfrac{\epsilon}{m^2}$ 成立。

证明　不失一般性，设交互证明过程 (V,P) 中的信息交互次数为 $m=2^r+1$（第一个信息从证明者发向验证者）[①]且验证者自持量子比特的初始状态为 $|\mathbf{0}\rangle$（图 1.39）。在此假设之上，我们通过对原量子交互证明过程递归地使用如下过程来减少交互次数。

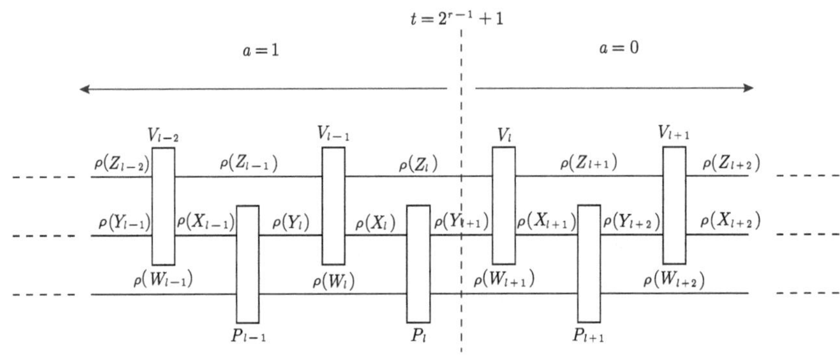

图 1.39　量子交互证明 (V,P)：$\rho(X_i)$ 和 $\rho(Y_i)$ 分别表示验证者向证明者以及证明者向验证者交互的量子信息；而 $\rho(Z_i)$ 和 $\rho(W_i)$ 分别表示验证者和证明者持有量子比特上的量子态。证明中信息的总交互次数为 2^r+1 且 $l=2^{r-2}$

验证者从集合 $\{0,1\}$ 中等概率随机取值 a，并将其作为额外信息发送给证明者。

（1）当 $a=0$ 时，证明过程 (V',P') 沿着原证明 (V,P) 的时间方向（向右）进行（图 1.40）。证明者将原证明过程 (V,P) 中第 $t=2^{r-1}+1$ 次交互的量子态 $\rho(Y_{l+1})$ 发送给验证者。验证者收到交互信息 $\rho(Y_{l+1})$ 后（其自持比特的初始状态为 $\rho(Z_l)$），通过与原证明 (V,P) 后半过程相同的交互过程依次产生交互量子态 $\rho(X_{l+1}),\rho(Y_{l+2}),\cdots,\rho(X_{m-1}),\rho(Y_m)$。此时，新证明过程的接受概率 $\omega(V')$ 也与

① 任何交互证明都可通过增加不传递任何信息的哑回合来满足此条件。

$\omega(V)$ 相同（第一个量子比特为 $|1\rangle$ 的概率）。

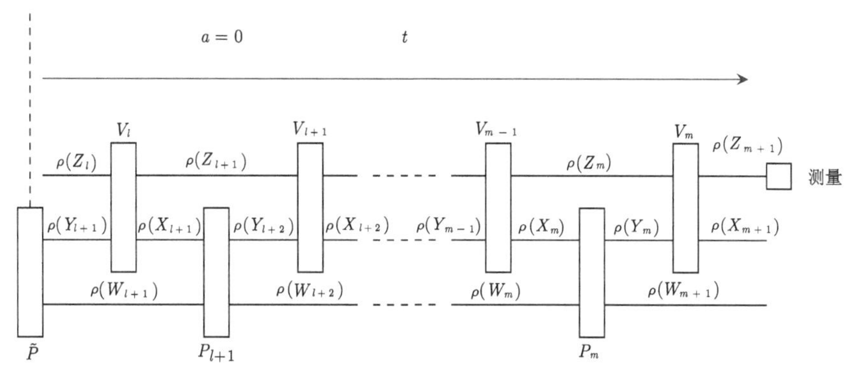

图 1.40 迭代构造新交互证明 $(a = 0)$：在随机数为 0 时，前向构造新的证明过程 (V',P')，证明者给验证者的第一次交互信息为量子态 $\rho(Y_{l+1})$，而后面的交互信息与原证明 (V, P) 中后半截完全一致，在验证者自持量子比特输入态为 $\rho(Z_l)$ 时，其接受概率也与 (V, P) 一致

（2）当 $a = 1$ 时，新的交互证明过程 (V',P') 将沿原证明 (V, P) 的逆时间方向进行（图 1.41）。验证者将量子态 $\rho(Y_{l+1})$ 发送给证明者，经过逆操作 P_l^{-1} 后，证明者得到量子态 $\rho(X_l)$ 并发送回验证者。逆着原证明过程依次产生交互量子态 $\rho(Y_{l+1}), \rho(X_l), \cdots, \rho(Y_2), \rho(X_1)$。最后，验证者将 V_0^{-1} 作用于量子态 $\rho(Z_1 \otimes X_1)$ 并在其自持的量子比特上得到量子态 $\rho(Z_0)$。测量 Z_0 中所有量子比特，若其结果均为 $|\mathbf{0}\rangle$，则输出“接受”；否则输出“拒绝”。

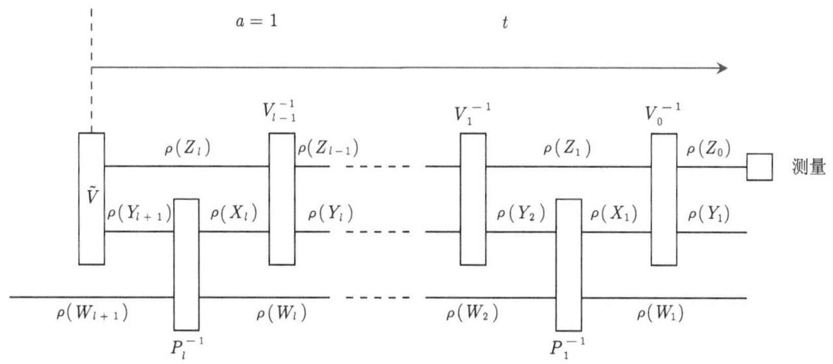

图 1.41 迭代构造新交互证明 $(a = 1)$：当 $a = 1$ 时，从 $t = 2^{r-1} + 1$ 处，逆向构造新的交互证明 (V', P')，直到对输出量子态 $\rho(Z_0)$ 进行测量

经过简单的计算可知，无论 $a = 0$ 还是 1，此证明的交互信息次数均为 $2^{r-1}+1$

(接近原交互次数的一半)。只需反复使用上述过程，每次都会将证明的交互次数减半，直到只剩 3 次信息交互。

我们下面来建立新证明 (V', P') 的接受概率 $\omega(V')$ 与原证明接受概率 $\omega(V)$ 间的关系。

完备性：当 $\omega(V) = 1$ 时，容易得知 $\omega(V') = 1$ 也成立 (输入 $\rho(Z_l)$ 以及 V'，P' 均按原证明选择)。

可靠性：当 $\omega(V) < 1$ 时，$\omega(V)$ 是 $\omega(V')$ 的下限，通过最优化输入量子态 $|Z_l\rangle$ 和证明者的操作有可能获得更大的概率 $\omega(V')$，为此我们来确定其上限。

设验证者自持比特 Z_l 上的合法量子态形成集合 $D(Z_l)$；验证者自持量子比特初始态为 $|\mathbf{0}\rangle$，通过交互证明过程在 Z_l 上可实现的量子态记为 $\mathcal{C}_0 \in D(Z_l)$；Z_l 上使交互证明 (V, P) 的接受概率为 1 的量子态组成集合 $\mathcal{C}_1$ (它是 $\mathcal{C}_0$ 的子集)。显然，原交互证明 (V, P) 的接受概率可表示为

$$\omega(V) = \max\{F(\sigma_0, \sigma_1)^2 : \sigma_0 \in \mathcal{C}_0, \sigma_1 \in \mathcal{C}_1\}$$

而在新交互证明 (V', P') 中，当 $a = 1$ 时，若验证者自持比特的输入态 $\rho(Z_l) \in \mathcal{C}_1$，则 $\omega(V') = 1$；而当 $a = 0$ 时，若验证者自持比特的输入态 $\rho(Z_l) \in \mathcal{C}_0$，则 $\omega(V') = 1$。因此，当验证者的自持比特 Z_l 输入态为 $D(Z_l)$ 中的任意量子态 ρ 时，新交互证明 (V', P') 的接受概率为

$$\omega(V') = \max\left\{\frac{F(\sigma_0, \rho)^2 + F(\sigma_1, \rho)^2}{2} : \sigma_0 \in \mathcal{C}_0, \sigma_1 \in \mathcal{C}_1\right\}$$

利用保真度间的关系式[①]

$$\max_{\rho}(F(\sigma_0, \rho)^2 + F(\sigma_1, \rho)^2) = 1 + F(\sigma_0, \sigma_1)$$

得到

$$\omega(V') = \frac{1}{2}(1 + \max\{F(\sigma_0, \sigma_1) : \sigma_0 \in \mathcal{C}_0, \sigma_1 \in \mathcal{C}_1\})$$

将已知条件 $\omega(V) \leqslant 1 - \epsilon$ 代入前面的表达式，得到

$$\omega(V') \leqslant \frac{1}{2}(1 + \sqrt{1 - \epsilon}) \leqslant 1 - \frac{\epsilon}{4}$$

这是一次迭代的结果，事实上，我们要获得仅含 3 个回合的交互证明需要迭代 r 次。因此

$$\omega(V') \leqslant 1 - \frac{\epsilon}{4^r} \leqslant 1 - \frac{\epsilon}{m^2}$$ □

① 参见文献 R. Spekkens and T. Rudolph, Physical Review A **65**, 123410 (2001).

综合上面两个定理，可以得到

$$\mathrm{QIP} = \mathrm{QIP}(3)$$

按此结论，量子交互证明系统仅有四个不同的复杂类：

$$\mathrm{QIP}(0) = \mathrm{BQP}, \quad \mathrm{QIP}(1) = \mathrm{QMA}, \quad \mathrm{QIP}(2), \quad \mathrm{QIP}(3) = \mathrm{QIP}$$

量子交互证明的这一特征是经典交互证明所不具有的。在经典情况下，若 IP = IP (3) 将导致多项式层谱 PH 坍塌到第 2 层①。

在经典交互证明中，我们已经知道 IP = PSPACE，且 IP $\subseteq$ QIP，因此，可以直接得到结论 PSPACE $\subseteq$ QIP。那么，量子交互证明系统是否有比经典交互系统更强大的能力呢？答案是否定的。我们有如下定理②。

定理 1.3.12 QIP = PSPACE。

证明此定理只需说明 QIP $\subseteq$ PSPACE 即可。与证明 IP $\subseteq$ SPACE 的方法类似，在给定验证者 $V = \{V_1, V_2, \cdots, V_{p(n)}\}$ 时，可通过最优化证明者 P 的一系列策略 $P_i(i = 1, 2, \cdots, p(n) - 1)$ 来获得最大的接受概率 $\omega(V)$。但与经典情况下的暴力搜索不同，在量子情况下最优化过程需通过半正定规划实现，而对应的半正定规划问题属于 PSPACE。

证明 对给定验证者 V，我们先来说明最优化 P 的问题可以转化为最优化一组具有约束条件的约化密度矩阵。对给定验证者 $V = \{V_1, V_2, \cdots, V_n\}$，假设 V_i（$i = 1, 2, \cdots, n$）已经过纯化处理，均为幺正变换。按交互过程的定义 $V_k \in U(Z_k \otimes Y_k, Z_{k+1} \otimes X_{k+1})$，据此我们将如图 1.42 所示的量子比特进行如下分组：

$$Y_0; \quad (Z_1, X_1); \quad (Z_1, Y_1); \quad \cdots; \quad (Z_{n-1}, Y_{n-1}); \quad Z_n$$

且对应量子比特合法的量子态集合记为

$$D(Y_0); \quad D(Z_1 \otimes X_1); \quad D(Z_1 \otimes Y_1); \quad \cdots; \quad D(Z_{n-1} \otimes Y_{n-1}); \quad D(Z_n)$$

设输入验证变换 V_k 前的量子态为 $\sigma_{k-1} \in D(Z_{k-1} \otimes Y_{k-1})$，而输出量子态为 $\rho_k \in D(Z_k \otimes X_k)$。

下面我们通过量子态 σ_i 与 ρ_k 需满足的关系来限定证明者的操作（证明者 P 并不显式出现）。容易获知，无论证明者执行何种操作 P，σ_i 与 ρ_k 都需满足如下条件：

（1）$\mathrm{Tr}_{X_k}(\rho_k) = \mathrm{Tr}_{Y_k}(\sigma_k)$，即两个幺正变换（$V_k$ 与 V_{k+1}）之间，验证者自持量子比特 Z_k 上的量子态不变；

① L. Babai, S. Moran, J. Comput. Syst. Sci. **36**, 254-276 (1988).

② R. Jain et al, J. ACM, **58**, 1-27 (2011); J. Watrous, in: Proceedings of the 40th IEEE Symposium on Foundations of Computer Science (IEEE, 1999), p. 112-119.

（2）$\rho_k = V_k\sigma_{k-1}V_k^\dagger$，即 ρ_k 和 σ_{k-1} 之间的关系由 V_k 唯一确定。

更重要的是，这两个条件也是充分条件，即对任一组满足条件的量子态 $\sigma_i(i=0,1,\cdots,n-1)$ 和 $\rho_i(i=1,2,\cdots,n)$，一定存在相应的证明者 $P=\{P_1,P_2,\cdots,P_{n-1}\}$ 实现相应的证明过程。换言之，遍历满足以上条件的量子态 $\sigma_i(i=0,1,\cdots,n-1)$ 和 $\rho_i(i=1,2,\cdots,n)$ 就能遍历证明者 P。

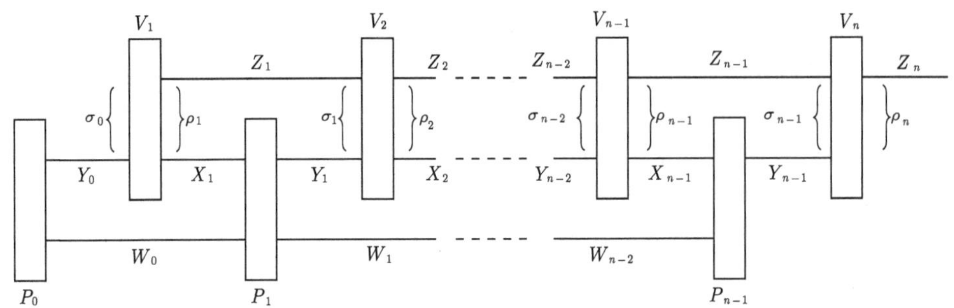

图 1.42　量子态 σ_{i-1} 与 ρ_i 在量子交互证明 (V, P) 中的充要条件：若将量子交互证明 (V, P) 中的量子比特分组为 (Z_{i-1},Y_{i-1}) 和 (Z_i,X_i)，并设其量子态分别为 $\sigma_{i-1}\in D(Z_{i-1}\otimes Y_{i-1})$，$\rho_i\in D(Z_i\otimes X_i)$，则 σ_{i-1} 与 ρ_i 对应交互证明 (V, P) 的充要条件为 $\rho_i=V_i\sigma_{i-1}V_k^\dagger$ 且两个操作 V_{i-1} 与 V_i 之间量子比特 Z_{i-1} 上的量子态保持不变

由于 $\mathrm{QIP}=\mathrm{QIP}(3,1,\epsilon)(\epsilon\in(0,1))$，仅需考虑含 3 次信息交换的量子交互证明即可（图 1.43）。在含 3 次信息交互的证明中，验证操作由 $V=(V_1,V_2)$ 确定。按前面的讨论，对证明者 $P=\{P_0,P_1\}$ 的最优化问题转化为对量子态 σ_i 和 ρ_i 的最优化问题。下面我们将说明，此交互证明接受概率 $\omega(V)$ 的计算可转化为量子态上的 min-max 问题。

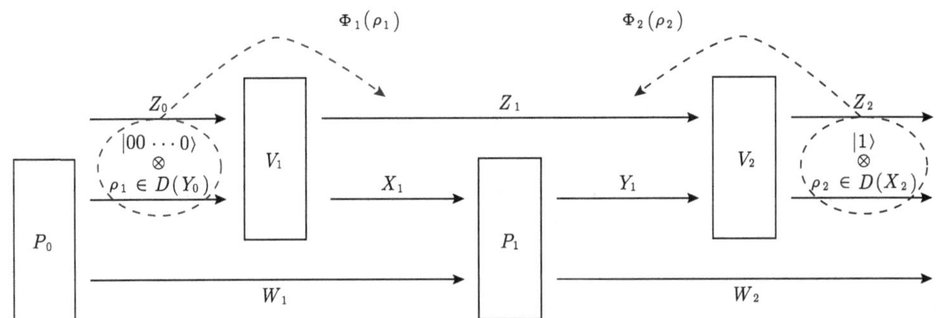

图 1.43　含 3 次信息交换的量子交互证明：量子信道 Φ_1 将寄存器 Y_0 中的量子态 ρ_1 映射成寄存器 Z_1 上的量子态；而量子信道 Φ_2 将寄存器 X_2 中的量子态 ρ_2 映射成寄存器 Z_1 上的量子态

受定理 1.3.11 中正向和逆向过程的启发，我们定义两个量子信道 Φ_1 和 Φ_2：

$$\Phi_1(\rho_1) = \mathrm{Tr}_{X_1}(V_1(|\mathbf{0}\rangle\langle\mathbf{0}| \otimes \rho_1)V_1^*)$$
$$\Phi_2(\rho_2) = \mathrm{Tr}_{Y_1}(V_2^*(|\mathbf{1}\rangle\langle\mathbf{1}| \otimes \rho_2)V_2)$$

其中 ρ_1 是量子比特 Y_0 上的任意量子态；ρ_2 是量子比特 X_2 上的任意量子态。验证者的自持量子比特 Z_0 在交互证明开始时处于量子态 $|\mathbf{0}\rangle$；而在验证结束时，自持比特 Z_2 处于量子态 $|\mathbf{1}\rangle$（处于接受状态）；信道 Φ_1 和 Φ_2 将它们映射到验证者自持量子比特 Z_1 的量子态上。

基于此，输出 Z_2 上的最大接受概率可表示为

$$\omega(V) = \max_{\rho_1,\rho_2} F(\Phi_1(\rho_1), \Phi_2(\rho_2))^2$$

由此可见，在 V 给定的情况下，$\omega(V)$ 通过优化 Y_0 上的量子态 ρ_1 以及 X_2 上的量子态 ρ_2 获得。

为将最大接受概率 $\omega(V)$ 的计算问题转化为一个 min-max 问题，我们定义量子比特 $Y_0 \otimes X_2$ 上的两个量子信道

$$\Psi_1 = \Phi_1 \otimes \mathrm{Tr}_{X_2}, \qquad \Psi_2 = \mathrm{Tr}_{Y_0} \otimes \Phi_2$$

以及它们之差 $\Delta(\rho) = \Psi_1 - \Psi_2$①。由此，定义 min-max 量：

$$\eta = \min_{\rho\in D(Y_0\otimes X_2)} \max_{\Pi\in\mathrm{Proj}(Z_1)} \langle \Pi, \Delta(\rho)\rangle$$

可以证明，min-max 量 η 与交互证明的最大接受概率 $\omega(V)$ 之间有如下关系：

$$\begin{cases} \omega(V) = 1 \implies \eta = 0 \\ \omega(V) \leqslant \dfrac{1}{4} \implies \eta \geqslant \dfrac{1}{2} \end{cases}$$

证明

结论的证明分两种情况。

(1) $\omega(V) = 1$。

此时存在 ρ_1 和 ρ_2 使 $F(\Phi_1(\rho_1), \Phi_2(\rho_2)) = 1$，即存在 ρ_1 和 ρ_2 使 $\Phi_1(\rho_1) = \Phi_2(\rho_2)$。因此，令 $\rho \in D(Y_0 \otimes X_2)$ 为直积形式 $\rho = \rho_1 \otimes \rho_2$，代入 $\Delta\rho$ 得到 $\Delta(\rho) = 0$。所以，$\eta = 0$。

① 将 $Y_0 \otimes X_2$ 上的量子态 ρ 映射到 Z_1 上。

（2）$\omega(V)\leqslant\frac{1}{4}$[a]。

对任意 $\rho\in D(Y_0\otimes X_2)$ 有

$$\begin{aligned}||\Delta(\rho)||_{\mathrm{Tr}}&=||\Phi_1(\rho_1)-\Phi_2(\rho_2)||_{\mathrm{Tr}}\\&\geqslant 2-2F(\Phi_1(\rho_1),\Phi_2(\rho_2))\\&\geqslant 2-2\sqrt{\frac{1}{4}}=1\end{aligned}$$

其中 $\rho_1=\mathrm{Tr}_{X_2}(\rho)$，$\rho_2=\mathrm{Tr}_{Y_0}(\rho)$ 且 $||S||_{\mathrm{Tr}}=\mathrm{Tr}\sqrt{S^*S}$。

另一方面，

$$\begin{aligned}||\Delta(\rho)||_{\mathrm{Tr}}&=\langle\Phi_1(\rho_1)-\Phi_2(\rho_2),\Delta\rho\rangle\\&\leqslant|\langle\Phi_1(\rho_1),\Delta\rho\rangle|+|\langle\Phi_2(\rho_2),\Delta\rho\rangle|\end{aligned}$$

因此 $|\langle\Phi_1(\rho_1),\Delta\rho\rangle|$ 和 $|\langle\Phi_2(\rho_2),\Delta\rho\rangle|$ 中至少有一个大于 $1-\sqrt{\frac{1}{4}}=\frac{1}{2}$。显然，对最优的投影算符 Π 必满足条件[b]

$$\langle\Pi,\Delta(\rho)\rangle\geqslant 1-\sqrt{\frac{1}{2}}=\frac{1}{2}$$

[a] 此过程不仅对 $\alpha=\frac{1}{4}$ 成立，对满足 $\alpha\in(0,1)$ 的任意 α 均成立。

[b] Z_1 上的密度矩阵（如 $\Phi_1(\rho_1)$）均可在其本征矢 $|\psi_i\rangle$ 下展开，依次考察投影算符 $\Pi=|\psi_i\rangle\langle\psi_i|$。

至此已将交互证明问题转化为 min-max 量 η 的计算问题，而 η 的估算可通过如下算法实现。

矩阵乘法权值更新方法（matrix multiplicative weights update method）

(1) 令 $M_1=I_n$，$T=\left\lceil\frac{2\ln(n)}{\epsilon^2}\right\rceil$（其中 n 为 Y_0 和 X_2 中量子比特总数，而 ϵ 为给定误差精度）；

(2) 对 $t=1,2,\cdots,T$，令

$$\rho_t=\frac{M_t}{\mathrm{Tr}(M_t)}$$

算符 M_{t+1} 定义为

$$M_{t+1}=\exp(-\epsilon\Delta^*(\Pi_1+\cdots+\Pi_t))$$

其中投影算符 $\Pi_t=\sum_i|\psi_i\rangle\langle\psi_i|$（$|\psi_i\rangle$ 为算符 $\Delta(\rho_t)$ 中正本征值对应的本

征态)，它可将任意量子态 ρ 投影到 $\Delta(\rho_t)$ 的正本征值张成的空间中；

(3) 最终输出结果

$$\frac{1}{T}\sum_{t=1}^{T}\langle\Pi_t, \Delta(\rho_t)\rangle$$

此算法的输出与 min-max 量 η 之间有如下关系：

$$\frac{1}{T}\sum_{t=1}^{T}\langle\Pi_t, \Delta(\rho_t)\rangle \leqslant \eta + 16\epsilon$$

综上可知，为证明任意承诺问题 $A = (A_{\text{yes}}, A_{\text{no}}) \in \text{QIP}$ 是 PSPACE 问题，只需说明下面两个步骤均为 PSPACE 问题即可。

(1) 对任意输入 x，存在仅含 3 次信息交互的证明过程 (V, P) 使得

$$\begin{cases} x \in A_{\text{yes}} \Longrightarrow \omega(V) = 1 \\ x \in A_{\text{no}} \Longrightarrow \omega(V) \leqslant \dfrac{1}{4} \end{cases}$$

即 $\text{QIP} = \text{QIP}\left(3, 1, \dfrac{1}{4}\right)$。

(2) 利用矩阵乘法权值更新（MMWU）算法获得 min-max 函数 η 精度足够好的值，使其能区分 $\eta = 0$（接受）和 $\eta \geqslant 1/2$（拒绝）两种情况。

第一个步骤属于 NC (poly) 问题[①]，根据 NC(poly) 问题的性质它属于 PSPACE。而第二个步骤属于 NC 问题[②]（主循环次数为 $\log n$，且单循环属于 NC 问题）。NC(poly) 问题与 NC 问题的级联仍是 NC(poly) 问题。因此，由定理 NC(poly) = PSPACE 可知定理成立。 □

交互证明系统还可扩展到其他形式，如证明者可从单人扩展到多人。

多人量子交互系统

交互证明的一个有趣扩展是将单个证明者推广为多个独立、相互无通信的证明者。在经典情况下，这样的复杂类称为 MIP (multi-prover interactive proof) 类，MIP 类有如下重要结果[③]。

定理 MIP = NEXP。

① NC(poly) 是深度以多项式为界的一致量子线路。交互证明中证明者的操作 V_1 和 V_2 均为多项式规模的一致线路，显然属于 NC(poly)。

② 定义参见定义 1.1.25。

其中 NEXP 表示在非确定性图灵机上指数时间内可解决的问题。

对于量子多证明者情况，仍假设验证者拥有 BQP 计算能力，证明者之间尽管不允许进行通信，但允许它们在协议开始时共享纠缠态。根据证明者与验证者之间交互的信息不同，可有两类不同的复杂类。

（1）MIP*: 验证者有 BQP 计算能力，证明者之间可共享任意多的纠缠态，但验证者和证明者之间仅允许交换经典信息。

（2）QMIP: 验证者有 BQP 计算能力，证明者之间可共享任意多的纠缠态，验证者和证明者之间允许交换量子信息。

尽管这两类问题的交换信息不同，但它们之间却有如下关系。

定理　$\mathrm{MIP}^* = \mathrm{QMIP}$。

简单地说，在证明者之间共享无限纠缠资源的情况下，证明者和验证者之间交换量子信息并不能增加其证明能力。因此，只需考虑 MIP* 中的问题即可。那么，证明者共享纠缠对是否能提高证明能力呢？换言之，MIP 是 MIP* 的真子集吗？答案是肯定的，即得如下定理。

定理　$\mathrm{MIP} \subset \mathrm{MIP}^*$。

既然证明者之间共享纠缠态确实可以提高证明能力，那么，这种提高的终点在哪里呢？事实上，MIP* 有如下重要定理。

定理　$\mathrm{MIP}^* = \mathrm{RE}$。

其中 RE (recursively enumerable) 是所有递归可枚举问题。语言（判定问题）$L \in \mathrm{RE}$ 是指：对任意元素 $x \in L$，存在图灵机 T 可在有限时间内对其进行确认（对 $x \notin L$ 可能不停机）。

ⓐ 参见文献 L. Babai, L. Fortnow, and C. Lund, Comput. Complex. **1**, 3-40 (1991); T. Ito, and T. Vidick, in: 2012 IEEE 53rd Annual Symposium on Foundations of Computer Science (IEEE, 2012), p. 243-252; Z. Ji, A. Natarajan, T. Vidick, J. Wright, and H. Yuen, Commun. ACM, **64**, 131-138 (2021).

1.4　计算复杂度与物理理论

计算机本身是物理系统，它应遵循相应的物理规律。前面已经看到，遵循经典力学的经典计算机和遵循量子力学的量子计算机具有不同的计算效率。因此，一个问题的计算复杂度与计算此问题的载体所遵循的物理理论相关。下面我们将看到，如果计算机能按某些特殊的量子理论（到现在为止，这些理论都不太可能是第一性的物理原理，仅可能是某些情况下的有效理论）可控地演化，那么，一些计算复杂度极高（在经典计算理论中无有效算法）的问题将能在多项式时间内解决。

1.4.1 后选择量子计算

量子力学除正统的哥本哈根诠释外，还有其他一些诠释，多世界诠释就是其中之一[①]。在多世界诠释中，量子“世界”会随着演化而劈裂成相干叠加的多个“世界”，在每个“世界”中其对应分量都是一个确定性事件。多世界诠释中叠加分量的这种确定性能力被称为“后选择”[②]能力（它是一种“自然选择”），利用这种后选择能力可设计出高效的量子算法。

在后选择量子计算中，一般有两个测量比特：第一个量子比特用于后选择测量（$|1\rangle$ 为后选择状态，$|0\rangle$ 为抛弃状态）；第二个量子比特用于判断停机状态（“接受”还是“拒绝”），如果测量得到 $|1\rangle$ 则表示“接受”，而测量得到 $|0\rangle$ 则表示“拒绝”。因此，PostBQP 复杂度可定义如下。

定义 (PostBQP) *语言 L 被称为 PostBQP 问题是指存在一个多项式的量子算法 Q 使得对任意输入 x 有*

（1）$Q(x)$ 以大于零的概率获得“后选择”结果（第一个比特取值为 1）；

（2）若 $x \in L$，$Q(x)$ 在“后选择”结果中的“接受”（第一个比特为 1 的条件下，第二个比特也也为 1）概率不小于 2/3；

（3）若 $x \notin L$，$Q(x)$ 在“后选择”结果中的“接受”（第一个比特为 1 的条件下，第二个比特也为 1）概率不大于 1/3。

对 PostBQP 问题，我们有如下重要定理[③]。

定理 1.4.1 PostBQP = PP。

我们已经得知 BPP 问题和 BQP 问题都是 PP 问题的子集。我们来证明 PostBQP 问题与 PP 问题的集合相等。

证明 定理的证明应包括两部分：PostBQP $\subseteq$ PP（任意 PostBQP 问题都是 PP 问题）和 PP $\subseteq$ PostBQP（任意 PP 问题都是 PostBQP 问题）。前一部分可通过与定理 1.3.4 类似的方法证明。我们将证明集中在定理的后一部分。

任何 PP 问题都可表示为判定问题：设 $f\ \{0,1\}^n \Longrightarrow \{0,1\}$ 是一个可有效计算（多项式时间可计算）的布尔函数，令 $s = |\{x : f(x) = 1\}|$，那么，判定 $s < 2^{n-1}$ 或 $s \geqslant 2^{n-1}$[④]。只需证明此问题为 PostBQP 问题即可。具体的后选择量子算法如下：

① 参见文献 H. Everett III, Rev. Mod. Phys. **29**, 454 (1957).

② 这与我们实验中通过数据选择而得到的“后选择”不同。

③ 参见文献 S. Aaronson, P. Roy. Soc. A. Math. Phy. **461**, 3473-3482 (2005).

④ $f(x) = 1$（0）相当于 PP 定义中的接受（拒绝）状态，而 s 表示处于接受状态的叶子节点数目。

(1) 将寄存器 1 中的 n 个量子比特制备到最大叠加态 $\frac{1}{\sqrt{2^n}}\sum_{x=0}^{2^n-1}|x\rangle$，而将寄存器 2 中的比特（1 个）制备到量子态 $|0\rangle$；

(2) 通过幺正变换 $U_f|x\rangle|0\rangle=|x\rangle|f(x)\rangle$ 调用 Oracle 函数 $f(x)$，并将每个比特串 x 对应的函数值 $f(x)$ 存储到寄存器 2 中。从而得到量子态

$$|\varphi_1\rangle=\frac{1}{\sqrt{2^n}}\sum_{x=0}^{2^n-1}|x\rangle|f(x)\rangle$$

(3) 对寄存器 1 中每个量子比特做 Hadamard 变换，即

$$H^n:|x\rangle\Longrightarrow\frac{1}{2^{n/2}}\sum_{y=0}^{2^n-1}(-1)^{x\cdot y}|y\rangle$$

其中 $x\cdot y=\sum_{i=1}^{n}x_i\cdot y_i$，则 Hadamard 变换后的量子态为

$$|\varphi_2\rangle=\frac{1}{2^n}\sum_y\left(\sum_{x=0}^{2^n-1}(-1)^{x\cdot y}\right)|y\rangle|f(x)\rangle$$

(4) 设满足 $f(x)=1$ 的 x 有 s 个，则对寄存器 1 中量子比特沿计算基测量得到结果 $|y=0^n\rangle$ 的概率为

$$\left(\frac{2^n-s}{2^n}\right)^2+\left(\frac{s}{2^n}\right)^2\geqslant\left(\frac{2^n-s}{2^n}+\frac{s}{2^n}\right)^2\Big/2=1/2$$

（其中的不等式关系利用了柯西不等式）且此时寄存器 2 处于状态：

$$|\psi\rangle=\frac{(2^n-s)}{\sqrt{2^{2n}-2^{n+1}s+2s^2}}|0\rangle+\frac{s}{\sqrt{2^{2n}-2^{n+1}s+2s^2}}|1\rangle \tag{1.35}$$

(5) 引入量子态为 $\alpha|0\rangle+\beta|1\rangle$ $\left(\alpha\ \beta\text{ 均为正实数且满足}\alpha^2+\beta^2=1\text{，此时量子态由}\frac{\beta}{\alpha}\text{唯一确定}\right)$ 的控制比特，寄存器 2（处于量子态 $|\psi\rangle$）作为目标比特做受控 Hadamard 门，得到量子态：

$$\left|\Psi\left(\frac{\beta}{\alpha}\right)\right\rangle=\alpha|0\rangle|\psi\rangle+\beta|1\rangle H|\psi\rangle$$

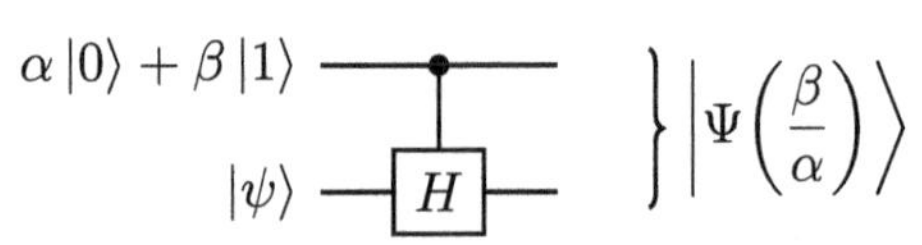

(6) 将存储器 2 中的量子比特作为“后选择”比特，将它“自然选择”到 $|1\rangle$

态（概率大于 0），此时控制比特处于量子态

$$\left|\phi\left(\frac{\beta}{\alpha}\right)\right\rangle = \alpha s|0\rangle + \frac{\beta}{\sqrt{2}}(2^n - 2s)|1\rangle \quad （未归一）$$

此时，我们按不同情况来分析量子态 $\left|\phi\left(\frac{\beta}{\alpha}\right)\right\rangle$ 投影到 $|+\rangle$ 的最大概率（图 1.44）。

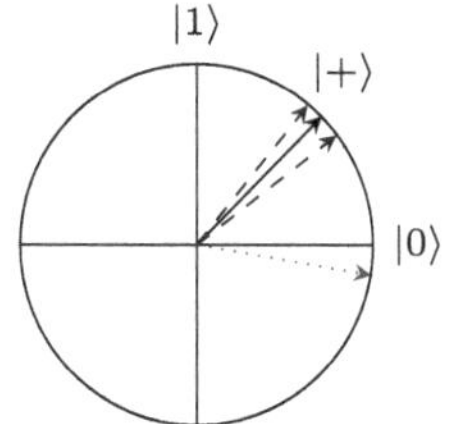

图 1.44 区分 $s > 2^{n-1}$ 和 $s < 2^{n-1}$：当 $s < 2^{n-1}$ 时，存在 α 和 β 的取值（虚线）使得 $|\phi_{\beta/\alpha}\rangle$ 逼近 $|+\rangle$；当 $s > 2^{n-1}$ 时，量子态 $|\phi_{\beta/\alpha}\rangle$（点线）不会出现在第一和第三象限

若 $s < 2^{n-1}$，此时 s 和 $\frac{2^n - 2s}{\sqrt{2}}$ 均为大于 1 的正数。此时必存在 $k \in [-n, n]$ 使得

$$2^{-k-1} \leqslant \frac{1}{\sqrt{2}}\frac{2^n - 2s}{s} < 2^{-k}$$

选择参数 $\frac{\beta}{\alpha} = 2^k$ 和 2^{k+1}，得到量子态（未归一）：

$$|\phi_{2^k}\rangle = |0\rangle + \underbrace{\frac{1}{\sqrt{2}}\frac{2^n - 2s}{s} \cdot 2^k}_{小于\ 1}|1\rangle$$

$$|\phi_{2^{k+1}}\rangle = |0\rangle + \underbrace{\frac{1}{\sqrt{2}}\frac{2^n - 2s}{s} \cdot 2^{k+1}}_{大于\ 1}|1\rangle$$

显然，量子态 $|\phi_{2^k}\rangle$ 和 $|\phi_{2^{k+1}}\rangle$ 位于 $|+\rangle$ 两侧。

选择 $|\phi_{2^k}\rangle$ 和 $|\phi_{2^{k+1}}\rangle$ 中离 $|+\rangle$ 最近的量子态，计算它投影到 $|+\rangle$ 的概率 $\mathbb{P}_+$。$\mathbb{P}_+$ 的最小值出现在 $\langle +|\phi_{2^k}\rangle = \langle +|\phi_{2^{k+1}}\rangle$，此时

$$|\phi_{2^k}\rangle = \sqrt{\frac{2}{3}}|0\rangle + \sqrt{\frac{1}{3}}|1\rangle, \qquad |\phi_{2^{k+1}}\rangle = \sqrt{\frac{1}{3}}|0\rangle + \sqrt{\frac{2}{3}}|1\rangle$$

且

$$\mathbb{P}_+ = |\langle +|\phi_{2^k}\rangle|^2 = \left(\frac{1+\sqrt{2}}{\sqrt{6}}\right)^2 = 0.971$$

因此，当 $s < 2^{n-1}$ 时，总存在 k 使得 $|\phi_{2^k}\rangle$ 沿 σ^x 测量获得 $|+\rangle$ 的概率不低

于 0.971。

而当 $s \geqslant 2^{n-1}$ 时，$\frac{1}{\sqrt{2}}(2^n - 2s) < 0$，所有量子态 $|\phi_{2^k}\rangle$ ($k \in [-n, n]$) 都不可能处于第一、第三象限。因此，$|\phi_{2^k}\rangle$ 沿 σ^x 测量获得 $|+\rangle$ 的概率最多为 0.5（在 $|0\rangle$（x 轴）上测得 $|+\rangle$ 的概率）。

因此，通过设定测量得到 $|+\rangle$ 的概率阈值 t（位于 0.5 和 0.971 之间即可，如 0.8）就可以区分 $s < 2^{n-1}$（大于阈值 t）和 $s \geqslant 2^{n-1}$（小于阈值 t）。 □

1.4.2 宇称时间反演对称量子理论与计算复杂度

物理量（如哈密顿量 H）为厄密算符是标准量子力学的基本要求，这可保证观测量（算符的本征值）为实数。然而 Bender 等发现，如果仅要求算符本征值为实数性，厄密性的要求可能过于严格。事实上，我们有如下定理[①]。

定理 1.4.2 *若算符 H 满足 $\mathcal{PT}$ 对称（宇称与时间反演联合对称），则 H 的本征值一定是实数。*

证明 由于算符 H 在 $\mathcal{PT}$ 变化下不变（$[H, \mathcal{PT}] = 0$），则 H 的本征态 $|\phi_i\rangle$ 也是算符 $\mathcal{PT}$ 的本征态，即

$$H|\phi_i\rangle = E_i|\phi_i\rangle, \qquad \mathcal{PT}|\phi_i\rangle = \lambda_i|\phi_i\rangle$$

由 $[H, \mathcal{PT}] = 0$ 得到

$$H\mathcal{PT}|\phi_i\rangle = \mathcal{PT}H|\phi_i\rangle$$

即

$$\lambda_i H|\phi_i\rangle = E_i^* \mathcal{PT}|\phi_i\rangle$$

其中 E^* 是 E 的复共轭，它由算符 $\mathcal{PT}$ 的反幺正性（$\mathcal{T}$ 具有反幺正性，而 $\mathcal{P}$ 具有幺正性）得到。因此

$$\lambda_i E_i|\phi_i\rangle = E_i^* \lambda_i|\phi_i\rangle \implies E = E^*$$

这就表明 E 为实数。 □

存在 $\mathcal{PT}$ 对称的非厄密算符（哈密顿量），它不在标准量子力学描述的范围内，因此，$\mathcal{PT}$ 对称动力学有其特殊的性质。

下面我们来考虑单量子比特上的 $\mathcal{PT}$ 对称量子力学。算符 $\mathcal{P}$ 和 $\mathcal{T}$ 在单量子比特上定义为

$$\mathcal{P} = \sigma^x, \qquad \mathcal{T} = \text{复共轭操作}$$

① 参见文献 C. M. Bender, and S. Boettcher, Phys. Rev. Lett. **80**, 5243-5246 (1998).

令单比特上具有 $\mathcal{PT}$ 对称的哈密顿量为

$$H_{\mathcal{PT}} = r\cos\beta I + \vec{\sigma}\cdot(s, 0, ir\sin\beta)$$

其中 $r, s, \beta \in \mathbb{R}$，则此哈密顿量的右本征矢为

$$|\phi_1\rangle = \frac{1}{\mathcal{N}}\begin{bmatrix} it+\sqrt{1-t^2} \\ 1 \end{bmatrix}, \quad E_1 = r\cos\beta + s\sqrt{1-t^2}$$

$$|\phi_2\rangle = \frac{1}{\mathcal{N}}\begin{bmatrix} it-\sqrt{1-t^2} \\ 1 \end{bmatrix}, \quad E_2 = r\cos\beta - s\sqrt{1-t^2}$$

其中 $\mathcal{N}$ 为归一化常数且 $t = \dfrac{r\sin\beta}{s}$。

由能量的表达式可知，当且仅当 $t<1$ 时，$H_{\mathcal{PT}}$ 的本征值为实数，此时 $H_{\mathcal{PT}}$ 满足 $\mathcal{PT}$ 对称条件（我们将在此条件下讨论问题）。为简单计，将参数 t 表示为新变量 $t=\sin\alpha$（$\alpha\in\mathbb{R}$ 自动满足 $\mathcal{PT}$ 条件），在新变量 α 下，$H_{\mathcal{PT}}$ 的右本征矢可表示为

$$|\phi_1\rangle = \frac{1}{\sqrt{2}}\begin{bmatrix} e^{i\frac{\alpha}{2}} \\ e^{-i\frac{\alpha}{2}} \end{bmatrix}, \qquad |\phi_2\rangle = \frac{i}{\sqrt{2}}\begin{bmatrix} e^{-i\frac{\alpha}{2}} \\ -e^{i\frac{\alpha}{2}} \end{bmatrix}$$

在标准量子力学中，任意厄密算符的不同本征态 $|\psi_i\rangle$ 间相互正交（内积为 0）[①]且 $\sum_i |\psi_i\rangle\langle\psi_i| = I$（完备性）。然而，按标准的内积定义，$H_{\mathcal{PT}}$ 的两个右本征矢既不满足正交性也不满足归一条件，即

$$\langle\phi_1|\phi_2\rangle = \sin\alpha \neq 0$$

$$|\phi_1\rangle\langle\phi_1| + |\phi_2\rangle\langle\phi_2| = \begin{bmatrix} 1 & i\sin\alpha \\ -i\sin\alpha & 1 \end{bmatrix} \neq I$$

为此，需重新定义 $\mathcal{PT}$ 对称量子力学中的内积，以恢复哈密顿量 $H_{\mathcal{PT}}$ 本征矢的正交完备性。因此，定义右矢量 $|\phi_i\rangle$ 与 $|\phi_j\rangle$ 的内积为

$$\overline{\langle\phi_i|\phi_j\rangle} = \langle\langle\phi_i|\phi_j\rangle$$

其中

$$\langle\langle\phi_i| = (\mathcal{CPT}|\phi_i\rangle)^{\mathrm{T}}$$

$$\mathcal{C} = \frac{1}{\cos\alpha}\begin{bmatrix} i\sin\alpha & 1 \\ 1 & -i\sin\alpha \end{bmatrix}$$

可以验证，在新的内积定义下，$H_{\mathcal{PT}}$ 的右本征矢间满足正交归一性。事实上，$\mathcal{PT}$ 对称量子力学中，左矢 $\langle\langle\psi|$ 的定义与其哈密顿量 $H_{\mathcal{PT}}$ 相关，不同哈密顿量对应于

① 两个量子态 $|\psi_1\rangle, |\psi_2\rangle$ 间的内积定义为 $\langle\psi_2|\psi_1\rangle$ 定义（厄密算符的左本征态与右本征态互为共轭）。

不同的算符 $\mathcal{C}$。正是 $\mathcal{PT}$ 对称量子力学中内积定义与哈密顿量的相关性，使我们可以通过设计哈密顿量 $H_{\mathcal{PT}}$ 来改变量子态间的夹角，进而改变它们之间的可分辨性。

考虑两个量子态

$$|\psi_1\rangle = \cos\frac{\theta}{2}|0\rangle + e^{i\phi}\sin\frac{\theta}{2}|1\rangle, \qquad |\psi_2\rangle = \cos\frac{\theta+2\epsilon}{2}|0\rangle + e^{i\phi}\sin\frac{\theta+2\epsilon}{2}|1\rangle \tag{1.36}$$

当 ϵ 趋于 0 时, 在标准量子力学中，这两个量子态间的保真度 $\langle\psi_1|\psi_2\rangle = \cos\epsilon$（与参数 θ 和 ϕ 无关）趋于 1，因此无法分辨。然而，在单量子比特 $\mathcal{PT}$ 对称理论中，其内积变为

$$\langle\langle\psi_1|\psi_2\rangle = (\mathcal{CPT}|\psi_1\rangle)^{\mathrm{T}}|\psi_2\rangle = \frac{1}{\cos\alpha}(\cos\epsilon+\sin\alpha\sin\phi\sin(\theta+\epsilon)-i\sin\alpha\cos\phi\sin\epsilon)$$

按量子态可确定性分辨的条件，其内积需为 0，即要求

$$\begin{cases}\cos\phi = 0\\ -\sin\alpha\sin\phi\sin(\theta+\epsilon) = \cos\epsilon\end{cases}$$

此方程组有解，如 $\phi = \frac{\pi}{2}$，$\theta = -\frac{\pi}{2} - \epsilon$，$\alpha = \frac{\pi}{2} - \epsilon$。由此可见，在标准量子力学中无限接近的两个量子态（式 (1.36)），在 $\mathcal{PT}$ 对称理论中也可完美区分。此时只需先对量子态做一个幺正变换，将其参数 θ 和 ϕ 变换到 $\phi = \frac{\pi}{2}, \theta = -\frac{\pi}{2} - \epsilon$（变换前后两个量子态的标准内积不变，此变换在标准量子力学中存在），然后选择 $\mathcal{PT}$ 对称理论中的参数 $\alpha = \frac{\pi}{2} - \epsilon$，并将两个量子态向投影算子

$$|\psi_1'\rangle\langle\langle\psi_1'| = \frac{1}{2\sin\epsilon}\begin{bmatrix}\sin\epsilon - 1 & i\cos\epsilon\\ i\cos\epsilon & \sin\epsilon + 1\end{bmatrix}$$

$$|\psi_2'\rangle\langle\langle\psi_2'| = \frac{1}{2\sin\epsilon}\begin{bmatrix}\sin\epsilon + 1 & -i\cos\epsilon\\ -i\cos\epsilon & \sin\epsilon - 1\end{bmatrix}$$

（其中 $|\psi'_{1(2)}\rangle$ 是 $|\psi_{1(2)}\rangle$ 在 $\mathcal{PT}$ 对称理论下的归一化矢量）投影就能完美区分。

下面我们利用 $\mathcal{PT}$ 对称理论的这一特点来有效区分 SAT 问题中 $s = 0$ 和 $s > 0$ 的情况（是否存在比特串满足给定的布尔函数）①。与在后选择量子计算中的算法相同，对寄存器 1 中的 n 个量子比特进行测量并得到 $|00\cdots 0\rangle$ 后，寄存器 2 中的比特处于量子态（式 (1.35)）：

$$\begin{cases}|0\rangle, & s = 0\\ \dfrac{2^n - s}{\sqrt{2^{2n} - 2^{n+1}s + 2s^2}}|0\rangle + \dfrac{s}{\sqrt{2^{2n} - 2^{n+1}s + 2s^2}}|1\rangle, & s > 0\end{cases}$$

① 参见文献 C. M. Bender, D. C. Brody, J. Caldeira, U. Günther, et al, Philos. T. Roy. Soc. A **371**, 20120160 (2013).

$s=0$ 和 $s>0$ 对应的量子态非常接近，在标准量子力学框架下，无法进行有效区分。根据前面的讨论，在 $\mathcal{PT}$ 对称理论中，这两个态可被完美区分。因此，利用 $\mathcal{PT}$ 对称的量子力学，可有效解决 NPC 问题。

值得注意，尽管 $\mathcal{PT}$ 对称的量子力学会导致一系列与标准量子力学不一致的效应，但 $\mathcal{PT}$ 对称理论（或非厄密系统）作为一个增益耗散系统的有效理论，已被应用于一系列新系统中，并发现了一系列新现象和新应用。

主要参考书目与综述

[1] S. Arora, and B. Barak, *Computational Complexity: a Modern Approach* (Cambridge University Press, Cambridge, 2009).

[2] D. Z. Du, and K. I. Ko, *Theory of Computational Complexity, 2nd ed* (John Wiley & Sons, New York, 2011).

[3] M. Garey, and D. Johnson, *Computers and in Stractability: A Guide to the Theory of NP-Completeness* (W. H. Freeman, San Francisco, California, 1979).

[4] R. A. Meyers, *Encyclopedia of Complexity and Systems Science* (Springer, New York, 2009).

[5] M. Sipser, *Introduction to the Theory of Computation, 3rd ed* (Cengage Learning, Boston, 2012).

[6] C. H. Bennett, *The Thermodynamics of Computation: a Review*, Int. J. Theor. Phys. **21**, 905-940 (1982).

[7] L. Adleman, J. DeMarrais, and M. Huang, *Quantum Computability*, SIAM J. Comput., **26**(5), 1524-1540 (1997).

[8] M. A. Nielsen and I. L. Chuang, *Quantum Computation and Quantum Information: 10th Anniversary Edition* (Cambridge University Press, Cambridge, 2010).

[9] A. Kitaev, A. H. Shen, and M. N. Vyalyi, *Classical and Quantum Computation*, Graduate Studies in Mathematics, Vol. 47 (American Mathematical Society, Providence, RI, 2002).

[10] J. Preskill, *Quantum Information and Computation*, Lecture Notes for Physics 229 (1998).

[11] John Watrous, *Quantum Computational Complexity*. Encyclopedia of Complexity and Systems Science, Springer (2009).

[12] S. Goldwasser, S. Micali, and C. Rackoff, *The Knowledge Complexity of Interactive Proof-Systems*, in: Providing Sound Foundations for Cryptography: on the Work of Shafi Goldwasser and Silvio Micali (2009), p. 203-225.

[13] T. Vidick, J. Watrous, *Quantum Proofs*, Foundations and Trends in Theoretical Computer Science, **11**, 1-215 (2016).

第二章　基本量子算法

People who analyze algorithms have double happiness. First of all they experience the sheer beauty of elegant mathematical patterns that surround elegant computational procedures. Then they receive a practical payoff when their theories make it possible to get other jobs done more quickly and more economically.

——D. E. Knuth

量子算法是量子计算的灵魂，是量子计算相对经典计算优越性的直接体现。正是以 Shor 算法为代表的一系列高效量子算法的发现才将量子计算的优越性呈现在人们面前，使量子计算成为最前沿的颠覆性技术，发现并在物理系统上实现高效量子算法一直是量子计算的核心目标。

设计高效的量子算法对量子计算的发展至关重要，尽管人们对设计和优化经典算法已有超过 50 年的丰富经验，但这些经验对设计和发现新的、更高效的量子算法并不具有直接的指导意义（反过来，量子算法可能会启发发现更高效的经典算法）。量子算法所依循的设计规律与经典算法有本质不同。尽管量子算法优越性的物理来源（量子纠缠、discord、量子互文或其他）还存在争议，但在设计量子算法的实际操作中，人们意识到需最大限度地利用量子态的叠加性、演化的幺正性以及测量的离散性：

（i）量子态的叠加性是实现量子算法优越性的基础。

（ii）量子系统的幺正演化是设计量子算法的基本手段，其线性性使量子叠加态中的所有分量被同时操控。量子算法设计的难点在于：如何利用幺正演化实现量子叠加态中目标分量（问题的解，一般未知）的相干相涨和非目标分量的相干相消（一般叠加态中目标分量的概率随系统规模指数减小）。

（iii）量子测量不仅将量子叠加态坍缩到某个计算基上（此计算基出现的概率由它前面的概率幅的模平方确定），更重要的是，量子测量的坍缩特性使量子计算中的错误类型离散化，进而使量子纠错和容错量子计算成为可能（量子纠错及容错量子计算参见第五章）。

量子算法的设计可基于不同的计算模型（不同量子计算模型请参见第三章），但任意模型上的算法都可在多项式时间内转化为其他计算模型上的相应算法。特别地，都可转化为量子线路模型上的算法。本章所介绍的量子算法都基于量子线路模型。

一般地，一个完整的量子计算（或者一个量子算法）包含如下几个步骤。

(1) 将量子系统制备到某个已知的直积态。一般选为最大叠加态 $|+\rangle^{\otimes n}$，其中 $|+\rangle = \frac{1}{\sqrt{2}}(|0\rangle + |1\rangle)$ 是 Pauli 矩阵 σ^x 的本征值为 1 的本征态，而 $|0\rangle$（$|1\rangle$）是 Pauli 矩阵 σ^z 的本征值为 $1(-1)$ 的本征态，我们称为计算基矢（计算结束后沿这组基测量）。

(2) 依据具体的量子算法，在初始量子态上实施一系列量子门（来自普适门集合）。

(3) 对每个量子比特在 $|0\rangle$ 和 $|1\rangle$ 基上进行测量。

(4) 对测量结果进行验证：若证实结果为真，计算结束；若非所需结果，重复过程 (1)–(4)，直至测量结果验证为真。

此处，我们假设在量子计算过程中不做测量（计算过程中所需的测量都延迟到计算结束时统一进行）。做量子测量前，量子系统一般处于叠加状态（目标结果以合理的概率出现）；由于测量结果的随机性，量子态仍有一定概率坍缩到非目标结果。因此，对测量结果的检验必不可少。而对计算结果的检验过程与被求解问题本身的复杂度密切相关：若被求解问题本身为 NP 问题，那么获得测量结果后，通过经典计算机就能在多项式时间内完成检验（量子计算适合求解 NP 问题）；若求解问题非 NP 问题，对测量结果的检验就会复杂很多。特别地，若被求解问题为 QMA 问题，那么可借助量子计算机本身对测量结果进行检验。对更复杂的检验问题请参见第一章中的量子证明部分。

本章主要包含如下内容：量子搜索类算法、Hadamard Test 类算法、量子傅里叶变换类算法、量子相位估计算法与哈密顿量模拟算法、量子态的有效制备与量子优越性以及变分量子算法等。

2.1 量子搜索类算法

我们处于一个信息爆炸的年代，每天都面临海量数据的轰炸，如何从海量数据中迅速找到所需的信息是当前面临的严峻挑战。在未经处理的数据库（无序数据库）中搜索目标信息，常用的方法是依次查询每条数据，在最差情况下需查询数据库中所有数据。利用量子态的叠加特性，Grover 发现了以其名字命名的量子搜索算法，此算法仅需查询 $\mathcal{O}(\sqrt{N})$ 次（N 为数据库中的数据量），从而大大加快了搜索速度①。

① 参见文献 L. K. Grover, in: Proceedings of the 28th Annual ACM Symposium on Theory of Computing (ACM, 1996), p. 212-219.

2.1.1　Grover 算法

问题 2.1.1　给定一个数据量为 N 的无序数据库 D，在此数据库中找到满足条件的数据。

数据需满足的条件用函数 $f(x)$（$x \in D$）的值确定：

$$f(x) = \begin{cases} 1, & x \text{ 满足条件} \\ 0, & \text{其他} \end{cases}$$

为简单计，令无序数据库中数据量为 $N = 2^n$（n 为整数），且仅有一条数据 ω 满足条件 $f(\omega) = 1$。Grover 算法需要两个寄存器：寄存器 1 包含 n 个量子比特，用于存储数据信息；寄存器 2 包含一个量子比特，用于存储条件函数 $f(x)$ 的值。整个算法如下。

(1) 将寄存器 1 中的量子比特制备到最大叠加态，寄存器 2 制备到 $\dfrac{1}{\sqrt{2}}(|0\rangle - |1\rangle)$。因此，整个系统处于量子态:

$$|\Psi_0\rangle = \frac{1}{\sqrt{N}} \sum_{x=0}^{N-1} |x\rangle \otimes \frac{1}{\sqrt{2}}(|0\rangle - |1\rangle)$$

(2) 条件函数 $f(x)$ 的受控操作 U_f 定义为

$$U_f : |x\rangle|y\rangle \rightarrow |x\rangle|y \oplus f(x)\rangle \tag{2.1}$$

其中 $|x\rangle$ 为寄存器 1 中的（n 比特）基矢量，而 $|y\rangle$ 是寄存器 2 中的 (单比特) 基矢量，此幺正变换将条件函数 $f(x)$ 的信息存储于寄存器 2 中。U_f 调用 Oracle（条件函数 $f(x)$）的方式具有普遍性，在量子算法中将多次使用。

将 U_f 作用到量子态 $|\Psi_0\rangle$ 上得到

$$\begin{aligned} |\Psi_{1a}\rangle = U_f|\Psi_0\rangle &= \frac{1}{\sqrt{N}} \sum |x\rangle \otimes \frac{1}{\sqrt{2}}(|f(x)\rangle - |1 \oplus f(x)\rangle) \\ &= \frac{1}{\sqrt{N}} \sum_x |x\rangle \otimes \frac{1}{\sqrt{2}}(-1)^{f(x)}(|0\rangle - |1\rangle) \\ &= \frac{1}{\sqrt{N}} \sum_x (-1)^{f(x)}|x\rangle \otimes \frac{1}{\sqrt{2}}(|0\rangle - |1\rangle) \end{aligned} \tag{2.2}$$

当 $f(x) = 1$ 时，寄存器 2 中的比特状态从 $|0\rangle - |1\rangle$ 变为 $(-1)^1(|0\rangle - |1\rangle)$；而当 $f(x) = 0$ 时，寄存器 2 中的比特状态保持不变。

因此，寄存器 1 中的基矢量 $|x\rangle$ 前将多出一个与 $f(x)$ 相关的相位 $(-1)^{f(x)}$（通过寄存器 2 将函数 $f(x)$ 的信息加载到寄存器 1 中不同基矢量的相位上）。在 U_f 作用后，寄存器 1 与寄存器 2 仍处于直积状态。若仅有一条数据 ω 满足要求

$f(x)=1$，则 U_f 在寄存器 1 上的作用等价于：

$$U_\omega = I - 2|\omega\rangle\langle\omega| \tag{2.3}$$

而在寄存器 2 上无作用（作用为 I）。从前面的推导中可知：变换 U_f 与算符 $U_\omega\otimes I$ 等价，对任意量子态 $|\psi\rangle\otimes\dfrac{1}{\sqrt{2}}(|0\rangle-|1\rangle)$ 均成立。

(3) 令幺正变换 U_{inv} 为

$$\begin{aligned}U_{\text{inv}} &= \left(\otimes_{i=1}^n H_i\sigma_i^x\right)U_{n+1}\left(\otimes_{i=1}^n \sigma_i^x H_i\right)\\ &= (I_n - |s\rangle\langle s|)\otimes I + |s\rangle\langle s|\otimes\sigma^x\end{aligned} \tag{2.4}$$

其中 $|s\rangle=\dfrac{1}{\sqrt{2^n}}\sum_x|x\rangle$ 是寄存器 1 上的最大叠加态；H_i 为作用于第 i 个量子比特上的 Hadamard 变换；而 U_{n+1} 是由寄存器 1（n 个比特）控制寄存器 2（1 个比特）的 $n+1$ 比特控制门：

$$\begin{aligned}U_{n+1} = &\,(I_n - |\underbrace{1,1,\cdots,1}_{n个}\rangle\langle\underbrace{1,1,\cdots,1}_{n个}|)\otimes I\\ &+(|\underbrace{1,1,\cdots,1}_{n个}\rangle\langle\underbrace{1,1,\cdots,1}_{n个}|)\otimes\sigma^x\end{aligned} \tag{2.5}$$

当且仅当寄存器 1 中所有比特均为 1 时，寄存器 2 中比特才翻转。Grover 算法线路图见图 2.1。

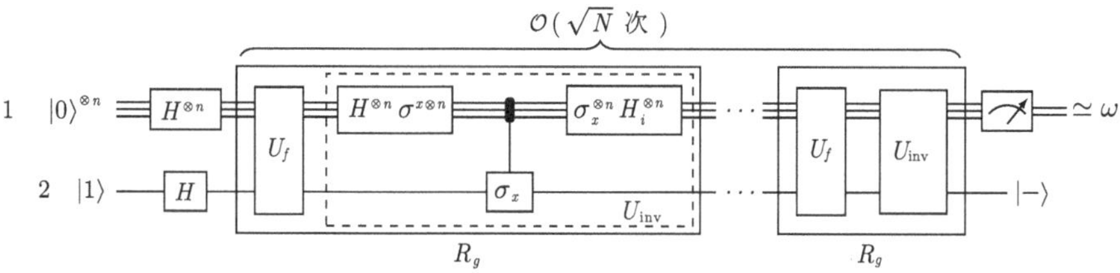

图 2.1 Grover 算法线路图：幺正算符 $U_{\text{inv}}U_f$ 在寄存器 1 上实现操作 U_sU_ω。重复此操作 $\mathcal{O}(\sqrt{N})$ 次即可以接近 1 的概率获得搜索目标 ω

将幺正变换 U_{inv} 作用到量子态 $|\Psi_{1a}\rangle$ 上，得到

$$\begin{aligned}|\Psi_1\rangle = U_{\text{inv}}|\Psi_{1a}\rangle &= U_{\text{inv}}|\psi\rangle\otimes\frac{1}{\sqrt{2}}(|0\rangle-|1\rangle)\\ &= (I_n - 2|s\rangle\langle s|)|\psi\rangle\otimes\frac{1}{\sqrt{2}}(|0\rangle-|1\rangle)\end{aligned} \tag{2.6}$$

其中 $|\psi\rangle=\dfrac{1}{\sqrt{N}}\sum_x(-1)^{f(x)}|x\rangle$。事实上，上式对寄存器 1 中的任意量子态均成

立。由此可见，U_{inv} 变换后两个寄存器仍处于直积状态，且寄存器 2 中的量子态变换前后保持不变。因此，幺正变换 U_{inv} 的作用可表示为：$U_s \otimes I$（整体相位 -1 已忽略），其中

$$U_s = 2|s\rangle\langle s| - I$$

是作用在寄存器 1 上的变换。

(4) 重复第 2 步和第 3 步（重复幺正变换 $U_{\text{inv}}U_f$）$\mathcal{O}(\sqrt{N})$ 次，并对寄存器 1 进行测量，即可以接近 1 的概率得到满足条件的数据。

由于 U_f 和 U_{inv} 作用前后寄存器 2 中状态保持不变，我们仅需考虑变换 U_sU_ω 下寄存器 1 中量子态的变化。算符 U_ω 和 U_s 具有如下性质。

引理 2.1.1 量子态 $|\omega\rangle$ 和 $|\omega^\perp\rangle = \dfrac{1}{\sqrt{N-1}}\sum_{i\neq\omega}|i\rangle$ 张成的二维希尔伯特空间在 U_ω 和 U_s 作用下封闭。

基于此引理，我们可从几何和代数两个方面来分析 Grover 算法。

1. Grover 算法的几何分析

算符 U_ω 和 U_s 在 $|\omega\rangle$ 和 $|\omega^\perp\rangle$ 组成的二维平面 P 上具有清晰的几何意义：U_ω 将平面 P 上的任意矢量 $|A\rangle = a|\omega\rangle + b|\omega^\perp\rangle$ 变为新矢量 $|A_\omega\rangle = -a|\omega\rangle + b|\omega^\perp\rangle$，显然，矢量 $|A\rangle$ 与 $|A_\omega\rangle$ 沿矢量 $|\omega^\perp\rangle$ 对称；而操作 U_s 将矢量 $|A\rangle$ 变为矢量 $|A_s\rangle$，矢量 $|A\rangle$ 与 $|A_s\rangle$ 沿矢量 $|s\rangle$ 对称。

寄存器 1 中的初始状态为 $|s\rangle$（最大叠加态），它处于平面 P 上且与轴 $|\omega^\perp\rangle$ 形成夹角 θ：

$$\sin\theta = \langle\omega|s\rangle = \frac{1}{\sqrt{N}} \tag{2.7}$$

经过一次联合操作 $R_g = U_sU_\omega$（操作顺序是从右往左）后量子态 $|s^1\rangle$ 与 $|\omega^\perp\rangle$ 的夹角变为 3θ（图 2.2）。换言之，经过一次操作 R_g，初始量子态 $|s\rangle$ 向目标态 $|\omega\rangle$ 转动了角度 2θ（此结论对平面 P 上任意量子态均成立）。反复使用操作 R_g，n 次后量子态 $|s^n\rangle$ 与 $|\omega^\perp\rangle$ 的夹角变为 $\theta_n = (2n+1)\theta$。当 θ_n 等于 $\dfrac{\pi}{2}$ 时，$|s_n\rangle$ 就是搜索目标 $|\omega\rangle$，此时只需对寄存器 1 进行测量就能确定地得到目标数据。θ_n 一般不会严格等于 $\dfrac{\pi}{2}$，此时取 n 使 θ_n 最接近 $\dfrac{\pi}{2}$，即取 n 满足

$$\left|(2n+1)\theta - \frac{\pi}{2}\right| \leqslant \theta$$

当数据量 $N\to\infty$ 时，$\theta \simeq \dfrac{1}{\sqrt{N}}$，因此

$$n \approx \frac{\pi}{4}.\sqrt{N}$$

此时对寄存器 1 进行测量，将以概率 $\sin^2(2n+1)\theta = 1 - \mathcal{O}(1/N)$ 获得正确数据 ω。因此，Grover 算法中操作 R_g 的次数有个最优值，并非越多越好（若操作次

数过多，转动角度 θ_n 会继续增大，逐渐远离目标 $|\omega\rangle$）。

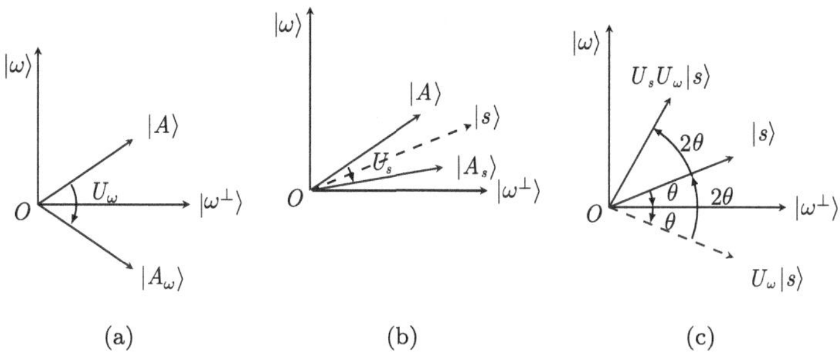

图 2.2 Grover 算法的几何意义：(a) U_ω 将 $|\omega\rangle$ 与 $|\omega^\perp\rangle$ 张成的二维平面 P 中的任意矢量 $|A\rangle$ 变换为与轴 $|\omega^\perp\rangle$ 对称的矢量 $|A_\omega\rangle$；(b) U_s 将平面 P 内的任意矢量 $|A\rangle$ 变换为与轴 $|s\rangle$ 对称的矢量 $|A_s\rangle$；(c) 联合算符 U_sU_ω 将平面 P 中的矢量 $|s\rangle$ 向轴 $|\omega\rangle$ 转动 2θ（θ 为 $|s\rangle$ 与轴 $|\omega^\perp\rangle$ 的夹角）

2. Grover 算法的代数分析

由于 $|\omega\rangle$ 和 $|\omega^\perp\rangle$ 正交归一，因此它们张成的（二维）平面 P 中任意矢量都可用它们展开，特别地，$|s\rangle$ 可展开为

$$|s\rangle = \frac{1}{\sqrt{N}}|\omega\rangle + \sqrt{\frac{N-1}{N}}|\omega^\perp\rangle = \sin\theta|\omega\rangle - \cos\theta|\omega^\perp\rangle$$

其中 $\theta = \arcsin\dfrac{1}{\sqrt{N}}$。

另一方面，算符 U_ω 和 U_s 保持平面 P 的封闭性，算符 R_g 也可在基矢量 $|\omega\rangle$ 和 $|\omega^\perp\rangle$ 下展开成矩阵形式：

$$R_g(\theta) = \begin{bmatrix} \dfrac{2}{N}-1 & -\dfrac{2\sqrt{N-1}}{N} \\ \dfrac{2\sqrt{N-1}}{N} & \dfrac{2}{N}-1 \end{bmatrix} = \begin{bmatrix} \cos 2\theta & -\sin 2\theta \\ \sin 2\theta & \cos 2\theta \end{bmatrix}$$

这是典型的二维空间中的转动矩阵，转动角为 2θ。因此，$R_g^n(\theta) = R_g(n\theta)$。

按 Grover 算法，将算符 R_g 反复作用于量子态 $|s\rangle$ 上，相当于将矩阵 $R_g(\theta)$ 反复乘于矢量 $|s\rangle$ 上，即

$$\begin{aligned} R_g^n(\theta)|s\rangle &= \begin{bmatrix} \cos 2n\theta & -\sin 2n\theta \\ \sin 2n\theta & \cos 2n\theta \end{bmatrix} \cdot \begin{bmatrix} \sin\theta \\ -\cos\theta \end{bmatrix} \\ &= \sin[(2n+1)\theta]|\omega\rangle - \cos[(2n+1)\theta]|\omega^\perp\rangle \end{aligned} \tag{2.8}$$

此时测量得到目标态 $|\omega\rangle$ 的概率为 $\mathbb{P} = \sin^2[(2n+1)\theta]$，与前面的结果一致。

前面假设满足条件 $f(x)=1$ 的数据只有 ω，当有多个目标数据时，可使用后面介绍的量子振幅放大算法（Grover 算法的推广）。

Grover 算法是最优量子搜索算法

在算符 R_g 的帮助下，只需调用 $\mathcal{O}(\sqrt{N})$ 次 Oracle（每个算符 R_g 调用一次 Oracle）就可以接近 1 的概率（大 N 情况下）完成搜索任务。那么，是否存在更高效率的量子搜索算法（调用更少的 Oracle）呢？答案是否定的。我们下面就来证明 Grover 算法的最优性[a]。

为简单计，搜索目标仍假设为单个数据，搜索数据 ω 不同时对应的条件函数 $f_\omega(x)$ 也不同。从相同的初始量子态 $|\phi_0\rangle$ 出发，设通过 T 次调用 Oracle 函数 $f_\omega(x)$ 将得到量子态 $\{|\phi_\omega^T\rangle|\omega\in D\}$[b]（量子态与 ω 和 T 相关）。一个成功的量子搜索算法需能（概率性或确定性）区分不同的量子态 $|\phi_\omega^T\rangle$，最理想的情况是这些量子态之间相互正交（此时可完全区分）。若我们用

$$\mathbb{D}_{搜索}=\min_{|\psi\rangle}\sum_{\omega\in D}\||\phi_\omega\rangle-|\psi\rangle\|^2$$

来刻画量子态集合 $\{|\phi_\omega\rangle|\omega\in D\}$ 的可区分性，显然，$\mathbb{D}_{搜索}$ 越大，其区分性就越好。通过求 $\mathbb{D}_{搜索}$ 的上下限就可以限定 Oracle 的调用次数 T。

(1) $\mathbb{D}_{搜索}$ 的上限。

$\mathbb{D}_{搜索}$ 满足如下命题。

命题 2.1.2　*对量子态集合 $\{|\phi_\omega^T\rangle|\omega\in D\}$，存在量子态 $|\psi\rangle$，使得*

$$\sum_{\omega\in D}\||\phi_\omega^T\rangle-|\psi\rangle\|^2\leqslant 4T^2 \tag{2.9}$$

此命题的直接推论为

$$\mathbb{D}_{搜索}=\min_{|\psi\rangle}\sum_{\omega\in D}\||\phi_\omega^T\rangle-|\psi\rangle\|^2\leqslant 4T^2 \tag{2.10}$$

这提供了量子态集合 $\{|\phi_\omega^T\rangle|\omega\in D\}$ 可区分性的上限且表明：随 T 增大，量子态 $\{|\phi_\omega^T\rangle|\omega\in D\}$ 的可区分性增大。此命题可通过构造满足条件的量子态 $|\psi\rangle$ 来直接证明。

证明　设量子搜索算法调用 T 次 $f_\omega(x)$ 后，系统处于量子态：

$$|\phi_\omega^T\rangle=U_\omega(T)\cdots U_\omega(2)U_\omega(1)|\phi_0\rangle \tag{2.11}$$

其中 $U_\omega(i)$ 是第 i 个调用 Oracle 的幺正操作，此幺正操作既包含 $U_\omega=I-2|\omega\rangle\langle\omega|$（调用函数 $f_\omega(x)$ 的幺正变换）也包括与调用 Oracle 无关的其

他幺正算符。

与 $|\phi_\omega^T\rangle$ 对应的不调用 Oracle 的量子态定义为

$$|\phi(T)\rangle = U(T)U(T-1)\cdots U(2)U(1)|\phi_0\rangle$$

除 $|\omega\rangle$ 外，$U(T)$ 与 $U_\omega(T)$ 在所有基矢量上有相同的作用[©]，记 $\Delta U_t = U(t) - U_\omega(t)$。下面我们来计算 $\||\phi_\omega^T\rangle - |\phi(T)\rangle\|$ 的上界。由于

$$\begin{aligned}
|\phi(T)\rangle &= U(T)|\phi(T-1)\rangle \\
&= U_\omega(T)|\phi(T-1)\rangle + \Delta U_T|\phi(T-1)\rangle \\
&= U_\omega(T)U_\omega(T-1)|\phi(T-2)\rangle + U_\omega(T)\Delta U_{T-1}|\phi(T-2)\rangle \\
&\quad + \Delta U_T|\phi(T-1)\rangle + \cdots \\
&= |\phi_\omega^T\rangle + \sum_{i=1}^{T-1} U_\omega(T)U_\omega(T-1)\cdots U_\omega(T+1-i)\Delta U_{T-i}|\phi(T-1-i)\rangle \\
&\quad + \Delta U_T|\phi(T-1)\rangle
\end{aligned}$$

因此

$$\begin{aligned}
\||\phi_\omega^T\rangle - |\phi(T)\rangle\| &\leqslant \sum_{i=0}^{T-1} \|\Delta U_{T-i}|\phi(T-1-i)\rangle\| \qquad \text{（幺正变换不改变模）} \\
&\leqslant \sum_{i=0}^{T-1} 2|\langle\omega|\phi(i)\rangle| \qquad (2.12)
\end{aligned}$$

对所有 ω 求和得到

$$\begin{aligned}
\sum_\omega \||\phi_\omega^T\rangle - |\phi(T)\rangle\|^2 &\leqslant \sum_\omega \left(\sum_{i=1}^{T} 2|\langle\omega|\phi(i)\rangle|\right)^2 \\
&\leqslant \sum_\omega 4T\sum_{i=1}^{T} |\langle\omega|\phi(i)\rangle|^2 \quad \text{(柯西不等式)} \\
&= 4T\sum_{i=1}^{T}\sum_\omega |\langle\omega|\phi(i)\rangle|^2 \qquad (2.13) \\
&\leqslant 4T\sum_{i=1}^{T} 1 \\
&= 4T^2
\end{aligned}$$

由此可见构造的量子态 $|\phi(T)\rangle$ 满足命题中的不等式。 □

(2) $\mathbb{D}_{\text{搜索}}$ 的下限。

一般而言，量子态 $\{|\phi_\omega^T\rangle|\omega \in D\}$ 非正交（正交时可确定性区分），因此，我们仅能以一定的概率 $\mathbb{P}$ 区分它们。显然，区分概率 $\mathbb{P}$ 与我们定义的可区分性 $\mathbb{D}_{\text{搜索}}$ 间有密切关系。事实上，我们有如下命题。

命题 2.1.3　设对 $\{|\phi_\omega^T\rangle\}$ 进行测量并能正确判定数据 ω 的平均概率为 $\mathbb{P}\left(\geqslant \frac{1}{N}\right)$，则

$$\min_{|\psi\rangle} \sum_{\omega \in D} \||\phi_\omega^T\rangle - |\psi\rangle\|^2 \geqslant 2N - 2\sqrt{N}\sqrt{\mathbb{P}} - 2\sqrt{N}\sqrt{N-1}\sqrt{1-\mathbb{P}}$$

证明　设区分量子态 $\{|\phi_\omega\rangle|\omega \in D\}$ 所用的测量基为 $\{|k\rangle; k = 1, 2, \cdots, M\}$（$M \geqslant N$）。将量子态 $|\phi_\omega^T\rangle$ 和 $|\psi\rangle$ 在这组基下展开为

$$|\phi_\omega^T\rangle = \sum_{k=0}^{M-1} c_{\omega k}|k\rangle, \qquad |\psi\rangle = \sum_{k=0}^{M-1} c_k|k\rangle$$

给定 N 个相互无交集的集合 $\{K_0, K_1, \cdots, K_\omega, \cdots, K_N\}$（每个数据 ω 对应一个集合），且 K_i 中元素为测量基 $|k\rangle$。若测量结果 $|k\rangle \in K_\omega$，则判定系统处于量子态 $|\phi_\omega^T\rangle$；反之，若系统处于量子态 $|\phi_\omega^T\rangle$，则给出正确判断的概率为

$$\mathbb{P}_\omega = \sum_{k \in K_\omega} |c_{\omega k}|^2$$

而对所有 ω 平均的成功概率定义为 $\mathbb{P} = \dfrac{\sum_\omega \mathbb{P}_\omega}{N}$。因此，我们需在给定 $\mathbb{P}$ 的条件下来求 $\sum_{\omega \in D} \||\phi_\omega^T\rangle - |\psi\rangle\|^2$ 的下限。此问题可分两步完成：① 在给定概率 $\{\mathbb{P}_\omega\}$ 和 $|\psi\rangle$ 的条件下，通过最优化量子态 $|\phi_\omega\rangle$ 来得到 $\||\phi_\omega\rangle - |\psi\rangle\|^2$ 的下限；② 在给定 $\mathbb{P}$ 的情况下，进一步最优化概率 $\{\mathbb{P}_\omega\}$ 和 $|\psi\rangle$ 来得到 $\sum_{\omega \in D} \||\phi_\omega\rangle - |\phi\rangle\|^2$ 的最终下限。

(a) 给定量子态 $|\psi\rangle$，将 $|\phi_\omega\rangle$ 的归一化条件以及概率 $\mathbb{P}_\omega$ 固定的条件通过拉格朗日乘子法引入得到函数：

$$\begin{aligned}
f_{|\psi\rangle, \mathbb{P}_\omega}(|\phi_\omega^T\rangle) &= \||\phi_\omega\rangle - |\phi\rangle\|^2 - \lambda_1(\langle\phi_\omega|\phi_\omega\rangle - 1) \\
&\quad - \lambda_2\left(\sum_{j \in K_\omega} |c_{\omega j}|^2 - \mathbb{P}_\omega\right) \\
&= \sum_{j=0}^{M-1} |c_{\omega j} - c_j|^2 - \lambda_1 \sum_{j=0}^{M-1} |c_{\omega j}|^2 + \lambda_1
\end{aligned}$$

$$-\lambda_2\sum_{j\in K_\omega}|c_{\omega j}|^2+\lambda_2\mathbb{P}_\omega$$

其中 λ_1 和 λ_2 为拉格朗日乘子，$c_{\omega j}$ 为变量。通过直接推导可知，当函数 $f_{|\psi\rangle,\mathbb{P}_\omega}(|\phi_\omega^T\rangle)$ 取最小值时，变量 $c_{\omega i}$ 应满足

$$c_{\omega i}=\begin{cases}c_i\sqrt{\dfrac{\mathbb{P}_\omega}{a_\omega}}, & i\in K_\omega\\ c_i\sqrt{\dfrac{1-\mathbb{P}_\omega}{1-a_\omega}}, & i\notin K_\omega\end{cases}\tag{2.14}$$

其中 $a_\omega=\sum_{j\in K_\omega}|c_j|^2$。将此结果代入函数 $f_{|\psi\rangle,\mathbb{P}_\omega}(|\phi_\omega^T\rangle)$ 可得

$$\||\phi_\omega\rangle-|\psi\rangle\|^2\geqslant 2-2(\sqrt{\mathbb{P}_\omega}\sqrt{a_\omega}+\sqrt{1-\mathbb{P}_\omega}\sqrt{1-a_\omega})$$

对所有 ω 求平均可得

$$\sum_\omega\||\phi_\omega\rangle-|\psi\rangle\|^2\geqslant 2N-2\sum_\omega(\sqrt{\mathbb{P}_\omega}\sqrt{a_\omega}+\sqrt{1-\mathbb{P}_\omega}\sqrt{1-a_\omega})$$

(b) 在归一化条件 $\langle\psi|\psi\rangle=\sum_\omega a_\omega=1$ 和 $\dfrac{\sum_\omega\mathbb{P}_\omega}{N}=\mathbb{P}$ 下，进一步求如下表达式的最小值

$$2N-2\sum_\omega(\sqrt{\mathbb{P}_\omega}\sqrt{a_\omega}+\sqrt{1-\mathbb{P}_\omega}\sqrt{1-a_\omega})\tag{2.15}$$

仍使用拉格朗日乘子法得到函数：

$$\begin{aligned}f_{\mathbb{P}}(|\psi\rangle,\mathbb{P}_\omega)=&\,2N-2\sum_\omega(\sqrt{\mathbb{P}_\omega}\sqrt{a_\omega}+\sqrt{1-\mathbb{P}_\omega}\sqrt{1-a_\omega})\\&-\lambda_1\left(\sum_\omega a_\omega-1\right)-\lambda_2\left(\sum_\omega\mathbb{P}_\omega-N\mathbb{P}\right)\end{aligned}\tag{2.16}$$

通过直接推导可知，当 $f_{\mathbb{P}}(|\psi\rangle,\mathbb{P}_\omega)$ 取最小值时，所有 $(a_\omega,\mathbb{P}_\omega)$ 都只能取 (a,b) 或 (b,a) 形式，其中 $0\leqslant a,b\leqslant 1$ 为常数。不妨设恰有 A 个 $(a_\omega,\mathbb{P}_\omega)$ 取值为 (a,b)，而另 $N-A$ 个 $(a_\omega,\mathbb{P}_\omega)$ 取值为 (b,a)，则有

$$\begin{cases}Aa+(N-A)b=1\\ Ab+(N-A)a=N\mathbb{P}\end{cases}\tag{2.17}$$

直接相加可得

$$a+b=\mathbb{P}+\frac{1}{N}$$

即 $a+b$ 是固定的值，与 A 无关。直接进行计算可知，函数 $f_{\mathbb{P}}(|\phi\rangle,\mathbb{P}_\omega)$ 的最小值为

$$\min f(a_\omega,\mathbb{P}_\omega)=2N-2N(\sqrt{a}\sqrt{b}+\sqrt{1-a}\sqrt{1-b}) \tag{2.18}$$

也与 A 无关。由于 $a+b$ 与 $(1-a)+(1-b)$ 均为固定值，因此在 $|a-b|$ 最小时（此时 $A=N$ 或 0）式（2.18）取得最小值。故最终得到 $f(a_\omega,\mathbb{P}_\omega)$ 的最小值

$$2N-2\sqrt{N}\sqrt{\mathbb{P}}-2\sqrt{N}\sqrt{N-1}\sqrt{1-\mathbb{P}}$$ □

综合量子态集合 $\{|\phi_\omega^T\rangle|\omega\in D\}$ 可区分 $\mathbb{D}_{搜索}$ 的上限和下限，其上限应不小于下限，即

$$4T^2\geqslant 2N-2\sqrt{N}\sqrt{\mathbb{P}}-2\sqrt{N}\sqrt{N-1}\sqrt{1-\mathbb{P}}$$

$$T\geqslant\sqrt{N/2-(\sqrt{N}\sqrt{\mathbb{P}}+\sqrt{N}\sqrt{N-1}\sqrt{1-\mathbb{P}})/2}$$

这就为搜索步数 T 设置了一个下限。当 $\mathbb{P}\to 1$ 时，$T\geqslant\sqrt{N/2}$。这表明搜索算法调用 Oracle（条件函数 $f_\omega(x)$）的次数不小于 $\mathcal{O}(\sqrt{N/2})$，而 Grover 算法的查询复杂度正好为 $\mathcal{O}(\sqrt{N/2})$，因此，它已是最优的量子搜索算法。

ⓐ 参见文献 M. Boyer, G. Brassard, P. Høyer, and A. Tapp, Fortschr. Phys. **46**, 493-505 (1998); C. Zalka, Phys. Rev. A **60**, 2746 (1999).

ⓑ D 为数据库。

ⓒ 为简单计，它们之间的关系可令为 $U_\omega(T)=U_\omega U(T)$。

2.1.2　量子振幅放大算法

Grover 算法的一个直接推广是量子振幅放大算法（quantum amplitude amplification algorithm）。Grover 算法将初始量子态 $|s\rangle$ 中某个目标分量 $|\omega\rangle$（基矢量）的振幅从 $\dfrac{1}{\sqrt{N}}$ 放大到接近于 1，而振幅放大算法可将量子态中处于**某个希尔伯特子空间中的任意分量**的振幅（概率）进行整体放大[①]。

给定布尔函数 $f:\{0,1\}^n\to\{0,1\}$，它将 n 比特希尔伯特空间 $\mathcal{H}$ 分解成两个子空间（$\mathcal{H}_1$ 和 $\mathcal{H}_0$）的直和：$\mathcal{H}_1$ 中的基矢量 $|x\rangle$ 满足 $f(x)=1$；而 $\mathcal{H}_0$ 中的基矢量满足 $f(x)=0$。设量子态 $|\psi\rangle=U_{\mathcal{A}}|0\rangle^{\otimes n}$ 由量子线路 $\mathcal{A}$ 生成，处于子空间 $\mathcal{H}_1$ 中的振幅（概率）可通过如图 2.3 所示的方式放大。

① 参见文献 G. Brassard, P. Hoyer, M. Mosca and A. Tapp, Contemp. Math. **305**, 53-74 (2002).

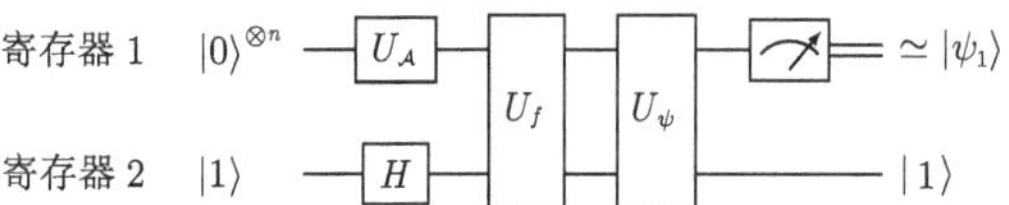

图 2.3 振幅放大算法线路图：幺正算符 $U_\psi U_f$ 在寄存器 1 上实现操作 $S_\psi S_f$（对应算符的定义见算法中）。重复此操作 $\mathcal{O}(\sqrt{N})$ 次就可以接近 1 的概率获得搜索目标态 $|\psi_1\rangle$（它处于空间 $\mathcal{H}_1$ 中）

量子振幅放大算法仍包含两个寄存器：寄存器 1 包含 n 个量子比特，寄存器 2 包含一个量子比特（用于存储函数 $f(x)$ 的函数值）。其具体算法如下。

(1) 寄存器 1 初始处于量子态 $|0\rangle^{\otimes n}$，寄存器 2 初始处于量子态 $|1\rangle$。

(2) 通过量子线路 $\mathcal{A}$（$U_{\mathcal{A}}$ 为其对应幺正变换）将寄存器 1 制备到量子态 $|\psi\rangle$；同时，寄存器 2 通过 Hadamard 变换变为 $\frac{1}{\sqrt{2}}(|0\rangle-|1\rangle)$。此时，系统处于量子态：

$$|\psi\rangle\otimes\frac{1}{\sqrt{2}}(|0\rangle-|1\rangle)$$

(3) 与 Grover 算法类似，通过 U_f 调用 Oracle并最终在寄存器 1 上实现变换：

$$S_f:|x\rangle\to(-1)^{f(x)}|x\rangle \quad 或 \quad S_f=I-2\sum_{f(x)=1}|x\rangle\langle x|$$

特别地，通过 U_δ 调用函数 $f(x)=\delta(x-\omega)$ 可在寄存器 1 上实现变换:

$$S_\omega|x\rangle=(-1)^{\delta(x-\omega)}|x\rangle \quad 或 \quad S_\omega=I-2\,|\omega\rangle\,\langle\omega|$$

这就回到了 Grover 算法的情况。

(4) 将 U_δ 与 $U_{\mathcal{A}}$ 进行组合，可在寄存器 1 上实现变换：

$$\begin{aligned}S_\psi&=-U_{\mathcal{A}}S_{\mathbf{0}}U_{\mathcal{A}}^\dagger\\&=-U_{\mathcal{A}}(I-2|\mathbf{0}\rangle\langle\mathbf{0}|)U_{\mathcal{A}}^\dagger\\&=2|\psi\rangle\langle\psi|-I\end{aligned}$$

此算符与 Grover 算法中的算符 U_s 对应。

(5) 设 $|\psi\rangle=\cos\theta|\psi_0\rangle+\sin\theta|\psi_1\rangle$，其中 $|\psi_1\rangle$ 和 $|\psi_0\rangle$ 分别是位于子空间 $\mathcal{H}_1$ 和 $\mathcal{H}_0$ 中的归一化矢量，则 $|\psi_1\rangle$ 与 $|\psi_0\rangle$ 张成的二维希尔伯特空间在算符 S_f 与 S_ψ 作用下封闭。与 Grover 算法中相同，经过 $\frac{\pi}{4\theta}$ 次联合操作 $S_\psi S_f$ 后，系统状态将从 $|\psi\rangle$ 演化到 $\simeq|\psi_1\rangle$。

2.2　Hadamard Test 类算法

此类算法主要包括 Hadamard Test①和 SWAP Test 两种。其主要特征是通过引入一个辅助量子比特，借助它与计算比特间的受控操作将计算系统的信息转移到辅助比特，最后通过对辅助比特的测量来获得计算系统的信息（无需对计算比特进行测量）。

2.2.1　Hadamard Test

利用 Hadamard Test 线路可实现不同的计算任务，我们主要介绍它在如下三方面的应用。

1. 计算两个可有效制备量子态的内积

计算任意两个给定量子态 $|\phi_1\rangle$ 和 $|\phi_2\rangle$ 的内积，其计算复杂度与量子态在正交基下的展开项数成正比。一般而言，n 比特量子态的展开项数随 n 呈指数增长，因此，计算内积的复杂度随 n 可能会呈指数增长。然而，在量子态 $|\phi_1\rangle$ 和 $|\phi_2\rangle$ 均可有效制备的情况下，通过 Hadamard Test 方法，其内积可被有效计算。

1) 内积实部的获得

命题 2.2.1　在一个辅助量子比特帮助下，$|\phi_1\rangle = U_1|0\rangle^n$ 和 $|\phi_2\rangle = U_2|0\rangle^n$（均可有效制备）的内积可通过图 2.4 所示的量子线路有效获得，且内积的实部满足如下关系：

$$\mathrm{Re}(\langle\phi_1|\phi_2\rangle) = 2\mathbb{P}_0 - 1 \tag{2.19}$$

其中 $\mathbb{P}_0$ 为辅助比特测得到量子态 $|0\rangle$ 的概率。

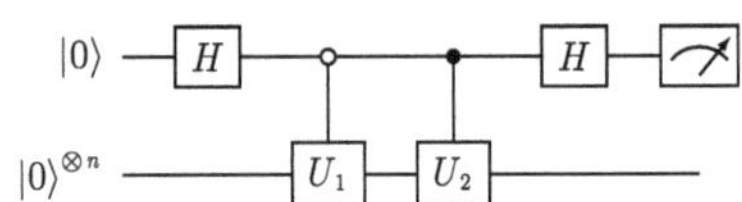

图 2.4　Hadamard Test 线路 (实部): 空心控制算符表示控制比特为 0 时，目标比特执行算符 U_1；控制比特为 1 时，目标比特不做任何操作。而实心控制算符表示控制比特为 1 时，目标比特执行算符 U_2；控制比特为 0 时，目标比特不做任何操作。显然，当线路 U_1 和 U_2 均为多项式规模时，整个线路也是多项式规模

证明　通过对线路的直接计算就可证明此结论。

量子线路的输入态为

$$|\Phi_0\rangle = |0\rangle \otimes |0\rangle^n$$

① 参见文献 A. Datta, S. T. Flammia, and C. Caves, Phys. Rev. A **72**, 042316 (2005); A. Datta, A. Shaji, and C. M. Caves, Phys. Rev. Lett. **100**, 050502 (2008).

经过第一个 H 门后，$|\Phi_0\rangle$ 变为

$$|\Phi_1\rangle = \frac{1}{\sqrt{2}}(|0\rangle + |1\rangle) \otimes |0\rangle^n$$

经过受控 U_1，受控 U_2 后，得到量子态

$$|\Phi_2\rangle = \frac{1}{\sqrt{2}}(|0\rangle |\phi_1\rangle + |1\rangle |\phi_2\rangle)$$

再对辅助比特执行 H 门操作，得到末态

$$|\Phi_f\rangle = |\Phi_f\rangle = \frac{1}{2}[|0\rangle (|\phi_1\rangle + |\phi_2\rangle) + |1\rangle (|\phi_1\rangle - |\phi_2\rangle)]$$

对辅助比特沿 σ^z 测量，得到 $|0\rangle$ 态的概率 $\mathbb{P}_0$ 为

$$\mathbb{P}_0 = \frac{1}{4}(\langle\phi_1| + \langle\phi_2|)(|\phi_1\rangle + |\phi_2\rangle) = \frac{1 + \mathrm{Re}(\langle\phi_1|\phi_2\rangle)}{2} \qquad \square$$

2) 内积虚部的获得

对线路（图 2.4）稍做调整就能得到内积的虚部。

图 2.5中的 $S^\dagger$ 矩阵为

$$S^\dagger = \begin{bmatrix} 1 & 0 \\ 0 & -i \end{bmatrix} \tag{2.20}$$

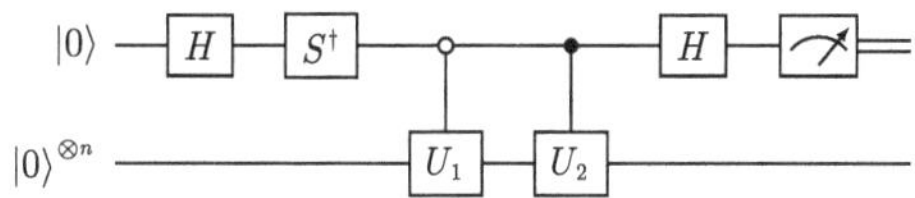

图 2.5 Hadamard Test 线路 (虚部): 与线路（图 2.4）相比，仅需在辅助比特的第一个 Hadamard 变换后加了一个操作 $S^\dagger$

与内积实部相同的计算可得

$$\mathrm{Im}(\langle\phi_1|\phi_2\rangle) = 2\mathbb{P}_0 - 1 \tag{2.21}$$

若幺正算符 U_1 和 U_2 可通过量子线路有效实现，那么上面的两个线路均可有效实现。

2. 未知量子态上物理量的期望值计

计算物理量在某个量子态上的期望值是量子物理中的基本问题，若量子态具有复杂的纠缠结构，此计算在经典计算中一般都非常复杂。若物理量 U 可被量子线路有效实现①，则可通过 Hadamard Test 线路实现给定多体量子态 ρ（无需此

① 量子线路只能实现幺正变换，而物理量均为厄密算符，未必能直接通过线路实现。通常可通过计算厄密算符 A 对应的幺正变换 e^{-iA} 来间接获得物理量 A 的信息。可参见本章哈密顿量模拟部分。

量子态的信息）上期望值Tr$(U\rho)$ 的计算（具体计算线路如图 2.6所示)。

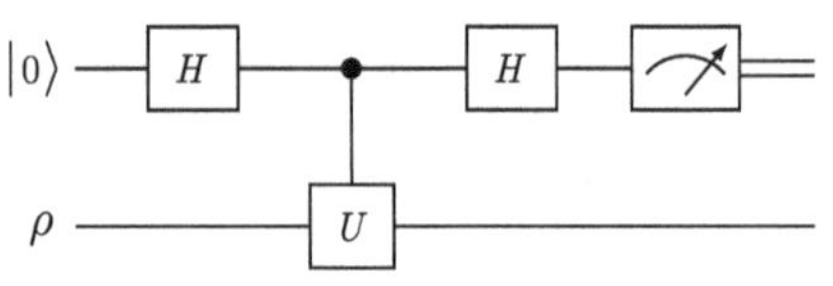

图 2.6 Tr$(U\rho)$ 的计算线路

进行与命题2.2.1中相同的计算可知：对辅助比特输出量子态沿 σ^z 进行测量，得到 $|0\rangle$ 的概率为

$$\mathbb{P}_0=\frac{1}{4}\mathrm{Tr}(\rho+\rho U+U\rho+U\rho U)=\frac{1}{4}(\mathrm{Tr}(\rho U+U\rho)+2)=\frac{1}{2}(\mathrm{Re}(\mathrm{Tr}(\rho U))+1)$$

即

$$\mathrm{Re}(\mathrm{Tr}(\rho U))=2\mathbb{P}_0-1$$

此即物理量 U 在量子态 ρ 上期望值的实部。与求内积虚部的方法类似，在线路（图 2.6）中添加算符 $S^\dagger$ 就能得到 Tr(ρU) 的虚部。

特别地，当 ρ 为完全混态 $\dfrac{I}{2^n}$ 时，线路（图 2.6）中的辅助比特与系统之间并不产生纠缠，但用此方法仍可计算算符 U 的迹，且相对于经典算法仍具有优势[①]。

3. 计算变分线路中参数的梯度

在利用量子变分方法求解问题时（参见本章变分量子算法），变分量子态 $|\phi(\{\theta_i\})\rangle$ 常由带参数的幺正算符 $U(\boldsymbol{\theta})$ 生成，即 $|\phi(\{\theta_i\})\rangle=U(\boldsymbol{\theta})|\phi_0\rangle$（$|\phi_0\rangle$ 为给定的初始量子态）。若进一步假设幺正变换 $U(\boldsymbol{\theta})$ 由单参数局域幺正算符 $U(\theta_i)$ 通过量子线路有效生成，则 $U(\{\theta_i\})$ 可表示为

$$U(\boldsymbol{\theta})\equiv U_N(\theta_N)U_{N-1}(\theta_{N-1})\cdots U_2(\theta_2)U_1(\theta_1)=\mathcal{T}\prod_{j=1}^{N}U_j(\theta_j)$$

其中 $\boldsymbol{\theta}=\{\theta_1,\theta_2,\cdots,\theta_N\}$；$\mathcal{T}$ 为时序算符（$U_k(\theta_k)$ 之间未必对易）。

给定一组参数 $\{\theta_i\}$ 后，哈密顿量 $\hat{H}$ 在量子态 $|\phi(\{\theta_i\})\rangle$ 上的期望值可表示为

$$\langle\bar{E}(\{\theta_i\})\rangle=\mathrm{Tr}\left[\rho_0U^\dagger(\boldsymbol{\theta})\hat{H}U(\boldsymbol{\theta})\right]$$

（其中 $\rho_0=|\phi_0\rangle\langle\phi_0|$）。在实际变分计算中，哈密顿量的期望值需进行优化，即找到使 $\langle\bar{E}(\{\theta_i\})\rangle$ 最小的参数 $\{\theta_i\}$。常见方法是基于梯度的优化，为此需计算 $\langle\bar{E}(\{\theta_i\})\rangle$

① 拓扑量子计算中 Jones 多项式的计算（参见第三章中的拓扑量子计算部分）与此算法相似。

对每个变量 θ_j 的梯度。

为表示方便，我们引入记号：

$$U_{k:l} \equiv \mathcal{T}\prod_{j=l}^{k} U_j(\theta_j) = U_k(\theta_k)U_{k-1}(\theta_{k-1})\cdots U_{l+1}(\theta_{l+1})U_l(\theta_l)$$
$$U_{l:k}^{\dagger} \equiv \bar{\mathcal{T}}\prod_{j=l}^{k} U_j^{\dagger}(\theta_j) = U_l^{\dagger}(\theta_l)U_{l+1}^{\dagger}(\theta_{l+1})\cdots U_{k-1}^{\dagger}(\theta_{k-1})U_k^{\dagger}(\theta_k)$$

其中 $\bar{\mathcal{T}}$ 是反时序算符。特别地，利用这些符号 $U(\vec{\theta})$ 记为 $U_{N:1}$，而 $U^{\dagger}(\vec{\theta}) = U_{1:N}^{\dagger}$。在这些记号下，哈密顿量 $\hat{H}$ 在量子态 $|\phi(\{\theta_i\})\rangle$ 上的期望值对参数 θ_i 的导数为

$$\begin{aligned}\frac{\partial}{\partial\theta_j}\langle\bar{E}(\{\theta_i\})\rangle &= \mathrm{Tr}\left[\rho_0\frac{\partial U^{\dagger}(\vec{\theta})}{\partial\theta_j}\hat{H}U(\vec{\theta})\right] + \mathrm{Tr}\left[\rho_0 U^{\dagger}(\vec{\theta})\hat{H}\frac{\partial U(\vec{\theta})}{\partial\theta_j}\right]\\ &= -\frac{i}{2}\mathrm{Tr}\left(\rho_0 U_{1:j}^{\dagger}\left[U_{j+1:N}^{\dagger}\hat{H}U_{N:j+1}, h_j\right]U_{j:1}\right)\end{aligned} \tag{2.22}$$

其中 $[a,b] = ab - ba$ 是对易算子，而 h_j 是 $U_j(\theta_j)$ 对应的厄密算符，即

$$U_j(\theta_j) = e^{-\frac{i}{2}\theta_j h_j}$$

下面我们来说明式（2.22）中的梯度可通过 Hadamard Test 线路有效获得，其计算线路[①]见图 2.7。

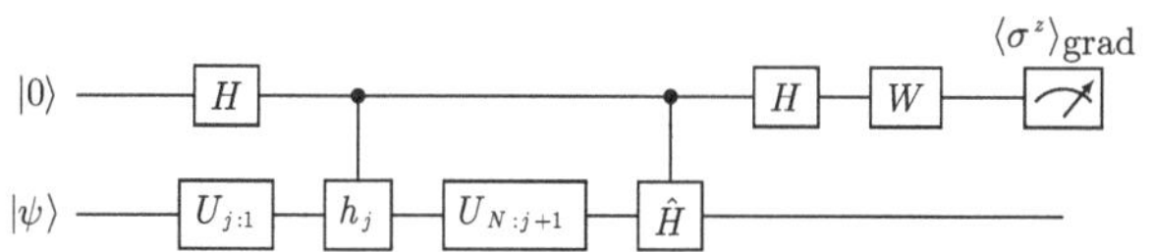

图 2.7 线路参数梯度计算线路：其中 $\hat{H}$ 为系统的哈密顿量；H 为 Hadamard 门；$W = e^{-i\frac{\pi}{4}\sigma^x}$，其他算符的定义见正文

我们通过直接计算来说明辅助比特上的测量结果与式（2.22）之间的关系。设系统的初态为 $|0\rangle\otimes|\phi_0\rangle$，按图示过程量子态变化如下：

$$\begin{aligned}|0\rangle|\phi_0\rangle &\xrightarrow{H\otimes U_{j:1}} \frac{|0\rangle + |1\rangle}{\sqrt{2}}U_{j:1}|\phi_0\rangle\\ &\xrightarrow{\text{控制-}h_j} \frac{1}{\sqrt{2}}\{|0\rangle\otimes U_{j:1}|\psi\rangle + |1\rangle\otimes h_j U_{j:1}|\phi_0\rangle\}\end{aligned}$$

① 参见文献 M. Schuld, V. Bergholm, C. Gogolin, J. Izaac, and N. Killoran, Phys. Rev. A **99**, 032331 (2019).

$$\xrightarrow{U_{N:j+1}} \frac{1}{\sqrt{2}}\{|0\rangle \otimes U_{N:1}|\psi\rangle + |1\rangle \otimes U_{N:j+1}h_j U_{j:1}|\psi\rangle\}$$

$$\xrightarrow{\text{控制-}\hat{H}} \frac{1}{\sqrt{2}}\{|0\rangle \otimes U_{N:1}|\phi_0\rangle + |1\rangle \otimes \hat{H}U_{N:j+1}h_j U_{j:1}|\psi\rangle\}$$

$$\xrightarrow{H} \frac{1}{\sqrt{2}}\left\{\frac{|0\rangle+|1\rangle}{\sqrt{2}} \otimes U_{N:1}|\phi_0\rangle + \frac{|0\rangle-|1\rangle}{\sqrt{2}} \otimes \hat{H}U_{N:j+1}h_j U_{j:1}|\phi_0\rangle\right\}$$

$$\xrightarrow{W} \frac{1}{\sqrt{2}}\left\{\frac{|0\rangle+|1\rangle}{\sqrt{2}}\frac{1-i}{\sqrt{2}} \otimes U_{N:1}|\phi_0\rangle \right.$$

$$\left. + \frac{|0\rangle-|1\rangle}{\sqrt{2}}\frac{1+i}{\sqrt{2}} \otimes \hat{H}U_{N:j+1}h_j U_{j:1}|\phi_0\rangle\right\}$$

$$= \frac{1-i}{2\sqrt{2}}\{|0\rangle \otimes (U_{N:1} + i\hat{H}U_{N:j+1}h_j U_{j:1})|\phi_0\rangle$$

$$+ |1\rangle \otimes (U_{N:1} - i\hat{H}U_{N:j+1}h_j U_{j:1})|\phi_0\rangle\}$$

记终态为 $|\Phi\rangle$，则

$$\langle\sigma^z\rangle_{\text{grad}} = \langle\Phi|\sigma^z|\Phi\rangle = \frac{i}{2}\text{Tr}\left(\rho_0 U_{1:j}^\dagger \left[U_{j+1:N}^\dagger \hat{H} U_{N:j+1}, h_j\right] U_{1:j}\right)$$

对比式（2.22）可知

$$\frac{\partial}{\partial\theta_j}\langle\bar{E}(\{\theta_i\})\rangle = -\langle\sigma^z\rangle_{\text{grad}}$$

2.2.2 SWAP Test

SWAP Test 可看成 Hadamard Test 的特例，为强调此过程中的控制-SWAP 门，我们将其单独讨论。

1. 两个任意量子态的内积

在利用 Hadamard Test 计算两个多体量子态 $|\phi_1\rangle$ 和 $|\phi_2\rangle$ 的内积时，它们的生成幺正矩阵 U_1 和 U_2 需已知且可通过普适门有效生成。然而，在多数情况下，此条件并不满足，甚至有时对量子态 $|\phi_1\rangle$ 和 $|\phi_2\rangle$ 一无所知。此时，可用 SWAP Test 来得到它们的内积。SWAP Test 的具体线路见图2.8。

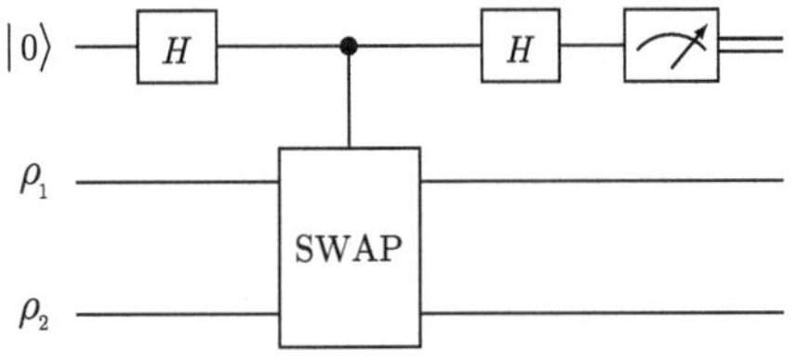

图 2.8 SWAP Test 线路

其中两比特 SWAP 门可表示为矩阵：

$$\mathrm{SWAP}=\begin{bmatrix}1&0&0&0\\0&0&1&0\\0&1&0&0\\0&0&0&1\end{bmatrix}=I\otimes I+\sigma^x\otimes\sigma^x+\sigma^y\otimes\sigma^y+\sigma^z\otimes\sigma^z$$

此线路的初始输入态为 $|0\rangle\langle 0|\otimes\rho_1\otimes\rho_2$, 经过 Hadamard 变换后，整个系统的量子态变为

$$\frac{1}{2}(|0\rangle\langle 0|+|0\rangle\langle 1|+|1\rangle\langle 0|+|1\rangle\langle 1|)\otimes\rho_1\otimes\rho_2$$

再经过控制-SWAP 门 $(|0\rangle\langle 0|\otimes I+|1\rangle\langle 1|\otimes\mathrm{SWAP})$，得到量子态

$$\begin{aligned}&\frac{1}{2}(|0\rangle\langle 0|\otimes(\rho_1\otimes\rho_2)+|0\rangle\langle 1|\otimes(\rho_1\otimes\rho_2)\mathrm{SWAP}\\&+|1\rangle\langle 0|\otimes\mathrm{SWAP}(\rho_1\otimes\rho_2)+|1\rangle\langle 1|\otimes\mathrm{SWAP}(\rho_1\otimes\rho_2)\mathrm{SWAP})\end{aligned}$$

再让辅助比特经过 Hadamard 门，得到最终量子态 $|\Psi\rangle$。对 $|\Psi\rangle$ 沿 σ^z 测量得到 $|0\rangle$ 的概率为

$$\begin{aligned}\mathbb{P}_0&=|\langle 0|\Psi\rangle|^2\\&=\frac{1}{4}\mathrm{Tr}((\rho_1\otimes\rho_2)+(\rho_1\otimes\rho_2)\mathrm{SWAP}+\mathrm{SWAP}(\rho_1\otimes\rho_2)\\&\quad+\mathrm{SWAP}(\rho_1\otimes\rho_2)\mathrm{SWAP})\\&=\frac{1}{4}[\mathrm{Tr}(\rho_1\otimes\rho_2\mathrm{SWAP})+\mathrm{Tr}(\mathrm{SWAP}\rho_1\otimes\rho_2)+2]\\&=\frac{1}{2}(\mathrm{Tr}(\rho_1\rho_2)+1)\end{aligned}\tag{2.23}$$

2. 错误减缓

如何减小量子线路中噪声对计算结果的影响是当前量子计算的关键问题。SWAP Test 提供了其中一种可行的错误减缓（error mitigation）方法①。

设含噪量子线路制备的量子态为 ρ，在噪声影响不大时，它可表示为

$$\rho=(1-p)|\psi\rangle\langle\psi|+p\sum_i\lambda_i|\phi_i\rangle\langle\phi_i|\tag{2.24}$$

其中，$|\psi\rangle$ 为理想量子线路（无噪声）制备的量子态；$|\phi_i\rangle$ 为满足 $\langle\phi_i|\psi\rangle=0$ 且相互正交的量子态；参数 $\sum_i\lambda_i=1$，$p<0.5$。

① 参见文献 B. Koczor, Phys. Rev. X **11**, 031057 (2021); W. J. Huggins, S. McArdle, T. E. O’ Brien, J. Lee, and et al, Phys. Rev. X **11**, 041036 (2021).

若直接在含噪量子态 ρ 上测量物理量 P_a，其测量结果满足

$$\frac{\mathrm{Tr}(P_a\rho)}{1-p} = \langle P_a\rangle_{\mathrm{exc}} + \frac{p}{1-p}\sum_i \lambda_i \langle P_a\rangle_{i,\mathrm{err}} \tag{2.25}$$

其中 $\langle P_a\rangle_{\mathrm{exc}} = \langle\psi|P_a|\psi\rangle$ 为无噪声时的理想测量结果，后一项为噪声产生的偏差且 $\langle P_a\rangle_{i,\mathrm{err}} = {}_i\langle\phi|P_a|\phi\rangle_i$。我们的目标是从含噪量子态 ρ 中获得无噪量子态 $|\psi\rangle$ 上物理量的期望值 $\langle P_a\rangle_{\mathrm{exc}}$。利用 SWAP Test 线路，可减小噪声的影响并放大理想结果的比例，具体线路见图 2.9。

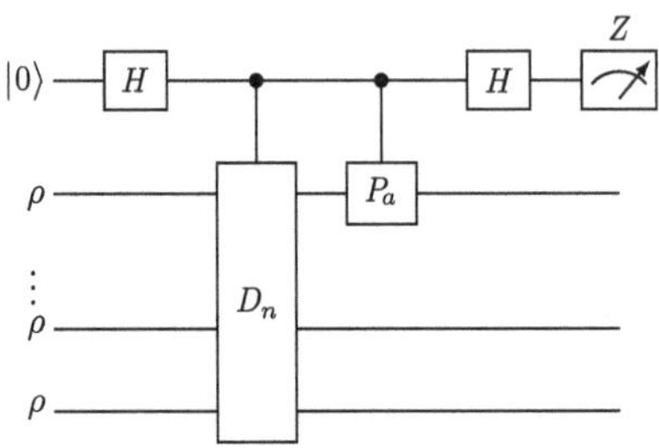

图 2.9　SWAP Test 用于误差减缓：其中 D_n 是 n 量子比特的轮换操作，$n=2$ 时即为 SWAP 门

在 $n=2$ 时，对比此线路与标准的 SWAP Test 线路（图 2.8）可知：错误减缓线路在控制-SWAP 门后多了一个控制-P_a 门。与 SWAP Test 线路相同的推导可得辅助比特测得 0 的概率为

$$\mathbb{P}_0 = \frac{1}{2}(\mathrm{Tr}(\rho^2 P_a)+1) \tag{2.26}$$

将含噪声的量子态 ρ 的表达式（式（2.24））代入前面的表达式得到

$$\frac{2\mathbb{P}_0 - 1}{(1-p)^2} = \langle P_a\rangle_{\mathrm{exc}} + \frac{p^2}{(1-p)^2}\sum_i \lambda_i^2 \langle P_a\rangle_{i,\mathrm{err}} \tag{2.27}$$

可以看出用 $2\mathbb{P}_0 - 1$ 作为物理量 P_a 的期望值后，其偏差部分的占比相对于直接测量结果更小。一般地，若将受控-SWAP 门拓展到 n 量子比特，其偏差部分的占比将随 n 指数减少。

2.3　量子傅里叶变换类算法

本章开始已经提到量子算法设计的核心与难点是如何利用幺正演化的线性性将量子叠加态中的目标（非目标）分量相干相涨（相干相消）。在数学分析和固体物理中我们知道：对具有实空间平移对称性的系统作傅里叶变换后，其在动量空

间中除少数分量（与平移周期相关）外，绝大部分分量都会相互抵消。傅里叶变换的这一特征恰与量子算法设计所需的工具相一致，它可用于解决一大类与周期相关的问题。更重要的是，量子傅里叶变换本身可在多项式时间内完成，相对于经典傅里叶变换有指数加速。值得注意，在所有的应用中，量子傅里叶变换都作为中间环节出现，变换得到的量子态（与经典变换直接得到所有分量不同）作为下一步计算的输入。特别地，Hadamard 门作为单比特傅里叶变换，在解决某些问题时已经能体现量子计算的独特优势。因此，我们从基于 Hadamard 门的 Deutsch-Jozsa、Bernstein-Vazirani 和 Simon 算法开始来介绍量子傅里叶变换类算法。

2.3.1 基于 Hadamard 变换的量子算法

2.3.1.1 Deutsch-Jozsa 和 Bernstein-Vazirani 算法

虽然 Deutsch-Jozsa（DJ）算法和 Bernstein-Vazirani 算法所解决的问题不同，但它们的算法流程完全一样，都利用了 Hadamard 门的特性。DJ 算法解决如下问题[①]。

问题 2.3.1 (DJ 问题) 一个定义在 n 比特上的布尔函数 $f:\{0,1\}^n \to \{0,1\}$。

若对所有输入（$0,1,\cdots,2^n-1$），函数 f 的输出值均相同（0 或 1 未知），则称此函数为常数型函数；

若函数 f 的输入中恰有一半（2^{n-1} 个）的输出值为 0（另一半输入的输出值为 1），则称此函数为平衡型函数。

输入： 函数 f（具体形式未知，但仅限于常数或平衡型函数）。

输出： 判断函数 f 的类型。

在此问题中我们并不关心函数 $f(x)$ 的具体形式，只需将其看作一个可调用的 Oracle 即可。我们关心的是调用此 Oracle 函数 $f(x)$ 的次数（参见第一章中“基于 Oracle 的图灵机”部分），在经典计算中此问题的 Oracle 复杂度有两种不同的定义方式。

（1）若要求确定性地、准确无误地判定此函数的类型，那么最坏情况下需调用 Oracle 函数 $2^{n-1}+1$ 次（此情况对应于前 2^{n-1} 个输入 x 的函数值 $f(x)$ 均相同，但 $f(x)$ 实际上为平衡型函数）。因此，在最差情况下此问题的 Oracle 复杂度随问题规模（输入比特数）n 呈指数增长。

（2）若仅需以一定的正确性来判断函数 $f(x)$ 的类型，那么此问题的 Oracle 复杂度为 $\log_2 \frac{1}{\epsilon}$，其中 ϵ 为判断的错误率。此时，问题的 Oracle 复杂度与问题规模 n 无关，仅与所要求的精度 ϵ 相关。显而易见，若对多个不同的输入 x，函数

① 参见文献 D. Deutsch and R. Jozsa, Proc. R. Soc. Lond. A **439**, 553-558 (1992).

$f(x)$ 的输出结果均相同，那么此函数为常数型的可能性很大。当然，也可能判断错误，错误概率有多大呢？当函数 $f(x)$ 实际为平衡型时，k 个随机输入 x 输出值均相同的概率为 2^{-k}，此即判断错误的概率（等于 ϵ）。

利用量子力学特性，Deutsch 和 Jozsa 设计了以他们名字命名的算法，此算法仅需调用 Oracle 函数 $f(x)$ 一次就可确定性获知函数的类型（相对于经典的确定性判断有指数加速）。此算法包含两个寄存器：寄存器 1 包含 n 个计算比特（编号 $1,2,\cdots,n$）；而寄存器 2 仅包含 1 个比特。具体算法过程如下。

(1) 这 $n+1$ 个量子比特的初态制备为 $|\psi_1\rangle = |0\rangle^n \otimes |1\rangle$。

(2) 对所有量子比特作 Hadamard 变换，$|\psi_1\rangle$ 变为

$$|\psi_2\rangle = \frac{1}{2^{n/2}}\sum_{x=0}^{2^n-1}|x\rangle \otimes \frac{1}{\sqrt{2}}(|0\rangle - |1\rangle)$$

(3) 通过一个受控幺正变换 U_f 调用 Oracle 函数 $f(x)$：

$$U_f : |x\rangle|y\rangle \to |x\rangle|y \oplus f(x)\rangle, \tag{2.28}$$

在 U_f 作用下，$|\psi_2\rangle$ 变为

$$|\psi_3\rangle = \frac{1}{2^{n/2}}\sum_{x=0}^{2^n-1}(-1)^{f(x)}|x\rangle \otimes \frac{1}{\sqrt{2}}(|0\rangle - |1\rangle)$$

寄存器 1 中量子态 $|x\rangle$ 前与 $f(x)$ 相关的相位因子 $(-1)^{f(x)}$ 为利用量子叠加原理实现不同分量间的相干和相消提供了条件。由于寄存器 1 与寄存器 2 之间仍保持直积且寄存器 2 的状态保持不变，在后面的过程中，我们将不再考虑寄存器 2，仅集中于寄存器 1。

(4) 对寄存器 1 中所有量子比特作 Hadamard 变换，寄存器 1 中得到量子态：

$$|\psi_4\rangle = \frac{1}{2^n}\sum_{x=0}^{2^n-1}(-1)^{f(x)}\sum_{y=0}^{2^n-1}(-1)^{x\cdot y}|y\rangle$$

其中 $x\cdot y = \sum_i x_i y_i$ 表示将比特串看作向量内积。对 n 个量子比特同时作 Hadamard 变换，其变换可表示为

$$\begin{aligned} H^n : |x\rangle \to & \prod_{i=1,\cdots,n}\frac{1}{\sqrt{2}}\sum_{y_i=0,1}(-1)^{x_i\cdot y_i}|y_i\rangle \\ & = \frac{1}{2^{n/2}}\sum_{y=0}^{2^n-1}(-1)^{x\cdot y}|y\rangle \end{aligned}$$

将这一表达式代入量子态 $|\psi_3\rangle$ 中即可得到结果 $|\psi_4\rangle$。

(5) 交换 $|\psi_4\rangle$ 中 x 与 y 的求和顺序，得到

$$|\psi_4\rangle = \frac{1}{2^n}\sum_{y=0}^{2^n-1}\left(\sum_{x=0}^{2^n-1}(-1)^{f(x)}\cdot(-1)^{x\cdot y}\right)|y\rangle$$

此时，若对寄存器 1 中的 n 个计算比特沿 σ^z 的本征态（计算基）测量，其测量结果 $|y\rangle$ 可直接区分函数 $f(x)$ 的类型。

当函数 $f(x)$ 为常数型函数时，$|y\rangle$ 前的系数为

$$(-1)^{f(x)}\left(\frac{1}{2^n}\sum_{x=0}^{2^n-1}(-1)^{x\cdot y}\right) = (-1)^{f(x)}\delta_{y,0}$$

因 $f(x)$ 为常数 (0 或 1)，$(-1)^{f(x)}$ 可与求和符号交换。前面的表达式表明 $|\psi_4\rangle = |0\rangle$。

当函数 $f(x)$ 为平衡型函数时，仅考虑测量结果为 $|0\rangle$ 的概率。此时，$|0\rangle$ 前的系数为

$$\frac{1}{2^n}\sum_{x=0}^{2^n-1}(-1)^{f(x)} = 0$$

即测量结果不可能为 $|0\rangle$。

这表明常数型和平衡型函数得到的量子态 $|\psi_4\rangle$ 相互正交，按量子态的可区分原则，它们可被确定性区分。因此，根据测量结果就可确定性区分函数类型：若测量结果为 $|0\rangle$，则函数 $f(x)$ 一定为常数型；反之（测量结果不为 $|0\rangle$），则函数 $f(x)$ 一定为平衡型。

DJ 算法的具体线路图可表示如下（图 2.10）。

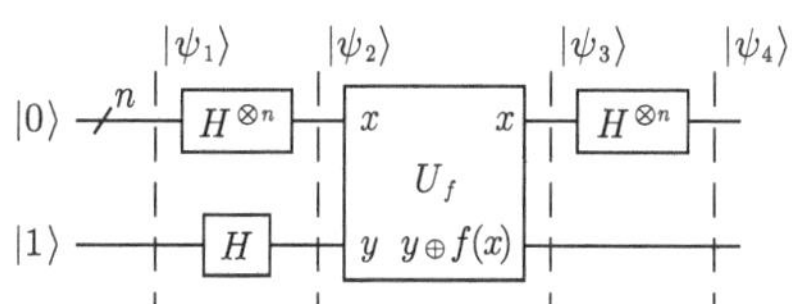

图 2.10 算法线路图:$|\psi_i\rangle$ 表示对应时刻系统的量子态

在整个 DJ 算法中，只需通过 U_f 调用一次 Oracle 函数 $f(x)$ 就可确定性判定函数 $f(x)$ 的类型，相对于经典情况有指数加速，这充分体现了量子计算的巨大优势①。

与 DJ 算法类似，BV 算法也是通过调用最少次数的 Oracle 函数来确定其形式②，即

① 这也是第一个体现量子计算相对于经典计算优越性的算法。

② 参见文献 E. Bernstein, and U. Vazirani, in: Proceedings of the 25th Annual ACM Symposium on Theory of Computing (ACM, 1993), p. 11-20.

问题 2.3.2 (Bernstein-Vazirani 问题) 给定函数

$$f(x) = a \cdot x$$

其中 $x,a \in \{0,1\}^n$ 且 $a \cdot x = a_0x_0 \oplus a_1x_1 \oplus \cdots \oplus a_{n-1}x_{n-1}$，调用最小次数的函数 $f(x)$ 来确定参数 a。

在经典计算中，可通过如下方式每调用一次 $f(x)$ 函数就确定 a 中一个比特值 $a_i(0 \leqslant i \leqslant n-1)$：以

$$x = \underbrace{0\cdots0}_{0\leqslant k\leqslant i-1}\ 1\ \underbrace{0\cdots0}_{i+1\leqslant k\leqslant n-1}$$

（仅第 i 个比特为 1，其他比特为 0）为函数 $f(x)$ 的输入，则输出结果为 a_i。因此，为获得 a 的值，共需调用 $f(x)$ 函数 n 次。与 DJ 算法类似，在 BV 量子算法中仅需调用函数 $f(x)$ 一次就可获得 a。

与 DJ 算法中完全相同（线路图 2.10），经过初态制备、Hadamard 变换 H^{n+1}、调用 U_f 以及 Hadamard 变换 H^n 后，得到寄存器 1 中的量子态：

$$|\psi_4\rangle = \frac{1}{2^n}\sum_{y=0}^{2^n-1}\left(\sum_{x=0}^{2^n-1}(-1)^{f(x)}\cdot(-1)^{x\cdot y}\right)|y\rangle$$

由此，获得量子态 $|y\rangle$ 的概率为

$$\begin{aligned}
\mathbb{P}_y &= \left|\frac{1}{2^n}\sum_{x=0}^{2^n-1}(-1)^{f(x)+x\cdot y}\right|^2 \\
&= \left|\frac{1}{2^n}\sum_{x=0}^{2^n-1}(-1)^{(a+y)\cdot x}\right|^2 \qquad \text{（代入 } f(x) \text{ 表达式）} \\
&= \left|\frac{1}{2^n}\prod_i\sum_{x_i=0}^{1}(-1)^{(a_i+y_i)\cdot x_i}\right|^2
\end{aligned}$$

当 $y = a$ 时，$\mathbb{P}_y = 1$。换言之，对 $|\psi_4\rangle$ 进行测量将确定性地得到结果 a。

虽然 DJ 和 BV 算法都体现了量子计算相对于经典计算的巨大优势，但问题本身都具有人为构造的痕迹，不直接对应于重要的实际应用。

2.3.1.2 Simon 算法

Hadamard 变换作为傅里叶变换在单量子比特上的特例，在解决简单周期问题时也能发挥其独特的作用。下面的 Simon 问题就是一个典型的周期问题①。

① 参见文献 D. R. Simon, SIAM J. Comput. **26**, 1474-1483 (1997); G. Brassard and P. Høyer, in: Proceedings of the 5th Israeli Symposium on Theory of Computing and Systems (ISTCS, 1997), p. 12-23.

问题 2.3.3 (Simon 问题) 已知函数 $f(x):\{0,1\}^n \to \{0,1\}^n$, 具有如下周期性:

$$f(x)=f(y) \iff y=x\oplus a \tag{2.29}$$

其中 $\oplus$ 表示按比特位进行的二进制求和，求此函数的周期 a。

根据 $\oplus$ 的定义，$b\oplus b=0$ 对任意比特串 b 成立。

在此问题中，我们仍不关心函数 $f(x)$ 的细节，仅关心它作为 Oracle 被调用的次数。若等概率、随机地选取 $\{x_1,x_2,\cdots\}$ 作为函数 $f(x)$ 的输入，通过调用 Oracle 函数 $f(x)$ 得出其函数值：若选取的输入中恰有两个（x_1 和 x_2）的函数值相等，那么，周期 a 可通过 $x_1\oplus x_2$ 获得。那么，平均需要计算多少个输入的函数值（调用 Oracle 次数）才能得到两个相同的函数值呢？假设我们计算了 $2^{n/4}$ 个随机选取的输入 x 的函数值，任选其中的两个 x 配成一对，总共配成 $2^{n/4}(2^{n/4}-1)=2^{n/2}-2^{n/4}$ 个不同的对。由于没有函数值 $f(x)$ 的信息，假设其取值在 $[0,2^n-1]$ 上均匀分布，即函数值 $f(x)$ 为某个给定值 $y_0\in\{0,1\}^n$ 的概率为 2^{-n}。因此，任选两个输入 $\{x_1,x_2\}$，其函数值均为 y_0 的概率为 2^{-2n}。综上，任选两个输入 $\{x_1,x_2\}$，获得相同函数值的概率为 $2^n\cdot 2^{-2n}=2^{-n}$（y_0 有 2^n 个不同的取值）。而在 $2^{n/2}-2^{n/4}$ 个配对中出现一个具有相同函数值的配对的概率为 $2^{-n}\cdot(2^{n/2}-2^{n/4})<2^{-n/2}$。这表明即使我们调用函数 $f(x)$ 的次数随问题规模呈指数增长，找到正确周期 a 的概率仍随问题规模呈指数减小。因此，在经典算法中，Simon 问题是一个很复杂的问题。

利用 Hadamard 变换在 Z_2 上的特性，Simon 算法调用函数 $f(x)$ 的次数仅随问题规模多项式增加。它与 DJ 算法类似，仍需两个寄存器：n 个计算比特作为寄存器 1；而第二个寄存器也需 n 个量子比特（存储函数值 $f(x)$ 的值）。具体算法如下。

(1) 将寄存器 1 中的 n 个量子比特制备到其最大叠加态 $\frac{1}{\sqrt{2^n}}\sum_{x=0}^{2^n-1}|x\rangle$，而将寄存器 2 中的 n 个量子比特制备到量子态 $|0\rangle^n$。因此，整个系统的初态为

$$|\Phi_0\rangle=\frac{1}{\sqrt{2^n}}\sum_{x=0,1,\cdots,2^n-1}|x\rangle\otimes|0\rangle^n$$

(2) 仍通过受控幺正变换 U_f 来调用 Oracle 函数 $f(x)$，即

$$U_f:\frac{1}{\sqrt{2^n}}\sum_{x=0,1,\cdots,2^n-1}|x\rangle\,|0\rangle^n\to\frac{1}{\sqrt{2^n}}\sum_{x=0,1,\cdots,2^n-1}|x\rangle|f(x)\rangle$$

通过算符 U_f，寄存器 1 中的 n 个量子比特与寄存器 2 中的 n 个量子比特相互纠缠，函数 $f(x)$ 的输入（寄存器 1）与输出（寄存器 2）建立了直接关联。

(3) 对寄存器 2 中的比特沿计算基 $|0\rangle$ 和 $|1\rangle$ 测量。假设测量结果为 $f(x_0)$,

则按函数 $f(x)$ 的周期性质，必然有两个输入 x_0 和 $x_0 \oplus a$（寄存器 1 中）与之对应。因此，测量后，寄存器 1 中的 n 个量子比特必然处于对应量子态的叠加态，即

$$|\phi\rangle_s = \frac{1}{\sqrt{2}}(|x_0\rangle + |x_0 \oplus a\rangle)$$

此量子态具有平移 a 的对称性（可看作如图 2.11所示的周期边界条件）。

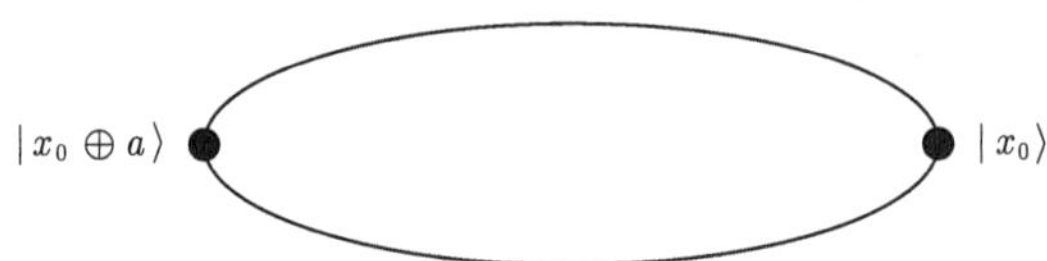

图 2.11 Simon 问题的周期性：格点 x_0 和 $x_0 + a$ 按条件 (2.29) 具有周期边界条件

此时若直接对第一个寄存器中的 n 个比特进行测量，我们有相同的概率获得 x_0 或 $x_0 \oplus a$，但无法同时得到这两个数。重复前面的过程多次是否能获得 x_0 和 $x_0 \oplus a$ 呢？答案是否定的。寄存器 2 中每次测量的结果 $f(x)$ 都不同，量子态 $\dfrac{1}{\sqrt{2}}(|x\rangle + |x \oplus a\rangle)$ 也就不同。因而，无法通过直接测量寄存器 1 中的叠加态 $|\phi\rangle$ 来获得周期 a 的信息。

(4) 利用 x_0 和 $x_0 + a$ 的周期性（周期与 x_0 无关），对寄存器 1 中的 n 个比特同时作 Hadamard 变换，寄存器 1 中的量子态变为

$$\begin{aligned}
&\frac{1}{\sqrt{2}}(|x_0\rangle + |x_0 \oplus a\rangle) \\
&\xrightarrow{H^n} \quad \frac{1}{2^{(n+1)/2}} \sum_y ((-1)^{x_0 \cdot y} + (-1)^{(x_0 \cdot y \oplus a \cdot y)})|y\rangle \\
&= \frac{2}{2^{(n+1)/2}} \sum_{a \cdot y = 0} (-1)^{x_0 \cdot y} |y\rangle
\end{aligned}$$

(5) 此时，再对寄存器 1 中的 n 个量子比特沿计算基测量。设测量结果为 y_0，则 y_0 必然满足条件 $a \cdot y_0 = 0$。若将 a 看作一个 n 维矢量（每个比特位看作矢量的一个分量），显然，等式 $a \cdot y_0 = 0$ 就是一个含 n 个变量的方程。重复前面的步骤（1）—（4）直到产生足够多线性独立方程（每个不同的测量结果 y_i 都对应于一个方程)，进而得到方程组：

$$\begin{cases}
a \cdot y_0 = 0 \\
a \cdot y_1 = 0 \\
\quad \vdots \\
a \cdot y_m = 0
\end{cases}$$

(6) 求解此线性方程组即可得周期 a。从整个算法过程可以看到：Simon 算法中只需调用 Oracle 函数 $\mathcal{O}(n)$ 次就能获得所有线性独立的方程并求得周期 a。这相对于经典算法有指数提高。

2.3.2 $\mathbb{Z}_N$ 上量子傅里叶变换及其应用

Deutsch-Jozsa 和 Simon 算法表明 Hadamard 变换在设计量子算法方面有重要作用。然而，对更复杂的问题，Hadamard 变换已不能满足需求：它仅作用于单量子比特上（不改变系统的纠缠），其对复杂系统中不同分量的相干相消、相干相涨的作用受到限制。傅里叶变换可看作 Hadamard 变换向多体的推广，它对系统的基矢量进行整体变换，进而可实现概率幅的相干相消和相干相涨。更为重要的是量子傅里叶变换可被有效实现，相对于经典傅里叶变换有指数加速。基于量子傅里叶变换已发展了一系列体现量子计算优势的算法，包括著名的 Shor 算法、离散对数算法、隐子群算法、相位估计算法等。我们首先来介绍量子傅里叶变换。

2.3.2.1 经典傅里叶变换算法

傅里叶变换在数学分析、信号处理和量子多体物理中都起着重要的作用，它是处理周期性问题的利器。在离散空间 $\mathbb{Z}_N = \{0, \cdots, N-1\}$ 上，经典傅里叶变换的直接计算复杂度为 $\mathcal{O}(N^2)$；而在快速傅里叶变换（比如，Cooley-Tukey 算法①）中，利用傅里叶变换的周期性以及两个变量之间的对称性可将变换的计算复杂度降至 $\mathcal{O}(N \log N)$；而量子傅里叶变换的计算复杂度可进一步降低到 $\mathcal{O}(\log N)^2$，即多项式复杂度。

在 $\mathbb{Z}_N$ 上的离散傅里叶变换定义如下:

$$g(y) = \frac{1}{\sqrt{N}} \sum_x \alpha_N(y, x) f(x) \tag{2.30}$$

其中 $\alpha_N(y, x) = e^{\frac{2\pi i x \cdot y}{N}}$，它具有周期性且对 x 和 y 对称。$f(x)$ 表示函数在 x 空间中的分布，而 $g(y)$ 表示傅里叶变换后函数在 y 空间中的分布。在经典计算中，如果直接用矩阵乘积来计算傅里叶变换，其计算复杂度为 $\mathcal{O}(N^2)$（$N \times N$ 矩阵与 $N \times 1$ 矢量相乘），它随问题规模 n 呈指数增长（$N = 2^n$）。快速傅里叶变换（FFT）算法利用 $e^{2\pi i\theta}$ 函数的周期性（当 θ 加上任一整数时，$e^{2\pi i\theta}$ 的值不发生变化）以及 x 和 y 的对称性可将计算复杂度减小到 $\mathcal{O}(N \log N)$。

① 参见文献 J. W. Cooley, and O. W. Tukey, Math. Comput. **19**, 297-301 (1965).

快速傅里叶变换（FFT）

首先，将 $x, y \in \{0, \cdots, 2^n - 1\}$ 表示为二进制形式：

$$x = (x_{n-1}x_{n-2}\cdots x_1x_0) = x_{n-1}2^{n-1} + x_{n-2}2^{n-2} + \cdots + x_12^1 + x_0$$

$$y = (y_{n-1}y_{n-2}\cdots y_1y_0) = y_{n-1}2^{n-1} + y_{n-2}2^{n-2} + \cdots + y_12^1 + y_0$$

并将其代入 $x \cdot y$，得到

$$\begin{aligned} x \cdot y &= (x_{n-1}2^{n-1} + \cdots + x_12^1 + x_0)(y_{n-1}2^{n-1} + \cdots + y_12^1 + y_0) \\ &= \sum_{k,l=0}^{n-1} x_ky_l2^{k+l} \end{aligned}$$

显然，由函数 $e^{2\pi i x\cdot y/N}$ 的周期性可知上式中包含因子 2^{k+l} $(k+l \geqslant n)$ 的项，并不起作用。因此，只需计算 $x_ky_l2^{k+l}$ 中 $k+l<n$ 的项，即

$$\frac{x \cdot y}{2^n} \equiv x_{n-1}(.y_0) + x_{n-2}(.y_1y_0) + \cdots + x_0(.y_{n-1}y_{n-2}\cdots y_0) \tag{2.31}$$

其中

$$(.x_m\cdots x_2x_1x_0) = \frac{x_m}{2} + \cdots + \frac{x_1}{2^m} + \frac{x_0}{2^{m+1}}.$$

（x 和 y 是对称的，可以交换表达式中的 x 和 y）。

那么，如何在此表达式基础上进一步降低傅里叶变换的计算复杂度呢？我们注意到，表达式（2.31）可重新表示为

$$\frac{x \cdot y}{2^n} = \frac{\bar{x} \cdot \bar{y}}{2^{n-1}} + x_0(.y_{n-1}y_{n-2}\cdots y_0) \tag{2.32}$$

其中 $\bar{x} = (x_{n-1}x_{n-2}\cdots x_1)$ 与 $\bar{y} = (y_{n-2}\cdots y_1y_0)$ 分别为 x 的前 $n-1$ 项和 y 的后 $n-1$ 项。将此式代入傅里叶变换公式（2.30），得到

$$g(y) = \frac{1}{\sqrt{2^n}}\sum_x e^{2\pi i(\frac{\bar{x}\cdot\bar{y}}{2^{n-1}} + x_0(.y_{n-1}y_{n-2}\cdots y_0))}f(x) \tag{2.33}$$

为处理 $x_0(.y_{n-1}y_{n-2}\cdots y_0)$ 项，将 x 的求和分为 $x_0 = 1$（奇数）和 $x_0 = 0$（偶数）两部分：

$$\begin{aligned} g(y) &= \frac{1}{\sqrt{2^n}}\sum_{x\ \text{even}} e^{2\pi i\frac{\bar{x}\cdot\bar{y}}{2^{n-1}}}f(x) + \frac{1}{\sqrt{2^n}}\sum_{x\ \text{odd}} e^{2\pi i(\frac{\bar{x}\cdot\bar{y}}{2^{n-1}} + (.y_{n-1}y_{n-2}\cdots y_0))}f(x) \\ &= \sum_{\bar{x}=0}^{2^{n-1}} \alpha_{2^{n-1}}(\bar{y}, \bar{x})f(2\bar{x}) + e^{2\pi i\theta_1(y)}\sum_{\bar{x}=0}^{2^{n-1}} \alpha_{2^{n-1}}(\bar{y}, \bar{x})f(2\bar{x}+1) \end{aligned}$$

其中，相位 $\theta_1(y) = .y_{n-1}y_{n-2}\cdots y_0$ 仅与 y 相关。因此，对任一给定 y，对应的傅里叶变换结果 $g(y)$ 可表示为 x 偶数部分的傅里叶变换与奇数部分傅里叶变换之和，仅需在奇数部分的结果前加一个与 y 相关相位因子即可。注意到，y 的最高位 y_{n-1} 仅出现在相位 $\theta_1(y)$ 中且：当 $y_{n-1}=0$ 时，y 退化为 $\bar{y}$（取值范围均为 $\{0,1,2,\cdots,2^{n-1}-1\}$）；而当 $y_{n-1}=1$ 时，y 与 $\bar{y}$ 之间存在对应关系 $y=2^{n-1}+\bar{y}$，此时 $\theta_1(y)=\dfrac{1}{2}+\dfrac{\theta_1(\bar{y})}{2}$。代入前一个表达式可知：

$$g(\bar{y}+N/2)=\sum_{\bar{x}=0}^{2^{n-1}} e^{\frac{2\pi i\bar{x}\bar{y}}{N/2}} f(2\bar{x})+e^{2\pi i(\frac{1+\theta(\bar{y})}{2})}\sum_{\bar{x}=0}^{2^{n-1}} e^{\frac{2\pi i\bar{x}\bar{y}}{N/2}} f(2\bar{x}+1) \quad (2.34)$$

综合前面的两个等式，N 个点到 N 个点的离散傅里叶变换可拆成两个 $N/2$ 个点到 $N/2$ 个点的傅里叶变换，即

$$g(y)=g_e(\bar{y})+e^{2\pi i(\frac{1}{2}+\frac{\theta(\bar{y})}{2})}g_o(\bar{y})$$

其中 $g_e(\bar{y})$ 表示从 x 为偶数的 $N/2$ 个点到 $\bar{y}$ 的傅里叶变换；而 $g_o(\bar{y})$ 则是从 x 取奇数的 $N/2$ 个点到 $\bar{y}$ 的傅里叶变换。通过这样的拆分，计算复杂度可以从 N^2 降到 $2\times(N/2)^2=N^2/2$。将此过程不断重复，直到子块只包含一个比特为止（每拆分一次，计算量减半）。而每个傅里叶变换的结果都可通过反向乘以每次拆分时产生的相位来获得，计算复杂度为 $\mathcal{O}(N\log N)$。

此过程可以通过图 2.12 所示表示（以 $n=3$ 为例）：

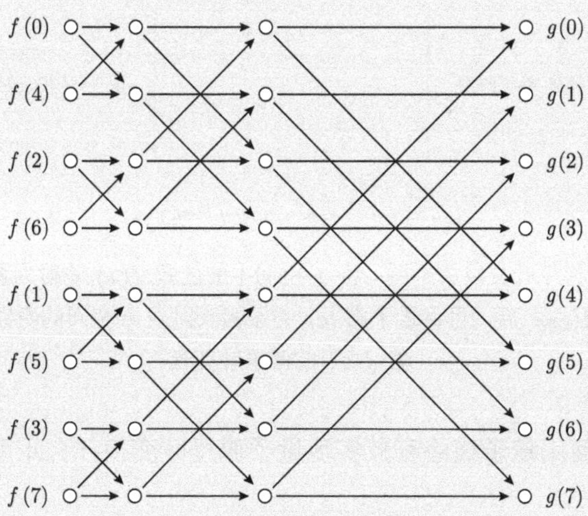

图 2.12 快速傅里叶变换过程示意图

2.3.2.2 量子傅里叶变换算法

在量子傅里叶变换[①]中，我们将 x 和 y 空间中的两组变量值对应为希尔伯特空间中的两组正交完备基 $|x\rangle(x=0,1,\cdots,N-1)$ 和 $|y\rangle(y=0,1,\cdots,N-1)$。在此对应下，$x$ 和 y 空间中的任意函数 $f(x)$ 和 $g(y)$ 都可对应到量子态:

$$|f\rangle = f(x)|x\rangle, \qquad |g\rangle = g(y)|y\rangle \tag{2.35}$$

量子傅里叶变换就通过这两组完备正交基间的变换来定义：

$$\begin{bmatrix} |0\rangle_x \\ |1\rangle_x \\ \cdots \\ |N-1\rangle_x \end{bmatrix} = U_{\mathrm{QFT}} \begin{bmatrix} |0\rangle_y \\ |1\rangle_y \\ \cdots \\ |N-1\rangle_y \end{bmatrix}$$

其中，$U_{\mathrm{QFT}}(x,y)=\frac{1}{\sqrt{N}}e^{\frac{2\pi ixy}{N}}$。

在此定义下，任意量子态 $|f\rangle$ 在傅里叶变换下变为

$$U_{\mathrm{QFT}}\sum_x f(x)|x\rangle = \sum_y \frac{1}{\sqrt{N}}\sum_x e^{\frac{2\pi ix\cdot y}{N}} f(x)|y\rangle = \sum_y g(y)|y\rangle \tag{2.36}$$

经典和量子傅里叶变换之间的关系如图 2.13所示。

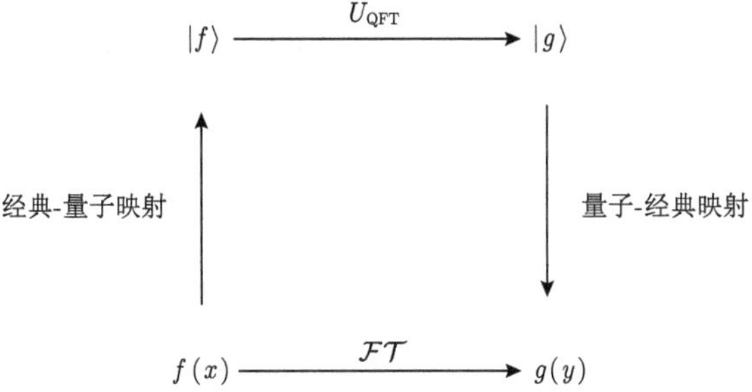

图 2.13 经典-量子傅里叶变换关系图：将 x 空间中的函数 $f(x)$ 映射为量子态 $|f\rangle$, 在 $|f\rangle$ 上作量子傅里叶变换 U_{QFT} 后，再将量子态 $|g\rangle$ 的振幅映射回 y 空间的函数 $g(y)$。$g(y)$ 就是函数 $f(x)$ 的傅里叶变换

我们来看如何用量子线路有效实现量子傅里叶变换（幺正变换 U_{QFT}）。假设

① 参见文献 D. Coppersmith, IBM Research Report RC - 19642 (1994); P.W. Shor, Proceedings 35th Annual Symposium on Foundations of Computer Science (1994), p. 124-134.

$N=2^n$，将表达式（2.31）代入量子傅里叶变换公式得

$$\begin{aligned}U_{\mathrm{QFT}}|x\rangle =&\frac{1}{\sqrt{N}}\sum_y e^{\frac{2\pi ixy}{N}}|y\rangle\\ =&\frac{1}{\sqrt{2^n}}(|0\rangle+e^{2\pi i(.x_0)}|1\rangle)\otimes(|0\rangle+e^{2\pi i(.x_1x_0)}|1\rangle)\otimes\cdots\\ &\otimes(|0\rangle+e^{2\pi i(.x_{n-1}x_{n-2}\cdots x_0)}|1\rangle)\end{aligned}$$

其中 x_i 表示 x 中第 i 个量子比特的基矢状态。量子傅里叶变换后的量子态形式上像一个直积态，但事实上，由于各个量子比特上的相位相互关联，它是一个高度纠缠的多体量子态。

此变换可由图 2.14所示量子线路直接生成。

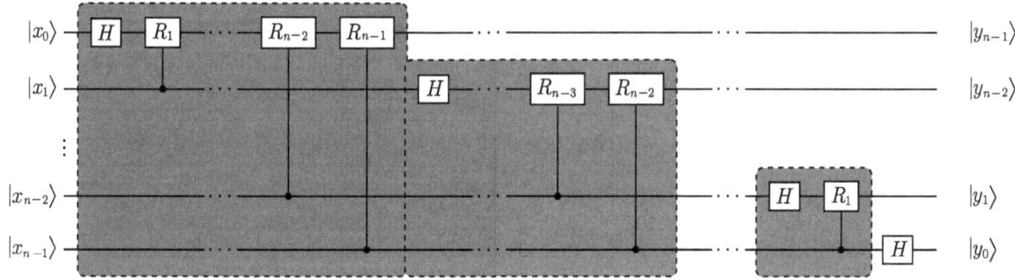

图 2.14 量子傅里叶变换线路图：此线路中共有 n 个 H 门和 $\dfrac{n(n-1)}{2}$ 个两比特控制相位门 R_i。特别注意，输入和输出比特的编号顺序相反

其中控制相位门 R_d 为

$$R_d=\begin{bmatrix}1 & 0\\ 0 & e^{i\pi/2^d}\end{bmatrix}$$

d 表示控制比特与目标比特间的距离（编号差）。

从线路图中可以看到，对每个量子比特 k_0，先对其作一个 Hadamard 变换，然后再依次受编号比它大的量子比特 k $(k>k_0)$ 通过控制相位门 R_{k-k_0} 的控制。值得注意，输出比特的编号与输入比特的编号顺序相反。整个量子傅里叶变换的线路包括：n 个 Hadamard 门和 $n(n-1)/2$ 个控制相位门。因此，量子傅里叶变换的总线路复杂度为 $\mathcal{O}((\log N)^2)$，这是一个多项式复杂度（有效）算法，远低于经典 FFT 算法的复杂度（相对经典算法有指数加速）。

对量子傅里叶变换我们有如下说明。

（1）当 $N=2^n$ 时，量子傅里叶变换可以通过 $\mathcal{O}(\log^2 N)$ 规模的量子线路精确实现。

（2）当 $N\neq 2^n$ 时，精确的量子傅里叶变换是否可有效实现还未知，但它可

在时间复杂度 $\mathcal{O}\left(\log\frac{\sqrt{N}}{\epsilon}\left(\log\log\frac{\sqrt{N}}{\epsilon}+\log\frac{1}{\epsilon}\right)\right)$ 下近似到精度 ϵ[①]。

（3）前面的傅里叶变换定义于循环群 $\mathbb{Z}_N$ 上，在隐子群问题一节中，我们将把它推广到任意有限群上。

（4）量子傅里叶变换的输出是一个包含所有变换信息的量子态，而非傅里叶变换后的系数 $g(y)$。若要获得这些系数，还需指数级的抽样过程。事实上，傅里叶变换往往作为解决某个问题的中间步骤，无需获得其具体系数。

2.3.2.3　函数周期寻找算法

下面我们来看如何利用量子傅里叶变换求函数周期的问题[②]。

问题 2.3.4 (函数周期问题)　已知函数 $f(x):\{0,1\}^n\to\{0,1\}^n$ 具有周期 $r<2^{n/2}$，即 $0\leqslant x\leqslant y\leqslant 2^n-1$ 满足 $f(x)=f(y)$ 的充要条件是 $y-x=mr$（其中 m 为整数）。求周期 r。

此问题中的周期 r 与 Simon 问题中的周期 a 显著不同：在 Simon 问题中仅有两个变量（x 和 $x\oplus a$）具有相同函数值；而此问题中具有相同函数值的变量个数未知（与周期 r 本身有关），且数目可能众多。这使得周期 r 的求解难度远高于 Simon 问题中周期 a 的求解。尽管求解此问题的量子算法过程与 Simon 算法类似（需将 Simon 算法中的 Hadamard 变换替换为量子傅里叶变换），但周期 r 的提取过程需用到较复杂的数论知识。

与 Simon 算法类似，算法中需两个分别包含 n 个量子比特的寄存器。具体算法过程如下。

(1) 将寄存器 1 中的 n 个量子比特都制备到量子态 $|+\rangle$（形成最大叠加态）；寄存器 2 中的 n 个量子比特都制备到量子态 $|0\rangle$，即整个系统初态为

$$|+\rangle^n\otimes|0\rangle^n=\frac{1}{\sqrt{2^n}}\sum_{x=0}^{2^n-1}|x\rangle\otimes|0\rangle^n$$

(2) 通过受控操作 U_f 调用 Oracle 函数 $f(x)$，并将其函数值信息存储到寄存器 2 中：

$$U_f:\frac{1}{\sqrt{2^n}}\sum_x|x\rangle\otimes|0\rangle\to\frac{1}{\sqrt{2^n}}\sum_x|x\rangle\otimes|f(x)\rangle$$

此操作使寄存器 1 与寄存器 2 纠缠。

(3) 对寄存器 2 中的 n 个量子比特在计算基上进行测量。假设测量结果为

① 参见文献 L. Hales and S. Hallgren, Proceedings 41st Annual Symposium on Foundations of Computer Science (2000), p. 515-525.

② 参见文献 P.W. Shor, Proceedings 35th Annual Symposium on Foundations of Computer Science (1994), p. 124-134.

$f(x_0)$（其中 $0 \leqslant x_0 \leqslant r$），则由函数 $f(x)$ 的周期性可知：寄存器 1 中的量子比特将坍缩到如下叠加态上

$$|\phi_1\rangle = \frac{1}{\sqrt{A}} \sum_{k=0,1,2,\cdots,A-1} |x_0 + kr\rangle$$

这是 A 个分量的等权叠加态，其中 A 满足条件 $N - r \leqslant x_0 + (A-1)r < N$（$N = 2^n$），或改写为 $A = \left\lceil \dfrac{N - x_0}{r} \right\rceil$。

一维格点模型类比

将 $|\phi_1\rangle$ 看作链长为 N 的一维格点系统中的单粒子波函数，则其波函数 $\phi_1(x)$ 的空间分布为

$$\phi_1(x) = \begin{cases} \dfrac{1}{\sqrt{A}}, & x = x_0 + kr \quad (k = 0, \cdots, A-1) \\ 0, & \text{其他} \end{cases}$$

x 表示格点位置。波函数 $\phi_1(x)$ 可表示为图 2.15。

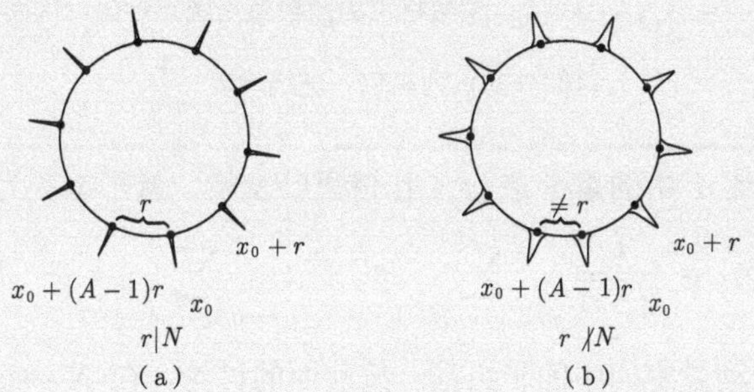

图 2.15 波函数 $\phi_1(x)$ 在 $\mathbb{Z}_N$ 格点上的表示：(a) 表示 $r|N$ 时的波函数 $\phi_1(x)$；(b) 表示 $r \nmid N$ 时的波函数 $\phi_1(x)$

显然，在 $r|N$ 时，波函数 $\phi_1(x)$ 在 $\mathbb{Z}_N$ 上等间距分布，它是一个具有严格平移 r 格对称性的函数，此对称性对应于动量空间中的守恒量 $j\dfrac{N}{r}$（$j = 0, 1, \cdots, r-1$）。因此，通过傅里叶变换（从实空间变到动量空间）就能得到这些准动量守恒量。

在 $r \nmid N$ 时，函数 $\phi_1(x)$ 在 $\mathbb{Z}_N$ 上不再是一个严格的等间距分布（除区间 $(x_0 + (A-1)r, x_0)$ 外，其他部分仍具有平移 r 的对称性）。随着 N 趋于 ∞(热力学极限)，区间 $(x_0 + (A-1)r, x_0)$ 的影响会越来越小，系统可看作具有准平移对称性。因此，近似守恒的准动量也可通过傅里叶变换来获得。

为证实这一点，我们来做一个数值实验。设 $N = 100, x_0 = 3, r = 7, A = 14$，则 $|\phi_1\rangle$ 傅里叶变换后在动量空间中的分布如图 2.16所示。从图中可见，尽管量子态在动量空间中不再分布于某些孤立的动量点上，但仍主要分布于这些孤立点附近。

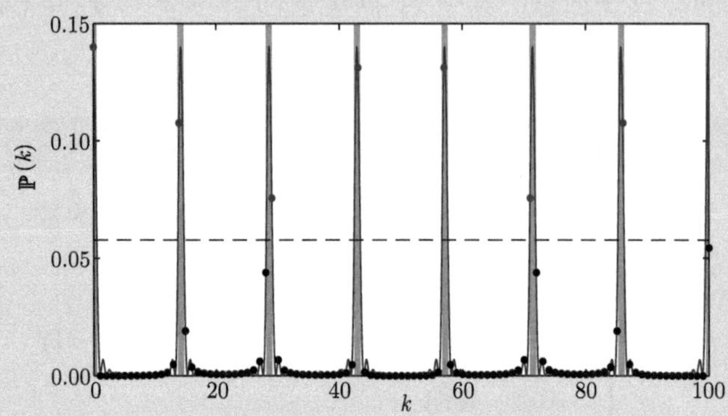

图 2.16　$N = 100, x_0 = 3, r = 7, A = 14$ 时 $|\phi_1\rangle$ 在动量空间中的分布。其中，红色区域为区间 $\left(j\dfrac{N}{r} - \dfrac{1}{2}, j\dfrac{N}{r} + \dfrac{1}{2}\right]$。整数格点的函数值用圆点标出，区间内的点为红色，区间外的点为黑色。虚线代表 $\dfrac{4}{\pi^2 r}$

(4) 对寄存器 1 中的量子态 $|\phi_1\rangle$ 作傅里叶变换，量子态变为

$$|\phi_2\rangle = \frac{1}{\sqrt{NA}} \sum_{y=0,1,\cdots,N-1} e^{\frac{2\pi i x_0 y}{N}} \sum_{k=0,1,\cdots,A-1} e^{\frac{2\pi i k r y}{N}} |y\rangle$$

其中 $|y\rangle$ 相当于动量空间中的一组基。按前面的讨论，在 $N \to \infty$ 时，我们期望量子态 $|\phi_2\rangle$ 仍主要分布在与周期 r 相关的一系列准动量值 y 附近。

事实上，对 y 的分布 $|\phi_2(y)|^2$ 有如下的严格结论。

命题 2.3.5　$|\phi_2\rangle$ 的测量值 y 处于区间 $\left(j\dfrac{N}{r} - \dfrac{1}{2}, j\dfrac{N}{r} + \dfrac{1}{2}\right]$ 的概率 $> \dfrac{4}{\pi^2 r} - \mathcal{O}\left(\dfrac{1}{N}\right)$，即量子态 $|\phi_2\rangle$ 主要分布于 $j\dfrac{N}{r}$ $(j = 0, \cdots, r-1)$ 附近。

证明　在计算基下测量 $|\phi_2\rangle$ 得到 y 的概率 $\mathbb{P}(y)$ 为

$$\begin{aligned}
\mathbb{P}(y) &= \left| \frac{1}{\sqrt{NA}} e^{2\pi i x_0 y/N} \sum_{k=0,1,\cdots,A-1} e^{2\pi i k r y/N} \right|^2 \\
&= \frac{1}{NA} \left| \sum_{k=0,1,\cdots,A-1} e^{2\pi i k r y/N} \right|^2 \\
&= \frac{1}{NA} \left| \frac{1 - e^{2\pi i A r y/N}}{1 - e^{2\pi i r y/N}} \right|^2
\end{aligned}$$

当 $r|N$ 时，有 $N=Ar$，代入上式中的分子得到

$$1-e^{2\pi iAry/N}=1-e^{2\pi iy}=0$$

因此,

$$\mathbb{P}(y)=\begin{cases}0, & N\nmid yr\\ \dfrac{A}{N}, & N|yr\end{cases} \tag{2.37}$$

故 $|\phi_2\rangle$ 等概率地分布在 $y=j\dfrac{N}{r}$ $(j=0,\cdots,r-1)$ 处。

当 $r\nmid N$ 时，假设 $N\gg r$，我们来说明 $\mathbb{P}(y)$ 仍分布在 $j\dfrac{N}{r}$ $(j\in\mathbb{Z})$ 附近。事实上，每个区间 $\left(j\dfrac{N}{r}-\dfrac{1}{2},j\dfrac{N}{r}+\dfrac{1}{2}\right]$ 中都恰好包含一个整数点$\Big($距离 $j\dfrac{N}{r}$ 最近的整数，记为 $y_j\Big)$，共有 r 个这样的区间和整数点，即 $\{y_0,y_1,\cdots,y_{r-1}\}$。

我们来计算测量获得 $|y_j\rangle$（j 为给定值）的概率 $\mathbb{P}(y_j)$。为此，令 $\theta=\dfrac{2\pi ry_j}{N}$，则

$$\mathbb{P}(y_j)=\frac{1}{NA}\left|\frac{1-e^{iA\theta}}{1-e^{i\theta}}\right|^2=\frac{1}{NA}\left|\frac{1-e^{iA\theta'}}{1-e^{i\theta'}}\right|^2$$

第二个等式对变量作了简单的平移变换 $\theta'=\theta-2\pi j$，平移后的变量满足 $\theta'\in\left(-\dfrac{\pi r}{N},\dfrac{\pi r}{N}\right]$。若考虑到 $A-1<\dfrac{N}{r}$，则有 $|(A-1)\theta'|<\pi$。

为进一步估计概率 $\mathbb{P}(y_j)$ 的下限，需分别给出分子 $|1-e^{iA\theta'}|^2$ 的下限和分母 $|1-e^{i\theta'}|^2$ 的上限。由于函数 $|1-e^{ix}|=2\left|\sin\dfrac{x}{2}\right|$，利用 $|\sin x|$ 如图 2.17所示的性质，下面的不等式总成立：

$$\begin{aligned}&|1-e^{ix}|\leqslant|x|\\&|1-e^{ix}|\geqslant\frac{2|x|}{\pi}\qquad(-\pi\leqslant x\leqslant\pi)\end{aligned} \tag{2.38}$$

利用这两个不等式（2.38)，可得

$$\left|\frac{1-e^{iA\theta'}}{1-e^{i\theta'}}\right|=\left|\frac{1-e^{i(A-1)\theta'}}{1-e^{i\theta'}}+e^{i(A-1)\theta'}\right|\geqslant\left|\frac{1-e^{i(A-1)\theta'}}{1-e^{i\theta'}}\right|-1\geqslant\frac{2A}{\pi}-\left(1+\frac{2}{\pi}\right)$$

由此得到 $\mathbb{P}(y_j)$ 的下限为

$$\frac{1}{NA}\left(\frac{2A}{\pi}-\mathcal{O}(1)\right)^2=\frac{4}{\pi^2r}-\mathcal{O}\left(\frac{1}{N}\right)$$

显然，此下限与 j 无关。 □

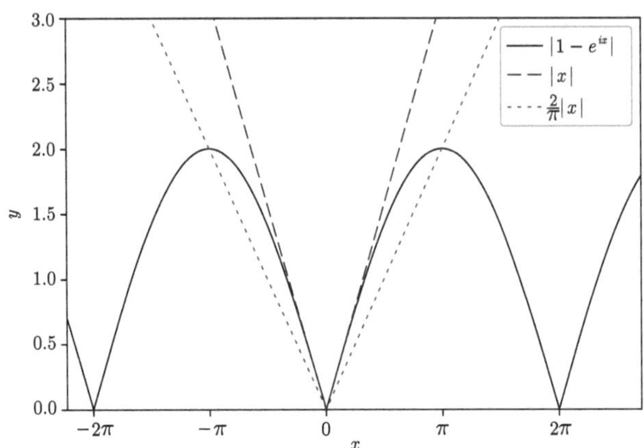

图 2.17　$\sin x$ 函数的性质：在区间 $x \in \left[0, \dfrac{\pi}{2}\right]$，函数 $\sin x$ 的下限由函数 $y = \dfrac{2}{\pi}x$ 确定（凸性质）；而函数 $\sin x$ 的上限由 $y = x$ 确定。函数 $|\sin x|$ 在区间 $x \in \left[-\dfrac{\pi}{2}, 0\right]$ 的类似性质可通过其偶性质获得

(5) 对寄存器 1 中的 n 个量子比特进行测量。前面的命题表明：当 N 很大时，我们将以不低于 $\dfrac{4}{\pi^2 r}$ 的概率获得某个指定的量子态 $|y_j\rangle$（j 固定）。若我们不区分 j，仅要求测量结果 y 满足如下条件：

$$\begin{aligned} &\exists j \text{使得} y \in \left(j\frac{N}{r} - \frac{1}{2}, j\frac{N}{r} + \frac{1}{2}\right] \\ \text{或等价地}\quad &\exists j \text{使得} \frac{y}{N} \in \left(\frac{j}{r} - \frac{1}{2N}, \frac{j}{r} + \frac{1}{2N}\right] \end{aligned} \tag{2.39}$$

则由于共有 r 个不同的 j，测量得到满足条件式 (2.39) 的 y 的概率为 $\dfrac{4}{\pi^2 r} \cdot r = \dfrac{4}{\pi^2} \approx 0.405$。

特别注意，测量得到的结果 y 是否满足条件式 (2.39) 并不能先验得知，亦无直接的方法在现阶段进行验证，此假设的正确性需通过下面的推论来检验。

得到测量结果 y 就确定了有理数 $\dfrac{y}{N}$，但这还未给出周期 r 的任何信息（r 才是计算目标）。要获得 r 的信息，我们需利用连分式的性质。

连分式性质

任意实数 x 均可表示为简单连分式 (simple continued fractions)形式：

$$x = a_0 + \cfrac{1}{a_1 + \cfrac{1}{a_2 + \cfrac{1}{a_3 + \cdots}}}$$

其中 a_0 为整数，而 a_i（$i=1,2,\cdots$）均为正整数。连分式可简单地记为 $x=[a_0,a_1,a_2,a_3,\cdots]$。若 x 为有理数，则连分式长度（a_i 的个数）为有限值，且有两个等价的表示 (一个长度为偶数，另一个长度为奇数)，如 8/21 的连分式可表示为 $[0,2,1,1,1,2]$ 或 $[0,2,1,1,1,1,1]$。而对无理数 x，其连分式表示唯一且长度 n 为无穷，如圆周率 π 可表示成连分式 $[3,7,15,1,292,\cdots]$。

对任意实数 x 的连分式 $[a_0,a_1,a_2,a_3,\cdots]$ 可定义其 i 阶近似（有理近似）为

$$\frac{p_i}{q_i}=a_0+\cfrac{1}{a_1+\cfrac{1}{\cdots+\cfrac{1}{a_i}}} \tag{2.40}$$

显然，p_i 和 q_i 均为整数且它们与整数 a_k（$k=0,1,\cdots,i$) 之间满足如下递推关系：

$$\begin{aligned}&q_0=1,\quad q_1=a_1\\&p_0=a_0,\quad p_1=a_1a_0+1\\&p_k=a_kp_{k-1}+p_{k-2},\quad q_k=a_kq_{k-1}+q_{k-2}\quad(k=2,3,\cdots)\end{aligned} \tag{2.41}$$

按 p_i 和 q_i 的定义，通过数学归纳法可得其如下性质：

$$q_i<q_{i+1} \tag{2.42}$$

$$p_{i-1}q_i-p_iq_{i-1}=(-1)^i \tag{2.43}$$

显然，对无理数，当 $i\to\infty$ 时，$\dfrac{p_i}{q_i}$ 将收敛到 x；而对长度为 n 的有理数，$i\to n$ 时，$\dfrac{p_i}{q_i}$ 也将趋于 x。连分式近似 $\dfrac{p_i}{q_i}$ 的精度（与准确值的差异）由如下定理确定。

定理 2.3.6 若 $\dfrac{p_i}{q_i}$ 为实数 x 的 i 阶近似，那么，$\dfrac{1}{2q_iq_{i+1}}<\left|x-\dfrac{p_i}{q_i}\right|<\dfrac{1}{q_{i+1}q_i}<\dfrac{1}{q_i^2}$ 且 $\dfrac{p_i}{q_i}$ 是 x 的分母不大于 q_i 的最佳有理近似。

例 (π 的连分式近似及精度)

（1）π 的一阶连分式近似为 $\dfrac{22}{7}=3.14285\cdots$，它与 π 的误差在小数点后第 3 位 $\left(\text{即误差在}10^{-3}\text{量级}<\dfrac{1}{49}\right)$；

(2)π 的第二阶近似为 $\frac{333}{106}=3.141509\cdots$ $\left(\text{误差在}10^{-5}\text{量级}<\frac{1}{106^2}\right)$;

(3) π 的三阶近似即为著名的祖冲之密率 $\frac{355}{113}$，与 π 的误差在 10^{-7} 量级 $\left(<\frac{1}{113^2}\right)$。

由此可见，圆周率在连分式近似下快速收敛。

基于连分式的性质，我们有如下定理。

定理 2.3.7　对给定有理数 x,若有理数 $\frac{p}{q}$(p,q 互质) 满足条件 $\left|\frac{p}{q}-x\right|\leqslant\frac{1}{2q^2}$，则 $\frac{p}{q}$ 是 x 的某阶连分式近似。

我们来构造性证明此定理。

证明　设有理数 $\frac{p}{q}$ 的连分式表示为 $[a_0,a_1,\cdots,a_n]$（不妨设 n 为偶数），它的各阶连分式近似记为

$$\frac{p_0}{q_0},\quad \frac{p_1}{q_1},\quad \frac{p_2}{q_2},\quad ,\cdots,\quad \frac{p_n}{q_n}=\frac{p}{q}$$

按 x 满足的条件 $\left|\frac{p}{q}-x\right|\leqslant\frac{1}{2q^2}$ 可令

$$x=\frac{p_n}{q_n}+\frac{\delta}{2q_n^2}$$

其中 $|\delta|\leqslant 1$。不失一般性，设 $\delta>0$。若令

$$\lambda=\frac{2}{\delta}(p_{n-1}q_n-p_nq_{n-1})-\frac{q_{n-1}}{q_n} \tag{2.44}$$

则直接计算可知:

$$\frac{\lambda p_n+p_{n-1}}{\lambda q_n+q_{n-1}}=\frac{p_n}{q_n}+\frac{\delta}{2q_n^2}=x$$

对比连分式递推公式 (2.41)，前面的等式表明 x 可形式地表示为连分式 $[a_0, a_1,\cdots,a_n,\lambda]$（其中 λ 可为非整数)。

按连分式近似的性质式 (2.43) 可得

$$p_{n-1}q_n-p_nq_{n-1}=(-1)^n=1,\qquad n\text{为偶数}$$

因此，代入 λ 的表达式 (2.44) 可得

$$\lambda=\frac{2}{\delta}-\frac{q_{n-1}}{q_n}$$

设 λ 的连分式表示为 $[b_0, b_1, \cdots, b_m]$ ($b_i, i = 1, 2, \cdots$ 为正整数)。由 $\delta \leqslant 1$ 可知，λ 为大于 1 的有理数 $\left(\dfrac{\delta}{2} > 2 \text{ 而 } \dfrac{q_{n-1}}{q_n} < 1\right)$，因此 b_0 也为正整数。

综上，x 的连分式可表示为 $[a_0, a_1, \cdots, a_n, b_0, b_1, \cdots, b_m]$，且 p/q 正好是它的 n 阶近似。 □

特别地，当 $x = \dfrac{y}{N}$ 且有理数 $\dfrac{j}{r}$ 满足 $\left|x - \dfrac{j}{r}\right| \leqslant \dfrac{1}{2N}$ 和 $N > r^2$ 时，$\dfrac{j}{r}$ 是 $\dfrac{y}{N}$ 的连分式近似。更重要的是，这样的 $\dfrac{j}{r}$ 由 $\dfrac{y}{N}$ 唯一确定，即有如下定理。

定理 2.3.8 给定有理数 $\dfrac{y}{N}$，若有理数 $\dfrac{j}{r}$ 满足 $\left|\dfrac{y}{N} - \dfrac{j}{r}\right| \leqslant \dfrac{1}{2N}$ 且 $N > r^2$，则 $\dfrac{j}{r}$ 由 $\dfrac{y}{N}$ 唯一确定。

证明 假设有另一个有理数 $\dfrac{j'}{r'}$ 也满足定理中的条件，则易知

$$\left|\frac{j'}{r'} - \frac{j}{r}\right| = \left|\frac{j'}{r'} - \frac{y}{N} + \frac{y}{N} - \frac{j}{r}\right| \leqslant \left|\frac{j'}{r'} - \frac{y}{N}\right| + \left|\frac{y}{N} - \frac{j}{r}\right| = \frac{1}{N}$$

即

$$\frac{|j'r - jr'|}{rr'} = \left|\frac{j'}{r'} - \frac{j}{r}\right| \leqslant \frac{1}{N}$$

因 $N > r^2$ 和 $N > r'^2$，故 $N > rr'$，则有

$$\frac{|j'r - jr'|}{rr'} \leqslant \frac{1}{N} < \frac{1}{rr'}$$

对比可知分子 $|j'r - jr'|$ 为小于 1 的整数，即 $j'r - jr' = 0$，换言之，一定有 $\dfrac{j'}{r'} = \dfrac{j}{r}$。唯一性得证。 □

事实上，上面两个定理对任意实数 x 均成立。根据前面的两个定理，将测量得到的有理数 $\dfrac{y}{N}$ 表示为简单连分式形式，写出它的各阶近似有理数，进而确定满足条件的 j 和 r。

例 2.1 $N = 21$ 时，不同测量结果对应的结果

（1）测量结果为 $y = 8$。

此时 $\dfrac{y}{N} = \dfrac{8}{21}$，求有理数 $\dfrac{j}{r}$ 使得 $\left|\dfrac{j}{r} - \dfrac{8}{21}\right| \leqslant \dfrac{1}{2 \times 21}$ (其中 $r \leqslant \sqrt{21} = 4.58$)。

按前面的定理，先将 $\dfrac{8}{21}$ 写为连分式形式，即

$$\frac{8}{21}=0+\cfrac{1}{2+\cfrac{1}{1+\cfrac{1}{1+\cfrac{1}{1+\cfrac{1}{2}}}}}=[0,2,1,1,1,2]$$

其各阶近似为

$$\frac{p_0}{q_0}=0,\quad \left|\frac{p_0}{q_0}-\frac{8}{21}\right|=\frac{8}{21}$$

$$\frac{p_1}{q_1}=\frac{1}{2},\quad \left|\frac{p_1}{q_1}-\frac{8}{21}\right|=\frac{5}{42}$$

$$\frac{p_2}{q_2}=\cfrac{1}{2+\cfrac{1}{1}}=\frac{1}{3},\quad \left|\frac{p_2}{q_2}-\frac{8}{21}\right|=\frac{1}{21}$$

$$\frac{p_3}{q_3}=\cfrac{1}{2+\cfrac{1}{1+\cfrac{1}{1}}}=\frac{2}{5},\quad \left|\frac{p_3}{q_3}-\frac{8}{21}\right|=\frac{2}{105}$$

$$\frac{p_4}{q_4}=\cfrac{1}{2+\cfrac{1}{1+\cfrac{1}{1+\cfrac{1}{1}}}}=\frac{3}{8},\quad \left|\frac{p_4}{q_4}-\frac{8}{21}\right|=\frac{1}{168}$$

$$\frac{p_5}{q_5}=\cfrac{1}{2+\cfrac{1}{1+\cfrac{1}{1+\cfrac{1}{1+\cfrac{1}{2}}}}}=\frac{8}{21}$$

没有满足条件的 $\frac{j}{r}$。

（2）测量结果为 $y=10$。

此时 $\frac{y}{N}=\frac{10}{21}$，求有理数 $\frac{j}{r}$ 使得 $\left|\frac{j}{r}-\frac{10}{21}\right|\leqslant\frac{1}{2\times 21}$ (其中 $r\leqslant\sqrt{21}=4.58$)。

按前面的定理，先将 $\frac{10}{21}$ 写为连分式形式，即

$$\frac{10}{21}=0+\cfrac{1}{2+\cfrac{1}{10}}=[0,2,10]$$

其各阶近似为

$$\frac{p_0}{q_0}=0,\quad \left|\frac{p_0}{q_0}-\frac{10}{21}\right|=\frac{10}{21}$$
$$\frac{p_1}{q_1}=\frac{1}{2},\quad \left|\frac{p_1}{q_1}-\frac{10}{21}\right|=\frac{1}{42}$$
$$\frac{p_2}{q_2}=\frac{1}{2+\frac{1}{10}}=\frac{10}{21},\quad \left|\frac{p_2}{q_2}-\frac{10}{21}\right|=0$$

显然，仅 1 阶近似 $\frac{1}{2}$ 满足条件。

(6) 通过连分式，每个测量结果 y 都能确定一组对应的 j 和 r[①]，且不同 y 对应于不同的 j；仅当 j 与 r 互质时，才能获得正确的周期 r。在不大于 r 的整数 j 中与 r 互质的数目为 $\phi(r)$（$\phi(r)$ 称为欧拉函数），若假设通过测量结果 y 获得的 j 在 $\{0,1,2,\cdots,r-1\}$ 上均匀分布，则通过某次测量结果 y_0 获得正确结果（j 与 r 互质）的概率为 $\phi(r)/r$。根据结论[②]，

$$\phi(r)/r>\frac{1}{e^{\gamma}\ln\ln r+\frac{3}{\ln\ln r}}\qquad (r>2)$$

其中的 γ 为欧拉常数 ≈ 0.577，则得到正确周期 r 的总概率大于

$$\frac{4}{\pi^2}\frac{1}{e^{\gamma}\ln\ln r+\frac{3}{\ln\ln r}}\qquad (r>2)$$

综合整个算法，只需重复 $\mathcal{O}(\log\log N)$ 次就可获得正确的周期 r（要求 $N>r^2$），这显然是一个有效算法。

2.3.2.4 Shor 算法

Shor 算法[③]解决的是一个被称为大数因式分解的问题，它在密码学和应用数学中都起着重要作用，Shor 算法的发现是量子计算和量子信息发展的关键性里程碑。质数无疑是数论中最重要、最深刻的概念，任何合数都可分解为一系列质因子之积。然而，寻找任意给定合数的质因子并不是一件容易的事情，特别是当此合数非常大且仅有两个质因子时（判定一个数是否为质数

① 对某些 y 可能不存在满足条件的 j 和 r。

② 参见文献 J. B. Rosser and L. Schoenfeld, Illinois J. Math. **6**, 64-94 (1962).

③ 参见文献 P.W. Shor, Proceedings 35th Annual Symposium on Foundations of Computer Science (1994), p. 124-134; P. W. Shor, SIAM J. Sci. Statist. Comput. **26**, 1484 (1997).

是 P 问题，参见第一章中 P 问题示例)。正是基于大数因式分解问题的难解性（此问题已知最优算法的复杂度 $\mathcal{O}(2^{n^{1/3}})$ 仍随大数规模呈指数增长），Rivest，Shamir 和 Adleman 等人于 1977 年创建了以他们名字命名的 RSA 密码体系[①]。这一密码体系已被广泛应用于银行、政府、国家安全系统等领域。因此，大数因式分解问题的复杂程度将直接影响到国家安全和个人隐私。尽管没有找到它属于 P 问题（即存在多项式时间的经典算法）的证据，也无法证明它是否属于 NPC 问题，但 Shor 算法表明，量子计算机可在多项式时间内解决大数因子问题（即它是 BQP 问题)。大数因式分解问题是典型的 NP 问题：虽然其求解很困难，但一旦给出两个因子，很容易验证它们是否正确（简单的乘法运算即可)。

两个质因子相乘而得的合数在数学上称为半质数（semiprime)，有时也称为 RSA 数。质数有无穷多个，半质数也有无穷多个，已知最大的 RSA 数（半质数）有 2048 位（二进制)，记为 RSA-2048。而大数因式分解就是求 RSA 数的质因子，即：

问题 2.3.9 (大数因式分解问题)　已知一个大数 N 是 RSA 数，求 N 的非平凡质因子。

求解此问题的量子算法如下。

（1）首先，将大数因式分解问题转化为一个函数周期的求解问题。随机产生一个正整数 a，利用欧几里得算法可在多项式时间内计算 a 与 N 的最大公因子 $\mathrm{GCD}(a,N)$。如果 $\mathrm{GCD}(a,N)$ 不为 1，那么 $\mathrm{GCD}(a,N)$ 就是 N 的一个非平凡因子，问题已解决。不失一般性，令 $\mathrm{GCD}(a,N)=1$。

（2）因此，我们得到了两个互质的整数 a 和 N。由数论知识，存在最小整数 r_a 使得 $a^{r_a}\equiv 1 \mod N$。由此，函数 $f_{a,N}(x)=a^x \mod N$ 是周期为 r_a 的函数，即

$$\begin{aligned}
f_{a,N}(x+r_a) &\equiv a^{x+r_a} \mod N\\
&\equiv a^x\cdot a^{r_a} \mod N\\
&\equiv a^x \mod N\\
&\equiv f_{a,N}(x)
\end{aligned}$$

根据 2.3.2.3 节求函数周期的算法，利用量子傅里叶变换，可在多项式时间内求得此周期 r_a。

（3）假设 r_a 为偶数（若 r_a 为奇数，则重新选取 a，重复前面求周期的步骤，

① 参见文献 R. L. Rivest, A. Shamir, and L. Adleman, Commun. ACM 21, 120-126 (1978).

直到 r_a 为偶数为止)，则 $a^{r_a}-1$ 可进行因式分解 $(a^{r_a/2}+1)(a^{r_a/2}-1)$。由此，$a^{r_a}-1\equiv 0 \mod N$ 可重新表述为

$$(a^{r_a/2}+1)(a^{r_a/2}-1)\equiv 0 \mod N \tag{2.45}$$

首先，$a^{r_a/2}-1\neq 0 \mod N$ (N 不能整除 $a^{r_a/2}-1$)，否则，函数 $f_{a,N}(x)$ 将有周期 $\dfrac{r_a}{2}$，这与 r_a 为最小周期相矛盾。下面我们来考虑因子 $a^{r_a/2}+1$ 的情况。

若 $a^{r_a/2}+1\neq 0 \mod N$ 也成立 (N 不能整除 $a^{r_a/2}+1$)，由等式 (2.45) 可知，$a^{r_a/2}-1$ 和 $a^{r_a/2}+1$ 都包含 N 中的一个非平凡因子 (否则 $a^{r_a/2}-1$ 或 $a^{r_a/2}+1$ 需包含 N 的两个非平凡因子，此时它能被 N 整除，与假设矛盾)。因此，只需计算 $\text{GCD}(N,a^{r/2}+1)$ 和 $\text{GCD}(N,a^{r/2}-1)$ 即可获得 N 的非平凡因子。

若 $a^{r_a/2}+1\equiv 0 \mod N$，那么，重新选取 a，并重复前面的计算步骤，直到 $a^{r_a/2}+1\neq 0 \mod N$ 为止。

综上,要获得 N 的非平凡因子,需同时满足条件:①周期 r_a 为偶数;②$a^{r_a/2}+1$ 不能整除 N。每个条件都有一半的概率被满足,两个条件同时满足的概率为 1/4。因此，Shor 算法的时间复杂度由求函数 $f_{a,N}(x)$ 周期的复杂度决定。利用量子傅里叶变换，此函数的周期可在多项式时间内获得。因而，大数因式分解问题可以在多项式时间内求解，相对于已知的最高效经典算法 Shor 算法仍有指数加速。

例 2.2 RSA 数 21 的 Shor 算法分解

按 Shor 算法，

(1) 随机选取一个数 $a=4$，经欧几里得算法计算，它与 $N=21$ 互质。

(2) 构造周期函数 $f_{a,N}(x)\equiv 4^x \mod 21$。

(3) 调用计算函数周期的量子算法,计算函数周期 r ($4^r\equiv 1 \mod 21$)。

(4) 得到周期 $r=3$(不满足偶数条件)。

(5) 重新选择 $a=8$,重复前面的计算得到周期 $r=2$ (满足偶数条件)。

(6) 检验可知 8^1+1 不能被 21 整除。因此，$\text{GCD}(8^1+1,21)=3$ 和 $\text{GCD}(8^1-1,21)=7$ 均为 21 的非平凡因子。

2.3.2.5 量子离散对数算法

定义 (离散对数) 给定质数 p 及集合 $\{1,2,\cdots,p-1\}$，在乘法模 p 运算下①，

① 参见文献 P.W. Shor, Proceedings 35th Annual Symposium on Foundations of Computer Science (1994), p. 124-134; P. W. Shor, SIAM J. Sci. Statist. Comput. **26**, 1484 (1997).

此集合形成群 $\mathbb{Z}_p^*$。$\mathbb{Z}_p^*$ 为循环群，因此，存在生成元 g 使得 $\mathbb{Z}_p^*$ 中所有元素都可写成 g 的幂次形式，即

$$\mathbb{Z}_p^* = \{1, 2, \cdots, p-1\} = \{g^0 = 1, g^1, \cdots, g^{p-2}\}$$

若 $\mathbb{Z}_p^*$ 中元素 b 满足 $b \equiv g^r \mod p$，我们就称 r 为 b 相对于生成元 g 的离散对数。

而所谓的离散对数问题是指：

问题 2.3.10 (离散对数问题)　已知质数 p 以及有限乘法群 $\mathbb{Z}_p^*$ 的生成元为 g，给定 $\mathbb{Z}_p^*$ 中任一元素 b，求 b 的离散对数 r（即满足 $g^r \equiv b \mod p$ 的 r）。

例 2.3　离散对数示例

设质数 $p = 11$，群 $\mathbb{Z}_p^*$ 的生成元为 $g = 2$，可以验证，生成元通过幂次和模 p 的运算依次生成的元素如表 2.1所示。

表 2.1　$\mathbb{Z}_{11}^*$ 中 2 的各次幂

r	0	1	2	3	4	5	6	7	8	9
2^r	1	2	4	8	5	10	9	7	3	6

群 $\mathbb{Z}_p^*$ 中不同元素，具有不同的离散对数，如元素 5 相对于生成元 2 的离散对数为 $r = 4$，而 6 的离散对数为 $r = 9$。

求离散对数最优经典算法的复杂度为 $e^{n^{1/3}(\log n)^{2/3}}$（其中 $n = \log p$），此算法的时间复杂度随问题规模呈指数增长。分离对数问题可转化为一个双变量函数的周期问题，而此函数的周期可利用量子傅里叶变换进行有效求解。

首先，我们来构造此周期函数。考虑加法群：$\mathcal{G} = \mathbb{Z}_{p-1} \times \mathbb{Z}_{p-1}$，其中 $\mathbb{Z}_{p-1}$ 是元素 $\{0, 1, 2, \cdots, p-2\}$ 通过加法模 $p-1$ 运算生成的有限群。在给定 b，g 和 p 的条件下，可建立加法群 $\mathcal{G}$ 与乘法群 $\mathbb{Z}_p^*$ 之间的如下映射：对 $(x_1, x_2) \in \mathcal{G}$，

$$f(x_1, x_2) \equiv g^{x_1} b^{-x_2} \equiv g^{x_1 - r x_2} \mod p-1 \tag{2.46}$$

容易验证 $f(x_1', x_2') = f(x_1, x_2)$ 当且仅当

$$(x_1', x_2') = (x_1, x_2) + k(r, 1), \qquad k \in \mathbb{Z}_{p-1}$$

时成立。因此，$f(x_1, x_2)$ 是周期为 $(r, 1)$ 的函数。因此，从函数 $f(x_1, x_2)$ 的周期就能直接得到离散对数 r。

下面我们将求解周期问题的单变量量子算法推广到双变量情况。在此算法中，量子比特分为三个寄存器：对应变量 x_1 的为寄存器 1（维度为 $p-1$）；对应变量

x_2 的为寄存器 2（维度为 $p-1$），以及作为辅助比特的寄存器 3（维度为 $p-1$）。为简便计算，设 $p-1 \equiv 2^n$，则每个寄存器均包含 n 个量子比特。所有量子比特的初始状态均为 $|0\rangle$。

（1）对寄存器 1 和 2 中所有比特做 Hadamard 门，系统量子态变为

$$|\psi_1\rangle = \frac{1}{p-1}\sum_{x_1=0}^{p-2}\sum_{x_2=0}^{p-2}|x_1\rangle|x_2\rangle\,|0\rangle \tag{2.47}$$

（2）与单变量量子算法类似，通过受控幺正操作 U_f 将函数 $f(x_1,x_2)$ 的信息存储到寄存器 3 中，使这 3 个寄存器纠缠起来:

$$|\psi_2\rangle = U_f|\psi_1\rangle = \frac{1}{p-1}\sum_{x_1=0}^{p-2}\sum_{x_2=0}^{p-2}|x_1\rangle|x_2\rangle|f(x_1,x_2)\rangle$$

此时，对寄存器 3 进行测量，若测量结果为 $f(a_0,b_0)$，则量子寄存器 1 和 2 将处于量子态：

$$|\psi_3\rangle = \frac{1}{\sqrt{p-1}}\sum_{k=0}^{p-2}|a_0+kr\rangle|b_0+k\rangle$$

它具有周期 $(r,1)$。

（3）为提取周期信息，对 $|x_1\rangle$ 和 $|x_2\rangle$ 分别作傅里叶变换（相当于将二维实空间变换到二维动量空间），得到量子态：

$$\begin{aligned}|\tilde{\psi}_3\rangle &= \frac{1}{(p-1)\sqrt{p-1}}\sum_{y_1,y_2}\left(\sum_{k=0}^{p-2}e^{\frac{2i\pi}{p-1}(y_1(a_0+kr)+y_2(b_0+k))}\right)|y_1\rangle|y_2\rangle\\ &= \frac{1}{\sqrt{p-1}}\sum_{y_1,y_2}e^{\frac{2i\pi}{p-1}(y_1a_0+y_2b_0)}\delta(y_1r+y_2)|y_1\rangle|y_2\rangle\\ &= \frac{1}{\sqrt{p-1}}\sum_{y}e^{\frac{2i\pi}{p-1}(y_1a_0+y_2b_0)}|y\rangle|-ry\rangle\end{aligned}$$

由此可见，动量空间的量子态仅分布于满足条件 $|y\rangle|-ry\rangle$ 的计算基处。

（4）若对寄存器 1、2 进行测量，将得到一对 y_1 和 $y_2 \equiv -ry_1 \mod p-1$，且 y_1 在 $\mathbb{Z}_{p-1}$ 上均匀分布。

(i) 若得到的 y_1 满足 $\mathrm{GCD}(y_1,p-1)=1$，则由数论知识可知，存在 a，b 使得 $ay_1+b(p-1)=1$（即 $ay_1 \equiv 1 \mod p-1$），因此 $ay_2 \equiv -r \mod p-1$。

(ii) 当 y_1 与 $p-1$ 非互质时，不能唯一确定周期 r。

按单变量函数周期中相同的讨论，y_1 与 $p-1$ 互质的概率正比于 $\mathcal{O}(1/\log\log(p-1))$。因此，本算法的主要时间仍消耗在量子傅里叶变换（多项式复杂度）上。

离散对数问题的量子线路如图 2.18所示。

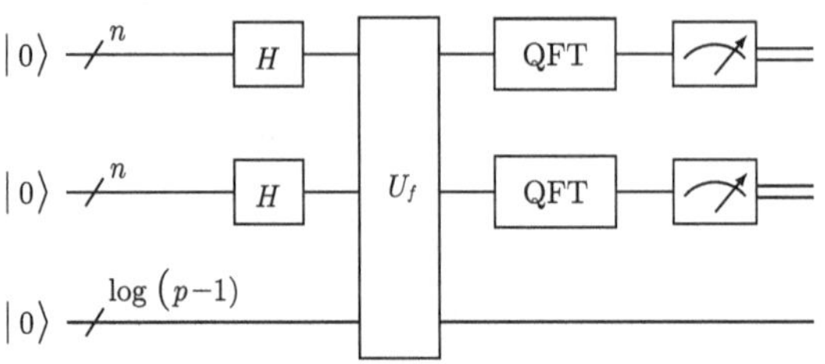

图 2.18　求解离散对数问题的量子线路

2.3.3　有限群上的量子傅里叶变换及其应用

为解决一些更复杂的问题（如隐子群问题），需用到一般有限群上的傅里叶变换（前面的傅里叶变换式 (2.36) 可看作定义在有限群 $\mathbb{Z}_N$（循环群）上）。因此，我们来介绍有限群上的傅里叶变换①。

2.3.3.1　有限群上的量子傅里叶变换

设 $\mathcal{G}$ 为有限群，它共有 n 个不等价、不可约表示（记为 $T^1,T^2,\cdots,T^n$）。按群表示论的知识 (参见附录中推论IIa.13)，这些不等价、不可约表示 T^a 的维数 d_a 与有限群 $\mathcal{G}$ 中的元素个数 $|\mathcal{G}|$ 之间有如下关系：

$$|\mathcal{G}| = \sum_{a=1}^{n} d_a^2 \tag{2.48}$$

基于此，群 $\mathcal{G}$ 上的傅里叶变换可定义如下。

定义　设 $f(g):\mathcal{G}\to\mathbb{C}$ 为有限群 $\mathcal{G}$ 上的函数，其在有限群 $\mathcal{G}$ 上的傅里叶变换 $\tilde{f}$ 定义于 3 元组集合 $\{(a,i,j)|a=1,2,\cdots,n;i,j=1,2,\cdots,d_a\}$ 上：

$$\tilde{f}(a,i,j) = \frac{\sqrt{d_a}}{\sqrt{|\mathcal{G}|}}\sum_{g} T_{ij}^a(g)f(g)$$

其中 T^a 是 $\mathcal{G}$ 的维数为 d_a 的不可约表示。

3 元组 (a,i,j) 中的 a 标识不可约表示 T^a，而 i 和 j 标识不可约表示 T^a 中矩阵元的位置 (i,j)。等式（2.48）保证傅里叶变换前后函数值的个数相等（均为 $|\mathcal{G}|$）。

① 参见文献 A. Kitaev, arXiv: quant-ph/9511026; R. Jozsa, Proc. Royal Soc. Lond. A, **454**, 323-337 (1998).

而量子傅里叶变换可通过两组正交完备基之间的幺正变换来定义, 这两组完备基定义如下。

(1) 每个有限群 $\mathcal{G}$ 上的元素 g 对应一个量子态 $|g\rangle$，且量子态 $|g\rangle$ 与 $|g'\rangle$ 之间满足 $\langle g'|g\rangle = \delta_{gg'}$，则 $\{|g\rangle, g \in \mathcal{G}\}$ 形成 $|\mathcal{G}|$ 维希尔伯特空间中的一组正交完备基。

(2) 对 $\mathcal{G}$ 的每个不可约表示 T^a 定义一组量子态 $|a,i,j\rangle$（对给定不可约表示 a 固定），且

$$\langle a,i,j|a',i',j'\rangle = \delta_{aa'}\delta_{ii'}\delta_{jj'}$$

则根据等式（2.48），$\{|a,i,j\rangle\}$ 也构成 $|\mathcal{G}|$ 维希尔伯特空间中的一组正交完备基。这两组基矢量通过量子傅里叶变换 U_{QFT} 相连接

$$\begin{bmatrix} |g_1\rangle \\ |g_2\rangle \\ \vdots \\ |g_{|\mathcal{G}|}\rangle \end{bmatrix} = U_{\mathrm{QFT}} \begin{bmatrix} |1,1,1\rangle \\ |1,1,2\rangle \\ \vdots \\ |n,d_n,d_n\rangle \end{bmatrix}$$

其中

$$U_{\mathrm{QFT}}(g;a,i,j) = \sqrt{\frac{d_a}{|\mathcal{G}|}} T^a_{ij}(g) \tag{2.49}$$

利用群不可约表示的正交性容易验证量子傅里叶变换 U_{QFT} 的确是一个幺正变换。在正交基 $\{|g\rangle, g \in \mathcal{G}\}$ 基础上，群 $\mathcal{G}$ 上的任意函数 $f(g)$ 均可与量子态 $|f\rangle$ 之间建立一一对应关系（通过映射 ϕ 建立）:

$$\phi: \quad f(g) \quad \Longrightarrow \quad |f\rangle = \sum_g f(g)|g\rangle \tag{2.50}$$

其中 $f(g) = \langle g|f\rangle$ 就是群元素 g 对应的函数值。而量子态 $|f\rangle$ 在量子傅里叶变换下变为

$$U_{\mathrm{QFT}} \sum_g f(g)|g\rangle = \sum_{a,i,j} \sqrt{\frac{d_a}{|\mathcal{G}|}} \sum_g T^a_{ij}(g) f(g)|a,i,j\rangle = |\tilde{f}\rangle \tag{2.51}$$

相当于将 $|f\rangle$ 中的量子态 $|g\rangle$ 换为 $\sum_{a,i,j} \sqrt{\frac{d_a}{|\mathcal{G}|}} T^a_{ij}(g)|a,i,j\rangle$。

再根据映射 ϕ 的逆映射可通过量子态 $|\tilde{f}\rangle$ 定义新的函数 $\tilde{f}(a,i,j)$:

$$\phi^{-1}: \quad |\tilde{f}\rangle = \sum_{a,i,j} \tilde{f}(a,i,j)|a,i,j\rangle \Longrightarrow \tilde{f}(a,i,j)$$

容易验证，$\tilde{f}(a,i,j)$ 就是函数 $f(g)$ 的傅里叶变换后的结果。

量子态与函数之间的映射、量子傅里叶变换和傅里叶变换之间满足图 2.19所示的交换关系。

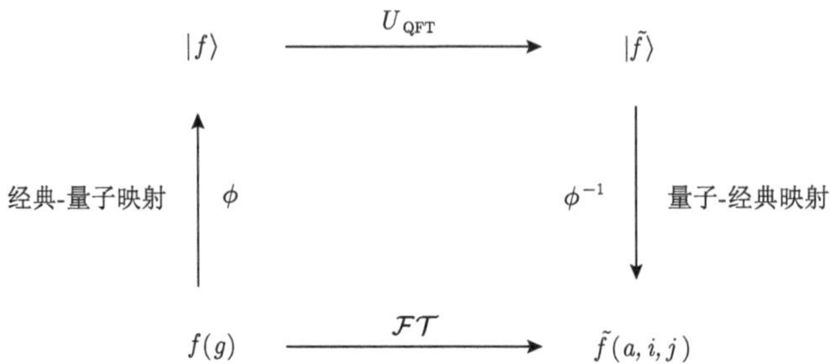

图 2.19 傅里叶变换的经典 – 量子关系图：定义在群上的函数 $f(g)$ 均可按等式 (2.50) 的形式映射到量子态 $|f\rangle$, 在量子态 $|f\rangle$ 上作量子傅里叶变换 $U_{\rm QFT}$ 后，再按 ϕ 的逆映射得到新的函数 $\tilde{f}(a,i,j)$；$\tilde{f}(a,i,j)$ 与直接对函数 $f(g)$ 作傅里叶变换 $\mathcal{FT}$ 一致

通过图 2.19 中的关系可知：群 $\mathcal{G}$ 上函数 $f(g)$ 的傅里叶变换（经典）可通过量子态 $|f\rangle$ 上的量子傅里叶变换来实现。那么，有限群上的量子傅里叶变换（幺正变换 $U_{\rm QFT}$）是否能由量子线路有效实现呢？

（1）有限阿贝尔群上的量子傅里叶变换总可被量子线路有效实现。

阿贝尔群 $\mathcal{G}$ 的不可约表示均为一维（$d_a=1$) 且共有 $|\mathcal{G}|$ 个不等价的一维不可约表示。因此，阿贝尔群 $\mathcal{G}$ 上的量子傅里叶变换可简化为

$$U_{\rm QFT}\sum_g f(g)|g\rangle=\frac{1}{\sqrt{|\mathcal{G}|}}\sum_a\sum_g \chi^a(g)f(g)|a\rangle \tag{2.52}$$

其中 $\chi^a(g)={\rm Tr}(T^a(g))=\sum_i T^a_{ii}(g)$ 是元素 g 在不可约表示 T^a 中的特征标 (特征标的定义及性质见本章附录)。在一维不可约表示 T^a 中，$T^a_{ij}(g)$ 的参数 i 和 j 都仅有一个取值，因此，不可约表示 $T^a(g)$ 的特征标求和仅包含一项 (T^a_{11})。

(i) 循环群 $\mathbb{Z}_N$ 上的量子傅里叶变换可有效实现。循环群 $\mathbb{Z}_N$ 的不可约表示可表示为

$$T^a(g)=e^{\frac{2\pi i a\cdot g}{N}},\qquad a,g\in\mathbb{Z}_N=\{0,1,\cdots,N-1\} \tag{2.53}$$

因此，按定义 $\mathbb{Z}_N$ 上的量子傅里叶变换为

$$U_{{\rm QFT},\mathbb{Z}_N}\sum_g f(g)|g\rangle=\frac{1}{\sqrt{N}}\sum_a\sum_g e^{\frac{2\pi i a\cdot g}{N}}f(g)|a\rangle \tag{2.54}$$

这就是我们最初在式（2.36）中定义的量子傅里叶变换，它可由图 2.14中的量子线路有效实现。

(ii) 有限阿贝尔群 $\mathcal{G}_\mathcal{A}$ 上的量子傅里叶变换可有效实现。

由于任意有限阿贝尔群与循环群间有如下定理。

定理 2.3.11 每个有限阿贝尔群 $\mathcal{G}_{\mathcal{A}}$ 均同构于一组循环群 $\mathbb{Z}_{N_j}$ 的直积：

$$\mathcal{G}_{\mathcal{A}} \cong \mathbb{Z}_{N_1} \otimes \mathbb{Z}_{N_2} \otimes \cdots \otimes \mathbb{Z}_{N_k}$$

因此，有限阿贝尔群 $\mathcal{G}_{\mathcal{A}}$ 与 $\mathbb{Z}_{N_1} \otimes \mathbb{Z}_{N_2} \otimes \cdots \otimes \mathbb{Z}_{N_k}$ 有相同的表示。由附录中命题 IIa.16可知，群 $\mathbb{Z}_{N_1} \otimes \mathbb{Z}_{N_2} \otimes \cdots \otimes \mathbb{Z}_{N_k}$ 的不等价、不可约表示均可表示为

$$T^{\mathbf{a}}(g) = \otimes_j T^{a_j}(g_j) \tag{2.55}$$

其中 $T^{a_j}(g_j) = e^{\frac{2\pi i a_j \cdot g_j}{N_j}}$ 是群 $\mathbb{Z}_{N_j}$ 的不可约表示 T^{a_j} 中元素 g_j 对应的 1×1 矩阵；$\mathbf{a} = (a_1, \cdots, a_k), g = (g_1, \cdots, g_k)$ 且 a_j，$g_j \in \mathbb{Z}_{N_j}$ $(1 \leqslant j \leqslant k)$。

因此，有限阿贝尔群 $\mathcal{G}_{\mathcal{A}}$ 上的量子傅里叶变换可表示为

$$\begin{aligned}
U_{\text{QFT},\mathcal{A}}|g\rangle &= \frac{1}{\sqrt{|\mathcal{G}|}} \sum_{\mathbf{a}} \chi^{\mathbf{a}}(g)|\mathbf{a}\rangle = \frac{1}{\sqrt{|\mathcal{G}|}} \sum_{\mathbf{a}} T^{\mathbf{a}}(g)|\mathbf{a}\rangle \\
&= \frac{1}{\sqrt{N_1 N_2 \cdots N_k}} \sum_{\mathbf{a}} \otimes_j T^{a_j}(g_j)|\mathbf{a}\rangle \\
&= \frac{1}{\sqrt{N_1 N_2 \cdots N_k}} \sum_{\mathbf{a}} \otimes_j T^{a_j}(g_j) \otimes_j |a_j\rangle \\
&= \otimes_j \left(\frac{1}{\sqrt{N_j}} \sum_{a_j} T^{a_j}(g_j)|a_j\rangle \right) \quad (\text{不同表示之间正交}) \\
&= \otimes_j \left[U_{\text{QFT},\mathbb{Z}_{N_j}} |g_j\rangle \right] = \left[\otimes_j U_{\text{QFT},\mathbb{Z}_{N_j}} \right] |g\rangle
\end{aligned} \tag{2.56}$$

这表明 $U_{\text{QFT},\mathcal{A}} = \otimes_j U_{\text{QFT},\mathbb{Z}_{N_j}}$，即 $\mathcal{G}_{\mathcal{A}}$ 上的量子傅里叶变换可分解为不同循环群上的量子傅里叶变换。因此，它也可由量子线路有效实现。

（2）对 $\mathcal{G}$ 为非阿贝尔群的情况，除一些特殊情况（如置换群 $\mathcal{S}_N$）能被有效实现外，还没有通用的有效量子线路。

2.3.3.2 隐子群问题算法

下面我们利用定义在有限群上的量子傅里叶变换来求解隐子群问题①。隐子群定义如下。

定义 (隐子群) 给定群 $\mathcal{G}$，有限集合 $\mathbb{S}$ 以及它们之间的映射函数 $f: \mathcal{G} \to \mathbb{S}$。若存在 $\mathcal{G}$ 中的子群 $\mathcal{H}$，使得对任意 $s \in f(\mathcal{G})$，s 的原像 $f^{-1}(s)$ 均为 $\mathcal{H}$ 的某个陪

① 参见文献 S. Hallgren, A. Russell, and A. Ta-Shma, in: Proceedings of the 32nd annual ACM Symposium on Theory of Computing (ACM, 2000), p. 627-635; R. Jozsa, Comput. Sci. Eng. **3**, 34-43 (2001).

集 $g\mathcal{H}$，则称 $\mathcal{H}$ 为群 $\mathcal{G}$ 中与函数 f 相对应的隐子群。

隐子群的定义可简单地图示为图 2.20。

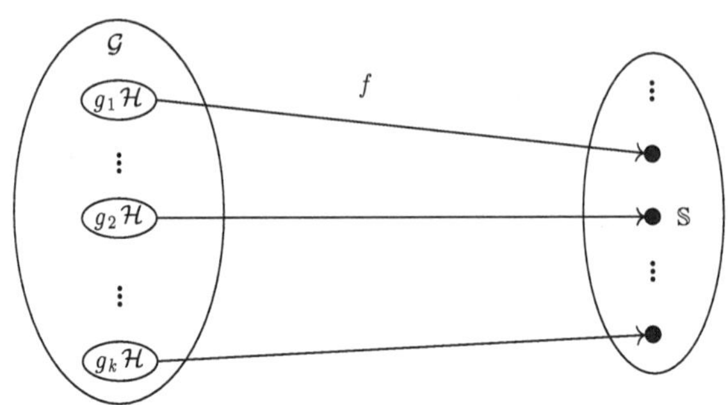

图 2.20　隐子群：左边大椭圆表示群元素形成的集合 $\mathcal{G}$，而小椭圆表示 $\mathcal{H}$ 的不同陪集；右边表示集合 $\mathbb{S}$。它们之间的映射 f 满足条件：群 $\mathcal{G}$ 中多个元素映射到 $\mathbb{S}$ 中同一个元素，且 $\mathbb{S}$ 中的任意元素都是 $\mathcal{G}$ 中某个子群 $\mathcal{H}$ 的陪集的像

问题 2.3.12 (隐子群问题)　给定群 $\mathcal{G}$，有限集合 $\mathbb{S}$ 以及它们之间的映射函数 $f:\mathcal{G}\to\mathbb{S}$，寻找 $\mathcal{G}$ 中与函数 f 相对应的隐子群（如果存在）。

隐子群问题应用广泛，Simon 问题、周期问题以及离散对数问题都可归结为隐子群问题。不同问题对应的群 $\mathcal{G}$、隐子群 $\mathcal{H}$、集合 $\mathbb{S}$ 以及映射函数 f 如表 2.2 所示。

表 2.2　不同问题对应的隐子群问题①

问题	群 $\mathcal{G}$	映射函数 f	集合 $\mathbb{S}$	隐子群 $\mathcal{H}$	备注
Simon 问题	$\mathbb{Z}_2^n$	$f(x_1)=f(x_2)$，当且仅当 $x_1=x_2\oplus a$	$\mathbb{Z}_2^n$	$\{0,a\}$	a 是长为 n 的比特串
Shor 算法 (周期问题)	$\mathbb{Z}_N$	$f(x)\equiv a^x \mod N_0$	$\mathbb{Z}_N$	$r\mathbb{Z}_N$	N_0 为待分解整数 $\mathrm{GCD}(a,N_0)=1$; $N=\mathcal{O}(N_0^2)$
离散对数问题	$\mathbb{Z}_{p-1}\times\mathbb{Z}_{p-1}$	$f(x_1,x_2)\equiv g^{x_1}b^{-x_2} \mod p$	$\mathbb{Z}_p^*$	$(r,1)\mathbb{Z}_{p-1}$	p 为质数; g 为 $\mathbb{Z}_p^*$ 的生成元; $b\equiv g^r \mod p$
图同构问题	$\mathcal{S}_{2n}$	$f(s)=s(G_0)$	包含 $2n$ 个顶点的图	$\mathrm{Aut}(G_0)$	$G_0=G_1\cup G_2$; $\mathrm{Aut}(G_0)$ 为 G_0 的自同构群

① 表引自 F. Wang, Master thesis of the Aarhus Universitet (2010).

其他问题的说明都相对简单，我们仅说明图同构问题可转化为隐子群问题。

例 2.4 图同构是隐子群问题

问题 2.3.13 (图同构问题) 给定两个连通图 $G_1=(V_1,E_1)$ 和 $G_2=(V_2,E_2)$，假设 $V_1=V_2=\{1,2,\cdots,n\}$，判断这两个图是否同构。

两个图 G_1 与 G_2 同构是指：

定义 (图同构) *设 $G_1=(V_1,E_1)$ 与 $G_2=(V_2,E_2)$ 是两个满足 $|V_1|=|V_2|$ 的图，G_1 与 G_2 同构是指：存在顶点集合 V_1 与 V_2 之间的一个双射 $\pi:V_1\to V_2$ 使得*

$$(i,j)\in E_1 \Longleftrightarrow (\pi(i),\pi(j))\in E_2, \qquad \text{对 } \forall i,j\in V_1 \text{成立} \tag{2.57}$$

特别地，图 G 可与其自身同构（称之为自同构），所有自同构变换 π 在映射的复合运算下形成群结构，记作 Aut(G)。显然，Aut(G) 是图 G 的顶点 V 上的置换群 $\mathcal{S}_{|V|}$ 的子群。

下面我们将说明图同构问题可转化为置换群 $\mathcal{S}_{|V|}$ 上的隐子群问题。首先，我们有如下定理。

定理 2.3.14 *令所有与图 $G=(V,E)$ 具有相同顶点的图组成集合 $\tilde{S}$，且置换群 $\mathcal{S}_{|V|}$ 在 $\tilde{S}$ 上的作用定义为*

$$s(\tilde{G})=s(\tilde{V},\tilde{E})=(\tilde{V},\{(s(i),s(j))|(i,j)\in\tilde{E}\}), \quad s\in\mathcal{S}_{|V|}\text{且图}(\tilde{V},\tilde{E})\in\tilde{S}$$

进一步定义函数 $f:\mathcal{S}_{|V|}\to\tilde{S}$ 为 $f(s)=s(\tilde{G})$，则 f 的隐子群为 Aut(G)。

比较隐子群的定义，置换群 $\mathcal{S}_{|V|}$ 对应于定义中的群 $\mathcal{G}$，而 $\tilde{S}$ 对应于定义中的集合 $\mathbb{S}$，映射函数由 f 确定。上述定理的正确性很容易通过函数 f 的定义以及 Aut(G) 群的性质进行证明。

对于两个图 G_1 和 G_2，我们构造新的图 $G_0=G_1\cup G_2$（即将两个独立的图 G_1 和 G_2 看成一个整体）。若存在 $\sigma\in\text{Aut}(G_0)$ 交换了 G_1 与 G_2 中的所有顶点，则图 G_1 与 G_2 同构；反之，则它们不同构。因此，判定 G_1 与 G_2 的同构就转化为求自同构群 Aut(G_0)。根据前面的定理，Aut(G_0) 是置换群 $\mathcal{S}_{|G_0|}$ 中与函数 f 相对应的隐子群。因而，图 G_1 与 G_2 的同构问题就转化为置换群 $\mathcal{S}_{|G_0|}$（尽管它是非阿贝尔群，其傅里叶变换也可有效实现）中的隐子群问题。

通过有限群上量子傅里叶变换，可对隐子群问题进行求解。若隐子群问题中的群 $\mathcal{G}$ 为有限阿贝尔群（$\mathcal{G}\simeq\otimes_j\mathbb{Z}_{N_j}$），求函数 f 对应隐子群的量子算法与求函数周期的量子算法类似。它仍需两个寄存器：寄存器 1 包含 $n=\log|\mathcal{G}|$ 个量子比特；而寄存器 2 包含 $r=\log|\mathbb{S}|$ 个量子比特。量子算法的具体步骤如下。

(1) 系统初始状态为 $|0\rangle^{\otimes n}|0\rangle^{\otimes r}$（假设 n 和 r 均为整数）。

(2) 对寄存器 1 中每个量子比特作 Hadamard 变换使其处于最大叠加态，此时，系统量子态变为

$$\frac{1}{\sqrt{|\mathcal{G}|}}\sum_{g\in\mathcal{G}}|g\rangle\otimes|0\rangle^{\otimes r}$$

(3) 通过控制幺正变换 U_f 调用 Oracle 函数 f，并将计算结果 $f(g)$ 存入寄存器 2 中，得到量子态

$$\frac{1}{\sqrt{|\mathcal{G}|}}\sum_{g\in\mathcal{G}}|g\rangle\otimes|f(g)\rangle$$

(4) 与其他算法类似，对第二个寄存器沿计算基测量并得到结果 $f(s_0)$。按隐子群的定义（隐子群陪集中所有元素都对应于相同函数值），寄存器 1 中的量子比特在测量后将处于等权叠加态（称为陪集态）

$$|s_0+\mathcal{H}\rangle=\frac{1}{\sqrt{|\mathcal{H}|}}\sum_{h\in\mathcal{H}}|s_0+h\rangle$$

其中 $\mathcal{H}$ 为待求的隐子群，而 s_0 是由测量结果确定的陪集标定，且 $\mathbb{Z}_{N_i}$ 中的运算为 $+$。

(5) 对寄存器 1 中的量子比特作有限阿贝尔群 $\mathcal{G}$ 上的量子傅里叶变换(2.56)，则寄存器 1 中的量子态变为

$$\begin{aligned}
&U_{\mathrm{QFT},\mathcal{G}}\left(\frac{1}{\sqrt{|\mathcal{H}|}}\sum_{h\in\mathcal{H}}|s_0+h\rangle\right)\\
=&\ \frac{1}{\sqrt{|\mathcal{H}||\mathcal{G}|}}\sum_{h\in\mathcal{H}}\sum_{\mathbf{a}\in\mathcal{G}}T^{\mathbf{a}}(s_0+h)|\mathbf{a}\rangle\\
=&\ \frac{1}{\sqrt{|\mathcal{H}||\mathcal{G}|}}\sum_{h\in\mathcal{H}}\sum_{\mathbf{a}\in\mathcal{G}}T^{\mathbf{a}}(s_0)T^{\mathbf{a}}(h)|\mathbf{a}\rangle \qquad \text{（利用式（2.55））}\\
=&\ \frac{1}{\sqrt{|\mathcal{H}||\mathcal{G}|}}\sum_{\mathbf{a}\in\mathcal{G}}T^{\mathbf{a}}(s_0)\sum_{h\in\mathcal{H}}T^{\mathbf{a}}(h)|\mathbf{a}\rangle
\end{aligned}\tag{2.58}$$

与其他算法相同，我们需计算获得不同测量结果 $|\mathbf{a}\rangle$ 的概率。对式（2.58）中的 $\sum_{h\in\mathcal{H}}T^{\mathbf{a}}(h)$ 有如下结论。

命题 2.3.15 设 $\mathcal{H}$ 为有限阿贝尔群 $\mathcal{G}$ 的子群，$T^{\mathbf{a}}$ 是 $\mathcal{G}$ 的任意不可约表示，则

$$\sum_{h\in\mathcal{H}}T^{\mathbf{a}}(h)=\begin{cases}|\mathcal{H}|, & \mathbf{a}\in\mathcal{H}^{\perp}\\ 0, & \mathbf{a}\notin\mathcal{H}^{\perp}\end{cases}$$

其中 $\mathcal{H}^{\perp}$ 为

$$\mathcal{H}^{\perp}=\{\mathbf{a}|T^{\mathbf{a}}(h)=1,\forall h\in\mathcal{H}\}$$

由此，测量结果 $|\mathbf{a}\rangle$ 满足 $\mathbf{a}\in\mathcal{H}^{\perp}$ 的概率为

$$\begin{aligned}\mathbb{P}(T^{\mathbf{a}}\in\mathcal{H}^{\perp}) &= \sum_{\mathbf{a}\in\mathcal{H}^{\perp}}\left|\frac{1}{\sqrt{|\mathcal{H}||\mathcal{G}|}}T^{\mathbf{a}}(s_0)\sum_{h\in\mathcal{H}}T^{\mathbf{a}}(h)\right|^2\\ &= \frac{1}{|\mathcal{H}||\mathcal{G}|}\sum_{\mathbf{a}\in\mathcal{H}^{\perp}}|T^{\mathbf{a}}(s_0)|^2\left|\sum_{h\in\mathcal{H}}T^{\mathbf{a}}(h)\right|^2\\ &= \frac{1}{|\mathcal{H}||\mathcal{G}|}\sum_{\mathbf{a}\in\mathcal{H}^{\perp}}|\mathcal{H}|^2\\ &= \frac{|\mathcal{H}||\mathcal{H}^{\perp}|}{|\mathcal{G}|}=1\end{aligned}\tag{2.59}$$

(6) 因此，对寄存器 1 中量子比特进行测量，得到的结果 $|\mathbf{a}\rangle$ 一定满足条件：$\mathbf{a}=\{a_1,a_2,\cdots,a_k\}\in\mathcal{H}^{\perp}$。根据有限阿贝尔群的表示 $T^{\mathbf{a}}(g)=\otimes_j e^{\frac{2\pi i a_j g_j}{N_j}}$，条件 $\mathbf{a}\in\mathcal{H}^{\perp}$ 可写作群元 a_j 与 g_j 之间的关系式：

$$e^{\sum_j 2\pi i\frac{a_j g_j}{N_j}}=1 \iff \sum_j\frac{a_j g_j}{N_j}\in\mathbb{Z}$$

其中 $g=\otimes_j g_j\in\mathcal{H}$ 且 $\mathcal{G}=\otimes_j\mathbb{Z}_{N_j}$。这是关于 $\mathcal{H}$ 中元素 g 的方程组。与 Simon 算法中类似，只需获得足够多线性无关的测量结果 $\mathbf{a}$（满足条件 $\mathbf{a}\in\mathcal{H}^{\perp}$ 的 $\mathbf{a}$ 均匀分布），就能解出所有的 g，进而确定 $\mathcal{H}$。

从前面的算法可见，求解隐子群问题的量子算法需调用函数 $f(g)$ 的次数为 $\mathcal{O}(\text{poly}(\log(|\mathcal{G}|)))$，这是一个有效算法。

上面求有限阿贝尔群隐子群的过程可推广至任意有限群的情况，但对非阿贝尔有限群并不能完全确定子群 $\mathcal{H}$①。

任意有限群的隐子群

对任意有限群，前面的步骤与求有限阿贝尔群隐子群的算法完全一致，测量寄存器 2 得到 $|f(g_0)\rangle$ 后，第一个寄存器处于 $\mathcal{H}$ 的陪集态（与阿贝尔群不同，此时群中运算记为乘积）：

$$|g_0\mathcal{H}\rangle=\frac{1}{\sqrt{|\mathcal{H}|}}\sum_{h\in\mathcal{H}}|g_0h\rangle$$

① 参见文献 M. Ettinger and P. Hoyer, Proceedings of 16th Annual Symposium on Theoretical Aspects of Computer Science (STACS, 1999), p. 478-487; M. Püschel, Martin Rötteler, and Thomas Beth, Applied Algebra, Algebraic Algorithms and Error-Correcting Codes: 13th International Symposium (AAECC-13, 1999), p. 148-159; M. Grigni, L. Schulman, M. Vazirani and U. Vazirani, in: Proceedings of the Thirty-Third Annual ACM Symposium on Theory of Computing (STOC, 2001), p. 68-74.

然后，对寄存器 1 中的陪集态实施量子傅里叶变换，得到量子态：

$$|\Psi\rangle = \sum_{a,i,j} \frac{\sqrt{d_a}}{\sqrt{|\mathcal{G}||\mathcal{H}|}} \sum_{h\in\mathcal{H}} T_{ij}^a(g_0 h)|a,i,j\rangle \tag{2.60}$$

其中 T_{ij}^a 是群 $\mathcal{G}$ 的第 a 个不可约表示（d_a 表示 T^a 的维数，它不再像阿贝尔群表示中所有 d_a 均等于 1）。

在非阿贝尔有限群中，对寄存器 1 进行测量并提取信息的方案有两种。

（1）(**弱形式**)：测量第一个寄存器，仅提取群表示类型 $|a\rangle$ 的信息（对 i 和 j 求和）。此时，测量得到群表示 a 的概率为

$$\begin{aligned}
&\sum_{i,j}\left|\frac{\sqrt{d_a}}{\sqrt{|\mathcal{G}||\mathcal{H}|}}\sum_{h\in\mathcal{H}}T_{ij}^a(g_0h)\right|^2\\
=&\ \frac{d_a}{|\mathcal{G}||\mathcal{H}|}\sum_{i,j}\left|\sum_{h\in\mathcal{H}}T_{ij}^a(h)\right|^2\\
=&\ \frac{d_a}{|\mathcal{G}||\mathcal{H}|}\mathrm{Tr}\left[\sum_{h,h'\in\mathcal{H}}T^{a\dagger}(h')T^a(h)\right]\\
=&\ \frac{d_a}{|\mathcal{G}||\mathcal{H}|}\mathrm{Tr}\left[\sum_{h,h'\in\mathcal{H}}T^a(h'^{-1})T^a(h)\right]\\
=&\ \frac{d_a}{|\mathcal{G}||\mathcal{H}|}\mathrm{Tr}\left[\sum_{h,h'\in\mathcal{H}}T^a(h')T^a(h)\right]\\
=&\ \frac{d_a}{|\mathcal{G}||\mathcal{H}|}\mathrm{Tr}\left[\sum_{h,h'\in\mathcal{H}}T^a(h'h)\right]\\
=&\ \frac{d_a}{|\mathcal{G}|}\mathrm{Tr}\left[\sum_{h\in\mathcal{H}}T^a(h)\right]\\
=&\ \frac{d_a}{|\mathcal{G}|}\sum_{h\in\mathcal{H}}\chi^a(h)
\end{aligned}$$

其中 $\chi^a(h)=\mathrm{Tr}(T^a(h))$ 是对应表示 T^a 和元素 h 的特征标。此时仅获得量子态（式 (2.60)）中的部分分布信息。

（2）(**强形式**)：测量寄存器 1，并分辨所有量子态 $|a,i,j\rangle$，以此获得量子态（式 (2.60)）中的全部分布信息。强形式能力往往比弱形式能力强，但也需消耗更多资源。在阿贝尔群中，$i=j=1$（群表示总是 1 维），强形式和弱形式一致。与有限阿贝尔群的情况不同，在非阿贝尔群中，通过测

量量子态（式 (2.60)）获得的信息（强或弱形式），并不总能有效重构子群 $\mathcal{H}$ 中的生成元。另一方面，非阿贝尔群的量子傅里叶变换也不能保证可有效实现。但对有限非阿贝尔群下面的定理成立。

定理 2.3.16 $\mathcal{G}$ 为任意的有限群，f 将 $\mathcal{G}$ 中子群 $\mathcal{H}$ 的所有陪集都映射为不同的像，则存在只需调用 $\lceil 4\log|\mathcal{G}|+2\rceil$ 次 Oracle 函数 f 的量子算法，使输出结果 $X\subseteq\mathcal{G}$ 至少有 $1-\dfrac{1}{|\mathcal{G}|}$ 的概率为子群 $\mathcal{H}$ (即 $X=\mathcal{H}$)。

证明 设 $f:\mathcal{G}\to\mathbb{S}$，量子计算系统由 m 个维度为 $|\mathcal{G}|$ 的量子系统（寄存器 1）和 m 个维度为 $|S|$ 的量子系统（寄存器 2）组成。

（1）寄存器 1 中的 m 个量子系统均制备为 $\dfrac{1}{|\mathcal{G}|}\sum_{g\in\mathcal{G}}|g\rangle$，而寄存器 2 中的 m 个量子系统制备为 $|0\rangle$。因此，整个量子系统的初态为

$$\sum_{g_i\in\mathcal{G}}|g_1,g_2,\cdots,g_m\rangle\otimes|0,0,\cdots,0\rangle \tag{2.61}$$

（2）通过幺正变换 U_f 调用 m 次 Oracle 函数 f，得到

$$\sum_{g_i\in\mathcal{G}}|g_1,g_2,\cdots,g_m\rangle\otimes|f(g_1),f(g_2),\cdots,f(g_m)\rangle \tag{2.62}$$

（3）测量寄存器 2 中的 m 个量子系统，得到结果 $|f(g_1),f(g_2),\cdots,f(g_m)\rangle$, 此时寄存器 1 处于扩展陪集态：

$$|\phi\rangle=|g_1\mathcal{H}\rangle\otimes|g_2\mathcal{H}\rangle\otimes\cdots\otimes|g_m\mathcal{H}\rangle \tag{2.63}$$

其中 $|g_i\mathcal{H}\rangle=\dfrac{1}{|\mathcal{H}|}\sum_{h\in H}|g_ih\rangle$.

下面我们将证明：当 m 足够大时，量子态 $|\phi\rangle$ 上存在与 f 无关的操作和测量（这些操作未必能由量子线路有效实现），它们使隐子群 $\mathcal{H}$ 中全部元素以极高的概率被获得。

对群 $\mathcal{G}$ 中任意子群 $\mathcal{K}$，可定义其陪集上的投影算符：

$$P_{\mathcal{K}}=\sum_{g_i\mathcal{K}}|g_i\mathcal{K}\rangle\langle g_i\mathcal{K}| \tag{2.64}$$

$\{g_i\mathcal{K}\}$ 表示 $\mathcal{K}$ 的陪集，且每个陪集态投影 $|g_i\mathcal{K}\rangle\langle g_i\mathcal{K}|=\sum_{h\in\mathcal{K}}|g_ih\rangle\langle g_ih|$ 将任意量子态投影到量子态 $\{|g_ih\rangle,h\in K\}$ 张成的子空间中。对此投影算符 $P_{\mathcal{K}}$ 有如下引理。

引理 2.3.1 若 $\mathcal{K}\nsubseteq\mathcal{H}$，则 $\langle\phi|P_{\mathcal{K}}^{\otimes m}|\phi\rangle\leqslant\dfrac{1}{2^m}$。若 $\mathcal{K}\subseteq\mathcal{H}$，则 $\langle\phi|(P_{\mathcal{K}})^{\otimes m}|\phi\rangle=1$。

证明 按 $P_{\mathcal{K}}$ 的定义

$$\langle g_i\mathcal{H}|P_{\mathcal{K}}|g_i\mathcal{H}\rangle=\sum_{g_i'\mathcal{K}}|\langle g_i'\mathcal{K}|g_i\mathcal{H}\rangle|^2 \tag{2.65}$$

其中 $g_i\mathcal{H}$ 是 $\mathcal{H}$ 的陪集，g_i 由测量结果确定。给定测量结果 $f(g_i)$，陪集态 $|g_i\mathcal{H}\rangle$ 就完全确定了，我们按投影算符 $P_{\mathcal{K}}$ 中陪集态 $|g_i'\mathcal{K}\rangle$ 的不同情况来讨论：

若 $g_i'\mathcal{K}\cap g_i\mathcal{H}=\varnothing$，则 $\langle g_i'\mathcal{K}|g_i\mathcal{H}\rangle=0$。

若 $g_i'\mathcal{K}\cap g_i\mathcal{H}\neq\varnothing$，令 $r\in g_i'\mathcal{K}\cap g_i\mathcal{H}$，则 $g_i'\mathcal{K}\cap g_i\mathcal{H}=r\mathcal{S}$ (其中 $\mathcal{S}=\mathcal{H}\cap\mathcal{K}$)。因此，$|g_i'\mathcal{K}\cap g_i\mathcal{H}|=|\mathcal{S}|$。

而 $|\mathcal{G}\cap g_i\mathcal{H}|=|(\cup g_i'\mathcal{K})\cap g_i\mathcal{H}|=|g_i\mathcal{H}|=|\mathcal{H}|$，故有 $\dfrac{|\mathcal{H}|}{|\mathcal{S}|}$ 个陪集 $g_i'\mathcal{K}$ 使得 $|g_i'\mathcal{K}\cap g_i\mathcal{H}|=|\mathcal{S}|$。因此，

$$\sum_{g_i'\mathcal{K}}|\langle g_i'\mathcal{K}|g_i\mathcal{H}\rangle|^2=\frac{|\mathcal{H}|}{|\mathcal{S}|}\frac{|\mathcal{S}|^2}{|\mathcal{H}||\mathcal{K}|}=\frac{|\mathcal{S}|}{|\mathcal{K}|} \tag{2.66}$$

注意到 $\mathcal{S}$ 是 $\mathcal{K}$ 的子群，因此，

- 当 $\mathcal{K}\subseteq\mathcal{H}$ 时，必然有 $|\mathcal{S}|=|\mathcal{K}|$，此时 $\langle g_i\mathcal{H}|P_{\mathcal{K}}|g_i\mathcal{H}\rangle=1$。
- 当 $\mathcal{K}\nsubseteq\mathcal{H}$ 时，则 $\dfrac{|\mathcal{K}|}{|\mathcal{S}|}=[\mathcal{K}:\mathcal{S}]\geqslant 2$，此时 $\langle g_i\mathcal{H}|P_{\mathcal{K}}|g_i\mathcal{H}\rangle\leqslant\dfrac{1}{2}$。 □

利用此引理，从量子态 $|\phi\rangle$ 得到子群 $\mathcal{H}$ 的算法如下。

(1) 对 $\mathcal{G}$ 中元素进行标记：$g_1,\cdots,g_{|\mathcal{G}|}$；

(2) 在 $|\phi\rangle$ 上对观测量 $P_{\langle g_i\rangle}-P_{\langle g_i\rangle}^{\perp}(i=1,2,\cdots,|\mathcal{G}|)$ 进行依次测量(其中 $\langle g_i\rangle$ 为元素 g_i 生成的循环群，而 $P_{\langle g_i\rangle}^{\perp}=I-P_{\langle g_i\rangle}$)：

- 若测得 +1，则表明 $g_i\in\mathcal{H}$；
- 若测得 −1，则表明 $g_i\notin\mathcal{H}$。

值得指出，此测量不一定可通过量子线路有效实现。

在每一步测量中，若 $g_i\in\mathcal{H}$，则得到结果 1 且对量子态 $|\phi\rangle$ 无影响；若 $g_i\notin\mathcal{H}$，则有一定的概率得到错误的结果，且测量会对量子态造成小的影响。下面我们来分析此算法中得到正确结果的概率。

令 $|\phi_0\rangle=|\phi\rangle$。对 i=1,$\cdots$,$|\mathcal{G}|$，递归地定义（未归一化的）如下量子态：

$$|\phi_i\rangle=\begin{cases}P_{\langle g_i\rangle}|\phi_{i-1}\rangle & (g_i\in\mathcal{H})\\ P_{\langle g_i\rangle}^{\perp}|\phi_{i-1}\rangle & (g_i\notin\mathcal{H})\end{cases} \tag{2.67}$$

按此定义，$\langle\phi_i|\phi_i\rangle$ 是第 i 步测量得到正确结果的概率。

若误差矢量定义为 $|e_i\rangle = |\phi\rangle - |\phi_i\rangle$，则由引理 2.3.1 得知：

若 $g_i \in \mathcal{H}$，则

$$|e_{i+1}\rangle = |\phi\rangle - |\phi_{i+1}\rangle = |\phi\rangle - P_{\langle g_i\rangle}|\phi_i\rangle = P_{\langle g_i\rangle}|e_i\rangle$$

故 $\langle e_{i+1}|e_{i+1}\rangle \leqslant \langle e_i|e_i\rangle$。

若 $g_i \notin \mathcal{H}$，则

$$|e_{i+1}\rangle = |\phi\rangle - |\phi_{i+1}\rangle = |\phi\rangle - P^{\perp}_{\langle g_i\rangle}|\phi_i\rangle = P_{\langle g_i\rangle}|\phi\rangle - P^{\perp}_{\langle g_i\rangle}|e_i\rangle$$

故 $\langle e_{i+1}|e_{i+1}\rangle^{1/2} \leqslant \langle \phi|P_{\langle g_i\rangle}|\phi\rangle^{1/2} + \langle e_i|e_i\rangle^{1/2} = \dfrac{1}{2^{m/2}} + \langle e_i|e_i\rangle^{1/2}$。

所以，

$$\langle e_{|\mathcal{G}|}|e_{|\mathcal{G}|}\rangle^{1/2} \leqslant \frac{|\mathcal{G}| - |\mathcal{H}|}{2^{m/2}} + \langle e_0|e_0\rangle^{1/2} = \frac{|\mathcal{G}| - |\mathcal{H}|}{2^{m/2}}$$

因此，

$$\langle \phi_{|\mathcal{G}|}|\phi_{|\mathcal{G}|}\rangle \geqslant 1 - 2||e_{|\mathcal{G}|}\rangle| = 1 - \frac{2(|\mathcal{G}| - |\mathcal{H}|)}{2^{m/2}}$$

若取 $m = 4\log|\mathcal{G}| + 2$，则此算法得到正确结果的概率 $> 1 - \dfrac{1}{|\mathcal{G}|}$。 □

2.4 量子相位估计算法及哈密顿量模拟算法

自 1982 年 Feymann 提出量子模拟的思想以来，多体哈密顿量模拟就是量子计算的重要组成部分。哈密顿量模拟①特指实现给定多体哈密顿量 H 的时间演化算符 $U = e^{-iHt}$，通过此算符和量子相位估计算法就可获得系统的本征能量信息。

2.4.1 量子相位估计算法

通过物理过程（幺正演化）将被测物理量与量子态中的相位相关联，然后通过对相位的估计来得到欲测量物理量的值②。以哈密顿量 H 的本征值估计为例：哈密顿量 H 对应的幺正算符为 $U = e^{-iHt}$（t 为可控的时间参数），若将此幺正算符作用于 H 的某个本征态 $|\psi\rangle_n$ 上，则此本征态将获得一个与本征能量 E_n 相关的相位，即

$$U|\psi\rangle_n = e^{-iE_nt}|\psi\rangle_n = e^{-i\theta}|\psi\rangle_n$$

① 量子模拟一般分为数字式和仿真式，此处的哈密顿量模拟都是数字式的。

② 参见文献 A. Y. Kitaev, arXiv:quant-ph/9511026.

若能精确地估计相位 θ，则通过演化时间 t 就能获得本征值 E_n，故相位估计问题在量子精密测量、哈密顿量本征值估计等方面都起着关键性作用。

相位估计问题可描述如下。

问题 2.4.1 (相位估计问题)　给定幺正变换 U 和一个 m 比特量子态 $|\psi\rangle$，若 U 作用于 $|\psi\rangle$ 产生一个额外的相位 θ（即 $U|\psi\rangle = e^{2\pi i\theta}|\psi\rangle$）估计此相位 θ。

相位估计问题可通过量子傅里叶变换有效求解。此量子算法包含两个寄存器：寄存器 1 包含 n 个辅助量子比特且都被制备到量子态 $|0\rangle$；而量子态 $|\psi\rangle$ 由含 m 个量子比特的寄存器 2 输入。相位估计算法具体如下。

（1）系统初始量子态为 $|0\rangle^{\otimes n}\otimes|\psi\rangle$。

（2）对寄存器 1 中的 n 个比特作 Hadamard 变换，系统状态变为 $\frac{1}{2^{n/2}}(|0\rangle+|1\rangle)^{\otimes n}\otimes|\psi\rangle$(寄存器 1 处于最大叠加态)。

（3）如线路图 2.21所示，寄存器 1 中的第 j 个（$j=0,1,\cdots,n-1$）量子比特对寄存器 2（含 m 个比特）作控制-U^{2^j} 门：当第 j 个比特状态为 $|1\rangle$ 时，在 $|\psi\rangle$ 上实现变换：

$$U^{2^j}|\psi\rangle = (e^{2\pi i\theta})^{2^j}|\psi\rangle = e^{2\pi i 2^j\theta}|\psi\rangle$$

而当第 j 个比特状态为 $|0\rangle$ 时，不做任何操作

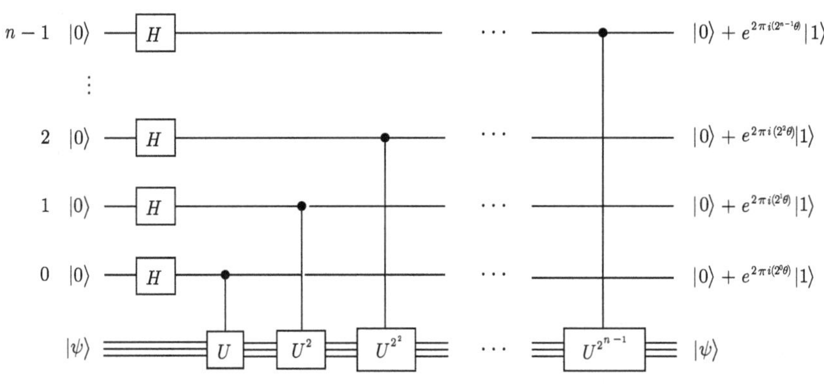

图 2.21　相位估计线路

此过程使系统（两个寄存器）的波函数变为

$$\begin{aligned}&\frac{1}{2^{n/2}}\prod_{j=0}^{n-1}(\text{控制}-U^{2^j})(|0\rangle+|1\rangle)^{\otimes n}\otimes|\psi\rangle\\&=\frac{1}{2^{n/2}}\otimes_{j=0}^{n-1}\left(|0\rangle_j+e^{2\pi i 2^j\theta}|1\rangle_j\right)\otimes|\psi\rangle\end{aligned}$$

$$
\begin{aligned}
&= \sum_{x=0}^{2^{n-1}} \frac{1}{2^{n/2}} e^{2\pi i x\cdot\theta} |x\rangle \otimes |\psi\rangle \\
&= |\phi\rangle \otimes |\psi\rangle
\end{aligned}
$$

其中 $|\phi\rangle = \sum \frac{1}{2^{n/2}} e^{2\pi i x\cdot\theta} |x\rangle$ 是寄存器 1 中的量子态。此时，两个寄存器之间处于直积状态，它们之间无纠缠，只需考虑第一个寄存器即可。通过控制-U^{2^j} 门，寄存器 2 中量子态 $|\psi\rangle$ 的相位信息已在 U^{2^j} 作用下被加载到寄存器 1 中。

容易看出，寄存器 1 中的量子态 $|\phi\rangle$ 是一个动量为 $2^n\theta$ 的量子态。为证明此观察，我们对 x 作逆傅里叶变换，将其变换到动量空间中，即

$$
\begin{aligned}
|\phi_2\rangle &= U_{\mathrm{QFT}}^{\dagger}|\phi\rangle \\
&= \frac{1}{2^n} \sum_{k=0}^{2^n-1} \sum_{x=0}^{2^n-1} e^{2\pi i x\theta} e^{-2\pi i k x/2^n} |k\rangle \\
&= \frac{1}{2^n} \sum_{k=0}^{2^n-1} \sum_{x=0}^{2^n-1} e^{-\frac{2\pi i x}{2^n}(k-2^n\theta)} |k\rangle
\end{aligned}
$$

下面的命题给出了 $|\phi_2\rangle$ 在 k 空间的分布：

命题 2.4.2 $|\phi_2\rangle$ 的测量结果 k 满足条件 $k \in \left(2^n\theta - \frac{1}{2}, 2^n\theta + \frac{1}{2}\right]$ 的概率 $\geqslant \frac{4}{\pi^2}$。

此命题的证明与求函数周期算法中的过程相同。

证明 量子态 $|\phi_2\rangle$ 中分量 $|k\rangle$ 前的振幅为

$$
\begin{aligned}
\phi_2(k) &= \frac{1}{2^n} \sum_{x=0}^{2^n-1} e^{-\frac{2\pi i x}{2^n}(k-2^n\theta)} \\
&= \begin{cases} \dfrac{1}{2^n} \dfrac{1 - e^{2\pi i(k-2^n\theta)}}{1 - e^{2\pi i(k-2^n\theta)/2^n}} & (2^n\theta \notin \mathbb{Z}) \\ \delta_{k,2^n\theta} & (2^n\theta \in \mathbb{Z}) \end{cases}
\end{aligned}
$$

由此可见：

- 若 $2^n\theta$ 为整数，则 $|\phi_2\rangle$ 的测量值应精确等于 $2^n\theta$。
- 若 $2^n\theta$ 为非整数，需说明 $|\phi_2(k)|^2$ 仍集中分布在 $2^n\theta$ 附近。

为证实这一点，我们做一个 $n = 5$，$\theta = 0.7$ 的简单数值实验，其 $|\phi(k)|^2$ 分布如图 2.22所示。从图中可以看出，尽管量子态不再是一个孤立的点，但仍主要分布在 $2^n\theta$ 附近。

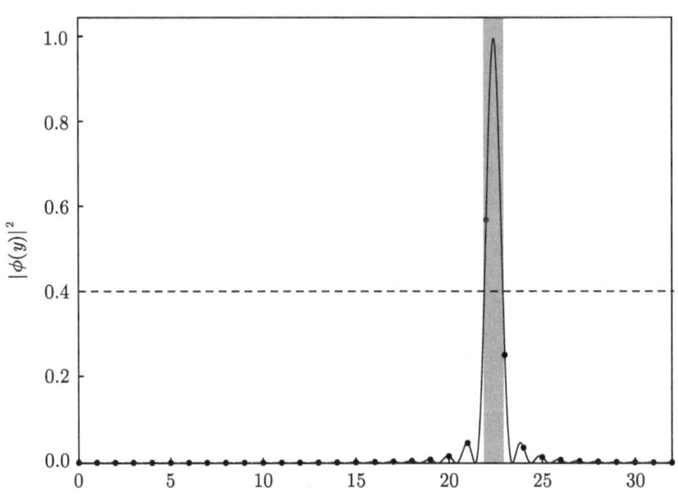

图 2.22　$n=5, \theta=0.7$ 时 $|\phi(k)|^2$ 的分布。其中，阴影区域为区间 $\left(2^n\theta-\frac{1}{2}, 2^n\theta+\frac{1}{2}\right]$。整数格点处的函数值用圆点标出，红色点表示位于区间 $\left(2^n\theta-\frac{1}{2}, 2^n\theta+\frac{1}{2}\right]$ 内，而黑色点表示在区间外。虚线表示概率为 $\frac{4}{\pi^2}$，显然，红点在虚线上方

下面我们来严格计算测量值 k 处于 $\left(2^n\theta-\frac{1}{2}, 2^n\theta+\frac{1}{2}\right]$ 的概率。设 k 为区间 $\left(2^n\theta-\frac{1}{2}, 2^n\theta+\frac{1}{2}\right]$ 内唯一的整数点，则 $|k-2^n\theta|\leqslant\frac{1}{2}$。由此，测量得到 k 的概率为

$$|\phi_2(k)|^2=\frac{1}{2^{n+1}}\left|\frac{1-e^{2\pi i(k-2^n\theta)}}{1-e^{2\pi i(k-2^n\theta)/2^n}}\right|^2 \tag{2.68}$$

与函数周期问题中类似，利用不等式 (2.38) 可得

$$|\phi_2(k)|^2\geqslant\frac{1}{2^{n+1}}\frac{\frac{4}{\pi^2}|2\pi(k-2^n\theta)|^2}{|2\pi(k-2^n\theta)/2^n|^2}=\frac{4}{\pi^2} \tag{2.69}$$

□

若 $|\phi_2\rangle$ 的测量结果为 k_0，则取 $\bar{\theta}=\frac{k_0}{2^n}$ 为相位的估计值。尽管测量结果并非每次都精确地处于区间 $|k-2^n\theta|\leqslant\frac{1}{2}$ 中，但由于

(a) $\phi_2(k)$ 主要集中在 $2^n\theta$ 附近；

(b) θ 的估计误差随寄存器 1 中辅助比特数目 n 呈指数减小。

因此，通过增加辅助比特数目 n 和重复测量，就能将 θ 估计到足够高精度。

2.4.2 哈密顿量模拟算法

从第一章的讨论可知：精确实现一个一般的 $2^n \times 2^n$ 幺正变换所需的普适量子门数目将随系统规模 n 指数增加（仅一些特殊的幺正变换可有效实现）。而对哈密顿量模拟中的 $2^n \times 2^n$ 算符 e^{-iHt}（由哈密顿量 H 完全确定），其是否能被有效实现与哈密顿量自身的性质密切相关。一般而言，幺正算符 $U(t) = e^{-iHt}$ 是一个 $2^n \times 2^n$ 的整体算符，为近似方便，采取如下措施：

将整体演化算符 U 表示为 N 个相互对易的演化片段（每个片段的演化时间为 $\Delta t = t/N$）之积①，即

$$U(t) = [U(\Delta t)]^N = [e^{-iH\Delta t}]^N$$

值得注意，虽然幺正算符 $U(\Delta t)$ 仍为 $2^n \times 2^n$ 的整体算符，但由于 $\Delta t = \dfrac{t}{N}$ 为小量，可对它进行误差可控的近似；若 $U(\Delta t)$ 的近似算符可被有效实现，则哈密顿量 H 就能被有效模拟。根据哈密顿量本身的性质，我们下面将分别介绍局域哈密顿量、幺正算符和形式哈密顿量以及稀疏哈密顿量的有效模拟。

2.4.2.1 局域哈密顿量的模拟与 Trotter 展开

局域哈密顿量可表示为

$$H = \sum_{m=1}^{q} H_m$$

其中每个子哈密顿量 H_m 都只作用于（最多）l 个局域系统上（这些系统可被一个直径不超过 l 的球覆盖）。根据第一章中的定理1.3.4可知求 l-局域哈密顿量 H 的基态是一个 QMA-完全问题，但幺正变换 e^{-iHt} 可被误差可控地有效模拟。

为将 e^{-iHt} 分解为普适门（如两比特 CNOT 门和单比特门）的组合，我们按如下两步来实现②：

(1) 误差可控地将 $e^{-iH\Delta t}$ 分解为一系列（数目随系统规模最多呈多项式增长）局域幺正算符之积。

(2) 将每个局域幺正算符通过普适门有效实现。

按第一章中普适门的性质，最多包含 k 个量子比特的局域幺正算符总能误差可控地实现，且普适门的个数与系统规模 n 无关，仅与误差和 k 相关。因此，第二步自动满足。因此，我们主要聚焦于第一个步骤。

若哈密顿量 H 中的 H_m 之间相互对易，则 $U(\Delta t)$ 可直接分解为一组局域幺

① 已假设哈密顿量 H 不含时。

② 参见文献 S. Lloyd, Science **273**, 1073-1078 (1996).

正算符的乘积，即

$$U(\Delta t)=\prod_{m=1}^{q}e^{-i\Delta tH_m}$$

此时，第一个步骤自动完成。

一般地，并非所有的 H_m 之间都具有对易性，因此上面的等式并不成立。但利用 Δt 为小量的条件可对 $U(\Delta t)$ 进行有效近似。为计算方便，希望通过一组局域幺正变换的乘积来近似幺正变换 $U(\Delta t)$。在此要求下，$U(\Delta t)$ 的最低阶近似（1 阶近似）可表示为 $\prod_s e^{-i\Delta tH_m}$，此近似算符与精确算符间的误差是 Δt 的二阶小量。算符 $U(t)$ 的总体近似误差 δ 小于所有 $U(\Delta t)$ 近似误差之和，即 $\delta\leqslant N(\Delta t)^2=\dfrac{t^2}{N}$。因此，演化算符 $U(t)$ 的整体计算误差是 Δt（t/N）的一阶小量。显然，通过增加 N 就可将 $U(t)$ 的整体误差 $\mathcal{O}(\Delta t)$ 控制到任意小。换言之，$U(t)$ 可被局域算符（最多 poly(n) 个）之积近似到任意精度。这也就完成了第一个步骤。

事实上，$U(\Delta t)\simeq\prod_s e^{-i\Delta tH_m}$ 作为一阶近似还是太粗糙。为获得 $e^{-i\Delta t\sum_m H_m}$ 的高阶近似（更高精度），我们采用如下构造方法。

定理 2.4.3 (构造定理)　设算符 $\exp(i\Delta t\sum_m H_m)$ 的 $k-1$ 阶近似 $S_{k-1}(\Delta t)$ 为[①]

$$\exp\left(i\Delta t\sum_{m=1}^{q}H_m\right)=S_{k-1}(\Delta t)+\mathcal{O}(\Delta t^k)\tag{2.70}$$

则算符 $\exp(i\Delta t\sum_m H_m)$ 的第 k 阶近似 $S_k(\Delta t)$ 可按如下方式构造（r 个 $k-1$ 阶近似之积）：

$$S_k(\Delta t)=\prod_{j=1}^{r}S_{k-1}(x_{k,j}\Delta t),\qquad k\geqslant 2\tag{2.71}$$

其中参数 $x_{m,j}$ 满足如下方程：

$$\begin{cases}\displaystyle\sum_{j=1}^{r}x_{k,j}^k=0\\ \displaystyle\sum_{j=1}^{r}x_{k,j}=1\end{cases}\tag{2.72}$$

证明　按定理中 $x_{k,j}$ 满足的条件 $\sum_{j=1}^r x_{k,j}=1$，我们有下面的等式：

$$\exp\left(i\Delta t\sum_{m=1}^{q}H_m\right)=\prod_{j=1}^{r}\exp\left(ix_{k,j}\Delta t\sum_{m=1}^{q}H_m\right)\tag{2.73}$$

① 为简单计，下面的构造中将演化算符中 i 前的负号吸收到 Δt 中。

这相当于将 $H=\sum_{m=1}^{q}H_m$ 的演化时间 Δt 分成 r 个非均匀时间段：$x_{k,1},x_{k,2},\cdots,x_{k,r}$。

将幺正演化 $\exp\left(ix_{k,j}\Delta t\sum_{m=1}^{q}H_m\right)$ 的 $k-1$ 阶展开式（2.70）代入式（2.73）中得到

$$\begin{aligned}\exp\left(i\Delta t\sum_{m=1}^{q}H_m\right)&=\prod_{j=1}^{r}[S_{k-1}(x_{k,j}\Delta t)+(x_{k,j}\Delta t)^k f_k(\{H_m\})+\mathcal{O}(\Delta t^{k+1})]\\&=\prod_{j=1}^{r}S_{k-1}(x_{k,j}\Delta t)+R(\Delta t)\\&=S_k(\Delta t)+R(\Delta t)\end{aligned}\tag{2.74}$$

其中 $(x_{k,j}\Delta t)^k f_k(\{H_m\})$ 为 $k-1$ 阶展开式（2.70）中的 k 阶小量，且 $f_k(\{H_m\})$ 为算符 $H_m(m=1,2,\cdots,q)$ 的函数。$R(\Delta t)$ 表示算符 $\exp\left(i\Delta t\sum_{m=1}^{q}H_m\right)$ 按 Δt 展开后，除 k 阶近似 $S_k(\Delta t)$ 外的其他项。注意到，$R(\Delta t)$ 中 Δt 的 k 阶项为

$$(\Delta t)^k\left(\sum_{j=1}^{r}x_{k,j}^k\right)f_k(\{H_m\})$$

根据条件（2.72），此式应为 0。换言之，

$$\exp\left(i\Delta t\sum_{m=1}^{q}H_m\right)=S_k(\Delta t)+\mathcal{O}((\Delta t)^{k+1})$$

由此可见，按递推公式（2.71）定义的 $S_k(\Delta t)$ 的确是 $\exp\left(i\Delta t\sum_{m=1}^{q}H_m\right)$ 的 k 阶近似。 □

由于演化算符 $U(\Delta t)=e^{i\Delta t\sum_m H_m}$ 满足对称条件：

$$U(\Delta t)U(-\Delta t)=1,\quad 且\quad U(0)=1\tag{2.75}$$

因此，其近似满足如下定理中的关系。

定理 2.4.4 设 S_{2k-1} 是算符 $U(\Delta t)=e^{i\Delta t\sum_m H_m}$ 的 $2k-1$ 阶近似，即

$$U(\Delta t)=S_{2k-1}(\Delta t)+(\Delta t)^{2k}f_{2k}(\{H_m\})+\mathcal{O}((\Delta t)^{2k+1})\tag{2.76}$$

若 $S_{2k-1}(\Delta t)$ 满足对称条件：$S_{2k-1}(\Delta t)S_{2k-1}(-\Delta t)=1$，则 S_{2k-1} 也是 $U(\Delta t)$ 的 $2k$ 阶近似，即

$$S_{2k-1}(\Delta t)=S_{2k}(\Delta t)$$

证明 将式（2.76）代入 $U(\Delta t)$ 的对称条件 $U(\Delta t)U(-\Delta t)=1$ 可得

$$f_{2k}(\{H_m\})S_{2k-1}(-\Delta t)+S_{2k-1}(\Delta t)f_{2k}(\{H_m\})=\mathcal{O}(\Delta t)$$

令 $\Delta t=0$, 得到

$$f_{2k}(\{H_m\})S_{2k-1}(0)+S_{2k-1}(0)f_{2k}(\{H_m\})=0$$

由 $S_{2k-1}(\Delta t)$ 的对称条件 $S_{2k-1}(0)S_{2k-1}(0)=1$ 可知：$S_{2k-1}(0)=1$，代入上式可得

$$f_{2k}(\{H_m\})=0$$

代入式（2.76）可知 $S_{2k-1}(\Delta t)$ 也是 $U(\Delta t)$ 的 $2k$ 阶近似。 □

按前面的构造方法，选择不同的 r 以及 $x_{k,j}$ 就可以定义不同的 Trotter 展开[①]。特别地，若我们要求所有 $x_{k,j}$ 满足对称关系：$x_{k,j}=x_{k,r-j+1}$，则相应的 Trotter 展开 $S_k(\Delta t)$ 也具有对称性。在此设定下，令 $r=5$，则局域哈密顿量 $H=\sum_{m=1}^{q}H_m$ 的时间演化算符 $U(\Delta t)=e^{i\Delta tH}$ 的各阶 Trotter 展开为

$$\begin{aligned}
&S_1(\Delta t)=e^{i\Delta tH_q}\cdots e^{i\Delta tH_1}\\
&S_2(\Delta t)=e^{i\frac{\Delta t}{2}H_1}\cdots e^{i\frac{\Delta t}{2}H_q}e^{i\frac{\Delta t}{2}H_q}\cdots e^{i\frac{\Delta t}{2}H_1}\\
&\qquad\vdots\\
&S_{2k-1}(\Delta t)=S_{2k}(\Delta t)=S_{2k-2}^2(u_k\Delta t)S_{2k-2}((1-4u_k)\Delta t)S_{2k-2}^2(u_k\Delta t)
\end{aligned}\tag{2.77}$$

其中参数 u_k 满足条件 $4u_k^{2k-1}+(1-4u_k)^{2k-1}=0$, 求解可得 $u_k=(4-4^{1/(2k-1)})^{-1}$。

例 2.5　$H=H_1+H_2$ 的 Trotter 展开

某些局域哈密顿量 H 可写为两个哈密顿量 H_1 和 H_2 之和，即

$$H=H_1+H_2$$

H_1 与 H_2 不对易，但它们内部的算符之间两两对易。此时 H_1 和 H_2 在 Trotter 展开中可看作一个整体。

据此，$U(\Delta t)=e^{i\Delta t(H_1+H_2)}$ 的前几阶 Trotter 展开 $S_k(\Delta t)$ 为

(1) 一阶：$S_1(\Delta t)=e^{i\Delta tH_1}e^{i\Delta tH_2}$;

(2) 二阶：$S_2(\Delta t)=e^{i\frac{\Delta t}{2}H_1}e^{i\Delta tH_2}e^{i\frac{\Delta t}{2}H_1}$;

(3) 在 $U(\Delta t)$ 的三阶近似中，我们取 $r=3$，且选取参数 $x_{k,j}$ 满足对称条件 $x_{k,1}=x_{k,3}$，则

$$S_3(\Delta t)=S_2(x\Delta t)S_2((1-2x)\Delta t)S_2(x\Delta t)$$

其中 x 满足方程：$2x^3+(1-2x)^3=0$（解得 $x=1/(2-3\sqrt{2})$）。因此，S_3

① 参见文献 M. Suzuki, J. Math. Phys. **32**, 400-407 (1991).

可显式地写为

$$S_3(\Delta t) = e^{i\frac{x}{2}\Delta t H_1} e^{ix\Delta t H_2} e^{i\frac{1-x}{2}\Delta t H_1} e^{i(1-2x)\Delta H_2} e^{i\frac{1-x}{2}\Delta t H_1} e^{ix\Delta t H_2} e^{i\frac{x}{2}\Delta t H_1}$$

(4) 可以验证 $S_3(\Delta t)S_3(-\Delta t) = 1$，因此 $S_4(\Delta t) = S_3(\Delta t)$。

(5) 更高阶展开可类似获得。

局域哈密顿量模拟算法

利用 Trotter 展开，局域哈密顿量 $H = \sum_{m=1}^{q} H_m$ 的模拟算法可总结如下：

(1) 选定 N 和 k。

(2) 将 $U(t) = e^{-itH}$ 分解为 N 个 $U(\Delta t)$ 的乘积，其中 $\Delta t = \dfrac{t}{N}$ 为小量。

(3) 对每个整体幺正算符 $U(\Delta t)$ 用 k 阶 Trotter 展开 $S_k(\Delta t)$ 代替，若采用式（2.77）中的展开 $(r = 5)$，$S_k(\Delta t)$ 由 $\mathcal{O}(5^{k/2}q)$ 个形如 $e^{-ix\Delta t H_m}$（x 为实数）的局域幺正变换组成。

(4) 将形如 $e^{-ix\Delta t H_m}$ 的局域幺正变换分解为普适门的线路 (此线路复杂度与系统规模 n 无关，仅与近似精度 ϵ 相关)。

单个 Trotter 近似 $S_k(\Delta t)$ 的误差为 $\mathcal{O}\left(\left(|H|\dfrac{t}{N}\right)^{k+1}\right)$（从演化算符表达式可知 H 与 Δt 成对出现），N 个 Trotter 近似导致的整体误差不大于 $N \cdot \mathcal{O}\left(\left(|H|\dfrac{t}{N}\right)^{k+1}\right) = \mathcal{O}\left(\dfrac{(qt)^{k+1}}{N^k}\right)$（$q$ 为哈密顿量 H 中局域项的数目）。为使总体误差 $< \epsilon$，需 $N = \mathcal{O}\left(qt\left(\dfrac{qt}{\epsilon}\right)^{\frac{1}{k}}\right)$。因此，总的模拟复杂度为 $\mathcal{O}\left(5^{k/2}q^2 t\left(\dfrac{qt}{\epsilon}\right)^{\frac{1}{k}}\right)$.

2.4.2.2 幺正算符和哈密顿量模拟

当哈密顿量

$$H = \sum_{l=1}^{L} \alpha_l H_l, \quad \alpha_l \geqslant 0$$

中的哈密顿量 H_l 非局域（如 H 由高维费米系统通过 Jordan-Wigner 变换获得）时，$e^{-i\Delta t H}$ 的 Trotter 展开仍能进行，但形如 $e^{-i\Delta t H_l}$ 的非局域算符不再能被有效实现。

若 H 中的 H_l 均为幺正算符，$e^{-i\Delta tH}$ 可通过泰勒展开的方式来有效模拟（近似）①。事实上，通过编码，很多多体哈密顿量都可写为 Pauli 群中实元素（幺正算符）的线性组合，如海森伯模型、伊辛模型等自旋模型均可看作幺正算符的线性相加。

与 2.4.2.1 节中相同，首先将演化时间 t 分成 N 个时间片段，每个时间片段 $\Delta t = t/N$ 均为小量。而单个时间片段上的演化算符 $e^{-iH\Delta t}$ 可按泰勒展开为一组算符之和：

$$U(\Delta t) = e^{-iH\Delta t} \simeq U_K(\Delta t) = \sum_{k=0}^{K} \frac{(-iH\Delta t)^k}{k!} \tag{2.78}$$

已假设 $N \gg |H|t$（保障收敛性），其中 K 表示泰勒级数的截断。单个演化算符 $U(\Delta t)$ 的模拟精度

$$|U(\Delta t) - U_K(\Delta t)| \leqslant \sum_{m=K+1}^{\infty} \frac{|H\Delta t|^m}{m!}$$

由 K 确定，K 越大，精度就越高。

将哈密顿量 H 为幺正算符和的条件代入 U_K 的表达式（2.78），得到

$$U_K(\Delta t) = \sum_{k=0}^{K} \sum_{l_1,l_2,\cdots,l_k}^{L} \frac{(-i\Delta t)^k}{k!} \alpha_{l_1} \cdots \alpha_{l_k} H_{l_1} \cdots H_{l_k}$$

此幺正算符和可形式地写为

$$U_K(\Delta t) = \sum_{\mathbf{j}\in J} \beta_{\mathbf{j}} \hat{V}_{\mathbf{j}} \tag{2.79}$$

其中，

（1）$J : \{(k; l_1, l_2, \cdots, l_k) | k \in \{1, 2, \cdots, K\}; l_1, l_2, \cdots, l_k \in \{1, 2, \cdots, L\}\}$。

（2）$\beta_{\mathbf{j}} > 0$ 对应于某个 $\dfrac{(\Delta t)^k}{k!} \alpha_{l_1} \cdots \alpha_{l_k}$。

（3）而 $\hat{V}_{\mathbf{j}}$ 对应于某个幺正算符 $(-i)^k H_{l_1} \cdots H_{l_k}$。

参数 N 与截断 K 的选取

设 $T = (\alpha_1 + \alpha_2 + \cdots + \alpha_L)t$，则

$$\sum_{\mathbf{j}\in J} \beta_{\mathbf{j}} = e^{(\alpha_1+\alpha_2+\cdots+\alpha_L)t/N} = e^{T/N},$$

① 参见文献 D. W. Berry, A. M. Childs, R. Cleve, R. Kothari, and et al, Phys. Rev. Lett. **114**, 090502 (2015); D. W. Berry, A. M. Childs, R. Cleve, R. Kothari, and et al, in: Proceedings of the 46th annual ACM Symposium on Theory of Computing (ACM, 2014), p. 283-292.

令 $s=\sum_{\mathbf{j}\in J}\beta_{\mathbf{j}}=2$，则 N 的取值为 $T/\ln 2$。若 $T/\ln 2$ 非整数，则取 $N=\lceil T/\ln 2\rceil$，此时 $s=e^{T/N}$ 会比 2 稍小，但我们可通过引入辅助比特，将 s 补偿为 2。因此，我们总假设 N 确定且使 $s=2$。

若我们要求 $U(t)$ 的整体模拟精度达到 ϵ，那么每一个演化片段 $U_K(\Delta t)$ 的近似精度需达到 ϵ/N，为此需选择 K 满足：

$$\begin{aligned}\sum_{m=K+1}^{\infty}\frac{|H\Delta t|^m}{m!}&\leqslant\sum_{m=K+1}^{\infty}\frac{1}{m!}\frac{(\sum_{l=1}^{L}\alpha_l t)^m}{N^m}\\&\leqslant\sum_{m=K+1}^{\infty}\frac{(\ln 2)^m}{m!}\\&\leqslant\epsilon/N\end{aligned}\tag{2.80}$$

在上式中，我们通过调整 $\alpha_1,\alpha_2,\cdots,\alpha_L$ 使 $\max_l|H_l|=1$，哈密顿量模的影响被消除了。利用不等式 $\left(\dfrac{k}{e}\right)^k<m!$ 可得

$$K=\mathcal{O}\left(\frac{\log\dfrac{N}{\epsilon}}{\log\left(\log\dfrac{N}{\epsilon}\right)}\right)\tag{2.81}$$

至此，实现哈密顿量模拟 e^{-iHt} 就变成了如何模拟多个幺正算符的线性组合。一般而言，幺正算符的线性组合式 (2.79) 不再是幺正算符，它不能通过量子线路来直接实现（量子线路均为幺正算符），需通过测量等非幺正方式实现。

1. 截断算符 $U_K(\Delta t)$ 的实现

算符 $U_K(\Delta t)$ 的实现需两个量子寄存器（A 和 B），其中 A 为辅助系统，而模拟信息则存于寄存器 B 中。

(1) 算符 $\tilde{A}$ 定义在寄存器 A 上，它将寄存器 A 制备到叠加态：

$$\tilde{A}:\quad |0\rangle_{\mathrm{A}}\to\frac{1}{\sqrt{s}}\sum_{\mathbf{j}\in J}\sqrt{\beta_{\mathbf{j}}}|\mathbf{j}\rangle_{\mathrm{A}}$$

其中 $s=\sum_{\mathbf{j}\in J}\beta_{\mathbf{j}}=\sum_{k=0}^{K}\dfrac{(\ln 2)^k}{k!}$ 为归一化常数 (其值由泰勒截断参数 K 确定)，若 K 按式（2.81）中选取，则 $|s-2|\leqslant\epsilon/N$。

(2) 寄存器 A 与寄存器 B 之间定义幺正变换 $\tilde{V}$：

$$\tilde{V}:\quad |\mathbf{j}\rangle_{\mathrm{A}}|\phi\rangle_{\mathrm{B}}\to|\mathbf{j}\rangle_{\mathrm{A}}\hat{V}_{\mathbf{j}}|\phi\rangle_{\mathrm{B}}\tag{2.82}$$

其中 $|\mathbf{j}\rangle_{\mathrm{A}}$ 为寄存器 A 中的基矢量，$\hat{V}_{\mathbf{j}}$ 是 U_K 的表达式（2.79）中的幺正算符，它仅作用于寄存器 B。

(3) 在算符 $\tilde{A}$ 和 $\tilde{V}$ 上可定义算符：

$$\tilde{W} := (\tilde{A}^{\dagger} \otimes I)\tilde{V}(\tilde{A} \otimes I)$$

若将此算符作用于量子态 $|0\rangle_{\mathrm{A}}|\phi\rangle_{\mathrm{B}}$（$|\phi\rangle_{\mathrm{B}}$ 为寄存器 B 的任意量子态）上将得到

$$\begin{aligned}\tilde{W}|0\rangle_{\mathrm{A}}|\phi\rangle_{\mathrm{B}} &= (\tilde{A}^{\dagger} \otimes I)\tilde{V}(\tilde{A} \otimes I)|0\rangle_{\mathrm{A}}|\phi\rangle_{\mathrm{B}} \\ &= \frac{1}{\sqrt{s}}(\tilde{A}^{\dagger} \otimes I)\tilde{V}\sum_{\mathbf{j}}\sqrt{\beta_{\mathbf{j}}}|\mathbf{j}\rangle_{\mathrm{A}}|\phi\rangle_{\mathrm{B}} \\ &= \frac{1}{\sqrt{s}}(\tilde{A}^{\dagger} \otimes I)\sum_{\mathbf{j}}\sqrt{\beta_{\mathbf{j}}}|\mathbf{j}\rangle_{\mathrm{A}}\hat{V}_j|\phi\rangle_B \\ &= \frac{1}{s}|0\rangle_{\mathrm{A}}U_K(\Delta t)|\phi\rangle_{\mathrm{B}} + \sqrt{1-\frac{1}{s^2}}|\psi\rangle_{\mathrm{AB}} \end{aligned} \tag{2.83}$$

其中 $|\psi\rangle_{\mathrm{AB}}$ 为寄存器 A 与 B 的纠缠态，且寄存器 A 的状态与 $|0\rangle_{\mathrm{A}}$ 垂直，即 ${}_{\mathrm{A}}\langle 0|\psi\rangle_{\mathrm{AB}} = 0$。此时若对寄存器 A 进行测量，当测量结果为 $|0\rangle_{\mathrm{A}}$ 时，寄存器 B 上就实现了算符 U_K。整个过程可用投影算符 $\tilde{P} = |0\rangle_{\mathrm{A}}\langle 0| \otimes I$ 和 $\tilde{W}$ 表示为

$$\tilde{P}\tilde{W}|0\rangle_{\mathrm{A}}|\phi\rangle_{\mathrm{B}} = \frac{1}{s}|0\rangle_{\mathrm{A}}U_K(\Delta t)|\phi\rangle_{\mathrm{B}}$$

值得注意，直接使用算符 $\tilde{W}$ 成功实现算符 $U_K(\Delta t)$ 的概率仅为 $\dfrac{1}{s^2} = 1/4$。整体的成功概率 $\left(\dfrac{1}{4}\right)^N$ 随着 N 呈指数衰减。算符 $\tilde{W}$ 的线路表示见图 2.23。

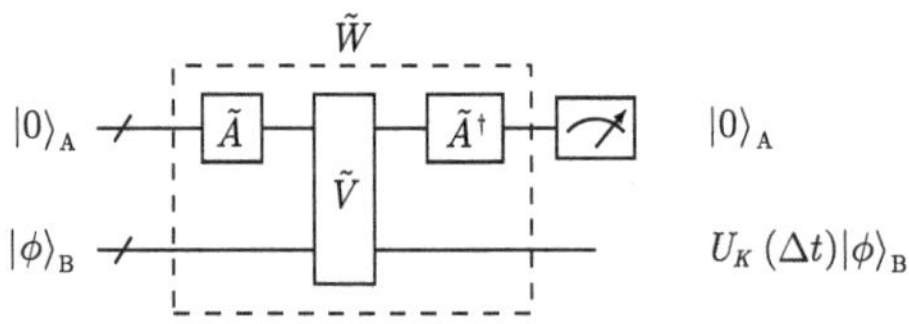

图 2.23　算符 $\tilde{W}$ 的线路表示

(4) 为提高算符 $U_K(\Delta t)$ 的成功概率，我们定义新算符：

$$\tilde{\mathcal{B}} = -\tilde{W}\tilde{R}\tilde{W}^{\dagger}\tilde{R}\tilde{W}$$

其中 $\tilde{R} = I - 2\tilde{P}$ 是幺正算符（参考 Grover 算法中的算符 U_{ω}），它是寄存器 A 上的反射算符。算符 $-\tilde{\mathcal{B}}$ 的线路表示见图 2.24。

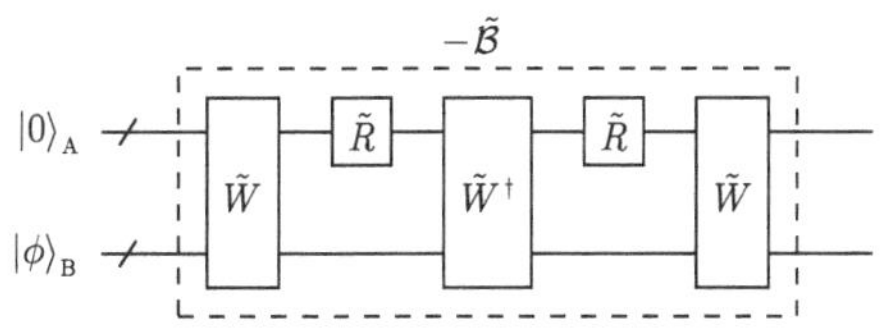

图 2.24 算符 $-\tilde{\mathcal{B}}$ 的线路表示

直接计算可得

$$
\begin{aligned}
\tilde{P}\tilde{\mathcal{B}}|0\rangle_{\rm A}|\phi\rangle_{\rm B} &= -\tilde{P}\tilde{W}(I-2\tilde{P})\tilde{W}^\dagger(I-2\tilde{P})\tilde{W}|0\rangle_{\rm A}|\phi\rangle_{\rm B}\\
&= \tilde{P}\tilde{W}|0\rangle_{\rm A}|\phi\rangle_{\rm B} + 2\tilde{P}\tilde{W}\tilde{P}|0\rangle_{\rm A}|\phi\rangle_{\rm B} - 4\tilde{P}\tilde{W}\tilde{P}\tilde{W}^\dagger\tilde{P}\tilde{W}|0\rangle_{\rm A}|\phi\rangle_{\rm B}\\
&= 3\tilde{P}\tilde{W}|0\rangle_{\rm A}|\phi\rangle_{\rm B} - 4\tilde{P}\tilde{W}\tilde{P}\tilde{W}^\dagger\tilde{P}\tilde{W}|0\rangle_{\rm A}|\phi\rangle_{\rm B}\\
&= |0\rangle_{\rm A}\left(\frac{3}{s}U_K(\Delta t) - \frac{4}{s^3}U_K(\Delta)U_K^\dagger(\Delta t)U_K(\Delta t)\right)|\phi\rangle_{\rm B} \qquad (2.84)
\end{aligned}
$$

将 $U_K(\Delta t) = U(\Delta t) - \mathcal{O}(\epsilon/N)$ 和 $s = 2 - \mathcal{O}(\epsilon/N)$ 代入上式可得

$$
|\tilde{P}\tilde{\mathcal{B}}|0\rangle_{\rm A}|\phi\rangle_{\rm B} - |0\rangle_{\rm A}U(\Delta t)|\phi\rangle_{\rm B}| = \mathcal{O}(\epsilon/N)
$$

此时，我们仍能以概率 $1-\mathcal{O}(\epsilon/N)$ 在 $\mathcal{O}(\epsilon/N)$ 精度内实现 $U(\Delta t)$。

(5) 因此，我们总体将以概率 $(1-\mathcal{O}(\epsilon/N))^N = 1-\epsilon$、误差不超过 ϵ 实现幺正变换 $U(t) = e^{-iHt}$。

2. 此模拟所需消耗资源

在给定参数 K、N、T 和 ϵ 下，模拟 e^{-iHt} 的资源主要包括如下几个部分①。

(1) **寄存器 A 的辅助比特数目**: 寄存器 A 中的辅助比特需能区分不同的幺正算符 $\hat{V}_{\mathbf{j}}$,其中 $\mathbf{j}\in J$。J 中元素对应于量子态 $|k\rangle|l_1\rangle\cdots|l_k\rangle$（$0\leqslant k\leqslant K, 1\leqslant l_k\leqslant L$），共有 $K\cdot L^K$ 个不同的量子态。由此可见，寄存器 A 可由 $K+1$ 个寄存器组成，其中，第 0 个寄存器包含 K 个量子比特，用于将量子态 $|k\rangle$（$k=1,2,\cdots,K$）编码为 $|1^k0^{K-k}\rangle$，而第 1，2，$\cdots$，K 个寄存器均用于编码量子态 $|l_k\rangle$（$1\leqslant l_k\leqslant L$），因此，每个寄存器含 $\mathcal{O}(\log L)$ 个量子比特。因此，寄存器 A 中包含的总辅助比特数为

$$
N_a = \mathcal{O}(K) + K\cdot\mathcal{O}(\log L) = \mathcal{O}\left(\frac{\log L\cdot\log\dfrac{T}{\epsilon}}{\log\left(\log\dfrac{T}{\epsilon}\right)}\right)
$$

① 参见文献 D. W. Berry, A. M. Childs, R. Cleve, R. Kothari, and et al, Phys. Rev. Lett. **114**, 090502 (2015).

(2) **基本门数目**: 本模拟算法的核心是实现算符 $\tilde{B}$: 由三个 $\tilde{W}$ 算符（由两个寄存器 A 上的算符 $\tilde{A}$ 以及寄存器 A、B 之间的控制门 $\tilde{V}$ 组成）和两个算符 R（寄存器 A 上的反射算符）组成。寄存器 A 上反射算符 $\tilde{R}$ 的实现已在 Grover 算法中讨论过（参见图 2.1），此处仅讨论算符 $\tilde{A}$ 和 $\tilde{V}$ 的实现所需的基本量子门数目。

寄存器 A 上的算符 $\tilde{A}$ 可通过 $K+1$ 个寄存器上的如下幺正算符实现。

a）在寄存器 0（含 K 个量子比特）上实现操作 $\tilde{A}_1$（图 2.25）:

$$\tilde{A}_1 : |0^K\rangle \to \sum_{k=0}^{K} \sqrt{\frac{t^k}{k!}} |1^k 0^{K-k}\rangle$$

此操作可通过第一个比特上的转动 R_1，以及 K 个近邻比特上的控制旋转门（控制-R_i 门）实现，共需 $\mathcal{O}(K)$ 个门[①]。

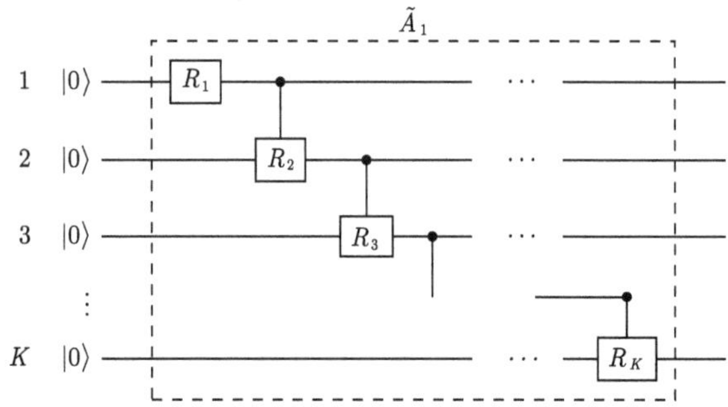

图 2.25　操作 $\tilde{A}_1$ 的实现线路: 其中 $R_i(i=1,2,3,\cdots,K)$ 是单比特旋转操作

b) 在寄存器 $1,2,3,\cdots,K$ 上实现操作 $\tilde{A}_2$:

$$\tilde{A}_2 : |0\rangle \to \sum_{l=1}^{L} \sqrt{\alpha_l} |l\rangle$$

与算符 $\tilde{A}_1$ 类似，此算符的实现需 $\mathcal{O}(L)$ 个门。因此，实现算符 $\tilde{A}$ 的总门数为

$$\mathcal{O}(K) + K \cdot \mathcal{O}(L) = \mathcal{O}\left(\frac{L \log \dfrac{T}{\epsilon}}{\log\left(\log \dfrac{T}{\epsilon}\right)}\right)$$

寄存器 A 和 B 之间的算符

$$\hat{V}_{\mathbf{j}} : |k\rangle|l_1\rangle \cdots |l_k\rangle|\phi\rangle \to |k\rangle|l_1\rangle \cdots |l_k\rangle(-i)^k H_{l_1} \cdots H_{l_k}|\phi\rangle$$

① 参见本章量子态的有效制备与量子优越性部分。

其中 $\mathbf{j}=(k;l_1,l_2,\cdots,l_k)$。可通过 K 个控制-控制-$(-iH_l)$ 门实现，其第 $j(1\leqslant j\leqslant K)$ 个控制-控制-$(-iH_l)$ 门定义如下：

$$|b_j\rangle|l_j\rangle|\phi\rangle\rightarrow|b_j\rangle|l_j\rangle(-iH_{l_j})^b|\phi\rangle$$

其中 $|b_j\rangle$ 为寄存器 A 中编号为 0 的寄存器的第 j 个量子比特的状态；$|l_j\rangle$ 为第 j 个寄存器上的量子态；$|\phi\rangle$ 为寄存器 B 上的量子态，当且仅当 $b_j=1$ 时，在量子态 $|\phi\rangle$ 实施操作 $-iH_{l_j}$（l_j 为第 j 个寄存器上的状态）。变换 $\hat{V}_{\mathrm{j}}$ 的实现线路如图 2.26 所示。

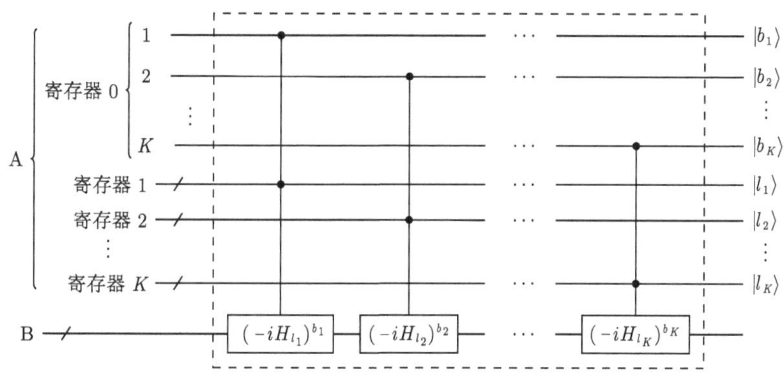

图 2.26 实现操作 $\hat{V}_{\mathrm{j}}$ 的线路图

控制-控制-H_l 的具体实现与哈密顿量 H_l 的形式密切相关。当 H_l 至多含 n 个 Pauli 算符时，控制-控制-H_l 门可通过扩展 Toffoli 门实现（其线路复杂度为 $\mathcal{O}(\log L+n)$，其中 $\mathcal{O}(\log L)$ 为控制-l 部分的复杂度，而 $\mathcal{O}(n)$ 为控制-H_l 部分的复杂度）。因此，实现单个控制-控制-H_l 门的线路复杂度为 $\mathcal{O}(L(n+\log L))$。

综上，实现算符 $\hat{V}_{\mathrm{j}}$ 的线路复杂度为

$$\mathcal{O}\left(\frac{L(n+\log L)\log\dfrac{T}{\epsilon}}{\log\left(\log\dfrac{T}{\epsilon}\right)}\right)$$

2.4.2.3 稀疏哈密顿量模拟

定理 2.4.5 稀疏哈密顿量可被有效地模拟①。

我们首先来精确定义稀疏哈密顿量。若一个 n 体系统的哈密顿量 H 满足如

① 参见文献 D. W. Berry, A. M. Childs, R. Cleve, R. Kothari, and et al, in: Proceedings of the 46th Annual ACM Symposium on Theory of Computing (ACM, 2014), p. 283-292.

下条件：

(1) 哈密顿量 H 每行至多含有 D（最多为 poly(n)）个非零元素；

(2) $\|H\| < \text{poly}(n)$；

(3) H 行可计算：当输入任意行指标 i 时，存在一个最多为多项式复杂度的算法能输出第 i 行中所有非零元。

此哈密顿量 H 称为稀疏哈密顿量。

为证明稀疏哈密顿量可被有效模拟，需用到如下两个事实。

（1）通过控制局域哈密顿量 H_i（其演化可被有效模拟）的演化时间可模拟复杂哈密顿量 $H=\sum_i H_i$ 的演化（此结论可通过 Trotter 展开获得）。换言之，哈密顿量 H_i（$i=1,2,\cdots,\text{poly}(n)$）的任意线性组合 $\sum_i a_i H_i$ 均可被哈密顿量为 H_i 的系统（演化时间可控）模拟到任意精度。

（2）若哈密顿量 H 具有 2×2 块对角结构，即 H 具有如下形式：

$$H=\begin{bmatrix} H_1 & & & \\ & H_2 & & \\ & & \ddots & \\ & & & H_q \end{bmatrix} \tag{2.85}$$

且块哈密顿量 H_k 均为 2×2 矩阵

$$H_k=\begin{bmatrix} a_{k_1k_1} & a_{k_1k_2} \\ a_{k_2k_1} & a_{k_2k_2} \end{bmatrix}$$

(对角阵 $\text{diag}\{a_{11},a_{22}\}$ 也看作 2×2 矩阵)，则每个 2×2 子空间独立演化，它们可通过量子叠加同时完成。因此，我们有如下定理。

定理 2.4.6　2×2 块对角哈密顿量 H 及其重排的实时演化可被有效模拟。

由于演化算符 $U_k=e^{-iH_kt}$ 对应于单比特幺正演化，根据 Solovay-Kitaev 定理 1.2.11，它可在 $\text{poly}\left(\log\left(\dfrac{1}{\epsilon}\right)\right)$ 规模内被逆运算封闭的普适门集合近似到误差小于 ϵ（详见 Solovay-Kitaev 定理）。我们只需证明式（2.85）所示的哈密顿量 H 的演化 $U=e^{-iHt}=\otimes_k e^{-iH_kt}$（$k$ 的个数随系统规模呈指数增长）可被 e^{-iH_kt} 有效模拟即可。

证明　实现 $U=\otimes_k e^{-iH_kt}$ 需两个寄存器：寄存器 a 用于存储 2×2 块哈密顿量 H_k 的信息; 寄存器 s 用于存储模拟信息。在两个寄存器中引入两个 Oracle 算符。

(1) 第一个 Oracle 算符为

$$T_1:\quad |0\rangle_a|i\rangle_s \to |k(i),k_1(i),k_2(i),\widetilde{U}_k\rangle_a|i\rangle_s$$

其中 $|i\rangle_s$ 是寄存器 s 中的基矢量（计算基），对应于式 (2.85) 中哈密顿量 H 的行指标。此 Oracle 算符将 i 对应的 2×2 块哈密顿量 $H_{k(i)}$ 的信息存储到寄存器 a 中：

$k(i)$ 是处于哈密顿量 H 的第 i 行的块哈密顿量 H_k 的编号 k，$k_1(i)$ 为 i 所在 2×2 块哈密顿量 $H_{k(i)}$ 的第 1 行在 H 中的行指标，$k_2(i)$ 为 $H_{k(i)}$ 中第 2 行在 H 中的行指标。$k(i)$，$k_1(i)$，$k_2(i)$ 均需 n 个量子比特进行编码（图 2.27）。算符 $\widetilde{U}_k$ 是单比特幺正变换 $U_k=e^{-iH_{k(i)}t}$ 的误差小于 ϵ 的一个近似，令 $|\widetilde{U}_k\rangle=\widetilde{U}_k\,|0\rangle\otimes\widetilde{U}_k\,|1\rangle$ 为 2 个辅助量子比特的直积态。因此，寄存器 a 中共需 $3n+2$ 个辅助量子比特；而寄存器 s 中需 n 个量子比特。

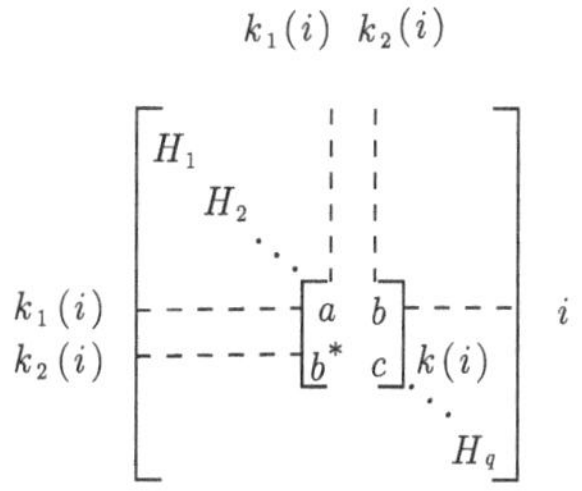

$$
\begin{array}{c}
\quad\quad k_1(i)\ \ k_2(i) \\
k_1(i) \\ k_2(i)
\end{array}
\begin{bmatrix}
H_1 & & & & \\
 & H_2 & & & \\
 & & \ddots & & \\
 & & & \begin{matrix} a & b \\ b^* & c \end{matrix} & \\
 & & & & k(i) \\
 & & & & \ddots \\
 & & & & H_q
\end{bmatrix}\ i
$$

图 2.27 参数 $k(i),k_1(i),k_2(i)$ 示意图

(2) 第 1 个 Oracle 算符将 H_{k_i} 的演化信息存于寄存器 a 中，而第 2 个 Oracle 算符将寄存于 a 中的演化信息返回寄存器 s 中：

$$
T_2:|k(i),k_1(i),k_2(i),\widetilde{U}_k\rangle_a|i\rangle_s\rightarrow|k(i),k_1(i),k_2(i),\widetilde{U}_k\rangle_a|\widetilde{U}_k i\rangle_s
$$

其中 $|\widetilde{U}_k i\rangle_s$ 表示态 $|i\rangle_s$ 在子空间 $\mathrm{Span}\{k_1(i),k_2(i)\}$ 中经过演化 $\widetilde{U}_k$ 后的结果。由 Oracle T_1 和 T_2 的定义可知，变换 $T_1^{-1}T_2T_1$ 在寄存器 s 中任意量子态 $|\psi\rangle=\sum_i\alpha_i|i\rangle_s$ 上的作用为

$$
\begin{aligned}
|0\rangle_a\,|\psi\rangle_s=|0\rangle_a\sum_i\alpha_i|i\rangle_s &\overset{T_1}{\rightarrow}\quad\sum_k|k,k_1,k_2,\widetilde{U}_k\rangle(\alpha_{k_1}|k_1\rangle+\alpha_{k_2}|k_2\rangle)\\
&\overset{T_2}{\rightarrow}\sum_k|k,k_1,k_2,\widetilde{U}_k\rangle\widetilde{U}_k(\alpha_{k_1}|k_1\rangle+\alpha_{k_2}|k_2\rangle)\\
&\overset{T_1^{-1}}{\longrightarrow}|0\rangle_a\sum_k\widetilde{U}_k(\alpha_{k_1}|k_1\rangle+\alpha_{k_2}|k_2\rangle)
\end{aligned}\tag{2.86}
$$

对比可知，$T_1^{-1}T_2T_1$ 近似实现了演化算符 U，其误差

$$
\left\|U-T_1^{-1}T_2T_1\right\|=\max_k\left\|U_k-\widetilde{U}_k\right\|<\epsilon
$$

这就证明了 2×2 块对角哈密顿量可被有效模拟。 □

下面我们就来证明稀疏哈密顿量可被有效模拟，此证明的核心是说明每行至多有 D（最多为 $\mathrm{poly}(n)$）个非零元素的 n 比特哈密顿量 H 可被分解为 $(D+1)^2n^6$ 个 2×2 块对角矩阵之和。然后，利用前面的两个基本事实就可证明稀疏哈密顿

量可被有效模拟。

证明　为证明稀疏哈密顿量 H 可被分解为多项式个 2×2 块对角哈密顿之和，我们在 H 上定义颜色函数：

$$\mathrm{col}_H(i,j)=(k,\mathrm{mod}(i,k),\mathrm{mod}(j,k),\mathrm{rindex}_H(i,j),\mathrm{cindex}_H(i,j))$$

其中，$i,j\in[1,2^n]$ 是哈密顿量 H 的行和列指标，此函数仅与 H 中元素位置 (i,j) 相关，而与此位置上的元素值 $H(i,j)$ 无关。

我们仅定义 $i\leqslant j$ 的情况，在 $i>j$ 时，令 $\mathrm{col}_H(i,j)=\mathrm{col}_H(j,i)$。因此，颜色函数 $\mathrm{col}_H(i,j)$ 的上三角与下三角呈镜像关系。当 $i\neq j$ 时，k 取值为满足 $\mathrm{mod}(i,k)\neq\mathrm{mod}(j,k)$ 的最小整数（$\mathrm{mod}(i,k)$ 表示 $i\pmod k$）。而 $i=j$ 时，则令 $k=1$。

若哈密顿量 H 的元素 $H(i,j)=0$，则 $\mathrm{rindex}_H(i,j)=0$，$\mathrm{cindex}_H(i,j)=0$。否则，$\mathrm{rindex}_H(i,j)$ 为当前元素 $H(i,j)$ 在第 i 行的非零元素排列中的序号，而 $\mathrm{cindex}_H(i,j)$ 为当前元素 $H(i,j)$ 在第 j 列的非零元素排列中的序号。

按颜色函数的定义，它是一个 $2^n\times 2^n$ 的矩阵（矩阵的每个元素均为向量）。

例 2.6　Ising 哈密顿量的颜色函数

3 自旋横场 Ising 模型的哈密顿量为

$$H=J\sigma_1^z\sigma_2^z+J\sigma_2^z\sigma_3^z+h\sigma_1^x+h\sigma_2^x+h\sigma_3^x$$

写成矩阵形式为

$$\begin{bmatrix} 2J & h & h & 0 & h & 0 & 0 & 0\\ h & 0 & 0 & h & 0 & h & 0 & 0\\ h & 0 & -2J & h & 0 & 0 & h & 0\\ 0 & h & h & 0 & 0 & 0 & 0 & h\\ h & 0 & 0 & 0 & 0 & h & h & 0\\ 0 & h & 0 & 0 & h & -2J & 0 & h\\ 0 & 0 & h & 0 & h & 0 & 0 & h\\ 0 & 0 & 0 & h & 0 & h & h & 2J \end{bmatrix}$$

下面来计算它的颜色函数，以 $\mathrm{col}_H(1,1)$ 和 $\mathrm{col}_H(3,4)$ 为例。

$\mathrm{col}_H(1,1)$: 由于 $i=j=1$，k 也只能取 1，又 $H(1,1)$ 是第 1 行以及第 1 列的第一个非零元，因此 $\mathrm{rindex}_H(1,1)=1$，$\mathrm{cindex}_H(1,1)=1$。由此，$\mathrm{col}_H(1,1)=(1,0,0,1,1)$。

$\mathrm{col}_H(3,4)$：$i\neq j$，而 $\mathrm{mod}(3,2)=1$，$\mathrm{mod}(4,2)=0$，因此，k 取值为 2。$H(3,4)$ 是第 3 行的第 3 个非零元，是第 4 列的第 2 个非零元素，故

rindex$_H(3,4)=3$，cindex$_H(3,4)=2$。因此，$\mathrm{col}_H(3,4)=(2,1,0,3,2)$。

类似地可将 H 的上三角部分每个位置的颜色函数计算如下:

$$\begin{bmatrix} (1,0,0,1,1) & (2,1,0,2,1) & (3,1,0,3,1) & (2,1,0,0,0) & (3,1,2,4,1) & (2,1,0,0,0) & (4,1,3,0,0) & (2,1,0,0,0) \\ & (1,0,0,0,0) & (2,0,1,0,0) & (3,2,1,2,1) & (2,0,1,0,0) & (3,2,0,3,1) & (2,0,1,0,0) & (4,2,0,0,0) \\ & & (1,0,0,2,2) & (2,1,0,3,2) & (3,0,2,0,0,) & (2,1,0,0,0) & (3,0,1,4,1) & (2,1,0,0,0) \\ & & & (1,0,0,0,0) & (2,0,1,0,0) & (3,1,0,0,0) & (2,0,1,0,0) & (3,1,2,3,1) \\ & & & & (1,0,0,0,0) & (2,1,0,2,2) & (3,2,1,3,2) & (2,1,0,0,0) \\ & & & & & (1,0,0,3,3) & (2,0,1,0,0) & (3,0,2,4,2) \\ & & & & & & (1,0,0,0,0) & (2,1,0,3,3) \\ & & & & & & & (1,0,0,4,4) \end{bmatrix}$$

颜色函数 $\mathrm{col}_H(i,j)$ 的值 (称为颜色) 总共有多少种可能呢？

首先参数 k 的取值不大于 n^2。按 k 的定义，k 为满足 $\mathrm{mod}(i,k)\neq\mathrm{mod}(j,k)$ 的最小值，若 $k=k_0$，则意味着

$$\mathrm{mod}(i,l)=\mathrm{mod}(j,l),\qquad l<k_0 \tag{2.87}$$

均成立。而 $\mathrm{mod}(i,l)=\mathrm{mod}(j,l)$ 等价于 l 是 $|i-j|$ 的因子，因此，式（2.87）表明 $|i-j|$ 是 $2,\cdots,k_0-1$ 的公倍数。由于所有小于 n^2 的质数之积大于 2^n（$|i-j|\leqslant 2^n$），因此，$k_0\leqslant n^2$。

参数 $\mathrm{mod}(i,k)$ 和 $\mathrm{mod}(j,k)$ 取值数目都不大于 k（不大于 n^2）；而参数 rindex$_H(i,j)$ 和 cindex$_H(i,j)$ 的取值个数都不大于 D。因此，不同颜色—$(k,\mathrm{mod}(i,k),\mathrm{mod}(j,k),\mathrm{rindex}_H(i,j),\mathrm{cindex}_H(i,j))$— 的数目最多为 $(n^2)^3(D+1)^2=(D+1)^2n^6$ 个 (因 D 最多为 n 的多项式，因此颜色个数最多随 n 呈多项式增长)。它远小于哈密顿量 H 的项数（2^{2n}），换言之，H 中很多位置 (i,j) 都属于同一种颜色。因此，对每一种颜色 $\boldsymbol{m}$，我们都可通过具有此颜色的位置上的哈密顿量矩阵元 $H(i,j)$ 来定义一个哈密顿量 $H_{\boldsymbol{m}}$：

$$H_{\boldsymbol{m}}(i,j)=H(i,j)\delta_{\mathrm{col}_H(i,j),\boldsymbol{m}}$$

显然，$H=\sum_{\boldsymbol{m}}H_{\boldsymbol{m}}$。

下面我们来说明 $H_{\boldsymbol{m}}$ 具有块对角结构（在重排等价的意义下）。设 $h(i,j)$ 为 $H_{\boldsymbol{m}}$ 中位于上三角（$i\geqslant j$）的非零元，由于 $\mathrm{col}_H(i,j)$ 的镜像对称性，我们仅需证明 $H_{\boldsymbol{m}}$ 中第 i 行、第 j 列，以及第 j 行、第 i 列中位于上三角的非零元仅出现在 (i,j) 处。

由于 $\mathrm{col}_H(i,j)$ 中含参数 rindex$_H(i,j)$ (同行的非零元素序号) 和 cindex$_H(i,j)$ (同列的非零元素序号)，而同一行和列中非零元素的序号必不相同。因此，H_m 的第 i 行和第 j 列中均不存在除 $h(i,j)$ 外的其他非零元素。

$\mathrm{col}_H(i,j)$ 中含有参数 $\mathrm{mod}(i,k)$、$\mathrm{mod}(j,k)$ 以及 k，且 $\mathrm{mod}(i,k)\neq\mathrm{mod}(j,k)$，可以证明对第 j 行中位于上三角的位置 (j,j')（$j<j'$），这三个参数与 $\boldsymbol{m}$ 中相应的参数必不完全相等。我们分两种情况来讨论：(a) 若 $\mathrm{col}_H(j,j')$ 中 k' 与 $\boldsymbol{m}$ 中 k 不等，则这两个颜色显然不同；(b) 若 $k=k'=k_0$，则意味着 $\mathrm{mod}(i,k_0)\neq\mathrm{mod}(j,k_0)$。因

此，$\mathrm{col}_H(j,j')\neq\mathrm{col}_H(i,j)=\boldsymbol{m}$。同理可得 $\mathrm{col}_H(i',i)\neq\boldsymbol{m}$。$H_{\boldsymbol{m}}$ 示意图见图 2.28。

按颜色函数的定义 $\mathrm{col}_H(i,j)=\mathrm{col}_H(j,i)$，因此，$H(j,i)$ 也在 $H_{\boldsymbol{m}}$ 中。

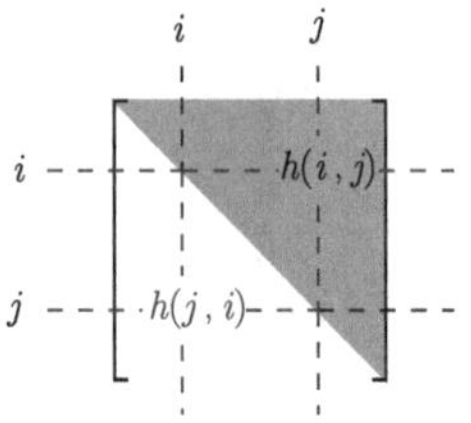

图 2.28 $H_{\boldsymbol{m}}$ 示意图：$h(i,j)$ 为位于 $H_{\boldsymbol{m}}$ 上三角（粉红阴影区域）中的非零元，可以证明第 i 行、第 j 列（红色虚线）和第 i 列、第 j 行（蓝色虚线）上无非零元

综上，H_m 的第 i,j 行第 i,j 列构成一个形如

$$\begin{bmatrix} 0 & H(i,j) \\ H(j,i) & 0 \end{bmatrix}$$

的 2×2 对角块。由于 i,j 的任意性，H_m 是 2×2 块对角形式的组合。这就完成了证明。 □

2.4.3 量子信号处理算法

量子信号处理算法的核心思想来自最优量子控制理论和经典信号处理（见附录单比特最优量子控制）[①]。单比特最优量子控制理论告诉我们（详见附录IIb）：

定理 2.4.7 对任意单比特幺正变换 $\hat{U}(\theta)$，其形如 $R_{\phi_L}(\theta)\cdots R_{\phi_2}(\theta)R_{\phi_1}(\theta)$ 的最优近似可在 $\mathcal{O}(\mathrm{poly}(L))$ 时间内有效获得，其中基本转动算符

$$R_\phi(\theta)=e^{-i\frac{\theta}{2}(\cos\phi\sigma^x+\sin\phi\sigma^y)}$$

此定理可图示为图 2.29。

$$-\boxed{\hat{U}(\theta)}-\ \simeq\ -\boxed{R_{\phi_1}(\theta)}-\boxed{R_{\phi_2}(\theta)}-\ \cdots\ -\boxed{R_{\phi_L}(\theta)}-$$

图 2.29 单比特最优控制：任意单比特幺正变换 $\hat{U}(\theta)$ 的给定长度 L 的最优 $R_{\phi_i}(\theta)$ 展开可有效获得。量子态从左侧输入，从右侧输出

量子信号处理算法考虑的是一个比哈密顿量模拟更为广泛的问题。

① 参见文献 G. H. Low, and I. L. Chuang, Phys. Rev. Lett. **118**, 010501 (2017); G. H. Low, and I. L. Chuang, Qunantum **3**, 163 (2019).

问题 2.4.8 给定哈密顿量 H，调用 H 计算它的某个函数 $h(H)$。

当函数 $h(H)=e^{-iHt}$ 时，此问题就自动是哈密顿量模拟问题。因此，哈密顿量模拟问题（k 局域哈密顿量、幺正算符和哈密顿量以及稀疏哈密顿量等）都可看作此问题的特例。下面我们将看到，此量子信号处理问题可转化为量子比特的最优控制问题。

2.4.3.1 单比特的量子信号处理

我们来考虑一个特殊的单比特问题。

问题 2.4.9 已知单比特幺正算符 $\hat{W}=\sum_\lambda e^{i\theta_\lambda}|\mu_\lambda\rangle\langle\mu_\lambda|$，调用 $\hat{W}$（尽量少）实现幺正变换 $V=\sum_\lambda e^{ih(\theta_\lambda)}|\mu_\lambda\rangle\langle\mu_\lambda|$, 其中 $h(\theta)$ 是任意实函数。

我们来看如何将此问题转化为单量子比特的最佳控制问题。

(1) **调用 $\hat{W}$ 实现基本转动算符** $R_\phi(\theta)$: 利用图 2.30 所示的线路可建立 $\hat{W}$ 与 $R_\phi(\theta)$ 的联系。此线路包括两个寄存器：寄存器 a 和寄存器 s，它们均包含一个量子比特。

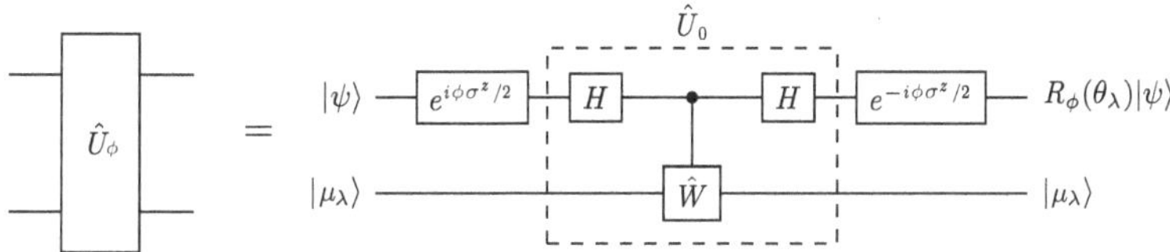

图 2.30 算符 $R_\phi(\theta)$ 的线路实现：其中 $|\mu_\lambda\rangle$ 是算符 $\hat{W}$ 的本征矢量，$|\psi\rangle$ 为任意单比特量子态；控制-$\hat{W}$ 表示在控制比特为 1 时在输入量子态 $|\mu_\lambda\rangle$ 上增加相位 $e^{i\theta_\lambda}$。此过程中算符 $\hat{U}_\phi$ 可表示为 $\hat{U}_\phi=(e^{-i\phi\sigma^z/2}\otimes I)\hat{U}_0(e^{i\phi\sigma^z/2}\otimes I)$

不失一般性，设寄存器 a 的输入态为 $|0\rangle$ 且寄存器 s 的输入态为 $\hat{W}$ 的本征态 $|\mu_\lambda\rangle$，则

$$
\begin{aligned}
|0\rangle_a\otimes|\mu_\lambda\rangle_s &\xrightarrow{e^{i\phi\sigma^x/2}} e^{i\phi/2}|0\rangle_a\otimes|\mu_\lambda\rangle_s\\
&\xrightarrow{H} \frac{1}{\sqrt{2}}[e^{i\phi/2}(|0\rangle_a+|1\rangle_a)]\otimes|\mu_\lambda\rangle_s\\
&\xrightarrow{\text{控制-}\hat{W}} \frac{1}{\sqrt{2}}[e^{i\phi/2}(|0\rangle_a+e^{i\theta_\lambda}|1\rangle_a)]\otimes|\mu_\lambda\rangle_s\\
&\xrightarrow{H} \frac{1}{2}[e^{i\phi/2}(1+e^{i\theta_\lambda})|0\rangle_a+(1-e^{i\theta_\lambda})|1\rangle_a]\otimes|\mu_\lambda\rangle_s\\
&\xrightarrow{e^{-i\phi\sigma^x/2}} \frac{1}{2}[e^{i\phi}(1+e^{i\theta_\lambda})|0\rangle_a+(1-e^{i\theta_\lambda})|1\rangle_a]\otimes|\mu_\lambda\rangle_s\\
&=\left[\cos\frac{\theta_\lambda}{2}|0\rangle_a-ie^{i\phi}\sin\frac{\theta_\lambda}{2}|1\rangle_a\right]\otimes|\mu_\lambda\rangle_s
\end{aligned}
$$

$$
\begin{aligned}
&= e^{i\theta_\lambda/2} e^{-i\frac{\theta_\lambda}{2}\cdot(\cos\phi\sigma^x+\sin\phi\sigma^y)}|0\rangle_a \otimes |\mu_\lambda\rangle_s \\
&= e^{i\theta_\lambda/2} R_\phi(\theta_\lambda)|0\rangle_a \otimes |\mu_\lambda\rangle_s
\end{aligned} \tag{2.88}
$$

寄存器 a 的基矢量 $|0\rangle_a$ 上的确实现了基本转动 $R_\phi(\theta_\lambda)$。当寄存器 a 的输入为 $|1\rangle$ 时，进行相同的推导可得

$$
|1\rangle \otimes |\mu_\lambda\rangle \to e^{i\theta_\lambda/2} R_\phi(\theta_\lambda)|1\rangle \otimes |\mu_\lambda\rangle \tag{2.89}
$$

因此，图 2.30 中的线路等价于在寄存器 a 上实现了基本转动 $R_\phi(\theta_\lambda)$，而同时保持寄存器 s 上 $\hat{W}$ 的本征矢量 $|\mu_\lambda\rangle$ 不变。值得注意，$R_\phi(\theta_\lambda)$ 的转动角度 θ_λ 由 $\hat{W}$ 的本征值决定（不同本征矢对应于不同的转动角）。线路如图 2.30 对应的两比特幺正变换记为 $\hat{U}_\phi$。

(2) 若对寄存器 a 中量子比特进行后选择测量，寄存器 a 上获得的相位将会被加载到寄存器 s 上，进而实现寄存器 s 上的变换。特别地，若寄存器 a 中的输入量子态取为 $|+\rangle_a = \dfrac{1}{\sqrt{2}}(|0\rangle_a + |1\rangle_a)$，且后选择量子态也为 $|+\rangle_a$，则如图 2.31所示的线路中寄存器 s 的输出结果为

$$
\begin{aligned}
&{}_a\langle +|\hat{U}_{\phi_L}\cdots \hat{U}^\dagger_{\phi_2+\pi}\hat{U}_{\phi_1}|+\rangle_a \otimes \sum_\lambda b_\lambda |\mu_\lambda\rangle_s \\
&= {}_a\langle +|\sum_\lambda R_{\phi_L}(\theta_\lambda)R_{\phi_{L-1}}(\theta_\lambda)\cdots R_{\phi_1}(\theta_\lambda)|+\rangle_a \otimes b_\lambda|\mu_\lambda\rangle_s \\
&= {}_a\langle +|\sum_\lambda \mathcal{A}(\theta_\lambda)I + i\mathcal{B}(\theta_\lambda)\sigma^z + i\mathcal{C}(\theta_\lambda)\sigma^x + i\mathcal{D}(\theta_\lambda)\sigma^y|+\rangle_a \otimes b_\lambda|\mu_\lambda\rangle_s \\
&= \sum_\lambda b_\lambda[\mathcal{A}(\theta_\lambda) + i\mathcal{C}(\theta_\lambda)]|\mu_\lambda\rangle
\end{aligned} \tag{2.90}
$$

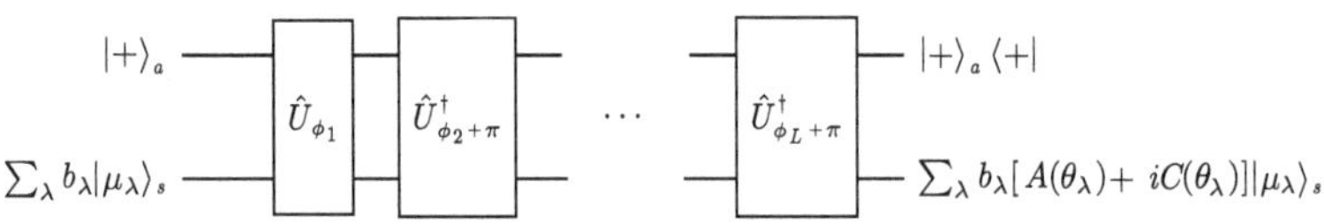

图 2.31　变换 $\mathcal{A}(\theta_\lambda) + i\mathcal{C}(\theta_\lambda)$ 的实现: 单个幺正变换 $\hat{U}_\phi$ 在寄存器 a 上可实现转动操作 $R_\phi(\theta_\lambda)$，而一组幺正变换 $\hat{U}_{\phi_i}$ 在寄存器 a 上将实现转动 $\prod_i R_{\phi_i}(\theta_\lambda)$，通过 a 上的后选择 $|+\rangle_a\langle+|$，这组转动操作就转移到输入比特 s 上。根据转动算符乘积的特征，其变换形式为 $\mathcal{A}(\theta_\lambda) + i\mathcal{C}(\theta_\lambda)$（具体形式见附录 IIb）。图中交替使用 $\hat{U}_{\phi_{2i-1}}$ 和 $\hat{U}^\dagger_{\phi_{2i}+\pi}$ 是为了消除式（2.88）和（2.89）中的额外因子 $e^{i\theta_\lambda/2}$

公式（2.88）和（2.89）中额外的相位 $e^{i\theta_\lambda/2}$，通过交替使用 $\hat{U}_\phi$ 和 $\hat{U}^\dagger_{\phi+\pi}$（$R_\phi(\theta_\lambda) = R^\dagger_{\phi+\pi}(\theta_\lambda)$）进行消除。因此，图 2.31 中的参数 L 为偶数。第二个

等号使用了附录中的定理IIb.4，即形如 $R_{\phi_L}(\theta_\lambda)R_{\phi_{L-1}}(\theta_\lambda)\cdots R_{\phi_1}(\theta_\lambda)$ 的幺正变换可在 Pauli 基下展开为

$$\begin{aligned}&A(x)I+iB(x)\sigma^z+ixC(y)\sigma^x+ixD(y)\sigma^y\\\equiv&\mathcal{A}(\theta_\lambda)I+i\mathcal{B}(\theta_\lambda)\sigma^z+i\mathcal{C}(\theta_\lambda)\sigma^x+i\mathcal{D}(\theta_\lambda)\sigma^y\end{aligned}$$

其中 $x=\sin\dfrac{\theta_\lambda}{2}$，$y=\sin\dfrac{\theta_\lambda}{2}$，$A(x)$ 为偶实函数，而 $C(y)$ 为奇实函数。

后选择 $|+\rangle$ 的成功概率 $\mathbb{P}$ 为

$$\mathbb{P}=|\langle+|\mathcal{A}(\theta_\lambda)+i\mathcal{C}(\theta_\lambda)|+\rangle|^2$$

至此，前面的单比特量子信号处理问题就转化为寻找 L 个最优的相位 $\phi_1,\phi_2,\cdots,\phi_L$ 使得 $\prod_{l=1}^{L}R_{\phi_l}$ 对应的函数 $\mathcal{A}(\theta_\lambda)+i\mathcal{C}(\theta_\lambda)$ 是目标函数 $e^{ih(\theta_\lambda)}$ 的最佳近似。值得注意，整个算法中，每个算符 $\hat{U}_\phi$ 仅调用一次 $\hat{W}$ 且仅需一个辅助比特。

利用第一类和第二类切比雪夫（Chebyshev）多项式，$\mathcal{A}(\theta)$ 和 $\mathcal{C}(\theta)$ 可表示为

$$\begin{aligned}\mathcal{A}(\theta)&=\sum_{j=0}^{\frac{L}{2}}\tilde{a}_j\cos j\theta=\sum_{j=0}^{\frac{L}{2}}\tilde{a}_jT_{2j}\left(\cos\frac{\theta}{2}\right)\\&=\sum_{j=0}^{\frac{L}{2}}a_{2j}\cos^{2j}\frac{\theta}{2}=\sum_{j=0}^{\frac{L}{2}}a_{2j}x^{2j}\\\mathcal{C}(\theta)&=\sum_{j=0}^{\frac{L}{2}}\tilde{c}_j\sin j\theta=\sum_{j=0}^{\frac{L}{2}}\tilde{c}_j\sin\frac{\theta}{2}U_{2j-1}\left(\cos\frac{\theta}{2}\right)\\&=x\sum_{j=0}^{\frac{L}{2}}c_j'yx^{2j-2}=x\sum_{j=0}^{\frac{L}{2}}c_{2j-1}yx^{2j-1}\end{aligned}\tag{2.91}$$

其中$T_n(\cos(\theta))=\cos(n\theta)$ 为第一类切比雪夫多项式，$U_n(\cos(\theta))=\dfrac{\sin((n+1)\theta)}{\sin\theta}$ 为第二类切比雪夫多项式。切比雪夫多项式组成一组正交完备基矢，任意定义在 $[-1,1]$ 上的单值函数都可用它们来展开。基于此我们有下面的重要定理。

定理 2.4.10 对任意奇周期函数 $h:(-\pi,\pi]\to(-\pi,\pi]$ 和偶数 L，若函数

$$\begin{aligned}\mathcal{A}(\theta)&=\sum_{k=0}^{\frac{L}{2}}\tilde{a}_k\cos k\theta\\\mathcal{C}(\theta)&=\sum_{k=0}^{\frac{L}{2}}\tilde{c}_k\sin k\theta\end{aligned}\tag{2.92}$$

其中 $\tilde{a}_k, \tilde{c}_k$ $\left(k=0,1,\cdots,\frac{L}{2}\right)$ 均为实数，且满足

$$\max_\theta |\mathcal{A}(\theta)+i\mathcal{C}(\theta)-e^{ih(\theta)}| \leqslant \epsilon, \tag{2.93}$$

则通过函数 $\mathcal{A}(\theta)$ 和 $\mathcal{C}(\theta)$ 可在 $\mathcal{O}(\text{poly}(L))$ 时间内得到相位参数 ϕ_k $(k=1,2,\cdots,L)$，使得 $\hat{U}_{\phi_L}\hat{U}_{\phi_{L-1}}\cdots\hat{U}_{\phi_1}$ 以概率 $\mathbb{P}\geqslant 1-16\epsilon$ 获得正确的后选择结果 $|+\rangle$，且近似误差（迹距离）满足

$$\epsilon_{\text{tr}}=\max_\psi ||\langle +|\hat{U}_{\phi_L}\cdots\hat{U}^\dagger_{\phi_2+\pi}\hat{U}_{\phi_1}|+\rangle - V|\psi\rangle|| \leqslant 8\epsilon$$

给定函数 $e^{-ih(\theta)}$，可通过切比雪夫多项式展开得到满足条件式（2.93）的多项式 $\mathcal{A}(\theta)$ 和 $\mathcal{C}(\theta)$。通过附录中定理IIb.5的算法在多项式时间内获得 L 个相位。

2.4.3.2　多量子比特系统的量子信号处理

在单比特量子信号处理算法中，通过引入一个辅助比特，并调用 L 次幺正变换 $\hat{W}$ 来实现对 $h(\hat{W})$ 的计算。接下来，我们将此方法推广到多量子比特系统中①，且将 $\hat{W}$ 从幺正变换推广到更一般的矩阵（如哈密顿量、密度矩阵等）。为实现这一目标，我们需要一系列辅助技术。

1. 块嵌入技术

块嵌入（block-encoding）的目的是将一个已知的矩阵 H（如哈密顿量）内嵌到一个幺正矩阵 U 的左上角，即 H 与 U 满足如下关系：

$$H=\alpha(\langle G|_a\otimes I)U(|G\rangle_a\otimes I) \tag{2.94}$$

其中幺正矩阵 U 所在的希尔伯特空间为 $\mathcal{H}_a\otimes\mathcal{H}_s$，$\mathcal{H}_s$ 为矩阵 H 所在空间，$\mathcal{H}_a$ 为辅助比特所在空间，且量子态 $|G\rangle_a$ 称为信号态（signal state）。若我们将 H 对应的辅助比特状态固定为 $|0\rangle_a$，则块嵌入过程可图示为图 2.32。

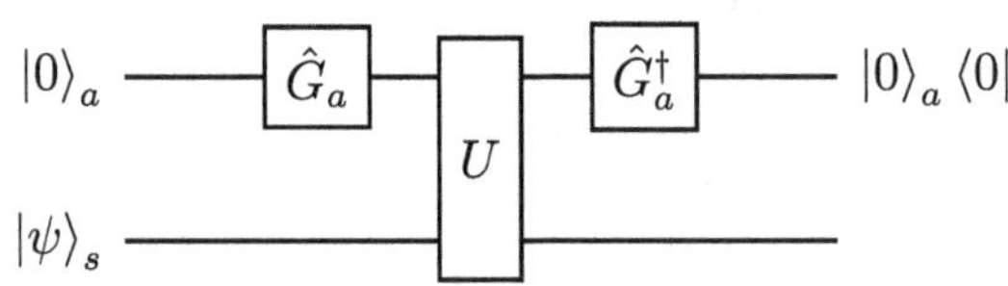

图 2.32　块嵌入过程

其中 $\hat{G}_a|0\rangle_a=|G\rangle_a$。此时的块嵌入算符可表示为

① G. H. Low, and I. L. Chuang, Qunantum **3**, 163 (2019).

$$\hat{U} = (G_a \otimes I_s)U(G_a^\dagger \otimes I_s)$$

且 $\langle 0|_a \hat{U} |0\rangle_a = \dfrac{H}{\alpha}$。

在块嵌入下，幺正算符 U 的矩阵形式具有如下块结构：

$$U = \begin{bmatrix} H/\alpha & U_{12} \\ U_{21} & U_{22} \end{bmatrix} \tag{2.95}$$

其中 U_{12}，U_{21}，U_{22} 使 U 为幺正算符。当 H 非方阵时，可先通过添加零元素构造左上角为 H 的方阵 H'，然后再按标准方式对 H' 进行块嵌入操作。

下面我们以幺正算符的线性组合为例说明如何实现算符的块嵌入。

例 2.7　幺正算符线性组合的块嵌入

当算符 H 为多个幺正算符的线性组合，我们前面已讨论过可利用泰勒展开进行有效模拟。此处我们通过量子信号处理的方法进行模拟，它的块嵌入过程可通过下面的方式实现。

设算符 H 为

$$H = \sum_{k=0}^{L} c_k \tilde{U}_k, \quad c_k \geqslant 0$$

线路如图 2.32 中的算符 U 和 $\hat{G}_a$ 定义为

$$U = \sum_{k=0}^{L} |k\rangle_a \langle k| \otimes \tilde{U}_k$$

$$\hat{G}_a|0\rangle = \frac{1}{c}\sum_{k=0}^{L} \sqrt{c_k}|k\rangle_a$$

其中 $c = \sum_{k=0}^{L} c_k$ 为归一化常数。

而块嵌入算符 $\hat{U}$ 可定义为

$$\hat{U} = (\hat{G}_a^\dagger \otimes I_s)\hat{U}(\hat{G}_a \otimes I_s)$$

直接计算可知：

$$\langle 0|_a \hat{U}|0\rangle_a = \frac{H}{c}$$

2. 量子比特化（qubitization）

通过块嵌入操作，厄密算符 H 被嵌入到幺正算符 U 的左上角，即

$$H = (\langle G|_a \otimes \hat{I}_s)U(|G\rangle_a \otimes \hat{I}_s)$$

信号态 $|G\rangle_a$ 将 U 的空间分为两部分：

(1) 由 $\{|G_\lambda\rangle = |G\rangle_a|\lambda\rangle_s\}$ 张成的空间 H_{G_a}，其中 $|\lambda\rangle_s$ 为厄密算符 H 本征值为 λ 的本征态。

(2) 与 H_{G_a} 正交的空间 $H_{G_a^\perp}$。

将幺正算符 U 作用于 H_{G_a} 中的量子态 $|G_\lambda\rangle$ 上，得到

$$U|G_\lambda\rangle = \lambda|G_\lambda\rangle + \sqrt{1-|\lambda|^2}|G_\lambda^\perp\rangle \tag{2.96}$$

其中 $|G_\lambda^\perp\rangle$ 与 $|G\rangle_a|\lambda\rangle_s$ 正交。这表明幺正算符 U 在 H_{G_a} 中并不封闭，它会将 H_{G_a} 空间中的量子态跃迁到 $H_{G_a^\perp}$ 空间中。换言之，U 的表达式（2.95）中的 U_{12} 不为 0。因此，幺正算符 U 并不保持 H 的本征子空间不变，进而无法直接实现 $f(H)$ 的计算。为实现 $f(H)$ 的计算，我们来定义新的算符 $\hat{W}$，它对 H_{G_a} 中量子态的作用与 U 相同，但它保持子空间的封闭性。

子空间封闭算符 $\hat{W}$ 的构造

若算符 $\hat{W}_\lambda$ 作用于量子态 $|G_\lambda\rangle$ 上的变换为

$$\hat{W}_\lambda|G_\lambda\rangle = \lambda|G_\lambda\rangle + \sqrt{1-|\lambda|^2}|G_\lambda^\perp\rangle \quad (\text{与算符 } U \text{ 相同}) \tag{2.97}$$

等价地，可定义 $|G_\lambda^\perp\rangle = \dfrac{(\hat{W}-\lambda)|G_\lambda\rangle}{\sqrt{1-|\lambda|^2}}$。则量子态 $|G_\lambda\rangle$ 和 $|G_\lambda^\perp\rangle$ 张成二维子空间:

$$\mathcal{H}_\lambda = \text{span}\{|G_\lambda\rangle, |G_\lambda^\perp\rangle\} = \text{span}\{|G_\lambda\rangle, \hat{W}_\lambda|G_\lambda\rangle\}$$

在此二子维空间中可定义 Pauli 算符：$\hat{X}_\lambda$，$\hat{Y}_\lambda$，$\hat{Z}_\lambda$ 为

$$\begin{aligned}
\hat{X}_\lambda|G_\lambda\rangle &= |G_\lambda^\perp\rangle, \quad \hat{X}_\lambda|G_\lambda^\perp\rangle = |G_\lambda\rangle \\
\hat{Y}_\lambda|G_\lambda\rangle &= i|G_\lambda^\perp\rangle, \quad \hat{Y}_\lambda|G_\lambda^\perp\rangle = -i|G_\lambda\rangle \\
\hat{Z}_\lambda|G_\lambda\rangle &= |G_\lambda\rangle, \quad \hat{Z}_\lambda|G_\lambda^\perp\rangle = -|G_\lambda^\perp\rangle
\end{aligned}$$

式（1.97）仅定义了算符 $\hat{W}$ 在量子态 $|G_\lambda\rangle$ 上的作用，它在 $|G_\lambda^\perp\rangle$ 上的作用未确定。若我们要求 $\hat{W}_\lambda$ 在子空间 $\mathcal{H}_\lambda$ 中封闭（或要求 $\hat{W}_\lambda$ 在 $\mathcal{H}_\lambda$ 中具有幺正性），则 $\hat{W}_\lambda$ 在基矢 $|G_\lambda\rangle$ 和 $|G_\lambda^\perp\rangle$ 下可完全确定为

$$\hat{W}_\lambda = \begin{bmatrix} \lambda & -\sqrt{1-|\lambda|^2} \\ \sqrt{1-|\lambda|^2} & \lambda \end{bmatrix}$$

对每个 λ 均可定义一个子空间 $\mathcal{H}_\lambda$ 及其上的幺正算符 $\hat{W}_\lambda$。因此，在空间 $\oplus\mathcal{H}_\lambda$ 可定义一个整体算符 $\hat{W}$:

$$\begin{aligned}\hat{W} &= \bigoplus_{\lambda} \begin{bmatrix} \lambda & -\sqrt{1-|\lambda|^2} \\ \sqrt{1-|\lambda|^2} & \lambda \end{bmatrix} \\ &= \bigoplus_{\lambda} \begin{bmatrix} \cos\theta_\lambda & -\sin\theta_\lambda \\ \sin\theta_\lambda & \cos\theta_\lambda \end{bmatrix} \\ &= \bigoplus_{\lambda} e^{-i\hat{Y}_\lambda \theta_\lambda}\end{aligned} \tag{2.98}$$

其中 $\theta_\lambda = \arccos\lambda$。此算符保持每个子空间 $\mathcal{H}_\lambda$ 的封闭性。

前面构造的算符 $\hat{W}$ 可满足计算 $f(H)$ 的需求，但如何从幺正算符 U 出发获得幺正算符 $\hat{W}$ 呢？我们有下面的定理。

定理 2.4.11 设 U 为哈密顿量 H 通过块嵌入得到的幺正算符，则算符

$$\hat{W} = ((2|G\rangle_a\langle G| - \hat{I}_a) \otimes \hat{I}_s) S_a U \tag{2.99}$$

具有式（2.98）形式的充要条件是作用于辅助系统 a 上的算符 S_a 满足如下条件：

$$\begin{aligned}\langle G|_a S_a U |G\rangle_a &= H \\ \langle G|_a S_a U S_a U |G\rangle_a &= \hat{I}\end{aligned} \tag{2.100}$$

此定理中的 $|G\rangle_a$ 为信号态。容易验证，定理中定义的 $\hat{W}$（式（2.99））对

$$\left\{|G_\lambda\rangle,\ |G_\lambda^\perp\rangle = \frac{\lambda|G_\lambda\rangle - S_a U|G_\lambda\rangle}{\sqrt{1-\lambda^2}}\right\} \tag{2.101}$$

张成的空间封闭。

证明 我们分别证明必要性和充分性。

必要性 若 $\hat{W}$ 具有形式（2.98）(满足子空间封闭性)，则公式 (2.99) 中的算符 S_a 需满足式（2.100）中的两个条件。

根据式（2.98）中 $\hat{W}$ 的表达式可得

$$\begin{aligned}\hat{W}|G_\lambda\rangle &= \lambda|G_\lambda\rangle + \sqrt{1-|\lambda|^2}|G_\lambda^\perp\rangle \\ \hat{W}|G_\lambda^\perp\rangle &= -\sqrt{1-|\lambda|^2}|G_\lambda\rangle + \lambda|G_\lambda^\perp\rangle\end{aligned}$$

而根据式（2.99）中 $\hat{W}$ 的形式可得

$$\begin{aligned}\langle G_\lambda|\hat{W}|G_\lambda\rangle &= \langle G_\lambda|S_a U|G_\lambda\rangle \\ \langle G_\lambda|\hat{W}|G_\lambda^\perp\rangle &= \frac{\lambda\langle G_\lambda|S_a U|G_\lambda\rangle - \langle G_\lambda|S_a U S_a U|G_\lambda\rangle}{\sqrt{1-|\lambda|^2}}\end{aligned}$$

对比这两组结果可得

$$\lambda = \langle G_\lambda | S_a U | G_\lambda \rangle$$
$$-\sqrt{1-|\lambda|^2} = \langle G_\lambda | \hat{W} | G_\lambda^\perp \rangle = \frac{\lambda^2 - \langle G_\lambda | (S_a U S_a U) | G_\lambda \rangle}{\sqrt{1-|\lambda|^2}}$$

显然，第二个表达式表明

$$\langle G_\lambda | S_a U S_a U | G_\lambda \rangle = 1$$

上面的推导对任意 λ 均成立，这就证明了式（2.100）的必要性。

充分性　为证明充分性，需说明在式（2.99）中 S_a 满足条件（2.100）时，$\hat{W}$ 一定可变成式（2.98）中的形式。

由条件 $\langle G|_a S_a U |G\rangle_a = H$ 可得

$$\begin{aligned}\hat{W}|G_\lambda\rangle &= 2|G_a\rangle\langle G|_a S_a U|G_\lambda\rangle - S_a U|G_\lambda\rangle \\ &= 2\lambda|G_\lambda\rangle - S_a U|G_\lambda\rangle\end{aligned}$$

计算 $\hat{W}$ 在基矢 $|G_\lambda\rangle$ 和 $G_\lambda^\perp\rangle$ 下的矩阵元：

$$\begin{aligned}\langle G_\lambda|\hat{W}|G_\lambda\rangle &= 2\lambda - \langle G_\lambda|S_a U|G_\lambda\rangle = \lambda \\ \langle G_\lambda^\perp|\hat{W}|G_\lambda\rangle &= \frac{\langle G_\lambda|\,\lambda - \langle G_\lambda|\,(S_a U)^\dagger}{\sqrt{1-\lambda^2}}\left(2\lambda\,|G_\lambda\rangle - S_a U\,|G_\lambda\rangle\right) \\ &= \frac{2\lambda^2 - 2\lambda^2 - \lambda^2 + 1}{\sqrt{1-\lambda^2}} = \sqrt{1-\lambda^2}\end{aligned}$$

类似地，由 $\langle G|_a S_a U S_a U|G\rangle_a = \hat{I}$ 可得矩阵元：

$$\begin{aligned}\langle G_\lambda^\perp|\hat{W}|G_\lambda^\perp\rangle &= \lambda \\ \langle G_\lambda|\hat{W}|G_\lambda^\perp\rangle &= -\sqrt{1-\lambda^2}\end{aligned}$$

这就得到了式（2.98）中的 $\hat{W}$ 的形式。　□

此定理告诉我们从 U 出发构造满足封闭性条件的幺正算符 $\hat{W}$，需存在满足条件（2.100）的算符 S_a。那么，对任意通过块嵌入的 U，满足条件的 S_a 是否存在呢（U 已知，条件方程（2.100）是否有解）？尽管对任意的 U，S_a 未必存在，但总可通过给定的 U 构造一个新的幺正变换 U'，使得 U' 存在满足要求的 S。具体地，有如下定理。

定理 2.4.12（比特化的存在性）给定任意哈密顿量 H，令幺正算符 U 为它的一个块嵌入，则通过图 2.33 生成的幺正变换 U' 可使条件 (2.100) 中的 S_a 一定有解，进而可构造算符 $\hat{W}$。

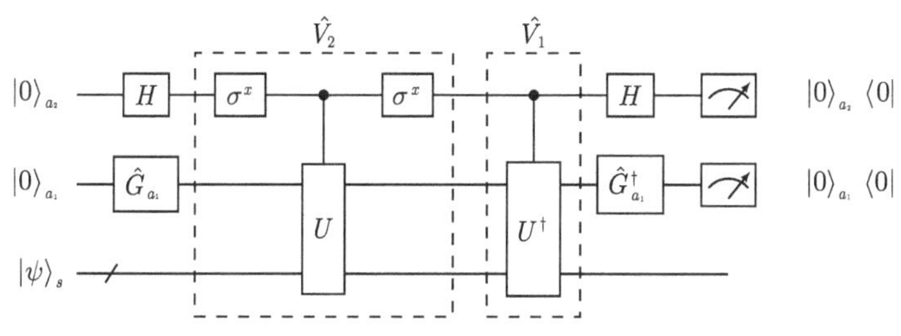

图 2.33 通过 U 构造 U'：$U' = \hat{V}_1\hat{V}_2$

证明 按线路图 2.33，由受控-U 门产生的算符 $\hat{V}_1$ 和 $\hat{V}_2$ 分别为

$$\hat{V}_1 = |0\rangle_{a_2}\langle 0|\,|\otimes \hat{I} + |1\rangle_{a_2}\langle 1|\,|\otimes U^\dagger$$
$$\hat{V}_2 = |0\rangle_{a_2}\langle 0| \otimes U + |1\rangle_{a_2}\langle 1| \otimes \hat{I}$$

其中的 $|0\rangle_{a_2}$ 和 $|1\rangle_{a_2}$ 为控制比特（新辅助比特 a_2）的基矢量。算符 U' 定义为

$$U' = \hat{V}_1\hat{V}_2 = |0\rangle_{a_2}\langle 0| \otimes U + |1\rangle_{a_2}\langle 1| \otimes U^\dagger$$

新的信号态和算符 S_a 定义为

$$|G'\rangle_a = |+\rangle_{a_2} \otimes |G\rangle_{a_1}$$
$$S_a = (|0\rangle_{a_2}\langle 1| + |1\rangle_{a_2}\langle 0|) \otimes \hat{I}_{a_1}$$

可以检验，按此定义的 U' 和 S_a 满足条件：

$$\begin{aligned}&{}_a\langle G'|S_aU'|G'\rangle_a = {}_a\langle G'|U'|G'\rangle_a = \frac{1}{2}(\hat{H} + \hat{H}^\dagger) = \hat{H}\\&{}_a\langle G'|S_aU'S_aU'|G'\rangle_a = {}_a\langle G'|\hat{U}'\hat{U}'|G'\rangle_a = \hat{\mathcal{I}}\end{aligned} \tag{2.102}$$

因此，给定 H 通过块嵌入构造的任意幺正算符 U，都可通过引入一个辅助比特，实施一个控制-U 门和一个控制-$U^\dagger$ 门来得到新的幺正算符 U'，此算符一定存在满足条件的 S_a，进而使满足封闭条件的算符 $\hat{W}$ 存在。 □

3. 算符函数 $f(H)$ 的计算

我们目标是调用 H 计算它的函数 $f(H)$。为此，比照单比特量子信号处理过程我们还需要作如下处理：在算符 $\hat{W}$ 中添加参数 ϕ，使新的算符 $\hat{W}_\phi$ 在单个封闭空间 $\mathcal{H}_\lambda$ 中的作用与单比特的基本转动算符 $R_\phi(\theta)$ 一致；用最优 $\hat{W}_\phi$ 组合来近似函数 $f[\hat{H}]$。

这样的算符 $\hat{W}_\phi$ 可通过图 2.34所示的构造获得。

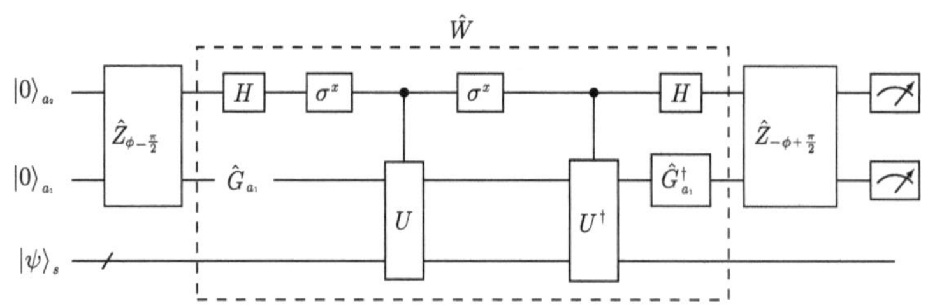

图 2.34 $\hat{W}_\phi$ 的构建：通过在算符 $\hat{W}$ 的辅助比特中加入含相位的反射算符 $\hat{Z}_\alpha = I_a - (1-e^{-i\alpha})\,|0\rangle_{a_1}\langle 0| \otimes |0\rangle_{a_2}\langle 0|$ 使新算符 $\hat{W}_\phi$ 与相位 ϕ 关联

直接计算可得

$$
\begin{aligned}
\hat{W}_\phi &= \hat{Z}_{\phi-\pi/2}\hat{W}\hat{Z}_{-\phi+\pi/2} \\
&= \bigoplus_\lambda \begin{bmatrix} ie^{-i\phi} & 0 \\ 0 & 1 \end{bmatrix}_\lambda \begin{bmatrix} \lambda & -\sqrt{1-|\lambda|^2} \\ \sqrt{1-|\lambda|^2} & \lambda \end{bmatrix}_\lambda \begin{bmatrix} -ie^{i\phi} & 0 \\ 0 & 1 \end{bmatrix}_\lambda \\
&= \bigoplus_\lambda \begin{bmatrix} \lambda & -ie^{-i\phi}\sqrt{1-|\lambda|^2} \\ -ie^{i\phi}\sqrt{1-|\lambda|^2} & \lambda \end{bmatrix}_\lambda \\
&= \bigoplus_\lambda e^{-i\theta_\lambda}(\cos\phi\hat{X}_\lambda + \sin\phi\hat{Y}_\lambda) \\
&= \bigoplus_\lambda R_\phi(2\theta_\lambda)
\end{aligned} \tag{2.103}
$$

其中 $\theta_\lambda = \arccos(\lambda)$。通过 $\hat{W}_\phi$ 我们就可以将单比特信号处理的过程平移到每个子空间 $\mathcal{H}_\lambda$ 中。

考虑用 L 个 $\hat{W}_\phi$ 组成的序列来近似每个子空间 $\mathcal{H}_\lambda$ 中的函数 $f(\theta_\lambda)$，我们会得到与单比特情况类似的表达式：

$$
\begin{aligned}
\hat{W}_{\vec{\phi}} &= \hat{W}_{\phi_L}\cdots\hat{W}_{\phi_2}\hat{W}_{\phi_1} = \bigoplus_\lambda R_{\phi_L}(2\theta_\lambda)R_{\phi_{L-1}}(2\theta_\lambda)\cdots R_{\phi_1}(2\theta_\lambda) \\
&= \bigoplus_\lambda \mathcal{A}(2\theta_\lambda)\hat{\mathcal{I}}_\lambda + i\mathcal{B}(2\theta_\lambda)\hat{Z}_\lambda + i\mathcal{C}(2\theta_\lambda)\hat{X}_\lambda + i\mathcal{D}(2\theta_\lambda)\hat{Y}_\lambda,
\end{aligned} \tag{2.104}
$$

其中 $\mathcal{A}(2\theta_\lambda),\mathcal{B}(2\theta_\lambda),\mathcal{C}(2\theta_\lambda),\mathcal{D}(2\theta_\lambda)$ 为 4 个满足一定条件的实函数。特别地，若辅助比特的输入态和后选择态均为 $|G_{\rm a}\rangle$，则

$$
\langle G|_{\rm a}\hat{W}_{\vec{\phi}}|G\rangle_{\rm a} = \sum_\lambda (\mathcal{A}(\theta_\lambda) + i\mathcal{B}(\theta_\lambda))\,|\lambda\rangle\langle\lambda| \equiv A[H] + iB[H] \tag{2.105}
$$

与单比特情况类似，① 通过函数 $f(H)$ 获得函数 $\mathcal{A}(\theta_\lambda)$ 和 $\mathcal{B}(\theta_\lambda)$；② 通过最优量子控制方法（见附录）确定可实现四元组；③ 利用定理 IIb.5得到不同的相位

参数 ϕ_k $(k=1,2,\cdots,L)$。这就实现了 $f(H)$ 的计算。

2.4.4 哈密顿量模拟的应用

哈密顿量模拟 e^{-iHt} 作为一个模块与量子相位估计算法相结合可以用于不同问题的求解，典型的包括线性方程求解和主成分分析问题。

2.4.4.1 量子线性方程求解

尽管线性方程组可通过高斯消元法等进行有效求解（对应计算复杂度为 $\mathcal{O}(N^3)$，其中 N 为变量个数)，但由于此问题的普遍性（非线性问题有时也可通过线性化近似为一组线性方程)，其算法的任何提高都将系统地提升相关领域的效率。借助量子相位估计，线性方程组求解的计算复杂度可获得指数提高（不计入初态制备过程）①。

问题 2.4.13 (线性方程组问题) 给定一个 $N\times N$ 厄密矩阵 A 以及一个归一化矢量 $\vec{b}$，求矢量 $\vec{x}$ 使得 $A\vec{x}=\vec{b}$。

首先，我们来说明对矩阵 A 的厄密性要求并不削弱问题的普遍性。假设矩阵 A 非厄密，构造厄密矩阵

$$C=\begin{bmatrix} 0 & A \\ A^\dagger & 0 \end{bmatrix}$$

原问题等价于下面的“标准”问题：

$$C\vec{y}=\begin{bmatrix} \vec{b} \\ 0 \end{bmatrix}$$

新方程的解 $\vec{y}$ 与原来方程的解 $\vec{x}$ 通过 $\vec{y}=\begin{bmatrix} 0 \\ \vec{x} \end{bmatrix}$ 联系。因此，只讨论 A 为厄密的情况就足够了。

求此线性方程组的解，相当于求厄密矩阵 A 的逆矩阵 A^{-1} 与矢量 $\vec{b}$ 的乘积。而对厄密矩阵 A，它总可按本征矢量展开为

$$A=\sum_j \lambda_j|e_j\rangle\langle e_j|$$

其中 λ_j（实数）为 A 的第 j 个本征值（按从大到小排序)，而 $|e_j\rangle$ 为本征值 λ_j 对应的本征矢量。按此分解，A 的逆矩阵 A^{-1} 就可以表示为 $\sum_j \lambda_j^{-1}|e_j\rangle\langle e_j|$（假设 λ_j 均不为 0)。特别地，当本征值 $|\lambda_j|$ 非常接近于 0 时，A^{-1} 将不稳定（$|\lambda_j^{-1}|$ 将非常大，计算结果将对 λ_j 的误差敏感)。为定量刻画厄密矩阵的这一特征，定义 $\kappa=\dfrac{|\lambda|_{\max}}{|\lambda|_{\min}}$（称为条件数)，$\kappa$ 越大，矩阵 A 就越反常，反之，它就越正常。事实上，无论是求

① 参见文献 A. W. Harrow, A. Hassidim, and S. Lloyd, Phys. Rev. Lett. **103**, 150502 (2009).

解线性方程组的量子算法，还是经典算法，其复杂度都和条件数 κ 密切相关。

从上面的讨论可知，厄密算符 A 的本征值 λ_j 对求解线性方程组至关重要。在 HHL 算法中，A 的本征值通过相位估计获得，进而实现 $A^{-1}|b\rangle$ 的计算。

HHL 算法需要三个寄存器：寄存器 1 用于存储矢量 $\boldsymbol{b}$ 的信息（制备量子态 $|b\rangle$）；寄存器 2 用于存储矩阵 A 的本征值信息（此寄存器的量子比特数目正比于 $\log(1/\epsilon)$，ϵ 为本征值的估计精度）；而寄存器 3 仅包含一个辅助量子比特。HHL 算法线路图见图 2.35。

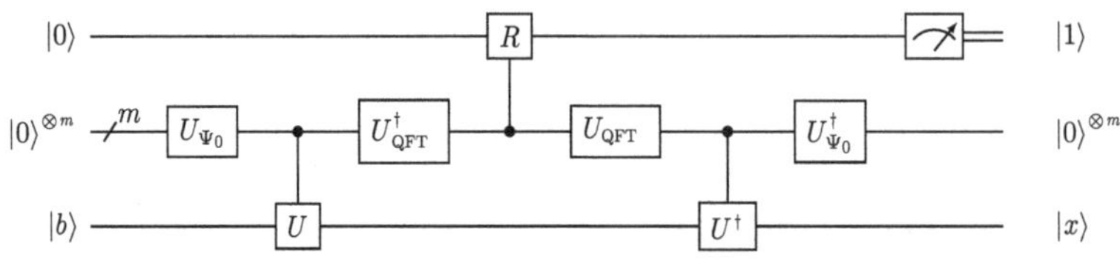

图 2.35　HHL 算法线路图

具体算法如下：

(1) 将第一个寄存器制备到与矢量 $\boldsymbol{b}$ 相对应的量子态 $|b\rangle_1=\sum_i^N b_i|i\rangle_1$（$|i\rangle_1$ 为寄存器 1 中的计算基，N 是矩阵 A 的维数）。假设此量子态可被有效制备，其制备线路的复杂度（逻辑门个数）为 T_b。整个量子系统初始处于量子态：$|b\rangle_1\otimes|0\rangle_2\otimes|0\rangle_3$。

(2) 为计算 $A^{-1}|b\rangle$，需将量子态 $|b\rangle_1$ 按 A 的本征态 $|e_i\rangle_1$ 展开，即

$$|b\rangle_1=\sum_{j=0}^{N-1}\beta_j|e_j\rangle_1$$

为达到此目的，我们需要实现 A 的演化算符 e^{iAt}，这是标准的哈密顿模拟问题。对满足一定条件的哈密顿量，此哈密顿量模拟可被有效实现。特别地，若哈密顿量（矩阵 A）为稀疏，那么幺正算符 e^{iAt} 可在时间复杂度 $\mathcal{O}(\log(N)D^2t)$ 内被模拟（其中 D 为哈密顿量稀疏程度的度量，它表示哈密顿量 A 中每行最多有 D 个非零元素）。为方便，假设幺正算符 e^{iAt} 可被有效模拟。

(i) 将寄存器 2 中的量子比特通过幺正变换 U_{Ψ_0} 制备到量子态：

$$|\Psi_0\rangle_2=U_{\Psi_0}|0\rangle_0=\sqrt{\frac{2}{T}}\sum_{\tau=0}^{T-1}\sin\frac{\pi(\tau+1/2)}{T}|\tau\rangle_2$$

（此量子态可有效制备，参见“量子态制备与量子采样问题”部分）。假设 $T=2^{n_2}$，n_2 为寄存器 2 中量子比特的数目，此量子态的特殊形式可使误差函数最优化。此时，整个系统的量子态变为 $|b\rangle_1\otimes|\Psi_0\rangle_2\otimes|0\rangle_3$。

(ii) 与量子相位估计算法中操作类似，利用寄存器 2 中的比特状态来控制寄

存器 1 中量子系统的演化，具体控制操作如下：

$$\sum_{\tau=0}^{T-1} |\tau\rangle_2\langle\tau| \otimes (e^{iAt_0/T})^\tau$$

当寄存器 2 量子态为 $|\tau\rangle$ 时，寄存器 1 中的量子态按 $U = U_0^\tau$ 演化（$U_0 = e^{iAt_0/T}$ 可有效实现，且 t_0 为给定常数，一般选为 $t_0 = \mathcal{O}(\kappa/\epsilon)$；$T$ 表示把时间 t_0 分成的段数）。经此控制演化，寄存器 1 和 2 的状态变为

$$\begin{aligned}|\phi_{12}^1\rangle &= \sum_{\tau=0}^{T-1} |\tau\rangle_2\langle\tau| \otimes e^{iA\tau t_0/T}|b\rangle_1 \otimes |\Psi_0\rangle_2 \\ &= \sqrt{\frac{2}{T}}\sum_{\tau=0}^{T-1} \sin\frac{\pi(\tau+1/2)}{T}|\tau\rangle_2 \otimes e^{iA\tau t_0/T}|b\rangle_1\end{aligned}$$

（iii）对寄存器 2 作逆傅里叶变换，整个系统的量子态将变为

$$\begin{aligned}|\phi_{12}^2\rangle =& U_{\mathrm{QFT}^2}^\dagger|\phi_{12}^1\rangle = \frac{\sqrt{2}}{T}\sum_{j=0}^{N-1}\beta_j\sum_{k=0}^{T-1}\sum_{\tau=0}^{T-1}\sin\frac{\pi(\tau+1/2)}{T}e^{-i2\pi\frac{k\tau}{T}}e^{i\frac{\lambda_j\tau t_0}{T}}|e_j\rangle_1|k\rangle_2 \\ =& \frac{\sqrt{2}}{2Ti}\sum_{j=0}^{N-1}\beta_j\sum_{k=0}^{T-1}\sum_{\tau=0}^{T-1}\left(e^{\frac{i\pi(\tau+1/2)}{T}} - e^{\frac{-i\pi(\tau+1/2)}{T}}\right)e^{\frac{i\tau\delta}{T}}|e_j\rangle_1|k\rangle_2 \\ =& \frac{\sqrt{2}}{2Ti}\sum_{j=0}^{N-1}\beta_j\sum_{k=0}^{T-1}\left(e^{\frac{i\pi}{2T}}\frac{1-e^{i(\delta+\pi)}}{1-e^{\frac{i(\delta+\pi)}{T}}} - e^{-\frac{i\pi}{2T}}\frac{1-e^{i(\delta-\pi)}}{1-e^{\frac{i(\delta-\pi)}{T}}}\right)|e_j\rangle_1|k\rangle_2 \\ =& \sum_{j=0}^{N-1}\beta_j\sum_{k=0}^{T-1}\alpha_{k|j}|e_j\rangle_1|k\rangle_2\end{aligned}$$

其中 $\delta = \lambda_j t_0 - 2\pi k$。

$\alpha_{k|j}$ 的估计

固定 j（β_j 固定），量子态 $|k\rangle$ 的分布由 $\alpha_{k|j}$ 确定：

$$\begin{aligned}\alpha_{k|j} &= \frac{\sqrt{2}}{2Ti}\left(e^{\frac{i\pi}{2T}}\frac{1-e^{i(\delta+\pi)}}{1-e^{\frac{i(\delta+\pi)}{T}}} - e^{-\frac{i\pi}{2T}}\frac{1-e^{i(\delta-\pi)}}{1-e^{\frac{i(\delta-\pi)}{T}}}\right) \\ &= \frac{\sqrt{2}}{2Ti}(1+e^{i\delta})\left(\frac{e^{-i\frac{\delta}{2T}}}{e^{-\frac{i(\delta+\pi)}{2T}} - e^{\frac{i(\delta+\pi)}{2T}}} - \frac{e^{-i\frac{\delta}{2T}}}{e^{-\frac{i(\delta-\pi)}{2T}} - e^{\frac{i(\delta-\pi)}{2T}}}\right) \\ &= \frac{\sqrt{2}}{T}e^{i\frac{\delta}{2}(1-\frac{1}{T})}\cos\frac{\delta}{2}\left(\frac{1}{\sin\dfrac{i(\delta+\pi)}{2T}} - \frac{1}{\sin\dfrac{i(\delta-\pi)}{2T}}\right)\end{aligned}$$

利用三角函数的和差化积公式将 $\alpha_{k|j}$ 表示成一系列三角函数乘除的形式，便于利用不等式进行估计：

$$\alpha_{k|j}=\frac{\sqrt{2}}{T}e^{i\frac{\delta}{2}(1-\frac{1}{T})}\cos\frac{\delta}{2}\frac{2\cos\dfrac{\delta}{2T}\sin\dfrac{\pi}{2T}}{\sin\dfrac{i(\delta+\pi)}{2T}\sin\dfrac{i(\delta-\pi)}{2T}}$$

假设 $\dfrac{\delta T}{10}\geqslant 2\pi$（$T$ 为大数），并利用不等式 $x-x^3/6\leqslant\sin x\leqslant x$ 得到

$$\begin{aligned}|\alpha_{k|j}|&\leqslant\frac{4\pi\sqrt{2}}{(\delta^2-\pi^2)\left(1-\dfrac{\delta^2+\pi^2}{3T^2}\right)}\\&\leqslant\frac{4\pi\sqrt{2}}{(\delta^2-(\delta/2)^2)\left(1-\dfrac{\delta^2+(\delta/2)^2}{3(\delta/10)^2}\right)}\\&\leqslant\frac{4\pi\sqrt{2}}{\dfrac{3}{4}\delta^2\left(1-\dfrac{5}{1200}\right)}\leqslant\frac{8\pi}{\delta^2}\end{aligned}$$

由此可见，随着 δ（$2k\pi$ 与 $\lambda_j t_0$ 之间的距离）增加，$|k\rangle$ 出现的概率至少以 δ 的 4 次方衰减。换言之，当 A 的本征态 $|e_j\rangle$ 一定时，量子态主要分布在 $\left|k\simeq\dfrac{\lambda_j t_0}{2\pi}\right\rangle$ 附近。这就建立了 A 的本征态 $|e_j\rangle$ 与傅里叶基 $\left|k=\dfrac{\lambda_j t_0}{2\pi}\right\rangle$（进而与本征值 λ_j）之间的一一对应关系。因此，量子态 $|\phi_{12}^2\rangle$ 可改写为

$$|\phi_{12}^2\rangle=\sum_{j=1}^{N}\sum_{k=0}^{T-1}\alpha_{k|j}\beta_j|e_j\rangle_1|\hat{\lambda}_j\rangle_2$$

其中 $\hat{\lambda}_j=\dfrac{2\pi k}{t_0}$。

（3）下一步的核心任务是要在每个本征分量 $|e_j\rangle$ 前乘以其对应本征值的倒数 $\dfrac{1}{\lambda_j}$（实现 A^{-1} 的运算）。为此，需用寄存器 2 控制寄存器 3 的演化，使寄存器 3 中出现系数 $\dfrac{1}{\lambda_j}$。此受控操作为当寄存器 2 处于量子态 $|\lambda_j\rangle_2$ 时，寄存器 3 执行幺正操作：

$$R=\exp(-\theta\sigma^y)=\begin{bmatrix}\sin\theta&\cos\theta\\\cos\theta&-\sin\theta\end{bmatrix}=\begin{bmatrix}\sqrt{1-\dfrac{C^2}{\lambda_j^2}}&\dfrac{C}{\lambda_j}\\\dfrac{C}{\lambda_j}&-\sqrt{1-\dfrac{C^2}{\lambda_j^2}}\end{bmatrix}$$

其中 C 为常数且 $\theta = \arccos \dfrac{C}{\hat{\lambda}_j}$。

此时，整个系统的量子态变为

$$|\phi_{123}\rangle = \sum_{j=1}^{N} \sum_{k=0}^{T-1} \alpha_{k|j} \beta_j |e_j\rangle_1 |\hat{\lambda}_j\rangle_2 \left(\sqrt{1 - \frac{C^2}{\lambda_j^2}} |0\rangle_3 + \frac{C}{\lambda_j} |1\rangle_3 \right)$$

可以看到，本征值的倒数 $\dfrac{1}{\lambda_j}$ 出现在寄存器 3 中（量子态 $|1\rangle_3$ 前的系数中）。而目标输出仅与寄存器 1 和 3 相关，它们需与寄存器 2 解纠缠，这可通过幺正变换 U_{Ψ_0} 和 控制-$U_{\mathrm{QFT}}^{\dagger}$ 的逆过程来实现（参见线路图 2.35）。

（4）理想情况下，$\alpha_{k|j} = \delta_{k-\lambda_j t_0/2\pi}$，逆向演化后得到结果：

$$\sum_{j=1}^{N} \alpha_{\tau|j} \beta_j |e_j\rangle \left(\sqrt{1 - \frac{C^2}{\lambda_j^2}} |0\rangle + \frac{C}{\lambda_j} |1\rangle \right)$$

此时，若对寄存器 3 进行测量，当结果为 1 时就得到了目标量子态

$$\sum_{j=1}^{N} \frac{1}{\lambda_j} \beta_j |e_j\rangle$$

（也可对此量子态实施振幅放大技术，增加获得量子态 $|1\rangle$ 的概率（参见“量子振幅放大算法”部分））。

值得注意，在量子线性方程求解中，结果为量子态而非直接得到每个变量的值。

一般解纠缠过程

第 4 步中的解纠缠过程在量子计算过程中经常用到。设 3 个寄存器在幺正变换 U_f 下变换如下：

$$U_f: \quad |x\rangle_1 |0\rangle_2 |0\rangle_3 \to \sum_y \alpha_y |x\rangle_1 |y\rangle_2 |f(x)\rangle_3$$

加入第四个寄存器（它包含的比特数与第三个寄存器相同，且初始处于量子态 $|0\rangle_4$），第三个寄存器中的第 i 个比特作为 CNOT 门的控制比特来控制第四个寄存器中的第 i 个比特，得到量子态：

$$\sum_y \alpha_y |x\rangle_1 |y\rangle_2 |f(x)\rangle_3 |f(x)\rangle_4$$

此时，若在前三个寄存器中实施幺正变换 U_f^{-1}，则系统量子态将变为

$$|x\rangle_1 |0\rangle_2 |0\rangle_3 |f(x)\rangle_4$$

最后，在第三个寄存器和第四个寄存器之间做一个 SWAP 操作，第二个寄存器和第四个寄存器与其他系统之间处于直积态，可以直接扔掉。此时只剩第 1 和第 3 个寄存器之间处于纠缠态。解纠缠线路示意图见图 2.36。

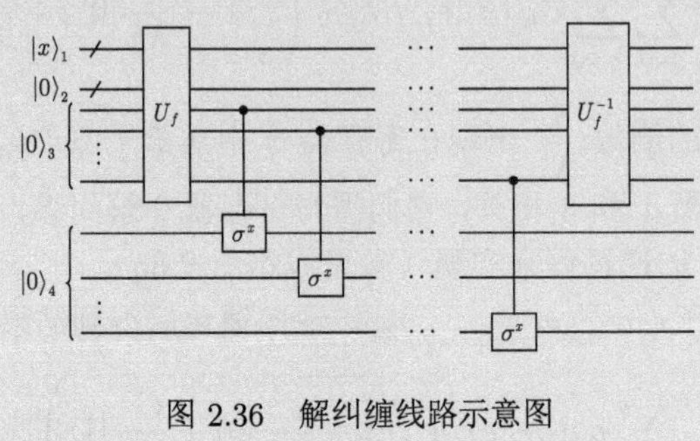

图 2.36 解纠缠线路示意图

• 复杂度及误差分析

获得正确结果所消耗的时间资源取决于两个因素[①]：

（1）算法对应量子线路的复杂度（运行一次线路所需消耗的时间资源）；

（2）算法的成功率。

而解决问题所需消耗的总时间等于算法单次运行所消耗的时间除以算法的成功概率。在 HHL 算法中，量子线路单次运行的时间复杂度主要由一系列受控幺正算符 e^{iAt} 的时间复杂度决定。当矩阵 A 为稀疏矩阵时（稀疏度为 D），e^{iAt} 的模拟时间复杂度为 $\mathcal{O}(\log(N)D^2t)$，其中演化时长 t 满足 $t=\mathcal{O}(\kappa/\epsilon)$。因此，HHL 算法量子线路单次运行的时间复杂度为 $\mathcal{O}(\log(N)D^2\kappa/\epsilon)$。

HHL 算法的成功概率由第三个寄存器中的辅助比特测量得到量子态 $|1\rangle$ 的概率确定，即 $\mathcal{O}(1/\kappa^2)$。通过量子振幅放大算法此概率可放大到 $\mathcal{O}(1/\kappa)$（参见量子振幅放大算法）。因此，执行 HHL 算法线路 $\mathcal{O}(\kappa)$ 次才能得到方程的解。

综合可知，HHL 算法的总时间消耗为

$$\mathcal{O}(\log(N)D^2\kappa^2/\epsilon)$$

共轭梯度法是求解线性方程组最高效的算法之一。当线性系统 A 为正定矩阵时，共轭梯度法的时间复杂度为 $\mathcal{O}(ND\sqrt{\kappa}\log(1/\epsilon))$；当 A 不是正定矩阵时，共轭梯度法的时间复杂度变为 $\mathcal{O}(ND\kappa\log(1/\epsilon))$。可以看到，比起共轭梯度法，HHL 在方程维数 N 上有指数加速，从 $\mathcal{O}(N)$ 提升到 $\mathcal{O}(\log N)$，但对条件数 κ、矩阵 A 的稀疏度 D 以及精度 ϵ 的依赖关系增强。因此，HHL 算法对矩阵 A 稀疏且条

① 参见文献 A. M. Childs, R. Kothari, and R. D. Somma, SIAM J. Comput. **46**, 1920 (2017).

件数较小时有指数级加速。

在 HHL 算法中，我们没有计入第一个寄存器中制备量子态 $|\boldsymbol{b}\rangle$ 所消耗的时间。事实上，对无任何先验信息的矢量 $\boldsymbol{b}$，制备其对应量子态 $|\boldsymbol{b}\rangle$ 的时间复杂度为 $\mathcal{O}(N)$。在此情况下，加上 $|\boldsymbol{b}\rangle$ 的制备过程，HHL 算法就不再有指数加速，且时间主要消耗在 $|\boldsymbol{b}\rangle$ 的制备上。因此，HHL 算法的指数加速只能在 $|\boldsymbol{b}\rangle$ 可在 $\mathcal{O}(\mathrm{poly}(\log N))$ 时间内制备的情况下有效。

另一方面，前面 HHL 算法的分析中也没有考虑输出态的读取问题。如果我们需要直接读取量子态 $|\boldsymbol{x}\rangle$，需要对 $|\boldsymbol{x}\rangle$ 进行多次采样才能得到 $\boldsymbol{x}$ 的分布，而采样次数与采样误差 ϵ 之间有关系 $\mathcal{O}(1/\epsilon^2)$，这也会对 HHL 算法整体复杂度构成限制。因此，HHL 算法一般作为某算法的中间步骤，我们的目标不是直接得到 $\boldsymbol{x}$，而是需要得到与 $\boldsymbol{x}$ 相关的信息（比如，给定一个矩阵 M，计算 $\boldsymbol{x}^{\mathrm{T}}M\boldsymbol{x}$ 的值），此时，就可以通过对 $|\boldsymbol{x}\rangle$ 进行相应的测量来获得。

2.4.4.2 量子主成分分析

主成分分析在信号处理及机器学习中被广泛使用，它可在较小的空间中最大限度地保持原矩阵的信息。主成分分析也是张量近似中强有力的工具。

问题 2.4.14 (主成分分析问题 (principal component analysis, PCA)) 给定一个 $p\times q$ 的矩阵 A_0，其奇异值[①]分解为 $\sum_{k=0}^{R} s_k\boldsymbol{u}_k\boldsymbol{v}_k^{\mathrm{T}}$（其中 $\boldsymbol{v}^{\mathrm{T}}$ 表示矢量 $\boldsymbol{v}$ 的转置），求其最大的 R_{cut}（小于 R）个奇异值 s_k 及其对应的左右奇异矢量 $\boldsymbol{u}_k,\boldsymbol{v}_k$。

在量子主成分分析算法 (qPCA)[②]中，矩阵 A_0 以量子态

$$|A_0\rangle=\sum_{k=0}^{R} s_k|u_k\rangle_l|v_k\rangle_r$$

的形式给出（假设它可被有效制备），其中 $|u_k\rangle_l$ 和 $|v_k\rangle_r$ 分别对应于矩阵 A_0 的左右奇异矢量，它们分别为 $\log p$ 比特和 $\log q$ 比特的量子态（分别称为左、右寄存器）。矩阵分解中的矢量 $\boldsymbol{v}$ 与量子态 $|v\rangle$ 的对应关系为

$$\boldsymbol{v}=(v_1,v_2,\cdots,v_R)\Longleftrightarrow|v\rangle=\sum_{k=1}^{R} v_k|k\rangle$$

按奇异值 s_k 的定义，它们是厄密矩阵 $A=A_0A_0^{\dagger}=\sum_{k=1}^{R}|s_k|^2\boldsymbol{u}_k\boldsymbol{u}_k^{\dagger}$ 的本征值开方。因此，只要能求出厄密矩阵 A 的本征值 $|s_k|^2$ 就能得到 A_0 的奇异值。若将 A 看作一个哈密顿量，这就是哈密顿量模拟问题，即通过 $|A_0\rangle$ 实现 e^{-iAt}。

---

① 矩阵奇异值的定义见附录 Ib.

② 参见文献 S. Lloyd, M. Mohseni, and P. Rebentrost, Nat. Phys. **10**, 631-633 (2014).

哈密顿量 A 的模拟

我们的目标是使用尽量少的量子态 $|A_0\rangle$ 实现幺正变换 e^{-iAt}。为模拟算符 e^{-iAt}，我们将它划分为 $N=\mathcal{O}(t^2\epsilon^{-1})$（$\epsilon$ 为模拟精度）个相同的演化片段 $e^{-iA\Delta t}$，其中每个片段的演化时间 $\Delta t=\dfrac{t}{N}$ 为小量。

两个系统（具有相同希尔伯特空间维数）间的 SWAP 算符定义为

$$S=\sum_{i,j}|i\rangle_1|j\rangle_2\langle j|_1\langle i|_2$$

为实现对 $e^{-iA\Delta t}$ 的模拟，我们需利用 S 门的如下恒等式。

命题 2.4.15

$$\mathrm{Tr}_1(e^{-iS\Delta t}\rho_1\otimes\rho_2 e^{iS\Delta t})=(\cos^2\Delta t)\rho_2+(\sin^2\Delta t)\rho_1-i\sin\Delta t\cos\Delta t[\rho_1,\rho_2] \tag{2.106}$$

其中 ρ_1 和 ρ_2 为任意单体约化密度矩阵。

证明 利用 $S^2=I$ 可得 $e^{-iS\Delta t}$ 的展开表达式：

$$e^{-iS\Delta t}=\cos(\Delta t)I-i\sin(\Delta t)S$$

将其代入下式得

$$\begin{aligned}e^{-iS\Delta t}\rho_1\otimes\rho_2 e^{iS\Delta t}&=[\cos(\Delta t)I-i\sin(\Delta t)S]\rho_1\otimes\rho_2[\cos(\Delta t)I+i\sin(\Delta t)S]\\&=\cos^2(\Delta t)\rho_1\otimes\rho_2+\sin^2(\Delta t)\sigma\otimes\rho_1\\&\quad-i\sin(\Delta t)\cos(\Delta t)(S\rho_1\otimes\rho_2-\rho_1\otimes\rho_2 S)\end{aligned}$$

此式前两项中对第一个系统的 Trace 操作容易计算，只需考虑后两项对第一个系统的 Trace。以 $\mathrm{Tr}_1(S\rho_1\otimes\rho_2)$ 为例：

$$\begin{aligned}\mathrm{Tr}_1(S\rho_1\otimes\rho_2)&=\sum_k\langle k|_1\sum_{i,j}|i\rangle_1|j\rangle_2\langle j|_1\langle i|_2\rho_1\otimes\rho_2|k\rangle_1\\&=\sum_{i,j}\langle j|\rho_1|i\rangle\cdot|j\rangle\langle i|\rho_2\\&=\sum_j|j\rangle\langle j|\rho_1\sum_i|i\rangle\langle i|\rho_2=\rho_1\otimes\rho_2\end{aligned}$$

同理可得 $\mathrm{Tr}_1(\rho_1\otimes\rho_2 S)=\rho_2\otimes\rho_1$。代入前面的表达式即可得证。 □

当 $\Delta t\to 0$ 时，将式（2.106）中的量子态 ρ_1 换为 A，并对 Δt 展开（忽略其高阶项）得到

$$\text{Tr}_1(e^{-iS\Delta t}A\otimes\rho_2 e^{iS\Delta t})\approx\rho_2-i\Delta t[A,\rho_2]$$
$$\approx e^{-iA\Delta t}\rho_2 e^{iA\Delta t} \quad (2.107)$$

按等式 (2.107)，系统 s 上任意量子态 ρ_2 的演化 $e^{-iA\Delta t}$ 均可通过引入辅助系统 a（量子态为 $\rho=A$）并在大系统 $s+a$ 上实施操作 $e^{-iS\Delta t}$，最后再对辅助系统 a 求 Trace 获得。

注意到，量子态 $|A_0\rangle$ 中左寄存器的约化密度矩阵为

$$\rho=\text{Tr}_r\left(\sum_i s_i|u_i\rangle|v_i\rangle\sum_j s_j^*\langle u_j|\langle v_j|\right)=\sum_k|s_k|^2|u_k\rangle\langle u_k|=A$$

因此，调用量子态 $|A_0\rangle$（其左寄存器作为辅助系统 a）并在辅助系统和目标系统间实施操作 $e^{-iS\Delta t}$，就能对目标算符 $e^{-iA\Delta t}$ 进行模拟。另一方面，算符 $e^{-iS\Delta t}$ 中的哈密顿量 S（SWAP 门）为稀疏矩阵，按定理 2.4.5它可被有效模拟。

基于此，量子态 ρ_2 上的演化算符 e^{-iAt} 可通过图 2.37 所示的量子线路实现。

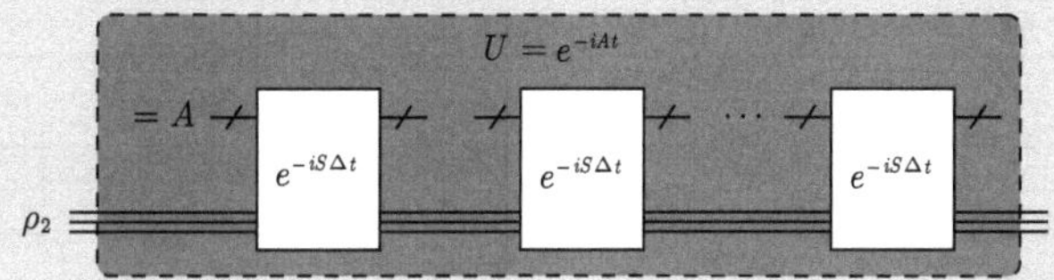

图 2.37 e^{-iAt} 模拟线路图: 将演化时间 t 分成 N 个时间片段，每个时间片段内的演化均为 $e^{-iA\Delta t}$ $\left(\Delta t=\dfrac{t}{N}\right)$。对每个时间片段上的演化，可通过添加一个处于量子态 A 的辅助系统（通过调用量子态 $|A_0\rangle$ 实现），并在辅助系统与计算系统之间实施哈密顿量演化 $e^{-iS\Delta t}$ 来实现

将算符 e^{-iAt} 的有效模拟代入相位估计算法中就可实现量子主成分分析算法。此算法包含三个寄存器：寄存器 1 包含 m 个量子比特（m 为常数，它仅与相位估计的精度有关而与输入规模无关）；寄存器 2 存储量子态 $|A_0\rangle$；而寄存器 a 包含 $|A_0\rangle$ 的 2^m-1 份拷贝（用于对 e^{-iAt} 的模拟）。

(1) 系统的初态为

$$|0\rangle_1^{\otimes m}\otimes|A_0\rangle_2\otimes|A_0\rangle_a^{\otimes 2^m-1}$$

(2) 对寄存器 1 中的所有量子比特做 Hadamard 门，系统状态变为

$$\frac{1}{2^{m/2}}\sum_{x=0}^{2^m-1}|x\rangle_1\otimes|A_0\rangle_2\otimes|A_0\rangle_a^{\otimes 2^m-1}$$

(3) 利用寄存器 1 来控制寄存器 2 中的演化 $e^{-iA\Delta t}$。共有 2^m-1 个受控门，每个受控门都会消耗寄存器 a 中一个量子态 $|A_0\rangle$。根据线路图 2.38 中受控门的条件设置，所有受控门中产生演化 $e^{-iA\Delta t}$ 的次数与寄存器 1 中量子态 $|x\rangle$ 中的数 x 一致。因此，经过受控演化后，系统状态变为

$$\frac{1}{2^{m/2}}\sum_{x=0}^{2^m-1}|x\rangle_1 e^{-ixA\Delta t}|A_0\rangle_2=\frac{1}{2^{m/2}}\sum_{x=0}^{2^m-1}\sum_{k}^{R}e^{-ix|s_k|^2\Delta t}s_k|x\rangle_1|u_k\rangle_{2l}|v_k\rangle_{2r}$$

(4) 再对寄存器 1 中比特作逆量子傅里叶变换，此时量子态变为

$$\frac{1}{2^{m/2}}\sum_{k=1}^{R}\sum_{x=0}^{2^m-1}\sum_{\lambda=0}^{2^m-1}e^{-ix|s_k|^2\Delta t}s_k e^{-2\pi ix\lambda/2^m}|\lambda\rangle_1|u_k\rangle_{2l}|v_k\rangle_{2r}$$

与相位估计算法中的讨论类似，此量子态可近似为

$$\sum_{k=1}^{R}s_k|\lambda_k\rangle_1|u_k\rangle_{2l}|v_k\rangle_{2r} \tag{2.108}$$

其中 $\lambda_k=2^m\Delta t|s_k|^2$。

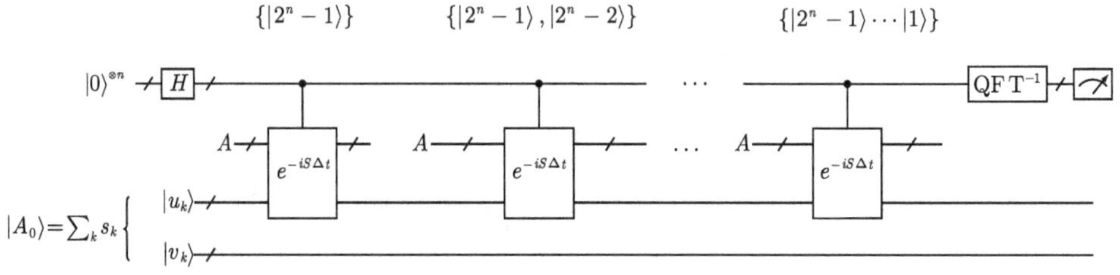

图 2.38　qPCA 线路图：第一个寄存器中含有 m 个量子比特，它们控制第二个和第三个寄存器之间的演化 $e^{-iS\Delta t}$：仅当第一个寄存器中量子态为 $\{\cdots\}$ 中状态时，下面的演化才起作用

与其他量子算法一样，最终得到的奇异向量并非以数值而是以量子态的形式给出。若对寄存器 1 中比特进行测量，将以概率 $|s_k|^2$ 得到 $|\lambda_k\rangle$，且系统坍缩到 $|u_k\rangle|v_k\rangle$ 上，从而可得到奇异值及对应的左右奇异向量。若 A_0 的秩为 R，$|s_k|^2=\mathcal{O}(1/R)$，因此可在 $\mathcal{O}(R\log(p)\epsilon^{-3})$ 的时间复杂度下以 ϵ 的误差测得较大的奇异值。当矩阵 A_0 的秩较大（约为 p)，且其奇异值大小分布较均匀（均为 $1/p$ 左右）时，所需的时间复杂度将变为 $\mathcal{O}(p\log(p))$。这相对经典基于奇异值分解的主成分分析算法复杂度 $\mathcal{O}(p^3)$ 仅有多项式加速。因此，在分析低秩矩阵时，量子算法相比经典算法才有明显提升。

值得注意，量子启发的经典主成分分析算法的时间复杂度为 $\mathcal{O}(T\epsilon^{-6})$，其中 T 为矩阵 A_0 列指标的寻址访问复杂度，与数据维度 p、q 相关。这一算法表明主

成分分析问题并非 BQP-complete 问题。

2.4.4.3 量子 Metropolis-Hastings 算法

Metropolis-Hastings（MH）方法①通过建立一条满足精细平衡（detailed balance）的马尔可夫链（可由跃迁矩阵 M 刻画）来渐进实现一个给定的、难以直接抽样的概率分布 $\mathbb{P}(x_i)$。马尔可夫链（Markov Chain）是描述随机过程的基本工具，马尔可夫链上每个时刻的构型 x_t 仅与前一时刻构型 x_{t-1} 相关，而与更早时刻的构型无关。马尔可夫链中当前构型 x_i 与下一时刻构型 x_{i+1} 间的关系通过跃迁矩阵 M 描述。若跃迁矩阵 M 与构型 x 的目标分布 $\mathbb{P}(x)$ 间满足关系：

$$M(x_t, x_{t+1})\mathbb{P}(x_{t+1}) = M(x_{t+1}, x_t)\mathbb{P}(x_t)$$

则称马尔可夫链满足精细平衡条件，其中 $M(x_{t+1}, x_t)$ 为 M 的跃迁矩阵元，它表示马尔可夫链中 t 时刻构型 x_t 跃迁到 $t+1$ 时刻构型 x_{t+1} 的概率。

一个马尔可夫链具有遍历性是指从任意合法构型 x_0 出发，通过跃迁矩阵 M 的不断作用可实现任意合法的构型 x。具有遍历性的马尔可夫系统，在足够长时间后均可达到一个稳定的极限分布 $\mathbb{P}_\infty(x) = \lim\limits_{t\to\infty}\mathbb{P}_0(x)M^t$②。若对任意初始分布 $\mathbb{P}_0$，系统均可在 $t = \text{poly}(n)$ 时间内以任意精度逼近稳定分布 $\mathbb{P}_\infty$，则称其为快速混合的马尔可夫链。

令 Metropolis-Hastings 算法中马尔可夫链的初始构型为 x_0，且设此马尔可夫链 t 时刻的构型为 x_t，则其 $t+1$ 时刻的构型由如下方式确定：通过一个随机过程 R 以条件概率 $R(x_t'|x_t)$ 得到新构型 x_t'，此构型的接受概率为

$$\alpha(x_t', x_t) = \min\left(1, \frac{\mathbb{P}(x_t')R(x_t|x_t')}{\mathbb{P}(x_t)R(x_t'|x_t)}\right)$$

当新构型 x_t' 被接受时，马尔可夫链的 $t+1$ 时刻的构型 $x_{t+1} = x_t'$；反之，当构型 x_t' 被拒绝时，$x_{t+1} = x_t$。Metropolis 马尔可夫链见图 2.39。

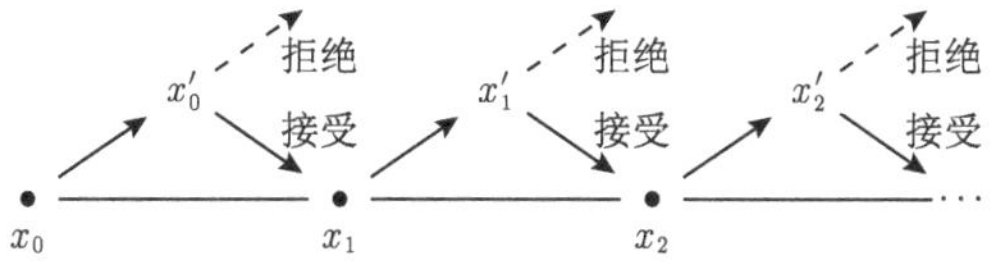

图 2.39 Metropolis 马尔可夫链：若新构型 x_t' 被接受，下一个构型 $x_{t+1} = x_t'$; 若新构型 x_t' 被拒绝，下一个构型 $x_{t+1} = x_t$（与前一时刻构型相同）

① 参见文献 N. Metropolis, A. W. Rosenbluth, M. N. Rosenbluth, A. H. Teller, and E. Teller, J. Chem. Phys. **21**, 1087 (1953).

② 构型 x 的分布 $\mathbb{P}(x)$ 均可表示为一个 N 维的矢量，其中 N 为构型 x 的数目。

按此规则，MH 算法中马尔可夫链的跃迁矩阵 M 可表示为

$$M(x_{t+1},x_t)=\alpha(x_{t+1},x_t)R(x_{t+1}|x_t)$$

据此有

$$\begin{aligned}M(x_{t+1},x_t)\mathbb{P}(x_t)&=\min\left(1,\frac{\mathbb{P}(x_{t+1})R(x_t|x_{t+1})}{\mathbb{P}(x_t)R(x_{t+1}|x_t)}\right)R(x_{t+1}|x_t)\mathbb{P}(x_t)\\&=\frac{1}{\mathbb{P}(x_t)}\min(\mathbb{P}(x_t)R(x_{t+1}|x_t),\mathbb{P}(x_{t+1})R(x_t|x_{t+1}))\mathbb{P}(x_t)\\&=\frac{1}{\mathbb{P}(x_{t+1})}\min(\mathbb{P}(x_t)R(x_{t+1}|x_t),\mathbb{P}(x_{t+1})R(x_t|x_{t+1}))\mathbb{P}(x_{t+1})\\&=M(x_t,x_{t+1})\mathbb{P}(x_{t+1})\end{aligned}$$

即 M 与 $\mathbb{P}(x)$ 满足精细平衡条件。下面我们将 MH 算法用于制备吉布斯（Gibbs）态。

给定一个哈密顿量 H，其系统性质主要由它的吉布斯态 $e^{-\beta H}$（其中 $\beta=1/kT$，T 为有限温度，k 为玻尔兹曼常数；零温时为基态）确定。制备多体系统吉布斯态的经典 MH 方法中，其马尔可夫链构型由希尔伯特空间中的基矢量（计算基）组成（共有 2^n 个不同构型）。而目标概率分布 — 吉布斯态 — 就是其在计算基（构型）上的分布。因此，吉布斯态制备的经典 MH 算法如下：对马尔可夫链 t 时刻的构型 $|x_t\rangle$，通过局域比特翻转产生新构型 $|x_t'\rangle$（每步的翻转比特可按某种规则固定，也可随机选取），下一个构型 $|x_{t+1}\rangle$ 与 $|x_t'\rangle$ 的关系由 Metropolis 规则确定：

若 $E_{x_t}>E_{x_t'}$，接受构型 $|x_t'\rangle$。此时，$|x_{t+1}\rangle=|x_t'\rangle$。

若 $E_{x_t}<E_{x_t'}$，则 $|x_t'\rangle$ 有 $1-e^{\beta(E_{x_t}-E_{x_t'})}$ 的概率被拒绝（此时 $|x_{t+1}\rangle=|x_t\rangle$）；但仍有 $e^{\beta(E_{x_t}-E_{x_t'})}$ 的概率被接受（仍有 $|x_{t+1}\rangle=|x_t'\rangle$）。其中 $E_{x_t}=\langle x_t|H|x_t\rangle$（$E_{x_t'}=\langle x_t'|H|x_t'\rangle$）是原（新）构型 $|x_t\rangle$（$|x_t'\rangle$）的能量。可以证明吉布斯态 $e^{-\beta H}$ 确为 MH 马尔可夫链的极限分布。

尽管经典 MH 方法在研究多体物理性质时已取得了巨大成功，但在处理阻挫或费米系统时，它会遇到著名的符号问题（概率可能为负），进而导致失败。将此方法推广到量子情形可从根本上避免符号问题，使得它能对任意哈密顿量（包括费米和阻挫系统）的吉布斯态进行制备。当然，吉布斯态的制备并不总能在**多项式时间内**完成（对应马尔可夫链未必可快速混合）。否则，这就意味着量子计算机可在多项式时间内解决 QMA-完全问题（局域哈密顿量问题是 QMA-完全问题），而这被认为是不可能的。

由于吉布斯态本身可定义在哈密顿量 H 的本征态上，即本征态 $|\psi_i\rangle$ 在吉布斯态中的概率为 $e^{-\beta E_i}$。因此，吉布斯态的最佳采样方式是在 H 的本征态上进行。换言之，量子 MH 算法将经典 MH 算法中马尔可夫链上的构型定义为哈密顿量

H 的本征态[①]。相对于经典 MH 算法，量子 MH 算法需做如下的关键调整：

（1）初始构型需制备为哈密顿量 H 的某个本征态（假设马尔可夫链具有遍历性）；

（2）建立匹配的 Metropolis 规则（特别是如何拒绝新构型），以保证马尔可夫链能收敛到吉布斯态。

量子 Metropolis 算法[②]可由图 2.40 所示的线路表示，具体步骤如下。

(1) **初始本征态的制备**：此步骤需要 2 个寄存器：寄存器 1 含 n 个量子比特，用于存储哈密顿量 H 的本征态；寄存器 2 含 r 个量子比特，用于储存能量信息，能量的精度由 r 确定。输入量子态 $|0\rangle_1|0\rangle_2$ 通过相位估计算法变为量子态 $|\psi_i\rangle_1|E_i\rangle_2$。若寄存器 2 的测量结果为量子态 $|E_i\rangle_2$，则寄存器 1 被制备到了本征态 $|\psi_i\rangle_1$（本征值为 E_i）。将此本征态作为马尔可夫链的初始构型 $|\tilde{\phi}_0\rangle$（初始构型能量 $\tilde{E}_0 = E_i$ 存于寄存器 2 中）。

(2) **构型跃迁**：选取一个简单的局域幺正变换 C（如随机选取比特实施翻转操作，为满足精细平衡条件，选取幺正变换 C 和 $C^\dagger$ 的概率需相等）作用于寄存器 1 上，使其本征态 $|\psi_i\rangle_1$ 变为

$$C|\psi_i\rangle_1 = \sum_k x_k^i|\psi_k\rangle_1$$

值得注意，这一过程自动将构型 $|\psi_i\rangle$ 跃迁到多个构型（本征态）的叠加。

(3) **下一个马尔可夫链构型的获得**：此步骤是 MH 算法的关键。按 Metropolis 规则，从 $C|\psi_i\rangle_1$ 中获得一个新构型（本征态及其能量），并根据 Metropolis 规则对此构型实施接受和拒绝操作。

新随机构型的获得并不困难，只需对量子态 $\sum_k x_k^j|\psi_k\rangle_1$ 继续使用相位估计算法（相位估计算符记为 Φ），此时需一个额外的含 r 个量子比特的寄存器（寄存器 3）来存储本征态的能量信息。经过相位估计算法后，寄存器 1 和寄存器 3 的量子态变为

$$\sum_k x_k^j|\psi_k\rangle_1|E_k\rangle_3$$

若直接对寄存器 3 沿计算基测量，系统将以 $|x_k^i|^2$ 的概率坍缩到构型（本征态）$|\psi_k\rangle$ 及其能量 E_k（此时将获得能量的全部信息）。在此情况下，若构型 $|\psi_k\rangle$ 被拒绝，按 Metropolis 规则，马尔可夫链需从当前构型 $|\psi_k\rangle$ 确定性回到前一个构型 $|\tilde{\phi}_0\rangle$，这在当前的测量操作下无法实现。对寄存器 3 中的能量态 $|E_k\rangle_3$ 进行直接测量，会使整个系统坍缩到与原构型 $|\tilde{\phi}_0\rangle$ 正交的新构型上，从而完全丢失原构型的信息。

---

① 类似于量子图灵机与经典图灵机中构型的区别。

② 参见文献 K. Temme, T. J. Osborne, K. G. Vollbrecht, D. Poulin, and et al, Nature, **471**, 87-90 (2011); M. H. Yung, and A. Aspuru-Guzik, P. Natl. Acad. Sci. **109**, 754-759 (2012).

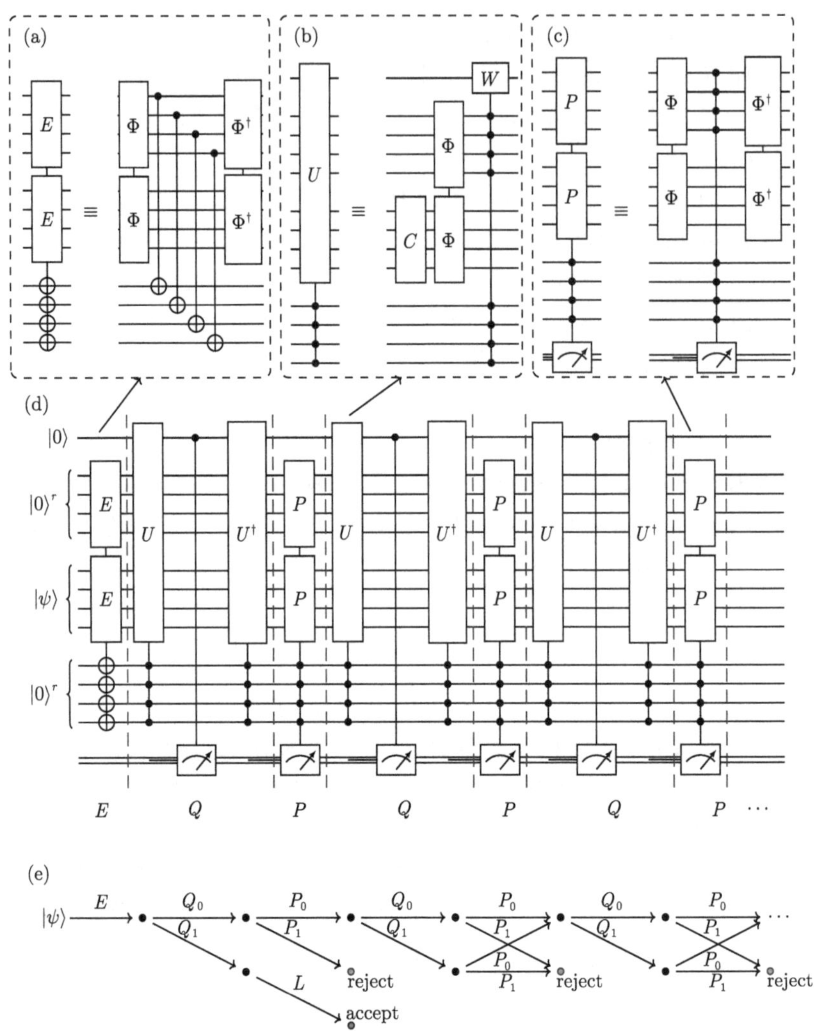

图 2.40 量子 Metropolis 的实现线路：(a) 量子相位估计过程；(b) 实现算符 U 的线路；(c) 测量算符 P 的线路实现；(d) 量子 MH 算法中一次构型更新的流程图，可能需重复 QP 过程多次；(e) 量子 MH 算法中新构型的接受过程

为使新构型被拒绝时仍能回到原构型，我们需对测量过程进行重新设计：无需获取新构型能量的全部信息，仅获取其被接受或被拒绝的信息（此时仅对能量进行部分测量）。为此，需额外引入寄存器 4，它仅包含一个量子比特，用于存储构型被接收或被拒绝的信息。具体地，利用寄存器 2 和 3 中的状态控制寄存器 4 的变换并将对构型 $|\psi_k\rangle$ 接受或拒绝的信息储存到寄存器 4 中，即实施操作：

$$W:\sum_k x_k^j|\psi_k\rangle_1|E_i\rangle_2|E_k\rangle_3|0\rangle_4\to\underbrace{\sum_k x_k^j\sqrt{f_k^i}|\psi_k\rangle_1|E_i\rangle_2|E_k\rangle_3|1\rangle_4}_{|\tilde{\Phi}_1\rangle}+\underbrace{\sum_k x_k^j\sqrt{1-f_k^i}|\psi_k\rangle_1|E_i\rangle_2|E_k\rangle_3|0\rangle_4}_{|\tilde{\Phi}_0\rangle} \tag{2.109}$$

其中 $f_k^i=\min(1,\exp(-\beta(E_k-E_i)))$。为使用方便，我们将三个幺正算符 C、Φ、W 的乘积记为算符 $U=W\Phi C$。对寄存器 4 进行测量：

若测量结果为 $|1\rangle_4$，接受对应结果。此时，寄存器 1，2，3 处于量子态

$$\sum_k x_k^j\sqrt{f_k^i}|\psi_k\rangle_1|E_i\rangle_2|E_k\rangle_3$$

然后继续对寄存器 3 进行测量，设测量结果为 $|E_k\rangle_3$（概率为 $|x_k^i\sqrt{f_k^i}|^2$），则寄存器 1 此时处于量子态 $|\psi_k\rangle_1$。此时，量子 Metropolis 过程对应马尔可夫链的下一个构型 $|\tilde{\phi}_1\rangle=|\psi_k\rangle$（其能量为 E_k）。最后，将寄存器 3 的状态与寄存器 2 交换，并将寄存器 3 和 4 置零。

若测量结果为 $|0\rangle_4$，则需拒绝此结果。按 Metropolis 规则，此时需将寄存器 1，2，3 中的量子态 $\sum_k x_k^j\sqrt{1-f_k^i}|\psi_k\rangle_1|E_i\rangle_2|E_k\rangle_3$ 重新变回构型 $|\tilde{\phi}_0\rangle$。为此，对量子态 $\sum_k x_k^j\sqrt{1-f_k^i}|\psi_k\rangle_1|E_i\rangle_2|E_k\rangle_3|0\rangle_4$ 实施算符 U 的逆操作 $U^\dagger$ 使其能退回初始构型。设逆操作后的量子态为 $|\Psi_1\rangle$（它并不完全等于初始构型），将其在哈密顿量 H 的本征态下展开。仍利用相位估计算法对寄存器 1 中本征态 $|\psi_k\rangle$ 的能量进行判定, 其测量算符记为 P：

$$\begin{cases}P_0=\sum_i\sum_{\alpha,E_\alpha\neq E_i}|\psi_\alpha\rangle_1\langle\psi_\alpha|\otimes|E_i\rangle_2\langle E_i|\otimes \mathrm{I}_3\otimes \mathrm{I}_4\\ P_1=\sum_i|\psi_i\rangle_1\langle\psi_i|\otimes|E_i\rangle_2\langle E_i|\otimes \mathrm{I}_3\otimes \mathrm{I}_4\end{cases} \tag{2.110}$$

(a) 若输出结果为 P_1，$|E_i\rangle_2$ 为构型 $|\tilde{\phi}_0\rangle$ 的能量，此时测量后的寄存器 1 回到量子态 $|\tilde{\phi}_0\rangle$。在新构型被拒绝的情况下，实现了马尔可夫链下一时刻的构型制备, 即 $|\tilde{\phi}_1\rangle=|\tilde{\phi}_0\rangle$。

(b) 反之，若结果投影到 P_0 则本次测量失败。设此时的量子态为 $|\Psi_0\rangle$, 将此量子态看作一个“初始构型”，重复前面的过程（实施幺正操作 U 并对寄存器 4 进行测量），这可表示为如下测量算符 Q：

$$\begin{cases}Q_0=U^\dagger(\mathrm{I}_1\otimes \mathrm{I}_2\otimes \mathrm{I}_3\otimes|0\rangle_4\langle 0|)U\\ Q_1=U^\dagger(\mathrm{I}_1\otimes \mathrm{I}_2\otimes \mathrm{I}_3\otimes|1\rangle_4\langle 1|)U\end{cases} \tag{2.111}$$

无论测量结果为 Q_0 还是 Q_1，都对获得的量子态进一步做投影测量 (2.110)：若测量到 P_0，则还原过程结束；若测量结果仍为 P_1, 则从 Q 测量开始重复上面的过程，直到测量结果为 P_0 为止。后面我们将证明，重复 n 次（一个 QP 的联合操作算一次）后，未曾测到 P_0 的概率为 $\mathcal{O}\left(\frac{1}{n}\right)$。换言之，经过 n 次重复后，寄存器 1 将以 $1-\mathcal{O}\left(\frac{1}{n}\right)$ 的概率回到构型 $|\tilde{\phi}_0\rangle$。

完成构型 $|\tilde{\phi}_1\rangle$ 的制备后，寄存器 2 存储构型能量，寄存器 3、4 都置零，为制备马尔可夫链的下一个构型做准备。

(4) 重复前面的步骤 2 和 3 继续产生下一个构型，直至生成整个马尔可夫链。要证明前面的过程的确是一个量子 Metropolis 过程且能渐进地产生哈密顿量 H 对应的吉布斯态，还需证明以下两点：

- 当新构型被拒绝时，寄存器 1 的确可通过反复测量回到前一个构型；
- 吉布斯态的确是量子 Metropolis 过程（马尔可夫链）的不动点。

对这两点的说明参见附录IIc。

2.5 量子态的有效制备与量子优越性

尽管前面介绍的很多算法都从平凡量子态（$|00\cdots0\rangle$ 或 $|++\cdots+\rangle$）出发，但像 HHL 算法（初始态 $|b\rangle$）、量子主成分分析算法（量子态 $|A_0\rangle$）以及泰勒展开模拟算法（初始态 $\sum_{\mathbf{j}\in J}\beta_{\mathbf{j}}|\mathbf{j}\rangle$）均涉及如何制备非平凡量子态。如何将经典信息加载到量子态中（以便对不同数据进行并行处理）在量子计算中起着关键作用，很多量子算法（如 HHL 算法）的复杂度也与量子态的制备复杂度密切相关。在本部分，我们将首先讨论如何利用 QRAM（quantum random access memory）实现经典数据到量子态的有效加载；然后将介绍几种概率分布，它们也可有效地加载到量子态的振幅上（对应量子态可有效制备）。

显然，能被有效制备的量子态，其概率分布也能通过量子测量的方式有效获得。但存在一些量子态，它们能被量子计算机有效制备，但经典计算机无法对其概率分布进行有效模拟。这一类量子采样问题能体现量子优越性。本部分将会介绍几类这样的采样问题。

2.5.1 量子态的有效制备

1. QRAM 和经典数据加载

在解决实际问题（特别是数据科学相关问题）时，为利用量子计算的优势，需将不同的数据以相干的方式加载到量子态上，进而便于利用量子叠加性对数据进行并行处理。然而，由于数据往往以经典方式存储，如何将经典数据加载到量子叠加态成为一个关键问题。

QRAM 是经典 RAM 设备的量子升级①，它可通过输入存储位置的叠加态（可有效制备）来制备对应位置存储数据的叠加态，即实现变换：

$$\left(\sum_{\mathbf{r}}\alpha_{\mathbf{r}}|\mathbf{r}\rangle_p\right)|0\rangle_d \quad\rightarrow\quad \sum_{\mathbf{r}}\alpha_{\mathbf{r}}|\mathbf{r}\rangle_p|\phi_{\mathbf{r}}\rangle_d \tag{2.112}$$

其中 $|\mathbf{r}\rangle$ 表示存储节点的位置，而 $|\phi_{\mathbf{r}}\rangle_d$ 表示节点 $\mathbf{r}$ 上存储的数据（经典数据可看作希尔伯特空间中的基矢量）。

QRAM 的功能可通过如图 2.41 所示的 Bucket-brigade（B-b）架构实现。B-b 架构是一个 n 层的二叉树结构，所有数据存储单元均与某个叶子节点相连（共 2^n 个不同的数据），而每个叶子节点通过根节点至此节点的路径实现寻址。除叶子节点外，每个节点上有一个三态量子系统（qutrit，它可由原子或人工原子能级实现），它的三个量子态标记为 $\{L,R,w\}$。除此之外，还有一个传输比特（data bus，它可由具有传播性的光子或声子担任）：通过传输比特与三态系统的作用实现数据寻址（打开目标叶子节点与根节点之间的路径通道）；它也用于将叶子节点处的目标数据传回根节点。

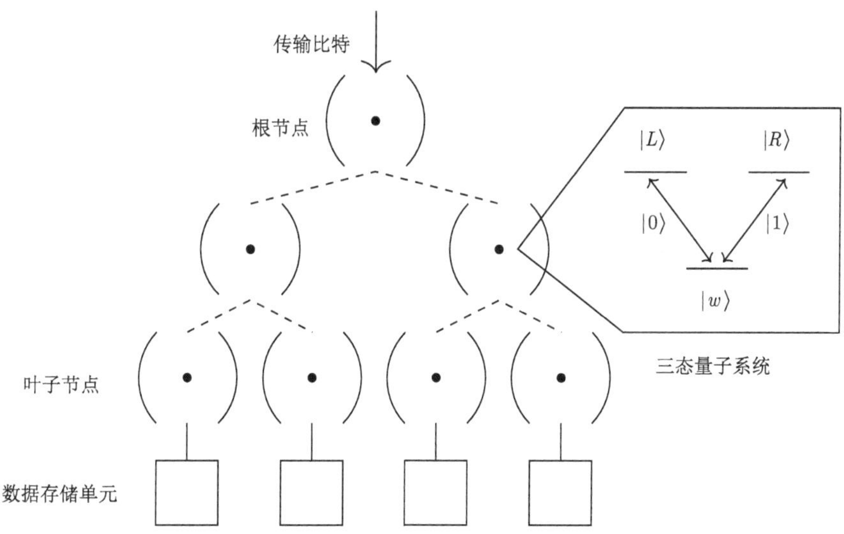

图 2.41 QRAM 的 Bucket-bridage 架构：B-b 结构的 QRAM 由一个 n 层二叉树构成，其每个中间节点有一个 3 能级系统，且每个叶子节点都存储一个经典数据

① 参见文献 V. Giovannetti, S. Lloyd, and L. Maccone, Phys. Rev. Lett. **100**, 160501 (2008); V. Giovannetti, S. Lloyd, and L. Maccone, Phys. Rev. A **78**, 052310 (2008).

我们以制备存于叶子节点 $\mathbf{r}_1 = 00\cdots0$ 和 $\mathbf{r}_2 = 11\cdots1$（字符串表示从根节点到叶子节点的路径，0 表示左分支，1 表示右分支）处的数据 $\phi_{00\cdots0}$ 和 $\phi_{11\cdots1}$ 的叠加态

$$\frac{1}{\sqrt{2}}(|00\cdots0\rangle_a|\phi_{00\cdots0}\rangle_d + |11\cdots1\rangle_a|\phi_{11\cdots1}\rangle_d)$$

为例来说明 QRAM 的工作原理。QRAM 中相干路径的产生见图 2.42。

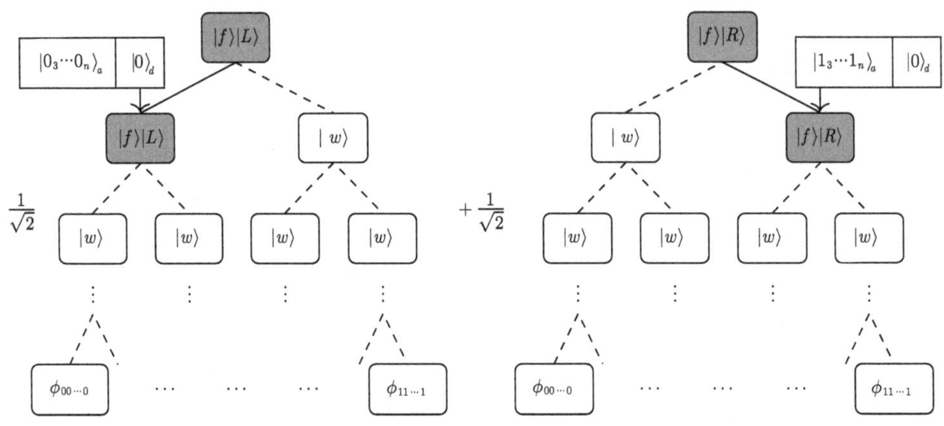

图 2.42 QRAM 中相干路径的产生：通过传输比特建立两条给定路径的相干

数据叠加态的制备需要两个量子寄存器：地址寄存器 a（含 n 个量子比特）用于存储数据的位置信息（连接根节点和对应叶子节点的路径）；数据寄存器 d 用于存储数据信息。在我们关心的情况中，这两个寄存器的初始状态为 $\frac{1}{\sqrt{2}}(|0_1 0_2\cdots 0_n\rangle_a + |1_1 1_2\cdots 1_n\rangle_a)\otimes|\mathbf{0}\rangle_d$。

（1）初始时，B-b 二叉树中所有节点上的三态量子系统均处于 $|w\rangle$ 状态；

（2）从根节点将地址寄存器 a 中的量子比特逐个输入二叉树，形成与路径 $00\cdots0$ 和 $11\cdots1$ 对应的两条相干通道。具体实现如下：

将寄存器 a 中第一个比特的量子状态输入到根节点上的传输比特上（可通过 SWAP 门实现）。此时根节点上的三态系统处于状态 $|w\rangle$，传输比特被此三态系统“吸收”（不再传输）并实现如下变换 U_1：

$$\begin{aligned} U_1|0\rangle_b|w\rangle_r &= |f\rangle_b|L\rangle_r \\ U_1|1\rangle_b|w\rangle_r &= |f\rangle_b|R\rangle_r \end{aligned} \tag{2.113}$$

其中 $|f\rangle_b$ 为传输比特的某个状态，而 $|\alpha\rangle_r$（$\alpha = L, R, w$）表示根节点（root）上三能级系统的状态。此时根节点上的三态系统代替地址寄存器 a 中的第一个比特

与地址寄存器 a 中的其他比特处于纠缠状态:

$$\frac{1}{\sqrt{2}}(|L\rangle_r|0_2\cdots 0_n\rangle_a+|R\rangle_r|1_2\cdots 1_n\rangle_a)$$

将地址寄存器 a 中第二个比特的状态输入到根节点的传输比特中，此时根节点上的三态系统不再处于 $|w\rangle_r$ 态，而是处于 $|L\rangle_r$ 或 $|R\rangle_r$（与 $|w\rangle_r$ 正交）。传输比特的传输方向（左右）由三态系统的状态决定:

$$\begin{cases}\text{传输比特向左子节点传输} & (\text{三态系统为 } |L\rangle \text{ 态})\\ \text{传输比特向右子节点传输} & (\text{三态系统为 } |R\rangle \text{ 态})\end{cases}$$

二叉树第二层中所有三态系统均处于 $|w\rangle$ 态，接收到传输比特的三态系统“吸收”此比特并实施变换（2.113）。此时地址寄存器 a 中的其他比特与“吸收”传输比特的三态系统形成纠缠态:

$$\frac{1}{\sqrt{2}}(|L\rangle_r|L\rangle_0|0_3\cdots 0_n\rangle_a+|R\rangle_r|R\rangle_1|1_3\cdots 1_n\rangle_a)$$

依次将地址寄存器中第 3, 4, $\cdots$, n 个比特从根节点输入二叉树，形成从根节点到目标位置 $00\cdots0$ 和 $11\cdots1$ 的两条相干路径，即所有“吸收”传输比特的三态系统纠缠在一起:

$$\frac{1}{\sqrt{2}}(|L\rangle_r|L\rangle_0\cdots|L_{00\cdots0}\rangle+|R\rangle_r|R\rangle_1\cdots|R_{11\cdots1}\rangle)$$

其中 $|L,R\rangle_{\mathbf{b}}$ 表示节点 $\mathbf{b}$ 上的三态系统处于状态 $|L,R\rangle$。此时，QRAM 中的三态系统除路径 $00\cdots0$ 和 $11\cdots1$ 外，其他仍处于 $|w\rangle$ 态。

（3）从根节点输入新的传输比特，通过两条相干路径到达目标叶子节点，将存储于节点 $00\cdots0$ 和 $11\cdots1$ 的经典信息（$\phi_{00\cdots0}$ 和 $\phi_{11\cdots1}$）加载到传输比特上，然后将其回传到根节点，并从根节点输出到数据寄存器中。

（4）输出结果后，从二叉树的叶子节点开始对两条路径上的三态系统逐一实施 U 变换的逆操作：将 $|L\rangle$ 和 $|R\rangle$ 变换回 $|w\rangle$，同时释放出携带 $|L\rangle$ 和 $|R\rangle$ 信息的传输比特。所有逆操作结束后，QRAM 将恢复到初始状态。

2. 给定概率分布的量子态制

制备满足一定分布的量子态在数据科学和量子模拟中起着重要的作用。我们先来考虑一种简单的情况。

一般地，一个 n 比特量子态 $|\phi\rangle$ 含有 $N=2^n$ 个分量，设分量 $|i\rangle$（$i\in\{0,1,\cdots,2^n-1\}$）出现的概率为 P_i，则

定理 2.5.1 若量子态 $|\phi\rangle=\sum_{i=0}^{2^n-1}\sqrt{P(i)}|i\rangle$ 的概率分布 $P(i)$ 存在一个可被经典计算机有效积分的连续化概率密度 $p(x)\left(P_i=\int_{2^{i-1}}^{2^i-1}p(x)dx\text{ 对任意 } i \text{ 成立}\right)$,

则量子态 $|\phi\rangle$ 可被有效制备。

所谓函数 $p(x)$ 的积分可被有效计算是指存在多项式规模的经典线路能计算 $p(x)$ 任意给定区间的积分值。我们来构造性制备此量子态。

证明　按定理条件，对 0 到 2^n-1 之间的任意区间，函数 $p(x)$ 的积分都可有效计算，因此，在函数 $p(x)$ 的基础上可以定义一组量子态：

$$|\phi_k\rangle = \sum_{i=0}^{2^k-1} \sqrt{P_k(i)}|i\rangle$$

其中 $k=1,2,\cdots,n$ 表示 $|\phi_k\rangle$ 中包含的比特数目，而

$$P_k(i) = \int_{(i-1)2^{n-k}}^{i2^{n-k}} p(x)dx$$

表示将 $[0,2^n-1]$ 平分为 2^k 段，x 处于第 i 段的概率。特别地，量子态 $|\phi\rangle=|\phi_n\rangle$。

（1）按 Kitaev-Solovay 定理1.2.11，单比特量子态 $|\phi_1\rangle$：

$$|\phi_1\rangle = \sqrt{P_1(0)}|0\rangle + \sqrt{P_1(1)}|1\rangle$$

可被有效实现。

（2）假设 k 比特量子态 $|\phi_k\rangle$ 也可被有效制备。注意到，$k+1$ 比特量子态 $|\phi_{k+1}\rangle$ 可通过如下的受控变换 U_k 在 $|\phi_k\rangle$ 基础上制备：

$$U_k : \sqrt{P_k(i)}|i\rangle \otimes |0\rangle \Longrightarrow \sqrt{\alpha_L(i)}|i\rangle \otimes |0\rangle + \sqrt{\beta_R(i)}|i\rangle \otimes |1\rangle \tag{2.114}$$

其中 $\alpha_L(i)$ 和 $\beta_R(i)$ 分别表示 x 处于 k 比特量子态中第 i 个区间的左半边和右半边的概率。

那么，如何实现变换 U_k 呢？为此，引入辅助寄存器 a（所含比特数目由计算精度决定）并将其制备到初态 $|0\rangle_a$。在 k 比特量子态和辅助寄存器 a 之间实施控制操作

$$\hat{U} : |i\rangle|0\rangle_a \ \rightarrow \ |i\rangle|\theta(i)\rangle_a$$

其中 $\theta(i) \equiv \arccos\left(\sqrt{\dfrac{\alpha_L(i)}{P_k(i)}}\right)$。此受控变换是量子算法（如 Grover 算法、DJ 算法等）中调用函数（$\theta(i)$）时的标准方法。因函数 $\theta(i)$ 可通过 $p(x)$ 的积分有效计算（$\alpha_L(i)$ 和 $P_k(i)$ 均可有效计算），故当 $p(x)$ 的积分能通过经典线路有效实现时，$\theta(i)$ 的计算也可由多项式规模的线路实现。基于此，算符 $\hat{U}$ 可由多项式规模的量子线路实现。

然后，利用辅助寄存器 a（比特数目为常数，与 k 无关）中状态 $|\theta(i)\rangle$ 对第 $k+1$ 个量子比特（初始状态为 $|0\rangle$）实施受控转动：

$$\tilde{U}:\sqrt{P_k(i)}|i\rangle|\theta_i\rangle_a|0\rangle_{k+1}\to \sqrt{P_k(i)}|i\rangle|\theta_i\rangle_a(\cos\theta_i|0\rangle_{k+1}+\sin\theta_i|1\rangle_{k+1})$$
$$=|i\rangle|\theta_i\rangle_a(\sqrt{\alpha_L(i)}|0\rangle_{k+1}+\sqrt{\beta_R(i)}|1\rangle_{k+1})$$

值得注意，此变换只涉及固定数目量子比特上的幺正变换，与 n 无关。因此，式（2.114）中的变换可被有效实现。换言之，从量子态 $|\phi_k\rangle$ 可以有效地获得量子态 $|\phi_{k+1}\rangle$。

（3）重复第 2 步中的操作直到 $k=n$。共需重复 n 次，且每一次的线路复杂度最多为 n 的多项式，因此，整个制备线路的复杂度最多为多项式。

由此可见，$|\phi_n\rangle$ 可被有效制备。 □

3. 通过绝热过程有效制备量子态

量子绝热定理表明[①]：对一个含时哈密顿量 $H(t)$，若系统初始处于 $H(0)$ 的第 n 个本征态，且哈密顿量随时间变化足够缓慢，那么，量子系统将一直处于系统的第 n 个瞬时本征态（假设 $H(t)$ 的第 n 个本征态与其他本征态之间有能隙）。此定理的核心是绝热条件，即哈密顿量变化的速度与能隙之间的关系。下面是量子绝热定理的较常见表述。

定理 2.5.2 (量子绝热定理 (Messiah, 1962)) 若含时哈密顿量 $H(t)$ 随时间变化满足如下条件：

$$\max_{t\in[0,t_f]}\frac{|\langle\varepsilon_i(t)|\partial_t H(t)|\varepsilon_j(t)\rangle|}{|\varepsilon_i(t)-\varepsilon_j(t)|^2}\ll 1$$

其中 $|\varepsilon_k(t)\rangle$ 表示 t 时刻哈密顿量 $H(t)$ 的第 k 个瞬时本征态（其对应能量为 $\varepsilon_k(t)$），则系统将一直保持在与初始本征态具有相同量子数的瞬时本征态上。而绝热演化所需的总时间由 $t_f\geqslant\dfrac{1}{\min_t|\varepsilon_i(t)-\varepsilon_j(t)|^2}$ 确定。

若 $t=0$ 时系统处于基态，则绝热条件中的 $|\varepsilon_i(t)\rangle$ 取为系统 t 时刻的基态，而 $|\varepsilon_j(t)\rangle$ 取为系统 t 时刻的第一激发态。此时，$|\varepsilon_i(t)-\varepsilon_j(t)|$ 就是 t 时刻基态与第一激发态之间的能隙 $\varDelta$。

利用绝热定理有如下结论。

定理 2.5.3 给定一个量子态 $|\psi\rangle$，若存在一个含时哈密顿量 $H(t)(0\leqslant t\leqslant 1)$ 满足如下条件[②]：

(1) 初始哈密顿量 $H(0)$ 的基态可被有效制备；

(2) $|\psi\rangle$ 为哈密顿量 $H(1)$ 的基态；

① 参见文献 M. Born and V. Fock, Z. Physik **51**, 165-180 (1928).

② 参见文献 D. Aharonov and A. Ta-Shma, in: Proceedings of the thirty-fifth ACM symposium on Theory of computing - STOC ’ 03 (ACM, 2003), p. 20.

(3) $H(t)$ 的第一激发态与基态之间的最小能隙随系统规模呈多项式减小（绝热演化时间随系统规模呈多项式增长），则量子态 $|\psi\rangle$ 可被有效制备。

将量子绝热定理与马尔可夫链的性质相结合，从可有效制备的量子态出发能获得更多可有效制备的量子态。

对一个含 n 量子比特的系统 A，其量子态空间构成一个 2^n 维的希尔伯特空间（记为 $\mathcal{H}_A$）。$\mathcal{H}_A$ 中量子态在标准基矢量上的概率分布可由一个 2^n 维的向量 $\boldsymbol{P}$ 表示 $\left(P_i \geqslant 0 \text{ 为量子态处于基矢量 } |i\rangle \text{ 的概率，且 } \sum\limits_{i=0}^{2^n-1} P_i = 1\right)$。我们称概率分布 $\boldsymbol{P}$ 为系统 A 的一个分布构型，所有 $\boldsymbol{P}$ 形成 A 的构型空间，记为 $\mathcal{P}_A$。

令量子系统 A 中的构型 $\boldsymbol{P}(t)$ 形成一个跃迁矩阵为 M 的马尔可夫链，进一步假设此马尔可夫链 $\boldsymbol{P}(t)$ 具有遍历性且为快速混合马尔可夫链。因此，此马尔可夫链存在稳定的极限分布 $\mathbb{P}_\infty = \lim\limits_{t\to\infty} \boldsymbol{P}(0)M^t \in \mathcal{P}_A$，定义与之对应的极限量子态为

$$|\mathbb{P}_\infty\rangle = \sum_i \sqrt{\mathbb{P}_\infty(i)}|i\rangle \in \mathcal{H}_A$$

若一个马尔可夫链的极限分布 $\mathbb{P}_\infty$ 与其跃迁矩阵 M 满足精细平衡条件：

$$M(i,j)\mathbb{P}_\infty(i) = M(j,i)\mathbb{P}_\infty(j) \tag{2.115}$$

则可定义一个哈密顿量

$$H_M = I - \mathrm{diag}(\sqrt{\mathbb{P}_\infty(i)}) \cdot M \cdot \mathrm{diag}\left(\frac{1}{\sqrt{\mathbb{P}_\infty(i)}}\right)$$

使得极限量子态 $|\mathbb{P}_\infty\rangle = \sum_i \sqrt{\mathbb{P}_\infty(i)}\,|i\rangle$ 是 H_M 的基态。可以证明，这样定义的哈密顿量 H_M 与跃迁矩阵 M 之间还有如下重要性质。

(1) 若 M 可快速混合，则 H_M 的第一激发态与基态之间的能隙 $\Delta(H_M)$ 满足：$\Delta(H_M) > 1/\mathrm{poly}(n)$。

证明 给定系统 $t=0$ 时刻的状态 $\boldsymbol{P}(0)$，则 t 时刻的构型为

$$\boldsymbol{P}(t) = \boldsymbol{P}(0)M^t$$

一般而言，M 非对称，但可在 M 基础上定义一个对称矩阵如下:

$$N = \mathrm{diag}(\sqrt{\mathbb{P}_\infty(i)}) \cdot M \cdot \mathrm{diag}\left(\frac{1}{\sqrt{\mathbb{P}_\infty(i)}}\right) = \sum_k \lambda_k \boldsymbol{v}_k \boldsymbol{v}_k^{\mathrm{T}}$$

其中 λ_k 是 N 的特征值，$\boldsymbol{v}_k$ 是对应的特征向量。值得注意：$H_M = I - N$.

由于 M 的元素 $M(i,j)$ 均为跃迁概率，因此，它是非负矩阵（元素非负）。

利用 Frobenius-Perron 定理[①]可知：M 的最大特征值 $\lambda_1=1$（对应特征向量为 $\boldsymbol{v}_{\mathrm{FP}}(i)=\sqrt{\mathbb{P}_\infty(i)}$）。利用此性质可得

$$\begin{aligned}\boldsymbol{P}&=\boldsymbol{P}(0)\mathrm{diag}\left(\frac{1}{\sqrt{\mathbb{P}_\infty(i)}}\right)N^t\mathrm{diag}(\sqrt{\mathbb{P}_\infty(i)})\\&=\boldsymbol{P}(0)\mathrm{diag}\left(\frac{1}{\sqrt{\mathbb{P}_\infty(i)}}\right)\sum_{k=1}\lambda_k^t\boldsymbol{v}_k\boldsymbol{v}_k^{\mathrm{T}}\mathrm{diag}(\sqrt{\mathbb{P}_\infty(i)})\\&=\mathbb{P}_\infty+\boldsymbol{P}(0)\mathrm{diag}(1/\sqrt{\mathbb{P}_\infty(i)})\sum_{k=2}\lambda_k^t\boldsymbol{v}_k\boldsymbol{v}_k^{\mathrm{T}}\mathrm{diag}(\sqrt{\mathbb{P}_\infty(i)})\end{aligned}$$

因此，对于足够大的 t：

$$|\boldsymbol{P}(t)-\mathbb{P}_\infty|\leqslant C\lambda^t$$

其中 C 是由 M 决定的常数，λ 为 N 的绝对值第二大的本征值。若要求以精度 ϵ 逼近极限分布 $\mathbb{P}_\infty$，则其所需要时间 t 为

$$t\geqslant\frac{\ln\dfrac{\epsilon}{C}}{\ln\lambda}\approx(1-\lambda)\ln\frac{\epsilon}{C}$$

由快速混合条件可知 $1-\lambda$ 最多为 poly(n)。根据 H_M 的定义（$H_M=I-N$），H_M 的第一激发态与基态之间的能隙与 N 中最大本征值与第二大本征值之差相同，因此，$\Delta(H_M)=1-\lambda_2\leqslant 1-\lambda$（最多为 poly$(n)$）。 □

(2) 若 M 对应的马尔可夫链强可采样，则 H_M 可有效模拟。M 对应的马尔可夫链强可采样是指 M 稀疏且行可计算（输入任意行指标 i，存在一个最多为多项式规模的算法输出所有第 i 行上的非零元）且马尔可夫链的极限分布中 $\dfrac{\mathbb{P}_\infty(i)}{\mathbb{P}_\infty(j)}$ 均可有效计算。其证明可参考稀疏哈密顿量的模拟。

基于马尔可夫链的性质，我们有如下定理。

定理 2.5.4 给定 T=poly(n) 个定义在 2^n 维状态空间 $\mathcal{P}_n$ 上的强可计算的快速混合马尔可夫链 M_t $(t=1,2,\cdots,T)$。马尔可夫链 M_t 对应的极限分布状态记为 $\mathbb{P}_t$。若 $|\mathbb{P}_t-\mathbb{P}_{t+1}|\leqslant 1-1/\mathrm{poly}(n)$ 对所有 t 成立，且 $|\mathbb{P}_0\rangle$ 可用量子线路有效制备，则 $|\mathbb{P}_T\rangle$ 也可由量子线路有效制备。

本定理给出了一个证明量子态可有效制备的方法：证明它可通过定理中的马尔可夫过程与一个已知的可有效制备的量子态连接。

证明 我们通过量子绝热演化方法来证明这一定理。

要说明绝热演化的有效性，我们需证明以下结论：

① 参见文献 O. Perron, Math. Ann. **64**, 248-263 (1907); G. Frobenius, Sitzung der Physikalisch-Mathematischen Classe **23**, 456-477 (1912).

(1) 初始量子态 $\mathbb{P}_0$ 可被有效制备，且它是哈密顿量 $H(0)$ 的基态。

(2) 目标量子态 $\mathbb{P}_T$ 是某个哈密顿量的基态。

(3) 存在一条从哈密顿量 $H(0)$ 到 $H(T)$ 的路径 $H(t)$ 使得沿此路径的幺正演化算符 $e^{-i\int_0^T H(t)dt}$ 可在多项式时间（$\mathcal{O}(\text{poly}(n))$）内完成（路径 $H(t)$ 上第一激发态与基态之间的最小间隙最多随 n 多项式减小）。

按 H_M 和 $|\mathbb{P}\rangle$ 的性质以及定理的条件，前两个条件都能满足：$\mathbb{P}_0$ 能被有效制备（定理条件），$|\mathbb{P}_0\rangle$ 是哈密顿量 H_{M_0} 的基态；$|\mathbb{P}_T\rangle$ 是哈密顿量 H_{M_T} 的基态。我们只需找到一条满足第三个条件的绝热路径即可。

为此，我们首先来证明两个引理。

引理 2.5.1 如果 m 比特哈密顿量 H 可被有效模拟，且其基态 $|g_0(H)\rangle$ 与第一激发态之间的能隙 $\Delta_1(H) > 1/\text{poly}(m)$，则投影算符 $\Pi_H = |g_0(H)\rangle\langle g_0(H)|$ 也可被有效模拟。

证明 我们构造性地给出算符 $e^{-i\Pi_H t}$ 的模拟如下。

(1) 此算法需要 3 个量子寄存器：寄存器 1 含 m 个比特，且被制备到量子态 $|\psi\rangle$；寄存器 2 含 n 个比特（用于辅助实现寄存器 1 中的相位估计），制备到量子态 $|0\rangle$；寄存器 3 含一个比特，制备到量子态 $|0\rangle$。因此，整个计算系统的初始状态为 $|\psi\rangle_1 |0\rangle_2^{\otimes n} |0\rangle_3$

(2) 通过量子相位估计算法估计 $e^{-iH}|\psi\rangle$ 的相位，得到量子态

$$\frac{1}{2^n}\sum_{i=0}\alpha_i\sum_{x=0}^{2^n-1}\sum_{k=0}^{2^n-1}e^{-\frac{2\pi ix}{2^n}(k-2^n\theta_i)}|g_i\rangle_1|k\rangle_2\otimes|0\rangle_3 \tag{2.116}$$

其中，$\alpha_i = \langle g_i|\psi\rangle$，$|g_i\rangle$ 为哈密顿量 H 的本征值为 θ_i 的本征态。若令

$$|k_i\rangle_2 = \frac{1}{2^n}\sum_{x=0}^{2^n-1}\sum_{k=0}^{2^n-1}e^{-\frac{2\pi ix}{2^n}(k-2^n\theta_i)}|k\rangle$$

则量子态（式 (2.116)）可改写为

$$\sum_{i=0}\alpha_i|k_i\rangle_2\otimes|g_i\rangle_1\otimes|0\rangle_3$$

特别地，$i=0$ 对应于 H 的基态 $|g_0(H)\rangle$。在量子相位估计算法中，通过足够多的辅助比特 (n 足够大) 使相位估计误差 $\epsilon < \Delta_1(H)/2$。此时，$\langle k_i|k_0\rangle = 0$。

(3) 用寄存器 2 中的比特控制寄存器 3 中的比特反转，将相位估计算法的结果存于寄存器 3 中，即

$$|k\rangle|0\rangle \to \begin{cases} |k\rangle|1\rangle, & \langle k_0|k\rangle \neq 0 \\ |k\rangle|0\rangle, & \langle k_0|k\rangle = 0 \end{cases}$$

(4) 对寄存器 3 中的比特（一个比特）做单比特相位门

$$\begin{bmatrix} 1 & 0 \\ 0 & e^{-it} \end{bmatrix}$$

得到的量子态

$$e^{-it}\alpha_0|k_0\rangle|g_0\rangle\,|1\rangle + \sum_{i=1}|k_i\rangle\alpha_i|g_i\rangle\,|0\rangle$$

(5) 依次进行第 3 步和第 2 步的逆操作，将寄存器 2 和 3 中的比特还原为量子态 $|0\rangle$。此时，系统量子态变为

$$e^{-it}\alpha_0|g_0\rangle + \sum_{i=1}\alpha_i|g_i\rangle = e^{-it\Pi_H}\,|\psi\rangle$$

这就有效实现了算符 $e^{-it\Pi_H}$。 □

引理 2.5.2 若 n 比特量子态 $|\alpha\rangle$ 与 $|\beta\rangle$ 的内积满足条件：

$$|\langle\alpha|\beta\rangle| > 1/\mathrm{poly}(n)$$

(即两个量子态之间重叠足够大)，则哈密顿量 $H_\alpha = I - |\alpha\rangle\langle\alpha|$ 与哈密顿量 $H_\beta = I - |\beta\rangle\langle\beta|$ 之间存在一条多项式时间的绝热路径

$$H_\eta = (1-\eta)H_\alpha + \eta H_\beta$$

由于 H 与 $I - \Pi_H$ 具有相同的基态，在绝热演化中我们常常用后者来代替前者以简化路径设计。

证明 选择 $|\alpha\rangle$ 和 $|\alpha^\perp\rangle$ 为二维空间 $\mathrm{span}\{|\alpha\rangle, |\beta\rangle\}$ 的一组正交基，则 $|\beta\rangle = a|\alpha\rangle + b|\alpha^\perp\rangle$ 且 H_η 在这组基下的矩阵形式为

$$\begin{bmatrix} \eta|\alpha|^2 + (1-\eta) & \eta ab^* \\ \eta a^* b & \eta|\beta|^2 \end{bmatrix}$$

直接计算此矩阵的本征值之差（能隙）为

$$\sqrt{1 - 4(1-\eta)\eta|b|^2} \geqslant |a| = |\langle\alpha|\beta\rangle|$$

因此，根据绝热定理，我们可以在 $1/|\langle\alpha|\beta\rangle| < \mathrm{poly}(n)$ 时间内沿路径 H_η 实现绝热演化。 □

回到定理证明，定理中马尔可夫链 M_t 所对应的哈密顿量 H_{M_t} 均可有效模拟，且第一能级与基态之间的能隙 $\Delta_1(H_{M_t}) > 1/\mathrm{poly}(n)$，因此，按引理 2.5.1其基态投影算符 $\Pi_{|\mathbb{P}_t\rangle}$ 也可有效模拟。

由于内积 $\langle\mathbb{P}_t|\mathbb{P}_{t+1}\rangle$ 满足条件：

$$\begin{aligned}\langle\mathbb{P}_t|\mathbb{P}_{t+1}\rangle &= \sum_i \sqrt{\mathbb{P}_t(i)\mathbb{P}_{t+1}(i)} \\ &\geqslant \sum_i \min(\mathbb{P}_t(i), \mathbb{P}_{t+1}(i)) \\ &\geqslant \sum_i \mathbb{P}_t(i) - |\mathbb{P}_t(i) - \mathbb{P}_{t+1}(i)| \\ &= 1 - |\mathbb{P}_t - \mathbb{P}_{t+1}| \\ &\geqslant 1/\mathrm{poly}(n)\end{aligned}$$

（最后一步的不等式使用了定理给出的条件 $|\mathbb{P}_t - \mathbb{P}_{t+1}| \leqslant 1 - 1/\mathrm{poly}(n)$），按引理2.5.2，存在一条从 $I - |\mathbb{P}_t\rangle\langle\mathbb{P}_t|$ 到 $I - |\mathbb{P}_{t+1}\rangle\langle\mathbb{P}_{t+1}|$ 的有效绝热路径。换言之，存在一个有效的量子线路：输入为 $|\mathbb{P}_t\rangle$，输出为 $|\mathbb{P}_{t+1}\rangle$。

将 T 个这样的量子线路首尾相连，再连到有效制备量子态 $|\mathbb{P}_0\rangle$ 的线路上，则能有效制备量子态 $|\mathbb{P}_T\rangle$。 □

2.5.2 量子采样与量子优越性

2.5.1 节给出了一些可有效制备的量子态，其概率分布（在采样误差下）也可有效获得。下面我们将给出一些量子态（纯态或混态系综），它们能被量子线路有效制备，但其概率分布并不能由经典计算机有效模拟，进而，其量子采样过程相对于经典采样具有显著的优越性。下面我们将介绍几类这样的可有效制备量子态，基于一些合理的假设（如多项式分层不坍塌），它们的概率分布都无法通过经典计算机有效模拟。

在定理1.3.4的证明中，我们已经看到多项式规模线路 C（对应幺正变换 U_C）输出量子态上的量子采样，即概率分布

$$\mathbb{P}(x) = |\langle x|U_C|00\cdots0\rangle|^2$$

是一个 GapP 函数。对量子采样问题的经典计算复杂度，我们有如下定理。

定理 2.5.5 *若存在经典（随机）算法 A_c 将量子采样问题近似到任意乘子 $c \in (0,1)$ 以内*[①]*，则多项式层谱将坍塌到第三层。*

证明 假设存在经典算法 A_c（随机算法）可对任意量子线路 C 的输出概率 $\mathbb{P}(x)$ 进行有效模拟，即对每个输入 x，其对应概率 $\mathbb{P}(x)$ 均可通过计算与算法 A_c 对应的非确定性图灵机 NT_{A_c} 的构型树（深度最多为 $\mathrm{poly}(n)$）中 $\mathrm{NT}_{A_c}(x) = 1$

① 乘子近似请参见第一章中 Stockmeyer 定理1.1.19。

的叶子节点数目 $\mathrm{Acc}_{\mathrm{NT}}(x)$ 来获得 $\left(\mathbb{P}(x)=\dfrac{\mathrm{Acc}_{\mathrm{NT}}(x)}{N},\ N \text{ 为叶子节点总数}\right)$。$\mathrm{Acc}_{\mathrm{NT}}(x)$ 的计算是一个 #P 问题，将 #P 问题的 Stockmeyer 近似（定理 1.1.19）应用于此经典（随机）算法 A_c 中。

根据 Toda 定理（1.1.18）有 $\mathrm{PH}\subset \mathrm{P}^{\#\mathrm{P}}=\mathrm{P}^{\mathrm{GapP}}$。按假设

$$\mathrm{P}^{\#\mathrm{P}}\simeq \mathrm{P}^{\mathrm{Apx}_c.\#\mathrm{P}}\subset\Sigma_3=\mathrm{P}^{\mathrm{NP}^{\mathrm{NP}}}\subseteq\mathrm{PH}\subset\mathrm{P}^{\mathrm{GapP}}\simeq\mathrm{P}^{\mathrm{Apx}_c.\mathrm{GapP}}$$

其中 $\mathrm{Apx}_c.\#\mathrm{P}$ 表示 #P 问题的 Stockmeyer 近似，而 $\mathrm{Apx}_c.\mathrm{GapP}$ 表示 GapP 问题的经典近似。这表明多项式层谱 PH 将坍塌到第三层，这与人们广泛相信的层谱不坍塌相矛盾。 □

由此可见，量子采样问题中的最差事例无法通过经典计算机有效模拟。下面我们先来介绍玻色采样问题。

2.5.2.1　玻色采样

玻色采样特别适合在光学系统中实现，其核心器件是量子分束器，什么是量子分束器呢？经典和量子分束器的示意模型如图 2.43 所示。

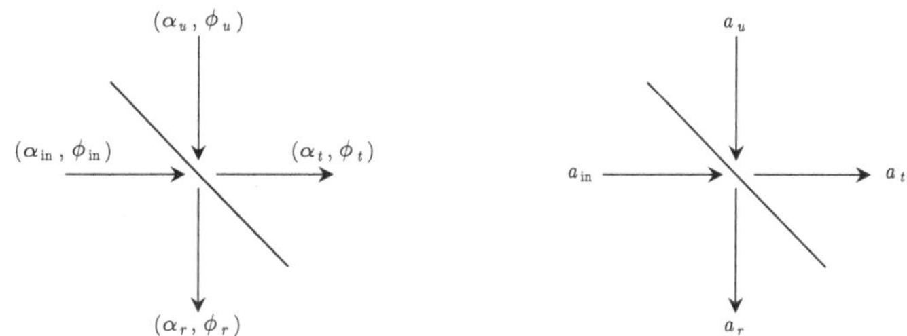

图 2.43　分束器示意图：左边为经典分束器的示意图，光场由其振幅和相位描述；右边为量子分束器的示意图，光场由产生、湮灭算符描述

设光学分束器的强度反射系数为 r，透射系数为 $t=1-r$（假设无损耗），定义 $\theta=\arctan\sqrt{r/t}$。在经典的情形中，光场由振幅和相位描述，设分束器中入射光（in）、透射光（t）、反射光（r）和 u 光的振幅、相位分别为 $(\alpha_{\mathrm{in}},\phi_{\mathrm{in}})$、$(\alpha_t,\phi_t)$、$(\alpha_r,\phi_r)$、$(\alpha_t,\phi_t)$。它们满足关系：

$$\alpha_r=\sin\theta\,\alpha_{\mathrm{in}}e^{i\phi_{\mathrm{in},r}}+\cos\theta\,\alpha_u e^{i\phi_{u,r}}$$
$$\alpha_t=\cos\theta\,\alpha_{\mathrm{in}}e^{i\phi_{\mathrm{in},t}}+\sin\theta\,\alpha_u e^{i\phi_{u,t}}$$

其中 $\phi_{i,j}$ 表示入射光场 i 与出射光场 j 的相对位相。由分束器前后的能量守恒关系 $|\alpha_r|^2+|\alpha_t|^2=|\alpha_{\mathrm{in}}|^2+|\alpha_u|^2$，可得相位 $\phi_{i,j}$ 之间的关系：

$$e^{i(\phi_{\mathrm{in},r}-\phi_{u,r})}+e^{i(\phi_{\mathrm{in},t}-\phi_{u,t})}=0$$

通常取 $\phi_{u,t}=\pi$，其他参数为零来满足此条件。在此参数选取下，分束器中的振幅和相位关系简化为

$$\alpha_r=\sin\theta\,\alpha_{\rm in}+\cos\theta\,\alpha_u,\qquad \alpha_t=\cos\theta\,\alpha_{\rm in}-\sin\theta\,\alpha_u \tag{2.117}$$

这就是经典光束经过分束器的变换关系。

现在我们来考虑光子通过分束器（量子分束器）的模型。如图 2.43 右边所示，用 $a_k^\dagger(a_k)$（$k={\rm in},u,r,t$）等表示相应光子的产生（湮灭）算符，它们经过分束器有与经典关系式（2.117）类似的变换：

$$a_r=\sin\theta\,a_{\rm in}+\cos\theta\,a_u,\qquad a_t=\cos\theta\,a_{\rm in}-\sin\theta\,a_u \tag{2.118}$$

这是一个幺正变换。值得注意，若没有算符 a_u，变换式（2.118）变为 $a_r=\sin\theta\,a_{\rm in}$ 和 $a_t=\cos\theta\,a_{\rm in}$，反射光子与入射光子的产生湮灭算符将不满足玻色对易关系。因此，u 光（算符 a_u）的存在（允许真空态）在量子情况下是必须的。

特别地，当 $\theta=\pi/2$（$r=1/2$, 半透半反）时，光子在分束器的变换为

$$a_r=\frac{1}{\sqrt{2}}\left(a_{\rm in}+a_u\right),\qquad a_t=\frac{1}{\sqrt{2}}\left(a_{\rm in}-a_u\right)$$

其逆变换为

$$a_{\rm in}=\frac{1}{\sqrt{2}}\left(a_r+a_t\right),\qquad a_u=\frac{1}{\sqrt{2}}\left(a_r-a_t\right)$$

例 2.8

下面举两个光子经过分束器的常见例子。

(1) 入射光子态为 $|1\rangle_{\rm in}|0\rangle_u$（$|0\rangle$ 表示真空态，$|1\rangle$ 表示单光子态），则经过分束器后量子态变为

$$\begin{aligned}|1\rangle_{\rm in}|0\rangle_u&=a_{\rm in}^+|0\rangle_{\rm in}|0\rangle_u\\&\to\frac{1}{\sqrt{2}}\left(a_r^++a_t^+\right)|0\rangle_r|0\rangle_t=\frac{1}{\sqrt{2}}\left(|1\rangle_r|0\rangle_t+|0\rangle_r|1\rangle_t\right)\end{aligned}$$

此时，反射光子与透射光子处于纠缠状态（透射光和反射光称为光子的不同空间模式）。

(2) 入射光子态为 $|1\rangle_{\rm in}|1\rangle_u$，则经过分束器后量子态变为

$$\begin{aligned}|1\rangle_{\rm in}|1\rangle_u&=a_{\rm in}^+a_u^+|0\rangle_{\rm in}|0\rangle_u\\&\to\frac{1}{\sqrt{2}}\left(a_r^++a_t^+\right)\frac{1}{\sqrt{2}}\left(a_r^+-a_t^+\right)|0\rangle_r|0\rangle_t\\&=\frac{1}{\sqrt{2}}\left(|2\rangle_r|0\rangle_t-|0\rangle_r|2\rangle_t\right)\end{aligned}$$

此即著名的 Hong-Ou-Mandel 干涉效应，它既可看作量子相干性（出射态 $|1\rangle_r|1\rangle_t$ 相干相消）的体现，也可看作量子玻色统计的体现。

若将单个分束器看作光子模式上的幺正变换，则图 2.44 所示的分束器网络（分束器数目最多为 poly(n)）可看作一个从 m 个输入光子模式到 m 个输出光子模式的幺正变换 U，即

$$b_j^\dagger = \sum_{i=1}^{m} U_{ji} a_i^\dagger, \qquad b_i = \sum_{i=1}^{m} U_{ij} a_j \tag{2.119}$$

其中 $a_i^\dagger(a_i)$ 表示输入端第 i 个模式的产生（湮灭）算子，$b_j^\dagger(b_j)$ 表示输出端第 j 个模式的产生（湮灭）算子。值得注意，此处光子的输入输出模式之间的算符变换不等于 Fock 态空间的基矢量变换。因此，U 是一个 $m\times m$ 的幺正矩阵。若将 n 个**全同光子**输入到此分束器网络中，它们在 m 个输出模式中会如何分布呢？这就是玻色采样需要解决的问题。

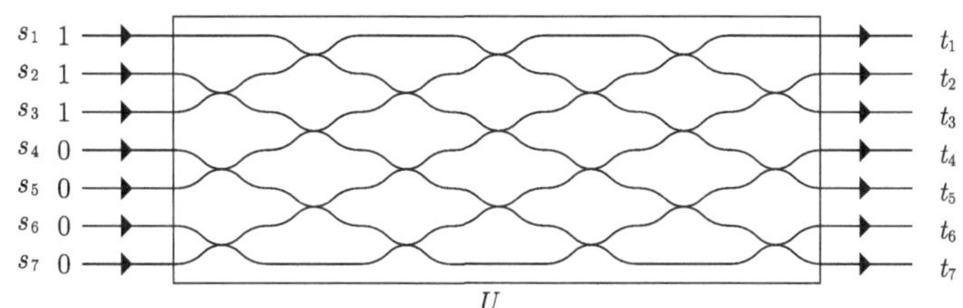

图 2.44 玻色采样示意图: 输入和输出均包含 7 个不同的模式，输入态 $|1110000\rangle$ 含有 3 个光子，中间的线路由一系列分束器组成，玻色采样问题就是求输出量子态在基矢量 $|t_1t_2\cdots t_7\rangle$ 上的分布

具体的，玻色采样问题定义如下[①]。

问题 2.5.6 设输入态在光子数态（Fock 态）表象下写为 $|\psi_{\text{in}}\rangle = |s_1, s_2, \cdots, s_m\rangle_{\text{in}}$，其中 s_k 为第 k 个模式中的光子数，且 $\sum_{k=1}^{m} s_k = n$（一般设 $m < n^2$）。经过 m 模的线性干涉仪（由分束器网络构成）后输出态为

$$|\psi_{\text{out}}\rangle = \sum_{\boldsymbol{t}} \gamma_{\boldsymbol{t}} |t_1t_2\cdots t_m\rangle_{\text{out}}$$

其中 $\sum_{k=1}^{m} t_k = n$。求输出态 $|\psi_{\text{out}}\rangle$ 在 Fock 态 $|t_1t_2\cdots t_m\rangle$ 上的分布

① 参见文献 S. Aaronson, and A. Arkhipov, in: Proceedings of the 43rd Annual ACM Symposium on Theory of Computing (ACM, 2013), p. 333-342.

$$\mathbb{P}(t_1, t_2, \cdots, t_m) = |\gamma_t|^2$$

光子全同性在玻色采样问题中起着关键作用。首先，它限制了输出 Fock 空间的大小：将 n 个全同光子放入 m 个模式中共有 $D = \mathrm{C}_{m+n-1}^{m-1}$ 种不同的放法，因此，输出量子态的非零基矢量 $|t_1 t_2 \cdots t_m\rangle$ 共有 D 个。其次，全同性可建立 Fock 态振幅与算符变换 U（式（2.119））之间的关系。我们以三光子输入的特殊情况来看全同性对输出 Fock 空间振幅的影响。

例 2.9　$\gamma_{1110\cdots0}$ 的计算

我们以计算振幅 $\gamma_{1110\cdots0} ={}_{\text{out}}\langle 1_1 1_2 1_3 0\cdots0|U|1_1 1_2 1_3 0\cdots0\rangle_{\text{in}}$ 为例。从前三个模式中各输入 1 个光子，并从前三个输出模式中各输出一个光子，满足此条件的不同路径共有 6 条（这六条路径如图 2.45所示）。由于光子的全同性，这六条路径处于相干状态（无法通过输入输出态区分），因此，振幅 $\gamma_{1110\cdots0}$ 等于这六条路径的振幅之和，即

$$\begin{aligned}
\gamma_{1110\cdots0} &={}_{\text{out}}\langle 1_1 1_2 1_3 0\cdots0|U|1_1 1_2 1_3 0\cdots0\rangle_{\text{in}} \\
&={}_{\text{out}}\langle 0000\cdots0|b_1 b_2 b_3 U a_1^\dagger a_2^\dagger a_3^\dagger|0000\cdots0\rangle_{\text{in}} \\
&= U_{11}U_{22}U_{33} + U_{11}U_{32}U_{23} + U_{21}U_{12}U_{33} \\
&\quad + U_{31}U_{12}U_{23} + U_{21}U_{32}U_{13} + U_{31}U_{22}U_{13} \\
&= \mathrm{Perm}\begin{bmatrix} U_{11} & U_{21} & U_{31} \\ U_{12} & U_{22} & U_{32} \\ U_{13} & U_{23} & U_{33} \end{bmatrix}
\end{aligned}$$

这就建立了 3 光子系统输出态振幅与积和式（参见第一章 #P-完全问题）之间的关系。

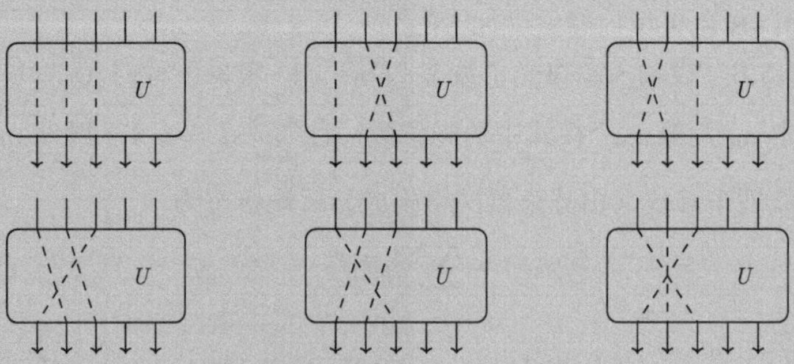

图 2.45　六个不同路径：从输入态 $|1_1 1_2 1_3 0\cdots0\rangle_{\text{in}}$ 到输出态 $|1_1 1_2 1_3 0\cdots0\rangle_{\text{out}}$ 有 6 个不同的路径，这六个路径相干

将前面的计算推广到一般情况，我们有如下定理。

定理 2.5.7 输入光子态 $|s_1,s_2,\cdots,s_m\rangle$ 通过由变换 U 描述的线性器件网络后，出射光子状态为 $|t_1,t_2,\cdots,t_m\rangle$ 的概率 $\mathbb{P}(t_1,t_2,\cdots,t_m)$ 等于：

$$
\begin{aligned}
&\mathbb{P}\left(t_1,t_2,\cdots,t_m|s_1,s_2,\cdots,s_m\right)\\
&=\left|\langle t_1,t_2,\cdots,t_m|U|s_1,s_2,\cdots,s_m\rangle\right|^2\\
&=\frac{\left|\mathrm{Perm}(U_{S,T})\right|^2}{t_1!\cdots t_m!s_1!\cdots s_m!}
\end{aligned}
$$

其中 $U_{S,T}$ 是一个 $n\times n$ 矩阵（n 为总光子数），它通过先将幺正矩阵 U 中第 i 列重复 s_i 次得到 U_S（若 $s_i=0$ 则删除对应的列），再将 U_S 中第 j 行重复 t_j 次得到（若 $t_i=0$ 则删除对应的行）。

证明 与前面 3 光子情况类似，我们先将量子态 $|s_1,s_2,\cdots,s_m\rangle$ 表示成产生、湮灭算符的形式，便于使用输入输出模式之间的算符变换 U。

$$
\begin{aligned}
U|s_1,s_2,\cdots,s_m\rangle&=U\prod_{i=1}^{m}\frac{1}{\sqrt{s_i!}}(a_i^\dagger)^{s_i}|0\rangle^m\\
&=\prod_{i=1}^{m}\frac{1}{\sqrt{s_i!}}(Ua_i^\dagger)^{s_i}|0\rangle^m\\
&=\prod_{i=1}^{m}\frac{1}{\sqrt{s_i!}}\left(\sum_{k=1}^{m}U_{ki}b_k^\dagger\right)^{s_i}|0\rangle^m
\end{aligned}
$$

最后一个表达式可展开成如下 n 个表达式相乘：

$$
\begin{aligned}
&\frac{1}{\sqrt{s_1}}\underbrace{(U_{11}b_1^\dagger+U_{21}b_2^\dagger+\cdots+U_{m1}b_m^\dagger)\cdots(U_{11}b_1^\dagger+U_{21}b_2^\dagger+\cdots+U_{m1}b_m^\dagger)}_{s_1\text{个表达式}}\\
&\cdot\frac{1}{\sqrt{s_2}}\underbrace{(U_{12}b_1^\dagger+U_{22}b_2^\dagger+\cdots+U_{m2}b_m^\dagger)\cdots(U_{12}b_1^\dagger+U_{22}b_2^\dagger+\cdots+U_{m2}b_m^\dagger)}_{s_2\text{个表达式}}\\
&\qquad\cdots\\
&\cdot\frac{1}{\sqrt{s_m}}\underbrace{(U_{1m}b_1^\dagger+U_{2m}b_2^\dagger+\cdots+U_{mm}b_m^\dagger)\cdots(U_{1m}b_1^\dagger+U_{2m}b_2^\dagger+\cdots+U_{mm}b_m^\dagger)}_{s_m\text{个表达式}}
\end{aligned}
\tag{2.120}
$$

当计算量子态 $|t_1,t_2,\cdots,t_m\rangle$ 的概率时，我们也先将其表示为算符形式：

$$
|t_1,t_2,\cdots,t_m\rangle=\prod_{i=1}^{m}\frac{1}{\sqrt{t_i!}}(b_i^\dagger)^{t_i}|0\rangle^m
$$

根据玻色算符的对易关系 $[b_j,b_k^\dagger]=\delta_{jk}$ 可知：表达式（2.120）中仅含有算符

$\prod_{i=1}^{m}(b_i^\dagger)^{t_i}$ 的项对 $|\langle t_1,t_2,\cdots,t_m|U|s_1,s_2,\cdots,s_m\rangle$ 有贡献，而含算符 $\prod_{i=1}^{m}(b_i^\dagger)^{t_i}$ 的项正好对应于 $\mathrm{Perm}(U_{S,T})$ 中的项。 □

根据此定理，当输入态为 $|1_1 1_2\cdots 1_n 0_{n+1}\cdots 0_m\rangle$（前 n 个模式各输入一个单光子）时，出射态的概率分布可简化为

$$\mathbb{P}(t_1,t_2,\cdots,t_m)=\frac{|\mathrm{Perm}(U_T)|^2}{t_1!t_2!\cdots t_m!} \tag{2.121}$$

其中 U_T 是取 U 的前 m 列，并将其第 j 行 $(j=1,2,\cdots,m)$ 重复 t_j 次得到的矩阵（若 $t_j=0$ 则删除对应的行）。

由第一章中介绍的 Valient 定理可知积和式的计算是 #P 完全问题①。人们普遍认为积和式的计算不存在多项式时间的经典算法（已知的最优经典复杂度为 $\mathcal{O}(n2^n)$），否则，根据户田定理（Toda's theorem（定理1.1.18）），多项式层谱 PH 将会坍塌到 P。而在基于线性光学的量子光学系统中，此分布可在多项式时间内获得（U 变换能被有效实现），因而，它形成对经典计算的量子优势。值得强调，玻色采样问题中并不要求实现普适量子门，这与光量子计算的 KLM 方案以及随机量子线路都不相同。另一方面，玻色采样的复杂度具有一定的鲁棒性，即近似玻色采样仍是一个 #P-hard 问题。

由前面的推导可见，确定性全同光子（玻色统计）对保障计算复杂性至关重要。为在玻色采样问题中实现确定性的量子优越性，需产生 $n>50$ 的确定性全同单光子，这在技术上是一个巨大的挑战。为降低实验难度，用非经典高斯光源（如单模压缩态（single mode squeezed state, SMSS））代替单光子源是一个更好的选择（这称为高斯玻色采样）。

高斯玻色采样问题可具体描述②如下。

问题 2.5.8 (高斯玻色采样问题) 将 m 模高斯态输入一个线性干涉仪（由变换 U_{GBS} 描述），对输出的 m 模高斯态在 Fock 空间中进行测量，求输出分布 $(n_1,n_2,\cdots,n_m)$（在第 j 个模式中测到 n_j 个光子）的概率 $\mathbb{P}_G(n_1,n_2,\cdots,n_m)$。

在量子光学中我们知道一个 m 模高斯态 ρ 可由一个 $2m\times 2m$ 的协方差矩阵 (covariance matrix)σ 通过其 Q 函数③定义为

$$\begin{aligned}\mathcal{Q}_\rho(\alpha)&=\frac{1}{\pi^m}\langle\alpha_1,\alpha_2,\cdots,\alpha_m|\rho|\alpha_1,\alpha_2,\cdots,\alpha_m\rangle\\&=\frac{1}{\sqrt{|\pi\sigma_Q|}}\exp\left[-\frac{1}{2}\boldsymbol{\alpha}^\dagger\sigma_Q^{-1}\boldsymbol{\alpha}\right]\end{aligned} \tag{2.122}$$

① 即使积和式中每项随机取值 0,1，它在平均事例上仍是困难的。

② 参见文献 C. S. Hamilton, R. Kruse, L. Sansoni, S. Barkhofen, and et al, Phys. Rev. Lett. **119**, 170501 (2017).

③ 参见郭光灿、周祥发著《量子光学》，科学出版社，2022。Q 函数常用于计算反正规排列算符的期望。

其中 $\sigma_Q=\sigma+\dfrac{I_{2m}}{2}$（$I_{2m}$ 是 $2m$ 维空间中的单位矩阵）；$\boldsymbol{\alpha}=[\alpha_1,\alpha_2,\cdots,\alpha_m;\alpha_1^*,\alpha_2^*,\cdots,\alpha_m^*]^t$，$\alpha_k=(x_k+ip_k)/\sqrt{2}$ 为复数，且 $|\alpha_k\rangle$ 是第 k 个模式的相干态，满足 $a_k|\alpha_k\rangle=\alpha_k|\alpha_k\rangle$。

经过线性干涉仪后，高斯态仍保持高斯态（仅改变高斯态中的协方差矩阵），因此，我们只需研究在给定协方差矩阵 σ 的高斯态中测量得到光子分布 $(n_1,n_2,\cdots,n_m)$ 的概率即可。此概率可表示为

$$\mathbb{P}_G(\bar{n})=\mathrm{Trace}(\rho\hat{\boldsymbol{N}})=\pi^m\int\mathcal{Q}_\rho(\boldsymbol{\alpha})\mathrm{P}_{\bar{\boldsymbol{n}}}(\boldsymbol{\alpha})\prod_{j=1}^m d\alpha_j d\alpha_j^* \tag{2.123}$$

其中 $\mathcal{Q}_\rho(\boldsymbol{\alpha})$ 是高斯态 ρ 的 Q 函数表示；而 $\mathrm{P}_{\bar{\boldsymbol{n}}}(\boldsymbol{\alpha})$ 是光子数测量算符 $\hat{\boldsymbol{N}}=\prod_k|n_k\rangle\langle n_k|$（$\bar{\boldsymbol{n}}=[n_1,n_2,\cdots,n_m]$）的 P 函数表示，即

$$\mathrm{P}_{\bar{\boldsymbol{n}}}(\boldsymbol{\alpha})=\prod_{k=1}^m\frac{e^{|\alpha_k|^2}}{n_k!}\left(\frac{\partial^2}{\partial\alpha_k\partial\alpha_k^*}\right)^{n_k}\delta(\alpha_k)\delta(\alpha_k^*)$$

（此公式中仅需包括被测量模式对应的参数，未被测量的模式无需出现）。将 $\mathcal{Q}_\rho(\alpha)$ 和 $\mathrm{P}_{\bar{\boldsymbol{n}}}$ 代入概率计算公式得到[①]：

$$\mathbb{P}_G(\bar{n})=\frac{1}{\bar{n}!\sqrt{|\sigma_Q|}}\prod_{j=1}^m\left(\frac{\partial^2}{\partial\alpha_j\partial\alpha_j^*}\right)^{n_j}\exp\left[\frac{1}{2}\boldsymbol{\alpha}^t\mathbf{A}\boldsymbol{\alpha}\right]\Bigg|_{\boldsymbol{\alpha}=0} \tag{2.124}$$

其中

$$\mathbb{A}=\begin{bmatrix}0 & \mathbb{I}_m\\ \mathbb{I}_m & 0\end{bmatrix}\left[\mathbb{I}_{2m}-\sigma_Q^{-1}\right]$$

为简便，表达式中使用了 $\boldsymbol{\alpha}^t$（$\boldsymbol{\alpha}$ 的转置）而非高斯态 Q 函数中的 $\boldsymbol{\alpha}^\dagger$，事实上，它们之间仅相差一个重排，即 $\boldsymbol{\alpha}^t=\boldsymbol{\alpha}^\dagger P$ (P 为置换矩阵)。值得注意，协方矩阵 σ 以及 σ_Q 和 A 都只需包含被测量模式，未被测量的模式可直接约化掉。

为简单计，不妨设每个测量模式中测得的光子数 $n_k\in\{0,1\}$ 且 $\sum_k n_k=N$（多光子情况可类似处理）。若测量到一个光子的模式集合为 $\{m_1,m_2,\cdots,m_N\}$，则式（2.124）中的求导部分可展开为如下形式：

$$\frac{\partial^{2N}}{\prod_i^N\partial\alpha_i\partial\alpha_i^*}.\exp\left[\frac{1}{2}\boldsymbol{\alpha}^t\mathbf{A}\boldsymbol{\alpha}\right]$$

① 参见文献 R. Kruse, C. S. Hamilton, L. Sansoni, S. Barkhofen, and et al, Phys. Rev. A **100**, 032326 (2019).

$$= \exp\left[\frac{1}{2}\boldsymbol{\alpha}^t\mathbf{A}\boldsymbol{\alpha}\right]\cdot\sum_{S=\{S_1,S_2,\cdots,S_l\}\in P_{2N}}\left(\prod_{k=1}^{l}\frac{\partial^{|S_k|}\boldsymbol{\alpha}^t\mathbf{A}\boldsymbol{\alpha}}{\prod_{j\in S_k}\partial\alpha_j^{(*)}}\right) \tag{2.125}$$

其中 $S=\{S_1,S_2,\cdots,S_l\}$ 是集合 $I=\{m_1,m_2,\cdots,m_N,m_1^*,m_2^*,\cdots,m_N^*\}$ 中模式的一个划分（$S_i\cap S_j=\varnothing,\cup_{i=1}^{l}S_i=I$）；$|S_i|$ 表示集合 S_i 中元素的数目，S_i 中元素 m_i 对应于偏导算符 $\partial\alpha_{m_i}$，而元素 m_i^* 对应于偏导算符 $\partial\alpha_{m_i}^*$。集合 I（含 $2N$ 个元素）的所有划分形成集合 P_{2N}。考虑到式（2.125）的如下两个特点。

(1) 被求导的函数 $\boldsymbol{\alpha}^t\mathbf{A}\boldsymbol{\alpha}$ 是二次型函数。因此，任何两次以上求导（某个 S_k 中含两个以上元素）对概率 $\mathbb{P}_G(\bar{n})$ 无贡献。

(2) 由于概率$\mathbb{P}_G(\bar{n})$ 仅由 $\boldsymbol{\alpha}=0$ 处的值确定，因此，任何奇数个求导（某个 S_k 中含奇数个元素）对概率无贡献。同时 $\exp\left[\frac{1}{2}\boldsymbol{\alpha}^t\mathbf{A}\boldsymbol{\alpha}\right]=1$。

综上，式（2.125）中仅有将集合 I 分为 N 个 2 元素的划分才对概率 $\mathbb{P}_G(\bar{n})$ 有贡献。为确定性起见，将每个划分都排列为如下标准形式：$\boldsymbol{V}=[S_1;S_2;\cdots;S_N]$，其中

(1) 它是给定 I 中元素的一个排序；

(2) 每个 S_k 中两个元素按从小到大的顺序排列，即 $V_{2k-1}\leqslant V_{2k}$ 对任意 k 成立；

(3) 不同 S_k 间按第一个元素（较小元素）的大小从小到大排列，即 $V_{2k-1}\leqslant V_{2k+1}$ 对任意 k 成立。

满足这样条件的 $\boldsymbol{V}$ 共有 $\dfrac{(2N)!}{2^N N!}$ 个（也常记为双阶乘函数 $(2N-1)!!$）。

显然，上面的模式集合 I 可直接映射为 $\{1,2,\cdots,2N\}$，将它分为 N 个 2 元素集合的问题对应于 PMP（perfect matching permutation）问题，它是二部图完美匹配问题的推广。在第一章中（#P-完全问题部分）我们已经建立了二部图完美匹配与积和式的关系，事实上，PMP 问题与矩阵的 Hafnian 密切关联，而 Hafnian 与积和式之间可建立如下关系（也可用作 Hafnian 的定义）：

$$\mathrm{Perm}(M)=\mathrm{Haf}\left[\begin{bmatrix}0 & M\\ M^{\mathrm{T}} & 0\end{bmatrix}\right]$$

因此，利用矩阵的 Hafnian，概率 $\mathbb{P}_G(\bar{n})$ 可表示为

$$\mathbb{P}_G(\bar{n})=\frac{1}{\bar{n}!\sqrt{|\sigma_Q|}}\sum_{\boldsymbol{V}\in\mathrm{PMP}}\left(\prod_{k=1}^{N}A_{V(2k-1),V(2k)}\right)=\frac{1}{\bar{n}!\sqrt{|\sigma_Q|}}\mathrm{Haf}(A_s) \tag{2.126}$$

其中 A_s 是 A 的子矩阵，它由光子数测量为 1 的输出模式的交叉位置上的数组成。我们用如下的简单情况来示例如何从 A 中获得 A_s。

例 2.10

考虑 4 个高斯输入模式的系统中输出模式 1 和 2 各含一个光子的概率。此情况下总模式参数对应的集合为 $\{1,2,3,4,5,6,7,8\}$，前 4 个对应模式参数 α，而后 4 个对应模式参数 α^*，故模式 1，2 对应的指标集合 $I=\{1,2,5,6\}$（前两个是模式参数 α 的编号，后两个是 α^* 的编号），因此，N=2。I 中满足 PMP 条件的划分共有 $(2N-1)!!=3$ 种：$\{1,5\},\{2,6\}$；$\{1,2\},\{5,6\}$；$\{1,6\},\{2,5\}$。此情况下，矩阵 A_s 由如图 2.46 所示的方式获得。

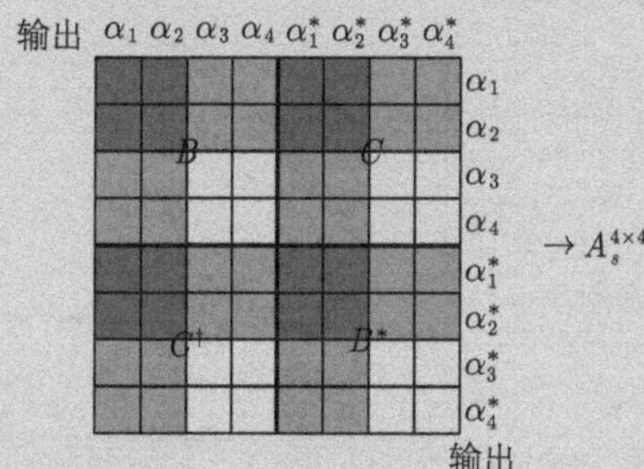

图 2.46 矩阵 A_s 的获得：指标集合 $\{1,2,5,6\}$ 作为 A 的行和列指标，其交叉位置（图中深蓝色）上的元素组成矩阵 A_s，它是一个 4×4 矩阵

作为对比，在玻色采样中，我们需要从线性变换矩阵 U 中获得矩阵 $U_{S,T}$。同样是在 $M=4, N=2$ 的情况下，$U_{S,T}$ 由如图 2.47 所示的方式获得。

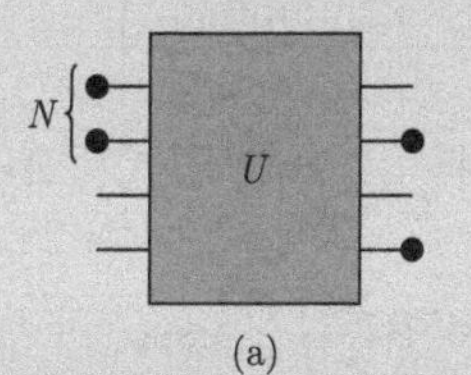

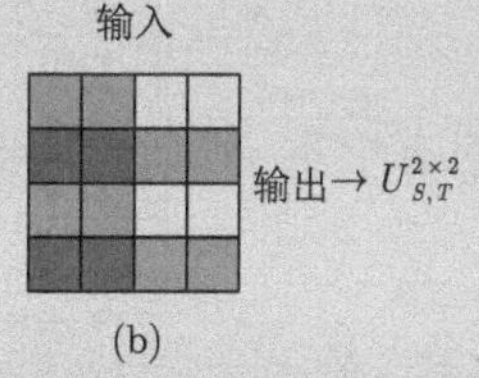

图 2.47 玻色采样中矩阵 $U_{S,T}$ 的获得：如 (a) 所示玻色采样问题，其中 $N=2$，$M=4$，量子干涉仪 U 对应 4×4 的矩阵；如 (b) 所示，行指标对应输出模式，而列指标对应输入模式。对类似于 (a) 中这样最简单的情形，我们只需要考虑输入和输出完全交叠的部分，构成了一个 2×2 的子矩阵 $U_{S,T}$

由前面的对比可见，玻色采样的 $U_{S,T}$ 与输入输出均相关，而高斯玻色

采样仅与输出模式相关。

事实上，任意高斯态 ρ 对应的 $2m \times 2m$ 矩阵 A 都具有如图 2.46 所示的分块结构，不同高斯光源其块矩阵不同。特别地，压缩态对应于 $B = 0$，$C \neq 0$；而热态对应于 $C = 0$，$B \neq 0$。显然，不同的 A 对应的 Hafnian 矩阵的计算复杂度也略有不同，如热态的计算复杂度为 $\mathrm{BPP}^{\mathrm{NP}}$，比玻色采样的复杂度 #P 低；而对于压缩态，其复杂度与玻色采样相同。我们下面主要考虑输入为压缩态的情况。

将 K 个压缩参数分别为 $r_j, j = 1, 2, \cdots, K$ 的单模压缩态输入一个含 m 模的线性干涉仪（由幺正变换 U_{GBS} 描述），对所有输出模式均进行测量，如图 2.48 所示。

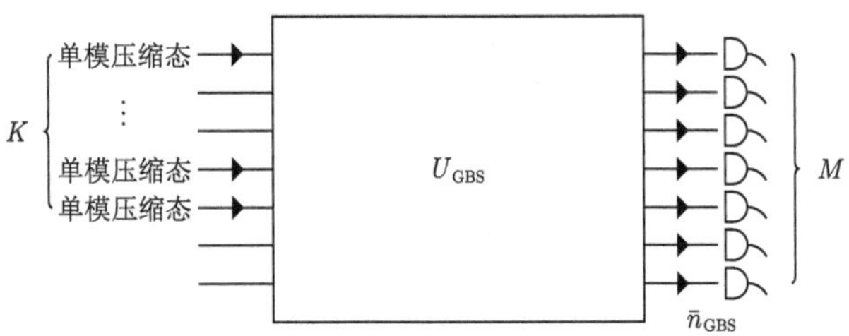

图 2.48 高斯压缩态采样: K 个输入模式均为单模压缩态，在所有 M 个输出模式上做光子数测量

在线性变换 U_{GBS} 作用后，输出高斯态的协方矩阵表示为

$$\sigma = \frac{1}{2}\begin{bmatrix} U_{\mathrm{GBS}} & 0 \\ 0 & U_{\mathrm{GBS}}^{*} \end{bmatrix} SS^{*} \begin{bmatrix} U_{\mathrm{GBS}}^{\dagger} & 0 \\ 0 & U_{\mathrm{GBS}}^{\mathrm{T}} \end{bmatrix}$$

其中

$$S = \begin{bmatrix} \oplus_{i=1}^{m} \cosh r_i & \oplus_{i=1}^{m} \sinh r_i \\ \oplus_{i=1}^{m} \sinh r_i & \oplus_{i=1}^{m} \cosh r_i \end{bmatrix}$$

为压缩变换（对真空态 $r_i = 0$）。因此，矩阵 $\boldsymbol{A}$ 具有形式：$\boldsymbol{A} = B \oplus B^{*}$, 其中

$$B = U_{\mathrm{GBS}} \left(\bigoplus_{j=1}^{m} \tanh r_j \right) U_{\mathrm{GBS}}^{\mathrm{T}} \tag{2.127}$$

由 Hafnian 表达式的性质，$\mathrm{Haf}(M_1 \oplus M_2) = \mathrm{Haf}(M_1) \cdot \mathrm{Haf}(M_2)$，可知测得结果为 $\bar{\boldsymbol{n}}$ 的概率为

$$\mathbb{P}_G = \frac{1}{\sqrt{|\sigma_Q|}} |\mathrm{Haf}(B_S)|^2$$

其中矩阵 B_S 由测量结果为 1 的模式所对应的 B 矩阵中交叉位置的元素确定。在压缩态输入下，由 Hafnian 本身的计算复杂度可知高斯采样的复杂度与玻色采样复杂度相同。

2.5.2.2 量子随机线路采样

量子采样既可以定义在单个量子态（纯态）上（如前面的玻色采样），也可定义在量子态的系综（混态）上。量子随机线路采样①就是定义在系综上的采样问题。

定义 (随机量子线路采样 (random quantum circuit sampling)) 给定 n 个量子比特的初始量子态 $|\phi_0\rangle = |00\cdots 0\rangle$，从量子线路集合 $\mathcal{C}$ 中均匀、随机地选取线路 C 作用于初态 $|\phi_0\rangle$ 上，求输出量子态在计算基 $|x\rangle$（$x = 0, 1, 2, \cdots, 2^n - 1$）上的概率分布 $\mathbb{P}(x)$。

类似于量子采样问题的复杂性定理，对随机量子线路采样的乘子近似仍有如下定理。

定理 2.5.9 将随机量子线路采样 $\mathbb{P}(x)$ 近似到某个乘子 $c \in (0,1)$ 是一个 GapP-困难问题，若存在经典算法对 $\mathbb{P}(x)$ 进行有效采样，则多项式层谱将坍缩到第三层。

乘子近似在复杂度证明（理论证明）中有其便利一面（它保证 GapP 问题的符号正确），然而，它很难在量子计算中直接使用。在量子计算中，我们常用 $|\rho_2 - \rho_1|_1$（$|X|_1 = \sqrt{X^\dagger X}$）来刻画两个量子态间的相似程度；相应地，两个量子态上量子采样（概率分布 $\mathbb{P}_2(x)$ 和 $\mathbb{P}_1(x)$) 间的差异也应用它们的总偏差距离（total variation distance）$||\mathbb{P}_2(x) - \mathbb{P}_1(x)||$ 进行刻画。

乘子近似下的计算困难性与困难事例在量子线路集合 $\mathcal{C}$ 中的分布无关（只要存在即可），但总偏差距离近似下的计算困难性需困难事例在集合 $\mathcal{C}$ 中的出现概率不可忽略。特别地，若困难事例在量子线路集合 $\mathcal{C}$ 中的测度为零，则它们在总偏差距离近似下几乎不起作用，此时，总偏差距离近似不再是困难问题。因此，证明量子随机线路乘子近似下计算困难性的方法对总偏差距离近似不再适用，我们需引入新的假设，如平均事例困难假设（困难事例测度不可忽略）。

在量子线路集合 $\mathcal{C}$ 为整个幺正变换 $U(2^n)$（随机线路采样）或特定的可对易矩阵（IQP 采样）情况下，对应采样问题在总偏差距离 ϵ 近似下的困难性（平均事例困难）可在合理假设下加以证明②。

1. 随机量子线路及其生成

在量子线路集合 $\mathcal{C}$ 为幺正变换群 $U(2^n)$ 时，它可由一组普适量子门生成。由于量子线路从 $U(2^n)$ 中均匀随机选取，因此，其随机量子线路采样 $\mathbb{P}(x)$ 可表示为

$$\mathbb{P}(x) = \frac{1}{V} \int |\langle x|U|00\cdots 0\rangle|^2 dU \tag{2.128}$$

① 参见文献 S. Boixo, S. V. Isakov, V. N. Smelyanskiy, R. Babbush, and et al, Nat. Phys. **14**, 595 - 600 (2018); A. Bouland, B. Fefferman, C. Nirkhe, and U. Vazirani, Nat. Phys. **15**, 159-163 (2019).

② 参见文献 D. Hangleiter, PhD Thesis of Freie University, 2020.

其中 V 为归一化因子；而 dU 称为 Haar 测度（Haar measure），它是均匀性（uniformity）在数学上的严格表述。因式（2.128）中的积分遍历整个幺正空间 $U(2^n)$，初始态 $|00\cdots0\rangle$ 可替换为任意量子态。

Haar 测度在集合 $U(2^n)$ 上所表示的均匀性可通过任意幺正变换 U 处于给定集合 $S\in U(2^n)$ 中概率的平移不变性来刻画，即

$$\mathbb{P}(U\in S)=\mathbb{P}(U\in U'S)$$

其中 U' 为 $U(2^n)$ 中的任意幺正算符。那么，如何才能在 $U(2^n)$ 上实现 Haar 测度呢？在第一章中已知普适量子门的组合可实现 $U(2^n)$ 中所有幺正变换[①]，因此，在普适量子门集合中均匀选取量子门并通过随机方式进行组合就能形成幺正变换 $U(2^n)$ 上的 Haar 测度。事实上，由门的普适性可以保证：在普适门组成的随机量子线路中加入 $U(2^n)$ 中的任意幺正变换并不改变此随机线路所能表示的幺正变换，而这正是 Haar 测度平移不变性的体现。

特别地，若选取普适门集合为 $\{X^{1/2},Y^{1/2},T,\mathrm{CZ}\}$，则如下方式定义的随机量子线路可产生 $U(2^n)$ 上的 Haar 测度：在 n 个量子比特中随机选取两个比特 j 和 k，从 $\{X^{1/2},Y^{1/2},T\}$ 中随机选取量子门作用于 j 和 k 上，然后再对它们作用 CZ 门；不断重复前面的操作（图 2.49）。

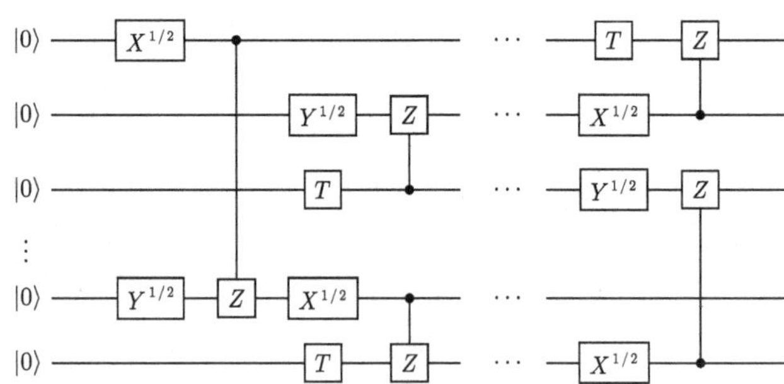

图 2.49　随机量子线路：CZ 作用的量子比特随机选取且 CZ 作用前的单比特操作也从 $\{X^{1/2},Y^{1/2},T\}$ 中均匀选取

正如我们在第一章中所证明的，要生成 $U(2^n)$ 中任意给定的幺正变换其线路中普适门的个数随 n 呈指数增长。那么，$U(2^n)$ 中的 Haar 测度能被多项式规模的量子线路（有效）生成吗？我们称多项式规模的量子随机线路为准普适随机量子线路。下面我们来讨论准普适随机量子线路与 $U(2^n)$ 上 Haar 度量之间的关系。

统计矩（moment）与统计分布之间存在密切关系，在满足一定的条件下，统

① 线路深度需足够深。

计分布可被统计矩唯一确定，如下面的定理①。

定理 2.5.10 (Hausdorff 矩问题) 给定一组正实数序列 $m = \{m_0 = 1, m_1, m_2, \cdots\}$，若它们满足完全单调条件：

$$(-1)^k(\Delta^k m)_n \geqslant 0$$

其中 $(\Delta^k m)_n$ 定义在实序列 m 上: $(\Delta m)_n = m_{n+1} - m_n$, $(\Delta^2 m)_n = (\Delta \circ \Delta m)_n = (\Delta m)_{n+1} - (\Delta m)_n = (m_{n+2} - m_{n+1}) - (m_{n+1} - m_n) = m_{n+2} - 2m_{n+1} + m_n$ 等。那么，在 $[0,1]$ 上存在唯一的概率函数 $P(x)$，使得

$$m_n = \int_0^1 x^n dP(x)$$

积分区间 $[0,1]$ 可推广到任意有限的区间 $[a,b]$。此定理表明：若两个分布在有限区间上的统计矩相同，那么这两个分布本身就相同（在此区间中）。因此，可通过概率分布 $\mathbb{P}(U)$ 与 $U(2^n)$ 上 Haar 测度的统计矩进行比较来衡量 $\mathbb{P}(U)$ 与 Haar 测度的相似程度。为此，我们定义 $U(2^n)$ 上 Haar 测度的 t-design 系综。

定义 (t-design 幺正系综) 若幺正算符系综 $\{p_i, U_i\}$（以概率 p_i 得到算符 U_i）对任意量子态 ρ 满足条件：

$$\mathcal{G}_W(\rho) = \mathcal{G}_H(\rho)$$

则称此系综为 t-design 幺正系综。其中

$$\begin{aligned}\mathcal{G}_W(\rho) &= \sum_i p_i U_i^{\otimes t} \rho (U_i^\dagger)^{\otimes t} \\ \mathcal{G}_H(\rho) &= \int U^{\otimes t} \rho (U^\dagger)^{\otimes t} d\mu(U)\end{aligned} \tag{2.129}$$

$\mathcal{G}_W(\rho)$ 是系综 $\{p_i, U_i\}$ 的 t 阶统计矩，而 $\mathcal{G}_H(\rho)$ 是 Haar 度量的 t 阶统计矩。显然，t-design 系综同时也是 k-design（$k < t$）系综, 且 t 越大，t-design 系综就越接近 $U(2^n)$ 上的 Haar 测度。特别地，我们有如下定理②。

定理 2.5.11 均匀的 Clifford 门系综是一个 2-design 幺正系综。

事实上，多项式规模的量子线路要产生严格的 t-design 系综仍是困难的，为此，我们来定义 t-design 幺正系综的 ϵ 近似。

定义 2.5.1 (t-design 幺正系综的 ϵ 近似) 若幺正系综 $\{p_i, U_i\}$ 满足

① 参见文献 F. Hausdorff, Summationsmethoden und Momentfolgen I, Math. Z. **9**, 74-109 (1921); F. Hausdorff, Summationsmethoden und Momentfolgen. II, Math. Z. **9**, 280-299 (1921).

② 参见文献 C. Dankert, R. Cleve, J. Emerson, and E. Livine, Phys. Rev. A **80**, 012304 (2009); A. W. Harrow, and R. A. Low, Commun. Math. Phys. **291**, 257-302 (2009); D. DiVincenzo, D. Leung, and B. Terhal, IEEE Trans. Inf. Theory, **48**, 580 (2002).

$$||\mathcal{G}_W - \mathcal{G}_H||_\diamond \leqslant \epsilon$$

就称系综 $\{p_i, U_i\}$ 是 t-design 幺正系综的 ϵ 近似。

其中 diamond 范数 $||T||_\diamond$ 定义为①

$$||T||_\diamond = \sup_d ||T \otimes \mathrm{I}_d||_{\mathrm{tr}}$$

其中 $||S||_{\mathrm{tr}} = \mathrm{Trace}(\sqrt{S^*S})$，$\mathrm{I}_d$ 是 d 维的单位阵且 sup 表示上确界。$||T_1 - T_2||_\diamond$ 的物理意义是：在算符 T_1、T_2 可作用于任意维量子态的情况下，算符 T_1 和 T_2 的最大差异。对 poly(n)-design 幺正系综的 ϵ 近似，我们有如下重要定理②。

定理 2.5.12 t-design 幺正系综的 ϵ 近似可由多项式规模的准普适随机量子线路生成，其中 t 最多为 poly(n)，其中 n 为量子比特数目。

因此，通过准普适随机量子线路可近似模拟 $U(2^n)$ 上的 Haar 分布。

2. 随机量子线路采样的计算复杂度

事实上，准普适随机量子线路上的采样问题可转化为含随机参数的 Ising 模型的虚温配分函数问题，而此问题本身为 #P-hard 问题。

首先，我们有如下核心结论：

引理 2.5.3 普适量子门 $\{X^{1/2}, Y^{1/2}, T, \mathrm{CZ}\}$ 上随机量子线路输出态在计算基上的概率幅可映射为计算含随机参数的 Ising 模型的虚温配分函数。

证明 设一个 n 比特随机量子线路共有 d 个量子门，其输出态 $|\psi_d\rangle$ 在计算基 $|x\rangle$ 上的概率幅 $\langle x|\psi_d\rangle$（概率为其模平方）可表示为

$$\begin{aligned}
\langle x|\psi_d\rangle &= \langle x|U_d|S_0\rangle = \langle x|U^{(d)}\cdots U^{(2)}U^{(1)}|S_0\rangle \\
&= \langle x|U^{(d)}\left(\sum_{t_{d-1}}|S_{t_{d-1}}\rangle\langle S_{t_{d-1}}|\right)U^{(d-2)}\cdots U^{(3)} \\
&\quad \times \left(\sum_{t_2}|S_{t_2}\rangle\langle S_{t_2}|\right)U^{(2)}\left(\sum_{t_1}|S_{t_1}\rangle\langle S_{t_1}|\right)U^{(1)}|S_0\rangle \\
&= \sum_{\{S_{t_i}\}}\prod_{i=1}^{d}\langle S_{t_i}|U^{(t)}|S_{t_{i-1}}\rangle
\end{aligned}$$

其中门操作 $U^{(t)} \in \{X^{1/2}, Y^{1/2}, T, \mathrm{CZ}\}$，且 $\sum_{t_i}|S_{t_i}\rangle\langle S_{t_i}| = I$（$i = 1, 2, \cdots, d-1$）。为建立准随机量子线路问题与 Ising 模型之间的关系，作如下不失一般性的约定。

① 参见文献 B. Rosgen, and J. Watrous, in: 20th Annual IEEE Conference on Computational Complexity (IEEE. 2005), p. 344-354.

② 参见文献 F. G. S. L. Brandão, A. W. Harrow, and M. Horodecki, Commun. Math. Phys. **346**, 397-434 (2016).

(1) 单比特的基矢量记为 $|-1\rangle$ 和 $|1\rangle$（与传统的 $|0\rangle, |1\rangle$ 不同）;

(2) 初始量子态 $S_{t_0} = S_0$ 选为量子态 $|-1, -1, \cdots, -1\rangle$，而 S_{t_d} 选为 $|x\rangle$;

(3) $\{|S_{t_i}\rangle\}(i = 1, 2, \cdots, d)$ 由态集 $\{|-1, -1, \cdots, -1, -1\rangle, |-1, -1, \cdots, -1, 1\rangle, \cdots, |1, 1, \cdots, 1\rangle\}$ 组成。

与第一章量子图灵机中处理类似，概率幅 $\langle x|\psi_d\rangle$ 的表达式可看作离散版的费曼路径积分。按作用效果普适门 $\{X^{1/2}, Y^{1/2}, T, \mathrm{CZ}\}$ 可分为两类：T 和 CZ 门不改变单量子比特的状态，只产生相位；而 $X^{1/2}$ 和 $Y^{1/2}$ 门既增加相位也改变单量子比特的状态。

设量子比特 j 在一个伪随机量子线路中经历了 $d(j)$ 次第二类型的门操作，经过每个第二类门比特状态都将发生变化，此变化过程可表示为路径形式：

$$s_j^0 = -1 \quad \to \quad s_j^1 \quad \to \cdots \quad \to \quad s_j^{d(j)} = x_j$$

其中 $s_j^k = \pm 1$，其不同的取值对应于不同路径，此路径（共 2^{d_j} 条不同路径）可表示为一个有序向量 $\vec{s}_j = [-1, s_j^1, \cdots, s_j^{d(j)} = x_j]^{\mathrm{T}}$（T 表示转置变换）。因此，$n$ 比特的伪随机量子线路共有 2^G 条不同的总路径（其中 $G = \sum_{k=1}^n d_k$）且每条总路径可记为 $\mathbf{s} = \{\vec{s}_1, \vec{s}_2 \cdots, \vec{s}_n\}$。利用 $X^{1/2}$ 和 $Y^{1/2}$ 的表达式很容易得知：任意一条路径上的状态改变都是一次等概率劈裂，概率幅的绝对值变为原来的 $\dfrac{1}{\sqrt{2}}$（参见第一章中由 H 和 Toffoli 门组成的线路）。因此，所有基矢量 $|x\rangle$ 的概率的绝对值都相同，所不同的仅是概率幅中的相位。故 $\langle x|\psi_d\rangle$ 可以直接写为形式：

$$\langle x|\psi_d\rangle = 2^{-G/2} \sum_{\mathbf{s}} \exp\left(\frac{i\pi}{4} H_{\mathbf{s}}(x)\right)$$

其中 $\exp\left(\dfrac{i\pi}{4} H_{\mathbf{s}}(x)\right)$ 表示路径 $\mathbf{s}$ 在分量 $|x\rangle$ 上的相位。显然，此相位与 x 的选取相关，总相位是所有路径上相位之和。值得注意，$\{X^{1/2}, Y^{1/2}, T, \mathrm{CZ}\}$ 中每个门产生的相位都是 $\dfrac{\pi}{4}$ 的整数倍，因此，$\dfrac{\pi}{4}$ 可作为整体相位因子。路径 $\mathbf{s}$ 中量子门与比特状态变换见图 2.50。

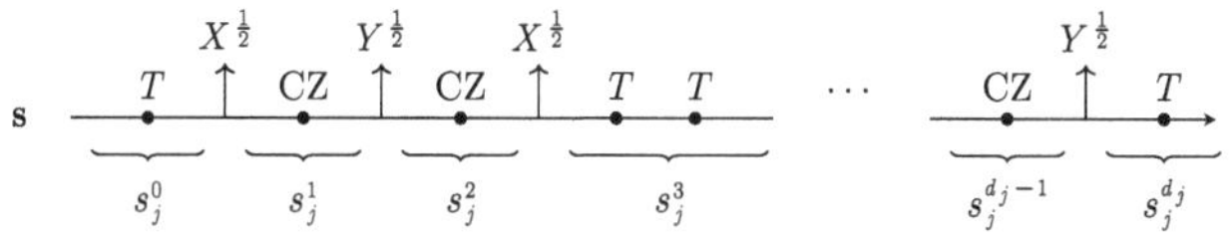

图 2.50 路径 $\mathbf{s}$ 中量子门与比特状态变换：当量子门 $X^{\frac{1}{2}}$ 或 $Y^{\frac{1}{2}}$ 作用于比特上时，比特状态可发生变换；但量子门 CZ 和 T 作用时比特状态保持不变，仅产生相位

为得出 $H_{\mathbf{s}}$ 的具体形式，需要考虑不同量子门对整体相位的贡献。将 $\langle x|\psi_d\rangle$ 改写为

$$\langle x|\psi_d\rangle = \sum_{\mathbf{s}} C_{\mathbf{s}}^{X^{1/2}} C_{\mathbf{s}}^{Y^{1/2}} C_{\mathbf{s}}^{T} C_{\mathbf{s}}^{\mathrm{CZ}}$$

其中 $C_{\mathbf{s}}^{A}(A \in \{X^{1/2}, Y^{1/2}, T, \mathrm{CZ}\})$ 表示在给定的总路径 $\mathbf{s}$ 中 A 门的贡献。

首先计算量子门 $X^{1/2}$ 在总路径 $\mathbf{s}$ 中的贡献。$X^{1/2}$ 在 Z 的本征基下可表示为

$$X^{1/2} = \left(\frac{1}{2} + \frac{i}{2}\right) \begin{bmatrix} 1 & -i \\ -i & 1 \end{bmatrix}$$

s_j^{k-1} 与 s_j^k 之间的单个 $X^{1/2}$ 门对概率幅的贡献为

$$\langle s_j^k|X^{1/2}|s_j^{k-1}\rangle = \begin{cases} \left(\dfrac{1}{2} + \dfrac{i}{2}\right) & (s_j^{k-1} = s_j^k) \\ \left(\dfrac{1}{2} + \dfrac{i}{2}\right) e^{-i\pi/2} & (s_j^{k-1} \neq s_j^k) \end{cases}$$

据此，总路径 $\mathbf{s}$ 上所有 $X^{1/2}$ 贡献的概率幅为

$$C_{\mathbf{s}}^{X^{1/2}} = \left(\frac{1}{2} + \frac{i}{2}\right)^{G_{X^{1/2}}} \exp\left(-i\frac{\pi}{2} \sum_{j=1}^{n} \sum_{k=1}^{d(j)} \alpha_j^k \frac{1 - s_j^{k-1} s_j^k}{2}\right)$$

其中 $G_{X^{1/2}}$ 是整个线路 $\mathbf{s}$ 中 $X^{1/2}$ 门的个数。由于我们仅考虑 $X^{1/2}$ 门，s_j^{k-1} 与 s_j^k 之间是 $X^{1/2}$ 门时，$\alpha_j^k = 1$；而 s_j^{k-1} 与 s_j^k 之间是 $Y^{1/2}$ 门时，$\alpha_j^k = 0$。仅当 $s_j^{k-1} \neq s_j^k$ 时，$\dfrac{1 - s_j^{k-1} s_j^k}{2} = 1$，此时产生一个额外相位 $\exp(-i\pi/2)$。

与 $X^{1/2}$ 门类似地计算可得总路径 $\mathbf{s}$ 上所有 $Y^{1/2}$ 贡献的概率幅：

$$C_s^{Y^{1/2}} = \left(\frac{1}{2} + \frac{i}{2}\right)^{G_{Y^{1/2}}} \exp\left(i\pi \sum_{j=1}^{n} \sum_{k=1}^{d(j)} (1 - \alpha_j^k) \frac{1 - s_j^{k-1}}{2} \frac{1 + s_j^k}{2}\right)$$

其中 $G_{Y^{1/2}}$ 是整个线路中 $Y^{1/2}$ 门的个数，其他参数与 $X^{1/2}$ 中相同。

接下来，我们来讨论总路径 $\mathbf{s}$ 中 T 门的贡献。因 T 门并不改变比特状态，它只能出现在比特值固定为 s_j^t 的区间内，此时 T 门的贡献为

$$\langle s_j^t|T|s_j^t\rangle = \begin{cases} 1, & (s_j^t = 1) \\ e^{i\pi/4} & (s_j^t = -1) \end{cases}$$

仅当 $s_j^t = -1$ 时贡献相位 $e^{i\pi/4}$。因此，总路径 $\mathbf{s}$ 中 T 门的贡献为

$$C_{\mathbf{s}}^{T} = \exp\left(i\frac{\pi}{4} \sum_{j=1}^{n} \sum_{t=0}^{d(j)} \tau_j^t \frac{1 - s_j^t}{2}\right)$$

其中 τ_j^t 表示在比特 j 处于状态 s_j^t 时作用的 T 门个数。

对 CZ 门进行类似的讨论可得

$$C_s^{\mathrm{CZ}} = \exp\left(i\pi\sum_{i=1}^{n}\sum_{j=1}^{n}\sum_{t'=0}^{d(i)}\sum_{t=0}^{d(j)} z_{ij}^{t't}\frac{1-s_i^{t'}}{2}\frac{1-s_j^t}{2}\right)$$

其中 $z_{ij}^{t't}$ 表示作用于第 i 个比特的第 t' 个区间和第 j 个比特的第 t 个区间上的 CZ 门的个数。

由于相关参数（$\alpha_j^k, \tau_j^t, z_{ij}^{t't}$ 等）均为整数，$C_{\mathbf{s}}^A$ 所贡献的相位变化只可能是 $\pi/4$ 的整数倍，即只能是 $\left\{0, \frac{\pi}{4}, \cdots, \frac{7\pi}{4}\right\}$ 这 8 个数中的一个。将四个门的贡献加起来得到

$$\langle x|\psi_d\rangle = 2^{-G/2}\sum_{\{s_j^k\}}\exp\left[\frac{i\pi}{4}(H_{\mathbf{s}}^{(2)} + H_{\mathbf{s}}^{(1)} + H_{\mathbf{s}}^{(0)})\right]$$

其中 G 是整个线路中 $X^{1/2}$ 门和 $Y^{1/2}$ 门的总数，且

$$H_{\mathbf{s}}^{(2)} = \sum_{i=1}^{n}\sum_{j=1}^{i-1}\sum_{k=1}^{d(i)-1}\sum_{l=1}^{d(j)-1}\mathcal{J}_{ij}^{kl}s_i^k s_j^l$$

$$H_{\mathbf{s}}^{(1)} = \sum_{i=1}^{n}\sum_{k=1}^{d(i)-1}\left(h_i^k + \sum_{j=1}^{n} b_{ij}^k x^{(j)}\right)s_i^k$$

$$H_{\mathbf{s}}^{(0)} = \sum_{i=1}^{n} c_i x^{(i)} + \sum_{i=1}^{n}\sum_{j=1}^{i-1} d_{ij}x^{(i)}x^{(j)}$$

而参数 $h_i^k, \mathcal{J}_{ij}^{kl}, b_{ij}^k, c_i, d_{ij}$ 均为 $\alpha_j^k, \tau_j^t, z_{ij}^t$ 的函数，它们均为具有一定分布的随机数。哈密顿量对输出 $|x\rangle$ 的依赖体现在 $H_{\mathbf{s}}^{(0)}$ 和 $H_{\mathbf{s}}^{(1)}$（相当于磁场项）中。$H = H_{\mathbf{s}}^{(0)} + H_{\mathbf{s}}^{(1)} + H_{\mathbf{s}}^{(2)}$ 具有经典 Ising 模型的形式，至此我们成功地将伪随机量子线路的输出概率幅 $\langle x|\psi_d\rangle$ 映射到了随机 Ising 模型的虚温配方函数（配分函数的一般形式为 $\sum_s \exp\left(\frac{-H(s)}{k_B T}\right)$，而表达式中含有虚数单位 i，因此对应虚温度）。 □

因此，概率幅 $\langle x|\psi_d\rangle$ 可表示为

$$\langle x|\psi_d\rangle = 2^{-G/2}\sum_{j=0}^{7} M_j e^{\frac{i2\pi}{8}E_j}$$

其中 E_j 是哈密顿量 H 的不同能量（模 8），而 $M_j \simeq 2^G$ 是取得相同位相的路径数目。

而对于 Ising 模型配分函数的严格计算，其计算复杂度有如下著名结论①。

① 参见文献 F. Barahona, J. Phys. A: Math. Gen. **15**, 3241-3253 (1982).

定理 2.5.13　任意给定平面图 $G=(V,E)$ 上的 Ising 模型

$$H_I=\sum_{ij\in E}s_is_j+\sum_{i\in V}s_i,\qquad s_i\in\{-1,1\}$$

其配分函数

$$Z(T)=\sum_{\mathbf{s}}\exp[-H(\mathbf{s})/K_BT]$$

（其中 s 为自旋构型，T 为温度）的计算是 NP-hard 问题。

随机量子线路概率幅的计算中的哈密顿量 H 对应于图 G 中每条边 e（顶点 v）被赋予了具有一定分布的权重 $w_e(h_v)$，此时伊辛哈密顿量变为

$$H_{dI}=\sum_{ij\in E}w_{ij}s_is_j+\sum_{i\in V}h_is_i$$

此哈密顿量的配分函数将更加难于计算。事实上，人们不仅在最差情况下，而且在平均事例（average-case）情况下已经证明，计算此哈密顿量的配分函数

$$Z=\sum_{\mathbf{s}}e^{i\frac{\pi}{8}\sum_{ij\in E}w_{ij}s_is_j+\sum_{i\in V}h_is_i}\qquad h_i,w_{ij}\in\{0,1,2,\cdots,7\}$$

是 #P-hard 问题①。

因此，我们有理由相信量子采样在随机线路的平均事例下仍为计算困难问题，基于此，随机量子线路的采样问题（在 ϵ 近似下）无法通过经典计算机有效计算：若经典有效算法存在，则多项式分层类 PH 将坍塌到第三层（这普遍被认为是不可能的）。

值得强调，前面随机线路中使用的门集合 $\{X^{1/2},Y^{1/2},T,\mathrm{CZ}\}$ 是一组普适门集合，若仅使用 Clifford 门集合（如无 T 门），前面映射过程中产生的相位将被限制在 $\left[0,\frac{\pi}{2},\pi,\frac{3\pi}{2}\right]$ 中，它对应的配分函数可被有效计算。

3. 交叉熵及量子优越性的确认

如何确定基于准随机量子线路集合 $\mathcal{C}$ 产生的采样就是目标分布呢？对其进行有效确认（verification）是实现量子优越性的重要组成部分。量子采样问题的确认都面临如下两个困难：

(1) 由于量子采样分布本身无法通过经典计算有效获得，故不存在已知的标准分布作为对比；

(2) 采样样本与整个采样空间（指数规模）相比是一个小量，如何通过少量样本来评估测量分布与理想分布之间的偏差？

① K. Fujii, and T. Morimae, New J. Phys. **19**, 033003 (2017); L. A. Goldberg, and H. Guo, Comput. Complex. **26**, 765-833 (2017).

人们还未找到同时能克服这两个困难的确认方法。但利用经典计算机对少数计算基上概率的计算（作为理想分布）以及交叉熵(cross entropy)，我们可以在随机线路采样问题中克服第二个困难，即在少数样本情况下确认随机线路分布①。

任意两个分布 $D_1(x)$ 和 $D_2(x)$（定义在计算基 $|x\rangle$ 上）之间的交叉熵定义为

$$\mathrm{CE}(D_1, D_2) = \sum_{x\in\{0,1\}^n} D_1(x)\log\left(\frac{1}{D_2(x)}\right)$$

显然，当 $D_1(x) = D_2(x)$ 时，$\mathrm{CE}(D_1(x), D_1(x)) = H(D_1(x))$，其中 $H(D_1(x))$ 就是分布 $D_1(x)$ 的信息熵。

特别地，设 $p_{\mathrm{dev}}(x)$ 和 $p(x)$ 分别为实验测量以及理想随机量子线路在基矢量 $|x\rangle$ 上的概率分布，它们之间的交叉熵为

$$\mathrm{CE}(p_{\mathrm{dev}}, p) \equiv -\sum_{x=0}^{2^n} p_{\mathrm{dev}}(x)\log(p(x))$$

分布 $p_{\mathrm{dev}}(x)$ 与 $p(x)$ 间的交叉熵与它们间的总偏差距离有如下关系。

定理 2.5.14 *若 $H(p_{\mathrm{dev}}) \geqslant H(p)$，那么交叉熵满足关系 $|\mathrm{CE}(p_{\mathrm{dev}}, p) - H(p)| \leqslant \epsilon$，则意味着分布 p_{dev} 和 p 间的总偏差距离满足：$||p_{\mathrm{dev}} - p|| \leqslant \sqrt{\frac{\epsilon}{2}}$。*

并非所有噪声导致的分布差异都满足条件 $H(p_{\mathrm{dev}}) \geqslant H(p)$，但局域退极化信道满足定理所需条件。

证明 利用 Pinkser 不等式直接可得

$$\begin{aligned} ||p_{\mathrm{dev}} - p|| &\leqslant \sqrt{\frac{||p_{\mathrm{dev}} - p||_{\mathrm{KL}}}{2}} = \sqrt{\frac{\mathrm{CE}(p_{\mathrm{dev}}, p) - H(p_{\mathrm{dev}})}{2}} \\ &\leqslant \sqrt{\frac{\mathrm{CE}(p_{\mathrm{dev}}, p) - H(p)}{2}} \leqslant \sqrt{\frac{\epsilon}{2}} \end{aligned}$$

其中第一行使用了 Pinkser 不等式②；第二行使用了 $||\cdots||_{\mathrm{KL}}$ 的定义；第二个不等号使用了条件 $H(p_{\mathrm{dev}}) \geqslant H(p)$。 □

因此，交叉熵 $\mathrm{CE}(p_{\mathrm{dev}}, p)$ 与理想分布信息熵 $H(p)$ 间的差异可用于限制两个分布间的整体差异。为计算交叉熵 $\mathrm{CE}(p_{\mathrm{dev}}, p)$ 和信息熵 $H(p)$，需使用如下定理。

---

① 参见文献 S. Boixo, S. V. Isakov, V. N. Smelyanskiy, R. Babbush, and et al, Nat. Phys. **14**, 595-600 (2018).

② Pinkser 不等式：$||p - q|| \leqslant \sqrt{\frac{||p-q||_{\mathrm{KL}}}{2}}$，其中 $||p - q|| \equiv \sup|p(M) - q(M)|$（$M$ 为任意可测量量）表示两个分布之间的总偏差；$||p - q||_{\mathrm{KL}} = \sum_i p(i)\log\frac{p(i)}{q(i)}$。

定理 2.5.15　在希尔伯特空间中均匀选取量子态 $|\psi\rangle$，并对其沿计算基 $|x\rangle$ 测量，则测得基矢量 $|x_0\rangle$ 概率为 p 的概率由 Porter-Thomas 分布

$$\mathbb{P}(p) = (N-1)(1-p)^{N-2} \qquad (N = 2^n)$$

确定。

显然，随机均匀选取一个幺正算符 U 作用到给定的初始量子态 $|00\cdots0\rangle$ 上，与从 2^n 维希尔伯特空间中均匀、随机地选取一个纯态 $|\psi\rangle$ 结果一致，即对理想随机量子线路输出态的采样与直接对整个希尔伯特空间中量子态的均匀采样结果一致。因此，理想的随机量子线路采样可通过直接对量子态的 Haar 分布进行采样来获得。

证明　对给定量子态 $|\psi\rangle = \sum\limits_{x=0}^{2^n-1}(a_x + ib_x)|x\rangle$，测量得到基矢量 $|x_0\rangle$ 的概率为 $p(x_0) = a_{x_0}^2 + b_{x_0}^2$。我们需在量子态 $|\psi\rangle$ 均匀分布的条件下求 $p(x_0) = p$ 的概率。

此概率的直观答案就是满足条件 $a_{x_0}^2 + b_{x_0}^2 = p$ 的量子态数目除以希尔伯特空间中量子态的总数目。然而，这两个数目均为无穷大，无法直接相除，需通过引入测度（长度、面积和体积等概念的推广）来计算。因此，按概率的测度定义：

$$\mathbb{P}(p) \equiv \frac{\mathrm{Vol}(\mathcal{H}_p)}{\mathrm{Vol}(\mathcal{H}_w)}$$

其中 $\mathrm{Vol}(\mathcal{H}_p)$ 表示满足条件 $p(x_0) = p$ 的量子态的测度，而 $\mathrm{Vol}(\mathcal{H}_w)$ 表示总量子态的测度，它们的具体定义如下：

$$\mathrm{Vol}(\mathcal{H}_p) = \int_{-\infty}^{\infty} \prod_x da_x db_x \delta\left(\sum_{x=0}^{2^n-1}(a_x^2 + b_x^2) - 1\right)\delta(a_{x_0}^2 + b_{x_0}^2 - p)$$

$$\mathrm{Vol}(\mathcal{H}_w) = \int_{-\infty}^{\infty} \prod_x da_x db_x \delta\left(\sum_{x=0}^{2^n-1}(a_x^2 + b_x^2) - 1\right)$$

为计算前面的概率表达式，我们先将 δ 函数换成如下积分形式，即

$$\delta\left(\sum_{x=0}^{2^n-1}(a_x^2 + b_x^2) - 1\right) = \frac{1}{2\pi}\int_{-\infty}^{\infty} dt e^{it\left(\sum_{x=0}^{2^n-1}(a_x^2+b_x^2)-1\right)}$$

将此表达式代入概率定义中的分母得到

$$\mathrm{Vol}(\mathcal{H}_w) = \frac{1}{2\pi}\int_{-\infty}^{\infty} dt e^{-it}\Pi_x\left(\int_{-\infty}^{\infty} da_x e^{ita_x^2}\right)\left(\int_{-\infty}^{\infty} db_x e^{itb_x^2}\right)$$

通过直接的高斯积分，我们得到

$$\mathrm{Vol}(\mathcal{H}_w) = \frac{(\mathrm{i}\pi)^N}{2\pi}\int_{-\infty}^{\infty} dt \frac{e^{-it}}{t^N}$$

利用复变函数方法来求此积分。考虑 $\dfrac{e^{-it}}{t^N}$ 在如图 2.51所示复平面上的回路积分：

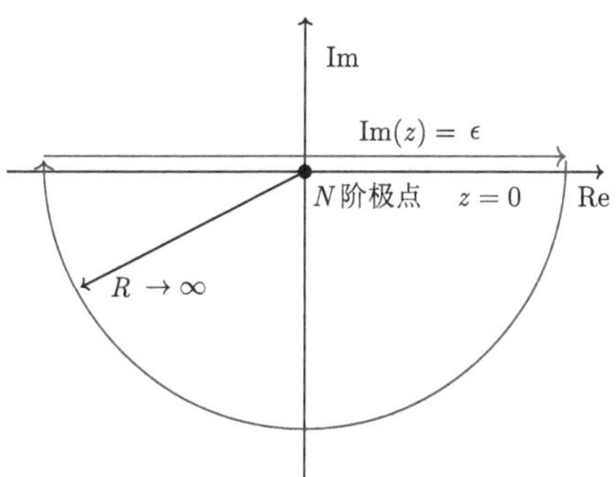

图 2.51 复平面的回路示意图：回路含从负无穷到正无穷的直线（其上的积分与目标积分对应）和半径为无穷大的半圆（其上积分为 0）两部分

$$\begin{aligned}\int_{\mathcal{C}} dz\frac{e^{-iz}}{z^N} &= \lim_{\epsilon\to 0}\frac{(\mathrm{i}\pi)^N}{2\pi}\int_{-\infty+i\epsilon}^{\infty+i\epsilon} dz\frac{e^{-iz}}{z^N}+\int_B dz\frac{e^{-iz}}{z^N}\\ &= \mathrm{Vol}(\mathcal{H}_w)+\int_B dz\frac{e^{-iz}}{z^N}\end{aligned}$$

其中积分路径 B 是起点为 $-\infty+i\epsilon$，终点为 $\infty+i\epsilon$, 半径为 ∞ 的半圆; 而 $\mathcal{C}$ 是半圆形闭合路径。容易证明积分路径 B 上的积分为 0，因此

$$\mathrm{Vol}(\mathcal{H}_w)=\int_{\mathcal{C}} dz\frac{e^{-iz}}{z^N}$$

而环路 $\mathcal{C}$ 上的积分可直接通过留数定理得到

$$\mathrm{Vol}(\mathcal{H}_w)=\frac{\pi^N}{(N-1)!}$$

相同的计算可得

$$\mathrm{Vol}(\mathcal{H}_p)=\frac{\pi^N}{(N-2)!}(1-p)^{N-2}$$

这两部分直接相除就得到了欲证的结论。 □

当 $N\to\infty$ 时，Porter-Thomas 分布可近似为

$$\mathbb{P}(p)=Ne^{-Np}$$

利用 Porter-Thomas 分布可直接计算下面两种特殊情况的交叉熵。

（1）分布 $p_{\text{dev}}(x)=p(x)$：

$$\begin{aligned}\text{CE}(p(x),p(x))&=-\sum_{x=0}^{2^n}p(x)\log(p(x))\\&=-\int_0^{\infty}dp'\sum_{x=0}^{2^n}\delta(p(x)-p')p'\log(p')\\&=-N\int_0^{\infty}dp'\frac{\sum_{x=0}^{2^n}\delta(p(x)-p')}{N}p'\log(p')\\&=-N\int_0^{\infty}dp'\mathbb{P}(p')p'\log(p')\\&=-N\int_0^{\infty}dp'Ne^{-Np'}p'\log(p')\\&=\log N-1+\gamma\end{aligned}$$

其中 $\gamma\approx 0.57721$ 是欧拉常数。此时的交叉熵即为理想分布 $p(x)$ 的信息熵 $H(p(x))$。

（2）分布 $p_{\text{dev}}(x)=\dfrac{1}{N}$（均匀分布）：

$$\begin{aligned}\text{CE}_{\frac{1}{N},p(x)}&=-\frac{1}{N}\sum_{x=0}^{2^n}\log(p(x))\\&=-\int_0^{\infty}dp'\mathbb{P}(p')\log(p')\\&=\log N+\gamma\end{aligned}$$

交叉熵 $\text{CE}(\text{p}_{\text{dev}},\text{p})$ 的另一个解释是按分布 $p_{\text{dev}(x)}$ 来计算函数 $\log\left(\dfrac{1}{p(x)}\right)$ 的期望值。显然，此期望值可通过抽样的方式来获得。假设实验中测量到的样本为 x_1，x_2，$\cdots$，x_m（分布 $p_{\text{dev}}(x)$ 体现在样本的重复频率上），此时交叉熵可通过

$$E_r=\frac{1}{m}\log\left(\frac{1}{p(x_i)}\right)$$

计算（其中 $p(x_i)$ 须通过经典计算机计算）。当样本数 $m\to\infty$ 时，由大数定理可知其将趋于交叉熵 $\text{CE}(p_{\text{dev}},p)$。由 Chernoff bound（见第一章 BPP 定义）可知，多项式数目的样本可使 E_r 快速收敛到 $\text{CE}(p_{\text{dev}},p)$。

若我们定义：

$$\Delta H(p_{\text{dev}})=\text{CE}(p_{\text{dev}},p)-H(p)$$

则 $0\leqslant\Delta H(p_{\text{dev}})\leqslant 1$（理想分布（最优）与均匀分布（最差）的交叉熵相差 1）。若

设置一个阈值 C①，当 $\Delta H(p_{\text{dev}})$ 小于 C 时，我们就认为随机量子线路的优越性获得了确认。

前面的讨论没有考虑系统的噪声问题，如果考虑噪声的影响，量子优越性的确认将变得更为复杂而困难。

2.5.2.3 IQP 采样问题

IQP 的全称是 Instantaneous Quantum Polynomial-time，"polynomial-time" 表明此量子线路可在 ploy(n) 时间内生成；而 "instantaneous" 则表明此线路无内禀时序，即线路中逻辑门均可对易。根据对易量子门集合的选取不同，IQP 问题有如下两种不同的线路定义②。

定义 (IQP 线路采样) 一个输入态为 $|00\cdots 0\rangle$ 的 n 比特量子线路，若其所含的 poly(n) 个量子门均具有如下形式：

$$U_x(\theta_j, S_j) = \exp[i\theta_j \otimes_{k\in S_j} X_k] \tag{2.130}$$

其中 θ_j 为转动角，$S_j \subset \{1, 2, \cdots, n\}$ 为比特集合，且所有量子比特均沿 Z 的本征基矢进行测量。IQP 采样问题就是在随机给定一组（最多 poly(n) 个）参数 $\{\theta_j\}$ 和比特集合 $\{S_j\}$ 下，求测量分布：

$$\mathbb{P}_{\text{IQP}}(\{m_i\}|\{\theta_j\}, \{S_j\}) \equiv |\otimes_{i=1}^n \langle 0_{m_i}|\Pi_j U_x(\theta_j, S_j)|0\rangle^{\otimes n}|^2$$

其中 $m_i \in \{0, 1\}$ 且 $|0_{m_i}\rangle = X^{m_i}|0\rangle$。

注意，所有形如式（2.130）的量子门在 $X^{\otimes n}$ 本征基下对角，因此相互对易。图 2.52 是一个 IQP 线路的例子。

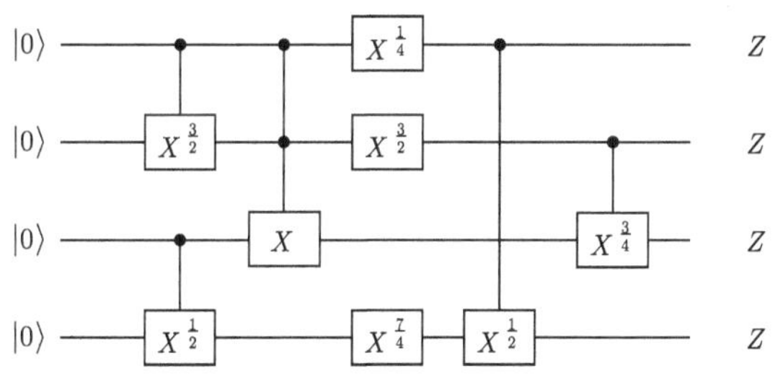

图 2.52 IQP 线路示例

在任意两个门之间插入 $H^{\otimes n} \cdot H^{\otimes n}$ 就可得到 IQP 的另一个等价的线路定义。

① 由经典算法获得的最优样本集与理想样本集间的最小差异确定。

② D. Shepherd, and M. J. Bremner, P. Roy. Soc. A. - Math. Phy. **465**, 1413-1439 (2009); M. J. Bremner, A. Montanaro, and D. J. Shepherd, Phys. Rev. Lett. **117**, 080501 (2016).

定义　一个输入态为 $|++\cdots+\rangle$ 的 n 比特量子线路，若其所含的 poly(n) 个量子门均具有如下形式：

$$U_z(\theta_j, S_j) = \exp[i\theta_j \otimes_{k\in S_j} Z_k]$$

其中 θ_j 为转动角度，$S_j \subset \{1,2,\cdots,n\}$。最后，所有比特沿 σ^x 的本征基测量。IQP 采样问题是指随机给定一组（最多 poly(n) 个）参数 $\{\theta_j\}$ 和比特集合 $\{S_j\}$，求分布：

$$\mathbb{P}_{\text{IQP}}(\{m_i\}|\{\theta_j\},\{S_j\}) \equiv |\otimes_{i=1}^n \langle +_{m_i}|\Pi_j U_z(\theta_j, S_j)|+\rangle^{\otimes n}|^2$$

其中 $|+_{m_i}\rangle = Z^{m_i}|+\rangle$。

IQP 采样问题还有一个基于图态的等价定义（见第三章的“One-way 量子计算”部分）。尽管 IQP 量子线路看起来非常简单，但 IQP 采样问题依然无法通过经典计算机来有效模拟，其证明方法与随机量子线路的采样问题相似，也是将 IQP 输出概率的计算映射到随机 Ising 模型的复配分函数上。

按 IQP 采样问题的第一种定义，设此 IQP 线路由形如 $e^{i\theta w_{ij}X_iX_j}$ 和 $e^{i\theta v_iX_i}$ 的门构成（$|S_j|$ 最多含 2 个元素，即仅包括两比特门和单比特门），则此线路对应的整体幺正变换可表示为

$$U = e^{i\theta(\sum_{i<j} w_{ij}X_iX_j + \sum_i v_iX_i)}$$

其中已利用 IQP 线路中门的对易性将矩阵乘法转化为指数上的矩阵加法。因此，IQP 线路采样到 $|00\cdots0\rangle$ 的概率为如下振幅的平方：

$$\begin{aligned}
&\langle 00\cdots0|e^{i\theta(\sum_{i<j} w_{ij}X_iX_j + \sum_i v_iX_i)}|00\cdots0\rangle \\
=&\langle 00\cdots0|H^{\otimes n}e^{i\theta(\sum_{i<j} w_{ij}Z_iZ_j + \sum_i v_iZ_i)}H^{\otimes n}|00\cdots0\rangle \\
=&\frac{1}{2^n}\sum_{\alpha,\beta=0}^{2^n-1}\langle\alpha|e^{i\theta(\sum_{i<j} w_{ij}Z_iZ_j + \sum_i v_iZ_i)}|\beta\rangle \\
=&\frac{1}{2^n}\sum_{\boldsymbol{z}\in\{\pm1\}^n} e^{i\theta(\sum_{i<j} w_{ij}z_iz_j + \sum_i v_iz_i)} \\
=&\frac{1}{2^n}\sum_{\boldsymbol{z}}\omega^H
\end{aligned}$$

其中 $\omega = e^{i\theta}$，$H = \sum_{i<j} w_{ij}z_iz_j + \sum_i v_iz_i$。此即经典 Ising 模型的复配分函数，与随机量子线路中的讨论类似，当 $\omega = e^{i\pi/8}$ 时，且 w_{ij}, v_k 均匀地从 $\{0,1,\cdots,7\}$ 中选取，此复配方函数的计算为 #P-hard 问题。相同地，若此量子线路采样的 ϵ 近似（总偏差距离近似）在平均事例下困难，那么 IQP 线路采样也无法被经典计

算机有效模拟（假设层谱不坍塌）。

2.6 变分量子算法

量子系统的希尔伯特空间维数（量子态参数个数）随系统规模呈指数增长，这构成量子多体系统研究的主要障碍。变分法是解决此困难的主要手段之一。事实上，多体物理系统的性质主要由其基态附近的量子态决定，而与希尔伯特空间中的高激发态无关。因此，仅需关注希尔伯特空间中一个包含基态的、相对较小的变分空间即可。在经典计算中，对不同量子多体系统，人们提出了不同的变分波函数（变分空间），但这些变分波函数都是纠缠较小的量子态，无法用于研究纠缠结构复杂的量子系统。通过含参数的量子线路（最多含 poly(n) 个门）可产生具有复杂结构的变分空间，进而可以研究广泛的多体量子系统。

变分量子算法被认为是 NISQ（noisy intermediate-scale quantum）阶段最有可能解决实际问题的算法类。与经典变分算法类似，变分量子算法也包含两部分核心内容：构建规模最多为多项式的量子线路作为变分波函数（变分空间）；测量量子线路的输出，利用经典算法对线路参数进行优化。一个具体问题的变分量子算法包括如下主要步骤。

(1) 根据所求问题与量子计算系统本身的特征，由一组含参量子门 $U(\theta)$ 构建一个有效的量子线路 $U(\{\theta_i\}) = U_N(\theta_N)\cdots U_k(\theta_k)\cdots U_1(\theta_1)$（$N$ 最多为 poly(n)），此线路能生成的量子态形成变分量子态（或者称为 Ansatz 量子态）：

$$|\varphi(\{\theta_i\})\rangle = U(\{\theta_i\})\,|\varphi_0\rangle$$

其中，$|\varphi_0\rangle$ 为初始量子态（一般取为直积态 $|\mathbf{0}\rangle$）；含参幺正变换 $U_k(\theta_k)$ 可通过单比特和两比特量子门组成。

(2) 根据问题本身属性，定义一个由变分量子态（$|\varphi(\{\theta_i\})\rangle$）确定的成本函数（cost function）。

(3) 给定一组变分参数 $\{\theta_i(i = 1, 2, \cdots, N)\}$，制备对应的 Ansatz 量子态 $|\varphi(\{\theta_i\})\rangle$；通过对量子态 $|\varphi(\{\theta_1\})\rangle$ 进行局域测量，利用测量结果和经典算法更新变分参数以优化成本函数。

(4) 对更新后的变分参数重复第 (3) 步，直到成本函数最优（无法再继续优化）。

(5) 制备最优参数对应的变分量子态，并研究此量子态对应的物理性质。

从上面的步骤可见变分量子算法是典型的量子 - 经典混合算法。我们先来介绍一些具体的变分量子算法。

2.6.1　主要变分量子算法

给定变分空间后，根据不同目标，需定义不同的成本函数，进而实现不同的量子算法。常见的变分量子算法包括变分量子本征值求解器（variational quantum eigensolver，VQE)、变分动力学演化等。

2.6.1.1　变分量子本征值求解器

变分量子本征值求解器求解的问题如下①。

问题 2.6.1　给定一个量子多体哈密顿量 H，求此系统的基态。

根据 Rayleigh-Ritz 变分原理：哈密顿量 H 的基态能量 E_g 与任意量子态 $|\varphi(\{\theta_i\})\rangle$ 之间满足条件：

$$\min_{\{\theta_i\}} \frac{\langle\hat{\varphi}(\{\theta_i\})|H|\varphi(\{\theta_i\})\rangle}{\langle\varphi(\{\theta_i\})|\varphi(\{\theta_i\})\rangle} \geqslant E_g$$

显然，当含参量子态 $|\varphi(\theta_i)\rangle$ 能遍历整个量子态空间时，等号一定能成立。而在一般情况下，我们仍可用变分空间中能量最低的量子态来近似基态。因此，在 VQE 算法中，我们选成本函数为能量函数：

$$E(\{\theta_i\}) = \frac{\langle\varphi(\{\theta_i\})|H|\varphi(\{\theta_i\})\rangle}{\langle\varphi(\{\theta_i\})|\varphi(\{\theta_i\})\rangle}$$

通过最优化 $|\varphi(\{\theta_i\})\rangle$ 中的参数来最小化能量 E，进而近似 E_g 和基态。

一般地，多体哈密顿量 H 可通过编码写成如下形式：

$$H = \sum_\alpha f_\alpha P_\alpha, \qquad P_\alpha \in \{I, \sigma^x, \sigma^y, \sigma^z\}^{\otimes n}$$

其中 n 为编码后的量子比特数目（一般不等于原系统规模)，f_α 为常数。在 VQE 算法中，系统能量 $E(\{\theta_i\})$ 可通过对制备量子态 $|\varphi(\{\theta_i\})\rangle$ 上算符 P_α 的测量（而非计算）来获得，即

$$E(\{\theta_i\}) = \sum_\alpha f_\alpha \langle\varphi(\{\theta_i\})|P_\alpha|\varphi(\{\theta_i\})\rangle$$

VQE 算法的具体流程如图 2.53所示。

① 参见文献 A. Peruzzo, J. McClean, P. Shadbolt, M.-H. Yung, and et al, Nat. Commun. **5**, 4213 (2014).

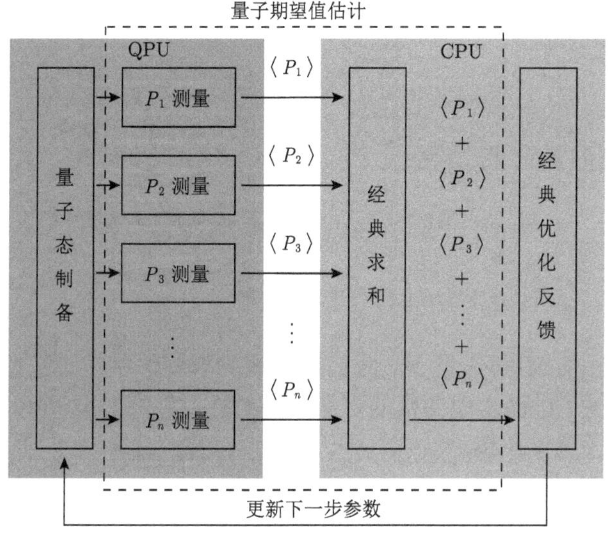

图 2.53 VQE 算法流程图：QPU 为量子处理单元，在量子系统上完成；而 CPU 为经典处理单元，在经典计算机上完成

2.6.1.2 变分动力学演化

变分动力学演化分为实时演化①和虚时演化②两种，二者均可基于 McLachlan 变分原理③获得（实时演化也可基于 time-dependent 变分原理获得）。

1. 实时演化

在本章的哈密顿量模拟部分，我们已经知道：哈密顿量 H 的幺正演化算符 e^{-iHt} 可通过 Trotter 展开、Taylor 展开或量子信息处理过程等方法进行模拟，且模拟线路深度随着模拟时间 t 增长。当 H 满足适当的条件时，e^{-iHt} 可被有效模拟。

除此之外，我们还可直接从薛定谔方程

$$\frac{d|\psi(t)\rangle}{dt} = -iH|\psi(t)\rangle$$

出发，通过变分方法来实现量子系统的近似演化。假定系统每个时刻的波函数 $|\psi(t)\rangle$ 均可被变分波函数 $|\varphi(\{\theta_i(t)\})\rangle = U(\{\theta_i(t)\})\,|\varphi_0\rangle$ 近似表示，则量子态 $|\psi(t)\rangle$ 在变分空间中随时间的演化可通过 McLachlan 变分原理

$$\delta\|(\partial/\partial t + iH)|\varphi(\{\theta_i(t)\})\rangle\| = 0$$

① 参见文献 Y. Li, and S. C. Benjamin, Phys. Rev. X **7**, 021050 (2017).

② 参见文献 S. McArdle, T. Jones, S. Endo, Y. Li, and et al, npj Quantum Inf. **5**, 1-6 (2019).

③ 参见文献 A.D. McLachlan, Mol. Phys. **8**, 39-44 (1964).

(其中 $\||\varphi\rangle\| = \langle\varphi|\varphi\rangle$) 转化为变分参数随时间的演化，即

$$\sum_j M_{k,j}\dot{\theta}_j = V_k \tag{2.131}$$

其中矩阵 M 和向量 V 分别等于

$$M_{k,j} = \mathrm{Re}\left(\frac{\partial\langle\varphi(\{\theta_i(t)\})|}{\partial\theta_k}\frac{\partial|\varphi(\{\theta_i(t)\})\rangle}{\partial\theta_j}\right)$$

$$V_k = -\,\mathrm{Im}\left(\langle\varphi(\{\theta_i(t)\})|H\frac{\partial|\varphi(\{\theta_i(t)\})\rangle}{\partial\theta_k}\right)$$

若能获得矩阵 M 和矢量 V，我们就能通过求解（经典计算机）方程（2.131）来获得 $\dot{\theta}_j$ 的信息，进而实现参数的更新。事实上，M 和 V 均可利用类 Hadamard Test 的方式通过测量获得。

2. 虚时演化

虚时演化在求解多体系统基态、耗散系统以及非厄密系统的演化中发挥了重要作用。特别地，系统基态可通过如下方式获得。

(1) 随机选择量子态 $|\phi\rangle$，它在给定多体哈密顿量 H 的本征态 $|e_i\rangle$（对应本征能量 E_i）下可展开为

$$|\phi\rangle = \sum_i a_i|e_i\rangle$$

(2) 将虚时演化 e^{-Ht} 作用于此量子态上，得到

$$e^{-Ht}|\phi\rangle = \sum_{i=0}^{2^n} a_i e^{-E_i t}|e_i\rangle = e^{-E_0 t}\left(a_0|e_0\rangle + \sum_{i=1}^{2^n} a_i e^{-(E_i-E_0)t}|e_i\rangle\right)$$

其中能量 E_i 随 i 的增加而递增，因此，E_0 是基态能量且 $E_{i\geqslant 1} - E_0 > 0$（假设系统无简并）。当演化时间 t 足够长时，只有基态会保留下来，激发态的振幅都将趋于零（$e^{-(E_i-E_0)t} \to 0$）。由此可见，虚时演化是求系统基态的有力手段，且它对局部最小值的敏感度较低，不易囚禁在局域极小值。

与实时演化类似，在 Wick 转动下（$\tau = it$），薛定谔方程变为

$$\frac{d|\psi(\tau)\rangle}{d\tau} = -(H - \langle H\rangle)|\psi(\tau)\rangle \tag{2.132}$$

其中 $\langle H\rangle = \langle\psi(\tau)|H|\psi(\tau)\rangle$ 用于保证系统波函数的归一化（虚时演化并非幺正变换，归一性条件会被破坏）。同时，McLachlan 变分原理变为

$$\delta\|(\partial/\partial\tau + H - \langle H\rangle)|\varphi(\{\theta_i(\tau)\})\rangle\| = 0$$

通过此方程可将变分空间中的虚时演化过程变为参数随时间的变化，即

$$\sum_j M_{k,j}\dot{\theta}_j = C_k \tag{2.133}$$

其中 $M_{k,j}$ 的表达式与实时演化中的形式一致，且

$$C_k = -\operatorname{Re}\left(\langle\varphi(\{\theta_i(\tau)\})|H\frac{\partial|\varphi(\{\theta_i(\tau)\})\rangle}{\partial\theta_k}\right) = -\frac{1}{2}\frac{\partial E(\{\theta_i(\tau)\})}{\partial\theta_k}$$

它与能量梯度相关（虚时演化可看作推广的梯度下降法）。与实时演化情况类似，矩阵 M 和矢量 C 都可利用 Hadamard Test 的方法通过测量获得，进而通过（经典计算机）求解方程（2.133）获得 $\dot{\theta}_j$ 并实现参数更新。

3. 演化参数测量

本部分我们来说明如何利用 Hadamard Test（参见 Hadamard Test 部分）通过测量直接获得矩阵 M 和矢量 V、C。

为简单计，设每个幺正变换仅含一个参数，其形式可表示为 $U_k(\theta_k) = e^{-\frac{i}{2}\theta_k h_k}$, 则

$$\frac{\partial U_k(\theta_k)}{\partial\theta_k} = -\frac{i}{2}h_k U_k$$

因此，变分量子态对于变分参数 θ_k 的微分可表示为

$$\frac{\partial|\varphi(\{\theta_j(t)\})\rangle}{\partial\theta_k} = -\frac{i}{2}U_N U_{N-1}\cdots U_{k+1}U_k h_k\cdots U_2 U_1|\varphi_0\rangle$$

若定义

$$U_{m:l} = U_m\cdots U_{l+1}U_l$$

则上面的微分形式可简单地表示为

$$\frac{\partial|\varphi(\{\theta_j(t)\})\rangle}{\partial\theta_k} = -\frac{i}{2}U_{N:k}h_k U_{k-1:1}|\varphi_0\rangle$$

基于此符号，动力学过程及虚时演化过程中的矩阵 M 可表示为

$$M_{k,j} = \operatorname{Re}\left(\frac{1}{4}\left\langle\varphi_0\left|U^\dagger_{1:k-1}h_k U_{k-1:j}h_j U_{j-1:1}\right|\varphi_0\right\rangle\right),\quad j<k$$

此矩阵元可通过对如下的线路测量获得（图 2.54）。

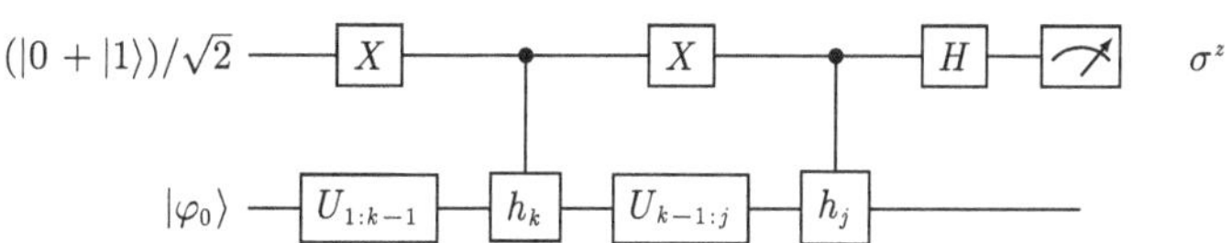

图 2.54 矩阵 M 的测量线路：对辅助比特沿 σ^z 测量，其测量 $|0\rangle$ 的概率 $\mathbb{P}_0$ 可给出矩阵元 $M_{jk} = \frac{1}{4}(2\mathbb{P}_0 - 1)$

而根据哈密顿量的表达式 $H=\sum_a f_a P_a$，矢量 V、C 可表示为

$$V_k=-\sum_a \mathrm{Im}\left(\frac{i}{2}f_a\left\langle\varphi_0\left|U_{1:N}^\dagger P_a U_{N:k}h_k U_{k-1:1}\right|\varphi_0\right\rangle\right)$$

$$C_k=-\sum_a \mathrm{Re}\left(\frac{i}{2}f_a\langle\varphi_0\left|U_{1:N}^\dagger P_a U_{N:k}h_k U_{k-1:1}\right|\varphi_0\rangle\right)$$

它们都可通过对如下线路中辅助比特的测量获得（图 2.55）。

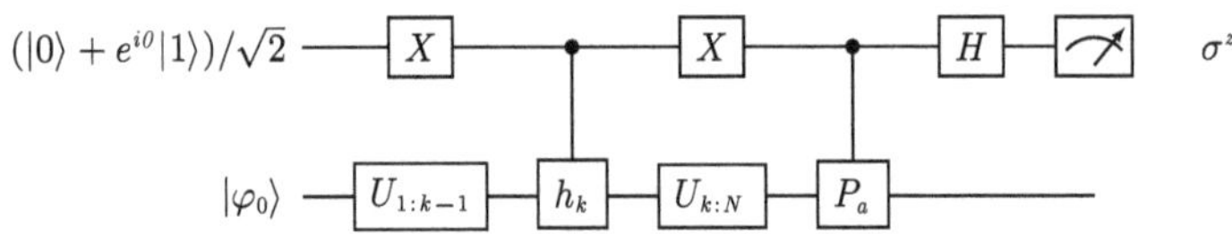

图 2.55　矢量 V 和 C 的测量线路：对辅助比特沿 σ^z 测量，测得 $|0\rangle$ 的概率为 $\mathbb{P}_0$，则 $\mathrm{Re}(\langle\varphi_0|U_{1:N}^\dagger P_a U_{N:k}h_k U_{k-1:1}|\varphi_0\rangle)=2\mathbb{P}_0-1$（$V_k$ 对应于 $\theta=\pi/2$，而 C_k 对应于 $\theta=0$）

因此，给定初始量子态 $|\psi(0)\rangle$ 及系统哈密顿量 H 的变分动力学算法可总结如下。

(1) 给定变分量子态 $|\varphi(\{\theta_i(t)\})\rangle$ 及初始态 $|\psi(0)\rangle$ 对应的参数 $\{\theta_i(0)\}$。

(2) 利用量子线路（Hadamard Test）有效获得 M 矩阵、V 或 C 矢量。

(3) 利用经典计算机通过方程（2.131）或（2.133）计算得到 $\dot{\theta}_i(t)$。

(4) 以 $\theta_i(t+\delta t)=\theta_i(t)+\delta t\cdot\dot{\theta}_i(t)$ 和 $t=t+\delta t$ 完成参数更新。

(5) 重复第（2）～（4）步直到 t 满足条件。

2.6.2　变分量子态的构造

前面假设变分量子算法中的 Ansatz 量子态已构造好，我们并未涉及如何构造具体问题的变分量子态 $U(\{\theta_i\})|\psi_0\rangle$。然而，变分量子算法结果的好坏直接由变分波函数的选取决定。一个理想的变分波函数应具有如下性质：

（1）变分波函数表示能力强，通过系统增加其变分参数将目标量子态（渐近的）包含于变分波函数中；

（2）变分波函数能被量子线路有效实现；

（3）变分波函数扩展性强，可适用于大规模系统；

（4）变分波函数可被有效优化。

当然，构造满足所有条件的变分波函数异常困难（事实上，变分波函数的表达能力和优化之间存在矛盾）。根据变分波函数本身的特点，它可被粗略地分为两类。

（1）**哈密顿量无关型**。这类变分波函数从实验装置的架构出发（如仅使用超导系统中的近邻比特量子门和单比特门），构造实验上易于实现的变分波函数（这

类往往称为硬件高效的变分波函数，hardware efficient Ansatz）①。由于此类波函数未使用哈密顿量本身的特征，其解决问题的效率往往受到限制。

（2）**哈密顿量相关型**。这类波函数通过哈密顿量本身的特征进行构造，相对前者具有参数少、线路浅、易于优化的特征。但构造这类变分线路需有先验信息，且不同哈密顿量需设计不同的变分线路。

量子化学问题求解时构造的变分波函数是典型的哈密顿量相关型，根据对多电子系统的理解，既可构造具有固定结构的变分波函数，也可通过自适应方式构造变分波函数。QAOA(quantum approximate optimization algorithm) 变分方法是另一个与哈密顿量密切相关的变分波函数，它对组合优化问题的求解具有显著优点。下面我们主要介绍量子化学中变分波函数的构造，而把 QAOA 变分方法放到第三章绝热量子计算部分。

(1) **量子化学中的哈密顿量和基矢量选取**。

在量子化学中，哈密顿量 H 的一般形式可表示为

$$H = -\sum_i \frac{\nabla_i^2}{2} - \sum_I \frac{\nabla_I^2}{2M_I'} - \sum_{i,I} \frac{Z_I}{|\mathbf{r}_i - \mathbf{R}_I|} + \frac{1}{2}\sum_{i\neq j} \frac{1}{|\mathbf{r}_i - \mathbf{r}_j|} + \frac{1}{2}\sum_{I\neq J} \frac{Z_I Z_J}{|\mathbf{R}_I - \mathbf{R}_J|}$$

其中第一项为电子动能，第二项为原子核动能，第三项为原子核与电子间的相互作用，第四项是电子间的相互作用，最后一项是原子核间的相互作用（为简单起见，已采用自然单位制）。

通过求解此哈密顿量，可以帮助理解和设计化学反应过程。当系统含有的电子（原子核）数目很大（几十甚至上百）时，求解此问题的本征能量变得异常复杂。为简化计算，考虑到原子质量远大于电子质量，原子核可假想为静止不动，电子在原子核构型中运动（即 Born-Oppenheimer 近似），前面的哈密顿量可近似为

$$H_e = -\sum_i \frac{\nabla_i^2}{2} - \sum_{i,I} \frac{Z_I}{|\mathbf{r}_i - \mathbf{R}_I|} + \frac{1}{2}\sum_{i\neq j} \frac{1}{|\mathbf{r}_i - \mathbf{r}_j|} \tag{2.134}$$

为求多电子系统 H_e 的基态，需选定多体量子态的一个表示，换言之，需选择此系统的一组基函数，使变分波函数可用这组波函数展开。在量子化学问题中，多电子系统基函数通过单原子轨道波函数（s 轨道、p 轨道等）构造。由于哈密顿量 H_e 是一个多电子的费米系统，其基函数必须满足费米反对易关系。有两种常见的构造反对称波函数（从单电子轨道波函数出发）的方法。

① 参见文献 A. Kandala, A. Mezzacapo, K. Temme, M. Takita, and et al, Nature **549**, 242-246 (2017).

(a) Slate 行列式构造方法。

N 电子系统的 Slate 行列式构造如下：

$$\Psi^{\mathrm{F}}_{1,2,\cdots,N}(x_1,\cdots,x_N) = \sqrt{\frac{1}{N!}}\det\begin{bmatrix} \psi_1(x_1) & \psi_1(x_2) & \ldots & \psi_1(x_N) \\ \psi_2(x_1) & \psi_2(x_2) & \ldots & \psi_2(x_N) \\ \vdots & \vdots & & \vdots \\ \psi_N(x_1) & \psi_N(x_2) & \ldots & \psi_N(x_N) \end{bmatrix}$$

其中 x_i 为第 i 个电子的空间位置，而 ψ_i（$i=1,2,\cdots,N$）为单电子的 N 个空间轨道。根据行列式的定义可知它的确满足费米反对易关系：交换坐标 x_i 和 x_j（交换电子 i 和 j）后波函数出现一个负号。特别地，两电子系统的 Slate 行列式为

$$\frac{1}{\sqrt{2}}[\psi_1(x_1)\psi_2(x_2)-\psi_2(x_1)\psi_1(x_2)] \tag{2.135}$$

(b) Fock 态表示。

在 Fock 态表示下，量子态自动满足反对称关系。在 Fock 态表示下，仅需考虑每个原子能级上电子的占据数，而不关心每个电子具体占据了哪个原子能级。因此，Fock 态一般表示为

$$|n_N, n_{N-1},\cdots,n_0\rangle \tag{2.136}$$

其中 $n_i\in\{0,1\}$ 表示处于轨道 i 的电子数目，特别地，n_0 表示处于基态的电子数目。前面的反对称量子态 $(\psi_1(x_1)\psi_2(x_2)-\psi_2(x_2)\psi_1(x_1))/\sqrt{2}$ 表示为 Fock 态是 $|1_1,1_2\rangle$。

在量子化学中，我们主要采用 Fock 表示。在 Fock 表示下，哈密顿量 H_e 可表示为二次量子化形式:

$$H=\sum_{p,q}h_{pq}a_p^\dagger a_q+\frac{1}{2}\sum_{p,q,r,s}h_{pqrs}a_p^\dagger a_q^\dagger a_r a_s \tag{2.137}$$

其中

$$h_{pq}=\int d\mathbf{x}\psi_p^*(\mathbf{x})\left(-\frac{\nabla^2}{2}-\sum_I\frac{Z_I}{|\mathbf{r}-\mathbf{R}_I|}\right)\psi_q(\mathbf{x})$$

$$h_{pqrs}=\int d\mathbf{x}_1 d\mathbf{x}_2\frac{\psi_p^*(\mathbf{x}_1)\psi_q^*(\mathbf{x}_2)\psi_r(\mathbf{x}_1)\psi_s(\mathbf{x}_2)}{|\mathbf{x}_1-\mathbf{x}_2|}$$

且 p、q、r、s 为原子的轨道指标，$\psi_i(\mathbf{x})$ 为轨道 i 对应的波函数。轨道 i 上的产生、湮灭算符 a_i 和 $a_i^\dagger$ 满足对易关系：

$$\left\{a_i, a_j^\dagger\right\} = a_i a_j^\dagger + a_i^\dagger a_j = \delta_{ij}, \quad \{a_i, a_j\} = \left\{a_i^\dagger, a_j^\dagger\right\} = 0$$

它们在 Fock 态上的作用为

$$\begin{aligned} a_i \left|n_N, n_{N-1}, \cdots, n_0\right\rangle =& \delta_{n_i,1}(-1)^{\sum_{k=0}^{i-1} n_k} \left|n_N, n_{N-1}, \cdots, n_i \oplus 1, \cdots, n_0\right\rangle \\ a_i^\dagger \left|n_N, n_{N-1}, \cdots, n_0\right\rangle =& \delta_{n_i,0}(-1)^{\sum_{k=0}^{i-1} n_k} \left|n_N, n_{N-1}, \cdots, n_i \oplus 1, \cdots, n_0\right\rangle \end{aligned} \tag{2.138}$$

从算符 a（$a^\dagger$）在 Fock 态上的作用可以看出，它包含两部分信息：宇称（parity）信息 $(-1)^{\sum_{k=0}^{i-1} n_k}$ 和占据数（occupation）信息 $\delta_{n_i,1}$（$\delta_{n_i,0}$）。

由于量子计算机是比特系统，我们需将费米系统中的量子态（Fock 态）以及相应地产生、湮灭算符变换到比特系统中。根据 Fock 态中的占据数信息和宇称信息在比特系统中的编码方式不同，有三种常见的变换方法（详见附录IId）：Jordan-Wigner 变换（比特的基矢量用于编码 Fock 态中的占据数信息）、Parity 态方法（比特的基矢量用于编码 Fock 态的宇称信息）和 Bravyi-Kitaev 方法（部分比特用于编码占据数信息，另一部分比特用于编码宇称信息）。经此变换，H_e 变换为比特系统中的一个多体哈密顿量 H_b，通过量子变分波函数求解此哈密顿量的基态（以及基态能量）就能获知原系统的基态和基态能量。费米系统的量子变分法求解流程见图 2.56。

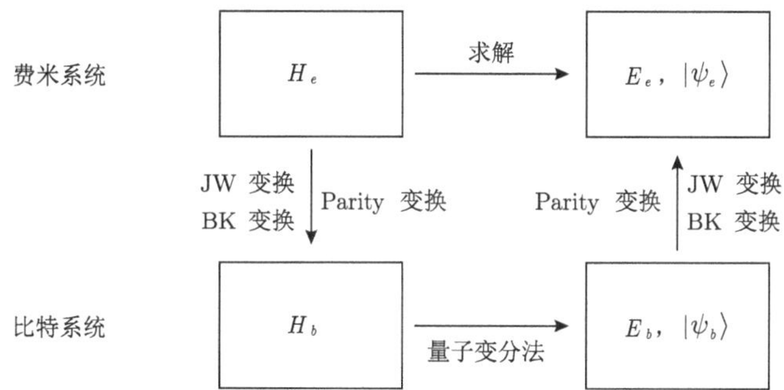

图 2.56 费米系统的量子变分法求解流程：通过 JW 变换、Parity 变换或 BK 变换（均为幺正变换）将费米系统变换到比特系统，通过变分量子算法求哈密顿量 H_b 的基态能量，最后再通过逆变换就可得到费米系统中的结果

(2) 量子化学中变分波函数的构造

根据量子化学哈密顿量本身的特征，量子化学中的 Ansatz 波函数（量子线路）常构造如下。

(a) Coupled Cluster Ansatz。在多电子系统中，Hatree-Fock 方法[①]的能量基

① 参见文献 D. R. Hartree, Math. Proc. Cambridge Philos. Soc. **24**, 111-132 (1928).

态$|\Psi_{\rm HF}\rangle$，往往被作为构造复杂变分波函数的出发点。由于 $|\Psi_{\rm HF}\rangle$ 态本身是 Fock 直积态，它并不包含复杂的量子关联（故无法表示复杂量子系统的基态）。为在波函数中引入更复杂的量子关联，需在 $|\Psi_{\rm HF}\rangle$ 基础上构造 Fock 态的叠加。此过程可通过引入电子的跃迁来实现（此变分波函数称为 Coupled Cluster （CC） Ansatz①）：

$$|\Psi_{\rm CC}\rangle = e^T |\Psi_{\rm HF}\rangle$$

其中 $T=\sum_i T_i$，i 阶算符 T_i 表示有 i 个电子从占据轨道跃迁到空轨道，即

$$\begin{aligned}
T_1 &= \sum_{i\in{\rm emp},\alpha\in{\rm occ}} t_{i\alpha} a_i^\dagger a_\alpha \\
T_2 &= \sum_{i,j\in{\rm emp},\alpha,\beta\in{\rm occ}} t_{ij\alpha\beta} a_i^\dagger a_j^\dagger a_\alpha a_\beta \\
&\vdots
\end{aligned}$$

其中，occ 表示电子占据轨道的集合，emp 表示空轨道集合（此集合根据实际情况和计算精度进行选取）；变量 t_{ij}，$t_{ij\alpha\beta}$ 即为变分参数。一般地，低阶跃迁项比高阶跃迁项更重要，当不断增加跃迁的阶数以及空轨道的数目时，变分函数 $|\Psi_{\rm CC}\rangle$ 将逼近真实系统的基态。

尽管此变分波函数可在经典计算中使用，但由于算符 e^T 本身非幺正，$|\Psi_{\rm CC}\rangle$ 无法通过量子线路进行直接制备。因此，需将算符 e^T 幺正化并将 Coupled Cluster Ansatz 改造为 Unitary Coupled Cluster (UCC) Ansatz ②：

$$|\psi_{\rm UCC}\rangle = e^{T-T^\dagger} |\psi_0\rangle$$

此变分量子态的 i 阶截断可被量子线路有效制备。

下面我们以计算最简单的 H_2 分子的基态作为变分量子算法的例子。

例 2.11 H_2 分子的基态

H_2 分子中有两个原子核和两个电子，我们考虑两个轨道能级 (g 轨道和 e 轨道)，加上自旋自由度共有四个电子轨道。在此设定下，系统的 Hatree-Fock 基态为

$$\left|\Psi_{\rm HF}^{\rm H_2}\right\rangle = |0011\rangle = \frac{1}{\sqrt{2}}\left[\sigma_{g\uparrow}(\mathbf{r}_1)\,\sigma_{g\downarrow}(\mathbf{r}_2) - \sigma_{g\uparrow}(\mathbf{r}_2)\,\sigma_{g\downarrow}(\mathbf{r}_1)\right]$$

① 参见文献 J. Cizek, J. Chem. Phys. **45**, 4256-4266 (1966).

② 参见文献 J. R. McClean, J. Romero, R. Babbush, and A. Aspuru-Guzik, New J. Phys. **18**, 023023 (2016); P. Kl. Barkoutsos, J. F. Gonthier, I. Sokolov, N. Moll, and et al, Phys. Rev. A **98**, 022322 (2018).

显然，$\left|\Psi_{\mathrm{HF}}^{\mathrm{H}_2}\right\rangle$ 只含 g 轨道的信息。选择占据轨道集合为 $\mathrm{occ}=\{g\uparrow=0, g\downarrow=1\}$, 空轨道集合为 $\mathrm{emp}=\{e\uparrow=2, e\downarrow=3\}$。若进一步假设系统中自旋守恒，则对应的跃迁算符仅包含 $T_1=\{a_2^\dagger a_0, a_3^\dagger a_1\}$ 以及 $T_3=\{a_3^\dagger a_2^\dagger a_1 a_0\}$ 项（跃迁过程如图 2.57所示）。

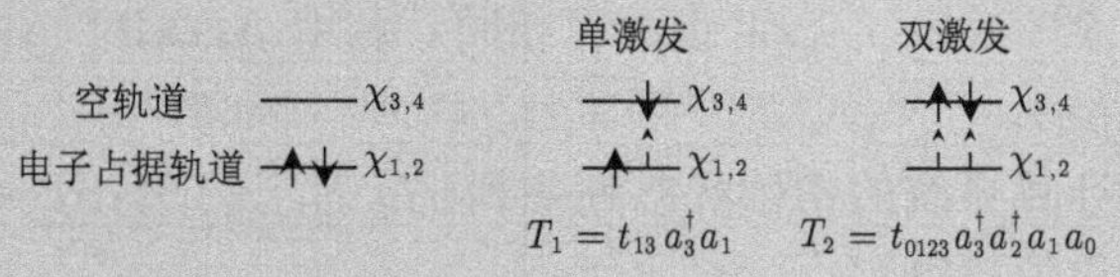

单激发 双激发
空轨道 $\chi_{3,4}$
电子占据轨道 $\chi_{1,2}$
$T_1=t_{13}\, a_3^\dagger a_1$ $T_2=t_{0123}\, a_3^\dagger a_2^\dagger a_1 a_0$

图 2.57 H_2 分子基态 UCC Ansatz 示意图

因此，H_2 分子系统的 UCC 变分波函数为

$$
\begin{aligned}
&\left|\Psi^{\mathrm{H}_2}(t_{02}, t_{13}, t_{0123})\right\rangle = U\left|\Psi_{\mathrm{HF}}^{\mathrm{H}_2}\right\rangle \\
&= e^{t_{02}\left(a_2^\dagger a_0 - a_0^\dagger a_2\right)} e^{t_{13}\left(a_3^\dagger a_1 - a_1^\dagger a_3\right)} e^{t_{0123}\left(a_3^\dagger a_2^\dagger a_1 a_0 - a_0^\dagger a_1^\dagger a_2 a_3\right)}\left|\Psi_{\mathrm{HF}}^{\mathrm{H}_2}\right\rangle
\end{aligned}
$$

其中 t_{02}，t_{13} 和 t_{0123} 为变分参数。

将费米子系统变换为比特系统后，初始态（$|\Psi_{\mathrm{HF}}^{\mathrm{H}_2}\rangle$）以及幺正变换 U 均可由四比特的量子线路实现，按照 VQE 的标准流程，在量子计算机上进行制备和测量，在经典计算机上进行优化，即可完成对 H_2 分子的基态的能量计算。

(b) ADAPT Ansatz。

在 UCC 变分波函数中，其变分波函数的形式是固定的。但在实际应用中，总期望变分波函数中的参数尽量少，量子线路的深度尽量浅，模拟的精度尽量高。在此情况下，自适应方式生成的变分波函数会更有效。ADAPT（adaptive derivative-assembled pseudo-trotter）Ansatz 就是这样一类变分波函数①，它通过实验测量结果的反馈来不断调整量子线路的构造（和参数），直到系统能量收敛（参数梯度小于某个给定的阈值 ϵ）为止。

仍考虑量子化学问题，假设已通过合适的变换（如 JW 变换、Parity 变换或 BK 变换）将费米子哈密顿量 H_e 变换为比特系统中的哈密顿量 H_b，且根据哈密顿量 H_b 以及量子计算系统本身的特征定义了一个构造变分波函数的算符池 (operator pool) A（算符池可由满足某种对称性（如自旋守恒、具体对称与哈密顿量的对称性相关）的算符组成）。每次从算符池中选出一个最优的算符加入到前一

① 参见文献 H. R. Grimsley, S. E. Economou, E. Barnes, and N. J. Mayhall, Nat Commun. **10**, 3007 (2019).

个变分函数中进而形成新的变分函数，且按算符乘积的形式加入。因此，ADAPT Ansatz 具有如下形式：

$$\left|\psi^{n}\right\rangle = e^{i\theta_{n+1}\hat{A}_{n+1}}\cdots e^{i\theta_{1}\hat{A}_{1}}\left|\psi^{\mathrm{HF}}\right\rangle \tag{2.139}$$

其中 $\hat{A}_i$ 为算符池 A 中的算符。对于不同的分子 (哈密顿量不同)，式（2.139）中的算符序列 $\{\hat{A}_i, i=1,2,\cdots,n\}$ 也不尽相同。利用 ADAPT Ansatz 计算的具体流程如下（图 2.58）。

（1）将量子计算系统的初始状态制备到 H_b 对应的 Hatree-Fock 态上，第 0 步的变分线路为单位算符。

（2）假设在量子器件中制备了前一步（第 n 步）得到的变分量子态 $\left|\psi^{(n)}\right\rangle$，它含 n 个变分参数（记为矢量 $\vec{\theta}(n)$）。通过对此量子态的测量获取所有对易子 $[H, \hat{A}_m \in A]$ 的期望值。由变分函数的形式（2.139）可得公式：

$$\frac{\partial E^{(n+1)}}{\partial \theta_m} = \left\langle \psi^{(n)} \middle| \left[H, \hat{A}_m\right] \middle| \psi^{(n)} \right\rangle \tag{2.140}$$

即对易子的期望值等于第 $n+1$ 步变分量子态的能量（E^{n+1}）对参数 θ_m 的梯度。找出最大梯度及其对应算符 $\hat{A}_m$。

（3）若此最大梯度的模大于设定的阈值 ϵ，那么将算符 $\hat{A}_m$ 对应的幺正演化算符 $e^{i\theta_{n+1}\hat{A}_{n+1}}$（含新参数 θ_{n+1}）添加到 Ansatz 态（2.139）的最左端形成新的变分量子态 $\left|\psi^{(n+1)}\right\rangle$。若上一步得到的最大梯度的范数小于阈值 ϵ，则直接退出。

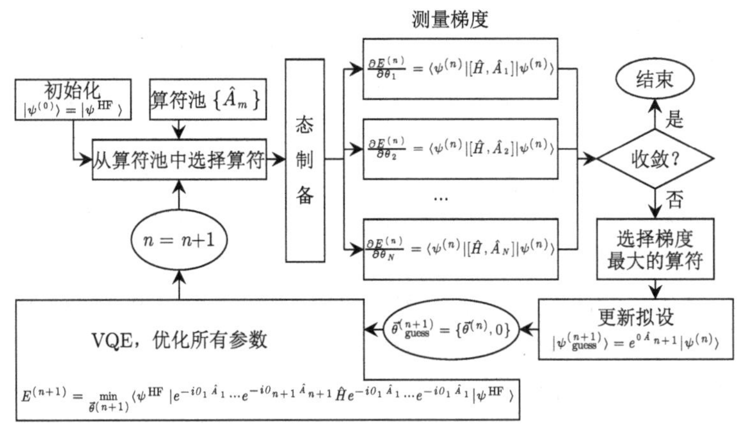

图 2.58　ADAPT Ansatz 计算流程示意图

（4）以 $\left|\psi^{(n+1)}\right\rangle$ 为变分函数执行 VQE 算法，并得到最优的参数 $\vec{\theta}(n+1)$（其初始值为 $(\vec{\theta}_0(n)，0)$，$\vec{\theta}_0(n)$ 为上一步得到的最优参数）。

（5）从第二步开始重复执行，直到退出。

与前面的 UCC 变分波函数相比，ADAPT Ansatz 的变分参数更少，线路深度更低，且能获得更高的计算精度。当然，其代价就是需要更多的测量和优化。在无法进行编码纠错的情况下，用更多的测量和优化来换取更浅的量子线路是值得的。

我们前面介绍了如何构造变分波函数求解量子化学问题。一般地，我们总希望构造的变分波函数具有更强的表示能力，计算具有更高的精度。然而，高表示能力的变分波函数就意味着线路深度更深（参数空间更大），更难以将参数优化到最优。事实上，在量子变分问题中，下面的定理表明线路的深度（态表示能力）与梯度优化之间存在矛盾。

贫瘠高原与量子变分法

定理 2.6.2 (贫瘠高原（barren plateaus）[a]) 当随机参数化量子线路的深度至少为 $\mathcal{O}(n^2)$（n 为比特数目）时，线路中所有变分参数的梯度将随 n 按指数 e^{-n} 衰减。

此定理表明当量子比特数 n 较大时，变分参数的梯度将消失，这导致梯度法或其衍生方法无法优化深层的量子变分线路。

证明 深度为 L 的随机参数化量子线路 $\mathcal{C}_L$ 可表示为

$$U(\boldsymbol{\theta})=\prod_{k=1}^{L}U_k(\theta_k)W_k=(e^{-\mathrm{i}\theta_L V_L}W_L)\cdots(e^{-\mathrm{i}\theta_1 V_1}W_1)$$

其中 $\boldsymbol{\theta}=\{\theta_1,\theta_2,\cdots\}$ 是变分量子线路中的变分参数，V_k 为厄密算符，而 $W_k\ (k=1,2,\cdots,L)$ 是在 $U(2^n)$ 中随机选取的不含参幺正算符。由随机量子线路中的结论可知：随机参数化量子线路的深度为 $\mathcal{O}(n^2)$ 时，它可生成 2-design 系综[b]。

设目标函数为算符 H 的期望值，则

$$E(\boldsymbol{\theta})=\langle 0|U^\dagger(\boldsymbol{\theta})HU(\boldsymbol{\theta})|0\rangle$$

根据变分波函数的求导规则可得

$$\begin{aligned}\partial_k E(\boldsymbol{\theta})&=\mathrm{i}\langle 0|U_{k_-}^\dagger V_k U_{k_+}^\dagger HU_{k_-}U_{k_+}-U_{k_-}^\dagger U_{k_+}^\dagger HU_{k_+}V_kU_{k_-}|0\rangle\\&=\mathrm{i}\langle 0|U_{k_-}^\dagger[V_k,\ U_{k_+}^\dagger HU_{k_+}]U_{k_-}|0\rangle\end{aligned}$$

其中

$$\begin{aligned}U_{k_-}&=U_{k-1}(\theta_{k-1})W_{k-1}\cdots U_2(\theta_2)W_2\cdot U_1(\theta_1)W_1\\U_{k_+}&=U_L(\theta_L)W_L\cdots U_{k+1}(\theta_{k+1})W_{k+1}\cdot U_k(\theta_k)W_k\end{aligned}$$

满足关系：$U=U_{k_+}U_{k_-}$。将此导数对所有随机参数化线路 U 求平均，得到其期望为

$$\begin{aligned}\langle\partial_k E(\boldsymbol{\theta})\rangle &= \int dU\mathbb{P}(U)\partial_k E(\boldsymbol{\theta})\\ &= \mathrm{i}\int dU_{k_-}\mathbb{P}(U_{k_-})\mathrm{Tr}\left(\rho_{k_-}\left[V_k,\int dU_{k_+}\mathbb{P}(U_{k_+})U_{k_+}^\dagger HU_{k_+}\right]\right)\end{aligned} \tag{2.141}$$

其中 $\rho_{k-}=U_{k-}|0\rangle\langle 0|U_{k-}$，$\mathbb{P}(U_{k_-})(\mathbb{P}(U_{k_+}))$ 为矩阵 $U_{k_-}(U_{k_+})$ 的分布。在随机线路中 U_{k_-} 与 U_{k_+} 相互独立，因此 $\mathbb{P}(U)=\mathbb{P}(U_{k_+})\mathbb{P}(U_{k_-})$。由于 U_{k_-} 和 U_{k_+} 中至少有一个的线路深度为 $\mathcal{O}(n^2)$，因此至少有一个生成 2-design 系综。

当 U_{k+} 为 2-design 幺正变换系综时，式（2.141）可以化为

$$\begin{aligned}\langle\partial_k E(\boldsymbol{\theta})\rangle &= \mathrm{i}\int dU_{k_-}\mathbb{P}(U_{k_-})\mathrm{Tr}\left(\rho_-\left[V_k,\int d\mu(U_{k_+})U_{k_+}^\dagger HU_{k_+}\right]\right)\\ &= \mathrm{i}\int dU_{k_-}\mathbb{P}(U_{k_-})\mathrm{Tr}\left(\rho_{k_-}\underbrace{\left[V_k,\frac{\mathrm{Tr}(H)}{N}\right]}_{V_k\text{与数对易}}\right)\\ &= 0\end{aligned}$$

其中使用了 2-design 系综的定义（其一阶矩与 Haar 测度上的一阶矩相同）以及 Haar 测度上的积分公式：

$$\int d\mu(U)U^\dagger\hat{A}U=\frac{\mathrm{Tr}(\hat{A})}{N}$$

其中 N 为幺正矩阵 U 的维数。

当 U_{k-} 为 2-design 幺正变换系综时，式（2.141）可以化为

$$\begin{aligned}\langle\partial_k E(\boldsymbol{\theta})\rangle &= \mathrm{i}\int d\mu(U_{k_-})\mathrm{Tr}\left(\rho_{k_-}\left[V_k,\int dU_{k_+}\mathbb{P}(U_{k_+})U_{k_+}^\dagger HU_{k_+}\right]\right)\\ &= \frac{\mathrm{i}}{N}\mathrm{Tr}\left(\left[V_k,\int dU_{k_+}\mathbb{P}(U_{k_+})U_{k_+}^\dagger HU_{k_+}\right]\right)\\ &= 0\end{aligned}$$

综上可知，目标函数对参数导数的平均值 $\langle\partial_k E(\boldsymbol{\theta})\rangle$ 为 0。我们进一步

求梯度 $\langle\partial_k E(\boldsymbol{\theta})\rangle$ 的方差：

$$
\begin{aligned}
&\mathrm{Var}(\partial_k E(\boldsymbol{\theta}))\\
=&\langle(\partial_k E(\boldsymbol{\theta}))^2\rangle-\langle(\partial_k E(\boldsymbol{\theta}))\rangle^2=\langle(\partial_k E(\boldsymbol{\theta}))^2\rangle\\
=&-\int dU_{k_-}\mathbb{P}(U_{k_-})\int dU_{k_+}\mathbb{P}(U_{k_+})\langle 0|U_{k_-}^\dagger[V_k,U_{k_+}^\dagger HU_{k_+}]U_{k_-}|0\rangle\\
&\langle 0|U_{k_-}^\dagger[V_k,U_{k_+}^\dagger HU_{k_+}]U_{k_-}|0\rangle\\
=&-\int dU_{k_-}\mathbb{P}(U_{k_-})\int dU_{k_+}\mathbb{P}(U_{k_+})\mathrm{Tr}[\rho_{k_-}V_kU_{k_+}^\dagger HU_{k_+}\rho_{k_-}V_kU_{k_+}^\dagger HU_{k_+}\\
&+V_k\rho_{k_-}U_{k_+}^\dagger HU_{k_+}V_k\rho_{k_-}U_{k_+}^\dagger HU_{k_+}-V_k\rho_{k_-}V_kU_{k_+}^\dagger HU_{k_+}\rho_{k_-}U_{k_+}^\dagger HU_{k_+}\\
&-\rho_{k_-}U_{k_+}^\dagger HU_{k_+}V_k\rho_{k_-}V_kU_{k_+}^\dagger HU_{k_+}]
\end{aligned}
\tag{2.142}
$$

当 U_{k_+} 为 2-design 系综时，在大 N 情况下，式（2.142）的主部为

$$
\begin{aligned}
&\mathrm{Var}(\partial_k E(\boldsymbol{\theta}))\\
=&-\int dU_{k_-}\mathbb{P}(U_{k_-})\frac{2\mathrm{Tr}(H^2)}{N^2}(\mathrm{Tr}(\rho_{k_-}V_k^2)-\mathrm{Tr}^2(\rho_{k_-}V_k))
\end{aligned}
$$

其中仅包含了分母为 $N^2=2^{2n}$ 的最低阶项, 省略了分母含 N^3 的高阶项。

而当 U_{k_-} 为 2-design 系综时，在大 N 极限下，式（2.142）主部为

$$
\begin{aligned}
&\mathrm{Var}(\partial_k E(\boldsymbol{\theta}))\\
=&-\int dU_{k_+}\mathbb{P}(U_{k_+})\frac{2}{N^2-1}(\mathrm{Tr}((H_{k_+}V_k)^2)-\mathrm{Tr}^2(H_{k_+}V_k))
\end{aligned}
$$

其中 $H_{k_+}=U_{k_+}^\dagger HU_{k_+}$，仅包含了分母为 $N^2=2^{2n}$ 的最低阶项，省略了分母含 N^3 的高阶项。计算中使用了 2-design 系综的二阶矩与 Haar 测度一致以及一阶 Haar 测度的积分公式：

$$
\begin{aligned}
&\int d\mu U_{i_1j_1}U_{i_2j_2}U_{i_1'j_1'}^*U_{i_2'j_2'}^*\\
=&\frac{\delta_{i_1i_1'}\delta_{i_2i_2'}\delta_{j_1j_1'}\delta_{j_2j_2'}+\delta_{i_1i_2'}\delta_{i_2i_1'}\delta_{j_1j_2'}\delta_{j_2j_1'}}{N^2-1}\\
&-\frac{\delta_{i_1i_1'}\delta_{i_2i_2'}\delta_{j_1j_2'}\delta_{j_2j_1'}+\delta_{i_1i_2'}\delta_{i_2i_1'}\delta_{j_1j_1'}\delta_{j_2j_2'}}{N(N^2-1)}
\end{aligned}
$$

由此可见，任意参数的梯度已随系统规模增加呈指数形式减小。 □

ⓐ 参考文献 J. R. McClean, S. Boixo, V. N. Smelyanskiy, R. Babbush, and et al, Nat Commun. **9**, 4812 (2018).

ⓑ 后面用到的 2-design 系综的公式来自于文献 B. Collins, Int. Math. Res. Notices **2003**, 953-982 (2003).

这一定理表明从任意初态出发，通过梯度优化很难找到具有 2-design 以上无偏表示能力的变分波函数的最佳结果。

主要参考书目与综述

[1] R. Cleve, A. Ekert, C. Macchiavello and M. Mosca, *Quantum Algorithms Revisited*, P. Roy. Soc. A. Math. Phy. **454**, 339-354 (1998).

[2] M. A. Nielsen, and I. L. Chuang, *Quantum Computation and Quantum Information: 10th Anniversary Edition* (Cambridge University Press, Cambridge, 2010).

[3] A. Montanaro, *Quantum Algorithms: an Overview*, npj Quantum Inf. **2**, 15023 (2016).

[4] A. Steane, *Quantum Computing*, Rep. Prog. Phys. **61**, 117-173 (1998).

[5] S. Roman, S. Axler, and F. W. Gehring, *Advanced Linear Algebra* (Springer, New York, 2005).

[6] J. P. Buhler, H. W. Lenstra, and C. Pomerance, *The Development of the Number Field Sieve* (Springer, Berlin, 1993).

[7] A. Messiah, *Quantum Mechanics, Vol. 2*, (North-Holland, Amsterdam, 1962).

[8] A. Ekert, and R. Jozsa, *Quantum Computation and Shor's Factoring Algorithm*, Rev. Mod. Phys. **68**, 733 (1996).

[9] D. Dervovic, M. Herbster, P. Mountney, S. Severini, and et al, *Quantum Linear Systems Algorithms: a Primer*, arXiv:1802.08227 [quant-ph].

[10] C. P. Robert, G. Casella, G. Casella, *Monte Carlo Statistical Methods* (Springer, New York, 1999)

[11] S. A. Malinovskaya, and I. Novikova, *From Atomic to Mesoscale: The Role of Quantum Coherence in Systems of Various Complexities* (World Scientific, New Jersey, 2015).

[12] K. Bharti, A. Cervera-Lierta, T. H. Kyaw, T. Haug, and et al, *Noisy Intermediate-scale Quantum Algorithms*, Rev. Mod. Phys. **94**, 015004 (2022).

[13] D. Hangleiter, *Sampling and the Complexity of Nature*, PhD thesis of Freie Universität Berlin (2020).

[14] M. Cerezo, A. Arrasmith, R. Babbush, S. C. Benjamin, and et al, *Variational Quantum Algorithms*, Nat. Rev. Phys. **3**, 625-644 (2021).

[15] S. McArdle, S. Endo, A. Aspuru-Guzik, S. C. Benjamin, and et al, *Quantum Computational Chemistry*, Rev. Mod. Phys **92**, 015003 (2020).

[16] J. Tilly, H. Chen, S. Cao, D. Picozzi, and et al, *The Variational Quantum Eigensolver: a Review of Methods and Best Practices*, Phys. Rep. **986**, 1-128 (2022).

第三章 量子计算模型

A man provided with paper, pencil, and rubber, and subject to strict discipline, is in effect a universal machine.

—— A. M. Turing

在第一章中我们已经定义了两种不同的量子计算模型：量子图灵机模型以及量子线路模型，且已经证明这两种计算模型在多项式时间内可以相互转化。除前面两种量子计算模型外，我们还有多种多项式时间等价的量子计算模型，包括基于单比特测量的 One-way 量子计算（One-way quantum computation），基于非阿贝尔任意子的拓扑量子计算（topological quantum computation with non-Abelian anyons），基于量子行走（quantum walks）的量子计算模型以及基于绝热过程的绝热量子计算（adiabatic quantum computation）模型。尽管这些量子计算模型之间可以在多项式时间内相互转化，但不同计算模型有不同的特征和优势，不仅能更好理解量子计算的优势与限制，也能为量子算法设计和研究提供额外的灵活性：根据需解决问题本身的特性，选择合适的计算模型。下面我们将详细介绍这几种模型以及它们之间的多项式时间等价性（我们选量子线路模型为标准模型，只需证明新的计算模型与它等价即可）。

3.1 One-way 量子计算

在量子线路模型中，一般假设量子系统初始态为 $|0^{\otimes n}\rangle$（直积态，无纠缠），通过两比特 CNOT 门和单比特门组成的线路（具体由量子算法确定），在输出量子态（一般为纠缠态）上通过标准计算基测量来获得所求问题的解信息。在线路模型中，量子纠缠（与量子计算能力密切相关）由量子线路产生。与量子线路模型不同，在 One-way 量子计算中，系统的初始状态已是一个具有特殊结构的标准多体纠缠态（我们称之为图态（graph state）或簇态（cluster state）），而不同的量子算法则体现在单比特测量的顺序以及测量基上。为此，我们首先来介绍图态这一特殊的纠缠态[①]。

---

① 参见文献 M. Hein, J. Eisert, and H. J. Briegel, Phys. Rev. A **69**, 062311 (2004); H. J. Briegel and R. Raussendorf, Phys. Rev. Lett. **86**, 910 (2001).

3.1.1 图态及其性质

完全刻画一个一般的 n 体量子态需 $\mathcal{O}(2^n)$ 个不同的参数，而图态 $|G\rangle$ 只需 $\mathcal{O}(n)$ 个参数。更为重要的是，每个图态 $|G\rangle$ 都可与一个简单的无向图（undirected graph）G 建立一一对应，因此，可以用图 G 直观地表示图态 $|G\rangle$。我们下面就来建立图 G 与图态 $|G\rangle$ 间的对应关系。

任给一个简单的无向图 G，它由顶点集合 V 和边集合 E 确定 (此图记为 $G_{\{V,E\}}$)。如果两个顶点 a 和 b 被一条边 E_{ab} 连接，我们就称顶点 a 与顶点 b 在图 G 中相邻（在简单图中，所有顶点不与自身相邻）。根据 G 中顶点间的相邻关系，可以定义相邻矩阵 Γ：

定义 (图) 简单无向图 G 的相邻矩阵 Γ 是一个 $n \times n$ 矩阵（$n = |V|$ 为图 G 中顶点的个数），若顶点 a 和 b 相邻，则 $\Gamma_{ab} = 1$，反之，$\Gamma_{ab} = 0$。在简单图中 $\Gamma_{aa} = 0(a \in V)$; 而在无向图中 $\Gamma_{ab} = \Gamma_{ba}$。

若在图 G 的每个顶点 $a \in V$ 放置一个量子比特，那么，我们就可以建立图 $G_{\{V,E\}}$ 与图态 $|G\rangle$ 间的一一对应。

3.1.1.1 图态的定义

与图 $G_{\{V,E\}}$ 对应的图态 $|G\rangle$ 可通过两种不同的方法定义。

(1) **图态的显式定义**：此定义直接给出图态的具体制备方法，相当于给出了图态的具体形式。图 $G_{\{V,E\}}$ 对应图态的制备方法如下：

(a) 将图 $G_{\{V,E\}}$ 所有顶点上的量子比特都制备到初始状态 $|+\rangle = \frac{1}{\sqrt{2}}(|0\rangle + |1\rangle)$;

(b) 对所有的相邻顶点 a，b 做 CZ 门CZ_{ab}：

$$\mathrm{CZ}_{ab} = \begin{bmatrix} 1 & & & \\ & 1 & & \\ & & 1 & \\ & & & -1 \end{bmatrix}$$

由此得到量子态

$$\begin{aligned} |G\rangle &= S_C|+\rangle_1|+\rangle_2\cdots|+\rangle_n \\ &= \prod_{\{a,b\}\in E} \mathrm{CZ}_{ab}|+\rangle_1|+\rangle_2\cdots|+\rangle_n \end{aligned} \tag{3.1}$$

它就是图 $G_{\{V,E\}}$ 对应的图态 $|G\rangle$。由于所有 $\mathrm{CZ}_{ab\in E}$ 相互对易（在 $\otimes_i\sigma_i^z$ 的本征基下均对角），因此，所有的 CZ_{ab} 可同时作用而无需指明 $\mathrm{CZ}_{ab\in E}$ 在制备中的操作顺序。特别地，可通过控制相邻比特间的 Ising 相互作用时间来同时实现 $\mathrm{CZ}_{ab\in E}$，进而实现大规模图态的制备。

(2) **图态的隐式定义**：可通过一组算符（我们常称之为稳定子（stabilizer）算符）的共同本征态来定义，此定义虽然不能给出图态的具体表达式，但它能更简便地给出图态的性质。对一个给定的图 $G_{\{V,E\}}$，在每个顶点 $a \in V$（对应量子比特也记为 a）上定义一个与之对应的稳定子算符

$$K_a = \sigma_a^x \prod_{b \in N_a} \sigma_b^z \tag{3.2}$$

其中 σ_k^i（$i = x, y, z$）表示作用于量子比特 k 上的 Pauli 算符 σ^i，而 N_a 表示与顶点 a 相邻的顶点集合。由此形成的独立算符集合 $\{K_a, a \in V\}$ 共有 $|V|$ 个元素，且任意两个算符 K_a 和 K_b 之间均对易。

(1) **a 和 b 不相邻时**：若 $N_a \cap N_b = \varnothing$ (空集)，此时 K_a 和 K_b 无共同比特，它们之间对易；若 $N_a \cap N_b \neq \varnothing$，此时 K_a 与 K_b 虽有共同作用比特，但作用算符均为 σ^z，显然也对易。因此，a 和 b 不相邻时，K_a 和 K_b 对易。

(2) **a 和 b 相邻时**：此时只需考虑 K_a 中的算符 $\sigma_a^x \sigma_b^z$ 与 K_b 中算符 $\sigma_b^x \sigma_a^z$ 之间的对易关系。显然，$\sigma_a^x \sigma_b^z$ 与 $\sigma_b^x \sigma_a^z$ 对易。

综上两种情况，任意 K_a 和 K_b 之间对易。

按量子力学的基本性质，一组相互对易的算符具有共同本征态；而通过简单的计算可知任意 K_a 算符的本征值为 ± 1（$K_a^2 = I(a \in V)$）。因此，图态 $|G\rangle$ 可定义为算符 $\{K_a, a \in V\}$ 的本征值为 1 的共同本征态。

值得注意，由于算符 K_a 之间相互独立（任意 K_a 不能由算符 $K_{i \neq a}$ 的乘积产生）且独立算符的个数与量子比特数目一致，因此，$\{K_a, a \in V\}$ 由本征值均为 1 的共同本征态唯一确定。若独立算符的数目小于量子比特数，则给定这些算符的本征值只能确定一个子空间（参见稳定子码部分），而非一个量子态。

等价地，还可将图态定义为哈密顿量：

$$H_G = -\sum_a K_a$$

的基态。通过分析独立 K_a 算符的数目可确认此哈密顿量基态无简并，但其激发态有简并（第一激发态的简并度为 $n = |V|$），且第一激发态与基态之间存在能隙。H_G 的本征激发态可通过部分 K_a 本征值取 -1 获得，激发态的能量仅与本征值取 -1 的算符的个数相关，而与具体是哪个算符取 -1 无关。值得注意，此哈密顿量中每项都是一个多体相互作用（在二维正方晶格中为 5 体相互作用），在实验上直接实现此哈密顿量面临巨大挑战。鉴于系统基态在量子态制备以及稳定性方面的巨大优势，我们期望图态是一个易于实验实现的哈密顿

量的基态。很遗憾，研究证明图态并非任何二体相互作用哈密顿量的基态[①]。特别强调，显式定义中提到的通过控制 Ising 相互作用（两体作用哈密顿量）的时间来制备图态的方法中，其制备的图态并非 Ising 哈密顿量的基态，而是一个含高激发态的叠加态。

下面我们来证明前面两种定义给出同一个多体量子态。

证明 由于 $\mathrm{CZ}_{ab}=|0\rangle_a\langle 0|\otimes I_b+|1\rangle_a\langle 1|\otimes\sigma_b^z$，它与 Pauli 算符有如下对易关系：

$$\mathrm{CZ}_{ab}\cdot\sigma_a^x\cdot\mathrm{CZ}_{ab}^\dagger=\sigma_a^x\otimes\sigma_b^z \tag{3.3}$$

$$\mathrm{CZ}_{ab}\cdot\sigma_b^x\cdot\mathrm{CZ}_{ab}^\dagger=\sigma_a^z\otimes\sigma_b^x \tag{3.4}$$

$$\mathrm{CZ}_{ab}\cdot\sigma_c^x\cdot\mathrm{CZ}_{ab}^\dagger=\sigma_c^x\qquad(c\neq a,b) \tag{3.5}$$

$$\mathrm{CZ}_{ab}\cdot\sigma_i^z\cdot\mathrm{CZ}_{ab}^\dagger=\sigma_i^z\qquad(\text{任意 }i) \tag{3.6}$$

第一种定义已显式地给出图态 $|G\rangle$ 的表达式（3.1），我们只需证明式（3.1）中的 $|G\rangle$ 的确是隐式定义中算符 K_p（$p\in V$）的本征值为 1 的共同本征态即可。直接代入可得

$$\begin{aligned}&K_pS_C|+\rangle_1|+\rangle_2\cdots|+\rangle_n\\=&S_C^2K_pS_C|+\rangle_1|+\rangle_2\cdots|+\rangle_n\\=&S_C\left(\prod_{\{\mu,\nu\}\in E}\mathrm{CZ}_{\mu\nu}K_p\prod_{\{a,b\}\in E}\mathrm{CZ}_{ab}\right)|+\rangle_1|+\rangle_2\cdots|+\rangle_n\end{aligned}$$

因此，其核心是计算：$\prod_{\{\mu,\nu\}\in E}\mathrm{CZ}_{\mu\nu}K_p\prod_{\{a,b\}\in E}\mathrm{CZ}_{ab}$。按 CZ_{ab} 与 Pauli 算符的对易关系式（3.6），只有 K_p 中的 σ_p^x 才需要特别关注，其他算符都与 CZ_{ab} 对易。不失一般性，设 p 为 CZ 中的控制比特 (p 为目标比特的证明类似)，此时有对易关系：$\mathrm{CZ}_{pb}\cdot\sigma_p^x\cdot\mathrm{CZ}_{pb}=\sigma_p^x\otimes\sigma_b^z$。将这一结果代入前面的表达式可得

$$\begin{aligned}K_pS_C|+\rangle_1|+\rangle_2\cdots|+\rangle_n&=S_C\sigma_p^x|+\rangle_1|+\rangle_2\cdots|+\rangle_n\\&=S_C|+\rangle_1|+\rangle_2\cdots|+\rangle_n\end{aligned}$$

（对易多出的算符 σ_b^z 与 K_p 中的算符 σ_b^z 完全消掉。）这就证明了两种定义的等价性。 □

前面的两种定义分别定义在希尔伯特空间和算符空间中，它们展现了图态的

① 参见文献 M. A. Nielsen, Cluster-state Quantum Computation, Rep. Math. Phys. **57**, 147-161 (2006).

不同侧面：希尔伯特空间中的显式定义给出了图态的具体形式，但此形式过于复杂（项数随比特数目指数增加）; 算符空间中的隐式定义更简洁，且图态的一系列性质都可通过算符 $\{K_p\}$ 获得。

Pauli 算符的辛表示（sympletic representation）（参见第一章中 Clifford 算符部分）在讨论算符的对易关系以及相关性时极为方便。因此，我们常用稳定子算符的辛表示：稳定子算符 S_k 表示为一个 $2n$ 维的行矢量 $(\boldsymbol{V}_{x_k}|\boldsymbol{V}_{z_k})$（$n$ 是稳定子包含的量子比特数目），其中行矢量 $\boldsymbol{V}_{x_k}$ 和 $\boldsymbol{V}_{z_k}$ 按如下方式定义：

(1) 将稳定子算符 S_k 中所有算符 σ_j^y 改写为 $-i\sigma_j^z\sigma_j^x$①，使稳定子算符 S_k 只含有算符 σ^x 和 σ^z。

(2) 如果 S_k 中含有算符 σ_j^x，那么，行矢量 $\boldsymbol{V}_{x_k}$ 中的第 j 个分量 $V_{x_k}(j)=1$，否则，$V_{x_k}(j)=0$。

(3) 同理，如果 S_k 中含有算符 σ_j^z，那么，行矢量 $\boldsymbol{V}_{z_k}$ 中的第 j 个分量 $V_{z_k}(j)=1$，否则，$V_{z_k}(j)=0$。

对一组含有 p 个稳定子算符的系统，其辛表示是一个 $p\times 2n$ 的矩阵，每一行代表一个稳定子。特别地，图态对应的稳定子集合 $\{K_a\}$ 的辛表示是一个 $n\times 2n$ 的矩阵（n 表示比特数或对应图的顶点数），此矩阵具有形式：

$$(X|Z)=(I|\Gamma) \tag{3.7}$$

其中 I 是 n 维空间中的单位矩阵；而 Γ 是对应图 $G_{\{V,E\}}$ 的相邻矩阵。这直接给出了图和图态之间的一一对应关系。通过辛表示，不同稳定子算符之间的关系（对易、独立等）都可以转化为相应的行矢量之间的关系，极大地简化了计算（在稳定子码部分它将是我们的主要工具）。

例 3.1 图与图态示例

给定一个如图 3.1 所示的简单图。

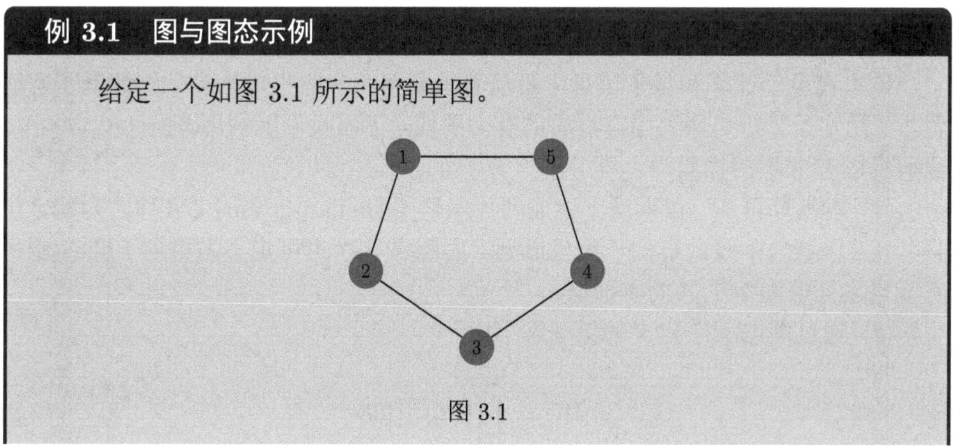

图 3.1

① 在使用辛表示时我们主要关心算符的对易关系，我们往往忽略算符前的系数。

其相邻矩阵为

$$\Gamma = \begin{bmatrix} 0 & 1 & 0 & 0 & 1 \\ 1 & 0 & 1 & 0 & 0 \\ 0 & 1 & 0 & 1 & 0 \\ 0 & 0 & 1 & 0 & 1 \\ 1 & 0 & 0 & 1 & 0 \end{bmatrix}$$

按图态的定义，其对应的稳定子算符包括

$$K_1 = \sigma_1^x \sigma_2^z \sigma_5^z$$
$$K_2 = \sigma_2^x \sigma_1^z \sigma_3^z$$
$$K_3 = \sigma_3^x \sigma_2^z \sigma_4^z$$
$$K_4 = \sigma_4^x \sigma_3^z \sigma_5^z$$
$$K_5 = \sigma_5^x \sigma_1^z \sigma_4^z$$

共 5 个算符。将这些算符表示为辛形式：

$$(X|Z) = \left[\begin{array}{ccccc|ccccc} 1 & 0 & 0 & 0 & 0 & 0 & 1 & 0 & 0 & 1 \\ 0 & 1 & 0 & 0 & 0 & 1 & 0 & 1 & 0 & 0 \\ 0 & 0 & 1 & 0 & 0 & 0 & 1 & 0 & 1 & 0 \\ 0 & 0 & 0 & 1 & 0 & 0 & 0 & 1 & 0 & 1 \\ 0 & 0 & 0 & 0 & 1 & 1 & 0 & 0 & 1 & 0 \end{array}\right]$$

右半边的矩阵 Z 就是图的相邻矩阵 Γ。

3.1.1.2 图态的性质

图态在量子计算和量子信息中扮演着重要角色，它也成为多体纠缠量子态的范本。稳定子算符是研究图态性质的有力手段，下面我们就利用算符 $\{K_a|a \in V\}$ 来研究图态 $|G\rangle$ 的性质。

(1) 对易算符 K_a 在乘法下生成阿贝尔群（Abelian group）$\mathcal{S}$（称之为稳定子群），$\{K_a|a \in V\}$ 是此群的一组生成元。而图态 $|G\rangle$ 也可定义为稳定子群 $\mathcal{S}$ 中所有元素本征值为 1 的共同本征态。

(2) 通过图态 $|G\rangle$ 定义的量子态 $|W\rangle$：

$$|W\rangle = \prod_{i=1}^{n} (\sigma_i^z)^{W_i} |G\rangle \tag{3.8}$$

（$W_i \in \{0,1\}$ 是 $W \in [0, 1, \cdots, 2^n - 1]$ 二进制表示的第 i 位）是 n 比特希尔伯特空间中的一组完备基。

证明 首先，量子态 $|W\rangle$ 的个数正好是 2^n 个，我们只需证明 $|W\rangle$ 之间正交归一即可。归一性自明，只需证明正交性。

对任意两个不同的 W^1 和 W^2 有

$$\langle W^1|W^2\rangle = \langle G|\prod_{i=1}^{n}(\sigma_i^z)^{W_i^1+W_i^2}|G\rangle$$

由于 $W^1 \neq W^2$,它们必然有一些二进制位上的数不同,不妨设为 $\{j_1,j_2,\cdots,j_p\}$，此时必有

$$W_{j_\alpha}^1 + W_{j_\alpha}^2 = \begin{cases} 1, & \alpha = 1,2,\cdots,p \\ 0, & \text{其他} \end{cases}$$

因此，

$$\begin{aligned}\langle G|\prod_{i=1}^{n}(\sigma_i^z)^{W_i^1+W_i^2}|G\rangle &= \langle G|\prod_{\alpha=1}^{p}\sigma_{j_\alpha}^z|G\rangle \\ &= \langle +|^n S_C \prod_{j_\alpha}\sigma_{j_\alpha}^z S_C|+\rangle^n \\ &= \langle +|^n \prod_{j_\alpha}\sigma_{j_\alpha}^z|+\rangle^n = 0\end{aligned}$$

其中 $S_C = \prod_{\{a,b\}\in E}\mathrm{CZ}_{ab}$(参见图态的显式定义)，第三个等式使用了 CZ_{ab} 与任意 σ_j^z（$j \in V$）的对易性质。这表明，不同量子态 $|W^k\rangle$ 之间相互正交。因此，这 2^n 个量子态组成一组完备正交基。 □

进一步可证明：对任意稳定子算符 K_a 有

$$\begin{aligned}K_a|W\rangle &= K_a\prod_{i=1}^{n}(\sigma_i^z)^{W_i}|G\rangle \\ &= (-1)^{W_a}\prod_{i=1}^{n}(\sigma_i^z)^{W_i}K_a|G\rangle = (-1)^{W_a}|W\rangle\end{aligned}$$

因此，$|W\rangle$ 是 $\{K_a\}$ 的共同本征态（K_a 的本征值为 $(-1)^{W_a}$）。从哈密顿量 H_G 的角度，$|W\rangle$ 组成 H_G 的所有本征态，$|W\rangle$ 对应的能量由 W 中 1 的个数决定①。

(3) 图态 $|G\rangle$ 的任意约化密度矩阵均可通过稳定子群 $\mathcal{S}$ 中某些元素的平均来

① W 中 1 数目相同的量子态 $|W\rangle$ 能量简并。

获得。具体地，对任意集合 $A \subset V$，其约化密度矩阵为

$$\rho_G^A = \frac{1}{2^{|A|}} \sum_{\sigma \in S_A} \sigma$$

其中 $|A|$ 表示集合 A 中的顶点（量子比特）数目，S_A 表示稳定子群 $\mathcal{S}$ 中以集合 A 为支集的算符。给定 Pauli 群中的一个算符 $\sigma = \prod_{i=1}^{n} \sigma_i^p$（$p = 0, x, y, z$）且 $\sigma^0 = I$，算符 σ 的支集（support）$\mathrm{supp}(\sigma)$ 定义为 σ 中非平凡 Pauli 算符所处的位置（$p \neq 0$ 对应的 i），而将支集 $\mathrm{supp}(\sigma)$ 中元素的个数称为算符 σ 的权重，记为 $\mathrm{wt}(\sigma)$。例如：算符 $\sigma = \sigma_1^x \sigma_5^z \sigma_7^y \sigma_8^x$ 的支集 $\mathrm{supp}(\sigma) = \{1, 5, 7, 8\}$，而 $\mathrm{wt}(\sigma) = 4$。

证明　首先，图态本身的密度矩阵 $|G\rangle\langle G|$（它是约化密度矩阵中 $A = V$ 的特例）可表示为稳定子群 $\mathcal{S}$ 中所有算符的平均，即

$$|G\rangle\langle G| = \rho_G = \frac{1}{2^n} \sum_{\sigma \in S} \sigma$$

此表达式的正确性可通过图态的算符定义直接证明，即：对任意稳定子 K_a 有

$$K_a \rho_G K_a^\dagger = K_a \left(\frac{1}{2^n} \sum_{\sigma \in S} \sigma \right) K_a^\dagger = \frac{1}{2^n} \sum_{\sigma \in S} \sigma = \rho_G$$

其中使用了群 $\mathcal{S}$ 自身在算符乘法下的封闭性。

我们利用图态的这一算符表示来求其约化密度矩阵。给定量子比特集合 A，则图态 $|G\rangle$ 中 A 的约化密度矩阵为

$$\rho_G^A = \mathrm{Tr}_{\bar{A}}(|G\rangle\langle G|) = \mathrm{Tr}_{\bar{A}} \left(\frac{1}{2^n} \sum_{\sigma \in S} \sigma \right) = \frac{1}{2^n} \sum_{\sigma \in S} (\mathrm{Tr}_{\bar{A}} \sigma)$$

其中 $\bar{A}$ 表示 A 的补集 $V - A$。由 Pauli 矩阵的性质 $\mathrm{Tr}(\sigma^i) = 0$（$i = x, y, z$）可知：凡含有 $\sigma_k^x, \sigma_k^y, \sigma_k^z$（$k \in \bar{A}$）的算符 σ 都有 $\mathrm{Tr}_{\bar{A}}(\sigma) = 0$，它们对约化密度矩阵无贡献。因此，$\sigma$ 中非平凡 Pauli 算符仅在 A 中的算符（支集属于 A）才需保留，即

$$\rho_G^A = \frac{1}{2^{|A|}} \sum_{\sigma \in S_A} \sigma \qquad \square$$

因此，求集合 A 的约化密度矩阵问题就转化为寻找所有以 A 中子集为支集的 $\mathcal{S}$ 中算符 σ 的问题，而这样的算符可通过图本身的性质确定。特别地，对于单比特约化密度矩阵：除孤立点外没有以它为支集的元素，因此，它的约化密度矩阵为完全混态 $\frac{1}{2}I$（不考虑孤立点的情况）。

(4) 任意两个局域 Clifford 等价的图态，其对应的图可通过一系列图形的局域补操作相互转换。

量子态的非局域特性在量子信息的理论和应用中都起着关键性作用，判断两个给定多体量子态是否具有相同的非局域特性是一个既重要又困难的问题。而判断两个给定多体量子态是否在局域（幺正或 Clifford）变换下等价是非局域问题的特殊情况，即便如此它也只能在某些特殊情况（如在图态中）下才能有效解决。

首先，我们来定义两个图态的局域 Clifford 等价：给定两个图态 $|G_1\rangle$ 和 $|G_2\rangle$，若它们满足

$$|G_2\rangle = C|G_1\rangle \tag{3.9}$$

其中 C 是局域 Clifford 群（Clifford group）（Clifford 群定义参见第一章）中的元素，则称这两个图态在局域 Clifford 群下等价。原则上，判断两个给定的多体量子态是否在局域 Clifford 下等价需分别计算它们在局域 Clifford 变换下的一组完备不变量，进而判断其是否相同。遗憾的是，迄今为止，这组完备的不变量还未被发现。然而，对图态这类特殊的多体量子态，其局域 Clifford 等价问题可转化为它们对应图之间的局域补（local complementary）等价问题，而后者的判断有有效算法。

为此，我们来定义图的局域补操作：给定图 $G_{\{V,E\}}$ 及其一个顶点 $a \in V$，那么，与图 G 中顶点 a 对应的局域补操作 τ_a 就是在与 a 相邻的顶点集 N_a 中加上一个完全图。此操作可通过下面的例子来具体化。

例 3.2 局域补操作示例

对图 G（图 3.2 最左边的图）中的顶点 1 做局域补操作 τ_1。

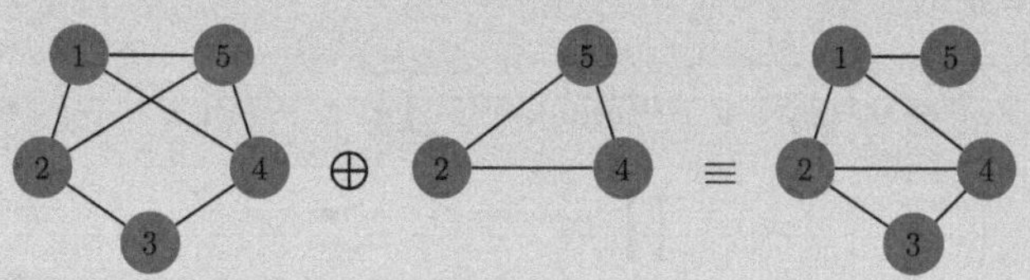

图 3.2

局域补操作步骤如下：

(a) 找出顶点 1 的所有邻居 $N_1 = \{2, 4, 5\}$；

(b) 在邻居集合 N_1 上形成一个完全图（中间的图）；

(c) 将这两个图相加（边的模 2 加）。

此过程可表示为图 G 的相邻矩阵变换：

$$\tau_1(\Gamma)=\begin{bmatrix}0&1&0&1&1\\1&0&1&0&1\\0&1&0&1&0\\1&0&1&0&1\\1&1&0&1&0\end{bmatrix}+\begin{bmatrix}0&0&0&0&0\\0&0&0&1&1\\0&0&0&0&0\\0&1&0&0&1\\0&1&0&1&0\end{bmatrix}=\begin{bmatrix}0&1&0&1&1\\1&0&1&1&0\\0&1&0&1&0\\1&1&1&0&0\\1&0&0&0&0\end{bmatrix}$$

其中，第二个矩阵表示 N_1 中所有顶点形成的完全图。

有了前面的定义和准备，我们来介绍下面的定理。

定理 3.1.1　给定图 G 及其顶点 a，通过局域补操作 τ_a 得到新的图 $\tau_a(G)$，那么，图 G 和 $\tau_a(G)$ 对应的图态满足关系：

$$|\tau_a(G)\rangle=e^{-i\frac{\pi}{4}\sigma_a^x}\prod_{k\in N_a}e^{i\frac{\pi}{4}\sigma_k^z}|G\rangle=U_a^\tau(G)|G\rangle$$

其中 N_a 是顶点 a 的相邻顶点, 算符 $e^{-i\frac{\pi}{4}\sigma_a^x}=\sqrt{-i\sigma_a^x}$，$e^{i\frac{\pi}{4}\sigma_k^z}=\sqrt{i\sigma_k^z}$ 均为局域（单比特）Clifford 算符。因此，任意两个通过一系列局域补操作连接的图，其对应图态局域 Clifford 等价。我们称 $U_a^\tau(G)$ 为图态 $|G\rangle$ 关于量子比特 a 的补变换。

证明　证明一个给定量子态 $|G\rangle$ 是图 G 对应的图态，直接的办法就是计算图 G 定义的稳定子群 $\mathcal{S}$ 中生成元 $\{K_p,p\in V\}$ 的本征值。

设图 G 中点 p 对应的稳定子为 K_p，且为证明简便记 $U_a^\tau(G)$ 为 U_a。由于

$$|\tau_a(G)\rangle=U_a|G\rangle=U_aK_pU_a^\dagger U_a|G\rangle=U_aK_pU_a^\dagger|\tau_a(G)\rangle$$

因此，我们只需验证算符 $U_aK_pU_a^\dagger$ 与图 $\tau_a(G)$ 的稳定子对应。

(a) 当 $p=a$ 时，有

$$\begin{aligned}U_aK_aU_a^\dagger&=\sqrt{-i\sigma_a^x}\sigma_a^x\sqrt{i\sigma_a^x}\prod_{b\in N_a}\sqrt{i\sigma_b^z}\sigma_b^z\sqrt{-i\sigma_b^z}\\&=\sigma_a^x\prod_{b\in N_a}\sigma_b^z\\&=K_a\end{aligned}$$

由于局域补操作 τ_a 并不改变顶点 a 与 N_a 之间的连接关系，故 $\tau_a(G)$ 在 a 处的稳定子也是 K_a。

(b) 当 $p\in N_a$ 时，算符 K_p 与 U_a 的支集 $\mathrm{supp}(K_p)$、$\mathrm{supp}(U_a)$ 间的交集为

$$\mathrm{supp}(K_p)\cap\mathrm{supp}(U_a)=(p\cup N_p)\cap(a\cup N_a)=p\cup a\cup(N_p\cap N_a)$$

且图 $\tau_a(G)$ 在 p 处的稳定子

$$K'_p = K_p \prod_{b\in N_a - p} \sigma_b^z = \sigma_p^x \prod_{b\in(N_p\cup(N_a-p))-N_p\cap N_a} \sigma_b^z$$

因此

$$\begin{aligned}
U_a K_p U_a^\dagger &= \sqrt{i\sigma_p^z}\sigma_p^x\sqrt{-i\sigma_p^z} \times \sqrt{-i\sigma_a^x}\sigma_a^z\sqrt{i\sigma_z^x} \\
&\cdot \prod_{b\in N_p\cap N_a} \sqrt{i\sigma_b^z}\sigma_b^z\sqrt{-i\sigma_b^z} \times \prod_{c\in N_p-(N_p\cap N_a)-a} \sigma_c^z \\
&= -\sigma_p^y \times -\sigma_a^y \prod_{b\in N_p - a} \sigma_b^z \\
&= \sigma_a^x \prod_{b\in N_a} \sigma_b^z \times \sigma_p^x \prod_{b\in(N_p\cup(N_a-p))-N_p\cap N_a} \sigma_b^z \\
&= K_a K'_p
\end{aligned}$$

从第三个等号到第四个等号利用了集合关系 $(N_p \cup (N_a - p)) - N_p \cap N_a = (N_a - p - (N_a \cap N_p)) \cup (N_p - (N_a \cap N_p))$ 以及它对应的算符关系

$$\prod_{b\in(N_p\cup(N_a-p))-N_p\cap N_a} \sigma_b^z = \prod_{m\in N_a-p} \sigma_m^z \prod_{n\in N_p} \sigma_n^z$$

(c) 当 $p \notin N_a$,K_p 与 U_a 的支集 $\mathrm{supp}(K_p)$ 和 $\mathrm{supp}(U_a)$ 之间的交集为 $N_a \cap N_p$，图 $\tau_a(G)$ 对应的稳定子为 $K'_p = K_p$。因此

$$U_a K_p U_a^\dagger = \prod_{b\in N_a\cap N_p} \sqrt{i\sigma_b^z} \times \sigma_p^x \prod_{c\in N_p} \sigma_c^z \prod_{d\in N_a\cap N_p} \sqrt{-i\sigma_d^z} = K_p$$

至此，我们就证明了 $|\tau_a(G)\rangle$ 是图 $\tau_a(G)$ 对应的稳定子群的本征值为 1 的共同本征态，故量子态 $|\tau_a(G)\rangle$ 是与图 $\tau_a(G)$ 对应的图态。 □

重要的是此定理的逆命题也成立，即[①]：

定理 3.1.2 若两个图态 $|G_1\rangle$ 与 $|G_2\rangle$ 局域 Clifford 等价，那么，必存在一系列局域补操作 $\tau_{v_k}\cdots\tau_{v_2}\tau_{v_1}$ 将图 G_1 变为 G_2。

此定理可基于 Pauli 算符的辛表示进行证明。为此，我们需要下面的准备知识。

- 在单比特情况下，Pauli 算符的辛表示是 2 维的二进制行向量：

$$I = (0,0), \quad \sigma^z = (0,1), \quad \sigma^x = (1,0), \quad \sigma^y = (1,1)$$

① 参见文献 M. van den Nest, J. Dehaene, and B. De Moor, Phys. Rev. A **69**, 022316 (2004).

在此表示下，设单比特 Clifford 算符表示为 2×2 矩阵 $\hat{Q}$：

$$\hat{Q}=\begin{bmatrix} a & b \\ c & d \end{bmatrix}$$

则参数 a，b，c，d 需使

$$\begin{cases} ad+bc=1 \\ (1,0)\hat{Q}=(a,b) \\ (0,1)\hat{Q}=(c,d) \\ (1,1)\hat{Q}=(a+c,b+d) \end{cases} \tag{3.10}$$

右边的向量仍保持为 Pauli 算符。需要强调，辛表示不关注变换前后 Pauli 算符的整体符号，因此，满足此条件的矩阵 $\hat{Q}$ 的数目不等于单比特 Clifford 群的元素数目。

- n 比特 Pauli 群元素的辛表示为

$$(\boldsymbol{u}|\boldsymbol{v})=(u_1\cdots u_n|v_1\cdots v_n)$$

而相应的 Clifford 变换可表示为 $2n\times 2n$ 矩阵 $\tilde{Q}$：

$$\tilde{Q}=\begin{bmatrix} A & B \\ C & D \end{bmatrix} \tag{3.11}$$

其中 A，B，C，D 均为 $n\times n$ 的矩阵。特别地，当 $\tilde{Q}$ 为局域 Clifford 变换时，其对应的 A，B，C，D 均为对角阵，且

$$\hat{Q}_i=\begin{bmatrix} A_{ii} & B_{ii} \\ C_{ii} & D_{ii} \end{bmatrix}$$

为作用于第 i 个量子比特上的 Clifford 变换，它满足单比特 Clifford 变换条件（式 (3.10)）。将局域 Clifford 算符 $\tilde{Q}$ 组成的集合记为 C^l。

在局域 Clifford 变换 $\tilde{Q}\in C^l$ 作用下，图态的稳定子矩阵 $S=(I|\Gamma)$ 变为

$$S\tilde{Q}=(A+\Gamma C|B+\Gamma D)$$

一般而言，稳定子矩阵 $S\tilde{Q}$ 确定的稳定子态未必是图态；仅当 $(A+\Gamma C)^{-1}(B+\Gamma D)$ 的对角元为 0 时，$S\tilde{Q}$ 确定的稳定子态才是图态（详见第五章稳定子码基本理论部分）。因此，给定 Clifford 变换 $\tilde{Q}$ 情况下，将满足

- 矩阵 $A+\Gamma C$ 可逆；

- $\tilde{Q}(\Gamma) = (A+\Gamma C)^{-1}(B+\Gamma D)$ 对角元为 0

的图 G（相邻矩阵为 Γ）组成的集合记作 $\mathrm{dom}(\tilde{Q})$。换言之，$G \in \mathrm{dom}(\tilde{G})$ 对应的图态 $|G\rangle$ 经 Clifford 变换 $\tilde{Q}$ 作用后仍为图态。

在这些准备知识基础上，定理 3.1.2 可通过两条引理来证明。

引理 给定 Γ、A 和 C，当其满足 $A+\Gamma C$ 可逆时，存在唯一 B 和 D 使

$$\tilde{Q} = \begin{bmatrix} A & B \\ C & D \end{bmatrix} \in C^l$$

为局域 Clifford 变换且 $\Gamma \in \mathrm{dom}(\tilde{Q})$。

证明 我们对两个条件 $\tilde{Q} \in C^l$ 和 $\Gamma \in \mathrm{dom}(\tilde{Q})$ 依次讨论。

已知 A 和 C，要使 $\tilde{Q} \in C^l$，则只需对角矩阵 B、D 中的元素 B_{ii} 和 D_{ii} 满足条件：

$$A_{ii}D_{ii} + B_{ii}C_{ii} = 1$$

（式 (3.10) 中的其他条件，B_{ii} 和 D_{ii} 取任意值都满足）。显然，A_{ii} 和 C_{ii} 不全为零（否则，$A+\Gamma C$ 不可逆），因此，解 B_{ii} 和 D_{ii} 总存在。换言之，在给定 A、C 条件下，存在 B、D 使 $\tilde{Q} \in C^l$。我们接下来的任务是找到满足 $\Gamma \in \mathrm{dom}(Q)$ 的 $\tilde{Q}$。

从 A、C 确定的局域 Clifford 算符中任取一个 $\tilde{Q}_0 \in C^l$（选定一组 B_{ii} 和 D_{ii} 的取值），计算 $\tilde{Q}_0(\Gamma) = (A+\Gamma C)^{-1}(B+\Gamma D)$。依次考虑 $\tilde{Q}_0(\Gamma)$ 的对角元：

$$\tilde{Q}_0(\Gamma)_{ii} = (X^{-1})_i^{\mathrm{T}} Z_i$$

其中 $X = A+\Gamma C$，$(X^{-1})_i^{\mathrm{T}}$ 表示 X^{-1} 的第 i 列；Z_i 为 $Z = B+\Gamma D$ 的第 i 列。

若 $\tilde{Q}_0(\Gamma)_{ii} = 0$，则保留 B_{ii} 和 D_{ii} 的选择；若 $\tilde{Q}_0(\Gamma)_{ii} = 1$，则用 $B_{ii}+A_{ii}$、$D_{ii}+C_{ii}$ 分别代替原变换 $\tilde{Q}_0$ 中的矩阵元 B_{ii} 和 D_{ii}。由此形成的新局域 Clifford 算符即为 $\tilde{Q}$。

下面我们来说明这样得到的算符 $\tilde{Q}$ 满足 $\tilde{Q}(\Gamma)$ 的对角元为 0 的条件，即 $\Gamma \in \mathrm{dom}(\tilde{Q})$.

- 若 $\tilde{Q}$ 的第 i 行与 $\tilde{Q}_0$ 一致，则 $\tilde{Q}(\Gamma)_{ii} = \tilde{Q}_0(\Gamma)_{ii} = 0$；
- 若 $\tilde{Q}$ 的第 i 行与 $\tilde{Q}_0$ 不一致（B_{ii} 与 D_{ii} 已被替换），则

$$\begin{aligned} \tilde{Q}(\Gamma)_{ii} &= (X^{-1})_i^{\mathrm{T}}[A_{ii} + B_{ii} + \Gamma_i(C_{ii} + D_{ii})] \\ &= (X^{-1})_i^{\mathrm{T}} X_i + (X^{-1})_i^{T} Z_i \end{aligned}$$

$$= 1 + \tilde{Q}_0(\Gamma) = 0$$

而 $\tilde{Q}$ 的唯一性可从其构造过程获得。引理得证。 □

此引理表明：在研究局域 Clifford 变换对图态的作用时，仅需关注 Clifford 形式（3.11）的左半边分块即可。

若令

$$Q_a = \begin{bmatrix} I & \mathrm{diag}(\Gamma_a) \\ \Lambda_a & I \end{bmatrix} \in C^l$$

（其中 $\Lambda_a = e_a \cdot e_a^{\mathrm{T}}$，$e_a$ 为第 a 个元素为 1，其余元素为 0 的列向量；$\mathrm{diag}(\Gamma_a)$ 是以相邻矩阵 Γ 的第 a 列为对角元的对角矩阵），则根据 $Q_a(\Gamma)$ 的定义有

$$Q_a(\Gamma) = (I + \Gamma\Lambda_a)^{-1}(\mathrm{diag}(\Gamma_a) + \Gamma)$$

计算可知，$(I + \Gamma\Lambda_a)^{-1} = (I + \Gamma\Lambda_a)$，因此有

$$Q_a(\Gamma) = \Gamma + \Gamma\Lambda_a\Gamma + \mathrm{diag}(\Gamma_a)$$

由于 $\Lambda_a = e_a e_a^{\mathrm{T}}$，该式的第二项可拆为 $(\Gamma e_a) \cdot (e_a^{\mathrm{T}}\Gamma)$，它表示 Γ 的第 a 列与第 a 行相乘，得到的矩阵满足

$$[\Gamma\Lambda_a\Gamma]_{i,j} = \begin{cases} 1, & i, j \in N_a \\ 0, & \text{其他情况} \end{cases}$$

除对角元外，与 N_a 上完全图的相邻矩阵一致，而加上第三项 $\mathrm{diag}(\Gamma_a)$ 后，有

$$[\Gamma\Lambda_a\Gamma + \mathrm{diag}(\Gamma_a)]_{i,j} = \begin{cases} 1, & i, j \in N_a, \text{且 } i \neq j \\ 0, & \text{其他情况} \end{cases}$$

正是 N_a 上完全图的相邻矩阵。因此，根据局域补的定义，有结论：

$$Q_a(\Gamma) = \tau_a(\Gamma)$$

考虑矩阵集合

$$\mathbb{T} = \{X = A + \Gamma C |\ \Gamma\text{为相邻矩阵，}A\text{、}C\text{ 均为对角阵且 }X\text{ 可逆}\}$$

并定义算符函数

$$f_i(X) = (X\Lambda_i + X_{ii}\Lambda_i + I)X, \qquad f_{jk}(X) = f_j f_k f_j(X)$$

在此基础上我们有如下引理：

引理 对任意给定的满足条件 $X=A+\Gamma C\in\mathbb{T}$ 的对角矩阵 A、C 以及相邻矩阵 Γ，存在

(1) 有限且不重复的函数序列 f_i 和 f_{jk}，使得

$$f_{j_Mk_M}\cdots f_{j_1k_1}f_{i_N}\cdots f_{i_2}f_{i_1}(X)=I \tag{3.12}$$

(2) 唯一 $Q_0=\begin{bmatrix} A & B_0\\ C & D_0\end{bmatrix}\in C^l$，满足 $\Gamma\in\mathrm{dom}(Q_0)$ 且

$$\tau_{j_Mk_M}\cdots\tau_{j_1k_1}\tau_{i_N}\cdots\tau_{i_2}\tau_{i_1}(\Gamma)=Q_0(\Gamma) \tag{3.13}$$

证明 首先对引理的第一部分进行证明。

对任意 $X\in\mathbb{T}$，若 $X_{ii}=1$，则 $f_i(X)$ 可将 X 的第 i 列变为 $e_i=[0\cdots010\cdots0]^{\mathrm{T}}$（除第 i 个元素为 1 外其余均为 0），即

$$\begin{bmatrix} x_{00} & \cdots & x_{0i} & \cdots & x_{0n}\\ \vdots & & \vdots & & \vdots\\ x_{i0} & \cdots & 1 & \cdots & x_{in}\\ \vdots & & \vdots & & \vdots\\ x_{n0} & \cdots & x_{ni} & \cdots & x_{nn}\end{bmatrix}\xrightarrow{f_i}\begin{bmatrix} x'_{00} & \cdots & 0 & \cdots & x'_{0n}\\ \vdots & & \vdots & & \vdots\\ x'_{i0} & \cdots & 1 & \cdots & x'_{in}\\ \vdots & & \vdots & & \vdots\\ x'_{n0} & \cdots & 0 & \cdots & x'_{nn}\end{bmatrix}$$

在第 i 列变为 e_i 后，再进行 f_j 变换不影响第 i 列的元素值，因此，可通过变换将所有对角元为 1 的列 j 变为 e_j，使整个矩阵接近于 I。

对角元 $r_{ii}=0$ 的列 i，因 X 可逆，必存在另一列 j，$r_{jj}=0$，$r_{ij}=r_{ji}=1$。变换 $f_jf_if_j$ 可将 X 的这两列同时变为 e_i、e_j。至此，第一部分的证明结束。

由于引理的第一部分成立，我们通过对函数序列 f_i 及 f_{jk} 的长度使用数学归纳法来证明引理的第二部分。

- 当函数 f_i 的序列长为 1 时（$f_i(X)=I$），X 需具有如下形式：

$$X=\begin{bmatrix} 1 & & & x_1 & & & \\ & \ddots & & \vdots & & O & \\ & & 1 & x_{i-1} & & & \\ & & & 1 & & & \\ & & & x_{i+1} & 1 & & \\ & O & & \vdots & & \ddots & \\ & & & x_n & & & 1\end{bmatrix}$$

与之相对应的矩阵 A、C 和 Γ 具有形式：

$$A = I, \quad \Gamma_{ij} = x_j, \quad C = \Lambda_i$$

由结论 $\tau_a(\Gamma) = Q_a(\Gamma)$ 可知存在具有形式 $\begin{bmatrix} A & \cdot \\ C & \cdot \end{bmatrix}$ 的矩阵

$$Q = \begin{bmatrix} I & \text{diag}(\Gamma_i) \\ \Lambda_i & I \end{bmatrix}$$

使等式（3.13）成立。

- 设 f_i 序列长度为 N 时结论式（3.13）成立，即：对存在 $f_{i_1}, f_{i_2}, \cdots, f_{i_N}$ 使 $f_{i_N} \cdots f_{i_1}(A + \Gamma C) = I$ 成立的任意给定的 A、C、Γ，都存在形如 $\begin{bmatrix} A & \cdot \\ C & \cdot \end{bmatrix}$ 的 Q 使得 $\tau_{i_N} \cdots \tau_1(\Gamma) = Q(\Gamma)$。

那么，对存在长度为 $N+1$ 的函数序列使 $f_{i_{N+1}} f_{i_N} \cdots f_{i_1}(A + \Gamma C) = I$ 成立的任意给定 A、C 和 Γ，取

$$X' = f_i(X), \quad \Gamma' = Q_i(\Gamma), \quad C' = C + \Lambda_i, \quad A' = A + \text{diag}(\Gamma_i)C$$

计算可知:

$$X' = A' + \Gamma' C'$$

利用长度 N 时的结论可知存在:

$$\tau_{i_{N+1}} \tau_{i_N} \cdots (Q_i(\Gamma)) = Q'(Q_i(\Gamma))$$

将 $Q_i(\Gamma) = \tau_i(\Gamma)$ 代入上式，并注意到

$$Q = Q_i Q' = \begin{bmatrix} I & \text{diag}(\Gamma_i) \\ \Lambda_i & I \end{bmatrix} \begin{bmatrix} A' & \cdot \\ C' & \cdot \end{bmatrix} = \begin{bmatrix} A & \cdot \\ C & \cdot \end{bmatrix}$$

可知函数序列长度为 $N+1$ 时结论也成立。

- 按归纳法，结论成立。

类似地，f_{jk} 到 τ_{jk} 的对应也可用数学归纳法证明。 □

利用前面的两个引理就可以证明两个局域 Clifford 等价的图态 $|G_1\rangle$ 和 $|G_2\rangle$ 对应的图 G_1 和 G_2 可通过一系列局域补操作连接。

证明　假设 Clifford 变换为

$$Q = \begin{bmatrix} A & B \\ C & D \end{bmatrix}$$

且图 G_1 的相邻矩阵为 Γ。因 $A+\Gamma C\in\mathbb{T}$，根据第二个引理，必存在

$$Q_0=\begin{bmatrix} A & B_0 \\ C & D_0 \end{bmatrix}$$

使得

$$\tau_{j_m k_M}\cdots\tau_{j_1k_1}\tau_{i_N}\cdots\tau_{i_1}(\Gamma)=Q_0(\Gamma)$$

又因 $\Gamma\in\mathrm{dom}(Q),\Gamma\in\mathrm{dom}(Q_0)$，且 Q 与 Q_0 的左半部分一致，据第一个引理，$Q=Q_0$，按照 $\tau_{i_1}\cdots\tau_{i_N}\tau_{j_1k_1}\cdots\tau_{j_Mk_M}$ 的顺序对图进行局域补操作即可完成两个图的连接。 □

至此，我们就证明了图态之间的局域 Clifford 等价与其对应图之间的局域补等价互为充要条件。

应用：减少两比特门。

一般来说，实验中的两比特操作比单比特操作更困难，我们总希望两比特操作越少越好。前面的等价关系可用于减少图态制备中 CZ 门的个数。如，按图态的显式定义，制备一个 n 量子比特的完全图对应的图态，需 $\frac{1}{2}n(n-1)$ 个 CZ 操作。若对任意一个比特做局域补操作 τ_a，它的边（CZ 门）数就会急剧减少到 $n-1$。

例 3.3

5 比特完全图图态制备。

此图态可通过如下两个步骤制备：

(1) 制备与图 3.3(b) 对应的图态（需要 4 个 CZ 门）；

(2) 对此图态做局域 Clifford 操作 U_1。

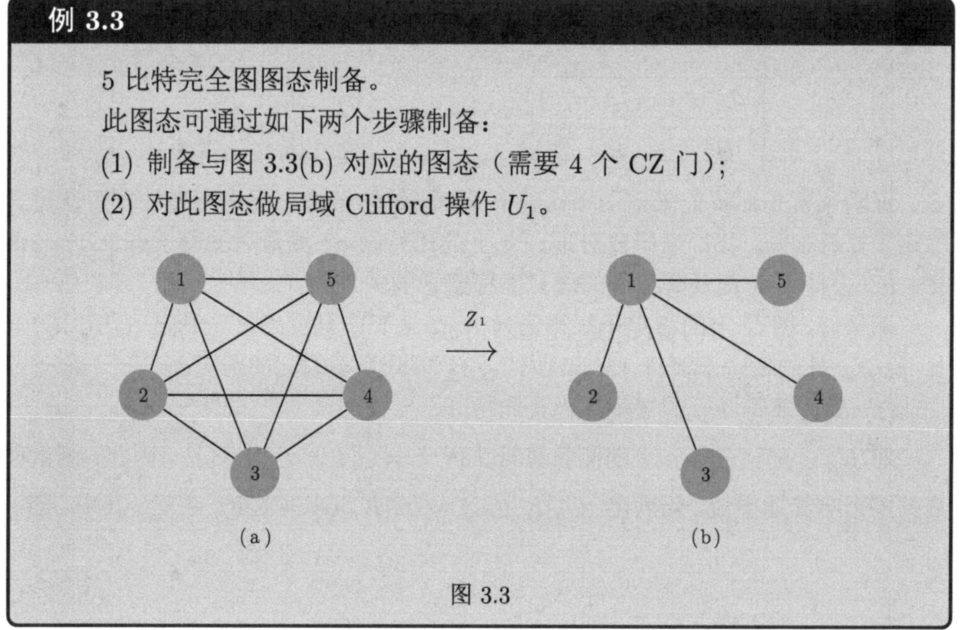

图 3.3

3.1.2　图态的测量与普适量子门

3.1.2.1　图态的单比特测量性质

一般而言，对量子纠缠态中的某个量子比特做测量，整个量子态都会坍缩，进而破坏量子系统的纠缠特性。然而，对图态 $|G\rangle$ 中任意单比特进行测量，测量后的量子态仍保持整体的纠缠特性。这是图态能实现 One-way 量子计算的关键所在。特别地，对任意比特做 Pauli 测量（沿 σ^x，σ^y 和 σ^z 的本征基方向测量）后，图态的未测量比特仍与标准图态局域 Clifford 等价（与对应图态具有相同的纠缠结构）①。具体地，我们有如下定理。

定理 3.1.3　给定图态 $|G\rangle$ 及其对应的图 G，顶点 a 在图 $G=\{V,E\}$ 中的相邻顶点集合记为 N_a。对 $|G\rangle$ 中顶点 a 处的量子比特做 Pauli 测量，其结果如下：

$$
\begin{aligned}
P_a^{z,\pm}|G\rangle &= \frac{1}{\sqrt{2}}|z,\pm\rangle_a \bigotimes U_a^{z,\pm}|G-a\rangle \\
P_a^{y,\pm}|G\rangle &= \frac{1}{\sqrt{2}}|y,\pm\rangle_a \bigotimes U_a^{y,\pm}|\tau_a(G)-a\rangle \\
P_a^{x,\pm}|G\rangle &= \frac{1}{\sqrt{2}}|x,\pm\rangle_a \bigotimes U_a^{x,\pm}|\tau_{b_0}(\tau_a\tau_{b_0}(G)-a)\rangle
\end{aligned}
$$

其中

$$
\begin{cases} U_a^{z,+}=1 \\ U_a^{z,-}=\displaystyle\prod_{k\in N_a}\sigma_k^z \end{cases}
\qquad
\begin{cases} U_a^{y,+}=\prod_{k\in N_a}\sqrt{-i\sigma_k^z} \\ U_a^{y,-}=\prod_{k\in N_a}\sqrt{+i\sigma_k^z} \end{cases}
$$

$$
\begin{cases} U_a^{x,+}=\sqrt{+i\sigma_{b_0}^y}\prod_{k\in N_a-(N_{b_0}+b_0)}\sigma_k^z \quad (b_0\in N_a) \\ U_a^{x,-}=\sqrt{-i\sigma_{b_0}^y}\prod_{k\in N_{b_0}-(N_a+a)}\sigma_k^z \quad (b_0\in N_a) \end{cases}
$$

证明　首先，我们来证明单比特上 σ^z 测量的结论。由于图态性质可通过其稳定子算符刻画，我们来研究对顶点 a 上的比特做 σ^z 测量后的量子态 $|G_a\rangle$ 与图 $G-a$（去掉顶点 a 及其相连的边）上稳定子的关系。

测量前，图 G 上的稳定子算符记为 $K_p(p\in V)$，且图态 $|G\rangle$ 满足 $\langle G|K_p|G\rangle=1$。除 K_a 外的稳定子算符 $\{K_p|p\in V-a\}$ 可分为不相交的两类：

(1) S_a^1：算符 K_p 的支集不包含比特 a。

对 $K_p\in S_a^1$，它与 a 上的测量算符 $\left(\mathrm{P}^{z,\pm}=\frac{1}{2}(I\pm\sigma^z)\right)$ 对易。因此，测量前后并不影响其期望值，仍满足 $\langle G_a|K_p|G_a\rangle=\langle G|K_p|G\rangle=1, K_p\in S_a^1$（其中，$|G_a\rangle$

① 参见文献 R. Raussendorf and H. J. Briegel, Phys. Rev. Lett. **86**, 5188-5191 (2001); M. van den Nest, J. Dehaene, and B. De Moor, Phys. Rev. A **69**, 022316 (2004).

表示测量后系统（去除量子比特 a）的量子态）。

(2) S_a^2：算符 K_p 的支集包含比特 a。

而对算符 $K_p \in S_a^2$，必然有 $p \in N_a$，此时 K_p 作用于比特 a 上的算符为 σ^z。

当 σ^z 的测量值为 1 时，代入算符 K_p 得到

$$\begin{aligned}1 &= \langle G|K_p|G\rangle = \langle G|K_p'\sigma_a^z|G\rangle \\ &= \langle G|K_p' 2(P^{z,+} - I)|G\rangle = 2\langle G_a|K_p'|G_a\rangle - 1\end{aligned}$$

由此可得 $\langle G_a|K_p'|G_a\rangle = 1$。

而当 σ^z 的测量值为 -1 时，同理，算符 K_p' 满足条件：

$$\langle G_a|K_p'|G_a\rangle = -1$$

由此，测量后的量子态 $|G_a\rangle$ 是稳定子算符 S_a^1 和 $S_a^{'2}$（$S_a^{'2}$ 由 K_p' 组成）的共同本征态，且

$$\begin{aligned}&\langle G_a|K_p'|G_a\rangle = -1 \quad (p \in N_a, \text{测量结果为} -1)\\ &\langle G_a|K_p'|G_a\rangle = 1 \quad (p \in N_a, \text{测量结果为} 1)\\ &\langle G_a|K_p|G_a\rangle = 1 \quad (p \notin N_a)\end{aligned}$$

根据稳定子的性质，当比特 a 上 σ^z 测量值为 -1 时，对 N_a 上的量子比特做 σ^z 操作就可将测量后的量子态 $|G_a\rangle$ 转化为标准的图态 $|G - a\rangle$。这就得到了定理中沿 σ^z 测量的结论。

在证明 σ^x 和 σ^y 测量的结论中，需用到单比特 Pauli 测量算符与单比特 Clifford 算符间的对易关系。

单比特 Pauli 测量算符与单比特 Clifford 算符的基本对易关系如下：

$\mathrm{P}^{x,\pm}\sigma^z = \sigma^z\mathrm{P}^{x,\mp}$	$\mathrm{P}^{y,\pm}\sqrt{-i\sigma^z} = \sqrt{-i\sigma^z}\mathrm{P}^{x,\pm}$
$\mathrm{P}^{y,\pm}\sigma^z = \sigma^z\mathrm{P}^{y,\mp}$	$\mathrm{P}^{y,\pm}\sqrt{i\sigma^z} = \sqrt{i\sigma^z}\mathrm{P}^{x,\mp}$
$\mathrm{P}^{z,\pm}\sigma^z = \sigma^z\mathrm{P}^{z,\pm}$	$\mathrm{P}^{y,\pm}\sqrt{\pm i\sigma^y} = \sqrt{\pm i\sigma^y}\mathrm{P}^{z,\pm}$
$\mathrm{P}^{x,\pm}\sqrt{-i\sigma^z} = \sqrt{-i\sigma^z}\mathrm{P}^{y,\mp}$	$\mathrm{P}^{z,\pm}\sqrt{-i\sigma^y} = \sqrt{-i\sigma^y}\mathrm{P}^{x,\pm}$
$\mathrm{P}^{x,\pm}\sqrt{i\sigma^z} = \sqrt{i\sigma^z}\mathrm{P}^{y,\pm}$	$\mathrm{P}^{z,\pm}\sqrt{i\sigma^y} = \sqrt{i\sigma^y}\mathrm{P}^{x,\pm}$
$\mathrm{P}^{x,\pm}\sqrt{-i\sigma^y} = \sqrt{-i\sigma^y}\mathrm{P}^{z,\pm}$	$\mathrm{P}^{z,\pm}\sqrt{\pm i\sigma^z} = \sqrt{\pm i\sigma^z}\mathrm{P}^{z,\pm}$
$\mathrm{P}^{x,\pm}\sqrt{i\sigma^y} = \sqrt{i\sigma^y}\mathrm{P}^{z,\mp}$	

我们以 $\mathrm{P}^{x,\pm}\sqrt{-i\sigma^z} = \sqrt{-i\sigma^z}\mathrm{P}^{y,\mp}$ 为例来证明这些对易关系的正确性,

$$\begin{aligned}\mathrm{P}^{x,\pm}\sqrt{-i\sigma^z} &= \frac{1}{2}(I \pm \sigma^x)\sqrt{-i\sigma^z}\\ &= \frac{1}{2}(\sqrt{-i\sigma^z} \mp \sqrt{-i\sigma^z}\sigma^y)\end{aligned}$$

$$
\begin{aligned}
&= \sqrt{-i\sigma^z}.\frac{1}{2}(I \mp \sigma^y) \\
&= \sqrt{-i\sigma^z}\mathrm{P}^{y,\mp}
\end{aligned}
$$

第二个等号用到了 Clifford 算符的性质：$\sqrt{i\sigma^z}\sigma^x\sqrt{-i\sigma^z} = -\sigma^y$。其他对易关系可通过 Clifford 算符的类似等式获得证明。

利用前面 σ^z 测量的结论，以及 Clifford 算符与测量算符之间的对易关系，我们就可以证明 σ^y 测量的结果。具体地：

利用 Clifford 算符与测量算符 $\mathrm{P}^{z,\pm}$ 之间的基本对易关系可以得到

$$
\begin{aligned}
(U_a^\tau(G))^\dagger \mathrm{P}_a^{z,\pm} U_a^\tau(G) &= e^{i\frac{\pi}{4}\sigma_a^x}\mathrm{P}_a^{z,\pm}e^{-i\frac{\pi}{4}\sigma_a^x} \\
&= \sqrt{i\sigma_a^x}(I \pm \sigma_a^z)\sqrt{-i\sigma_a^x} \\
&= I \pm \sqrt{i\sigma_a^x}\sigma_a^z\sqrt{-i\sigma_a^x} \\
&= I \pm \sigma_a^y = \mathrm{P}_a^{y,\pm}
\end{aligned}
$$

式中，第一行的等号应用了事实：算符 $U_a^\tau(G) = e^{-i\frac{\pi}{4}\sigma_a^x}\prod_{k\in N_a} e^{i\frac{\pi}{4}\sigma_k^z}$ 中仅有算符 $e^{-i\frac{\pi}{4}\sigma_a^x}$ 与 $\mathrm{P}_a^{z,\mp}$ 不对易; 第三行中使用了 Clifford 算符的性质 $\sqrt{i\sigma_a^x}\sigma_a^z\sqrt{-i\sigma_a^x} = \sigma_a^y$。

利用此关系可得

$$
\begin{aligned}
\mathrm{P}_a^{y,\pm}|G\rangle &= (U_a^\tau(G))^\dagger \mathrm{P}_a^{z,\pm} U_a^\tau(G)|G\rangle \\
&= (U_a^\tau(G))^\dagger \mathrm{P}_a^{z,\pm}|\tau_a(G)\rangle
\end{aligned}
$$

(1) 利用图态的 σ^z 测量结果，当 P^z 的测量结果为 $+1$ 时

$$
\begin{aligned}
&(U_a^\tau(G))^\dagger\left(\frac{1}{\sqrt{2}}|z,+\rangle_a \otimes |\tau_a(G)-a\rangle\right) \\
=&\frac{1}{\sqrt{2}}e^{i\frac{\pi}{4}\sigma_a^x}|z,+\rangle_a \otimes \prod_{k\in N_a} e^{-i\frac{\pi}{4}\sigma_k^z}|\tau_a(G)-a\rangle \\
=&\frac{1}{\sqrt{2}}|y,+\rangle_a \otimes \prod_{k\in N_a} e^{-i\frac{\pi}{4}\sigma_k^z}|\tau_a(G)-a\rangle
\end{aligned}
$$

(2) 当 P^z 的测量结果为 -1 时

$$
\begin{aligned}
&(U_a^\tau(G))^\dagger\left(\frac{1}{\sqrt{2}}|z,-\rangle \otimes \prod_{k\in N_a}\sigma_k^z|\tau_a(G)-a\rangle\right) \\
=&\frac{1}{\sqrt{2}}e^{i\frac{\pi}{4}\sigma_a^x}|z,-\rangle_a \otimes \prod_{k\in N_a} e^{-i\frac{\pi}{4}\sigma_k^z}.\prod_{k\in N_a}\sigma_k^z|\tau_a(G)-a\rangle
\end{aligned}
$$

$$=\frac{1}{\sqrt{2}}|y,-\rangle_a\otimes\prod_{k\in N_a}e^{i\frac{\pi}{4}\sigma_k^z}|\tau_a(G)-a\rangle$$

其中忽略了整体相位。

这就是定理中 σ^y 测量的结论。

对于 σ^x 测量的结果，利用对易关系

$$\mathrm{P}_a^{x,\pm}=(U_{b_0}^\tau(G))^\dagger\mathrm{P}_a^{y,\mp}U_{b_0}^\tau(G)$$

和 σ^y 测量的结果，可类似地证明。 □

例 3.4

（1）在如图 3.4所示的一维 n 比特图态中，如果比特 n 被噪声污染，只需对比特 $n-1$ 做 σ^z 测量，则剩下的 $n-2$ 个比特仍是一个完美的图态。

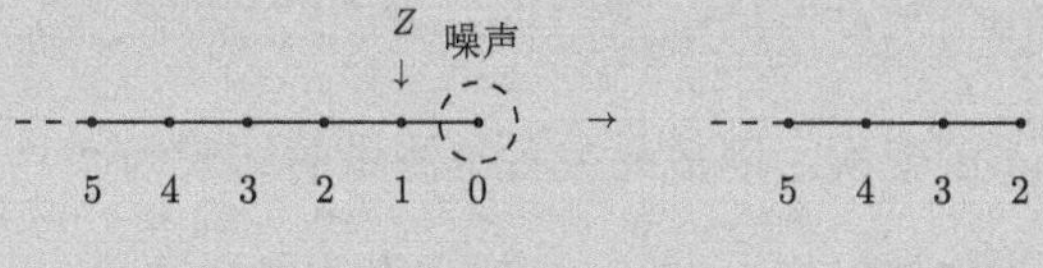

图 3.4

（2）如果对如图 3.5所示的两个连续量子比特都做 σ^x 测量，相当于直接将这两个比特去除。

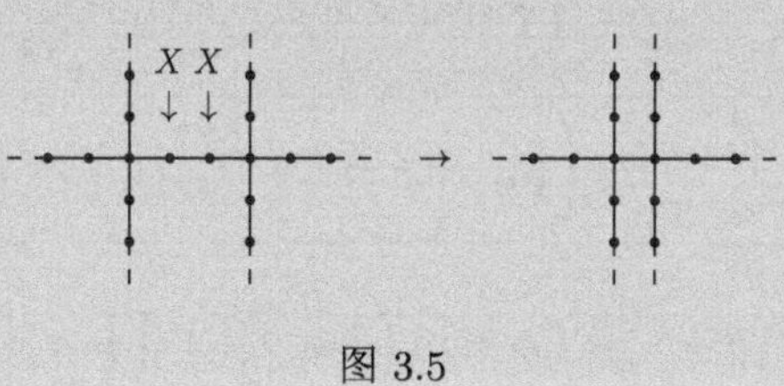

图 3.5

单比特测量的性质表明 Pauli 测量后，剩余量子比特仍是一个高度纠缠的多体量子态。然而，图态上仅 Pauli 测量并不能实现普适量子计算，还需非 Pauli 测量（对应非 Clifford 门）。非 Pauli 测量后的量子态与标准图态不再局域等价，它相当于在标准图态上附加了一个非局域[①]幺正变换。具体地有如下定理。

定理 3.1.4 给定图态 $|G\rangle$，对其中的比特 a 沿单比特完备基：

$$|\hat{0}\rangle=\cos\theta|0\rangle-i\sin\theta|1\rangle$$

① 不能写为单体幺正变换的直积。

$$|\hat{1}\rangle = -i\sin\theta|0\rangle + \cos\theta|1\rangle$$

测量（其中 $\sigma^z|0\rangle = |0\rangle$，$\sigma^z|1\rangle = -|1\rangle$），那么，测量后的量子态为

$$\begin{cases} \dfrac{1}{\sqrt{2}}\exp[i\theta\prod_{j\in N_a}\sigma_j^z]|G-a\rangle & (\text{测量结果为 } |\hat{0}\rangle) \\ \dfrac{1}{\sqrt{2}}\exp\left[i\left(\theta+\dfrac{\pi}{2}\right)\prod_{j\in N_a}\sigma_j^z\right]|G-a\rangle & (\text{测量结果为 } |\hat{1}\rangle) \end{cases}$$

其中 N_a 表示与 a 相邻的比特集合。

此定理中的测量基由绕 z 轴转动生成[①]，测量后的结果相当于在标准图态上进行了一个多体转动。

证明 为证明方便，把前面的测量基按 σ^x 的本征基 $|\pm\rangle$ 重新表示为

$$|\hat{m}\rangle = \frac{1}{\sqrt{2}}(\sigma^x)^m(e^{-\theta}|+\rangle + e^{\theta}|-\rangle) = He^{-i(\theta+\frac{m\pi}{2})\sigma^z}|+\rangle, \quad m=0,1$$

其中 H 为 Hadamard 变换。则按此完备基测量的结果为

$$\begin{aligned}
\langle\hat{m}|_aG\rangle &= \langle\hat{m}|_a\prod_{j\in N_a}\mathrm{CZ}_{aj}|+\rangle_a|G-a\rangle \qquad (\text{图态显式定义}) \\
&= \langle+|_ke^{i(\theta+\frac{m\pi}{2})\sigma^z}H_a\prod_{j\in N_a}CZ_{aj}|+\rangle_a|G-a\rangle \\
&= \langle+|_ae^{i(\theta+\frac{m\pi}{2})\sigma^z}H_a\prod_{j\in N_a}(|0_a\rangle\langle 0_a|\otimes I + |1_a\rangle\langle 1_a|\otimes\sigma_j^z)|+\rangle_a|G-a\rangle \\
&= \langle+|_ae^{i(\theta+\frac{m\pi}{2})\sigma^z}H_a\left(|0_a\rangle\langle 0_a|\otimes I + |1_a\rangle\langle 1_a|\otimes\prod_{j\in N_a}\sigma_j^z\right)|+\rangle_a|G-a\rangle \\
&= \frac{1}{\sqrt{2}}\left[\cos\left(\theta+\frac{m\pi}{2}\right) + i\sin\left(\theta+\frac{m\pi}{2}\right)\prod_{j\in N_a}\sigma_j^z\right]|G-a\rangle \\
&= \frac{1}{\sqrt{2}}\exp\left[i\left(\theta+\frac{m\pi}{2}\right)\prod_{j\in N_a}\sigma_j^z\right]|G-a\rangle
\end{aligned}$$

与待证明结论一致。 □

Pauli 测量为其特例。正是基于图态单比特测量的这一特性（相当于在测量后的图态上施加了一个幺正变换），通过合理设计单比特测量的测量基矢（参数 θ）就可以实现普适的量子计算。

① 绕 x 轴和 y 轴转动的测量基也有类似的结论。

3.1.2.2 单比特测量与普适量子计算

在线路模型中我们已经知道，若能实现两比特控制非（CNOT）门以及所有单比特门就可实现普适量子计算。下面我们来说明图态上的单比特测量可以实现这些普适门，进而能实现普适的量子计算①。

在基于图态单比特测量的量子门实现过程中，我们主要基于如下的输入-输出模式：

(1) 整个系统的量子比特被划分为三部分：输入量子比特集合 S_I（含 n 个量子比特且输入量子态设为 $|\phi_i\rangle$）；m 个量子比特组成的辅助集合 S_M 以及由 n 个量子比特组成的输出集合 S_O。整个系统的初始状态处于量子态：

$$|\Phi_{\text{in}}\rangle = |\phi_i\rangle_{S_I} \otimes_{p\in S_M} |+\rangle_p \otimes_{k\in S_O} |+\rangle_k$$

(2) 通过在相邻量子比特②之间做 CZ 门将整个系统纠缠起来，形成量子态 $|\Phi\rangle$。此过程与图态的制备过程一致（除 S_I 中比特处于输入态 $|\phi_0\rangle$ 外），但 $|\Phi\rangle$ 不再是一个标准的图态。

(3) 对 S_I 和 S_M 中所有比特做单比特测量：在 S_I 上做 σ^x 测量，而 S_M 中的测量 $(1+(-1)^{s_k}\vec{r}_k\vec{\sigma})/2$ 由 m 个单位矢量 $\vec{r}_k$ $(k\in S_M)$ 确定。由此得到输出量子态 $|\phi_o\rangle$。

(4) 通过设计图态的连接方式和测量方向 $\vec{r}_k$ 就可实现任意的门操作，此时一般有 $|\phi_o\rangle = UU_s|\phi_i\rangle$，其中 U 为目标变换，U_s 是与测量结果相关的单比特 Pauli 变换。

如果输入量子态为 $|+\rangle^n$，那么，第二步就直接制备了标准图态，第三步就是在图态上做单比特测量。对一般情况，$|\phi_i\rangle$ 也可从某个更大的标准图态通过单比特测量获得。因此，此输入-输出模式与直接制备一个足够大的图态，然后再对其做一系列单比特测量等价。为方便，下面的讨论中我们都使用这种输入-输出模式。

我们从如何实现单比特任意操作 $R_{\vec{n}}(\theta)$ 开始。设输入量子比特（编号为 1）处于量子态 $|\Psi_0\rangle = a|0\rangle + b|0\rangle$（此量子态可从图态经过一系列单比特测量获得)，量子比特 1（输入量子比特）与比特 2 之间做 CZ 门，得到纠缠量子态 (图3.6)：

$$|\Psi_0\rangle_1|+\rangle_2 \xrightarrow{\text{CZ}} a|0\rangle_1|+\rangle_2 + b|1\rangle_1|-\rangle_2$$

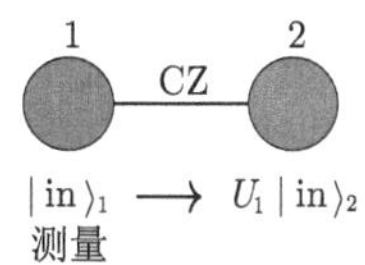

图 3.6 通过单比特测量实现量子门

① 参见文献 R. Raussendorf and H. J. Briegel, Phys. Rev. Lett. **86**, 5188-5191 (2001); R. Raussendorf, D. E. Browne, and H. J. Briegel, Phys. Rev. A **68**, 022312 (2003); H. J. Briegel, D. E. Browne, W. Dür, R. Raussendorf, and et al, Nat. Phys. **5**, 19-26 (2009).

② 对应图 G 中两个相邻的顶点。

接着，对量子比特 1 沿基矢量：$|\pm\alpha\rangle = \frac{1}{\sqrt{2}}(e^{-i\alpha/2}|0\rangle \pm e^{i\alpha/2}|1\rangle)$ 测量，测量结果记为 s（$s=0$ 对应于测量结果 $|\alpha\rangle$；$s=1$ 对应于测量结果 $|-\alpha\rangle$）。测量后，比特 2 处于量子态：$|\Psi_1\rangle = He^{i\alpha Z/2}Z^s|\Psi_0\rangle$（其中 $Z=\sigma^z$, H 是 Hadamard 变换)。因此，此过程实现了单比特变换（图3.7)：

$$U(\alpha, s) = He^{i\alpha Z/2}Z^s$$

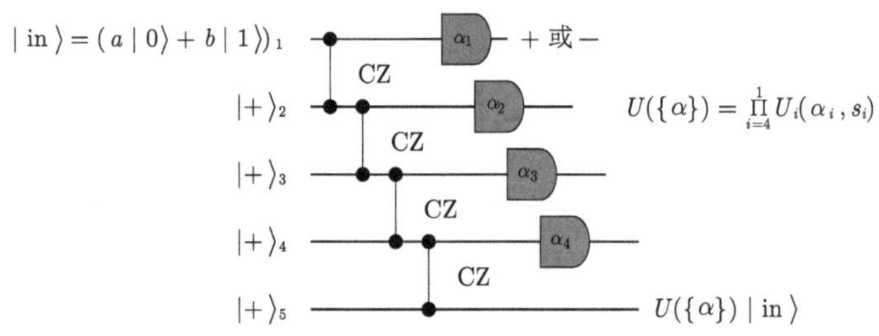

图 3.7 单比特幺正变换的测量实现

将量子比特 2 上的量子态 $|\Psi_1\rangle$ 作为新的输入，用相同的方法与后面的比特级联，经过如图 3.7所示的 4 个级联后得到变换：

$$|\Psi_0\rangle \longrightarrow \prod_{i=1}^{4} U(\alpha_i, s_i)|\Psi_0\rangle$$

其中，α_i 表示对比特 i 沿基矢量 $|\pm\alpha_i\rangle = e^{-i\alpha_i/2}|0\rangle \pm e^{i\alpha_i/2}|1\rangle$ 进行测量，且 s_i 为此测量的结果。若 $\alpha_1 = 0$（在第一个比特上沿 σ^x 测量)，则这些级联测量的总效果为变换：

$$\begin{aligned}
U &= \prod_{i=1}^{4} U(\alpha_i, s_i) \\
&= (He^{i\alpha_4 Z/2}Z^{s_4})(He^{i\alpha_3 Z/2}Z^{s_3})(He^{i\alpha_2 Z/2}Z^{s_2})HZ^{s_1} \\
&= Z^{s_1+s_3}X^{s_2+s_4}e^{i(-1)^{s_1+s_3}\alpha_4 X/2}e^{i(-1)^{s_2}\alpha_3 Z/2}e^{i(-1)^{s_1}\alpha_2 X/2}
\end{aligned}$$

其中 $X=\sigma^x$。通过对易关系：$H\sigma^z H = \sigma^x$ 等将 Pauli 算符移到左边并令 $\alpha_2 = -(-1)^{s_1}\xi$，$\alpha_3 = -(-1)^{s_2}\varsigma$ 和 $\alpha_4 = -(-1)^{s_1+s_3}\zeta$ 得到

$$U = Z^{s_1+s_3}X^{s_2+s_4}e^{-i\zeta X/2}e^{-i\varsigma Z/2}e^{-i\xi X/2} \tag{3.14}$$

除前面的 Pauli 算符（这些算符并不重要，它们可以被吸收到下一步的测量中）外，变换 U 就是一个标准的欧拉角表示下的转动变换。按第一章中的结论，通过选取不同的欧拉角就可以实现任意的单比特幺正变换。而欧拉角可通过选择

不同的测量基来实现。

若将前面的线路按图 3.8重新划分为 $S_I=\{1\}$，$S_M=\{2,3,4\}$，$S_O=\{5\}$，则这一变换的实现就可用标准的输入-输出模型表示。

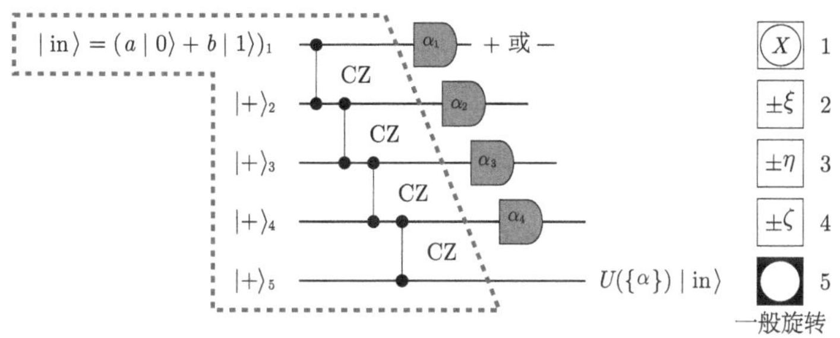

图 3.8 单比特幺正变换的输入-输出模型实现：比特 1 为输入比特；比特 2、3、4 为辅助的测量比特；比特 5 为输出比特。在输入比特上沿 X 测量，通过选取比特 2、3、4 上的测量方向就可以在输出比特上实现不同的单比特变换

输入-输出模型中，量子门与图态性质之间的对应给出了实现一般幺正变换的方法，即如下定理。

定理 3.1.5 三个分别含 n、m 和 n 个比特且互不相交的比特集S_I,S_M,S_O，若比特集 $S_I\cup S_M\cup S_O$ 上的图态 $|G\rangle$，存在 S_M 上的单比特测量 $\mathrm{P}_{S_M}^{\{s\}}=\otimes_{k=1}^{m}(1+(-1)^{s_k}\vec{r_k}.\vec{\sigma})/2$（比特 k 上的测量结果记为 s_k），使得测量后的量子态 $|\Psi\rangle=\mathrm{P}_{S_M}^{\{s\}}|G\rangle$ 满足如下本征方程：

$$
\begin{aligned}
\sigma_{i\in S_I}^{x}(U\sigma_{i\in S_O}^{x}U^{\dagger})|\Psi\rangle=(-1)^{\lambda_i^x}|\Psi\rangle\\
\sigma_{i\in S_I}^{z}(U\sigma_{i\in S_O}^{z}U^{\dagger})|\Psi\rangle=(-1)^{\lambda_i^z}|\Psi\rangle
\end{aligned}
\tag{3.15}
$$

其中 λ_i^x $(\lambda_i^z\in\{0,1\})$，U 是作用在 S_O 上的 n 比特幺正变换。那么，对任意的 n 比特输入态 $|\phi_i\rangle$，按输入-输出模式，在 S_O 上得到的量子态 $|\phi_o\rangle$ 与输入态 $|\phi_i\rangle$ 之间有关系：

$$
|\phi_o\rangle=UU_{\Sigma}|\phi_i\rangle
$$

其中

$$
U_{\Sigma}=\otimes_{i\in S_I}(\sigma_i^z)^{x_i+\lambda_i^x}(\sigma_i^x)^{\lambda_i^z}
$$

是 Pauli 算符。

在证明此定理前，我们先应用此定理来实现 Hadamard 门和 CNOT 门。

• Hadamard 门的实现

按前面的讨论，任意单比特变换都可通过一个一维的 5 比特图态上的单比特测量实现，当然，Hadamard 门也可通过此方法获得。此处，我们将上面的定理应用于 Hadamard 门的实现中（图 3.9）。

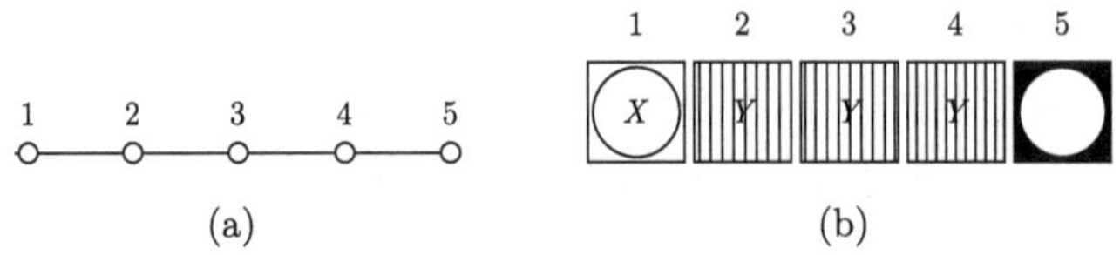

图 3.9 Hadamard 门的实现：Hadamard 门为单比特门，它可通过 5 比特系统实现。(a) 为对应图态 $|G\rangle_5$；(b) 为图态上的测量模式：比特 2,3,4 上沿 Y 测量，而输入比特 1 沿 X 测量，5 为输出比特

考虑图态 $|G\rangle_5$，其稳定子群 S_5 由 5 个稳定子算符生成：$\langle K_1 = \sigma_1^x\sigma_2^z, K_2 = \sigma_2^x\sigma_1^z\sigma_3^z, K_3 = \sigma_3^x\sigma_2^z\sigma_4^z, K_4 = \sigma_4^x\sigma_3^z\sigma_5^z, K_5 = \sigma_5^x\sigma_4^z\rangle$。显然，$K_1K_3K_4 = \sigma_1^x\sigma_3^y\sigma_4^y\sigma_5^z$，$K_2K_3K_5 = \sigma_1^z\sigma_2^y\sigma_3^y\sigma_5^x$ 均在 S_5 中，即

$$\sigma_1^x\sigma_3^y\sigma_4^y\sigma_5^z|G\rangle_5 = |G\rangle_5$$
$$\sigma_1^z\sigma_2^y\sigma_3^y\sigma_5^x|G\rangle_5 = |G\rangle_5$$

若对图态 $|G\rangle_5$ 的第 $2,3,4$ 比特做 σ^y 测量，则测量后的量子态 $|\phi\rangle_{1,5}$ 满足下面的条件：

$$\sigma_1^x\sigma_5^z|\phi\rangle_{1,5} = \sigma_1^x H\sigma_5^x H|\phi\rangle_{1,5} = (-1)^{s_3+s_4}|\phi\rangle_{1,5}$$
$$\sigma_1^z\sigma_5^x|\phi\rangle_{1,5} = \sigma_1^z H\sigma_5^z H|\phi\rangle_{1,5} = (-1)^{s_2+s_3}|\phi\rangle_{1,5}$$

按前面的定理，满足这组本征值方程就意味着在输出量子比特上能实现任意输入量子态的 H 门操作。值得注意，这里的 H 门是一个 Clifford 算符，实现它的测量（X 和 Y 测量）全为 Pauli 测量。

- **CNOT 的实现**

为实现普适的量子计算，需实现两比特 CNOT 门。为实现此门，我们讨论如图 3.10 所示的对称图上的图态 $|G\rangle_{15}$。

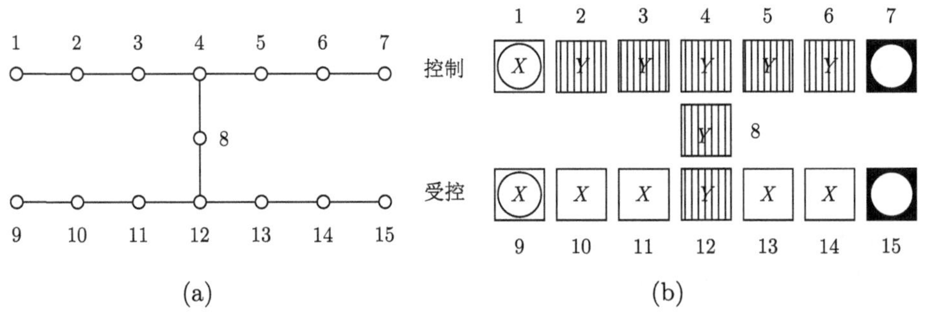

图 3.10 CNOT 门的实现：(a) 为对应的图态；(b) 为图态上的单比特测量模式，其中 1、9 为输入比特，做 X 测量；7、15 为输出比特；剩下为测量比特，在 2、3、4、5、6、8 和 12 比特上做 Y 测量，而在 10、11、13 和 14 比特上做 X 测量

比特 1 为输入的控制比特，比特 9 为输入的目标比特；而比特 7 为输出的控制比特，比特 15 为输出的目标比特。按前面的定理，为说明如图所示的结构按输入-输出模式可实现输入量子态上的 CNOT 门，我们需说明量子态 $|\phi\rangle_{1,7,9,15}$（对图态 $|G\rangle_{15}$ 上处于 S_M 中的比特测量后获得）是算符：

$$\begin{aligned}
&\sigma_1^x \cdot \mathrm{CNOT} \cdot \sigma_7^x \cdot \mathrm{CNOT} = \sigma_1^x \sigma_7^x \sigma_{15}^x \\
&\sigma_1^z \cdot \mathrm{CNOT} \cdot \sigma_7^z \cdot \mathrm{CNOT} = \sigma_1^z \sigma_7^z \\
&\sigma_9^x \cdot \mathrm{CNOT} \cdot \sigma_{15}^x \cdot \mathrm{CNOT} = \sigma_9^x \sigma_{15}^x \\
&\sigma_9^z \cdot \mathrm{CNOT} \cdot \sigma_{15}^z \cdot \mathrm{CNOT} = \sigma_9^z \sigma_7^z \sigma_{15}^z
\end{aligned} \tag{3.16}$$

的共同本征态。

控制比特及目标比特的 Pauli 矩阵在 CNOT 门作用下的变换：

$$\begin{aligned}
&\mathrm{CNOT} \cdot \sigma_c^x \cdot \mathrm{CNOT} = \sigma_c^x \sigma_t^x \\
&\mathrm{CNOT} \cdot \sigma_c^z \cdot \mathrm{CNOT} = \sigma_c^z \\
&\mathrm{CNOT} \cdot \sigma_t^x \cdot \mathrm{CNOT} = \sigma_t^x \\
&\mathrm{CNOT} \cdot \sigma_t^z \cdot \mathrm{CNOT} = \sigma_c^z \sigma_t^z
\end{aligned}$$

其中 $\sigma_t^{x,z}$ 为目标比特上的 Pauli 算符，而 $\sigma_c^{x,z}$ 为控制比特上的 Pauli 算符。

图态 $|G\rangle_{15}$ 的稳定子群 S_{15} 的生成元 $\{K_i, i=1,2,\cdots,15\}$ 之间有如下关系：

$$\begin{aligned}
&K_1K_3K_4K_5K_7K_8K_{13}K_{15} = -\sigma_1^x\sigma_3^y\sigma_4^y\sigma_5^y\sigma_7^x\sigma_8^y\sigma_{13}^x\sigma_{15}^x \\
&K_2K_3K_5K_6 = \sigma_1^z\sigma_2^y\sigma_3^y\sigma_5^y\sigma_6^y\sigma_7^z \\
&K_9K_{11}K_{13}K_{15} = \sigma_9^x\sigma_{11}^x\sigma_{13}^x\sigma_{15}^x \\
&K_5K_6K_8K_{10}K_{12}K_{14} = \sigma_5^y\sigma_6^y\sigma_7^z\sigma_8^y\sigma_9^z\sigma_{10}^x\sigma_{12}^y\sigma_{14}^x\sigma_{15}^z
\end{aligned}$$

值得注意，上式中比特 1、7、9、15 上的算符正好与式（3.16）中的目标算符一致，而其余比特上的 Pauli 算符都相同。这表明: 若对除 1、7、9、15 外的量子比特按它们在上式中出现的 Pauli 算符进行测量，那么，这些算符都会变为测量值，仅剩下式（3.16）中的目标算符，即可得到如下表达式：

$$\begin{aligned}
&\sigma_1^x \cdot \mathrm{CNOT} \cdot \sigma_7^x \cdot \mathrm{CNOT} \cdot |\phi\rangle_{1,7,9,15} = \sigma_1^x\sigma_7^x\sigma_{15}^x|\phi\rangle_{1,7,9,15} = (-1)^{\mu_c^x}|\phi\rangle_{1,7,9,15} \\
&\sigma_1^z \cdot \mathrm{CNOT} \cdot \sigma_7^z \cdot \mathrm{CNOT} \cdot |\phi\rangle_{1,7,9,15} = \sigma_1^z\sigma_7^z|\phi\rangle_{1,7,9,15} = (-1)^{\mu_c^z}|\phi\rangle_{1,7,9,15} \\
&\sigma_9^x \cdot \mathrm{CNOT} \cdot \sigma_{15}^x \cdot \mathrm{CNOT} \cdot |\phi\rangle_{1,7,9,15} = \sigma_9^x\sigma_{15}^x|\phi\rangle_{1,7,9,15} = (-1)^{\mu_t^x}|\phi\rangle_{1,7,9,15} \\
&\sigma_9^z \cdot \mathrm{CNOT} \cdot \sigma_{15}^z \cdot \mathrm{CNOT} \cdot |\phi\rangle_{1,7,9,15} = \sigma_9^z\sigma_7^z\sigma_{15}^z|\phi\rangle_{1,7,9,15} = (-1)^{\mu_t^z}|\phi\rangle_{1,7,9,15}
\end{aligned}$$

其中

$$\begin{aligned}\mu_c^x &= 1 + s_3 + s_4 + s_5 + s_8 + s_{13}\\ \mu_c^z &= s_2 + s_3 + s_5 + s_6\\ \mu_t^x &= s_{11} + s_{13}\\ \mu_t^z &= s_5 + s_6 + s_8 + s_{10} + s_{12} + s_{14}\end{aligned}$$

且 s_i 为对应的测量结果。显然，测量后的量子态 $|\phi\rangle_{1,7,9,15}$ 是式（3.16）中算符的共同本征态。按前面的定理，对任意输入量子态，按输入-输出模式，可在输出态上实现 CNOT 门。

下面我们来证明定理 3.1.5。

证明 此定理的证明分为两步：先计算输入态为计算基时的情况; 再用最大叠加态作为输入，确定输入不同计算基时输出量子态中的相对相位。

按输入-输出模式：

(1) 设输入量子态为 $|\phi_o\rangle = |\boldsymbol{z} = z_1 z_2 \cdots z_n\rangle$（$z_i \in \{0,1\}$），此时整个系统的初始量子态为

$$|\boldsymbol{z}\rangle_{S_I} \otimes |+\rangle_{S_M}^{\otimes m} |+\rangle_{S_O}^{\otimes n} = \mathrm{P}_{Z,\boldsymbol{z}}^{S_I} |+\rangle^{\otimes(n+m+n)}$$

式中 $\mathrm{P}_{Z,\boldsymbol{z}}^{S_I} = \otimes_{i\in S_I} \dfrac{1+(-1)^{z_i}\sigma_i^z}{2}$ 就是投影子 $|\boldsymbol{z}\rangle\langle\boldsymbol{z}|$。

(2) 由于 $\mathrm{P}_{S_I}^{Z,\boldsymbol{z}}$ 与 CZ 门对易，因此将相应的 CZ 门作用于系统上后得到

$$\begin{aligned}\prod_{\{a,b\}\in E} CZ_{ab} \mathrm{P}_{S_I}^{Z,\boldsymbol{z}} |+\rangle^{\otimes(n+m+n)} &= \mathrm{P}_{S_I}^{Z,\boldsymbol{z}} \left(\prod_{\{a,b\}\in E} CZ_{ab} |+\rangle^{\otimes(n+m+n)} \right)\\ &= \mathrm{P}_{S_I}^{Z,\boldsymbol{z}} |G\rangle\end{aligned}$$

(3) 然后，依次对 S_M 和 S_I 中的比特进行测量 $\mathrm{P}_{S_M}^{\{s\}}$ 和 $\mathrm{P}_{S_I}^{X,\boldsymbol{s}}$。由于 $\mathrm{P}_{S_M}^{\{s\}}$ 与 $\mathrm{P}_{S_I}^{Z,\boldsymbol{z}}$ 作用于不同的量子比特上，它们相互对易。因此，这两组测量后的量子态可表示为

$$\begin{aligned}|\Psi(\boldsymbol{z})\rangle &= \mathrm{P}_{S_I}^{X,\boldsymbol{x}} \mathrm{P}_{S_M}^{\{s\}} \mathrm{P}_{S_I}^{Z,\boldsymbol{z}} |G\rangle = \mathrm{P}_{S_I}^{X,\boldsymbol{x}} \mathrm{P}_{S_I}^{Z,\boldsymbol{z}} (\mathrm{P}_{S_M}^{\{s\}} |G\rangle)\\ &= \mathrm{P}_{S_I}^{X,\boldsymbol{x}} \mathrm{P}_{S_I}^{Z,\boldsymbol{z}} |\Psi\rangle\end{aligned}$$

其中 $|\Psi\rangle$ 是对 S_M 中比特进行测量后得到的量子态，它仅包含 S_I 和 S_O 中的比特。

(4) 将 $|\Psi\rangle$ 满足的本征方程（式（3.15））代入上式，并利用 $\mathrm{P}_{S_I}^{Z,\boldsymbol{z}} \sigma_{i\in S_I}^z = (-1)^{z_i} \mathrm{P}_{Z,\boldsymbol{z}}^{S_I}$ 可得到 $|\Psi(\boldsymbol{z})\rangle$ 的本征方程:

$$(U\sigma_{i\in S_O}^z U^\dagger) |\Psi(\boldsymbol{z})\rangle = (-1)^{\lambda_i^z + z_i} |\Psi(\boldsymbol{z})\rangle \tag{3.17}$$

另一方面，由于 S_M 及 S_I 中的每个比特都进行了测量，因此，$|\Psi(\boldsymbol{z})\rangle$ 可写作三

部分直积的形式：

$$|\Psi(\boldsymbol{z})\rangle = |\boldsymbol{x}\rangle_{x,S_I} \otimes |m\rangle_{S_M} \otimes |\phi_o(\boldsymbol{z})\rangle_{S_O}$$

根据本征方程（式（3.17）），可求得 $|\phi_o(\boldsymbol{z})\rangle$（整体相位待定）满足的方程

$$\sigma^z_{i\in S_O} U^\dagger |\phi_o(\boldsymbol{z})\rangle = (-1)^{\lambda^z_i + z_i} U^\dagger |\phi_o(\boldsymbol{z})\rangle$$

这表明 $U^\dagger|\phi_o(\boldsymbol{z})\rangle$ 是算符 $\sigma^z_{i\in S_O}$ 的本征值为 $(-1)^{\lambda^z_i+z_i}$ 的本征态。因此，$U^\dagger|\phi_o(\boldsymbol{z})\rangle$ 可表示为

$$U^\dagger|\phi_o(\boldsymbol{z})\rangle = e^{i\eta(\boldsymbol{z})}|\boldsymbol{z} + \boldsymbol{\lambda}^{\boldsymbol{z}}\rangle$$

其中 $e^{i\eta(\boldsymbol{z})}$ 为与 $\boldsymbol{z}$ 相关的待定的相位。进一步可得

$$|\phi_o(\boldsymbol{z})\rangle = e^{i\eta(\boldsymbol{z})} U U_\Sigma |\boldsymbol{z}\rangle$$

由于 U 和 U_Σ 的线性性，可将单个输入分量 $|\boldsymbol{z}\rangle$ 上的结果推广到一般叠加态上，因而，得到输出量子态 $|\phi_o\rangle$ 与输入态 $|\phi_i\rangle$ 的关系:

$$|\phi_o\rangle = U U_\Sigma D |\phi_i\rangle$$

其中，$D = \mathrm{diag}(e^{i\eta(\boldsymbol{z})})$ 为与计算基相关的相位矩阵。

下面我们通过输入量子态 $|+\rangle^{\otimes n}$ 来证明 $D = I$。

按与输入 $|\boldsymbol{z}\rangle$ 相同的推导，在输入为 $|+\rangle^{\otimes n}$ 时可以得到

$$|\phi_o(+)\rangle = e^{i\chi} U U_\Sigma |+\rangle^{\otimes n}$$

其中 $|\phi_o(+)\rangle$ 表示按输入-输出模式得到的输出量子态，$e^{i\chi}$ 为整体相位。$|\phi_o(+)\rangle$ 还可通过输入基矢量 $|\boldsymbol{z}\rangle$ 的叠加获得。利用 $|+\rangle^{\otimes n} = \dfrac{1}{2^{n/2}}\sum_{\boldsymbol{z}\in\{0,1\}^n}|\boldsymbol{z}\rangle$，可得到 $|\phi_o(+)\rangle$ 与 $|\phi_o(z)\rangle$ 的关系：

$$\begin{aligned}|\phi_o(+)\rangle &= \frac{1}{2^{n/2}} \sum_{\boldsymbol{z}\in\{0,1\}^n} |\phi_o(\boldsymbol{z})\rangle \\ &= \frac{1}{2^{n/2}} \sum_{\boldsymbol{z}\in\{0,1\}^n} e^{i\eta(\boldsymbol{z})} U U_\Sigma |\boldsymbol{z}\rangle\end{aligned}$$

因此有等式

$$1 = \langle\phi_o(+)|\phi_o(+)\rangle = \frac{1}{2^n} \sum_{\boldsymbol{z}\in\{0,1\}^n} e^{i\chi - i\eta(\boldsymbol{z})}$$

要使此等式成立，则要求 $\eta(\boldsymbol{z}) = \chi$。这就表明，对任意输入 $|\phi_i\rangle$ 均有关系 $|\phi_o\rangle = e^{i\chi} U U_\Sigma |\phi_i\rangle$。忽略整体相位即可得欲证的结论

$$|\phi_o\rangle = U U_\Sigma |\phi_i\rangle$$

□

基于图态上的单比特测量，可以实现任意单比特门和 CNOT 门，因而，它可以实现普适量子计算，与量子线路模型的量子计算能力相同。

下面我们利用基于图态的单比特测量来实现两个算法：一个是著名的量子傅里叶变换；另一个是 IQP 抽样问题。

1. 量子傅里叶变换的 One-way 实现

在量子线路模型中，量子算法通过一组有序的量子门实现，理论上，只需将相应量子门按 One-way 的实现方式替换就可实现相应的算法。

然而，在实际的 One-way 量子计算中，为降低整个图态的实验制备难度，往往将实施 Pauli 测量的所有量子比特从图态制备中去除。图态上的单比特 Pauli 算符测量对应于量子线路中的 Clifford 门（前面的 Hadamard 门和 CNOT 均为 Clifford 门，其实现只需 $\sigma^x,\sigma^y,\sigma^z$ 测量）。根据第一章中的 Gottesman-Knill 定理：任何 Clifford 线路都可被经典计算机有效模拟。因此，One-way 量子计算的核心资源存在于非 Pauli 测量部分，按单比特 Pauli 测量的性质，Pauli 测量后的量子态仍局域等价于一个图态（此图态对应图的拓扑结构与算法相关）。因此，在实际的计算中，Pauli 测量部分可通过软件实现，而非 Pauli 测量部分需通过制备相应的图态并实施相应的非 Pauli 测量来实现。

下面以 3 比特量子傅里叶变换的 One-way 实现来说明此处理方法的优越性。

量子傅里叶变换的线路仅涉及 Hadamard 门和控制相位门：Hadamard 门的 One-way 测量实现方案已在前面介绍过；下面我们来证明如图 3.11所示的测量方案实现了一个控制相位门。

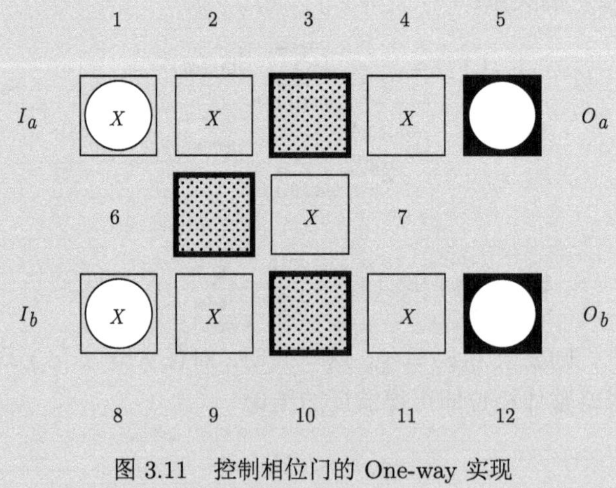

图 3.11　控制相位门的 One-way 实现

图 3.11中, 比特 1、8 为输入比特，标记为 I_a 和 I_b；比特 5、12 为输出比特，标记为 O_a 和 O_b。考虑图 3.11对应的图态 $|G\rangle_{12}$，其稳定子群 S_{12} 由 12 个稳定子算符 $\{K_i, i=1,2,\cdots,12\}$ 生成。S_{12} 中包含以下元素:

$$
\begin{aligned}
K_1K_6K_{10}K_{12} &= \sigma_1^x\sigma_6^x\sigma_{10}^x\sigma_{12}^x \\
K_3K_5K_6K_8 &= \sigma_3^x\sigma_5^z\sigma_6^x\sigma_8^x \\
K_2K_7K_{11} &= \sigma_1^z\sigma_2^x\sigma_7^x\sigma_{11}^x\sigma_{12}^z \\
K_4K_7K_9 &= \sigma_4^x\sigma_5^z\sigma_7^x\sigma_8^z\sigma_9^x \\
K_4K_7K_{11} &= \sigma_5^z\sigma_4^x\sigma_7^x\sigma_6^z\sigma_{11}^x\sigma_{12}^z
\end{aligned}
$$

假设在比特 2、4、7、9、11 上进行 σ^x 测量，测量后的量子态为 $|\psi'\rangle$。借助上述稳定子及 K_4、K_{11} 可得到态 $|\psi'\rangle$ 的本征方程:

$$
\begin{aligned}
&\sigma_1^x\sigma_6^x\sigma_{10}^x\sigma_{12}^x|\psi'\rangle = |\psi'\rangle \\
&\sigma_3^x\sigma_5^x\sigma_6^x\sigma_8^x|\psi'\rangle = |\psi'\rangle \\
&\sigma_1^z\sigma_{12}^z|\psi'\rangle = (-1)^{s_2+s_7+s_{11}}|\psi'\rangle \\
&\sigma_5^z\sigma_8^z|\psi'\rangle = (-1)^{s_9+s_7+s_4}|\psi'\rangle \\
&\sigma_5^z\sigma_6^z\sigma_{12}^z|\psi'\rangle = (-1)^{s_4+s_7+s_{11}}|\psi'\rangle \\
&\sigma_3^z\sigma_5^z|\psi'\rangle = (-1)^{s_4}|\psi'\rangle \\
&\sigma_{10}^z\sigma_{12}^z|\psi'\rangle = (-1)^{s_{11}}|\psi'\rangle
\end{aligned}
$$

其中 s_i 为比特 i 上的测量结果。在对图 3.11中阴影部分（比特 3，6，10）进行测量前，我们将后三个特征方程进行改写（以最后一个等式为例）。对最后一个等式两边同乘 σ_{12}^z 得到

$$
\sigma_{10}^z|\psi'\rangle = (-1)^{s_{11}}\sigma_{12}^z|\psi'\rangle
$$

又因 $(\sigma_{10}^z)^2 = [(-1)^{s_{11}}\sigma_{12}^z]^2 = I$，则对任意 α 有

$$
e^{-i\alpha\sigma_{10}^z}|\psi'\rangle = e^{-i\alpha(-1)^{s_{11}}\sigma_{12}^z}|\psi'\rangle \tag{3.18}
$$

类似地，余下两个本征方程可改写为

$$
\begin{aligned}
&U_z^{(3)}(\alpha_3)U_z^{(5)}[-(-1)^{s_4}\alpha_3]|\psi'\rangle = |\psi'\rangle \\
&U_z^{(6)}(\alpha_6)U_{zz}^{(5,12)}[-(-1)^{s_4+s_7+s_{11}}\alpha_6]|\psi'\rangle = |\psi'\rangle
\end{aligned}
$$

其中

$$U_z^{(k)}(\theta)=e^{-i\frac{\theta}{2}\sigma_k^z},\qquad U_{zz}^{(j,k)}(\theta)=e^{-i\frac{\theta}{2}\sigma_j^z\sigma_k^z}$$

在此符号下，等式（3.18）可重写为

$$U_z^{(10)}(\alpha_{10})U_z^{(12)}[-(-1)^{s_{11}}\alpha_{10}]|\psi'\rangle=|\psi'\rangle$$

注意到，控制相位门 $U_{CPG}^{(a,b)}(\theta)=I+(e^{i\theta}-1)|11\rangle_{a,b}\langle 11|$ 可分解为 $U_z^{(a)}$、$U_z^{(b)}$、$U_{zz}^{(a,b)}$ 的乘积:

$$U_{CPG}^{(a,b)}(\theta)=e^{i\frac{\theta}{4}}U_{zz}^{(a,b)}\left(-\frac{\theta}{2}\right)U_z^{(a)}\left(\frac{\theta}{2}\right)U_z^{(b)}\left(\frac{\theta}{2}\right)$$

当选取 $\alpha_3=-(-1)^{s_4}\frac{\theta}{2}$，$\alpha_6=(-1)^{s_4+s_7+s_{11}}\frac{\theta}{2}$ 和 $\alpha_{10}=-(-1)^{s_{11}}\frac{\theta}{2}$ 时，我们得到

$$U_z^{(3)}(\alpha_3)U_z^{(6)}(\alpha_6)U_z^{(10)}(\alpha_{10})U_{CPG}^{(5,12)}(\theta)|\psi'\rangle=e^{i\frac{\theta}{4}}|\psi'\rangle$$

将此关系式代入第一个本征方程，得到

$$\sigma_1^x\sigma_6^{xy}(\alpha_6)\sigma_{10}^{xy}(\alpha_{10})U_{CPG}^{(5,12)}(\theta)\sigma_{12}^xU_{CPG}^{(5,12)}(-\theta)|\psi'\rangle=|\psi'\rangle$$

其中 $\sigma_k^{xy}(\alpha)=U_z^{(k)}(\alpha)\sigma_k^xU_z^{(k)}(-\alpha)=\cos(\alpha)\sigma_k^x+\sin(\alpha)\sigma_k^y$。同理，由第二个本征方程得到

$$\sigma_8^x\sigma_6^{xy}(\alpha_6)\sigma_3^{xy}(\alpha_3)U_{CPG}^{(5,12)}(\theta)\sigma_3^xU_{CPG}^{(5,12)}(-\theta)|\psi'\rangle=|\psi'\rangle$$

因此，若在量子态 $|\psi'\rangle$ 上对比特 $3,6,10$ 分别沿 $\sigma_3^{xy}(\alpha_3),\sigma_6^{xy}(\alpha_6),\sigma_{10}^{xy}(\alpha_{10})$ 进行测量（末态记为 $|\psi\rangle$），则最终得到本征方程:

$$\sigma_1^xU_{CPG}^{(5,12)}(\theta)\sigma_{12}^xU_{CPG}^{(5,12)}(-\theta)|\psi\rangle=(-1)^{s_6+s_{10}}|\psi\rangle$$
$$\sigma_8^xU_{CPG}^{(5,12)}(\theta)\sigma_5^xU_{CPG}^{(5,12)}(-\theta)|\psi\rangle=(-1)^{s_3+s_6}|\psi\rangle$$
$$\sigma_1^zU_{CPG}^{(5,12)}(\theta)\sigma_{12}^zU_{CPG}^{(5,12)}(-\theta)|\psi\rangle=(-1)^{s_2+s_7+s_{11}}|\psi\rangle$$
$$\sigma_8^zU_{CPG}^{(5,12)}(\theta)\sigma_5^zU_{CPG}^{(5,12)}(-\theta)|\psi\rangle=(-1)^{s_9+s_7+s_4}|\psi\rangle$$

对照定理3.1.5，这就完成了基于测量的控制相位门。值得注意，输入比特 1 对应的输出比特为比特 12，输入比特 8 对应的输出比特为 5，即在 a 与 b 之间额外产生了一个交换操作。

为方便，我们将量子傅里叶变换线路图 2.14通过添加 SWAP 门调整为图 3.12所示的线路。

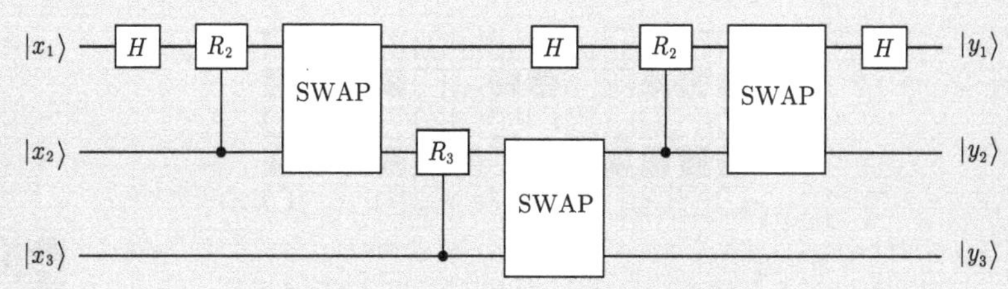

图 3.12　3 比特量子傅里叶变换线路图

调整后量子傅里叶变换线路中所需要的所有门[a]的测量方案均已在前文给出。将这些门的输入输出按照线路依次相连，即可完成基于测量的量子傅里叶变换，3 比特傅里叶变换测量方案如下（图3.13）。

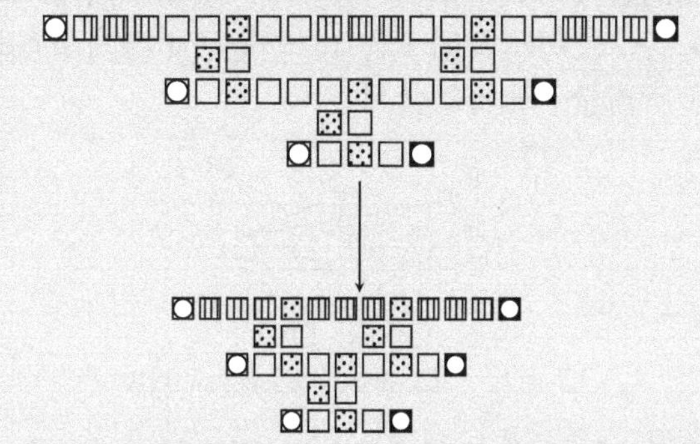

图 3.13　3 比特量子傅里叶变换: 前面的例题已知一维链上两个连续的 X 测量，相当于直接去除这两个比特

将每个门按照线路所示以首尾相连的方式进行级联, 此过程共包含 45 个格点（3 个格点用于输入，3 个格点用于输出，其余 39 个格点用于辅助)，通过对辅助格点和输入格点进行单比特测量即可实现输入、输出格点间的量子傅里叶变换。在之前的例子中已知：对两个连续量子比特作 σ^x 测量相当于直接将这两个比特去除。因此，此傅里叶变换过程可从 45 个格点简化为 33 个。

反过来，也可通过添加沿 σ^x 测量的两个连续格点以及沿 σ^z 测量的格点将图 3.13补充为规则的二维方晶格（二维方晶格上的图态可通过操控 Ising 相互作用时间进行制备），如图3.14所示。

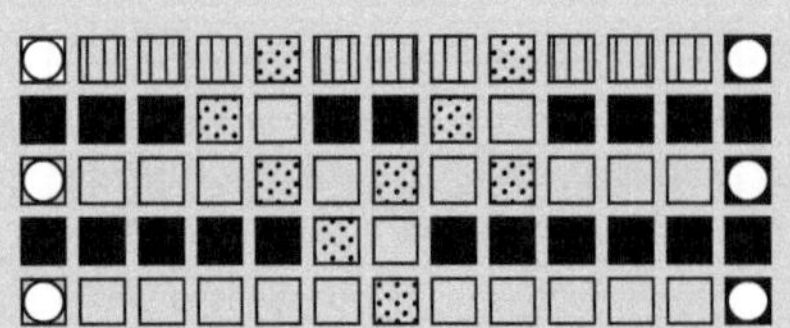

○: 输入 ●: 输出 ▣: 非Pauli测量
■: σ^z 测量 □: σ^x 测量 ▥: σ^y 测量

图 3.14 3 比特量子傅里叶变换: 通过添加沿 σ^x 测量的两个连续格点和沿 σ^z 测量的格点使图 3.13 变为规则的二维方晶格

此标准化测量方案共需制备含 $13 \times 5 = 65$ 个量子比特的方格图态。

若不限制图的连接形式，那么，所有的 Pauli 测量都可被剔除。剔除全部 Pauli 测量后，仅需制备如下含 15 个量子比特的图态即可（图3.15），这样大大降低了所需量子比特的数目。

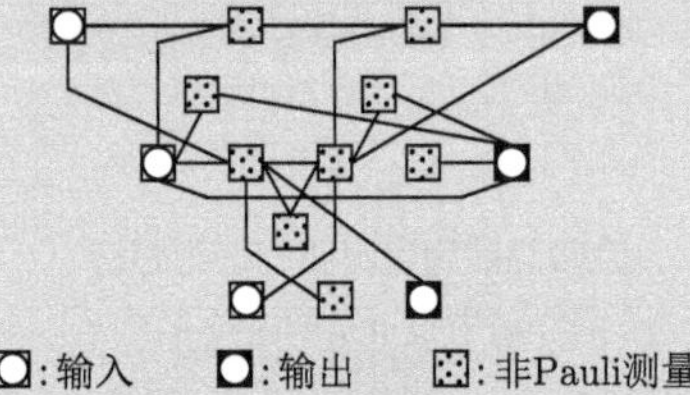

图 3.15 3 比特量子傅里叶变换: 剔除所有 Pauli 测量后的图形结构，仅需 15 个量子比特

2. MBIQP 问题

利用 One-way 量子计算模型，可以使一些量子算法更自然和简单。在第二章的采样问题中，我们在量子线路模型下定义了 IQP 采样问题，这是一个复杂度为 #P-hard 的采样问题，是体现量子优越性的重要问题之一。IQP 采样问题还有一个更自然的图态定义：

定义 (MBIQP 定义) 给定含 N 个量子比特的图态 $|G\rangle$，将图态中的量子比特分成 S_1 和 S_2 两个集合，对集合 S_1 中的量子比特沿 σ^x 测量，而集合 S_2 中的量子比特沿如下基矢量测量：

$$|m_k(\theta_k)\rangle = \frac{1}{\sqrt{2}}(\sigma^x)^{m_k}(e^{-\theta_k}|+\rangle + e^{\theta_k}|-\rangle) \qquad (k \in S_2)$$

那么，在给定图态 $|G\rangle$、集合 S_1、S_2 以及测量参数 θ_k 的条件下，得到测

量结果 $\{x_i, m_k \in \{0,1\}, i \in S_1, k \in S_2\}$ 的概率：

$$\mathbb{P}_{\text{MBIQP}}(\{x_i\},\{m_k\}|\{\theta_k\},G) = |\langle +_{\boldsymbol{x}}|\langle \boldsymbol{m}(\boldsymbol{\theta})|G\rangle|^2$$

（其中 $|+_{\boldsymbol{x}}\rangle = \otimes_{j\in S_1}(\sigma^z)^{x_j}|+\rangle$，$|\boldsymbol{m}(\boldsymbol{\theta})\rangle = \otimes_{k\in S_2}|m_k(\theta_k)\rangle$）就是 MBIQP 问题的采样。

第二章中通过量子对易门线路定义的 IQP 采样与基于 One-way 定义的 MBIQP 等价，即

定理 3.1.6 MBIQP 与量子线路 IQP 等价，它们可相互模拟。

ⓐ 如图 1.21所示，SWAP 门可分解为 3 个 CNOT 门。

3.2 拓扑量子计算

实现大规模量子计算的主要困难在于量子系统不可避免地受到环境影响，量子比特将发生退相干，最终导致计算出错或无法进行。解决这一关键困难有两种不同的路径：① 引入冗余量子比特，将量子信息编码到量子纠错码上，通过对稳定子的测量实现对错误的探测和纠正（编码会大大增加量子计算所需物理比特的数目，具体参见第五章的量子编码部分）；② 使用天然对环境和噪声有免疫功能的拓扑量子比特。拓扑量子比特利用量子多体系统中的拓扑特性：即使系统受到局域环境噪声影响，编码在拓扑比特中的信息仍不会被破坏。量子信息一般被编码于量子拓扑系统的简并基态空间中，而基态空间的稳定性由此系统的基态与第一激发态之间的能隙保障。更重要的是，基态空间的简并度和系统的能隙都受拓扑保护：相应空间的拓扑不改变，它们就不会改变，而局域扰动不改变整体拓扑。

拓扑系统中的缺陷（准粒子）由于能隙的存在而呈现空间局域特征，且它们满足任意子统计（根据统计不同，分为阿贝尔任意子和非阿贝尔任意子）。交换阿贝尔任意子，波函数只出现整体相位（玻色子和费米子是特殊的阿贝尔任意子）；而交换非阿贝尔任意子将在波函数上执行一个幺正变换。通过操控这些任意子间的交换（多个交换形成编织），就可实现系统基态空间中的量子态演化，通过选择合适的任意子就可以实现基态空间中的普适量子计算，我们称这种量子计算为拓扑量子计算。因此，在研究拓扑量子计算时，我们需要详细地研究基态简并空间和任意子的交换对基态空间的影响（对应于不同的门操作）。

注意区分拓扑量子比特与拓扑编码（参见量子编码部分），在拓扑量子比特中，系统哈密顿量始终存在，拓扑量子比特对局域噪声的免疫性由哈密顿量提供；而在拓扑编码中，并没有哈密顿量，也没有任意子可操控，对编码空间的保护是

通过测量、译码和纠错来实现的。

3.2.1 马约拉纳任意子与量子计算

为理解编码（基态）空间中逻辑量子态与任意子编织之间的关系，我们以 Kitaev 链上的马约拉纳（Majorana）任意子为例进行说明。并通过马约拉纳零模系统为例来说明拓扑量子计算的一些基本特征①。

3.2.1.1 Kitaev 链模型与拓扑比特

拓扑量子比特的理论备选系统有很多，但就目前的实验技术水平而言，马约拉纳零模（Majorana zero mode）系统是最有希望在实验上实现的可控非阿贝尔任意子系统（马约拉纳零模存在的迹象已在不同的实验系统中被观察到了）。马约拉纳零模可看作多体系统的局域缺陷（边缘缺陷），此缺陷具有非阿贝尔任意子的统计特性，且其反粒子仍为其自身，与马约拉纳费米子性质一致，因此我们很多时候也称马约拉纳零模为马约拉纳费米子。

实现马约拉纳零模的最简单系统是 Kitaev 提出的一维 Kitaev 链模型②：

在含 L 个格点的一维有限费米系统中，每个格点上费米子的占据数为 0 或者 1，设此系统的哈密顿量为

$$H_d = \sum_{j=1}^{L} \left(-\omega(a_j^\dagger a_{j+1} + a_{j+1}^\dagger a_j) - \mu \left(N_j - \frac{1}{2} \right) + \Delta a_j a_{j+1} + \Delta^* a_{j+1}^\dagger a_j^\dagger \right) \tag{3.19}$$

此哈密顿量基于超导系统，其中 $a_j^\dagger(a_j)$ 表示格点 j 上狄拉克费米子的产生（湮灭）算符，满足常见反对易关系 $\{a_i^\dagger, a_j\} = \delta_{i,j}$；$\omega$ 表示相邻格点之间的跃迁；$N_j = a_j^\dagger a_j$ 表示格点 j 上的粒子数；μ 是化学势，而 Δ 则表示系统的超导能隙（一般为包含振幅和相位信息的复数），为简单计，此处设 Δ 为实数。

为研究此系统的拓扑性质，对每个狄拉克费米子算符 $a_j, j = 1, 2, \cdots, L$ 引入两个马约拉纳费米子算符：

$$\gamma_{j,a} = (a_j + a_j^\dagger)/2, \qquad \gamma_{j,b} = (a_j - a_j^\dagger)/2i$$

它们表示狄拉克费米子算符 a_j 的实部和虚部。根据定义，马约拉纳算符具有如下性质：

（1）马约拉纳算符是实算符，其共轭为其自身，即 $\gamma^\dagger = \gamma$。这满足马约拉纳费米子的基本特征。

① 参见文献 Xu et al, Nat. Comm. **7**, 13194 (2016); Xu et al, Sci. Adv., **4**, eaat6533 (2018).

② 参见文献 A. Y. Kitaev, Phys.-Usp. **44**, 131-136 (2001); J. Alicea, Y. Oreg, G. Refael, F. von Oppen, and M. P. A. Fisher, Nat. Phys. **7**, 412-417 (2011).

（2）马约拉纳算符满足反对易关系 $\{\gamma_l, \gamma_k\} = 2\delta_{lk}$。

将马约拉纳算符代入哈密顿量（式（3.19））得到

$$H_m = \frac{i}{2}\sum_j [-\mu\gamma_{j,a}\gamma_{j,b} + (\omega + \Delta)\gamma_{j,b}\gamma_{j+1,a} + (\Delta - \omega)\gamma_{j,a}\gamma_{j+1,b}]$$

为进一步简化，设 $\Delta = \omega$，则哈密顿量简化为只含两个参数（ω 和 μ）的形式：

$$H_m = \frac{i}{2}\sum_j (-\mu\gamma_{j,a}\gamma_{j,b} + 2\omega\gamma_{j,b}\gamma_{j+1,a})$$

根据参数 ω 和 μ 的不同取值，系统具有完全不同的物理性质（图 3.16(a),(b)）：

（1）$\omega = 0$ 且 $\mu < 0$，哈密顿量变为

$$H_m = \frac{i}{2}(-\mu)\sum_j \gamma_{j,a}\gamma_{j,b}$$

若将同一个格点上的两个马约拉纳费米子 $\gamma_{j,a}$ 和 $\gamma_{j,b}$ 重新配对为一个狄拉克费米子 $a_j = \gamma_{j,a} + i\gamma_{j,b}$，则系统哈密顿量变为

$$H_d = -\mu\sum_j \left(a_j^\dagger a_j - \frac{1}{2}\right) = -\mu\sum_j \left(\hat{N}_j - \frac{1}{2}\right)$$

由于 $\mu < 0$，根据狄拉克费米子的性质，当占据数 $\hat{N}_j, j = 1, 2, \cdots, L$ 均为 0 时，系统能量最低。此时，系统基态无简并。

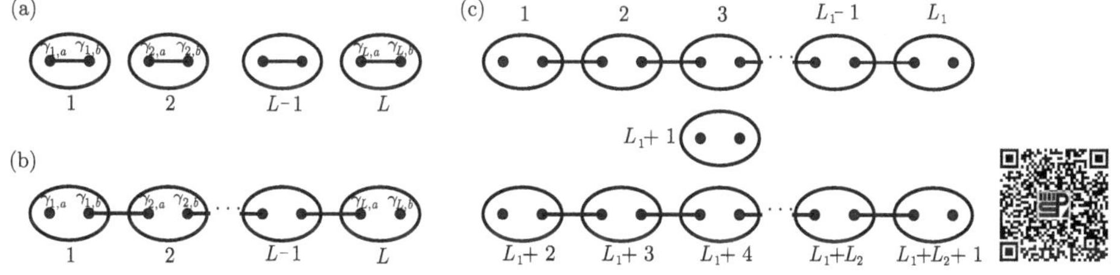

图 3.16 Kitaev 链基态和逻辑比特：(a) $\omega = 0$ 且 $\mu < 0$ 时，Kitaev 链中每个格点上的两个马约拉纳任意子配对成一个狄拉克费米子；(b) $\omega > 0$ 且 $\mu = 0$ 时，Kitaev 链中相邻格点上的两个马约拉纳任意子配对成一个狄拉克费米子。形成两端两个孤立的马约拉纳任意子（蓝色）；(c) 由于费米系统的宇称守恒，需要两条 Kitaev 链（4 个马约拉纳任意子）编码一个拓扑量子比特

（2）$\omega > 0$ 且 $\mu = 0$，哈密顿量变为

$$H_m = i\omega\sum_j \gamma_{j,b}\gamma_{j+1,a}$$

若将两个相邻格点上的马约拉纳费米子配对成一个狄拉克费米子，即 $\tilde{a}_j = \gamma_{j,b} +$

$i\gamma_{j+1,a}$ $(j=1,2,\cdots,L-1)$，则哈密顿量可表示为狄拉克费米子形式：

$$H_d = 2\omega\sum_{j=1}^{L-1}\left(\tilde{a}_j^{\dagger}\tilde{a}_j - \frac{1}{2}\right) = 2\omega\sum_{j=1}^{L-1}\left(\tilde{N}_j - \frac{1}{2}\right)$$

显然，当狄拉克费米子 $\tilde{N}_j$ （$j=1,2,\cdots,L-1$）的占据数均为 0 时，系统能量最低（系统处于基态）。

特别注意，马约拉纳费米子算符：$\gamma_{1,a}$ 与 $\gamma_{L,b}$（处于一维链两端的马约拉纳费米子）并未出现在前面的哈密顿量中。若将这两个马约拉纳费米子配对为一个狄拉克费米子 $\hat{b}=\gamma_{1,a}+i\gamma_{L,b}$，那么，哈密顿量 H_d 和此狄拉克费米子的粒子数算符 $N_b=\hat{b}^{\dagger}\hat{b}$（取值为 0 或 1）对易，即 $[H_d,N_b]=0$。因此，哈密顿量 H_d 的基态具有两重简并，且这两重简并可用算符 N_b 的占据数来标记，记为 $|0\rangle$（满足 $\langle 0|N_b|0\rangle=0$）和 $|1\rangle$（满足 $\langle 1|N_b|1\rangle=1$）。因此，一维 Kitaev 链两端的马约拉纳费米子可看作系统的局域缺陷。

这些性质不仅仅出现在这两个极端参数处，它们会形成两个不同的相区间：前一个称之为平凡相区间; 后一个称之为拓扑相区间，而我们感兴趣的是拓扑相区间。

我们将量子比特编码于拓扑相的简并基态空间中。费米系统中的宇称守恒性（费米子个数的奇偶性不变）一方面对基态空间中的信息提供保护；同时也限制基态空间中的编码：尽管一维 Kitaev 链拓扑相中的基态空间有两重简并，但由于两个简并量子态具有不同的宇称，单链系统无法编码一个量子比特。因此，一个拓扑量子比特至少需要两条 Kitaev 链，编码方式如图 3.16(c) 所示。

两条长度分别为 L_1 和 L_2 的 Kitaev 链，调节参数使得它们两端分别形成马约拉纳零模，且它们的简并基态空间的本征态分别记为 $|0\rangle_1,|1\rangle_1$（第一条链）和 $|0\rangle_2,|1\rangle_2$（第二条链）。由这两条链组成的系统整体满足费米宇称守恒（由基态 $|00\rangle$ 和 $|11\rangle$ 组成的偶宇称空间，以及由 $|01\rangle$ 和 $|10\rangle$ 组成的奇宇称空间），但若仅看其中一条链，其宇称会发生变化。因此，由两条 Kitaev 链组成的奇（偶）空间（包含两个不同的状态）可编码一个拓扑量子比特。值得注意，此编码显然是一个非局域编码，它对局域扰动具有免疫性。通过调节两条链中的相互作用，就可以实现拓扑量子比特的操控。

3.2.1.2　马约拉纳拓扑比特的操作

一般来说，在拓扑量子计算中，我们有两类不同的对象：编码空间（基态（子）空间）和非阿贝尔任意子。量子比特（信息）编码在基态空间中，而对基态空间中量子态的操控则通过非阿贝尔任意子之间的交换来实现。事实上，一个量子拓扑系统能否实现普适的拓扑量子计算，主要由它的非阿贝尔任意子的交换特性决定：仅当通过交换此类非阿贝尔任意子能生成所有普适逻辑门时，它才能实现普适的拓扑量子计算①。据此判定，马约拉纳零模并不能实现普适的拓扑量子计算（交换马约拉纳任意子只能产生 Clifford 操作）。尽管如此，为简单起见，我们仍以马约拉纳零模系统为例来演示非阿贝尔任意子交换对基态空间的影响，以及如何在马约拉纳系统中实现普适量子计算（非普适的拓扑量子计算）。

在线路模型中我们知道实现普适量子计算，需要实现一组普适量子门：如单比特 Hadamard 门，$\frac{\pi}{8}$ 门以及两比特 CNOT 门。事实上，在马约拉纳零模系统中，除 $\frac{\pi}{8}$ 门外，其他基本门都可以通过交换不同马约拉纳零模在编码空间中实现，换言之，所有的 Clifford 门都可以拓扑保护的方式实现。

1. 单比特门的实现

假设我们有如图 3.17 所示的“工”字形双 Kitaev 链系统，调节系统参数使两条 Kitaev 链均处于拓扑区间：记第一条 Kitaev 链两端的马约拉纳费米子（零模）为 A 和 B，第二条 Kitaev 链两端的马约拉纳费米子（零模）为 C 和 D。根据单 Kitaev 链基态空间的双重简并以及系统的宇称守恒，两条 Kitaev 链可编码一个逻辑比特（不失一般性，设编码在偶宇称空间中）。

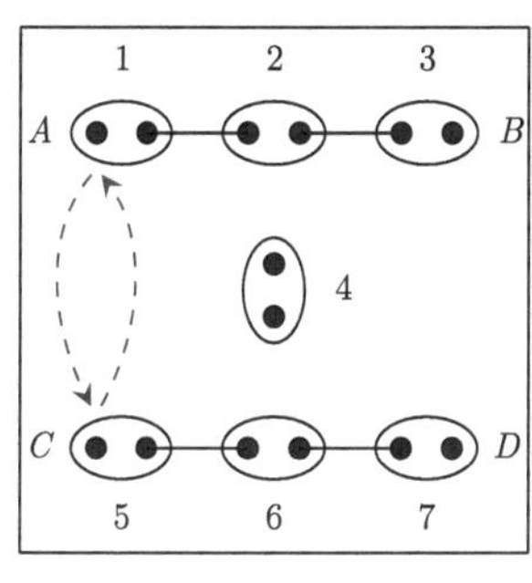

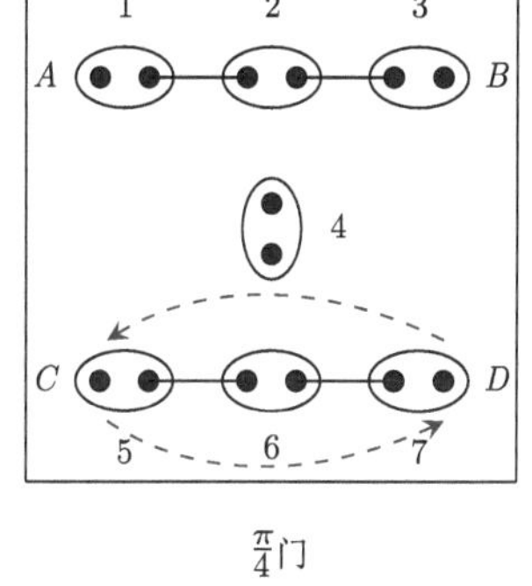

图 3.17 马约拉纳零模系统中逻辑比特上 Clifford 门的实现：将量子比特编码在两条 Kitaev 链组成的系统中，通过交换不同链上的两个马约拉纳任意子（A 和 C）就可以实现量子比特上的 Hadamard 门，而交换同一条链上的两个马约拉纳任意子（C 和 D）可以实现 $\frac{\pi}{4}$ 门。图中蓝色点表示未配对的马约拉纳任意子

我们下面来说明：通过马约拉纳费米子 A, B, C, D 之间的交换，可以实现逻辑比特（基态空间中）的 Hadamard 门和 $\frac{\pi}{4}$ 门（均为单比特 Clifford 门）。交换不同马约拉纳任意子可实现逻辑比特中两个独立的基本操作：

（1）同链交换：交换同一条 Kitaev 链上的两个马约拉纳费米子（如第二条链

① 参见文献 A. Y. Kitaev, Ann. Phys. **303**, 2-30 (2003); J. Alicea, Y. Oreg, G. Refael, F. von Oppen, and M. P. A. Fisher, Nat. Phys. **7**, 412-417 (2011).

上的任意子 C、D)，如图 3.18 所示。此交换过程可通过 3 个绝热演化过程实现，每个绝热演化连接两个不同的哈密顿量。为简单计，我们以最简单的 7 费米子系统为例。

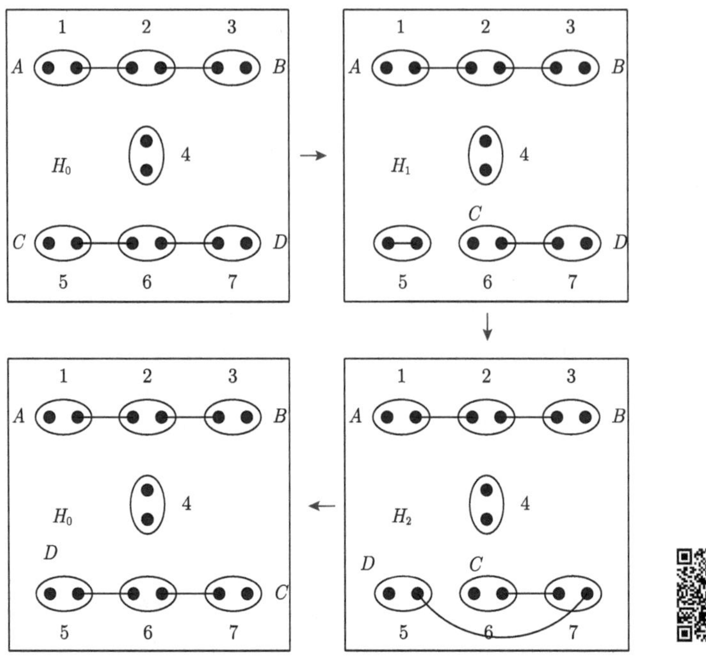

图 3.18 $\dfrac{\pi}{4}$ 门的实现：交换同链中的两个马约拉纳任意子可通过 3 个绝热过程实现。图中蓝色点表示未配对的马约拉纳任意子

- 设第二条链上的初始哈密顿量为

$$H_0 = i(\gamma_{5b}\gamma_{6a} + \gamma_{6b}\gamma_{7a})$$

此时马约拉纳任意子 C 和 D 分别处于格点 5 和 7 上 (此过程只与第二条链有关，我们忽略费米子 1–4)。

- 通过 $H = (1-\lambda)H_0 + \lambda H_1$ 绝热地将系统哈密顿量从 H_0 变到

$$H_1 = i(\gamma_{5a}\gamma_{5b} + \gamma_{6b}\gamma_{7a})$$

(λ 缓慢地从 0 变为 1)。此过程将马约拉纳任意子 C 从格点 5 移动到格点 6。

- 通过 $H = (1-\lambda)H_1 + \lambda H_2$ 绝热地将系统哈密顿量从 H_1 缓慢地变到

$$H_2 = i(\gamma_{5b}\gamma_{7b} + \gamma_{6b}\gamma_{7a})$$

此过程将马约拉纳费米子 D 从格点 7 移动到格点 5。

• 通过 $H=(1-\lambda)H_2+\lambda H_0$ 绝热地将系统哈密顿量从 H_2 缓慢地变到 H_0。此过程将马约拉纳任意子 C 从格点 6 移动到格点 7。

这就实现了马约拉纳费米子 C 和 D 的交换。整个过程在编码空间（偶宇称空间）中实现了如下幺正变换：

$$U_1=\begin{bmatrix}1 & 0\\ 0 & i\end{bmatrix}$$

此即逻辑比特上的 $\dfrac{\pi}{4}$ 门。

（2）异链交换：交换不同链上的马约拉纳费米子（如 B 和 C）。

此过程也可由 4 个绝热过程来实现：

• 设系统初始哈密顿量为

$$H_0=i(\gamma_{1b}\gamma_{2a}+\gamma_{2b}\gamma_{3a}+\gamma_{5b}\gamma_{6a}+\gamma_{6b}\gamma_{7a}+\gamma_{4a}\gamma_{4b})$$

此时，两条 Kitaev 链之间相互独立（费米子 4 与它们之间也无相互作用）。四个马约拉纳任意子 A，B，C，D 分别处于两条链的两端（图3.19）。

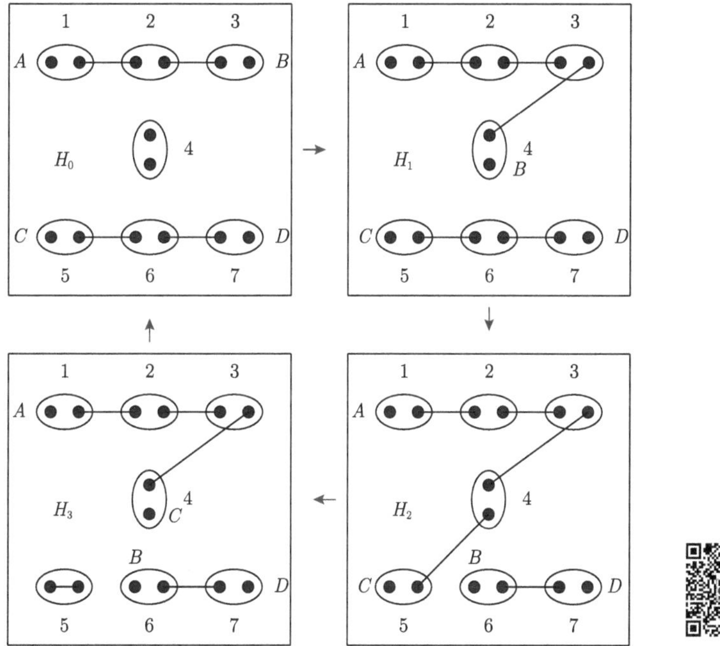

图 3.19 异链马约拉纳任意子 B 和 C 的交换：此过程可通过四个绝热过程实现：将任意子 B 从格点 3 移动到 4；再将其移动到 6；将任意子 C 从格点 5 移动到 4；同时将任意子 B 从 6 移动到 5，将任意子 C 从格点 4 移动到 3。其中蓝色点代表马约拉纳任意子

• 通过 $H=(1-\lambda)H_0+\lambda H_1$ 将系统哈密顿量从 H_0 绝热演化到

$$H_1=i(\gamma_{1b}\gamma_{2a}+\gamma_{2b}\gamma_{3a}+\gamma_{3b}\gamma_{4a}+\gamma_{5b}\gamma_{6a}+\gamma_{6b}\gamma_{7a})$$

此过程将马约拉纳任意子 B 从格点 3 移动到格点 4，其他马约拉纳任意子位置不变。

• 通过 $H=(1-\lambda)H_1+\lambda H_2$ 将系统哈密顿量从 H_1 绝热演化到

$$H_2=i(\gamma_{1b}\gamma_{2a}+\gamma_{2b}\gamma_{3a}+\gamma_{3b}\gamma_{4a}+\gamma_{4b}\gamma_{5b}+\gamma_{6b}\gamma_{7a})$$

此过程将马约拉纳任意子 B 从格点 4 移动到格点 6，其他任意子位置不变。

• 通过 $H=(1-\lambda)H_2+\lambda H_3$ 将系统哈密顿量从 H_2 绝热演化到

$$H_3=i(\gamma_{1b}\gamma_{2a}+\gamma_{2b}\gamma_{3a}+\gamma_{3b}\gamma_{4a}+\gamma_{5a}\gamma_{5b}+\gamma_{6b}\gamma_{7a})$$

此过程将马约拉纳费米子 C 从格点 5 移动到格点 4，任意子 B 仍位于格点 6，其他任意子与初始位置相同。

• 通过 $H=(1-\lambda)H_3+\lambda H_0$ 将系统哈密顿量从 H_3 绝热演化到 H_0。此过程将马约拉纳费米子 C 从格点 4 移回格点 3，同时将任意子 B 从格点 6 移到格点 5。

这就实现了马约拉纳费米子 B 和 C 的交换，在编码空间（偶宇称空间）中诱导幺正变换：

$$U_2=\frac{1}{\sqrt{2}}\begin{bmatrix}1 & i\\ i & 1\end{bmatrix}$$

需要特别指出，任意两个任意子之间的交换有两种不同的方式，这两种方式我们分别称之为顺时针交换和逆时针交换，它们诱导基态空间中逻辑比特上的幺正变换互为逆矩阵。为方便，我们定义前面的交换顺序为顺时针交换，而逆时针交换就是前面交换过程的逆序。这两种不同顺序的交换我们常图示为图3.20。

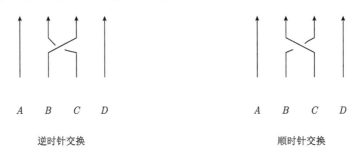

图 3.20　顺时针及逆时针交换示意图

马约拉纳任意子 A，B，C，D 之间的任意交换都可通过这两个基本交换的组合产生，如马约拉纳任意子 A 和 C 之间的交换就可通过先交换第一条链上的

马约拉纳任意子 A 和 B（同链交换），再交换第一条链上的马约拉纳任意子 A 和第二条链左端的马约拉纳任意子 C（异链交换），最后将第一条链上的两个马约拉纳任意子 B 和 C 交换（同链交换）来产生，如图 3.21所示。

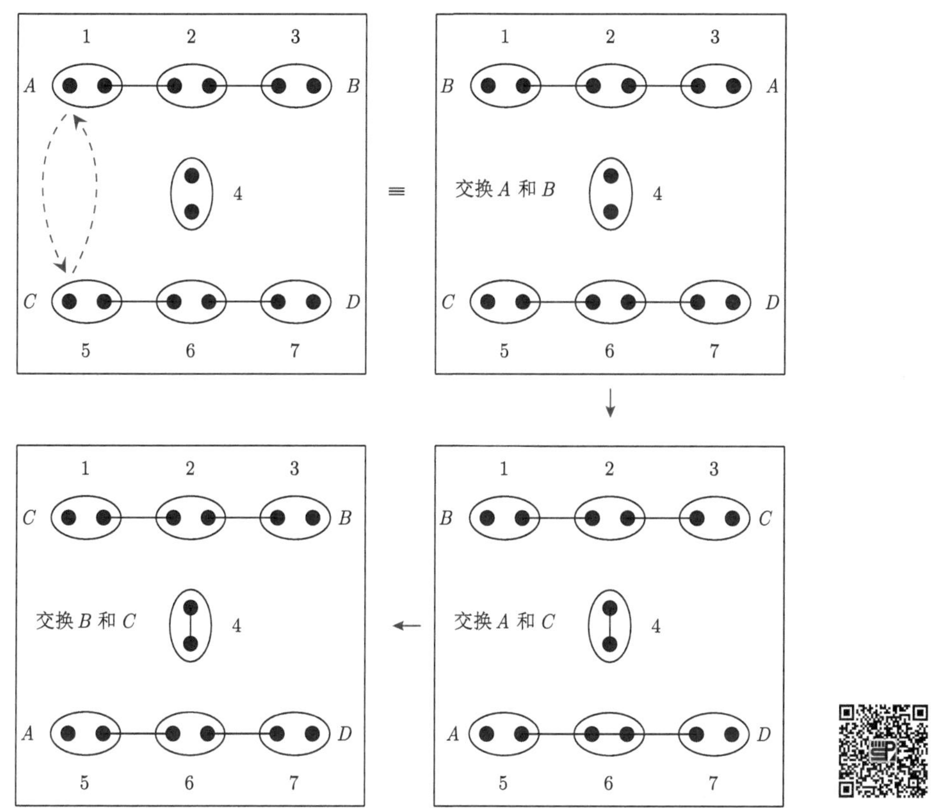

图 3.21　Hadamard 变换的实现：通过级联同链马约拉纳任意子 A 和 B 的交换、异链马约拉纳任意子 A 和 C 的交换，以及同链马约拉纳任意子 B 和 C 的交换就可以实现马约拉纳任意子 A 和 C 的交换

交换 A，C 在编码空间（偶宇称空间）诱导幺正变换：

$$U = U_1^{\dagger} U_2 U_1 = \frac{1}{\sqrt{2}} \begin{bmatrix} 1 & -1 \\ 1 & 1 \end{bmatrix}$$

而这就是 Hadamard 变换（与标准 Hadamard 变换差异在于逻辑 $|1_L\rangle$ 定义多一个整体相位 -1）。

通过交换马约拉纳任意子实现编码空间（基态空间）中的幺正变换有如下特点：

（a）它对局域噪声免疫。从前面的交换示例中可以看到，整个过程中两个马约拉纳任意子不会出现在同一个格点，任何局域噪声只影响一个马约拉纳任意子，这不影响非局域的基态空间。

（b）编码空间中的变换只与交换性质本身有关，与实现交换的具体绝热过程无关，这种天然的统计特性对幺正变换提供拓扑保护。

事实上，交换不同马约拉纳任意子能实现的操作就是上面两个基本操作通过乘法生成的群，这是单比特 Clifford 算符集。根据第一章中的 Gottesman-Knill 定理可知 Clifford 门无法实现普适量子计算。而要实现普适量子计算，还需实现非 Clifford 的 $\frac{\pi}{8}$ 门。此门不能通过交换马约拉纳任意子实现，需将两个马约拉纳费米子移到同一个格点，通过在此格点上施加局域的、与狄拉克费米子数目相关的演化来实现（图 3.22）。

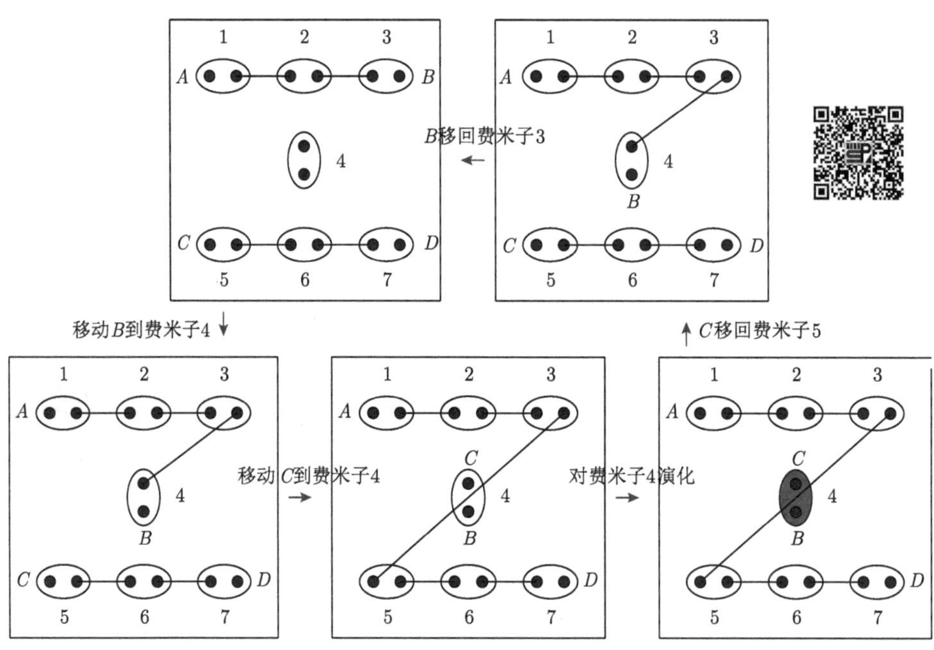

图 3.22 $\frac{\pi}{8}$ 门的实现：$\frac{\pi}{8}$ 门的实现需将两个马约拉纳任意子移到同一个格点上，并将与此格点上狄拉克费米子布居相关的势能作用于此格点。这也将导致系统对局域噪声的免疫性消失

值得注意，在此过程中两个马约拉纳费米子会出现在同一个格点上，非局域编码对局域噪声的免疫性在此格点上失效。简单地说，$\frac{\pi}{8}$ 门不再受到拓扑保护。尽管如此，若所有的 Clifford 门都可以拓扑保护，那么，$\frac{\pi}{8}$ 门的容错阈值将会远远高于非拓扑量子计算，达到 14%。

2. CNOT 门的实现

CNOT 门也是 Clifford 门，它也可通过交换马约拉纳费米子的方式拓扑地实现。CNOT 门涉及 2 个逻辑量子比特，按照前面的编码方案，共需要 4 条 Kitaev 链进行编码。事实上，通过改进编码方案，我们可用 3 条 Kitaev 链编码 2 个逻辑量子比特，编码方案如下。

三条长度分别为 L_1，L_2，L_3 的 Kitaev 链，调节参数使得它们两端分别形成两个马约拉纳任意子，且它们的基态子空间本征态分别记为 $|0\rangle_1, |1\rangle_1$（第一条链），$|0\rangle_2, |1\rangle_2$（第二条链），$|0\rangle_3, |1\rangle_3$（第三条链）。这三条链组成的系统整体满足费米宇称守恒（由 $|000\rangle, |011\rangle, |110\rangle$ 和 $|101\rangle$ 组成的偶宇称空间，以及由 $|001\rangle, |010\rangle, |100\rangle$ 和 $|111\rangle$ 组成的奇宇称空间）。由三条 Kitaev 链组成的奇（偶）空间包含四个不同的状态，可编码两个拓扑量子比特。通过上述讨论可知：N 条 Kitaev 链可编码 $N-1$ 个拓扑量子比特。

记第一条 Kitaev 链两端马约拉纳任意子为 A 和 B，第二条 Kitaev 链两端马约拉纳费米子为 C 和 D，第三条 Kitaev 链两端马约拉纳费米子为 E 和 F。不失一般性，设编码在偶宇称空间中：四个逻辑量子比特态 $|00\rangle, |10\rangle, |01\rangle, |11\rangle$ 分布对应三条 Kitaev 链的状态 $|000\rangle, |110\rangle, |011\rangle, |101\rangle$。在此编码下，我们可以通过图 3.23所示的马约拉纳任意子 A、B、C、D、E、F 之间的交换实现两个逻辑比特上的 CNOT 门。

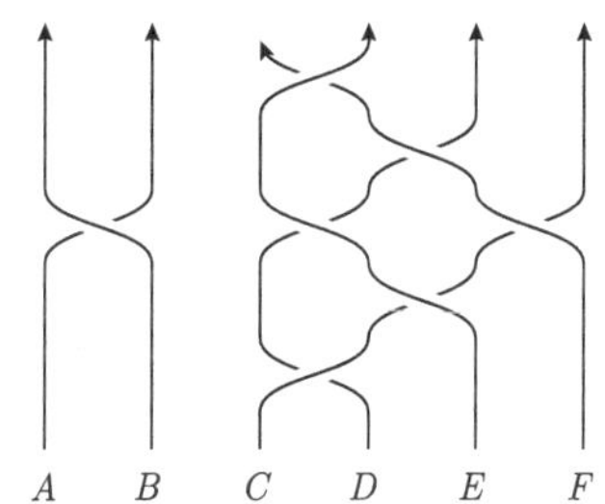

图 3.23 CNOT 门的实现：通过 6 个马约拉纳任意子编码两个逻辑比特，通过同链和异链的交换就可实现它们之间的 CNOT 门

前面量子门的实现中，我们并未涉及 Kitaev 模型的物理实现以及实际材料系统中的细节，若对具体实验和非理想情况感兴趣可参考相关文献。

3.2.2 拓扑量子计算的一般理论

由前面简单的例子可看出，拓扑量子计算具有其他模型所不具有的优势：在非局域编码和拓扑保护下，量子系统对局域噪声具有免疫性。在此系统的量子计算过程中，量子比特编码于系统的基态空间中，而编码空间中的量子态演化则通过操控不同非阿贝尔任意子的交换来实现。显然，这种方式所能实现的编码空间中的幺正变换与非阿贝尔任意子本身的特性有密切关系。事实上，从描述非阿贝尔任意子特性的融合规则（fusion rule）出发，我们就可以定义完整的基于任意子的拓扑量子计算。下面我们从介绍非阿贝尔任意子的融合规则开始[①]。

3.2.2.1 任意子及其融合规则

简单地说，任意子的融合（fusion）就是将多个任意子看作一个整体，其对外呈现的“粒子”特性。最简单和基础的融合是两个任意子（a,b）的融合，它可用如下表达式表示：

$$a \times b = N_{ab}^{c} c + N_{ab}^{d} d + \cdots$$

其中 $\times$ 表示融合过程。此融合过程有如下特征：

(1) 融合结果与任意子 a，b 的顺序无关，即 $a \times b = b \times a$；

(2) c，d，$\cdots$ 表示 a，b 作为整体对外表现出的、可能的“粒子”(包括任意子，费米子，真空（表示为 I）等不同“粒子”)，我们一般称它们为融合得到的拓扑荷（topological charge）；

(3) 非负的整系数 N_{ab}^{c} 表示 a，b 融合产生拓扑荷 c 的融合通道数目（每一个从 a，b 产生 c 的方法称为一个融合通道)，满足关系 $N_{ab}^{c} = N_{ba}^{c}$，且 $N_{aa^{\dagger}}^{I} = 1$ (其中 a 和 $a^{\dagger}$ 表示一对可湮灭的任意子)。

(4) 不同的融合通道之间原则上不能通过拓扑荷区分，因此，N_{ab}^{c} 个融合通道天然处于相干状态。当然，在对拓扑荷测量前不同拓扑荷的融合通道也处于相干状态。这是量子计算的基础。

融合过程如图3.24表示。

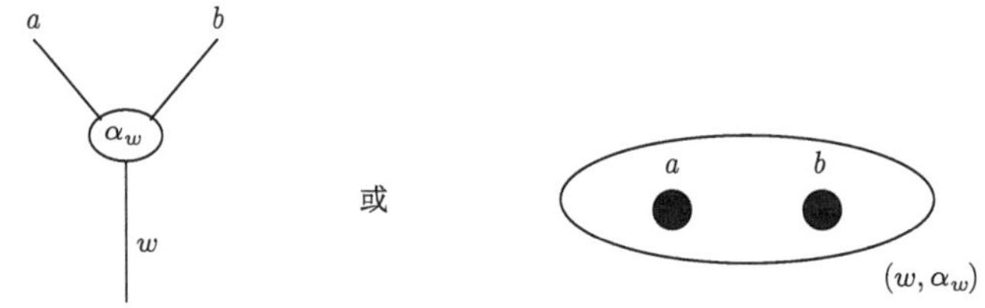

图 3.24 任意子 a, b 融合示意图：$w = c, d, \cdots$ 标识融合后的拓扑荷，而 $\alpha_w = 1, 2, \cdots$ 标识生成拓扑荷 w 的不同融合通道

① 参见文献 M. H. Freedman, A. Y. Kitaev, M. J. Larsen and Z. Wang, B. Am. Math. Soc. **40**, 31-38 (2003).

若 a、b 为全同任意子，且融合规则中的参数满足条件 $\sum_k N_{ab}^k > 1$（有多于一个融合通道），则此任意子称为非阿贝尔任意子。相反地，若只有一个融合通道，即 $a \times b = \sum_c \delta_{c,c'} c$，那么，此任意子称为阿贝尔任意子。下面我们介绍两种常见的非阿贝尔任意子。

例 3.5

1. Ising 任意子及其融合规则

在 Ising 任意子系统中有三种不同类型的拓扑荷：Ising 任意子 (γ)、"粒子" ψ 和真空 I。它们满足下面的融合规则：

$$\gamma \times \gamma = I + \psi, \qquad \gamma \times \psi = \gamma, \qquad \psi \times \psi = I, \qquad I \times a = a \tag{3.20}$$

其中 $a = I$，γ，ψ。这些融合规则可图示为图3.25。

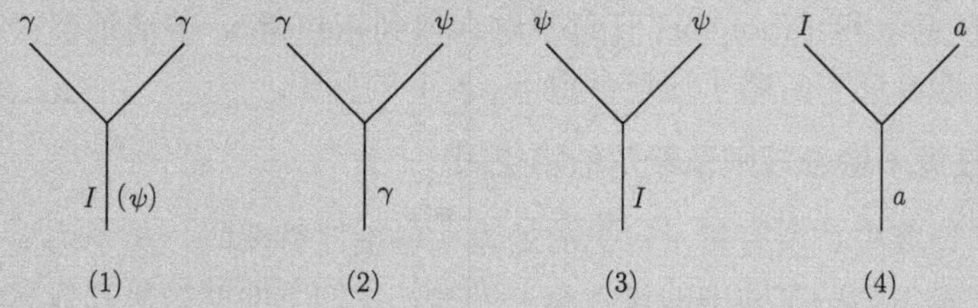

图 3.25 Ising 任意子融合规则示意

从 $\gamma \times \gamma = I + \psi$ 可以看出：两个 Ising 任意子融合时有两种可能的拓扑荷：ψ 和 I。因此，Ising 任意子 γ 是非阿贝尔任意子。而"粒子" ψ 和 I 的融合规则 $I \times I = I$，$\psi \times \psi = I$ 中都只有一个融合通道，因此，它们都是阿贝尔任意子。

与前面的马约拉纳任意子系统对比：马约拉纳任意子对应于 Ising 任意子 γ，ψ 对应于狄拉克费米子，而 I 对应于真空。与马约拉纳费米子一样，所有 Ising 任意子系统都不能仅通过 Ising 任意子的交换来实现普适量子计算。

2. Fibonacci 任意子及其融合规则

Fibonacci 任意子是一种可实现普适量子计算的非阿贝尔任意子。此系统包含两种拓扑荷：τ 和 I。其融合规则为

$$\tau \times \tau = I + \tau \qquad I \times \tau = \tau, \qquad I \times I = I \tag{3.21}$$

其融合过程可图示为图3.26。

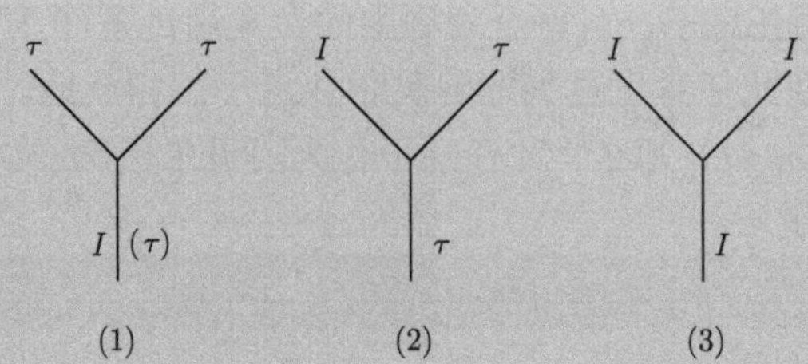

图 3.26 Fibonacci 任意子融合规则示意

从融合规则可见，两个 Fibonacci 任意子 τ 的融合对外表现出两种拓扑荷：I 和 τ。因此，Fibonacci 任意子是非阿贝尔任意子。而“粒子”I 是阿贝尔任意子。

Ising 任意子和 Fibonacci 任意子融合得到拓扑荷 w 的通道都只有一个，因此，我们在融合图中省略了通道参数 $\alpha_w = 1$ 的标识。

3.2.2.2 任意子融合规则及希尔伯特空间

在量子计算中，所有量子信息的处理（包括比特编码，量子门操作，量子测量等）都在希尔伯特空间中的量子态上进行，我们下面就来研究任意子融合规则与其定义的希尔伯特空间之间的关系。

对两个全同非阿贝尔任意子 a，设其融合规则为 $a \times a = \sum_b N_{aa}^b b$。由于不同融合通道之间处于相干状态，每个融合通道都天然地对应于希尔伯特空间中的一个基矢量：

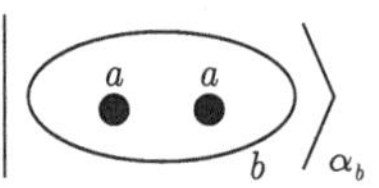

其中 $\alpha_b = 1, 2, \cdots, N_{aa}^b$，且不同通道对应的基矢量之间相互正交。因此，两个非阿贝尔任意子的融合定义了一个 $\sum_b N_{aa}^b$ 维的希尔伯特空间，以及此空间中的一组基矢量。

例 3.6

两 Ising 任意子的融合规则

$$\gamma \times \gamma = I + \psi$$

定义了一个二维希尔伯特空间，其基矢量 $|0\rangle$ 为

$$|0\rangle = |\gamma,\gamma \to I\rangle = \left|\left(\overset{\gamma}{\bullet}\ \overset{\gamma}{\bullet}\right)_I\right\rangle$$

它对应于两个 Ising 任意子融合为真空的通道; 而另一个基矢量 $|1\rangle$ 为

$$|1\rangle = |\gamma,\gamma \to \psi\rangle = \left|\left(\overset{\gamma}{\bullet}\ \overset{\gamma}{\bullet}\right)_\psi\right\rangle$$

它对应于两个 Ising 任意子融合为一个狄拉克费米子 (ψ) 的通道。此定义与前面 Kitaev 链中简并基态空间中的定义一致。

两任意子融合是多任意子融合的基础，事实上，多任意子的融合过程都可以表示成一系列两任意子融合过程的组合。为确定多任意子融合所定义的希尔伯特空间及其基矢量，我们首先来看 3 任意子融合的情况。

设 3 个全同任意子为 a，b 和 c，它们融合获得拓扑荷 d。与两任意子融合的情况类似，我们需讨论融合过程中产生的所有融合通道，并通过这些融合通道来定义此融合过程中的希尔伯特空间及其基矢量。我们将看到，融合顺序不同，其融合通道也不尽相同，它们对应于同一个希尔伯特空间中不同的基矢量。

（1）假设两任意子 a、b 先融合并得到拓扑荷 i，然后，拓扑荷 i 再与任意子 c 融合，最后得到拓扑荷 d。设 a 和 b 融合得到拓扑荷 i 的通道为 α_1，而拓扑荷 i 与任意子 c 融合得到 d 的通道为 α_2，则此融合过程可图示为图 3.27(a)。

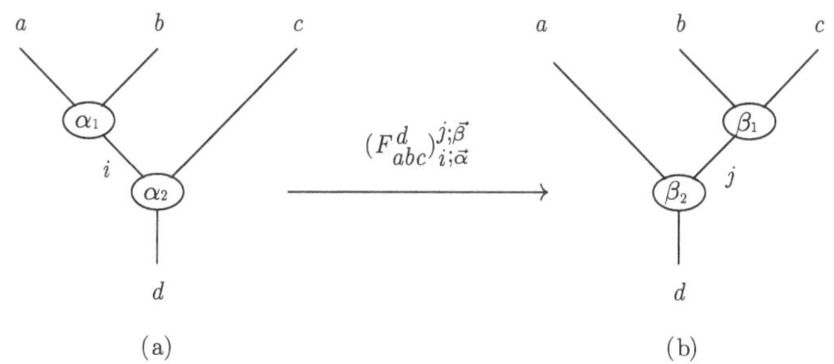

图 3.27

此融合过程对应希尔伯特空间中的基矢量：

$$|i;\vec{\alpha}\rangle = \left|\left(\left(\overset{a}{\bullet}\ \overset{b}{\bullet}\right)_i \overset{c}{\bullet}\right)_d\right\rangle_{\vec{\alpha}} = \left|\left(\overset{a}{\bullet}\ \overset{b}{\bullet}\right)_i\right\rangle_{\alpha_1} \otimes \left|\left(\overset{i}{\bullet}\ \overset{c}{\bullet}\right)_d\right\rangle_{\alpha_2}$$

因 a,b,c,d 均固定，前面的量子态只需标识 i 和 $\vec{\alpha}$ 即可（其中 $\vec{\alpha}=\{\alpha_1,\alpha_2\}$）。

所有基矢量 $|i;\vec{\alpha}\rangle$ 张成对应的 3 任意子融合形成的希尔伯特空间。

（2）若任意子 b 和 c 先融合并得到拓扑荷 j，拓扑荷 j 再与任意子 a 融合，最终得到拓扑荷 d。假设 b 和 c 融合得到拓扑荷 j 的通道为 β_1，而拓扑荷 j 与任意子 a 融合得到的通道为 β_2(图3.27(b))，则此融合过程定义的基矢量为

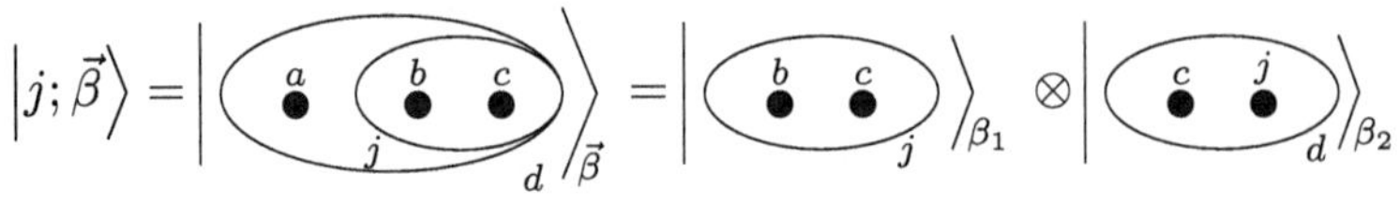

两个不同融合顺序定义了同一个希尔伯特空间中的两组不同的正交基矢，它们可通过一个幺正算符 F 联系，即

$$|j;\vec{\beta}\rangle = \sum_{i;\vec{\alpha}} (F^d_{abc})^{j;\vec{\beta}}_{i;\vec{\alpha}} |i;\vec{\alpha}\rangle$$

其中 $\vec{\alpha} = (\alpha_1, \alpha_2)$，$\vec{\beta} = (\beta_1, \beta_2)$。由此可见，多任意子融合过程与多自旋（角动量）的合成过程类似。

多任意子融合情况下的基矢量和对应希尔伯特空间也可类似地定义，给定融合顺序就唯一确定了其希尔伯特空间中的一组基矢量。设 n 个给定的任意子 $f_0,a_2,\cdots,a_n$ 融合形成任意子（拓扑荷）f_{n-1}，则此融合定义了一个希尔伯特空间，其一组完备的基矢量可通过选定融合次序来确定。

图3.28所示的融合顺序、中间拓扑荷 f_i $(i = 1, 2, \cdots, n-2)$ 以及融合通道的标记 β_i $(i = 1, 2, \cdots, n-1)$ 就给定了希尔伯特空间中的一个基矢量：

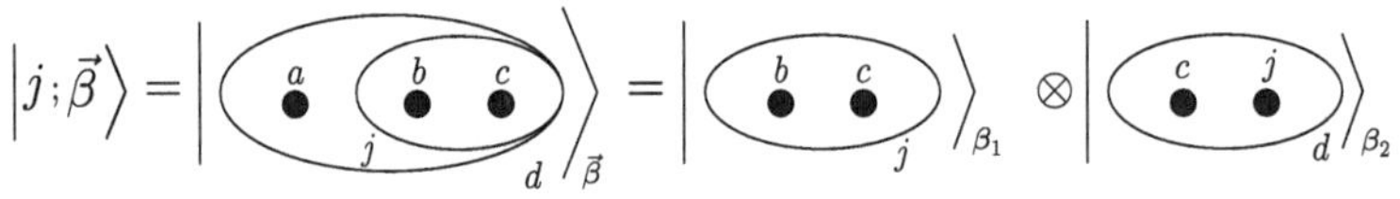

其中 $\vec{f} = (f_1, f_2, \cdots, f_{n-2})$，$\vec{\beta} = (\beta_1, \beta_2, \cdots, \beta_{n-1})$（当所有拓扑荷都只有一个融合通道时，参数 $\vec{\beta}$ 可省略）。当 $\vec{f}$ 和 $\vec{\beta}$ 遍历所有取值时就获得了希尔伯特空间中的一组完备基矢量。那么，一个融合确定的希尔伯特空间中不同的基矢量（维数）有多少呢？根据基矢量的定义可知其数目为

$$D^n_{\mathcal{H}} = \sum_{f_1, f_2, \cdots, f_{n-2}} N^{f_1}_{a_2 f_0} N^{f_2}_{a_1 f_1} \cdots N^{f_{n-1}}_{a_n f_{n-2}} \tag{3.22}$$

其中 $N^{f_i}_{a_{i+1} f_{i-1}}$ 是参数 β_i 的取值数目，$N^{f_i}_{a_{i+1} f_{i-1}}$ 之间的乘积关系由基矢量 $|\vec{f}, \vec{\beta}\rangle$ 的直积结构确定。尽管基矢量具有直积结构，但由于总维数还需对 f_i $(i = 1, 2, \cdots, n-2)$ 求和，因此，整个希尔伯特空间不具有直积结构。值得注意，融合过程定义的希尔伯特空间维数与融合顺序无关。

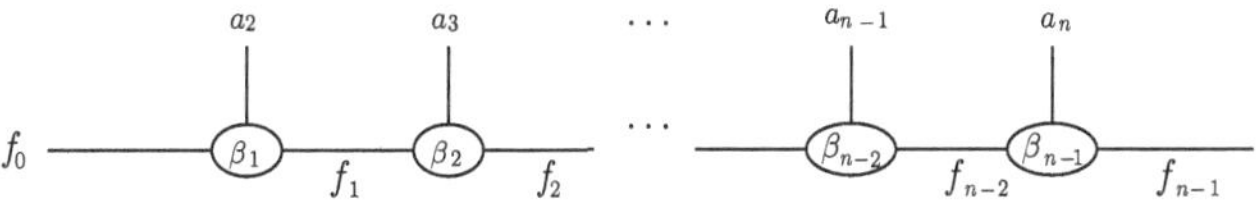

图 3.28 多任意子融合过程：其中 β_i 标记了对应融合过程的通道，此图对应于希尔伯特空间（由任意子 $f_0,a_2,\cdots,a_n$ 融合得到 f_{n-1} 定义）中的一个基矢量

表达式（3.22）过于复杂，无法直观获得希尔伯特空间维数与任意子个数之间的关系。为简化此关系，引入任意子的量子维数（不一定是整数）。假设任意子的量子维数在融合前后保持不变，则可通过将任意子融合规则中的任意子换成其对应的量子维数来求解。即有如下命题。

命题 设任意子 a，b，c_1，c_2,$\cdots$ 的量子维数分别为 d_a，d_b，d_{c_1}，d_{c_2},$\cdots$ 且存在融合过程 $a\times b=\sum_k N_{ab}^{c_k}c_k$，则这些维数之间满足条件：

$$d_a d_b=\sum_k N_{ab}^{c_k}d_{c_k}$$

由此关系可知，任意子的量子维数由它的融合关系唯一确定。

例 3.7

1. Ising 任意子的量子维数

设 Ising 任意子的维数为 d_γ，由于任意子 ψ 和 I 均为阿贝尔任意子，它们的量子维数为 1。因此，由融合规则：$\gamma\otimes\gamma=I+\psi$ 确定的量子维数方程为

$$d_\gamma^2=d_I+d_\psi=1+1=2$$

所以，Ising 任意子的量子维数为 $\sqrt{2}$。

2. Fibonacci 任意子的量子维数

设 Fibonacci 任意子的量子维数为 d_τ，则它的融合规则：$\tau\otimes\tau=I+\tau$ 对应的量子维数方程为

$$d_\tau^2=1+d_\tau$$

解得 $d_\tau=\dfrac{1+\sqrt{5}}{2}$（另一个根为负数）。显然，它们不是一个整数。

利用任意子的量子维数 d，当 $n\to\infty$ 时，n 个任意子融合定义的希尔伯特空间的维数 $D_{\mathcal{H}}^n$ 可近似表示为 $\propto d^n$（与 n 近似呈指数增长，在此空间中可定义直积结构的子空间）。

例 (Fibonacci 任意子希尔伯特空间维数) n 个 Fibonacci 任意子融合定义的希尔伯特空间的维数 F_n 满足递推关系：

$$F_{n+1} = F_n + F_{n-1} \tag{3.23}$$

此递推关系可通过 Fibonacci 任意子的融合规则得到。

证明　设 n 个任意子融合共有 F_n 个不同的通道，按 Fibonacci 任意子的融合规则，n 个任意子融合结果的拓扑荷有两种可能：I 或 τ，令生成拓扑荷 I 的通道数为 F_n^I，而生成拓扑荷 τ 的通道数为 F_n^τ，则它们满足条件 $F_n^I + F_n^\tau = F_n$。

（1）拓扑荷 I 与第 $n+1$ 个 Fibonacci 任意子 τ 融合的拓扑荷仍为 τ。此类融合通道数为 F_n^I。

（2）而拓扑荷 τ 与第 $n+1$ 个 Fibonacci 任意子融合后的拓扑荷可以是 I，也可以是 τ。因此，这样的融合通道数为 $2F_n^\tau$。

综合这两类融合通道，$n+1$ 个任意子的总融合通道数目为

$$F_{n+1} = F_n^I + 2F_n^\tau = F_n + F_n^\tau$$

且

$$F_n^\tau = F_{n-1}^\tau + F_{n-1}^I = F_{n-1}$$

将此递推关系代入总融合通道关系式即可得等式（3.23）。 □

Fibonacci 任意子融合空间维数的关系式（3.23）可图示为图3.29。

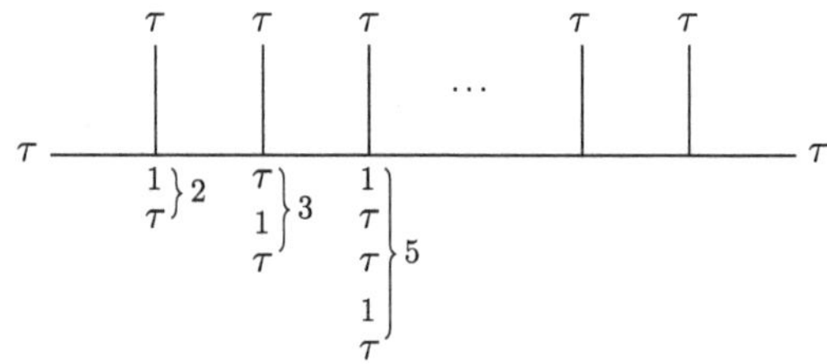

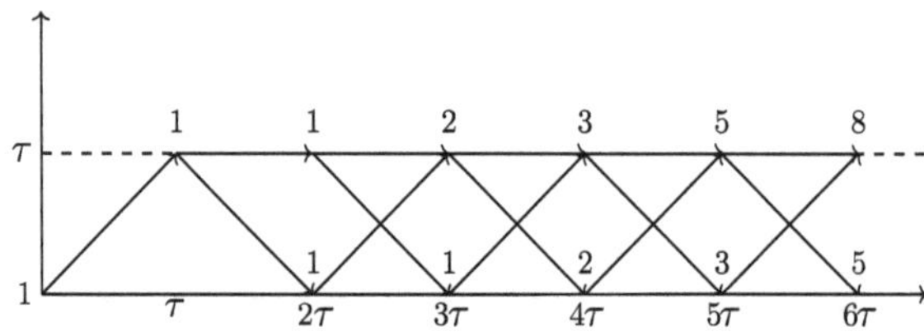

图 3.29　Fibonacci 任意子融合空间维数：Fibonacci 任意子融合空间的维数由 Fibonacci 数列决定

由此可见，n 个 Fibonacci 任意子融合定义的希尔伯特空间的维数等于 Fibonacci 数列的第 $n-1$ 项。而 Fibonacci 数列的通式关系可通过递推关系的特征方程法得到

$$F_n = \frac{1}{\sqrt{5}}\left[\left(\frac{1+\sqrt{5}}{2}\right)^n - \left(\frac{1-\sqrt{5}}{2}\right)^n\right]$$

显然，在 $n \to \infty$ 时，上式中的第一项占主导，即 $F_n \propto \left(\frac{1+\sqrt{5}}{2}\right)^n = d_\tau^n$，其中 d_τ 正好是任意子 τ 的量子维数。

3.2.2.3 拓扑空间量子态的操控

通过前一节，我们看到多个任意子的融合（给定输入-输出任意子的拓扑荷）定义了一个希尔伯特空间，而这些任意子的每个融合顺序都定义此空间中的一组完备正交基。不同融合顺序定义的基矢量之间可通过一个幺正变换连接。换言之，通过调整任意子之间的融合顺序可诱导给定希尔伯特空间中的幺正变换（F 矩阵）。另一方面，交换两个任意子也将诱导一个希尔伯特空间中的幺正变换（R 矩阵），这两者组合可构成操控希尔伯特空间中量子态的所有方法。

值得注意，仅通过测量拓扑荷，无法区分融合过程中的不同通道（所有通道处于叠加状态）。因此，在量子计算中我们仅考虑融合过程无简并通道的任意子（Ising 任意子和 Fibonacci 任意子都属于此类），此时，仅需考虑拓扑荷参数。

多任意子融合定义的希尔伯特空间中的基本变换 R 矩阵和 F 矩阵可通过任意子的融合规则获得。下面我们就来讨论如何通过融合规则获得它们。

1. ***F* 矩阵及五边形等式**

F 矩阵刻画了 3 任意子融合过程中不同融合顺序定义的基矢量之间的变换关系。按 F 矩阵的定义，它应满足如下的五边形等式关系，即

$$(F^5_{12c})^d_a (F^5_{a34})^c_b = \sum_e (F^d_{234})^c_e (F^5_{1e4})^d_b (F^b_{123})^e_a \tag{3.24}$$

其中 1，2，3，4 表示给定的待融合任意子的拓扑荷，而 5 表示融合结束后任意子的拓扑荷；a，b，c，d，e 表示融合过程中的中间拓扑荷，其可能的取值由两任意子的融合规则确定。对任意给定的输入拓扑荷 1，2，3，4 以及输出拓扑荷 5，五边形等式均成立。因此，通过选择不同的输入拓扑荷 1，2，3，4 以及输出拓扑荷 5，考察可能的中间融合拓扑荷 (a, b, c, d, e)，得到足够多的独立五边形等式就可求解出 F 矩阵。

五边形等式的代数意义可通过交换图 3.30得出：给定希尔伯特空间中的两组基（对应最左边和最右边的融合顺序），无论从哪条路径（五边形上面或下面两条路径）通过一系列幺正变换连接，最终得到的总幺正变换仅与两组基矢量本身有关，而与变换路径无关。

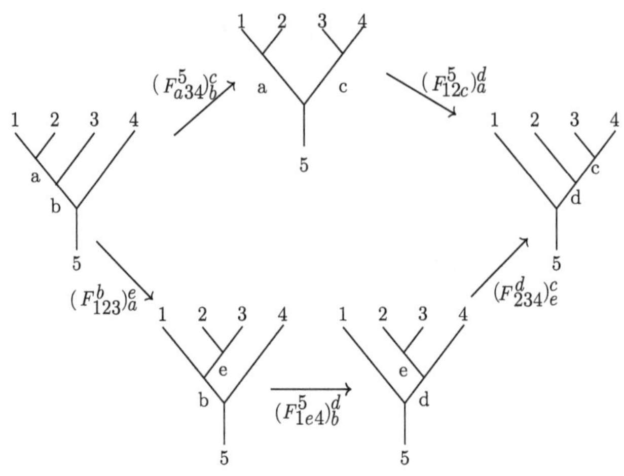

图 3.30　F 矩阵的五边形等式示意

2. ***R* 矩阵及六边形等式**

在定义两任意子 (a,b) 的融合规则时已指出其融合结果与融合顺序无关，即：$a\times b=b\times a$。因此，两任意子的交换特性并不能由融合规则直接获得。按我们前面的讨论，不同的融合顺序将定义不同的基矢量，因此，设融合过程 $a\times b$ 和 $b\times a$（交换 a 和 b 获得）对应的两组基矢量之间可通过矩阵 R 或 R^{-1}（幺正变换）连接（两个任意子之间的交换有两种不同的方式：逆时针方向交换和顺时针方向交换; 前者对应于矩阵 R，后者对应于矩阵 R^{-1}）。两个任意子之间的交换过程可图示为图 3.31。

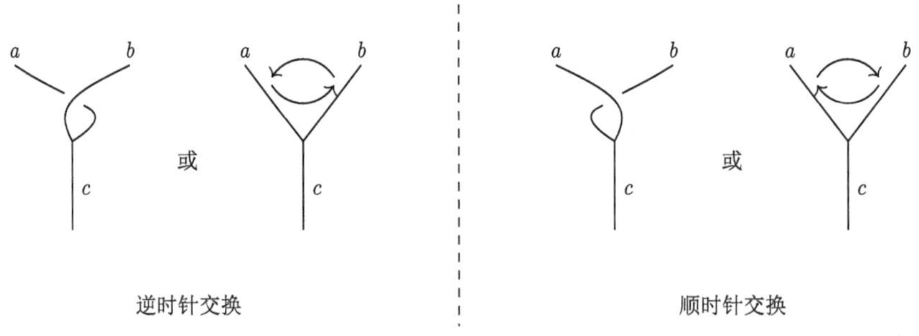

图 3.31

而交换前后量子态的变化可表示为

$$\left| \left(a \bullet \curvearrowleft \curvearrowright \bullet b \right) \right\rangle = R_{ab} \left| \left(\overset{a}{\bullet} \quad \overset{b}{\bullet} \right) \right\rangle$$

$$\left| \; a \bullet \circlearrowright \bullet\, b \; \right\rangle = R_{ab}^{-1} \left| \; \overset{a}{\bullet} \quad \overset{b}{\bullet} \; \right\rangle$$

这样定义的交换矩阵 R 和矩阵 F 之间并不独立，它们需满足六边形等式：

$$R_{13}^{c}(F_{213}^{4})_{a}^{c}R_{12}^{a} = \sum_{b}(F_{231}^{4})_{b}^{c}R_{1b}^{4}(F_{123}^{4})_{a}^{b} \tag{3.25}$$

此等式可通过图3.32说明。

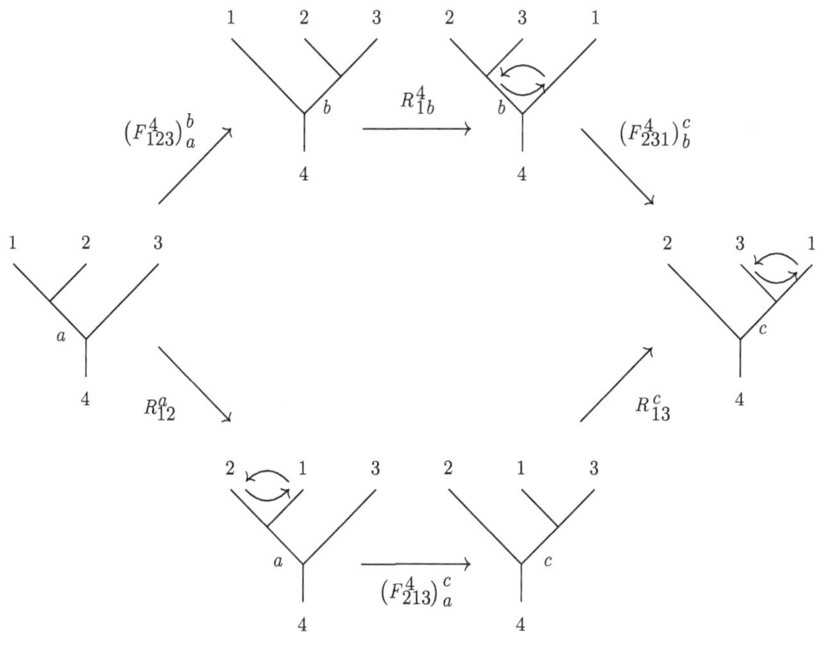

图 3.32 矩阵 R 和 F 的六边形等式示意

六边形等式仍表明：由给定融合顺序定义的两组基矢量之间的幺正变换与连接这两组基的路径（上路径和下路径）无关。六边形等式中的 1，2，3 为输入任意子的拓扑荷，而 4 是输出任意子的拓扑荷，它们均可从合法拓扑荷中任选。在确定拓扑荷 1，2，3，4 后，中间融合结果（拓扑荷）a，b，c 由两任意子的融合规则决定。在已知 F 矩阵的基础上，可通过改变输入、输出以及中间拓扑荷获得足够多的六边形等式来求解 R 矩阵。

R 和 F 矩阵在拓扑量子计算中起着基本的作用，通过五边形和六边形等式（当然还包括融合法则）可求解出任意非阿贝尔任意子对应的 R 和 F 矩阵。对 Ising 任意子我们有下面的定理：

定理 3.2.1 (Ising 任意子) Ising 任意子系统中，除 $F^{\gamma}_{\gamma\gamma\gamma}$ 外，$F^{D}_{ABC}(A,B,C,D \in \{I,\gamma,\psi\})$ 中仅有一个非零元。在基矢量：

$$|0\rangle = \qquad\qquad |1\rangle = \tag{3.26}$$

下，$F^{\gamma}_{\gamma\gamma\gamma}$ 可表示为

$$F^{\gamma}_{\gamma\gamma\gamma} = \frac{1}{\sqrt{2}}\begin{bmatrix} 1 & 1 \\ 1 & -1 \end{bmatrix}$$

Ising 系统的 R 矩阵中，除 $R_{\gamma\gamma}$ 在标准基 $|0\rangle = |\gamma,\gamma \to I\rangle$，$|1\rangle = |\gamma,\gamma \to \psi\rangle$ 下表示为

$$R_{\gamma\gamma} = e^{-\pi i/8}\begin{bmatrix} 1 & 0 \\ 0 & i \end{bmatrix}$$

外，其余 R_{AB}（A，$B \in \{ I,\ \gamma,\ \psi\}$）均为单位阵。

证明 利用 Ising 任意子的融合规则和五边形等式可求解 F 矩阵。

根据 Ising 系统中三种拓扑荷（I，ψ 和 γ）满足的融合规则式（3.20），以及 F 矩阵的定义可得矩阵 F^{D}_{ABC} 的结论：在定理所示的基矢量式（3.26）下，$F^{\gamma}_{\gamma\gamma\gamma}$ 为 2×2 矩阵；除 $F^{\gamma}_{\gamma\gamma\gamma}$ 外，矩阵 F^{D}_{ABC}（A,B,C,D=$\{ I,\ \psi,\ \gamma\}$）中仅有一个元素非 0：矩阵元 $(F^{D}_{ABC})^{n}_{m}$（m，$n \in \{ I,\ \psi,\ \gamma\}$）有两种情况。

(1) $(F^{D}_{ABC})^{n}_{m}$ 连接的两个基矢量（与 Ising 任意子的融合规则自洽）仅相差一个直积的重排。如 $\left(F^{I}_{\gamma\gamma I}\right)^{\gamma}_{I}$ 连接如下两个基矢量：

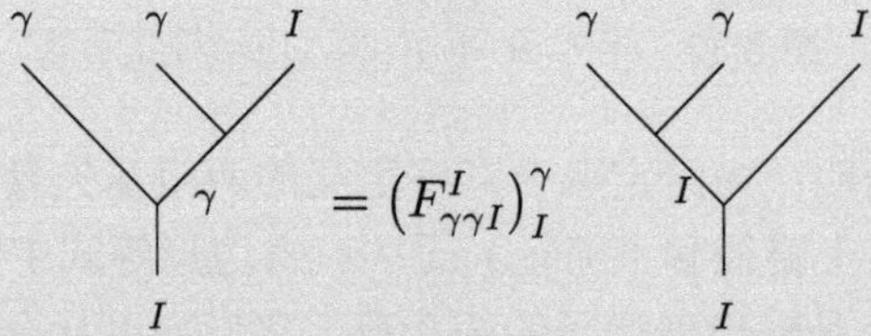

此时，左边的基矢量为 $|\gamma,1\to\gamma\rangle \otimes |\gamma,\gamma\to I\rangle$；而右边的基矢量为 $|\gamma,\gamma\to I\rangle \otimes |\gamma,1\to\gamma\rangle$。显然，这两个基矢量之间最多相差一个整体的规范相位（此整体相位根据情况设为 1 或 -1）。

(2) 矩阵元 $(F^{D}_{ABC})^{n}_{m}$ 连接的两个基矢量中有与融合规则矛盾的构型。

如 $\left(F^I_{\gamma\gamma\psi}\right)^\gamma_I$ 连接如下两个基矢量：

$$\gamma\ \gamma\ \psi \ (\text{中间 } \gamma,\ \text{输出 } I) = \left(F^I_{\gamma\gamma\psi}\right)^\gamma_I \ \gamma\ \gamma\ \psi \ (\text{中间 } I,\ \text{输出 } I)$$

显然，等式右边的基矢量与 Ising 任意子的融合规则矛盾。这一类矩阵元应为 0。

在以上事实的基础上，我们利用五边形等式来求矩阵 $F^\gamma_{\gamma\gamma\gamma}$。任意合法的输入-输出拓扑荷 1,2,3,4,5$\in\{I,\psi,\gamma\}$ 都满足五边形等式

$$(F^5_{12c})^d_a(F^5_{a34})^c_b=\sum_e(F^d_{234})^c_e(F^5_{1e4})^d_b(F^b_{123})^e_a$$

因此，我们按 1、2、3、4、5 的不同取值来分别讨论：

（1）1、2、3、4 取拓扑荷 γ，而指标 5 取拓扑荷 I。如此选择的拓扑荷对中间融合得到的拓扑荷 b、d 形成限制，进而简化五边形等式。由融合图

可知 b 和 d 只能取拓扑荷 γ，而 e 可取拓扑荷 I 或 ψ。

将这些限定代入五边形等式，得到

$$(F^I_{\gamma\gamma c})^\gamma_a(F^I_{a\gamma\gamma})^c_\gamma=\sum_{e=I,\psi}(F^\gamma_{\gamma\gamma\gamma})^c_e(F^I_{\gamma e\gamma})^\gamma_\gamma(F^\gamma_{\gamma\gamma\gamma})^e_a$$

其中中间融合结果 a、c 可取拓扑荷 I 或 ψ。下面按拓扑荷 a、c 的不同取值进行讨论：

（i）若 $a=I$ 且 $c=I$，则五边形等式变为

$$(F^I_{\gamma\gamma I})^\gamma_I(F^I_{I\gamma\gamma})^I_\gamma=\sum_{e\in\{I,\psi\}}(F^\gamma_{\gamma\gamma\gamma})^I_e(F^I_{\gamma e\gamma})^\gamma_\gamma(F^\gamma_{\gamma\gamma\gamma})^e_I$$

将非 $F^\gamma_{\gamma\gamma\gamma}$ 矩阵元的赋值代入五边形等式，得

$$\begin{aligned}1&=(F^\gamma_{\gamma\gamma\gamma})^I_I(F^I_{\gamma I\gamma})^\gamma_\gamma(F^\gamma_{\gamma\gamma\gamma})^I_I+(F^\gamma_{\gamma\gamma\gamma})^I_\psi(F^I_{\gamma\psi\gamma})^\gamma_\gamma(F^\gamma_{\gamma\gamma\gamma})^\psi_I\\&=\left[(F^\gamma_{\gamma\gamma\gamma})^I_I\right]^2+(F^\gamma_{\gamma\gamma\gamma})^I_\psi(F^\gamma_{\gamma\gamma\gamma})^\psi_I\end{aligned}\tag{3.27}$$

（ii）若 $a=I$ 且 $c=\psi$，与第一种情况相同的推理得到五边形等式：

$$\begin{aligned}0&=\sum_{e=\{I,\psi\}}(F^{\gamma}_{\gamma\gamma\gamma})^{\psi}_{e}(F^{I}_{\gamma e\gamma})^{\gamma}_{\gamma}(F^{\gamma}_{\gamma\gamma\gamma})^{e}_{I}\\&=(F^{\gamma}_{\gamma\gamma\gamma})^{\psi}_{I}\left[(F^{\gamma}_{\gamma\gamma\gamma})^{I}_{I}+(F^{\gamma}_{\gamma\gamma\gamma})^{\psi}_{\psi}\right]\end{aligned}$$

这意味着：

$$(F^{\gamma}_{\gamma\gamma\gamma})^{I}_{I}+(F^{\gamma}_{\gamma\gamma\gamma})^{\psi}_{\psi}=0 \tag{3.28}$$

（iii）若 $a=\psi$ 且 $c=I$，将得到与 $a=I,c=\psi$ 相同的等式。

（iv）若 $a=\psi$，$c=\psi$，将得到等式[a]：

$$1=\left[(F^{\gamma}_{\gamma\gamma\gamma})^{\psi}_{\psi}\right]^2+(F^{\gamma}_{\gamma\gamma\gamma})^{\psi}_{I}(F^{\gamma}_{\gamma\gamma\gamma})^{I}_{\psi} \tag{3.29}$$

（2）考虑指标 1 取拓扑荷 ψ，而指标 2、3、4 和 5 取拓扑荷 γ（此设定对中间融合结果 a、d 形成限制）。与前一种 1、2、3、4、5 赋值情况类似的分析，可得到如下五边形等式：

$$\begin{aligned}(F^{\gamma}_{\gamma\gamma\gamma})^{I}_{I}&=(F^{\gamma}_{\gamma\gamma\gamma})^{\psi}_{I}\\(F^{\gamma}_{\gamma\gamma\gamma})^{\psi}_{I}&=(F^{\gamma}_{\gamma\gamma\gamma})^{\psi}_{\psi}\end{aligned} \tag{3.30}$$

综合方程 (3.27) — (3.30)，求解将得到 $F^{\gamma}_{\gamma\gamma\gamma}$ 的 4 个矩阵元，即

$$F^{\gamma}_{\gamma\gamma\gamma}=\pm\frac{1}{\sqrt{2}}\begin{bmatrix}1&1\\1&-1\end{bmatrix}$$

在获得 F 的基础上，我们转而利用六边形等式：

$$R^{c}_{13}(F^{4}_{213})^{c}_{a}R^{a}_{12}=\sum_{b}(F^{4}_{231})^{c}_{b}R^{4}_{1b}(F^{4}_{123})^{b}_{a}$$

来确定 R 矩阵。与前面的五边形等式类似，R 矩阵使六边形等式对 1、2、3、4 合法的任意赋值都成立。我们通过不同赋值来获取足够多的独立等式。

（3）取 1、2、3、4 的拓扑荷为 γ，与 F 矩阵中分析类似，得到 a、b、c 的取值为 $\{I,\psi\}$。下面我们分别讨论 a、c 的四种不同取值。

（i）$a=c=I$ 时，六边形等式变为

$$R^{I}_{\gamma\gamma}(F^{\gamma}_{\gamma\gamma\gamma})^{I}_{I}R^{I}_{\gamma\gamma}=(F^{\gamma}_{\gamma\gamma\gamma})^{I}_{I}R^{\gamma}_{\gamma\psi}(F^{\gamma}_{\gamma\gamma\gamma})^{I}_{I}+(F^{\gamma}_{\gamma\gamma\gamma})^{I}_{\psi}R^{\gamma}_{\gamma\psi}(F^{\gamma}_{\gamma\gamma\gamma})^{\psi}_{I}$$

代入矩阵 $F^{\gamma}_{\gamma\gamma\gamma}$ 的值，简化为

$$\frac{1}{2}(R^{\gamma}_{\gamma I}+R^{\gamma}_{\gamma\psi})=\frac{1}{\sqrt{2}}(R^{I}_{\gamma\gamma})^2 \tag{3.31}$$

（ii）$a=1$、$c=\psi$ 时，通过六边形等式得到矩阵 R 满足的等式为

$$\frac{1}{2}(R^{\gamma}_{\gamma I}-R^{\gamma}_{\gamma\psi})=\frac{1}{\sqrt{2}}R^{\psi}_{\gamma\gamma}R^{I}_{\gamma\gamma} \tag{3.32}$$

（iii）$a=\psi$、$c=I$ 时，通过六边形等式得到矩阵 R 满足的等式为

$$\frac{1}{2}(R^{\gamma}_{\gamma I}-R^{\gamma}_{\gamma\psi})=\frac{1}{\sqrt{2}}R^{I}_{\gamma\gamma}R^{\psi}_{\gamma\gamma} \tag{3.33}$$

（iv）$a=\psi$，$c=\psi$ 时，通过六边形等式得到矩阵 R 满足的等式为

$$\frac{1}{2}(R^{\gamma}_{\gamma I}+R^{\gamma}_{\gamma\psi})=-\frac{1}{\sqrt{2}}(R^{\psi}_{\gamma\gamma})^2 \tag{3.34}$$

明显，方程（3.32）与（3.33）相同。对比方程（3.31）与（3.34）得到

$$R^{I}_{\gamma\gamma}=\pm iR^{\psi}_{\gamma\gamma}$$

再考虑方程（3.32）就能得到

$$R^{\psi}_{\gamma\gamma}=\pm e^{\frac{3\pi}{8}i},\qquad R^{\gamma}_{\gamma I}=1,\qquad R^{\gamma}_{\gamma\psi}=i$$

综上可得 R 矩阵为

$$R_{\gamma\gamma}=e^{-\pi i/8}\begin{bmatrix}1 & 0\\ 0 & i\end{bmatrix}$$

值得注意，R 需在确定 F 形式之后才能确定，二者相互关联。 □

ⓐ 已令$(F^{\psi}_{\psi\gamma\gamma})^{\gamma}_{\gamma}=-1$以保证$F^{\gamma}_{\gamma\gamma\gamma}$的幺正性。

定理 3.2.2 (Fibonacci 任意子) Fibonacci 任意子的 F 矩阵中，$F^{\tau}_{\tau\tau\tau}$ 在基矢量

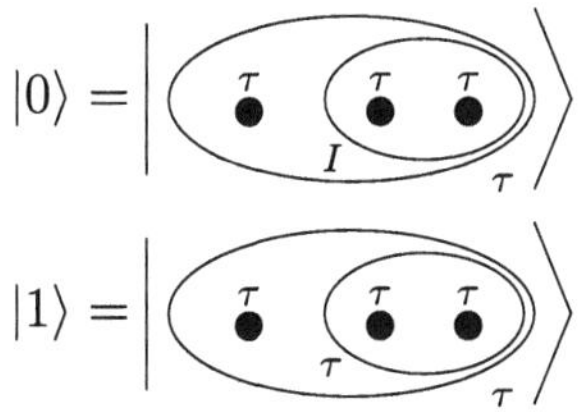

(3.35)

下是 2 × 2 矩阵：

$$F_{\tau\tau\tau}^{\tau}=\begin{bmatrix}\frac{1}{d_\tau} & \frac{1}{\sqrt{d_\tau}}\\ \frac{1}{\sqrt{d_\tau}} & -\frac{1}{d_\tau}\end{bmatrix}$$

其中 $d_\tau=(1+\sqrt{5})/2$ 是 Fibonacci 任意子的量子维数；而在其他基下，$F_{\tau\tau\tau}^{\tau}$ 是一维矩阵。除 $F_{\tau\tau\tau}^{\tau}$ 外，矩阵 F_{ABC}^{D} $(A,B,C,D\in\{I,\tau\})$ 的元素中仅有一个与 Fibonacci 任意子的融合规则自洽（其值令为 1），而其他元素均不自洽（其值为 0）。

R 矩阵中，$R_{\tau\tau}$ 在两个 Fibonacci 任意子 τ 融合所定义的标准基矢量下表示为

$$R_{\tau\tau}=\begin{bmatrix}e^{-4\pi i/5} & 0\\ 0 & e^{3\pi i/5}\end{bmatrix}$$

而除 $R_{\tau\tau}$ 外的其他 R_{AB} （$A,B\in I,\tau$）均为单位矩阵。

证明 通过五边形等式以及 Fibonacci 任意子的融合规则，我们可以得到如下事实：

- $F_{\tau\tau\tau}^{\tau}$ 仅在基矢量（式 (3.35)）形成的空间中非零（形成 2 × 2 矩阵）。
- 除 $F_{\tau\tau\tau}^{\tau}$ 外，F_{ABC}^{D}（$A,B,C,D\in\tau,I$）的元素中仅有一个非零，如：

$$(F_{\tau\tau I}^{\tau})_{\tau}^{\tau}=(F_{I\tau\tau}^{\tau})_{\tau}^{\tau}=(F_{\tau I\tau}^{I})_{\tau}^{\tau}=(F_{\tau\tau\tau}^{I})_{\tau}^{\tau}=(F_{\tau I\tau}^{\tau})_{\tau}^{\tau}=(F_{III}^{I})_{I}^{I}=1$$

与 Ising 任意子模型中的计算类似，我们给 1、2、3、4、5 赋以不同的拓扑荷，通过五边形等式来得到 $F_{\tau\tau\tau}^{\tau}$ 中元素的方程：

- 1、2、3、4 取拓扑荷 τ，5 取拓扑荷 I。此时，五边形等式中的 b、d 取值限定为 τ，而 a、c 取值为 $\{I\ \tau\}$。分别讨论 a、c 不同取值下的五边形等式，得到如下关系：

$$\begin{aligned}&1=\left[(F_{\tau\tau\tau}^{\tau})_{I}^{I}\right]^2+(F_{\tau\tau\tau}^{\tau})_{\tau}^{I}(F_{\tau\tau\tau}^{\tau})_{I}^{\tau}, && a=c=I\\ &0=(F_{\tau\tau\tau}^{\tau})_{I}^{I}+(F_{\tau\tau\tau}^{\tau})_{\tau}^{\tau}, && a=I,c=\psi;a=\psi,c=I\\ &1=(F_{\tau\tau\tau}^{\tau})_{I}^{\tau}(F_{\tau\tau\tau}^{\tau})_{\tau}^{I}+[(F_{\tau\tau\tau}^{\tau})_{\tau}^{\tau}]^2, && a=\psi,c=\psi\end{aligned}\tag{3.36}$$

这些方程中仅有两个独立。

- 1、2、3、4、5 均取拓扑荷 τ，此时五边形等式中的 a、b、c、d、e 均可取值 I 或 τ。尝试不同的 a、b、c、d 的取值，得到 $F_{\tau\tau\tau}^{\tau}$ 中独立于前面的五边形等式：

$$(F_{\tau\tau\tau}^{\tau})_{I}^{I}=(F_{\tau\tau\tau}^{\tau})_{I}^{\tau}(F_{\tau\tau\tau}^{\tau})_{\tau}^{I}\qquad a=d=I,b=c=\tau\tag{3.37}$$

上面 3 个独立等式加上矩阵 $F_{\tau\tau\tau}^{\tau}$ 的幺正性条件，就可以解出 $F_{\tau\tau\tau}^{\tau}$。

将等式（3.36）代入等式（3.36）得到

$$[(F^{\tau}_{\tau\tau\tau})^I_I]^2 + (F^{\tau}_{\tau\tau\tau})^I_I - 1 = 0$$

因此，$(F^{\tau}_{\tau\tau\tau})^I_I = \dfrac{-1 \pm \sqrt{5}}{2} = \dfrac{1}{d_\tau}$。由式（3.36）可得 $(F^{\tau}_{\tau\tau\tau})^{\tau}_{\tau} = -(F^{\tau}_{\tau\tau\tau})^I_I = -\dfrac{1}{d_\tau}$。将 $(F^{\tau}_{\tau\tau\tau})^I_I$ 和 $(F^{\tau}_{\tau\tau\tau})^I_I$ 的结果代入幺正条件可以得到 $(F^{\tau}_{\tau\tau\tau})^I_{\tau} = (F^{\tau}_{\tau\tau\tau})^{\tau}_I$。因此，

$$F^{\tau}_{\tau\tau\tau} = \begin{bmatrix} \dfrac{1}{d_\tau} & \dfrac{1}{\sqrt{d_\tau}} \\ \dfrac{1}{\sqrt{d_\tau}} & -\dfrac{1}{d_\tau} \end{bmatrix}$$

与 Ising 模型中情况类似，将求出的 F 矩阵代入六边形等式就可以解出 R 矩阵。 □

从操作的角度，我们只关注 Ising 任意子系统中 $F^{\gamma}_{\gamma\gamma\gamma}$，$R_{\gamma\gamma}$ 以及 Fibonacci 任意子系统中的 $F^{\tau}_{\tau\tau\tau}$，$R_{\tau\tau}$ 算符即可。换言之，我们需将量子信息编码到它们所对应的希尔伯特空间中。

3.2.2.4 量子比特及普适拓扑量子计算

前一节中我们已经看到：在特定的量子态空间中，改变 3 个任意子的融合顺序（F 矩阵）或两任意子之间的交换（R 矩阵），都可对此空间中的量子态实现某种幺正变换。从操控的角度，两任意子之间的交换①是此系统中唯一具有可控性的操作。那么，仅通过任意子之间的交换能实现普适的量子计算吗？

为实现量子计算，首先需根据任意子的 F 和 R 矩阵表示将量子比特合理地编码到任意子融合通道上。为使 F 矩阵对应的变换起作用，至少需用 3 个任意子来编码一个逻辑比特。如在 Ising 任意子（马约拉纳任意子) 系统中，我们用四个任意子编码一个量子比特，即

$$|0\rangle = |\gamma,\gamma \to I\rangle \otimes |\gamma,\gamma \to I\rangle$$
$$|1\rangle = |\gamma,\gamma \to \psi\rangle \otimes |\gamma,\gamma \to \psi\rangle$$

然而，在 Ising 任意子系统中，$F^{\gamma}_{\gamma\gamma\gamma}$ 和 $R_{\gamma\gamma}$ 只能生成量子比特系统中的 Clifford 门，无法实现普适量子计算。

而 Fibonacci 任意子中的矩阵 $R_{\tau\tau}$（后面简写为 R）和 $F^{\tau}_{\tau\tau\tau}$（后面简写为 F）可生成量子比特空间中的稠密子集，因而，它们可无限逼近任意幺正变换。因此，

① 不同融合顺序（对应置换群中一个元素）可通过多个交换联系。

我们有下面的定理：

定理 3.2.3　Fibonacci 任意子可通过交换实现普适的拓扑量子计算。

证明　证明分为两部分：（1）量子比特编码以及利用 Fibonacci 任意子交换实现任意单比特门；（2）利用任意子交换实现两比特 CNOT 门。

(1) 用三个 Fibonacci 任意子的融合过程编码一个量子比特，编码如下：

$|0\rangle =$ | 3 2 1, I, τ ⟩

$|1\rangle =$ | 3 2 1, τ, τ ⟩

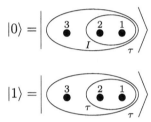

它们是三个 Fibonacci 任意子融合后得到 Fibonacci 任意子的两个通道（也是式(3.35）中矩阵 F 的基矢量)。然而，3 个 Fibonacci 任意子的融合通道共有 3 个，除前面两个用于编码量子态外，另一个融合通道（基矢量）记为

$|E\rangle =$ | 3 2 1, τ, I ⟩

$|0\rangle$、$|1\rangle$ 与 $|E\rangle$ 一起组成 3 个 Fibonacci 任意子融合所确定的希尔伯特空间中的一组完备基。F 在这组完备基下分块对角：左上角为 2×2 的矩阵，右下角为 1。

在 3 任意子系统（单比特系统）中仅有两个独立的交换操作（其他交换可由它们生成)：任意子 1、2 之间的交换以及任意子 2、3 之间的交换。

- **交换任意子 1 和 2:**

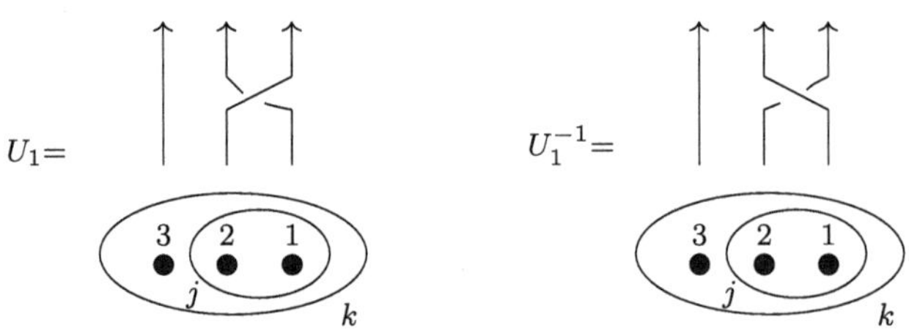

此交换过程相当于直接将交换矩阵 R 作用于任意子 1 和 2 上。特别注意，$R_{\tau\tau}$ 在任意子 1、2 上的基矢量与量子比特的基矢量相容且一一对应 ($|0\rangle \leftrightarrow |\tau, \tau \to I\rangle$, $|1\rangle \leftrightarrow |\tau, \tau \to \tau\rangle$)，因此，后面我们将不再区分这两组基矢量。

交换任意子 1、2 将诱导标准基 $|0\rangle$、$|1\rangle$ 与 $|E\rangle$ 下的变换：

$$\begin{bmatrix} |0\rangle \\ |1\rangle \\ |E\rangle \end{bmatrix} \Rightarrow \begin{bmatrix} e^{-4\pi i/5} & 0 & 0 \\ 0 & e^{3\pi i/5} & 0 \\ 0 & 0 & e^{3\pi i/5} \end{bmatrix} \begin{bmatrix} |0\rangle \\ |1\rangle \\ |E\rangle \end{bmatrix} = U_1 \begin{bmatrix} |0\rangle \\ |1\rangle \\ |E\rangle \end{bmatrix}$$

其在编码空间（量子比特）中对应于幺正变换 $\sigma_1 = R_{\tau\tau}$。

- **交换 Fibonacci 任意子 2 和 3:**

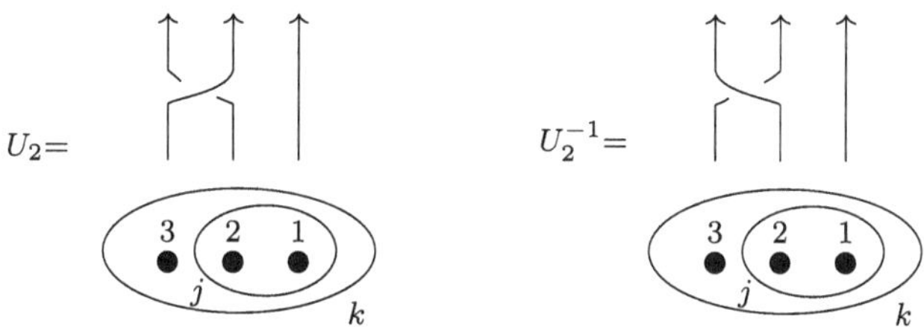

此过程可看作如图3.33所示的 R 与 F 矩阵的组合。

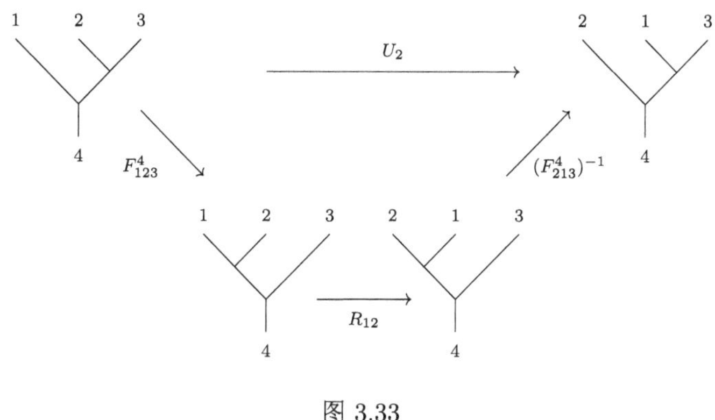

图 3.33

其中 1，2，3，4 均等于 τ。因此可直接得到 U_2 与 R 和 F 的关系：

$$U_2 = F^{-1}RF$$

它诱导标准基下的幺正变换：

$$\begin{bmatrix} |0\rangle \\ |1\rangle \\ |E\rangle \end{bmatrix} \Rightarrow \begin{bmatrix} \dfrac{e^{4\pi i/5}}{d_\tau} & \dfrac{e^{-i3\pi/5}}{\sqrt{d_\tau}} & 0 \\ \dfrac{e^{-i3\pi/5}}{\sqrt{d_\tau}} & \dfrac{-1}{d_\tau} & 0 \\ 0 & 0 & e^{3\pi i/5} \end{bmatrix} \begin{bmatrix} |0\rangle \\ |1\rangle \\ |E\rangle \end{bmatrix} = U_2 \begin{bmatrix} |0\rangle \\ |1\rangle \\ |E\rangle \end{bmatrix}$$

而在编码空间（量子比特）实现了幺正变换：

$$\sigma_2 = \begin{bmatrix} e^{4\pi i/5}/d_\tau & e^{-3i\pi/5}/\sqrt{d_\tau} \\ e^{-3i\pi/5}/\sqrt{d_\tau} & -1/d_\tau \end{bmatrix}$$

由于算符 σ_2 既包含了交换矩阵 R 的信息，也包含了 F 矩阵的信息，因此，算符 σ_1（σ_1^{-1}）和 σ_2（σ_2^{-1}）包含了任意子系统的所有操作信息。事实上，通过对它们进行组合可对单逻辑比特上的任意逻辑门进行任意精度的逼近。特别地，Hadamard 门可通过如下编织（braiding）过程实现（图3.34）。

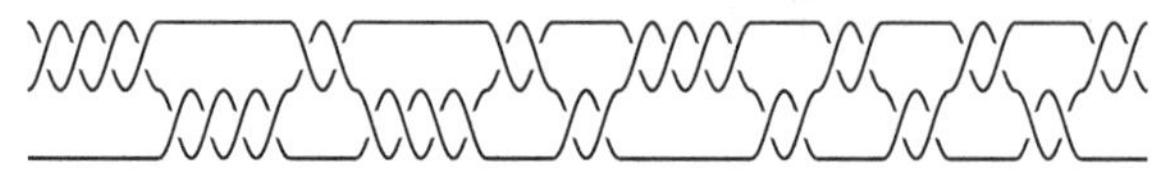

图 3.34

此编织过程可写作 σ_1（σ_1^{-1}）和 σ_2（σ_2^{-1}）的序列：

$$
\begin{aligned}
&\sigma_2^{-4}\sigma_1^{-4}\sigma_2^{2}\sigma_1^{4}\sigma_2^{2}\sigma_1^{-2}\sigma_2^{-4}\sigma_1^{-2}\sigma_2^{-2}\sigma_1^{-2}\sigma_2^{-2}\sigma_1^{2}\sigma_2^{-2}\\
=&\frac{e^{-3.4558i}}{\sqrt{2}}\begin{bmatrix} 0.9997+0.0017i & 1.0003-0.0039i \\ 1.0003+0.0039i & -0.9997+0.0017 \end{bmatrix}\\
\simeq& H=\frac{1}{\sqrt{2}}\begin{bmatrix} 1 & 1 \\ 1 & -1 \end{bmatrix}
\end{aligned}
$$

(2) 利用 Fibonacci 任意子交换 σ_1 和 σ_2 实现编码比特间的 CNOT 门。CNOT 门的实现基于两个基本操作 U_I 和 U_{NOT}:

(i) U_I 实现了逻辑空间中的单位变换，且将第三个 Fibonacci 任意子移动到第一个 Fibonacci 任意子的位置，其对应编织为图3.35。

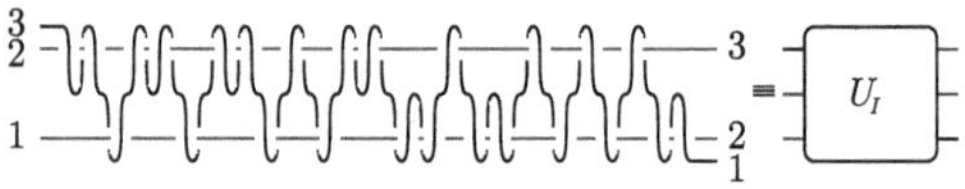

图 3.35

$$
\begin{aligned}
U_I &= U_2^3U_1^{-2}U_2^{-4}U_1^2U_2^4U_1^2U_2^{-2}U_1^{-2}U_2^{-4}U_1^{-4}U_2^{-2}U_1^4U_2^2U_1^{-2}U_2^2U_1^2U_2^{-2}U_1^3\\
&=\begin{bmatrix} 1.0000-0.0007i & 0.0012+0.0006i & 0 \\ -0.0012+0.0006i & 1.0000+0.0007i & 0 \\ 0 & 0 & 1 \end{bmatrix}\approx\begin{bmatrix} 1 & 0 & 0 \\ 0 & 1 & 0 \\ 0 & 0 & 1 \end{bmatrix}
\end{aligned}
$$

(ii) U_{NOT} 实现了单个逻辑比特上的 NOT 门 (差整体相位 i, 图 3.36)，其对应编织为

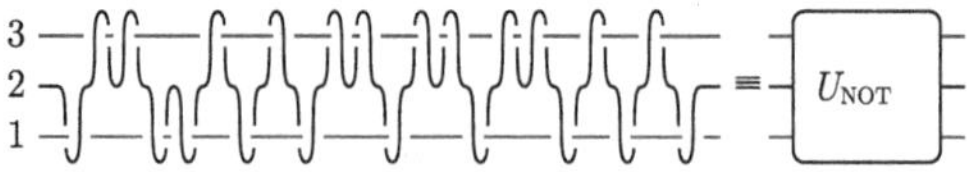

图 3.36

$$
\begin{aligned}
U_{\mathrm{NOT}} &= U_1^{-2}U_2^{-4}U_1^4U_2^{-2}U_1^2U_2^2U_1^{-2}U_2^4U_1^{-2}U_2^4U_1^2U_2^{-4}U_1^2U_2^{-2}U_1^2U_2^{-2}U_1^{-2} \\
&= \begin{bmatrix} 0.0006-0.0002i & 0.0006+1.0000i & 0 \\ -0.0006+1.0000i & 0.0006+0.0002i & 0 \\ 0 & 0 & 1 \end{bmatrix} \approx \begin{bmatrix} 0 & i & 0 \\ i & 0 & 0 \\ 0 & 0 & 1 \end{bmatrix}
\end{aligned}
$$

在操作 U_I 和 U_{NOT} 的基础上，CNOT 门可按如下编织实现（图3.37）。

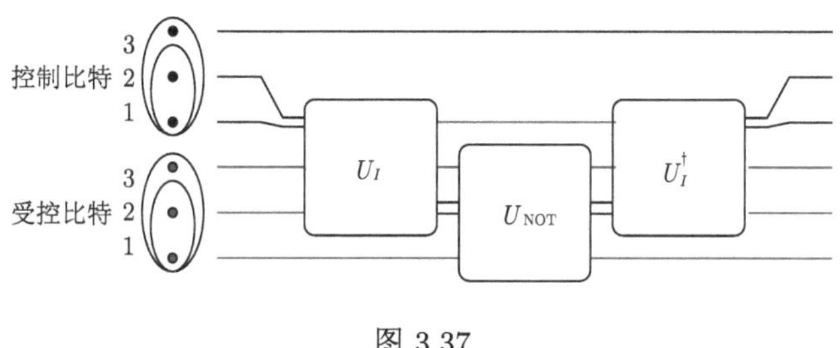

图 3.37

(iii) 当控制比特处于 $|0\rangle$ 态时，控制比特中的第一个和第二个任意子作为整体对外表现为 I，它与任意子 τ 的任意编织都不会改变彼此的状态。因此，受控量子比特的状态不发生变化。

(iv) 而当控制比特处于 $|1\rangle$ 时，控制比特中的第一个和第二个任意子作为整体对外表现与 τ 一致。当此任意子与另一个逻辑比特发生如图3.37所示的编织后，可在受控量子比特上实现 NOT 变换。 □

按前面的证明，若将量子比特编码于 3 个 Fibonacci 任意子中，通过不同任意子之间的交换操作就可以实现普适的量子计算。一个完整的基于非阿贝尔任意子的量子计算步骤如下：

(1) 产生 n 个非阿贝尔任意子，并将量子比特编码于这些任意子中。

(2) 按量子算法所需的逻辑门序列通过任意子编织逐个实现。

(3) 通过拓扑荷测量确定计算结果。

此计算过程可图示化如下（图3.38）。

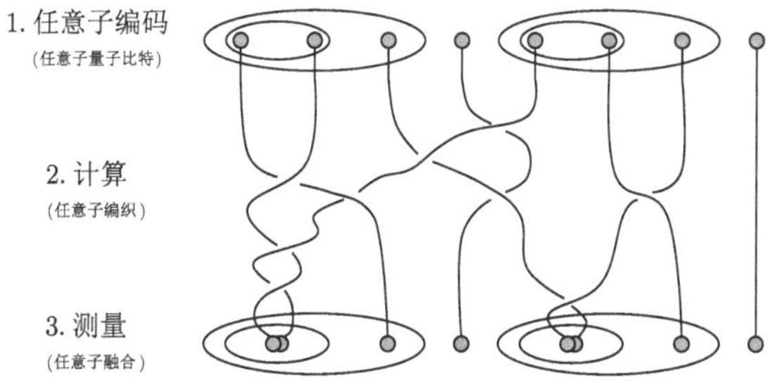

图 3.38

最后，我们将量子线路模型与拓扑量子计算模型的对应关系整理如表 3.1所示。

表 3.1　量子线路模型与拓扑量子计算模型的对应关系

	量子线路模型		拓扑量子计算模型
初态制备	$\|00\cdots0\rangle$	→	产生一组融合通道明确的任意子，如真空中产生 n 对任意子a 和 $\bar{a}$
幺正变换	量子门序列	→	任意子的编织
结果测量	沿计算基测量	→	按逻辑比特中的融合顺序测量拓扑荷

3.2.3 Jones 多项式与拓扑量子计算

判断两个给定纽结（knot，一条自缠绕的连续封闭曲线）是否拓扑等价既是一个深刻而困难的数学问题，也同时与量子场论、蛋白质折叠等诸多物质科学领域相关联。为解决此问题，数学家们发展了一套代数方法：对每个纽结定义一个拓扑不变的多项式，通过对比不同纽结上拓扑不变多项式的异同来判定它们是否拓扑等价。尽管两个纽结具有相同的拓扑不变多项式，但并不意味着它们一定拓扑等价（判定两个纽结拓扑等价需找到所有（独立）拓扑不变量），但若两个纽结对应的多项式不相等，则它们一定拓扑不等价。因此，计算纽结上的拓扑不变多项式具有重要的理论和应用价值。然而，计算任意纽结的拓扑不变多项式异常困难，即使只计算此多项式一些非平凡点上的函数值都可能是一个 #P-hard 问题①。值得庆幸，Jones 多项式在给定点上的函数值可通过对应任意子（如果物理存在）系统进行有效模拟（计算）。为此，我们先来定义 Jones 多项式②。

1. Jones 多项式

在定义纽结上拓扑不变的多项式之前，需先来定义两个纽结的拓扑等价：两个纽结拓扑等价是指其中任何一个都可连续地（不做任何撕裂和剪裁）变换到另一个。具体地，有如下定理③。

定理 3.2.4 (Reidemeister 定理 (1926))　*两个纽结拓扑等价的充要条件是它们对应的二维投影可通过如下三个基本“移动”（组合）进行相互转化，这三个基本“移动”（$R_{\rm I}$，$R_{\rm II}$，$R_{\rm III}$）如图3.39所示。*

① 参见文献 G. Kuperberg, Theory Comput. **11**, 183-219 (2015).

② 参见文献 V. F. R. Jones, Bull. Amer. Math. Soc. **12**, 103-111 (1985); D. Aharonov, V. Jones, and Z. Landau, in: Proceedings of the 38th Annual ACM Symposium on Theory of Computing (ACM, 2006), p. 427-436.

③ 参见文献 K. Reidemeister, Abh. Math. Semin. Univ. Hambg. **5**, 24-32 (1927).

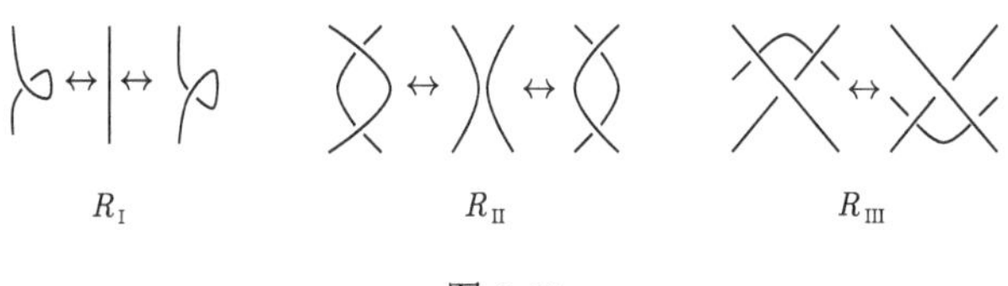

图 3.39

图中看起来不连续的线条表示它处于另一条连续线条的下方。这三个“移动”（分别对应于一条线、两条线和三条线情况）均为连续变换，保持拓扑不变。Reidemeister 定理表明这三个基本“移动”具有普适性，任何连续变换都可分解为这三个基本“移动”的组合。因此，研究拓扑等价时仅需研究在这三个基本“移动”下等价即可。

纽结上的 Jones 多项式定义在 Kauffman 多项式基础上，而 Kauffman 多项式可通过将复杂的纽结按 3 条 Kauffman 规则逐步分解为一系列简单纽结（每个简单纽结前的系数由分解规则确定）之和来定义。这 3 条 Kauffman 规则为

(1) 交叉线分解规则：

$$\langle \times \rangle = A\langle)(\rangle + A^{-1}\langle \asymp \rangle$$

其中 A 为变量。与编织过程不同，Kauffman 多项式不区分两条线的交叉方向（顺时针交叉还是逆时针交叉），它们都按相同的规则分解。反复使用这一规则，任意纽结都可分解为一系列（含系数）圆圈的并。

(2) 圈图“O”并上纽结 L 的 Kauffman 多项式可表示为

$$\langle \bigcirc \cup L \rangle = (-A^2 - A^{-2})\langle L \rangle$$

(3) 圈图（loop）“O”的 Kauffman 多项式定义为

$$\langle \bigcirc \rangle = 1$$

对任意纽结，反复利用这 3 条规则就可得到一个仅含 A 的多项式，称之为 Kauffman Bracket 多项式，记为 $\langle L \rangle$。

例 3.8

（1）Hopf 纽结的 Kauffman 多项式

$$\begin{aligned}
&\langle \text{Hopf} \rangle \\
&= A\langle\ \rangle + A^{-1}\langle\ \rangle \\
&= A(A\langle\ \rangle + A^{-1}\langle\ \rangle) + A^{-1}(A\langle\ \rangle + A^{-1}\langle\ \rangle) \\
&= A(A(-A^2 - A^{-2}) + A^{-1}(1)) + A^{-1}(A(1) + A^{-1}(-A^2 - A^{-2})) \\
&= -A^4 - A^{-4}
\end{aligned}$$

（2）三叶纽结的 Kauffman 多项式

正三叶纽结：

$$\left\langle \quad \right\rangle = A^7 - A^3 - A^{-5} \tag{3.38}$$

逆三叶纽结：

$$\left\langle \quad \right\rangle = A^{-7} - A^{-3} - A^5 \tag{3.39}$$

值得注意，Kauffman 多项式对于 Reidemeister “移动” R_{II} 和 R_{III} 保持不变，但对 “移动” R_{I} 不守恒。换言之，Kauffman 多项式不是纽结的拓扑不变量。纽结的拓扑不变多项式，需对所有 Reidemeister “移动” 都保持不变。注意到，Kauffman 多项式中不包含与拓扑性质密切相关的交叉结构信息[1]，加入此信息就能得到拓扑不变的 Jones 多项式。事实上，Jones 多项式定义为

$$J(A) = (-A)^{-3w(L)}\langle L\rangle \tag{3.40}$$

其中 $w(L)$ 为纽结 L 的挠数，它是纽结 L 中所有交叉结构上的挠数 w_i 之和。单个交叉结构 i 上的挠数 w_i 定义如下：

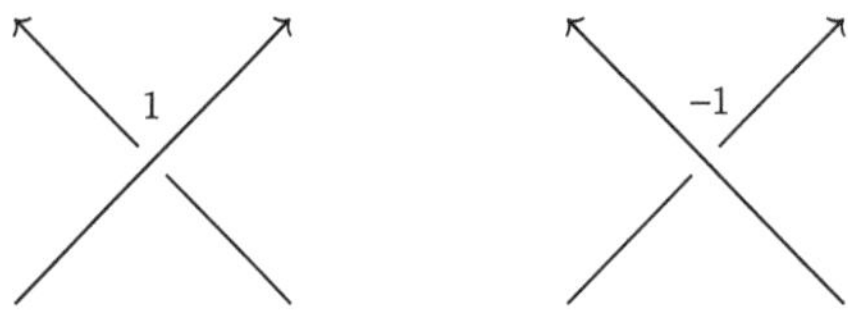

其中的箭头表示纽结方向。由于一个纽结有两个可能的方向，因此，在定义 Jones 多项式时需指明一个纽结方向[2]。

例 3.9

Hopf 纽结的 Jones 多项式

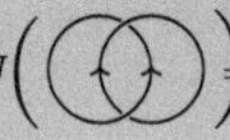

$$J\left(\quad \right) = -A^{-2} - A^{-10}$$

① 参见交叉线分解规则。

② Jones 多项式（即 $w(L)$ 的奇偶性）与纽结方向的选取无关。

$$J(\text{(Hopf link)}) = -A^{10} - A^2$$

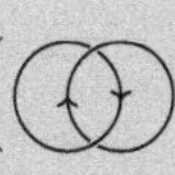

因此，Jones 多项式有如下定理。

定理 3.2.5 Jones 多项式是拓扑不变量，它在 Reidemeister 三种“移动”下保持不变。

证明 由于 Kauffman 多项式在“移动”R_{II} 和 R_{III} 下保持不变，且纽结的挠数 $w(L)$ 在移动 R_{II} 和 R_{III} 下也保持不变，因此，Jones 多项式在这两个“移动”下保持不变。只需证明 Jones 多项式在“移动”R_{I} 下同样保持不变即可。

根据“移动”R_{I} 的定义，它有两种情况。

（1）对第一种情况，“移动”前后的 Kauffman 多项式相差因子 $-A^{-3}$：

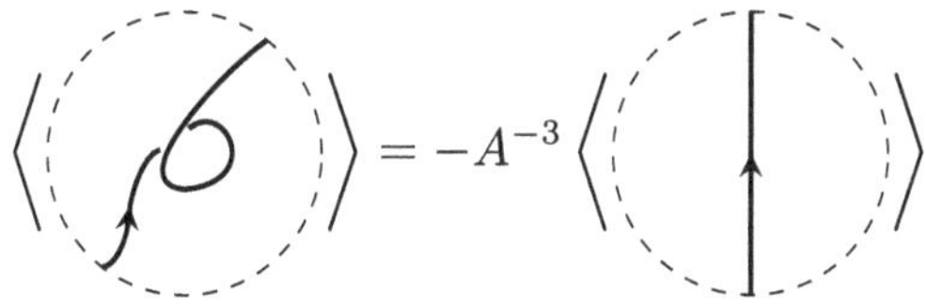

（2）而对第二种情况，“移动”前后的 Kauffman 多项式相差因子 $-A^{3}$：

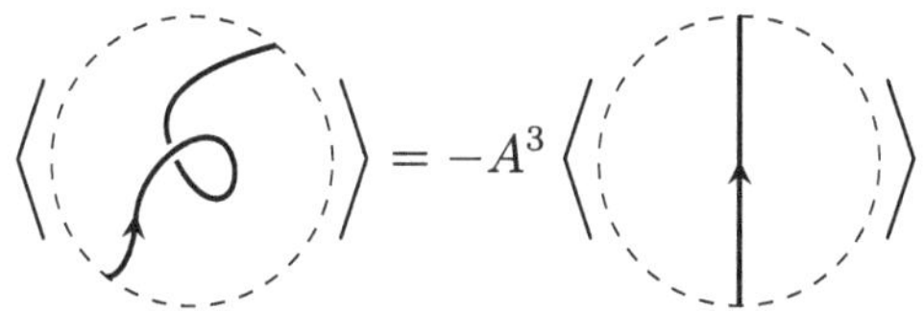

按挠数的定义，第一种情况下左图的挠数 $w(i) = -1$，而第二种情况下左图的挠数 $w(i) = 1$，而移动后均为直线（其挠数为 0）。此移动的挠数差异正好将 Kauffman 多项式中的因子 $-A^{\pm 3}$ 消掉，进而使 Jones 多项式在“移动”R_{I} 下保持不变。

因此，Jones 多项式在所有 Reidemeister 移动下不变，它是拓扑不变量。 □

既然 Jones 多项式是纽结的一个拓扑不变量，那么，通过对不同纽结的 Jones 多项式的计算就能获得它们是否拓扑等价性的信息：若两个纽结具有不同的 Jones 多项式，则它们一定拓扑不等价。

例 3.10 Jones 多项式示例

正三叶纽结的 Jones 多项式为

$$J(\text{(trefoil)}) = -A^{16} + A^{12} + A^{4}$$

逆三叶纽结的 Jones 多项式为

$$J\left(\quad\right) = -A^{-16} + A^{-12} + A^{-4}$$

这两个三叶草纽结对应的 Jones 多项式不相等，因此它们拓扑不等价。

从 Kauffman 括号（多项式）的定义可以看出，Jones 多项式的项数会随交叉点的数目呈指数增长，因此，计算完整的 Jones 多项式是一个困难问题。事实上，仅对比两个纽结的 Jones 多项式在某些特定点的函数值也可获得它们是否拓扑等价的信息：若函数值不等，则这两个纽结拓扑不等价。计算 Jones 多项式在某些非平凡点上的函数值是否就足够简单呢？很遗憾，即使计算 Jones 多项式在某些非平凡点上的值，也仍是一个 #P-hard 问题。庆幸的是，非阿贝尔任意子系统提供了一个计算纽结 Jones 多项式在某些特定点上函数值的有效方法。

2. Jones 多项式与辫群

为建立纽结 Jones 多项式与拓扑（任意子）量子计算之间的联系，需从仅含一条封闭连续线（如三叶草纽结）的纽结推广至含多条封闭连续线的链环（link）①，并通过辫（braid）群的表示来实现。

设辫群 $\mathcal{B}_n$（含 n 条世界线）的生成元为 $\{s_i|\, i=1,2,3,\cdots,n-1\}$，$s_i$ 及其逆元 s_i^{-1} 可图示为图 3.40。$\mathcal{B}_n$ 的生成元 s_i $(i=1,2,\cdots,n)$ 具有如下性质。

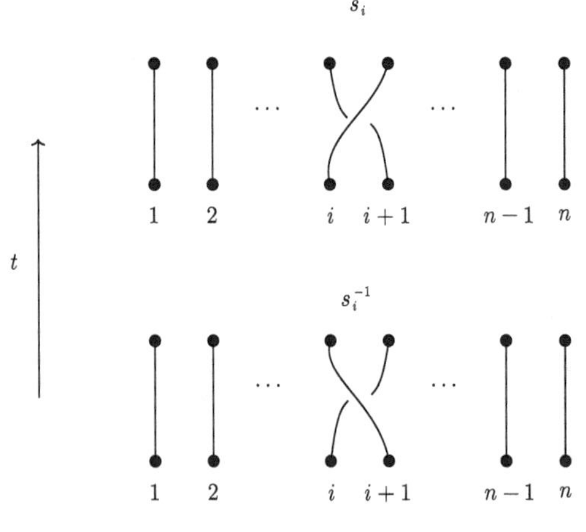

图 3.40　辫群生成元图示

① 纽结是链环的特殊情况，很多时候我们并不严格区分这两个词。

（1）生成元 s_i 之间满足 Yang-Baxter 方程：

$$
\begin{aligned}
&s_i s_j = s_j s_i \qquad (|i-j| \geqslant 2 \text{ 对易}) \\
&s_i s_{i+1} s_i = s_{i+1} s_i s_{i+1} \\
&s_i^{-1} s_i = s_i s_i^{-1} = I
\end{aligned} \tag{3.41}
$$

其正确性可通过生成元的图示进行验证。

（2）辫群 $\mathcal{B}_n$ 中任意元素 b 都可表示为生成元 s_i 及其逆的组合[①]：

$$
b = s_{i_1}^{k_1} s_{i_2}^{k_2} s_{i_3}^{k_3} \cdots s_{i_m}^{k_m}
$$

其中 $k_j = \pm 1$。利用生成元的图示，辫群 $\mathcal{B}_n$ 中任意元素 b 都可表示为一个编织图（图 3.41中的黑色部分）。

（3）辫群中任意元素 b 均可通过将世界线配对连接（如图 3.41中黄色线条）形成一个链环，由此建立 b 与链环间建立的对应关系。

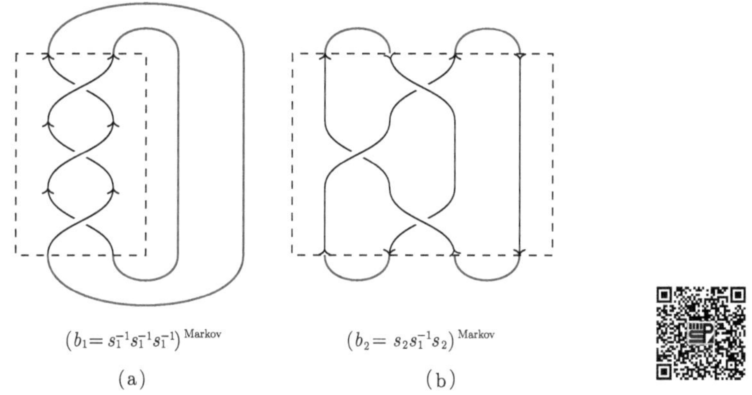

图 3.41　编织与链环的对应：编织 b_1 和 b_2（黑色线）的马尔可夫迹（黄色线）都对应于正三叶纽结

通过配对并连接 b 对应编织图中世界线中的端口形成链环 L[②]，按此方式形成的链环 L 称为辫群元素 b 的马尔可夫迹（记为 $L = (b)^{\text{Markov}}$）。反之，对每个链环 L_0 都存在辫群中元素 b_0，使得 $L_0 = (b_0)^{\text{Markov}}$。显然，辫群元素 b 与链环 L 并非一一对应，开放端点的配对和连接方式有很多种。总之，通过马尔可夫迹可以建立链环与辫群元素之间的对应关系。

① 这是生成元的定义。

② 每条世界线含两个端口，其总端口数目为偶数，配对总可以实现。为方便，常常让世界线的输入端和输出端分别配对。

前面已经建立了辫群中元素 b 与链环 L 间的对应关系，为最终建立链环 L 与任意子编织之间的关系，我们还需建立辫群 L 与任意子之间的联系。这需通过辫群的表示来实现，事实上，辫群的每个不可约表示都对应于一类任意子。特别地，辫群的一维表示对应于阿贝尔任意子，此时 $s_i = e^{i\theta}$（即两根世界线交换仅产生一个相位）；而它的高维表示则对应于非阿贝尔任意子。

辫群表示的一般形式可通过引入 Temperley-Lieb（TL）代数 $\mathrm{TL}_n(d)$（其中 d 为实数）来实现。TL 代数由满足条件（3.42）：

$$\begin{aligned} &E_iE_j = E_jE_i \qquad (|i-j| \geqslant 2) \\ &E_iE_{i\pm1}E_i = E_i, \quad E_i^2 = dE_i \end{aligned} \tag{3.42}$$

的算符 $E_1, E_2, \cdots, E_{n-1}$ 生成。其中第一个关系与 Yang-Baxter 方程（式(3.41)）中的第一个方程类似。为建立辫群表示与 Kauffman 多项式的关系，引入 TL 代数生成元 E_i 的 Kauffman 图表示（图3.42）。

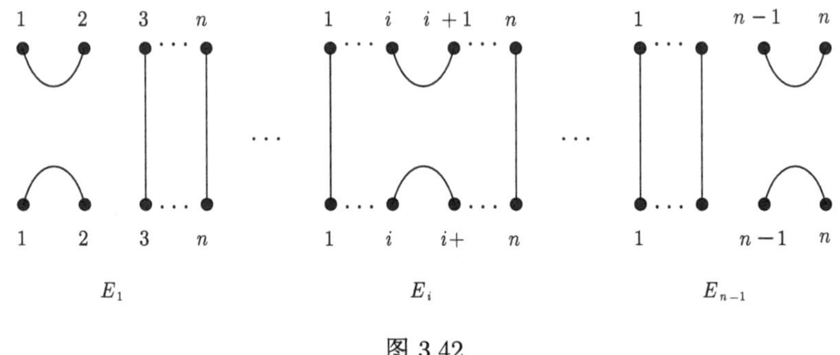

图 3.42

按生成元的定义，TL 代数中任意元素 $\hat{b}$ 均可表示为生成元 E_i 的乘积，如

$$\hat{b} = E_{i_p} \cdots E_{i_2}E_{i_1}$$

而生成元 E_{i_1}，E_{i_2}，$\cdots$，E_{i_p} 的乘积在 Kauffman 图表示中就是将生成元对应的 Kauffman 图按从下往上（E_{i_k} 从右往左）的顺序进行拼接，并将拼接后的图按 Kauffman 规则进行计算。按 Kauffman 图表示，很容易验证生成元 E_i 满足如下关系：

（1）$E_iE_{i+1}E_i = E_i$。

此等式两边分别对应于 Kauffman 图 3.43。

按 Kauffman 规则（它们在 R_{II} 和 R_{III} “移动”下保持不变）它们等价。

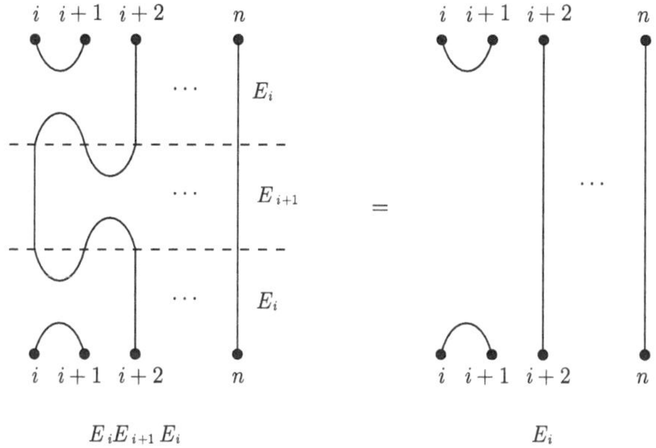

图 3.43 Kauffman 图表示：左右两图分别对应于等式的左右两边

（2）$E_i^2 = d \cdot E_i$。

此等式两边对应于 Kauffman 图（图3.44）。

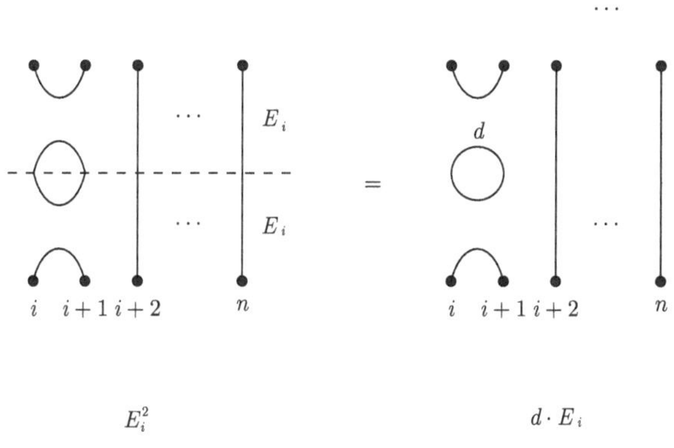

图 3.44

其中 d 就是 Kauffman 多项式中简单图形 “O” 对应的多项式[①]。显然，按 Kauffman 规则这两个图也相同。

由此可见，Kauffman 图及其乘法的确与 TL 代数一一对应（式（3.42）中所有条件 Kauffman 图均满足）。由此，我们建立了 TL 代数与 Kauffman 多项式的联系。

更为重要的是，辫群的任意表示 ρ_A 均可表示为 TL 代数中生成元 E_i 的线

① 在 Kauffman 多项式中 $d = -A^2 - A^{-2}$。

性组合:

$$\begin{aligned}\rho_A(s_i) &= A\cdot I + A^{-1}E_i \\ \rho_A(s_i^{-1}) &= A^{-1}\cdot I + AE_i\end{aligned} \tag{3.43}$$

此表示的正确性可通过将生成元 E_i 代入 ρ_A 进行验证①。辫群表示 ρ_A(式(3.43))中的 A 为参数，若令 TL 代数中参数 $d=-A^2-A^{-2}$，则表示 ρ_A 由参数 A 唯一确定，换言之，不同的 A 对应于不同的表示（对应于不同的任意子）。在辫群表示 $\rho_A(s_i)$ 的基础上，可通过马尔可夫迹将 Jones 多项式与任意子的编织联系起来。

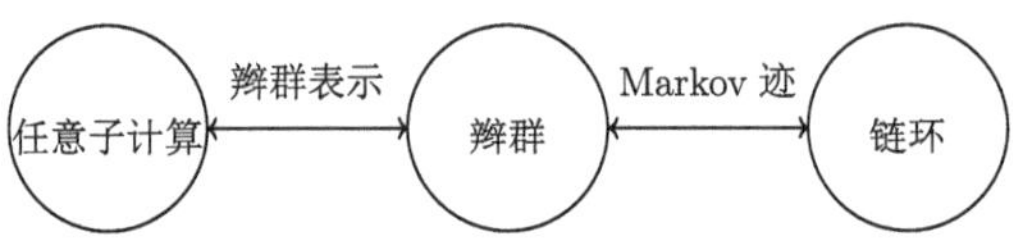

给定链环 L，它由辫群中元素 b 的马尔可夫迹生成，即 $L=(b)^{\mathrm{Markov}}$，链环 L 的 Jones 多项式可通过如下过程获得。

(1) 将辫群元素 b 按辫群生成元 s_i 展开:

$$b = s_{i_1}^{k_1}s_{i_2}^{k_2}\cdots s_{i_p}^{k_p}, \qquad k_{i=1,2,\cdots,p}=\pm 1$$

(2) 将 s_i 替换为辫群表示 $\rho_A(s_i)$，并将 b 的表示 $\hat{b}$ 展开为一系列（TL 代数）生成元 E_i 的乘积之和，得到

$$\hat{b} = \sum_{\mathbf{i}} f^{\mathbf{i}}(A,d)E_{\mathbf{i}}$$

其中 $\mathbf{i}=(i_1,i_2,\cdots,i_p)$ 且 $E_{\mathbf{i}}=E_{i_1}E_{i_2}\cdots E_{i_p}$。

(3) 对 $\hat{b}$ 中每个 $E_{\mathbf{i}}$ 的马尔可夫迹②按 Kauffman 规则简化为一系列互不相交的圈 (loop)。若 $E_{\mathbf{i}}^{\mathrm{Markov}}$ 中共含有 $n_{\mathbf{i}}$ 个 loop，则 $\mathrm{Tr}(E_{\mathbf{i}})=d^{n_{\mathbf{i}}-n}$ (n 为世界线数目)。

(4) 将每个 $\mathrm{Tr}(E_{\mathbf{i}})$ 按 $\hat{b}$ 表达式中的方式相加，最终得到一个含参数 A 的多项式 $\mathrm{Tr}(\rho_A(b))$。

例 3.11 正三叶纽结

正三叶纽结结构见式 (3.38)，可通过图 3.41(a) 和 (b) 所示的两种辫群元素 b_1，b_2 生成。

① 利用 E_i 的性质可证明 $\rho_A(s_i)$ 满足 Yang-Baxter 方程（式 (3.41)）。

② 马尔可夫迹的配对方式与 $L=(b)^{\mathrm{Markov}}$ 中的配对方式相同。

（1）元素 b_1 按辫群生成元展开为

$$b_1 = s_1^{-1}s_1^{-1}s_1^{-1}$$

（2）将 s_i 替换为 $\rho_A(s_i)$ 得到

$$\begin{aligned}\hat{b}_1 &= (A\cdot E_1 + A^{-1}I)(A\cdot E_1 + A^{-1}I)(A\cdot E_1 + A^{-1}I)\\ &= A^3E_1^3 + 3AE_1^2 + 3A^{-1}E_1 + A^{-3}\cdot I\\ &= (A^3d^2 + 3Ad + 3A^{-1})E_1 + A^{-3}\cdot I\end{aligned}$$

（3）I 和 E_1 的马尔可夫迹如图3.45所示。

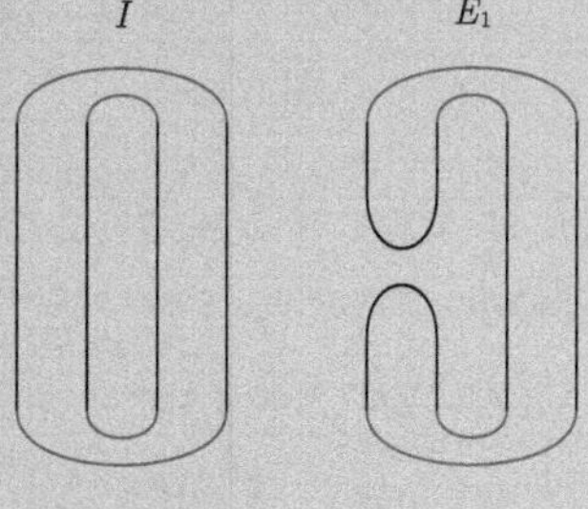

图 3.45

分别有 2 个，1 个互不相交的圈。由于世界线数量 $n=4$，最终得到

$$\begin{aligned}\mathrm{Tr}(\rho_A(b_1)) &= (A^3d^2 + 3A^d + 3A^{-1})d^{1-4} + A^{-3}d^{2-4}\\ &= d^{-3}[A^3d^2 + 3Ad + 3A^{-1} + A^{-3}d]\\ &= d^{-3}(A^7 - A^3 - A^{-5})\end{aligned}$$

- 元素 b_2 按辫群生成元展开为

$$b_2 = s_2s_1^{-1}s_2$$

- 将 s_i 替换为 $\rho_A(s_i)$ 得到

$$\begin{aligned}\hat{b}_2 &= (A^{-1}E_2 + A\cdot I)(A\cdot E_1 + A^{-1}I)(A^{-1}E_2 + A\cdot I)\\ &= A^{-1}(E_2E_1E_2 + E_2 + E_2) + A(E_2E_1 + E_1E_2 + I) + A^{-3}E_2^2 + A^3E_1\\ &= (3A^{-1} + d\cdot A^{-3})E_2 + A(E_2E_1 + E_1E_2) + A^3E_1 + A^1\cdot I\end{aligned}$$

- 分别考察 I，E_1，E_2，E_1E_2 和 E_2E_1 的马尔可夫迹（图3.46）

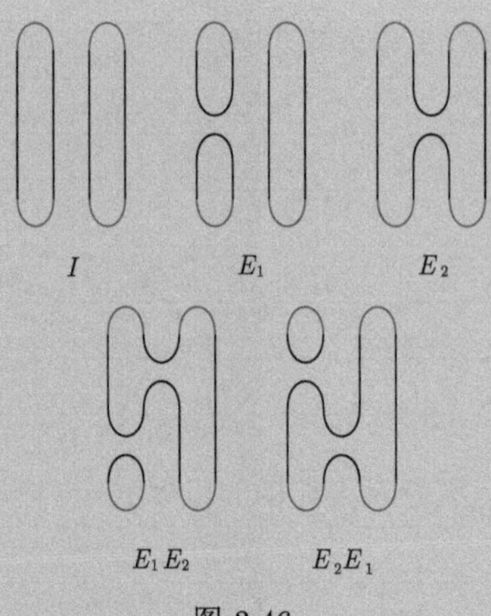

图 3.46

它们分别含有 2 个，3 个，1 个，2 个，2 个互不相交的圈。由于世界线数量 $n=4$，则最终得到

$$\begin{aligned}\mathrm{Tr}(\rho_A(b_2)) &= (3A^{-1}+dA^{-3})d^{1-4}+3Ad^{2-4}+A^3d^{3-4} \\ &= d^{-3}[3A^{-1}+(-A^2-A^{-2})(A^{-3}+3A)+A^3(-A^2-A^{-2})^2] \\ &= d^{-3}(A^7-A^3-A^{-5})\end{aligned}$$

多项式 $\mathrm{Tr}(\rho_A(b))$ 与链环 L 的 Kauffman Bracket 之间有如下关系：

$$d^{n-1}\mathrm{Tr}(\varrho_A(b)) = \langle (b)^{\mathrm{Markov}}\rangle(A) = \langle L\rangle(A)$$

利用 Jones 多项式与 Kauffman Bracket 之间的关系（式（3.40））就可建立任意链环 L 的 Jones 多项式与任意子（由辫群表示中的 A 确定）编织 b 之间的关系：

$$J_L(A) = (-A)^{-3w(L)}d^{n-1}\mathrm{Tr}(\rho_A(b)) \tag{3.44}$$

3. Jones 多项式与任意子量子计算

由于 $\mathrm{Tr}(\rho_A(b))$ 可通过 A 型任意子（对应于辫群表示 ρ_A）按 b 进行编织，并通过测量获得[①]。然后，通过等式（3.44）就能获得 Jones 多项式在 A 处的值（不同 A 处的值需通过不同的任意子编织和测量获得）。为确定性起见，编织 b 的马尔可夫迹按图 3.41(a) 所示的方式配对连接[②]。在此设定下，任意链环 L 均可与一

① 测量方式与马尔可夫迹中的配对连接方式有关。

② 若按图 3.41(b) 的方式定义马尔可夫迹，后面的计算过程略有区别。

个含 n 条世界线的编织 b 对应，且 $\mathrm{Tr}(\rho_A(b))$ 的计算可按如下过程实现①：

(1) 从真空中产生 n 对 A 型非阿贝尔任意子，此时系统状态记为 $|\psi_0\rangle$。

(2) 每对任意子中选出一个，将这 n 个全同任意子按辫群元素 b（$L=(b)^{\mathrm{Markov}}$）的编织方式进行编织（另 n 个任意子保持不变），这一过程可表示为幺正变换 U_b。

(3) 按 n 对任意子产生的逆过程对拓扑荷进行测量，所有拓扑荷仍处于真空（整个系统的拓扑荷为真空）的概率即为前面定义的多项式 $\mathrm{Tr}(\rho_A(b))$ 在 A 处的值，即

$$\langle\psi_0|U_b(A)|\psi_0\rangle=\mathrm{Tr}(\rho_A(b))$$

计算 $\mathrm{Tr}(\rho_A(b))$ 的过程可图示化为图3.47。

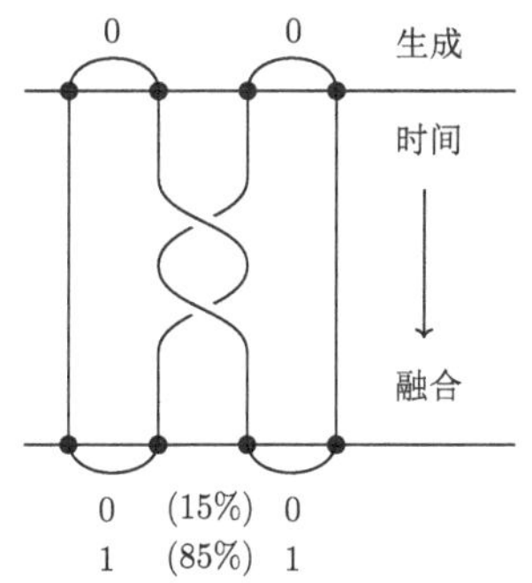

图 3.47

再根据 $\mathrm{Tr}(\rho_A(b))$ 与 Jones 多项式的关系

$$J_L(A)=(-A)^{-3w(L)}d^{n-1}\langle\psi_0|U_b(A)|\psi_0\rangle$$

即可获得 Jones 多项式在 A 点的值。

常见任意子与参数 A 的对应关系是怎样的呢？按拓扑场论的理论，SU(2)level-k 理论中的非阿贝尔任意子对应于 $A=ie^{i\frac{\pi}{2(k+2)}}$。按这一理论，Ising 任意子对应于 $A=e^{i\frac{3\pi}{8}}$。因而，通过 Ising 任意子的编织可获得 $J_L(i)$。若某些链环的 Jones 多项式在这些孤立点上的函数值不同，那么，我们就可以判定这两个链环拓扑不等价。

3.3 基于量子行走的量子计算

量子行走是经典随机行走在量子领域的延伸。在量子行走中，行走者（walker，量子系统中常称为粒子）在实空间中处于不同位置的叠加状态（同时处于不同位

① 参见文献 D. Aharonov, V. Jones, and Z. Landau, in: Proceedings of the 38th Annual ACM Symposium on Theory of Computing (ACM, 2006), p. 427-436.

置上)；等价地，它在动量空间中也处于不同动量的叠加状态。若将量子信息编码于量子行走系统的动量空间中某些模式上，通过设计实空间中行走图 G 的结构来调控动量空间中编码模式的运动，进而实现编码空间中的量子逻辑门，并最终完成普适的量子计算。

3.3.1　量子行走

随机行走一般定义在一个由顶点集 V 和边集 E 确定的无向简单图 G 上。而行走者在图上的行走（演化）由一个马尔可夫过程描述，每一步行走（演化）都仅与系统当前状态相关，而与更早时刻的状态无关。下面我们分别介绍经典随机行走和量子行走。

1. 经典随机行走

在经典随机行走中，系统状态由行走者在图 G 上的概率分布描述。一般地，t 时刻的概率分布由矢量 $\vec{P}(t)$ 描述，其分量 $P_i(t)\in[0,1]$（满足条件 $\sum\limits_{i\in V}P_i(t)=1$）表示行走者在 t 时刻处于顶点 i 的概率。根据概率分布随时间演化的方式不同可分为离散随机行走和连续随机行走。

（1）离散随机行走。

离散随机行走由一系列离散的演化步骤组成：对每个演化步骤，行走者都以一定的概率从图 G 中的顶点 $a\in V$ 跃迁到与之相邻的顶点 N_a 上。跃迁过程由一个 $|V|\times|V|$（$|V|$ 为图 G 的顶点数目）的随机矩阵 W 描述：

• W 中的元素 $W_{ij}\in[0,1]$ 表示处于顶点 i 的行走者向顶点 j 跃迁的概率，且满足 $\sum\limits_{j}W_{ij}=1$（完备性）。

当顶点 i、j 不相邻时（无边连接），$W_{ij}=0$。

• 概率分布 $\vec{P}(t)$ 随 W 的单步演化可表示为

$$\vec{P}(t+1)=W\vec{P}(t),\qquad t=0,1,2,\cdots$$

显然，t 时刻的概率分布 $\vec{P}(t)$ 与 0 时刻的概率分布 $\vec{P}(0)$ 之间存在关系：

$$\vec{P}(t)=W^t\vec{P}(0)$$

例 3.12

若随机行走中每个顶点到相邻顶点的概率均相等，则随机矩阵 W 可写为

$$W_{ij}=\begin{cases}\dfrac{1}{d_i}, & (i,j)\in E\\ 0, & (i,j)\notin E\end{cases}$$

其中 d_i 为顶点 i 的度（包含顶点 i 的边数目）。

（2）连续随机行走。

而在连续随机行走中，概率分布的演化需用微分方程表示：

$$\frac{d}{dt}\vec{P}(t) = M\vec{P}(t)$$

其中 M 为 t 时刻系统的跃迁速率矩阵（M_{ij} 表示单位时间内从顶点 i 跃迁到 j 的概率），它可随时间变化。一般而言，系统的概率分布 $\vec{P}(t)$ 需通过求解此微分方程获得，特别地，当 M 与时间无关时，概率分布 $\vec{P}(t)$ 可写为

$$\vec{P}(t) = e^{Mt}\vec{P}(0)$$

2. 量子行走

在量子系统中，行走者状态由量子态 $|\psi(t)\rangle$，而非概率分布 $\vec{P}(t)$ 描述。一般地 $|\psi(t)\rangle = \sum_i a_i(t)|i\rangle$，其中 $a_i(t)$ 表示行走者处于量子态 $|i\rangle$ 的概率幅，$|i\rangle$ 表示行走者处于顶点 i 的状态。根据量子态随时间的演化不同（与经典情况类似），量子行走也分为离散量子行走①和连续量子行走②两种。

（1）离散量子行走。

在离散量子行走中，行走者状态 $|\psi(t)\rangle$ 的每步演化都可用一个由图 G 确定的幺正变换 U 描述，即

$$|\psi(t+1)\rangle = U|\psi(t)\rangle \qquad (t = 0, 1, 2, \cdots)$$

由此，t 时刻量子态 $|\psi(t)\rangle$ 与 0 时刻的系统初态 $|\psi(0)\rangle$ 之间有关系：$|\psi(t)\rangle = U_t \cdots U_2 U_1 |\psi(0)\rangle$（若每一步的幺正变换均等于 U，则 $|\psi(t)\rangle = U^t|\psi(0)\rangle$）。

在离散量子行走中，行走者一般含两个自由度：由图 G 确定的空间自由度以及由行走者的分立内态（如自旋）确定的内部自由度；空间自由度上的变换由内部自由度通过图 G 的相邻矩阵进行控制。下面我们以常见的一维分步量子行走为例来看幺正变换 U 与图 G 的关系。

例 3.13 一维量子行走

在此一维量子行走中，设空间自由度为一维无穷长晶格，内部自由度为粒子自旋。一维晶格组成的图 G 中每个顶点仅有两个邻居，因此，控制跃迁的内部自由度需有两个正交状态：当自旋处于 $|\downarrow\rangle$ 和 $|\uparrow\rangle$ 态时，行走者

① 参见文献 Y. Aharonov, L. Davidovich, and N. Zagury, Phys. Rev. A **48**, 1687-1690 (1993).

② E. Farhi and S. Gutmann, Phys. Rev. A **58**, 915-928 (1998).

执行不同的行走（向左、向右或静止）。因自旋可处于 $|\downarrow\rangle$ 和 $|\uparrow\rangle$ 的叠加态，因此，行走者可同时执行不同的行走（与经典行走本质不同），如图3.48所示。

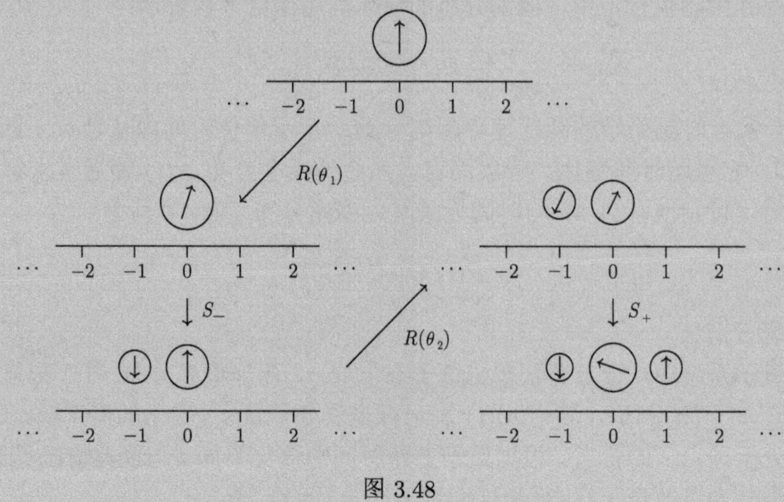

图 3.48

一个典型的离散分步量子行走由下面的幺正变换定义：

$$U(\theta_1,\theta_2)=S_+R(\theta_2)S_-R(\theta_1)$$

其中

$$S_+=\sum_{n=0}^{N-1}|n+1\rangle\langle n|\otimes|\uparrow\rangle\langle\uparrow|+|n\rangle\langle n|\otimes|\downarrow\rangle\langle\downarrow| \quad (\text{右移和静止叠加})$$

$$S_-=\sum_{n=0}^{N-1}|n\rangle\langle n|\otimes|\uparrow\rangle\langle\uparrow|+|n\rangle\langle n+1|\otimes|\downarrow\rangle\langle\downarrow| \quad (\text{左移和静止叠加})$$

$$R(\theta_k)=\sum_{n=0}^{N-1}|n\rangle\langle n|\otimes e^{-\mathrm{i}\sigma^y\theta_k/2}(k=1,2) \qquad (\text{绕 } y \text{ 轴转动})$$

此离散量子行走在研究各种拓扑物理时常使用。

（2）连续量子行走。

在连续量子行走中，行走者在图 G 上的状态演化由图 G 的相邻矩阵 Γ 按薛定谔方程的形式控制。具体地，图 G 的相邻矩阵 Γ 可写为算符形式：

$$\Gamma=\sum_{\langle i,j\rangle}(|i\rangle\langle j|+|j\rangle\langle i|)$$

（其中 $\langle i,j\rangle$ 表示顶点 i 和 j 在图 G 中相邻），而量子行走系统的哈密顿量定义为 $H_G=-\Gamma$（其厄密性由 Γ 的对称性保障），则量子行走系统的演化可表示为

$$i\frac{|\psi(t)\rangle}{dt}=-\Gamma|\psi(t)\rangle$$

或写为概率幅 $\vec{a}(t)$①的方程：

$$i\frac{d}{dt}\vec{a}(t)=-\Gamma\vec{a}(t),\qquad |\vec{a}(t)|^2=1$$

此方程的解可形式地写为

$$\vec{a}(t)=e^{i\Gamma t}\vec{a}(0)$$

无论离散量子行走还是连续量子行走都可用于实现量子计算。为简单计，我们下面的讨论都基于连续量子行走。

3.3.2 基于量子行走的算法

量子行走中的相干性使其具有相对于经典行走的优势，特别地，粒子的传播速度可显著快于经典随机行走。利用这些特点可设计一系列体现量子系统优势的算法。

3.3.2.1 随机粘合树问题算法

问题 3.3.1 (随机粘合树问题) 有两个层数为 d 的二叉树 A 和 B（结构相同），两个二叉树最下层的 2^d 个叶子节点之间随机地建立 1 对 2 的连接，即每个二叉树 A 中的叶子节点随机与二叉树 B 中的两个叶子节点连接，同时每个二叉树 B 中的叶子节点也随机与二叉树 A 中的两个叶子节点连接。一个行走者从二叉树 A 的根节点进入，若每个节点上每条边上的跃迁概率都相同，那么，行走者需要多长时间才能走出二叉树出现在二叉树 B 的根节点？

值得注意，在随机粘合二叉树问题中两个二叉树的叶子节点随机连接。若连接固定，经典随机行走也能快速实现从二叉树 A 的根节点进入，从二叉树 B 的根节点输出；而在随机粘合树中却难以做到。对随机粘合的二叉树，量子行走相对于最优的经典算法仍有指数加速②。

为简单计，设两个深度为 d 的平衡二叉树，其 d 层上的 2^d 个叶子节点按如图 3.49(a) 所示的方式粘合（其他方式粘合时，分析类似），这样得到的图记为 G_d（图 3.49(a) 对应 G_4）。

---

① $a_i(t)$ 表示 t 时刻量子态 $|\psi(t)\rangle$ 中基矢量 $|i\rangle$ 前的概率幅，即 $a_i(t)=\langle i|\psi(t)\rangle$。

② A. M. Childs, R. Cleve, E. Deotto, E. Farhi, and et al, in: Proceedings of the 35th annual ACM symposium on Theory of computing, 59-68 (2003); E. Farhi, J. Goldstone and S. Gutmann, Theory OF Computing, **4**, 169-190 (2008).

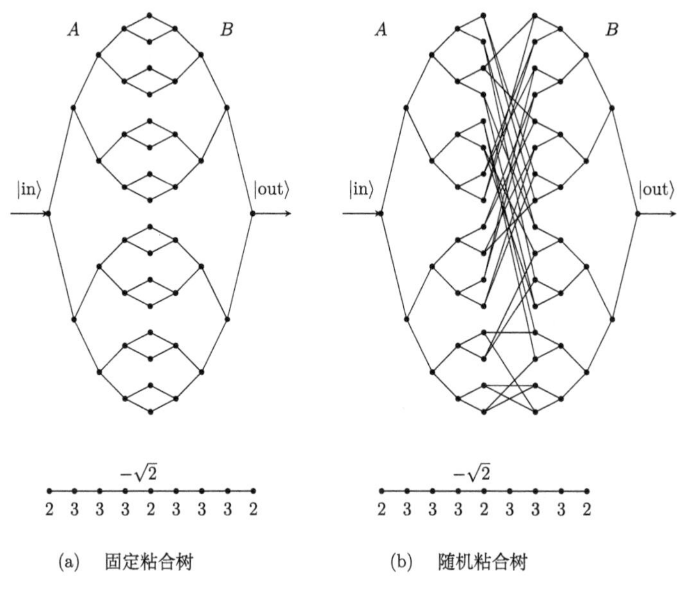

(a)　固定粘合树　　(b)　随机粘合树

图 3.49

在经典行走中，将粘合树上的节点按二叉树的层进行分类（将相同层上的节点看作一个整体），并按如图 3.49所示的方式从左向右进行编号：$0 \leqslant j \leqslant 2d$。若每条边上的跃迁速率 γ 均相同，则可立刻得到如下结论：对编号 $0 \leqslant j \leqslant d$ 的层（看作整体），其向右跃迁的概率是向左跃迁概率的两倍（向右的边是向左的两倍）。因此，行走者从输入处可快速传播到编号为 d 的层。然而，当 $d < j \leqslant 2d$ 时向左传播的概率是向右传播概率的两倍。因此，行走者从编号为 0 的层进入，经过任意长的时间，其出现在编号为 $2d$ 的层的概率仍小于 2^{-d}；换言之，从粘合树左侧进入并从右侧离开的概率随二叉树的层数指数减小。

而在量子行走中，我们将粘合二叉树分层投影到一维链上（与前面的编号相同），粘合二叉树上每层都对应于一维链上一个点。因此，两个 d 层二叉树的粘合对应于长度为 $2d-1$ 的一维链。一维链中每个点上的局域量子态定义为二叉树第 j 层上所有局域量子态的等权叠加，即

$$|j\rangle_{\text{col}} = \frac{1}{\sqrt{N_j}} \sum_{a \in \text{col}j} |a\rangle$$

其中 N_j 为二叉树第 j 层上的节点数，col$j$ 为第 j 层上节点的集合。

根据粘合二叉树上量子行走的哈密顿量 $H = -\Gamma$ (Γ 为粘合二叉树对应的相邻矩阵)，将粘合树投影成一维链后，希尔伯特空间约化为 $2d-1$ 维。在此一维

链上，其哈密顿量约化为

$$H_{i,i\pm1}^{\mathrm{col}} = \langle i|H|i\pm1\rangle_{\mathrm{col}} = -\sqrt{2}$$
$$H_{k,k}^{\mathrm{col}} = \langle k|H|k\rangle_{\mathrm{col}} = 2 \qquad (k=0，d，2d)$$
$$H_{k,k}^{\mathrm{col}} = \langle k|H|k\rangle_{\mathrm{col}} = 3 \qquad (k\neq 0，d，2d)$$

哈密顿量矩阵元

哈密顿量 H^{col} 的矩阵元可通过直接计算获得。我们以非对角矩阵元 $H_{i,i+1}$ 为例，设第 i 列有 2^i 个节点，而第 $i+1$ 列有 2^{i+1} 个节点（i 位于粘合树的左半侧，右半侧可类似获得），则

$$\begin{aligned}H_{i,i+1} &= {}_{\mathrm{col}}\langle i|H|i+1\rangle_{\mathrm{col}} \\ &= \frac{1}{\sqrt{2^i}}\frac{1}{\sqrt{2^{i+1}}}\sum_{a\in \mathrm{col}i,b\in \mathrm{col}i+1}\langle a|H|b\rangle \\ &= \frac{1}{\sqrt{2^{2i+1}}}(-2^{i+1}) = -\sqrt{2}\end{aligned}$$

其他矩阵元可类似得到。

因此，粘合二叉树上的量子行走等效于粒子在如下一维系统中行走（图3.50）。

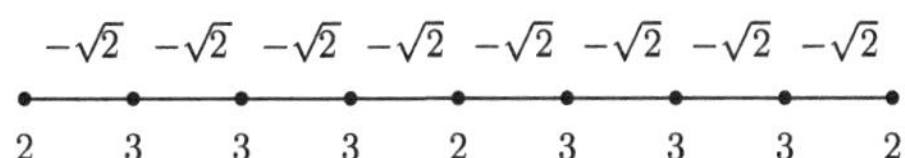

图 3.50 粘合树等效系统：此系统近邻量子态的跃迁振幅为 $-\sqrt{2}$，而格点两端、中心为 2，其他格点为 3

显然，有限大小系统不具有平移对称性。为估算此系统中左侧进入，右侧输出所需时间，我们需计算系统的传播速度：可通过数值计算或者在 $d\to\infty$ 的平移对称系统（这一系统可以严格求解）中进行估算。

对于 $d\to\infty$ 的平移对称系统中（可看作两个半无穷一维链共同连接在一个顶点（中间格点）上①），量子行走以恒定速度 $2\sqrt{2}$（常数）传播。因此，从系统最左边传播到最右边的时间与一维链长度 $2d-1$ 成正比。相比于经典的情况，量子行走实现了指数加速。图3.51给出了 $d=500$ 的系统，经过时间 $t=120$，240，360 后，行走者处于不同列的概率分布。

① 具体求解参见后面的方程（3.63）。

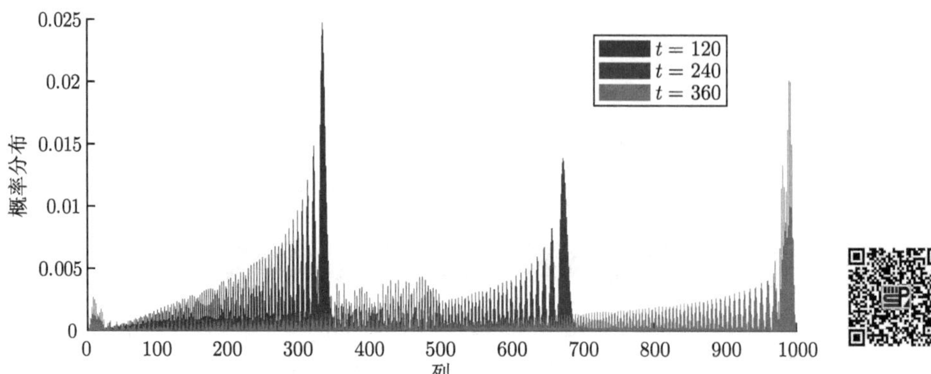

图 3.51　d=500 的系统，经过 $t = 120$（蓝色），240（红色），360（橙色）时间传播后，行走者处于不同列的概率分布，可以看到概率分布的峰值匀速传播

特别注意，等效的一维哈密顿量与两个粘合树之间的粘合方式（固定还是随机）无关。因此，上面的算法对随机和固定粘合树均有效。但在随机粘合下，经典计算无有效算法，因此量子算法相对经典算法有指数加速。

3.3.2.2　与非树（NAND）算法

问题 3.3.2 (与非树问题)　*一个含 $N = 2^n$ 个叶子节点的 n 层二叉树，每个节点上放置一个比特且所有父节点上比特的值等于其两个子节点上比特值的与非（NAND，$v_{父节点} = 1 - v_{左子节点} \cdot v_{右子节点}$）。当此二叉树叶子节点输入一个长度为 N 的比特串 a（如 $a = 011\cdots0010$）时，求其根节点比特上的输出值 ν。*

此问题最优经典算法的时间复杂度为 $\mathcal{O}(N^{0.753})$①，而 Farhi 等提出的基于量子行走的算法时间复杂度为 $\mathcal{O}(N^{0.5})$，显著地优于经典算法。此量子算法能体现基于量子行走的量子算法的一般特征。

1. 与非树问题与量子行走

建立与非树问题与量子行走间的关联，需要以下几个步骤。

(1) 建立与非树问题与图的对应。

(i) 二叉树直接对应于图 G_{bin}：二叉树中所有节点（子节点和父节点）组成 G_{bin} 的顶点，父节点与子节点相邻。

(ii) N 个输入比特形成 N 个新顶点，它们与 G_{bin} 中 N 个叶子节点一一对应（图 3.52）。若某个输入比特值为 1，则此顶点与相应叶子节点相邻（连接形成一条边）；反之，若输入比特值为 0，则此顶点与相应叶子

① 参见文献 M. Saks, and A. Wigderson, in: 27th Annual Symposium on Foundations of Computer Science (IEEE, 1986), p. 29-38.

节点无连接。这样形成的图记为 G_a。

由此建立了输入 a 与图 G_a 之间的对应关系。

(2) 引入一条长为 $2L+1$ 的一维链 G_L（顶点编号为 $-L, -L+1, \cdots, L-1, L$），其正中间的节点（编号为 0）与图 G_a 中二叉树的根节点相连（图 3.52），由此形成图 G。

(3) 图 G 上的哈密顿量为

$$H = H_{G_L} + H_{G_a} + H_I \tag{3.45}$$

其中 $H_{G_a} = -\Gamma$ 是与图 G_a 对应的哈密顿量（Γ 为图 G_a 的相邻矩阵）；$H_I = -(|0\rangle\langle \text{root}| + |\text{root}\rangle\langle 0|)$ 表示系统 G_a 与 G_L 的相互作用（G_L 中格点 0 与二叉树根节点之间有跃迁）；而 H_{G_L} 为一维链 G_L 上的哈密顿量：

$$H_{G_L} = -\left(\sum_{k=-L}^{L-1} |k+1\rangle\langle k| + \text{h.c.}\right)$$

下面将看到：与非树问题的计算结果与量子态为 $|k\rangle$（动量为 k）的粒子沿一维链 G_L 的传输关系密切相关。

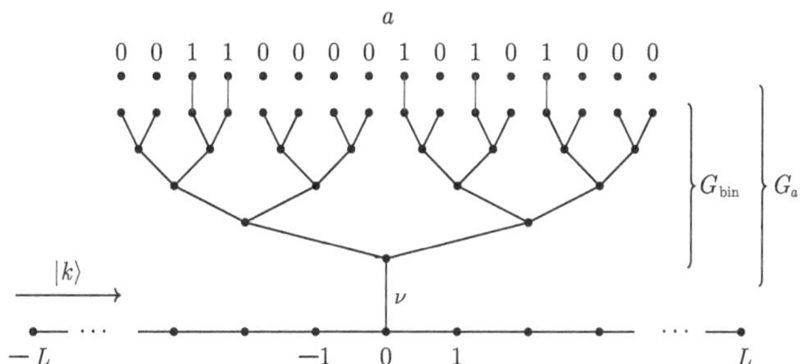

图 3.52 NAND 树问题对应的图 G：将输入值为 1 的比特节点与对应叶子节点相连（红色）；将二叉树根节点与一条长为 $2L+1$ 的一维链的中间节点相连（也可看作中间节点上同时连接了输入和输出两条一维链）；最终形成图 G。量子行走就定义在图 G 上。从一维链左半边输入状态为 $\left|k=\dfrac{\pi}{2}\right\rangle$ 的粒子，通过探测它在一维链右半边的传输特性就能判断 NAND 树的输出结果

2. 平面波在量子行走系统 G 上的传输关系

在一维系统 H_{G_L}中，若将格点 0（与图 G_a 形成的整体）看作此系统的一个杂质，那么，沿一维链传播的量子态将受到杂质的影响（影响散射和透射振幅）。杂质的特性将影响一维链上量子态的传输，换言之，通过探测一维链上量子态的传输性质就可反映杂质的特征，进而判断二叉树根节点的状态（此即与非树问题的答案）。

另一方面，H_{G_L} 也可看作顶点 0 上连接的两个半无穷长一维链。由于半无穷

长链仍具有准平移对称性，动量仍是一个好量子数，因此，我们将在动量空间中讨论量子态的传输问题。

设动量为 k 的粒子（量子态 $|k\rangle$）从一维链左侧（$-L$ 处）入射并向右传播，由于 $x=0$ 处杂质的存在，整个系统的波函数将呈现出如下形式：

$$\langle x|k\rangle = \begin{cases} e^{ikx} + R(k)e^{-ikx} & (x \leqslant 0) \\ T(k)e^{ikx} & (x \geqslant 0) \end{cases} \tag{3.46}$$

其中 $R(k)$，$T(k)$ 分别表示杂质导致的反射和透射振幅（与动量相关）。由此可见，$x<0$ 部分的波函数包括两部分：前行波和反射波；而 $x>0$ 部分的波函数只包括透射波。NAND 树问题对应的量子行走满足如下。

定理 3.3.3　*在图 G 定义的量子行走中，从一维链 H_{G_L} 左侧输入动量为 $k=\dfrac{\pi}{2}$ 的粒子，其透射振幅与 NAND 二叉树的计算结果 ν 之间存在如下关系：*

$$T\left(\frac{\pi}{2}\right) = \nu$$

因此，当动量为 $\dfrac{\pi}{2}$ 的一维平面波全透射时，与非树的计算结果为 1；而全反射时，与非树结果为 0。

下面我们来证明此结论。

证明　在哈密顿量 H（式 (3.45)）作用下，粒子在一维链上的量子态 $|x\rangle$（表示粒子处于格点 x，它们组成一维链上一组完备基）满足方程：

$$\begin{cases} H|x\rangle = -|x+1\rangle - |x-1\rangle & (x \neq 0) \\ H|0\rangle = -|-1\rangle - |1\rangle - |\text{root}\rangle & (x = 0) \end{cases}$$

其中 $|\text{root}\rangle$ 表示粒子处于二叉树根节点。将第二个式子两边与系统哈密顿量 H 的本征值为 $-2\cos k$ 的本征态 $|E\rangle$ 做内积，得到

$$\langle 0|H|E\rangle = -\langle -1|E\rangle - \langle 1|E\rangle - \langle \text{root}|E\rangle \tag{3.47}$$

根据表达式（3.46），设本征态 $|E\rangle$ 具有形式：

$$|E\rangle = |E\rangle_{G_a'} + \sum_{x=-\infty}^{-1} (e^{ikx} + R(E)e^{-ikx})|x\rangle + \sum_{x=1}^{\infty} T(E)e^{ikx}|x\rangle$$

其中 $|E\rangle_{G_a'}$ 表示处于图 G_a 和格点 0 上的量子态。显然，$\langle 0|E\rangle = \langle 0|E\rangle_{G_a'}$。将其代入式（3.47）得到

$$-2\cos k\langle 0|E\rangle = -e^{-ik} - R(E)e^{ik} - T(E)e^{ik} - \langle \text{root}|E\rangle \tag{3.48}$$

由表达式（3.46）及波函数的性质可得如下关系：

$$\begin{cases} 1+R(E)=T(E) & (\text{波函数在}x=0\text{处连续}) \\ \langle 0|E\rangle = T(E) & (\text{直接代入}x=0) \end{cases}$$

将此关系代入等式 (3.48) 得到

$$-2T(E)\cos k = -e^{-ik} - [T(E)-1]e^{ik} - T(E)e^{ik} - \langle \text{root}|E\rangle$$

从而可解得透射系数 $T(E)$：

$$T(E) = \frac{2i\sin k}{2i\sin k + Y_{r0}(E)} \tag{3.49}$$

其中

$$Y_{r0}(E) = \frac{\langle \text{root}|E\rangle}{\langle 0|E\rangle} \tag{3.50}$$

表示局域量子态 $|\text{root}\rangle$ 和 $|0\rangle$ 在本征态 $|E\rangle$ 中的振幅之比。由于顶点 root 和格点 0 由一条边相连，因此，Y_{r0} 可看作定义在对应边上的值。显然，$Y_{r0}(E)$ 的值与 $T(E)$ 之间存在如下的直接关系：$Y_{r0}(E)=0$ 时，$T(E)=1$（系统全透射）；而 $Y_{r0}(E)=\infty$ 时，$T(E)=0$（系统全反射）。换言之，通过区分全反射和全透射就能区分 $Y_{r0}(E)$ 的值 ∞ 和 0。

为建立 NAND 输入比特串与 $Y_{r0}(E)$ 之间的联系，我们首先来建立 NAND 树中参数 Y_e（e 为图上的边）之间的关系。

（1）与非运算树中参数 Y_e 的传输关系。

考虑 NAND 树中如图 3.53 所示的单个二叉结构，它涉及四个顶点 (a,b,c,d) 和三条边 (ba，ca 和 ad)，其中 a 为此结构的中心节点。设 $|x\rangle$ $(x=a,b,c,d)$ 为

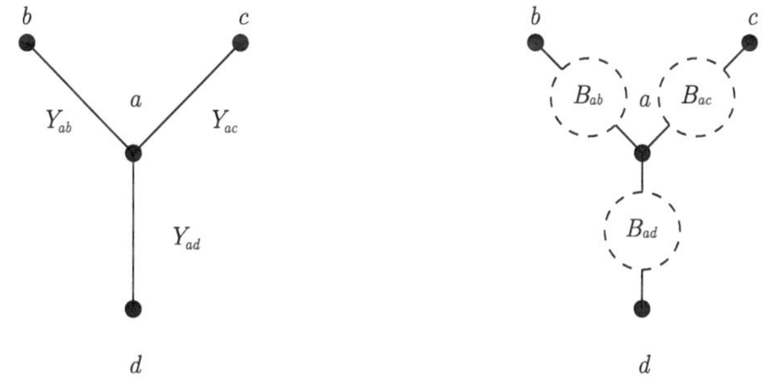

图 3.53

顶点 x 处的局域波函数并令 $a_x = \langle E|x\rangle$（$|E\rangle$ 为系统的本征态），则有

$$E\langle E|a\rangle = \langle E|H\,|a\rangle = -\langle E|b\rangle - \langle E|c\rangle - \langle E|d\rangle$$
$$E = -\frac{x_b}{x_a} - \frac{x_c}{x_a} - \frac{x_d}{x_a}$$

若令

$$Y_{ba} = \frac{x_b}{x_a},\quad Y_{ca} = \frac{x_c}{x_a},\quad Y_{ad} = \frac{x_a}{x_d}$$

则

$$Y_{ad} = -\frac{1}{E + Y_{ba} + Y_{ca}}$$

在 $E = 0$ 时，此关系可简化为

$$Y_{ad} = -\frac{1}{Y_{ba} + Y_{ca}} \tag{3.51}$$

在此表达式下，若在每条边上引入一个比特 B_e（e 表示一条边），其比特值由 Y_e 的值决定：

$$\begin{aligned} Y_e = 0 \quad &\longleftrightarrow \quad B_e\text{的比特值为}1 \\ Y_e = \infty \quad &\longleftrightarrow \quad B_e\text{的比特值为}0 \end{aligned} \tag{3.52}$$

那么，比特 B_{ba}、B_{ca} 和 B_{ad} 之间的运算与 NAND 运算法则一致，即

$$\begin{cases} Y_{ba} = 0, Y_{ca} = 0 \to Y_{ad} = \infty, & \mathrm{NAND}(1,1) = 0, \\ Y_{ba} = 0, Y_{ca} = \infty \to Y_{ad} = 0, & \mathrm{NAND}(1,0) = 1, \\ Y_{ba} = \infty, Y_{ca} = 0 \to Y_{ad} = 0, & \mathrm{NAND}(0,1) = 1, \\ Y_{ba} = \infty, Y_{ca} = \infty \to Y_{ad} = 0, & \mathrm{NAND}(0,0) = 1, \\ Y_{ba,ca} \in \{0,\infty\} \to Y_{ad} \in \{0,\infty\}, & \text{其他} \end{cases}$$

显然，此对应可推广到整个二叉树上，特别地，可推广到包含根节点 (root) 和无穷长链上顶点 0 的二叉树上。因此，NAND 树的输出 ν 就是比特 B_{r0} 的值。为得到 B_{r0} 的值，需知道输入比特 B_{e_n}①的值。

（2）输入比特串与 B_{e_n} 值关系。

两比特输入有四种情况（$\{1,0\},\{0,1\},\{1,1\},\{0,0\}$），如图 3.54 所示，对应于如下三种类型的结构（前两种情形类似）。

① 位于二叉树中与叶子节点相连的边上。

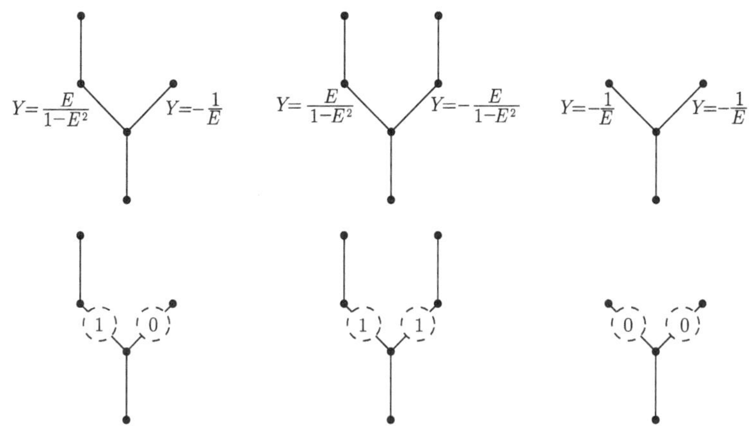

图 3.54 输入对应的三种 Y 类型结构：从左到右分别对应输入 {1,0}, {1,1}, {0,0}（输入 {0,1} 与 {1,0} 结构类似）。通过量子行走可将输入比特值（0 或 1）对应到比特 B_{e_n} 上

根据等式（3.51），考虑以二叉树叶子节点为中心节点的关系：

• 当输入为 1 时，叶子节点连接输入节点和它的父节点。可以得到

$$Y_{e_n} = \frac{E}{1-E^2}$$

显然，当 $E=0$ 时，$Y_{e_n}=0$。这表明边 e_n（与叶子节点相连的边）上的比特 B_{e_n} 值为 1（与输入比特的值一致）。

• 同理，当输入为 0 时，叶子节点仅与其父节点相连，此时 $Y_{e_n}=-\dfrac{1}{E}$。当 $E=0$ 时，$Y_{e_n}=\infty$。这表明边 e_n 上的比特值为 0（与输入比特的值也一致）。

综上可知，当 $E=0$ 时，输入比特串的值与连接叶子节点的边上的比特 B_{e_n} 上的值相同。而二叉树边上比特 B_e 的值通过 NAND 运算式（3.51）获得，直至得到比特 B_{r0} 上的值。由于比特 B_e 以及其上的 NAND 运算组成 NAND 树，而 B_{r0} 上的值就是 NAND 树的输出。因此，此算法的执行仅需在一维链左侧输入 $E=0\left(k=\dfrac{\pi}{2}\right)$ 的本征态，测量 $T(E)$（0 或 1）即可。 □

3. 算法复杂度

那么，此算法的时间复杂度是多少呢？事实上，它的计算时间等于粒子从左边 $-L$ 处传输到 $x>0$ 处所需的时间 t。显然，t 由链长 L 以及粒子波函数的群速度

$$v_g(k) = \frac{dE}{dk} = 2\sin(k)$$

确定。当 $k=\dfrac{\pi}{2}$ 时，$v_g\left(\dfrac{\pi}{2}\right)=2$。因此，量子行走者从 $-L$ 处传播到 $x>0$ 处所需的时间为 $\dfrac{L}{2}$（时间复杂度与链长 L 成正比）。

由于链长 L 为有限值，其平移对称性只近似成立，无法输入完美的 $k=\frac{\pi}{2}$（$E=0$）的系统本征态。事实上，输入量子态

$$\langle x|\psi(0)\rangle=\frac{1}{\sqrt{L}}e^{ix\pi/2}\qquad(-L\leqslant x\leqslant 0)$$

一般为系统 $E=0$ 附近量子态的叠加（k 空间中，$k=0$ 附近的波包），其能量涨落为

$$\Delta E=\sqrt{\langle\psi(0)|H^2|\psi(0)\rangle-\langle\psi(0)|H|\psi(0)\rangle^2}\propto\frac{1}{\sqrt{L}}\tag{3.53}$$

那么，L 与输入比特数目 N 以及计算精度有什么关系呢？我们有如下定理。

定理 3.3.4　当链长 L 取 $\mathcal{O}(\sqrt{N})$ 且输入态能量 $|E|<\frac{1}{16\sqrt{N}}$ 时，通过透射系数仍可有效区分 NAND 输出结果。

证明　与前面的证明类似，为获得根节点上的输出结果，需研究输入 Y_{e_n} 在二叉树上的传播。而 Y_{e_n} 在二叉树上的传播可通过图 3.55 所示的结构获得。

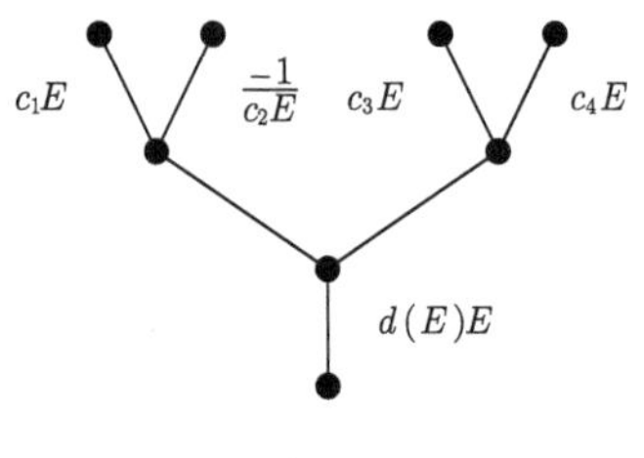

图 3.55

由于我们仅关心 $E=0$ 附近的情况，Y_e 的形式仅需考虑 c_eE 或 $\frac{-1}{c_eE}$（c_e 为系数）两种情况。根据输入形式不同，与图 3.55 类似的结构共有 16 种（依据对称性，有 6 种独立结构）。对这样的结构，若叶子节点上的输入参数 c_e 和 E 满足关系：

$$c_e+1\leqslant c+1\leqslant 4\cdot 2^j\ (j\leqslant n/2),\qquad 0<E<\frac{1}{16\sqrt{N}}$$

（其中 c 为一个给定常数，j 的两倍是输出端在整个与非树的图上所处的层数，参数 c_e 设定的合理性将在后面说明），则输出参数 $d(E)$ 与 c 有不等式关系：

$$\begin{aligned}d(E)&=\frac{c_3+c_4+1}{1-\left(1+\dfrac{c_2}{1-(1+c_1)c_2E^2}\right)(2c_3+c_4+1)E^2}\\&\leqslant\frac{2c+1}{1-\left(1+\dfrac{c}{1-(1+c)cE^2}\right)(2c+1)E^2}\\&\leqslant\frac{2c+1}{1-(1+2c)^2E^2}\end{aligned}$$

$$
\begin{aligned}
&\leqslant \frac{2c+1}{1-4(1+c)^2E^2} \\
&\leqslant \frac{2(c+1)}{1-4(1+c)^2E^2}-1 \\
&\leqslant \frac{2(c+1)}{1-2^{2j-n}/4}-1
\end{aligned} \tag{3.54}
$$

其中第一个不等号由所有 c_e 均取上限 c 时 $d(E)$ 最大获得。可以证明，无论输出是 $d(E)E$，还是 $-1/(d(E)E)$，参数 $d(E)$ 与 c 都满足上述不等式。由于，与非树输入处 Y_e 值为 $Y=E/(1-E^2)$ 或 $Y=-1/E$，则由 $0<E<\dfrac{1}{16\sqrt{N}}$ 可得 $c_{\rm top}=\dfrac{1}{1-2^{-n}}$。若从上往下不断使用不等式 (3.54)，则根节点处的参数 $c_{\rm bottom}$ 满足

$$
c_{\rm bottom}+1 \leqslant (c_{\rm top}+1)\frac{2}{1-2^{2-n}/4}\frac{2}{1-2^{4-n}/4}\cdots\frac{2}{1-2^{n-n}/4} \tag{3.55}
$$

即

$$
c_{\rm bottom} \leqslant \frac{\left(1+\dfrac{1}{1-2^{-n}}\right)2^{n/2}}{1-\dfrac{1}{4}\displaystyle\sum_{1}^{n/2}2^{2j-n}} \leqslant \frac{\left(1+\dfrac{1}{1-2^{-n}}\right)2^{n/2}}{1-\dfrac{1}{3}} \leqslant 4\cdot 2^{n/2} \tag{3.56}
$$

不等式 (3.56) 也给出了参数设定 $c_e+1\leqslant c+1\leqslant 4\cdot 2^{j/2}$ 的合法性。由 $c_{\rm bottom}$ 所满足的不等式可知 $Y_{r0}(E)$ 要么小于 $|c_{\rm bottom}E|$（$|c_{\rm bottom}E|\leqslant 1/4$），要么大于 $|1/(c_{\rm bottom}E)|$（$1/|c_{\rm bottom}E|\geqslant 4$），其中 $|E|<2^{-n/2}/16$。因此，依据式（3.49）可知：要么 $|T(E)|<1/2$，要么 $|T(E)|>0.99$。因此，对于链长 L 有限的情况，通过透射系数的差异，NAND 树的输出结果仍可被有效区分。 □

综上，此算法的时间复杂度为 $\mathcal{O}(\sqrt{N})$。

3.3.3 量子行走实现普适量子门

从前面两个基于量子行走的算法可以看出量子行走在解决某些问题时有比经典系统更强大的能力。那么，这种能力有多强大呢？我们将证明其能力与基于线路模型的量子计算能力相同。为证明这一点，需以量子行走的方式实现一组普适门操作，为此，我们通过设计特定的量子传输过程来实现普适量子门①。

① 参见文献 A. M. Childs, Phys. Rev. Lett. **102**, 180501 (2009); A. M. Childs, D. Gosset, and Z. Webb, Science **339**, 791-794 (2013).

3.3.3.1 量子行走系统的传输矩阵

首先，我们来看一个无穷长量子行走系统的传输过程。一个如图 3.56 所示的量子行走系统，其哈密顿量 $H = -\sum_{x=-\infty}^{\infty}(|x-1\rangle\langle x| + |x\rangle\langle x-1|)$，其中 $|x\rangle$ 为格点 x 的局域量子态。考虑到系统的平移对称性，动量态 $|k\rangle(k \in [-\pi, \pi])$（其实空间中的波函数为 $\langle x|k\rangle = e^{ikx}$）是系统的本征值为 $-2\cos k$ 的本征态（$|k\rangle$ 和 $|-k\rangle$ 具有相同本征值）。在基于量子行走的量子计算中，量子信息往往编码于一维链系统的动量态上，而输入、输出动量态之间的变换（量子门操作）可通过设计不同的行走图（实现不同的散射矩阵）来实现。因此，求不同行走图的散射矩阵是基于量子行走实现量子计算的基础。

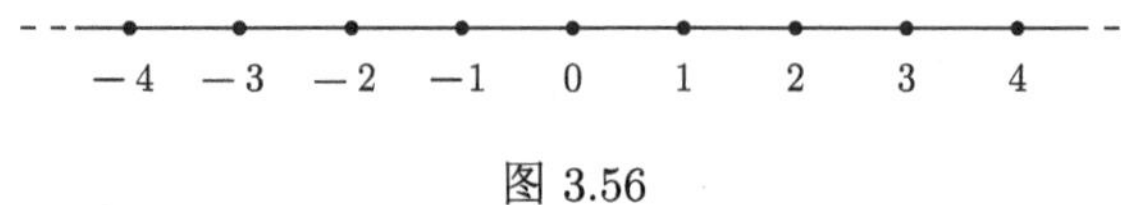

图 3.56

在一个量子行走图 G 中，我们可以从任意一个顶点输入或输出动量态（由一维链导入或导出），因此，输入-输出关系既可定义在不同顶点之间也可定义在同一个顶点上（NAND 树问题算法即此类）。考虑如图 3.57 所示的最简单情况（单输入顶点和单输出顶点）。

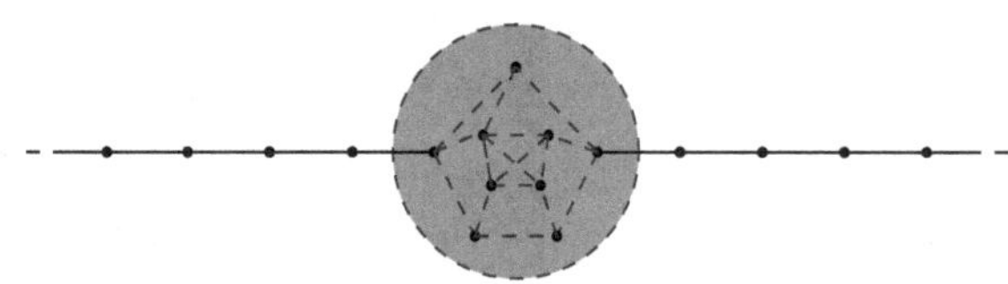

图 3.57

此时从左边入射的量子态 $|k\rangle$（通过半无穷长链导入）遇到行走图 G 后，一部分按原方向（渐近的依然是量子态 $|k\rangle$）继续前进，并从右边输出；另一部分反射后沿相反方向传播（量子态变为 $|-k\rangle$）。这两个量子态处于叠加状态，且透射和反射量子态的概率幅大小由行走图 G 的性质决定。一般地，设行走图 G 是一个含 N 个顶点的简单无向图，且它对应的相邻矩阵为 Γ，它总共有 N 个可能的输入、输出端点（每个顶点上都可作为输入或输出），且均由一条半无穷长的一维链导入、导出。

因此，图 G 对应的输入-输出（散射）矩阵可表示为

$$S(k)=\begin{bmatrix} R_1(k) & T_{1,2}(k) & \cdots & T_{1,N}(k) \\ T_{2,1}(k) & R_2(k) & \cdots & T_{2,N}(k) \\ \vdots & \vdots & & \vdots \\ T_{N,1}(k) & T_{N,2}(k) & \cdots & R_N(k) \end{bmatrix} \tag{3.57}$$

其中 R_i（$i=1,2,\cdots,N$）表示从顶点 i 输入并从顶点 i 输出的反射系数，$T_{i,j}$ 表示从顶点 i 输入，从顶点 j 输出的透射系数；整个输入-输出矩阵与动量 k 相关，不同的 k 对应于不同的输入-输出矩阵。通过设计图 G 可以调控散射矩阵 $S(k)$，进而实现编码于输入-输出量子态上的基本门操作。

下面我们来介绍如何计算行走图 G 的散射矩阵 $S(k)$。图 G 上的每个顶点都可附着一条或多条半无穷长的一维链（如 NAND 树中的输入-输出链都连接根节点）作为量子态 $|k\rangle$ 的导入或导出，我们用 m 来标记同一个顶点上的不同一维链。含 N 条一维链的图 G 上的哈密顿量写为

$$H=H_G+\sum_{\nu}\sum_{m=1}^{N_\nu}\left(H_{\nu m}^{\text{tail}}-|0_\nu\rangle\langle 1_{\nu m}|-|1_{\nu m}\rangle\langle 0_\nu|\right)$$

其中 N_ν 是顶点 ν 上的一维链数目；$|n_{\nu m}\rangle$ 表示与顶点 v 相连的、标记为 m 的半无限长一维链上第 n 个顶点上的局域量子态，且顶点 v 的编号为 0（具体编号如图 3.58）。H_G 表示图 G 对应的量子行走哈密顿量，而

$$H_{\nu m}^{\text{tail}}=-\sum_{n_{\nu m}=1}^{\infty}\left(|n_{\nu m}\rangle\langle n_{\nu m}+1|+|n_{\nu m}+1\rangle\langle n_{\nu m}|\right)$$

是与顶点 ν 相连接的、标记为 m 的半无穷链上的哈密顿量。

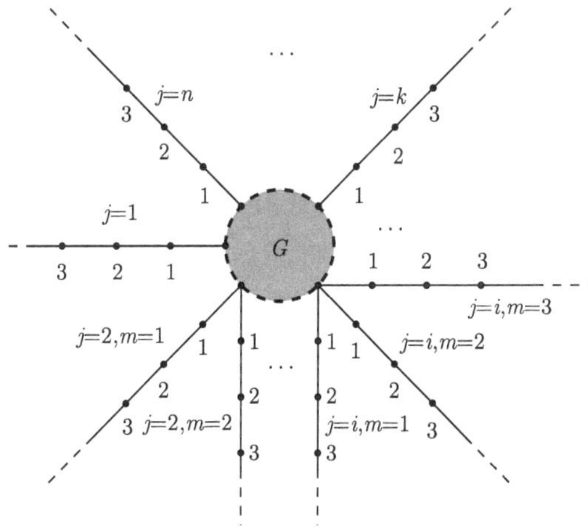

图 3.58 带输入、输出一维链的行走图 G：图 G 中顶点连接一维半无穷链作为输入、输出通道（同一个顶点上可同时连接输入和输出链）

下面我们用待定系数法来求哈密顿量 H 的本征解。令沿着与顶点 ν 相连、标记为 m 的半无穷长一维链入射（进入系统）的量子态为

$$|-k\rangle_{\nu m}=\sum_{n_{\nu m}}e^{-in_{\nu m}k}|n_{\nu m}\rangle$$

而沿着此一维链向外传播的量子态为 $|k\rangle_{\nu m}=\sum_n e^{in_{\nu m}k}|n_{\nu m}\rangle$。设由入射量子态 $|-k\rangle_{\nu m}$ 确定的本征能量为 $E=-2\cos k$ 的 H 本征态为 $|k,\nu m\rangle$，且其限制于行走图 G 上的分量记为 $|k,\nu m\rangle_G$，则本征态 $|k,\nu m\rangle$ 具有如下形式：

$$\begin{aligned}|k,\nu m\rangle=|k,\nu m\rangle_G&+\sum_{n=1}^{\infty}\left(e^{-ikn_{\nu m}}+R_{\nu m}(k)e^{ikn_{\nu m}}\right)|n_{\nu m}\rangle\\&+\sum_{\mu m'}{}'T_{\mu m',\nu m}(k)\sum_{n_{\mu m'}=1}^{\infty}e^{ikn_{\mu m'}}|n_{\mu m'}\rangle\end{aligned}\tag{3.58}$$

其中第一项为图 G 上的量子态；第二项为连接顶点 ν 且标号为 m 的一维链上的量子态（反射部分）；第三项为与其他顶点连接的一维链上的量子态（求和号上的 $'$ 表示对除 νm 外的一维链求和（透射部分））。利用 $|k,\nu m\rangle$ 的形式，系统的反射系数 $R_{\nu m}$ 和透射系数 $T_{\mu m',\nu m}(k)$ 可定义为

$$\begin{aligned}\langle n_{\nu m}|k,\nu m\rangle&=e^{-ikn_{\nu m}}+R_{\nu m}(k)e^{ikn_{\nu m}}\\\langle n_{\mu m'}|k,\nu m\rangle&=T_{\mu m',\nu m}(k)e^{ikn_{\mu m'}}\end{aligned}\tag{3.59}$$

若将量子态 $|k,\nu m\rangle$ 代入能量本征值方程得到

$$\begin{aligned}&H_G|k,\nu m\rangle_G+(1+R_{\nu m}-\langle 0_\nu|k,\nu m\rangle_G)|1_{\nu m}\rangle-\left(e^{-ik}+R_{\nu m}e^{ik}\right)|0_\nu\rangle\\&\quad+\sum_{\mu m'}{}'[(T_{\mu m',\nu m}-\langle 0_{\mu m'}|k,\nu m\rangle_G)|1_{\mu,m'}\rangle-e^{ik}T_{\mu m',\nu m}|0_{\mu m'}\rangle]\\&=-2\cos k|k,\nu m\rangle_G\end{aligned}\tag{3.60}$$

此本征方程可通过 H 和 $|k,\nu m\rangle$ 的表达式（3.58）直接计算得到。若令本征方程中的参数 $R_{\nu m}(k)$（反射系数）和 $T_{\mu m',\nu m}(k)$（透射系数）满足条件：

$$\begin{cases}R_{\nu m}(k)+1=\langle 0_\nu|k,\nu m\rangle_G\\T_{\mu m',\nu m}(k)=\langle 0_\mu|k,\nu m\rangle_G\end{cases}\tag{3.61}$$

则一维链上的所有局域量子态（不含 $|0_\mu\rangle$）均可消掉，方程（3.60）中仅剩下图 G 内的局域量子态。此时，本征方程简化为图 G 上的能量本征方程：

$$\begin{aligned}&H_G|k,\nu m\rangle_G-(e^{-ik}-e^{ik})|0_\nu\rangle-e^{ik}|0_\nu\rangle\langle 0_\nu|k,\nu m\rangle_G\\&-e^{ik}\sum_{\mu m'}|0_{\mu m'}\rangle\langle 0_{\mu m'}|k,\nu m\rangle_G=-2\cos k|k,\nu m\rangle_G\end{aligned}\tag{3.62}$$

由此可得 $|k,\nu m\rangle_G$ 满足方程：

$$(H_G+2\cos k-e^{ik}\sum_{\mu m'}|0_{\mu m'}\rangle\langle 0_{\mu m'}|)|k,\nu m\rangle_G=(e^{-ik}-e^{ik})|0_\nu\rangle \tag{3.63}$$

根据此方程可得出 $|k,\nu m\rangle_G$，然后代入表达式（3.61）就可计算出反射系数 $R_{\nu m}(k)$ 和透射系数 $T_{\mu m',\nu m}(k)$，并由此得到输入-输出矩阵 $S(k)$。下面设计量子逻辑门时，我们将给出计算透射系数的具体例子。

3.3.3.2 单比特门的实现

要实现普适量子计算，需实现单比特 Hadamard 门和 $\pi/8$ 门与两比特 CNOT 门。下面我们通过设计行走图 G 来实现它们。

1. $\dfrac{\pi}{8}$ 门的实现

$\dfrac{\pi}{8}$ 门可通过如图 3.59 上的量子行走实现，其中黑色实心顶点对应于设计的行走图 G，作为输入、输出的半无穷长一维链均与图 G 的顶点 1 连接。我们下面来证明此系统的传输矩阵为

$$T_{\text{in,out}}(k)=\frac{8}{8+i\cos 2k\csc^3 k\sec k}$$

证明 图 G 的相邻矩阵为

$$\Gamma=\begin{bmatrix}0&1&0&0&0\\1&0&1&0&1\\0&1&0&1&0\\0&0&1&0&1\\0&1&0&1&0\end{bmatrix}$$

由此得到图 G 上量子行走对应的哈密顿量 $H_G=-\Gamma$（以局域的顶点量子态 $|v\rangle$ 为基）。注意到图 G 中顶点 1 与入射和出射两条半无穷一维链相连接，因此 $|k,vm\rangle_G$ 满足的方程（3.63）可表示为

$$\begin{bmatrix}-2\cos k+2e^{ik}&1&0&0&0\\1&-2\cos k&1&1&0\\0&1&-2\cos k&0&1\\0&1&0&-2\cos k&1\\0&0&1&1&-2\cos k\end{bmatrix}|k,vm\rangle_G=\begin{bmatrix}2i\sin k\\0\\0\\0\\0\end{bmatrix}$$

求解此线性方程可得到量子态 $|k,vm\rangle_G$，并进一步由关系式（3.61）得到

$$T_{\text{in,out}}(k)=\langle 0_v|k,vm\rangle_G=\frac{8}{8+i\cos 2k\csc^3 k\sec k}$$

特别地，$T_{\text{in,out}}\left(-\dfrac{\pi}{4}\right)=e^{i\frac{\pi}{4}}$，即入射 $k=-\dfrac{\pi}{4}$ 的平面波将完全透射，并获得额外

相位 $\frac{\pi}{4}$。 □

若将量子比特的 $|1\rangle$ 态编码为如图 3.59 所示一维链上动量为 $-\frac{\pi}{4}$ 的平面波，则按前面的推导，量子态将获得相位 $\frac{\pi}{4}$。同时，将量子比特的 $|0\rangle$ 态编码为如图 3.59 所示的另一条长度相同的一维链上动量也为 $-\frac{\pi}{4}$ 的平面波（此时无额外相位），则量子态 $|1\rangle$ 相对于 $|0\rangle$ 将获得额外的相位 $\frac{\pi}{4}$，这就实现了 $\frac{\pi}{8}$ 门。

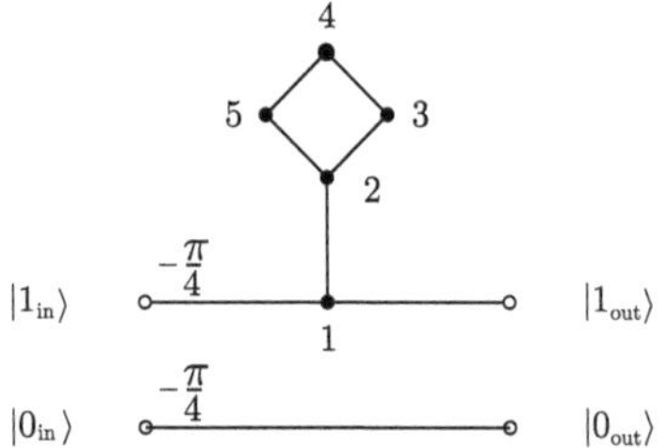

图 3.59　$\frac{\pi}{8}$ 门的实现：将量子比特的 $|1\rangle$ 态编码于动量态 $\left|-\frac{\pi}{4}\right\rangle$，它通过 G 后将获得相位 $\frac{\pi}{4}$；而将量子比特的 $|0\rangle$ 态编码于另一条不通过图 G 的一维链的动量态 $\left|-\frac{\pi}{4}\right\rangle$ 上，它不会增加任何相位

2. Hadamard 门的实现

Hadamard 变换满足如下等式关系：

$$\begin{bmatrix} 1 & 0 \\ 0 & i \end{bmatrix}\begin{bmatrix} i & 1 \\ 1 & i \end{bmatrix}\begin{bmatrix} 1 & 0 \\ 0 & i \end{bmatrix} = \begin{bmatrix} 1 & 1 \\ 1 & -1 \end{bmatrix}$$

其中全局性因子已略。由于 $\frac{\pi}{4}$ 门可由两个 $\frac{\pi}{8}$ 门的级联获得，因此，只需实现变换 $\frac{1}{\sqrt{2}}\begin{bmatrix} i & 1 \\ 1 & i \end{bmatrix}$ 即可。此变换，可通过如下的量子行走实现（图3.60）：

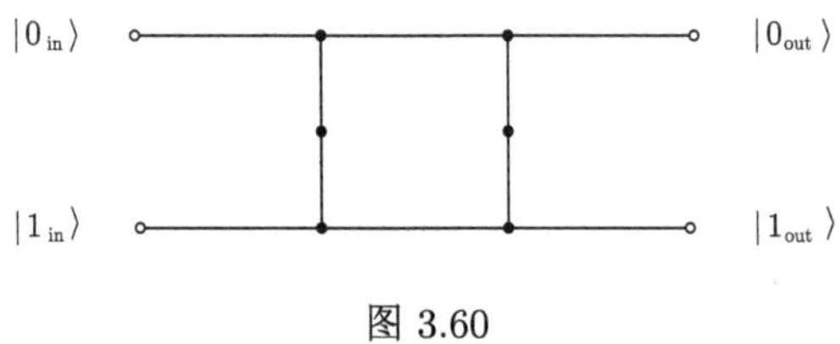

图 3.60

与 $\frac{\pi}{8}$ 门中类似，图3.60中的黑色实心点构成行走图 G，两条半无穷长一维链用于编码输入比特，而另两条半无穷长一维链用于编码输出比特。与 $\frac{\pi}{8}$ 门中的计

算过程类似，利用方程（3.63）和图 G 上的相邻矩阵：

$$H_G = -\begin{bmatrix} 0 & 1 & 1 & 0 & 0 & 0 \\ 1 & 0 & 0 & 1 & 0 & 0 \\ 1 & 0 & 0 & 0 & 1 & 0 \\ 0 & 1 & 0 & 0 & 0 & 1 \\ 0 & 0 & 1 & 0 & 0 & 1 \\ 0 & 0 & 0 & 1 & 1 & 0 \end{bmatrix}$$

可求得其本征态 $|k, vm\rangle_G$ 并进一步得到散射矩阵：

$$\begin{aligned} T_{0_{\text{in}},0_{\text{out}}}(k) &= \frac{e^{ik}(\cos k + i\sin 3k)}{2\cos k + i(\sin 3k - \sin k)} \\ T_{0_{\text{in}},1_{\text{out}}}(k) &= \frac{1}{2\cos k + i(\sin 3k - \sin k)} \\ R_{0_{\text{in}}} = T_{0_{\text{in}},1_{\text{in}}}(k) &= \frac{e^{ik}\cos 2k}{2\cos k + i(\sin 3k - \sin k)} \end{aligned} \tag{3.64}$$

其中 $T_{0_{\text{in}},0_{\text{out}}}$ 表示从 $|0_{\text{in}}\rangle$ 入射，从 $|0_{\text{out}}\rangle$ 出射的透射系数；而 $T_{0_{\text{in}},1_{\text{out}}}$ 表示从 $|0_{\text{in}}\rangle$ 入射，从 $|1_{\text{out}}\rangle$ 出射的透射系数。由它们的表达式（3.64）可知当 $k =-\dfrac{\pi}{4}$ 时有

$$R_{0_{\text{in}}} = 0, \qquad \frac{T_{0_{\text{in}},0_{\text{out}}}}{T_{0_{\text{in}},1_{\text{out}}}} = i$$

而从 $|1_{\text{in}}\rangle$ 入射时，结果与此类似。因此可见，上面的图确能实现变换 $\dfrac{1}{\sqrt{2}}\begin{bmatrix} i & 1 \\ 1 & i \end{bmatrix}$。

通过设计图 G，可对输入-输出之间的传输矩阵进行调控，进而实现编码比特上的量子门。在构造 $\dfrac{\pi}{8}$ 门和 Hadamard 门时，入射粒子的动量需精确为 $-\dfrac{\pi}{4}$，但在实际的有限长一维链中入射量子态一般为 $\left|-\dfrac{\pi}{4}\right\rangle$ 附近量子态的叠加态。为解决此问题，需通过滤波过程筛选出动量为 $-\dfrac{\pi}{4}$ 的成分，而此动量筛选过程也可通过设计图形 G 上的量子行走来实现。

量子态滤波

量子态 $k = -\dfrac{\pi}{4}$ 的滤波可通过如图 3.61 所示的量子行走实现。

在图 3.61(a) 中，仅当入射量子态为 $\left| -\dfrac{\pi}{4}\right\rangle$ 和 $\left| -\dfrac{3\pi}{4}\right\rangle$ 时才会完全传输，而具有其他动量的量子态都会有耗散。反复通过这样的滤波结构后，仅有 $k = -\dfrac{\pi}{4}$ 和 $-\dfrac{3\pi}{4}$ 的量子态才会保留下来，其他量子态都会耗散掉。值得强调，此滤波过程中，量子态 $\left| -\dfrac{3\pi}{4}\right\rangle$ 和 $\left| -\dfrac{\pi}{4}\right\rangle$ 简并

$\left(\text{其传播速度} v_g = \frac{dE(k)}{d(k)} \text{也相等}\right)$。因此，为获得动量为 $k = -\frac{\pi}{4}$ 的量子态，还需引入新的结构来区分它们。$k = -\frac{\pi}{4}$ 和 $-\frac{3\pi}{4}$ 的量子态在图 3.61(b) 所示的结构中具有不同的传播速度 $\left(k = -\frac{\pi}{4}\right.$ 的量子态先通过此结构$\left.\right)$，可在时间上加以区分。

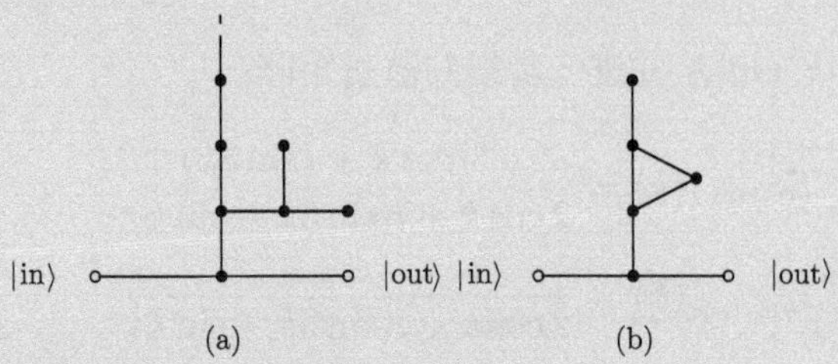

图 3.61　$k = -\frac{\pi}{4}$ 量子态滤波：(a) 此结构仅允许 $k = -\frac{\pi}{4}$ 和 $k = -\frac{3\pi}{4}$ 的量子态完全通过；多次级联后仅这两个量子态保留。(b) 此过滤器可将量子态 $\left|-\frac{\pi}{4}\right\rangle$ 和 $\left|-\frac{3\pi}{4}\right\rangle$ 在时间上分开 $\left(k = -\frac{\pi}{4}\text{的态先通过}\right)$

3.3.3.3　两比特门的实现

相比于单比特变换，两比特门的实现更复杂。我们需要一个被称为“轨道转移门”的操作以及含相互作用的两粒子行走系统。

1. 轨道转移门

“轨道转移门”操作通过如图 3.62 所示的行走图实现。通过方程（3.63）以及关系式（3.61）可知：当从 1（3）输入动量为 $-\frac{\pi}{4}$ 的平面波（粒子）时，它从 3（1）完美出射，并增加一个额外相位 $\frac{\pi}{4}$；而当从 2（3）输入动量为 $-\frac{\pi}{2}$ 的平面波时，它从 3（2）完美出射，并增加一个额外相位 π。这两个传输过程可分别表示为矩阵

$$S_{\text{switch}}\left(-\frac{\pi}{4}\right) = \begin{bmatrix} 0 & 0 & e^{-\frac{i\pi}{4}} \\ 0 & -1 & 0 \\ e^{-i\frac{\pi}{4}} & 0 & 0 \end{bmatrix} \tag{3.65}$$

$$S_{\text{switch}}\left(-\frac{\pi}{2}\right) = \begin{bmatrix} 1 & 0 & 0 \\ 0 & 0 & -1 \\ 0 & -1 & 0 \end{bmatrix} \tag{3.66}$$

利用此操作可实现量子态（模式）$\left|-\frac{\pi}{4}\right\rangle$ 和 $\left|-\frac{\pi}{2}\right\rangle$ 间的转换，且伴随额外相位。

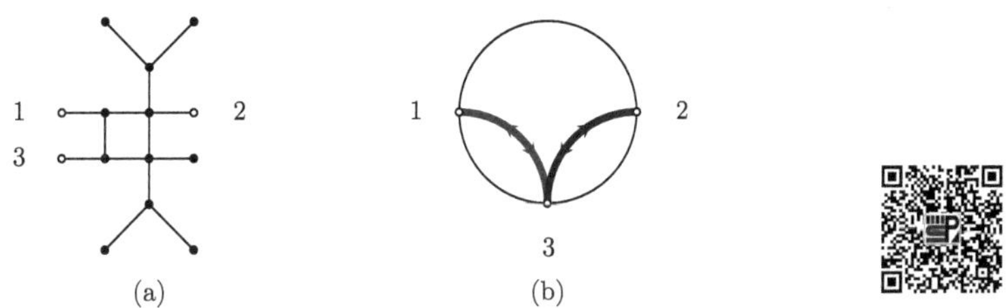

图 3.62 轨道转移门: (a) 黑色实心点组成行走图 G，三条一维链作为输入、输出端口连接到图 G 如图所示的位置。当从端口 1（3）输入量子态 $\left|-\frac{\pi}{4}\right\rangle$ 时，它可从端口 3（1）完美输出（可逆）；而从端口 2（3）输入量子态 $\left|-\frac{\pi}{2}\right\rangle$ 时，亦可从端口 3（2）完美输出（可逆）；(b) 表示端口间的变化，红色表示量子态 $\left|-\frac{\pi}{4}\right\rangle$，而蓝色表示量子态 $\left|-\frac{\pi}{2}\right\rangle$

2. 含相互作用的两粒子量子行走

含相互作用的两粒子量子行走系统的哈密顿量可表示为

$$H^{(2)} = H_x^{(1)} \otimes I_y + I_y \otimes H_y^{(1)} + \sum_{x,y\in\mathbb{Z}} U(|x-y|)|x,y\rangle\langle x,y| \tag{3.67}$$

其中哈密顿量 $H_a^{(1)} = \sum_{a\in\mathbb{Z}} |a+1\rangle\langle a| + |a\rangle\langle a+1|\,(a = x, y)$ 表示单个粒子在一维链上的量子行走；$U(|x-y|)$ 表示两粒子间的相互作用（仅与距离相关）。由于系统的总动量守恒，将其转换到质心坐标系中会更方便。通过定义 $s = x+y, r = x-y$ 得到新坐标下的哈密顿量：

$$H^{(2)} = H_s^{(1)} \otimes H_r^{(1)} + I_s \otimes \sum_{r\in\mathbb{Z}} U(|r|)|r\rangle\langle r| \tag{3.68}$$

其中 $H_s^{(1)}$ 和 $H_r^{(1)}$ 均为一维链上的量子行走。先将 s 部分（$H_s^{(1)}$）对角化，由此得到

$$H^{(2)} = \int_{-\pi}^{\pi} 2\cos\left(\frac{p_s}{2}\right)|p_1\rangle\langle p_s| \otimes \left(H_r^{(1)} + \sum_{r\in\mathbb{Z}} \frac{U(|r|)}{2\cos\left(\frac{p_s}{2}\right)}|r\rangle\langle r|\right) \tag{3.69}$$

其中 $p_s = -k_1 - k_2$ 为系统的总动量。因此可见，对每个给定的总动量 p_1，都有一个等效的单体哈密顿量：

$$H_{\text{eff}}^{(1)} = H_r^{(1)} + \underbrace{\sum_{r\in\mathbb{Z}} \frac{U(|r|)}{2\cos\left(\frac{p_s}{2}\right)}|r\rangle\langle r|}_{H'}$$

在此等效哈密顿量中，除标准一维链上的量子行走 $H_r^{(1)}$ 外，还有一个与格点位置 r 相关的 on-site 项 H'。若假设相互作用 $U(|x-y|)$ 为局域相互作用（存在一个最大距离 $d_{\max}$，使得 $U(|r|>d_{\max})=0$），则 H' 仅作用于局域格点，它可作为使平面波散射的局域杂质处理（图3.63）。

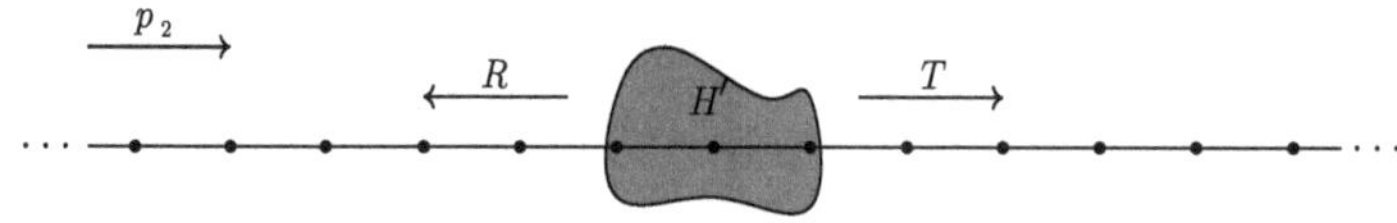

图 3.63　单体有效哈密顿量 $H_{\text{eff}}^{(1)}$：将其看作含局域杂质（位于位置 0 且半径不超过 $d_{\max}$）的一维链系统，它对入射平面波有反射和透射效应

因此，单体哈密顿量 $H_{\text{eff}}^{(1)}$ 的本征态 $|\tilde{p}_r\rangle$ 可设为如下形式

$$\langle r|\tilde{p}_r\rangle=\begin{cases}e^{-ip_r r}+R(p_s,p_r)e^{ip_r r} & (r\leqslant -d_{\max})\\ T(p_s,p_r)e^{-ip_r r} & (r\geqslant d_{\max})\end{cases}\tag{3.70}$$

其中 $p_r=(k_2-k_1)/2$ 为相对动量；反射系数 $R(p_s,p_r)$ 和透射系数 $T(p_s,p_r)$ 与 p_s 和 p_r 均有关。因此，哈密顿量 $H^{(2)}$ 的散射本征态可表示为

$$|sc(p_s,p_r)\rangle=|p_s\rangle|\tilde{p}_r\rangle\tag{3.71}$$

不失一般性，设行走粒子为玻色子（费米子情况可类似讨论），由于玻色子满足交换对称性，则其散射本征态具有形式：

$$|sc(p_s,p_r)\rangle_+=\frac{1}{\sqrt{2}}(|sc(p_s,p_r)\rangle+|sc(p_s,-p_r)\rangle)\tag{3.72}$$

（交换两个玻色子等价于 $r\to -r$ 且 $s\to s$，相应地，p_r 变成 $-p_r$ 且 p_s 不变）。因相互作用强度 $U(|r|)$ 为 r 的偶函数，故有

$$\langle r|\tilde{p}_r\rangle=\langle -r|-\tilde{p}_r\rangle$$
$$R(p_s,p_r)=R(p_s,-p_r)$$
$$T(p_s,p_r)=T(p_s,-p_r)$$

将对称化后的量子态 $|sc(p_s,p_r)\rangle_+$ 投影到坐标空间并将公式（3.70）代入得到

$$\begin{aligned}&\langle s,r\mid sc\left(p_s,p_r\right)\rangle_+\\ =&\frac{1}{\sqrt{2}}e^{-ip_s s/2}\begin{cases}e^{-ip_r r}+\left[T\left(p_s,p_r\right)+R\left(p_s,p_r\right)\right]e^{ip_r r} & (r\leqslant -d_{\max})\\ \left[T\left(p_s,p_r\right)+R\left(p_s,p_r\right)\right]e^{-ip_r r}+e^{ip_r r} & (r\geqslant d_{\max})\end{cases}\end{aligned}\tag{3.73}$$

显然，散射过程为幺正变换，因此

$$T(p_s, p_r) + R(p_s, p_r) = e^{i\theta_+(p_s,p_r)} \tag{3.74}$$

代入表达式（3.73）得到

$$\langle s, r|sc(p_s, p_r)\rangle_+ = \frac{1}{\sqrt{2}} e^{-ip_s s/2}(e^{-ip_r|r|} + e^{i\theta_+(p_s,p_r)} e^{ip_r|r|}) \qquad (|r| \geqslant d_{\max}) \tag{3.75}$$

由此可见，散射本征态 $\langle s, r|sc(p_s, p_r)\rangle_+$ 分为两个运动方向相反的部分且二者之间有相位差 $e^{i\theta_+(p_s,p_r)}$。

为计算相位 $\theta_+(p_s, p_r)$ 大小，设两个粒子之间仅有接触作用，即 $U(|r|) = U\delta_{r,0}$。此时单体哈密顿量 $H_{\text{eff}}^{(1)}$ 中的 H' 仅作用在 $r = 0$ 处，此时，两条半无限长一维链可看作直接连在顶点 0 上。与 $\frac{\pi}{8}$ 门中类似的讨论（此时的行走图 G 为单点 0）可得：当 $U = 2 + \sqrt{2}$ 且入射粒子动量分别为 $k_1 = -\frac{\pi}{2}$ 和 $k_2 = \frac{\pi}{4}$ 时有如下关系

$$R(p_s, p_r) = -\frac{1}{2} - \frac{i}{2}, \qquad T(p_s, p_r) = \frac{1}{2} - \frac{i}{2} \tag{3.76}$$

由此可见，两个玻色子经过接触作用可产生相对相位 $e^{-i\frac{\pi}{2}} = -i$。

在以上储备知识基础上，两比特门可实现如下。在如图 3.64 所示的结构中，每个量子比特编码于两条一维链中：上面两条链编码量子比特 1；下面两条链编码量子比特 2。

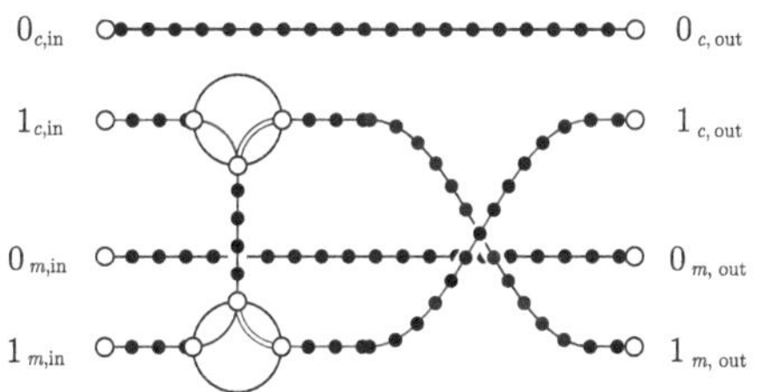

图 3.64 两比特门的量子行走线路图：上面两条一维链编码量子比特 1，下面两条一维链编码量子比特 2。中间的环形图表示轨道转移门。当比特 1 和 2 都处于 $|1\rangle$ 时，两个粒子将在竖直的一维链中相遇并通过作用获得相对相位 $-i$，进而实现两比特相位门。红色路径表示粒子处于量子态 $\left|k = -\frac{\pi}{4}\right\rangle$，而蓝色路径表示粒子处于量子态 $\left|k = -\frac{\pi}{2}\right\rangle$

（1）当两个比特均为 $|0\rangle$ 态时（粒子均从 0 端输入），输出态不发生变化，即 $|00\rangle \to |00\rangle$；

（2）当比特 1 为 $|0\rangle$ 态（从 0 端输入）而比特 2 为 $|1\rangle$ 态 $\Big($粒子从 1 端以量子态

$\left|k=-\frac{\pi}{2}\right\rangle$ 输入) 时，依据轨道转移门的性质，比特 2 从 1 端输入后沿蓝线转移到竖直方向的一维链上，并进入上面的转移门，依然沿蓝线转移并最后从比特 2 的 1 端输出。每通过一个转移门获得 π 的相位，两个转移门共获得 2π 相位。因此，$|01\rangle$ 的变换关系为 $|01\rangle \to |01\rangle$。由于结构的对称性可得 $|10\rangle \to |10\rangle$（两个轨道转移门产生的额外相位 $\frac{\pi}{2}$ 可通过调节一维链长度消除）。

（3）当两个比特的输入态均为 $|1\rangle$ 态（粒子均从 1 端输入）时，由于轨道转移门，这两个粒子将在一维链上相遇，根据式（3.76）它们间的散射过程将产生相位 $-i$，即有变换 $|11\rangle \to -i|11\rangle$。

综上，图 3.64 上的行走实现了两比特相位门：

$$
CP=\begin{bmatrix} 1 & 0 & 0 & 0 \\ 0 & 1 & 0 & 0 \\ 0 & 0 & 1 & 0 \\ 0 & 0 & 0 & -i \end{bmatrix} \tag{3.77}
$$

注意到，在上述两比特门中，一个粒子的动量为 $-\frac{\pi}{4}$，而另一个粒子的动量为 $-\frac{\pi}{2}$。考虑到单比特门中粒子动量也为 $-\frac{\pi}{4}$，因此，将计算量子比特都编码在动量为 $-\frac{\pi}{4}$ 的粒子上是一个好的选择。此时，动量为 $-\frac{\pi}{2}$ 的粒子作为辅助粒子帮助实现编码量子比特上的逻辑门。

特别地，两个编码比特 i 和 j 间的 CP 门可由如图 3.65 所示的线路实现：

$$
\mathrm{CP}_{ij}|u_i,v_j,0_a\rangle = H_a\mathrm{CP}_{ia}^2 H_a \mathrm{CP}_{ja} H_a \mathrm{CP}_{ia}^2 H_a |u_i,v_j,0_a\rangle
$$

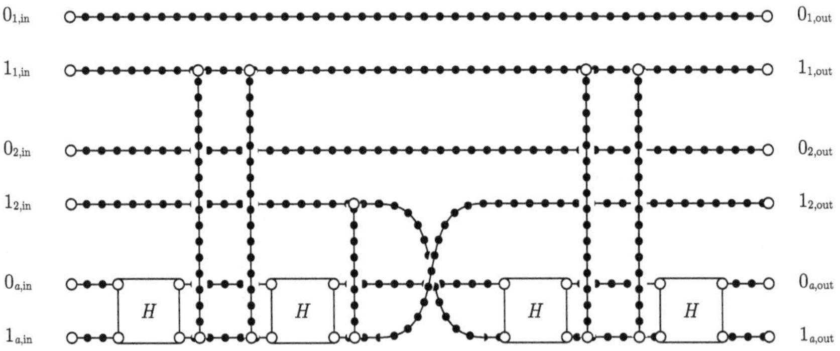

图 3.65 两个动量为 $-\frac{\pi}{4}$ 的粒子上的两比特 CP 门：动量为 $-\frac{\pi}{2}$ 的粒子作为辅助比特协助两个动量为 $-\frac{\pi}{4}$ 的粒子实现编码比特上的 CP 门；图中带“H”的方框表示图 3.66，而一条一维竖直链连接两个空心圆表示对应两比特间的 CP 门

其中 $\mathrm{CP}_{\alpha\beta}$ 表示作用于比特 α 和 β 间的 CP 门，$|u_i\rangle$ 和 $|v_j\rangle$ 分别表示比特 i 和 j 上的量子态；辅助比特 a $\left(\text{输入动量为 } -\frac{\pi}{2}\right)$ 上的 Hadamard 门可通过如图 3.66 所示的量子行走实现（证明方法与动量为 $-\frac{\pi}{4}$ 的粒子上的 Hadamard 门相同）。

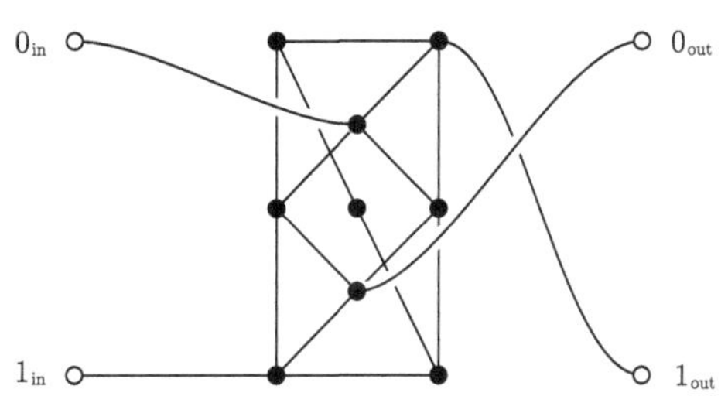

图 3.66 动量为 $-\frac{\pi}{2}$ 的粒子上的 Hadamard 门

至此，我们就在量子行走系统中实现了普适量子门集合，通过级联这些量子门就可实现普适的量子计算。一般地，n 个比特的量子计算需使用 $n+1$ 个粒子（其中有 n 个动量为 $-\frac{\pi}{4}$ 的粒子作为计算比特，而有一个动量为 $-\frac{\pi}{2}$ 的粒子作为辅助比特）和 $2n+2$ 条一维链（两条链编码一个量子比特）。

3.4 绝热量子计算

现实应用中，许多优化问题可转化为求某个哈密顿量基态的问题。尽管在多体物理中，人们已经发展了一系列求多体哈密顿量基态的方法，但对一个一般的哈密顿量，求其基态仍是一个异常困难的问题（在第一章中已知局域哈密顿量问题为 QMA-完全问题）。绝热量子计算提供了一种获得哈密顿量基态的普适方法，而获得此基态所需的时间与哈密顿量的基态和第一激发态之间的能隙密切相关。在绝热量子计算中，量子绝热定理起着基本的作用，在第二章量子态的有效制备部分我们已对 Messiah 版本的量子绝热定理进行了介绍。此处我们将介绍绝热定理的另一个版本。

3.4.1 量子绝热定理

对一个由含时哈密顿量 $H(t)$ 控制的系统，其动力学演化由薛定谔方程：

$$i\hbar\frac{d}{dt}|\psi(t)\rangle = H(t)|\psi(t)\rangle$$

确定。若此系统的初始状态为

$$|\psi(0)\rangle = \sum_i a_i|\varphi_i\rangle$$

其中 $|\varphi_i\rangle$ 为初始哈密顿量 $H(0)$ 的本征态, 那么，t 时刻系统的状态可表示为

$$|\psi(t)\rangle = \mathcal{T}exp\left[-i\int_0^t H(t)dt\right]|\psi(0)\rangle$$

$\mathcal{T}$exp 表示时序算符（不同时刻的哈密顿量之间可能不对易）。一般而言，编时积分表示的动力学过程难以解析求解，通常将它粗粒化为一系列幺正变换的乘积形式：

$$|\psi(t)\rangle = U(t_n)U(t_{n-1})\cdots U(t_0)|\psi(0)\rangle$$

其中 $U(t_k) = e^{\frac{-iH(tk/n)t}{n}}$，$t_n = t$ 且 $t_0 = 0$。当 n 足够大时，哈密顿量在 t/n 的时间内近似不变。

考虑系统初始状态处于 $H(0)$ 基态的特殊情况，如果哈密顿量随时间的变化足够缓慢，量子系统将一直处于基态，这就是所谓的量子绝热定理。此定理的核心是绝热条件，即哈密顿量“缓慢变化”的度量标准。在常见的 Messiah 版的量子绝热定理中，绝热条件要求哈密顿量随时间的变化远远小于系统基态与第一激发态之间的能隙。但在哈密顿量含快速振荡项等特殊情况下，前面的结论并不成立①。值得庆幸，在我们关心的绝热量子计算中，其哈密顿量一般构造为如下形式：

$$H(t) = A(s)H_0 + B(s)H_1$$

其中 H_0 为系统起始哈密顿量，H_1 为系统的最终哈密顿量，无量纲参数 $s = \dfrac{t}{t_f}$ 取值为 [0,1]；$A(s)$ 为单调减函数，而 $B(s)$ 为单调增函数。因而，并不会出现快速振荡项。

在 Messiah 版的量子绝热定理中，绝热演化时间（绝热量子计算的计算时间）与系统基态和第一激发态之间的能隙的平方成反比。在更严格的量子绝热定理中，根据不同假设，绝热演化时间可与能隙的平方或立方成反比（计算时间仍与系统能隙呈多项式关系）。为讨论计算时间具体的标度（scaling）问题，我们介绍量子绝热定理的如下版本。

定理 3.4.1 哈密顿量 $H(t)$（随时间 t 变化）二阶连续可微，且 $H(t)$ 与其一阶导 $H^{(1)}(t)$ 及二阶导 $H^{(2)}(t)$ 均为有界算符。设投影子空间 $\mathcal{P}(t)$ 中含 $m(t)$ 个哈密顿量 $H(t)$ 的本征能级且 $\mathcal{P}(t)$ 中本征能级与 $H(t)$ 的其他能级之间有能隙 $\Delta(t) = \varepsilon_1(t) - \varepsilon_0(t) > 0$，则对任意 t 有

$$||\mathcal{P}_{t_f}(t) - \mathcal{P}(t)||$$

① 此时即使演化时间 t_f 足够长，但系统仍不能绝热跟随（系统是否能绝热跟随主要取决于振荡项中的振荡快慢而非演化时间）。

$$\leqslant \frac{m(0)||H^{(1)}(0)||}{t_f\Delta^2(0)} + \frac{m(t)||H^{(1)}(t)||}{t_f\Delta^2(t)} + \frac{1}{t_f}\int_0^1 \left(\frac{m||H^{(2)}||}{\Delta^2(0)} + \frac{7m\sqrt{m}||H^{(1)}||^2}{\Delta^3}\right)dx$$

其中 $\mathcal{P}(t)$ 为 t 时刻绝热演化的理想结果（总演化时间 $t_f=\infty$），而 $\mathcal{P}_{t_f}(t)$ 表示 t 时刻的实际演化结果（总演化时间 t_f 为给定的有限值）。

从定理可以看到，误差除与能隙 $\Delta(t)$ 相关外，还与 $H(t)$ 的一阶、二阶导数相关。若忽略表达式对 $m(t)$ 的依赖（如 $\mathcal{P}(t)$ 取为基态空间，则 $m(t)$ 始终为 1①），则绝热演化时间 t_f 由下面的表达式确定

$$t_f \gg \max\left\{\max_{t\in[0,1]}\frac{||H^{(2)}(t)||}{\Delta^2(t)}, \max_{t\in[0,1]}\frac{||H^{(1)}(t)||^2}{\Delta^3(t)}, \max_{t\in[0,1]}\frac{||H^{(1)}(t)||}{\Delta^2(t)}\}\right\} \tag{3.78}$$

这表明，绝热演化时间与能隙呈二次或三次方反比关系均有可能，这取决于哈密顿量的一阶和二阶导数。若想将这一关系严格限制为二次方反比，哈密顿量的形式需作进一步限制。由量子绝热定理可知，估算含时哈密顿量的能隙与系统规模的关系是确定绝热量子计算时间复杂度的核心。

3.4.2 绝热量子计算

利用量子绝热定理，可设计量子绝热过程来实现一些实际问题的求解。一般而言，绝热量子计算包括如下步骤②：

(1) 将实际问题编码为一个求多体哈密顿量 H_1 基态的问题;

(2) 将系统初态制备为哈密顿量 H_0 的基态③;

(3) 设计一个连接哈密顿量 H_0 和 H_1 的含时哈密顿量，如

$$H(s) = [1-A(s)]H_0 + A(s)H_1$$

其中 $s=t/t_f$，t_f 是计算所需的总时间。$A(s)$ 是单变量函数且满足 $A(0)=0$ 和 $A(1)=1$。因此，初始时系统处于 H_0 基态，按绝热定理，若含时哈密顿量 $H(s)$ 满足绝热条件，则系统将一直处于 $H(s)$ 的基态。通过控制哈密顿量 $H(s)$ 缓慢变化就可将 H_0 的基态绝热演化到 H_1 的基态。

(4) 演化结束后对系统进行测量，由此获得待求问题的解④。整个算法的核心是如何设计最佳绝热路径 $A(s)$，使得 t_f 最小。下面以 3-Exact Cover 问题为例来说明绝热量子计算过程。

① 基态空间无简并。

② 参见文献 B. Apolloni, C. Carvalho, and D. de Falco, Stoch. Proc. Appl. **33**, 233-244 (1989); W. van Dam, M. Mosca, and U. Vazirani, in: Proceedings 42nd IEEE Symposium on Foundations of Computer Science (IEEE, 2001), p. 279-287.

③ 此基态易于制备，常选为直积态。

④ 解的正确性需通过检验，若检验未通过则重复前面的计算。

例 3.14

在 3-SAT 问题中，我们虽然限制了每个语句中所含比特的数目，但并未限制每个语句的内容（逻辑运算）。若限定所有语句中的运算为 $z_1 \oplus z_2 \oplus z_3 = 1$（$\oplus$ 为模 2 加），则此特殊的 3-SAT 问题称为 3-Exact Cover 问题，它仍是一个 NP-完全问题。3-Exact Cover 问题的一个示例（或抽样）由一系列三元组 (i, j, k)（每个三元组对应一个语句）组成。那么，我们如何利用绝热量子计算来求解 Exact Cover 问题呢？

首先，将 Exact Cover 问题转化为求哈密顿量基态的问题。Exact Cover 问题中的每个语句 $z_i \oplus z_j \oplus z_k = 1$ 都可表示为一个对角矩阵 H_{ijk}：此矩阵的基为计算基 $|z_1 z_2 \cdots z_n\rangle$（$|z_i\rangle$ 为 Pauli 矩阵 σ^z 的本征态）；当某个计算基使语句为真时，其对应对角元为 0，其他情况为 1（对语句为假时的能量惩罚）。因此，使所有语句为真的比特串对应于哈密顿量

$$H_{EC} = \sum_m H_{i_m j_m k_m}$$

本征值为 0 的基态。一般而言，直接求此哈密顿量的基态异常困难，我们将利用量子绝热过程来求其基态。

初始时，将 n 量子比特系统制备到哈密顿量

$$H_0 = (1 - \sigma_1^x) \otimes (1 - \sigma_2^x) \otimes \cdots \otimes (1 - \sigma_n^x)$$

的基态，即 $|\psi_0\rangle = \frac{1}{2^{n/2}}(|0\rangle + |1\rangle)^{\otimes n}$。

然后，系统哈密顿量按

$$H(s) = (1 - A(s))H_0 + A(s)H_{EC}$$

绝热演化。其绝热演化时间与演化路径 $A(s)$ 以及哈密顿量 $H(s)$ 的基态与第一激发态之间的最小能隙相关。

除一些特殊的情况外，$H(s)$ 的最小能隙很难直接获得。我们一般通过不断改变系统绝热演化的速度，并在计算基（σ^z 的本征态）下对演化末态进行测量，通过对测量结果的验算来判断演化过程是否满足绝热条件。特别注意，由于测量结果的随机性，正确结果仅以一定的概率出现（系统一般不完全处于基态），我们判断演化过程是否绝热（足够缓慢）的标准是计算成功的概率是否大于某个设定的阈值（如 5%）。

3.4.2.1 绝热量子计算的时间复杂度

一般而言，估计量子绝热算法的时间复杂度是个异常困难的问题，它需要对路径 $A(s)$ 进行全局优化并估计多体哈密顿量 $H(s)$ 的能隙。下面我们以无序搜索（Grover 算法）为例来说明如何估计一个量子绝热算法的时间复杂度。

在无序搜索问题的绝热量子计算中，其初始哈密顿量为

$$H_0 = I - |\phi\rangle\langle\phi|$$

其中 $|\phi\rangle = |+\rangle^{\otimes n}$；而搜索目标 $|m\rangle$ 对应的哈密顿量为 $H_1 = I - |m\rangle\langle m|$。

为从哈密顿量 H_0 的基态绝热获得 H_1 的基态，含时哈密顿量可形式地表示为

$$H(s) = [1 - A(s)]H_0 + A(s)H_1$$

其中 $s \in [0,1]$ 且 $A(0) = 0$ 且 $A(1) = 1$。对不同 $A(s)$，绝热过程所需的时间也不同。因此，为获得对应问题的时间复杂度，需遍历所有函数 $A(s)$ 并最优化绝热时间。

(1) 假设 $A(s)$ 具有最简单的线性形式（即 $A(s) = s$）。此时，含时哈密顿量在 $|m\rangle$ 和 $|m^{\perp}\rangle = \dfrac{1}{\sqrt{N-1}}\sum\limits_{i\neq m}^{N-1}|i\rangle$（$N = 2^n$）基下可表示为一个 2×2 矩阵：

$$H(s) = \frac{1}{2}I_{2\times 2} - \frac{\Delta(s)}{2}\begin{bmatrix} \cos[\theta(s)] & \sin[\theta(s)] \\ \sin[\theta(s)] & -\cos[\theta(s)] \end{bmatrix}$$

其中

$$\begin{aligned} \Delta(s) &= \sqrt{(1-2s)^2 + \frac{4}{N}s(1-s)} \\ \cos[\theta(s)] &= \frac{1}{\Delta(s)}\left[1 - 2(1-s)\left(1 - \frac{1}{N}\right)\right] \\ \sin[\theta(s)] &= \frac{2}{\Delta(s)}(1-s)\frac{1}{\sqrt{N}}\sqrt{1 - \frac{1}{N}} \end{aligned} \tag{3.79}$$

显然，此哈密顿量中的元素与 s 相关。对此 2×2 矩阵，其本征能量为

$$\epsilon_0(s) = \frac{1}{2}[1 - \Delta(s)], \qquad \epsilon_1(s) = \frac{1}{2}[1 + \Delta(s)]$$

我们的目标是估算哈密顿量 $H(s)$ 最小能隙随比特数 n 的变化标度。$H(s)$ 本身是一个 $N\times N$ 矩阵，它应有 N 个本征值，除了前面的两个本征值外，剩下的 $N-2$ 个本征值均为 1。因此，$\epsilon_0(s)$ 和 $\epsilon_1(s)$ 就是哈密顿量 $H(s)$ 的基态和第一激发态，它们之间的能隙为 $\epsilon_1(s) - \epsilon_0(s) = \Delta(s)$。当 $s = \dfrac{1}{2}$ 时，能隙 $\Delta(s)$ 取得

最小值 $\Delta\left(\frac{1}{2}\right)=\frac{1}{\sqrt{N}}=2^{-n/2}$。

由严格版本的绝热定理，绝热计算所需时间 t_f 满足如下条件：

$$t_f \gg 2\max_s ||\partial_s H(s)||/\Delta^2(s)+\int_0^1 ||\partial_s H(s)||^2/\Delta^3(s)ds$$

而由 $H(s)$ 表达式可得 $||\partial_s H||<1$，将其代入前面的公式中得到

$$t_f \gg 2\max_s \frac{1}{\Delta^2(s)}+\int_0^1 \frac{1}{\Delta^3(s)}ds \geqslant \frac{3}{\Delta^2_{\min}}$$

这表明 $A(s)$ 的这种简单的选取方式，时间复杂度与经典算法一致，没有提升。

(2) 按绝热定理，能隙 Δ 大的地方以较快的速度改变哈密顿量仍能满足绝热条件；而在 Δ 较小的地方，则需以较慢的速度改变哈密顿量才能保证绝热条件。因此，要提高绝热量子计算的效率（减少绝热时间），需优化函数 $A(s)$ 使其在系统能隙大的地方变化快而在能隙小的地方变化慢。若 $A(s)$ 以如下形式选择：

$$A(s)=\frac{1}{2}+\frac{1}{2\sqrt{N-1}}\tan[(2s-1)\arctan\sqrt{N-1}]$$

它满足 $s=0$ 和 1 附近（能隙大）变化迅速，而在 $s=1/2$（能隙最小）附近则变化缓慢（图3.67）。

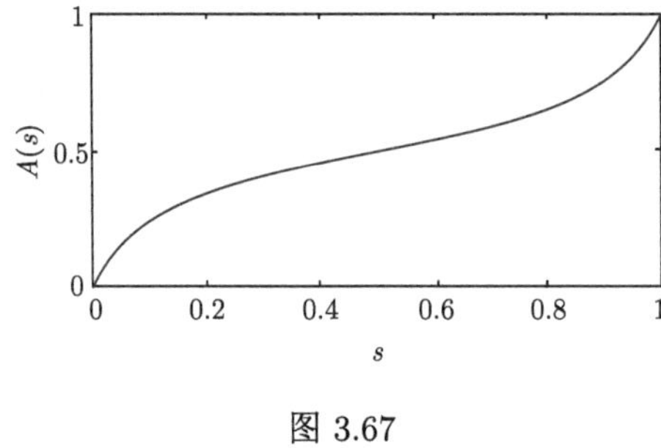

图 3.67

按此选择的含时哈密顿量 $H(s)$ 的绝热演化时间 t_f 满足

$$t_f \gg 2\max_s ||\partial_s H(s)||/\Delta^2(s)+\int_0^1 (||\partial_s^2 H(s)||/\Delta^2(s)+||\partial_s H(s)||^2/\Delta^3(s))ds$$

代入哈密顿量 $H(s)$ 中的量得到

$$t_f \gg 2\pi\sqrt{N}[1+\log(2N)]$$

这就回到了 Grover 算法的平方加速算法。

通过这个简单的例子可以看到设计绝热计算的路径对提升绝热量子计算算法

的效率至关重要。

3.4.3 绝热量子计算与量子线路模型的等价

前面几种量子计算模型都通过构造量子普适逻辑门来证明其计算的普适性，以及与量子线路模型的等价性。但对绝热量子计算，构造普适量子门的方式并不直接。绝热量子计算的普适性以及它与量子线路模型计算能力的等价性需额外证明①。

3.4.3.1 量子线路能有效模拟绝热量子计算

不失一般性，设绝热量子计算过程的含时哈密顿量为

$$H(s)=(1-s)H_0+sH_1$$

其中 $s=\dfrac{t}{t_f}$（t_f 是绝热过程的总时间）且 H_0 和 H_1 均为局域哈密顿量。对任意初始状态 $|\Psi_0\rangle$，按哈密顿量 $H(s)$ 绝热演化的末态总可表示为

$$|\Psi_{t_f}\rangle=U(t_f,0)|\Psi_0\rangle$$

其中

$$U(t_f,0)=\text{Texp}\left[-i\int_0^{t_f}dtH(s)\right]$$

因此，模拟此绝热计算过程只需模拟此按时序的幺正演化即可。事实上，此时序演化可分解为一系列短时 $\left(\Delta t=\dfrac{t_f}{N},N\text{是与粒子数}n\text{无关的大数}\right)$ 演化按时序的乘积，即

$$U(t_f,0)\simeq U'=\prod_m\hat{U}_m=\prod_{m=1}^{N}e^{-i\Delta t\hat{H}(m\Delta t)}$$

其中 $\hat{H}(m\Delta t)$ 表示第 m 个时间片段内的哈密顿量。按此近似，两个幺正变换（$U(t_f,0)$ 与 U'）间的误差（通过 Baker-Campbell-Hausdorff 公式对每一段 Δt 时间演化的误差进行估计）为

$$||U(t_f,0)-U'||\in\mathcal{O}(\sqrt{t_f\cdot\text{poly}(n)/N})$$

由此可见，通过增加时间分割片段 N 可降低误差（N 至少为 t_f 量级）。根据第二章哈密顿量模拟的相关结论，对局域哈密顿量，其短时间演化算符 $e^{-i\Delta t\hat{H}(m\Delta t)}$ 可用量子线路有效近似。因此，量子线路的总模拟时间是 N（t_f 量级）的多项式倍。

① 参见文献 D. Aharonov, W. van Dam, J. Kempe, Z. Landau, and et al, SIAM J. Comput. **37**, 166-194 (2007); A. Mizel, D. A. Lidar, and M. Mitchell, Phys. Rev. Lett. **99**, 070502 (2007).

3.4.3.2　量子线路均可用绝热计算有效模拟

要证明任意量子线路都可通过绝热量子计算有效模拟比证明量子线路能有效模拟绝热量子计算复杂得多，我们下面的证明主要基于 Aharonov 的历史态（history state）证明[①]（除此外，还有基于空时线路哈密顿量（space-time circuit-to-Hamiltonian）的证明）。

目标是对任意量子线路（线路规模为 M）构造一个与之对应的含时哈密顿量，使得此含时哈密顿量的演化算符与量子线路对应的幺正变换一致且绝热演化时间与线路规模 M 呈多项式关系。为此，设量子线路含 n 个量子比特，M 个量子门（不区分单比特和两比特逻辑门），其输入初态为 $|00\cdots0\rangle$。在第 k 个（量子门按时序标号）量子逻辑门作用后，量子系统的状态记为 $|\psi(k)\rangle$。为构造方便，我们引入历史态的概念，其定义为

$$|\varphi\rangle=\frac{1}{\sqrt{M+1}}\sum_{k=0}^{M}|\psi(k)\rangle_S\otimes|1^k0^{M-k}\rangle_C$$

其中 S 系统含 n 个量子比特，用于存储量子线路不同时刻（按通过的量子门数目标记）的量子态 $|\psi(k)\rangle$；辅助系统 C 包含 M 个量子比特[②]，用于记录不同时刻 k（左边 1 的个数对应于时刻 k，右边 0 的数目表示还需演化的时间，即还需要通过的量子门数目）（图3.68）。

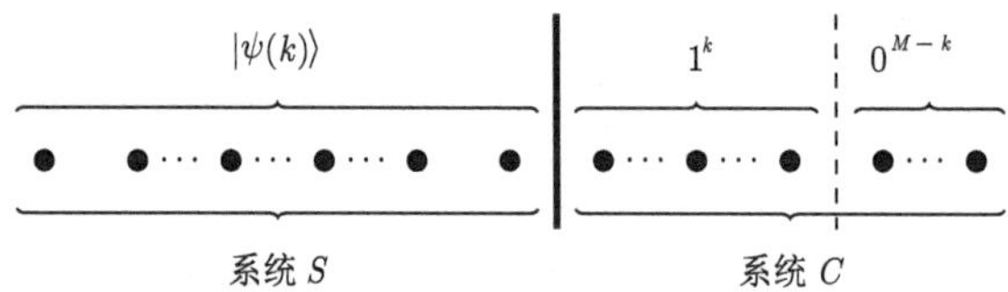

图 3.68　历史态：系统 S 用于存储 k 时刻的量子态；系统 C 用于存储时刻的信息：左侧状态为 1 的比特数目表示时刻，右侧状态为 0 的数目表示还需演化的时间

若我们能构造哈密顿量 H_0 使历史态 $|00\cdots0\rangle_S\otimes|00\cdots0\rangle_C$ 为其基态，以及哈密顿量 H_1 使 $|\varphi\rangle$ 为其基态，那么，绝热量子计算对应的含时哈密顿量可表示为

$$H(s)=(1-s)H_0+sH_1\tag{3.80}$$

下面我们就来具体构造这两个哈密顿量。

---

① 参见文献 D. Aharonov, W. van Dam, J. Kempe, Z. Landau, and et al, SIAM J. Comput. **37**, 166-194 (2007).

② 已假设 M 个量子门中没有并行的情况，若存在并行也可类似处理。

1. H_0 的构造

H_0 构造为

$$H_0 = H_{C_0} + H_{S\text{-input}} + H_C$$

其中

第一项:

$$H_{C_0} = |1_1\rangle_C\langle 1_1| \tag{3.81}$$

使辅助计时系统 C 在初始时刻处于 $|00\cdots 0\rangle$：第一个比特在初始时可能为任意量子态（其他时刻第一个比特必须为 $|1\rangle$ 态），但通过 H_{C_0} 对量子态 $|1_1\rangle$ 进行能量惩罚后它将会处于 $|0_1\rangle$ 态。

第二项:

$$H_{S-\text{input}} = \sum_{i=1}^{n} |1_i\rangle_S\langle 1_i| \otimes |0_1\rangle_C\langle 0_1| \tag{3.82}$$

使系统 S 在初始时处于量子态 $|00\cdots 0\rangle$（仍通过对比特处于 $|1\rangle$ 态进行能量惩罚的方式实现）。

第三项:

$$H_C = \sum_{k=1}^{M-1} |0_k 1_{k+1}\rangle\langle 0_k 1_{k+1}| \tag{3.83}$$

通过对其他状态进行能量惩罚的方式来保证计时系统 C 总处于 $|1^k 0^{M-k}\rangle$ 状态。容易看出，H_0 是半正定的，故其基态能量为 0。容易进一步证明，初态就是哈密顿量 H_0 的基态。

2. H_1 的构造

H_1 构造为

$$H_1 = \frac{1}{2}H_{\text{circuit}} + H_{S\text{-input}} + H_C$$

它也包括三个部分，其中 $H_{S\text{-input}}$ 和 H_C 的定义与 H_0 中一致。而 H_{circuit} 定义为 $H_{\text{circuit}} = \sum\limits_{k=1}^{M} \tilde{H}_k$，其中 $\tilde{H}_k$ 保证当哈密顿量从时刻 k 演化到时刻 $k+1$ 时，S 系统的量子态从 $|\psi(k)\rangle$ 变化为 $|\psi(k+1)\rangle$（在 S 系统上实现了第 k 个量子门 U_k）。为此，$\tilde{H}_k$ 定义为

$$\begin{aligned}
\tilde{H}_1 &= I_S \otimes (|0_1 0_2\rangle_C\langle 0_1 0_2| + |1_1 0_2\rangle_C\langle 1_1 0_2|) - (U_1|1_1 0_2\rangle_C\langle 0_1 0_2| + \text{h.c.}) \\
\tilde{H}_{1<k<M} &= I_S \otimes (|1_{k-1} 0_k 0_{k+1}\rangle_C\langle 1_{k-1} 0_k 0_{k+1}| \\
&\quad + |1_{k-1} 1_k 0_{k+1}\rangle_C\langle 1_{k-1} 1_k 0_{k+1}|) \\
&\quad - (U_k|1_{k-1} 1_k 0_{k+1}\rangle_C\langle 1_{k-1} 0_k 0_{k+1}| + \text{h.c.}) \\
\tilde{H}_M &= I_S \otimes (|1_{M-1} 0_M\rangle_C\langle 1_{M-1} 0_M| + |1_{M-1} 1_{M-1}\rangle_C\langle 1_{M-1} 1_M|) \\
&\quad - (U_M|1_{M-1} 1_M\rangle_C\langle 1_{M-1} 0_M| + \text{h.c.})
\end{aligned} \tag{3.84}$$

其中 h.c. 表示前面算符的共轭转置算符，以保证哈密顿量的厄密性。可以看到 H_k 中的对角项使量子态保持不变，而非对角项使量子态从时刻 k 演化到时刻 $k+1$。

容易证明，$H_{S\text{-input}}$ 以及 H_C 均为半正定，而 $\tilde{H}_k$ 满足 $\tilde{H}_k=(1/2)\tilde{H}_k^2$，也为半正定算符。因此，哈密顿量 H_1 为半正定，其基态能量为 0。不难得到，$H_{S\text{-input}}|\varphi\rangle=0$ 以及 $H_C|\varphi\rangle=0$。而对于 $\tilde{H}_k$ 有

$$\tilde{H}_k|\psi(k-1)\rangle\otimes|1^{k-1}0^{M-k+1}\rangle=-\tilde{H}_k|\psi(k)\rangle\otimes|1^k0^{M-k}\rangle$$

因此，$H_{\text{circuit}}|\varphi\rangle=0$。综上可知，末态 $|\varphi\rangle$ 确为 H_1 的基态。

为说明绝热过程 $H(s)$ 能对线路模型进行有效模拟，还需证明哈密顿量 $H(s)$ 的能隙随 M 多项式减小。事实上，$H(s)$ 的能隙 $\Delta(H(s))$ 满足条件：

$$\Delta(H(s))\geqslant\frac{1}{4}\left(\frac{1}{6M}\right)^2$$

（证明见附录IIIa）。在绝热演化后，通过对辅助系统 C 的测量就可在 S 系统中获得与线路结果对应的量子态。由于 C 系统中只有 $\{|00\cdots0\rangle$，$|10\cdots0\rangle$，$|11\cdots0\rangle$，$\cdots$，$|11\cdots1\rangle\}$ 这 $M+1$ 种可能，且得到正确结果的概率为 $\dfrac{1}{M+1}$。因此，利用前面的构造，任意量子线路均可通过构造的绝热过程有效模拟。

3.4.4　绝热量子计算与量子退火算法

量子退火（quantum annealing）[①]算法可看作绝热量子计算的特例，它是解决组合优化问题的常用方法，且对噪声和误差具有较大的容忍度。在介绍量子退火算法前，我们先来介绍经典的模拟退火算法。

1. 组合优化与模拟退火

在冶金工业中，通常将金属加热到重结晶温度之上（使原子可四处移动）；随后，对系统进行缓慢降温，使原子在重结晶过程中自动排布到具有最小张力的晶格构型。在此退火过程中，系统每个时刻都处于近平衡状态，从而每个时刻系统都处于能量最低状态。

通过模拟退火过程可解决一类称之为组合优化的问题。严格的组合优化问题可定义如下：

定义 (组合优化问题)　给定一个含 N 个离散变量的损失函数 $\mathcal{H}(S_1,S_2,\cdots,S_N)$（$S_{i=1,2,\cdots,N}=\{1,2,\cdots,p\}$），求满足一定限制条件的变量组合 $\{S_i\}$ 使函数 $\mathcal{H}(S_i)$ 最小。

① 参见文献 B. Apolloni, C. Carvalho, and D. de Falco, Stoch. Proc. Appl. **33**, 233-244 (1989).

对离散变量的优化问题，我们还没有特别成熟的数学工具①，因此，组合优化问题的计算复杂度往往都很高，下面的旅行商问题就是一个典型的组合优化问题且是一个 NP-完全问题（参见第一章）。

例 3.15

问题 3.4.2 (旅行商问题) 含 N 个顶点的完全图 G_N 中所有边长已知，求从某个顶点 A 出发遍历所有顶点（每个顶点仅访问一次）并回到出发点 A 的最短路径。

图 G_N 上任一回路 C 都可用一个 $n\times n$ 矩阵 T 描述：

$$T=\begin{cases} T_{ij}=1, & \text{连接顶点 } i \text{ 和 } j \text{ 的边在回路 } C \text{ 中} \\ T_{ij}=0, & \text{其他} \end{cases}$$

由于旅行商问题中每个顶点仅能访问一次，矩阵 T 中每行、每列有且仅有一个非 0 项。若记 $d_{ij}\ (i,j=1,2,\cdots,N)$ 为连接顶点 i、j 的边长，则回路 C 的路径长度可表示为

$$\mathcal{H}=\frac{1}{2}\sum_{i,j=1}^{N}d_{ij}T_{ij} \tag{3.85}$$

为将此问题转化为物理问题(为与前面的退火过程类比)，引入格点 (i,j)（对应于图形 G_N 的边 e_{ij}）处的自旋 $S_{ij}=2T_{ij}-1$（T_{ij} 取值为 0 或 1，则 S_{ij} 取值为 ±1)，则函数 $\mathcal{H}$ 可看作 $N\times N$ 格子上的 Ising 型相互作用：

$$\mathcal{H}_{\text{TSP}}=\frac{1}{2}\sum_{i,j=1}^{N}d_{ij}\frac{(1+S_{ij})}{2} \tag{3.86}$$

根据 $S_{i,j}$ 在 $N\times N$ 格点系统上的不同取值，此系统的构型（configuration）共有 2^{N^2} 种。若考虑每个顶点仅出现一次的限制，其构型数目为 $\dfrac{N!}{2N}$（$N!$ 表示 N 个顶点不同排序；分子中的 2 表示回路的两个方向，N 由同一回路上出发点不同导致)。因此，旅行商问题（组合优化）可转化为计算经典 Ising 模型基态的问题。

经典的模拟退火（simulated annealing）算法是处理组合优化问题的常用方法。经典的模拟退火算法具体如下：

(1) 给定系统的一个初始构型 $S=S_0$（可随机选取)。

(2) 改变构型 S_0 中某些离散变量的取值，得到新构型 S_1。计算此改变所导

① 求极值的微积分工具在离散变量中无法使用。

致的系统能量变化 $\Delta = E(S_1) - E(S_0)$，并以 $\min\{1, e^{-\Delta/kT}\}$ 的概率接受此新构型 S_1（模拟温度 T 用于控制热扰动的大小，k 为玻尔兹曼常量）。值得注意，即使构型 S_1 的能量比 S_0 更高，它也有一定的概率被接受（这可避免系统陷入某些局域极小值）（与第二章中的 Metropolis 算法类似）。

(3) 将第二步获得的构型（S_0 或 S_1）作为新的 S_0 构型，重复第二步。重复此过程直至结果稳定。

在此算法的执行过程中，系统温度 T（热扰动大小）会随着算法进程不断减小，使系统接受能量升高构型的概率越来越小。

当系统规模（离散参数个数）很大时，其可能的构型会异常庞大（随参数个数指数增长），系统能量（目标函数值）随构型的变化会非常复杂，也可能存在众多的局域极小值。因此，组合优化问题的核心是如何避免陷入这些局域极小值。经典的模拟退火算法是通过热扰动（thermal fluctuation）的随机性来使系统跳出局域极值，然而，当出现很高的势垒时，热扰动难以跳出局域极值。若将热扰动替换为量子隧穿过程则可有效克服高势垒问题（图3.69）。

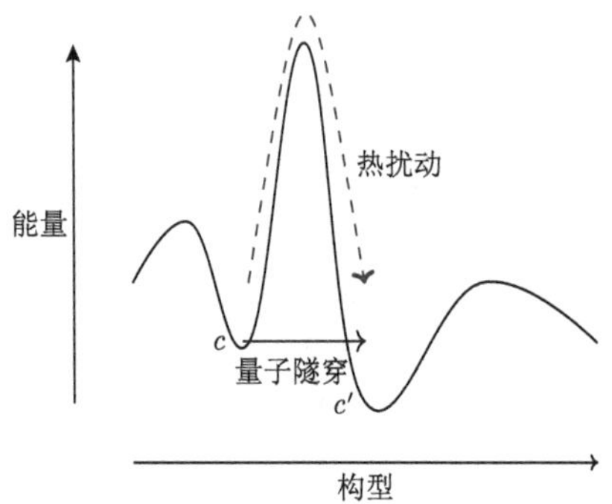

图 3.69　模拟退火算法中热扰动与量子隧穿的对比：热扰动难以翻越高势阱，而量子隧穿可直接穿透势垒

量子隧穿可通过引入隧穿概率进行模拟①：

$$e^{-\frac{\sqrt{\Delta}w}{\Gamma}},\quad \Delta \text{ 为势垒高度}, w \text{ 为势垒宽度},\quad \Gamma \text{ 为穿透场}$$

其中用穿透场 Γ 替代温度在热扰动中的作用，用于控制量子隧穿的强弱。与热扰动中的温度类似，穿透场 Γ 初始选择为一个大数（此时，粒子行为更像是波，它能对整个参数空间进行搜索）；随后，穿透场逐渐减小（其行为越来越像粒子）；直至穿透场为 0，此时，粒子停留的位置即为系统的势能最小值。值得注意，穿

① 仍通过经典计算机进行模拟计算。

透场 Γ 类似于哈密顿量中的动能项，而被优化的损失函数则相当于势能项，这二者在量子系统中一般不互易。

2. 量子退火算法

前面的经典模拟退火算法中，系统每个时刻都只能处于某个构型。而在量子退火算法中，量子系统可处于多个构型的叠加态，可对所有构型进行同时优化。在量子退火算法结束时，所有构型都会被优化到系统基态（这是一个确定构型（直积态））。

与旅行商问题类似，一个组合优化问题的损失函数可通过变量替换编码为一个格点模型上的 Ising 型哈密顿量。因此，组合优化问题就变为求对应 Ising 型哈密顿量的基态问题。基于量子隧穿的模拟退火算法可通过一个含时哈密顿量表示：

$$\mathcal{H}_{\text{Ising}} = -\frac{A(s)}{2}\underbrace{\left(\sum_i \sigma_i^x\right)}_{H_i} + \frac{B(s)}{2}\underbrace{\left(\sum_i h_i\sigma_i^z + \sum_{i>j} J_{i,j}\sigma_i^z\sigma_j^z\right)}_{H_f} \tag{3.87}$$

其中 H_i 为初始哈密顿量，H_f 为组合优化问题的损失函数对应的哈密顿量。$A(s)$ 用于控制穿透场，$B(s)$ 用于控制欲优化哈密顿量；$s=\dfrac{t}{t_f}$ 为归一化退火时间。值得注意，H_i(穿透场) 与 H_f（势能，即需优化的损失函数）之间非互易。

量子退火算法的流程如下：

(1) 将系统制备到初始哈密顿量 H_i 的基态 $|+\rangle^{\otimes N}$，它是 2^N 种构型的等权叠加态；

(2) 逐渐增加 $B(s)$,同时减小 $A(s)$（$A(s)$,$B(s)$ 随时间变化的常见曲线如图 3.70 所示。这对应于减小量子隧穿中的穿透场，使量子隧穿发生的概率越来越小。

(3) 系统最终停留于哈密顿量 H_f (势能项) 的能量最低处。

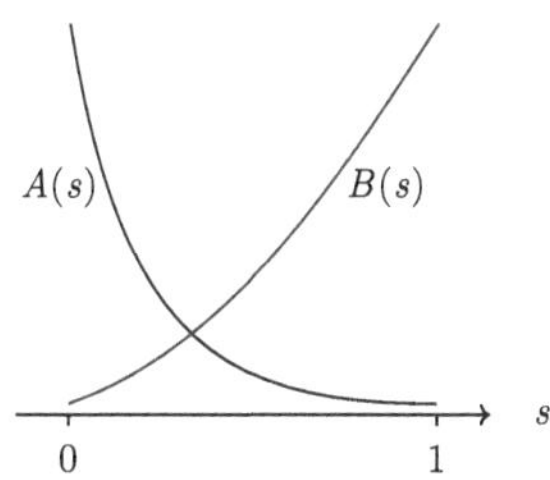

图 3.70 退火函数 $A(s)$，$B(s)$：$s=0$ 时（开始时），$A(s)\gg B(s)$；$s=1$ 时（结束时），$A(s)\ll B(s)$

很明显，上面的量子退火算法是特殊的绝热量子计算。

3.4.5 绝热量子计算与 QAOA

我们已经知道绝热过程均可通过将整个演化时间 t_f 划分为 N 个小的时间片段 $\Delta t = \dfrac{t_f}{N}$，并对每个时间片段内的演化进行近似（如局域哈密顿下的 Trotter 展开）来最终转化为量子线路。一般而言，时间步长 Δt 需足够小（N 足够大）才能保证绝热条件和近似的精度。具体地，绝热量子计算的幺正算符 $U(t_f,0)$ 可表示为（使用了一阶 Trotter 展开）：

$$U(t_f,0)=\prod_{k=1}^{N} e^{-i(1-s_k)H_i\Delta t}e^{-is_kH_f\Delta t}$$

算符按 k 从小到大的顺序从右往左排列，$s_k=\dfrac{k-1}{N}$ 且 N 为与系统规模无关的大数。

显然，大 N 将导致线路规模异常庞大，这对此算法的实现构成严峻挑战。在绝热量子计算中我们知道通过加快大能隙处演化速度，减缓小能隙处演化速度的方式可提高其计算效率（参见绝热版 Grover 算法）。这就意味着在给定 N 的情况下，均匀划分 t_f 不一定是最优策略。QAOA (quantum approximate optimization algorithm) 就是受绝热量子计算启发，在给定线路形式的情况下，寻找最优演化策略（最优化演化时间片段）①。因此，QAOA 本质上是一种变分算法，其变分波函数形式由待求哈密顿量 H 完全确定，而演化时间片段 Δt_i（$i=1,2,\cdots,N$）作为变分参数。对每组给定参数进行变分波函数的制备和能量测量，并通过梯度下降方法对参数进行优化，逐步减小变分波函数的能量，直至无法优化为止（与基态最接近）。由绝热量子计算与量子退火算法的关系可知，QAOA 也适合求解组合优化问题（将含离散变量的组合优化问题转化为含连续变量的优化问题）。

具体地，在给定 N 的情况下，含参数 $\vec{\gamma}$ 和 $\vec{\beta}$ 的演化算符 $U(t_f,0)$ 可表示为

$$U(\vec{\gamma},\vec{\beta})=\prod_{k=1}^{N} e^{-iH_i\beta_k}e^{-iH_f\gamma_k}$$

在组合优化问题中，初始哈密顿量 H_0 一般固定为 $H_0=\sum_i -\sigma_x^i$ 且系统初态为 $|\phi_{in}\rangle=|+\rangle^{\otimes n}$（$n$ 为比特数目）。由此，初态和含参演化算符 $U(\vec{\gamma},\vec{\beta})$ 一起构成变分波函数

$$|\psi(\vec{\gamma},\vec{\beta})\rangle=U(\vec{\gamma},\vec{\beta})|+\rangle^{\otimes n}$$

① 参见文献 E. Farhi, J. Goldstone, and S. Gutmann, arXiv:1411.4028 [quant-ph]; L. Zhou, S.T. Wang, S. Choi, H. Pichler, and M. D. Lukin, Phys. Rev. X 10, 021067 (2020).

对此变分波函数 $|\psi(\vec{\gamma},\vec{\beta})\rangle$ 最优化哈密顿量 H_f 上的期望值：

$$f(\vec{\gamma},\vec{\beta}) = \langle +^{\otimes n}|U^\dagger(\vec{\gamma},\vec{\beta})H_f U(\vec{\gamma},\vec{\beta})|+^{\otimes n}\rangle \tag{3.88}$$

即可得到对应组合问题的解。

QAOA 的具体执行过程如图 3.71 所示。

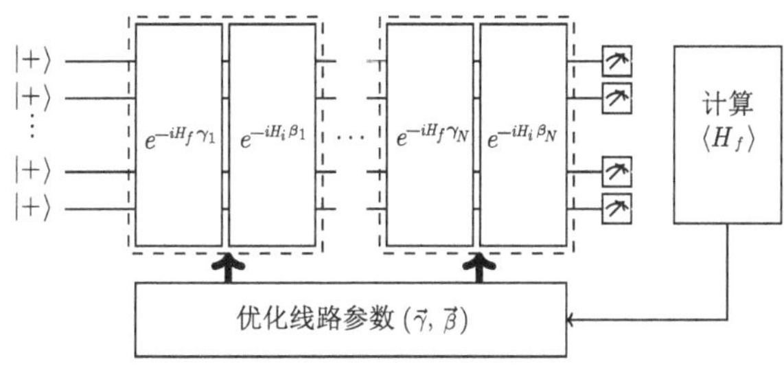

图 3.71 QAOA 线路图

因此，利用 QAOA 解决组合优化问题的流程如下：

(1) 构建组合问题对应的哈密顿量 H_f 使得 H 的基态对应问题的解；

(2) 通过绝热过程和 Trotter 展开，构造与 H_f 相对应的 QAOA 变分波函数 $|\psi(\vec{\gamma},\vec{\beta})\rangle$；

(3) 执行 QAOA 变分波函数对应线路，根据测量结果计算函数 $f(\vec{\gamma},\vec{\beta})$ 的值；

(4) 利用 Hadamard Test 型线路通过测量获得不同参数的梯度①；

(5) 利用经典算法（随机梯度下降法（SGD）、Adam 算法等）更新并优化参数 $\vec{\gamma}$ 和 $\vec{\beta}$，使 $f(\vec{\gamma},\vec{\beta})$ 最小。

主要参考书目与综述

[1] G. Casati, D. L. Shepelyansky, and P. Zoller, *Quantum Computers, Algorithms and Chaos* (IOS Press, Amsterdam, 2006).

[2] A. Messiah, *Quantum Mechanics, Vol. 2* (North-Holland, Amsterdam, 1962).

[3] R. A. Horn, and C. R. Johnson, *Matrix Analysis* (Cambridge University Press, Cambridge, 2012).

[4] M. Hein, W. Dür, J. Eisert, R. Raussendorf, M. van den Nest and H.J. Briegel, *Entanglement in Graph States and Its Applications*, Proceedings of the International School of Physics “Enrico Fermi” on “Quantum Computers, Algorithms and Chaos” (Varenna, Italy, July, 2005).

[5] R. Raussendorf and T.C. Wei, *Quantum Computation by Local Measurement*, Annu. Rev. Conden. Ma. P. **3**, 239-261 (2012).

① 参见第二章中 Hadamard Test 和变分量子算法部分。

[6] C. Nayak, S. H. Simon, A. Stern, M.Freedman, and et al, *Non-Abelian Anyons and Topological Quantum Computation*, Rev. Mod. Phys. **80**, 1083 (2008).

[7] J. K. Pachos, *Introduction to Topological Quantum Computation* (Cambridge University Press, Cambridge, 2012).

[8] V. Lahtinen and J. Pachos, *A Short Introduction to Topological Quantum Computation*, SciPost Physics **3**, 021 (2017).

[9] C. Knapp, *Topological Quantum Computing with Majorana Zero Modes and Beyond*, PhD thesis of UC Santa Barbara (2019).

[10] L. H. Kauffman, *Quantum Computing and the Jones Polynomial*, AMS Contemp. Math. Ser. **305**, 101-138 (2002).

[11] J Kempe, *Quantum Random Walks: An Introductory Overview*, Contemporary Physics, **44**, 307-327(2003).

[12] O. Mülken, and A. Blumen, *Continuous-time Quantum Walks: Models for Coherent Transport on Complex Networks*, Phys. Rep. **502**, 37-87 (2011).

[13] S. E. Venegas-Andraca, *Quantum Walks: A Comprehensive Review*, Quantum Inf. Process. 11: 1015-1106 (2012).

[14] T. Albash, and D. A. Lidar, *Adiabatic Quantum Computation*, Rev. Mod. Phys. **90**, 015002 (2018).

[15] C. C. McGeoch, *Adiabatic Quantum Computation and Quantum Annealing: Theory and Practice*, Synthesis Lectures on Quantum Computing (2014).

[16] P. Hauke, H. G Katzgraber, W. Lechner, H. Nishimori, and et al, *Perspectives of Quantum Annealing: Methods and Implementations*, Rep. Prog. Phys. **83**, 054401 (2020).

[17] L. Zhou, S.T. Wang, S. Choi, H. Pichler, and et al, *Quantum Approximate Optimization Algorithm: Performance, Mechanism, and Implementation on Near-Term Devices*, Phys. Rev. X **10**, 021067 (2020).

附　　录

附录部分包含正文所需的一些基础知识或较复杂的证明。

Ia　量子力学基础

量子计算基于量子力学基本原理，尽管我们假设读者已系统学习过量子力学课程，但仍将量子力学的一些基本的性质罗列于此，以便读者查阅。

1. 量子力学公设

作为迄今为止最精确的物理理论，量子力学建立于一套公设（也称公理）之上。尽管这些公设的正确性无法被直接证明，但它们推理得到的结论都经受住了迄今为止最严格的实验检验。通过这些公设和适当的逻辑推导，我们可以解释量子世界的所有可观测现象。量子力学有如下五条基本的公设。

1）量子态公设

按此公设，闭合量子系统（所对应希尔伯特空间）中的任意态矢量都是此系统状态（量子态）的完备描述。它包含如下多重信息：

（1）任何封闭量子系统的状态都可用一个归一化量子态 $|\psi\rangle$ 描述（希尔伯特空间中的一条射线表示一个物理状态）；

（2）封闭量子系统的所有信息均可从 $|\psi\rangle$ 中获得；

（3）封闭量子系统所有合法的量子态 $|\psi\rangle$ 形成希尔伯特空间，且希尔伯特空间中的任意量子态都是此系统的合法状态（叠加性质）；

（4）封闭量子系统存在一组正交完备量子态，任何量子态都是这组量子态的复系数展开；

（5）希尔伯特空间中的任意两组正交完备量子态可通过幺正变换（转动）相互转化；

（6）希尔伯特空间中可定义两个矢量 $|\psi\rangle$ 和 $|\phi\rangle$ 间的内积 $\langle\psi|\phi\rangle$；

（7）若量子系统 A 的希尔伯特空间为 $\mathbb{H}_A$，且量子系统 B 的希尔伯特空间为 $\mathbb{H}_B$，则这两个系统复合后，整个量子系统的希尔伯特空间 $\mathbb{H}$ 为 $\mathbb{H}_A\otimes\mathbb{H}_B$，其中 $\otimes$ 表示张量积。新希尔伯特空间 $\mathbb{H}$ 中的一组正交完备基为 $\{|i\rangle_A\otimes|j\rangle_B\}$，其中 $\{|i\rangle_A\}$ 和 $\{|j\rangle_B\}$ 分别为系统 A 和 B 的一组正交完备基。

量子比特是一个两态系统，其量子态形成一个二维希尔伯特空间 $\mathbb{H}_2$。按量子态公设，希尔伯特空间 $\mathbb{H}_2$ 中存在一组正交完备量子态 $|0\rangle$ 和 $|1\rangle$ 使得任意量子态 $|\psi\rangle \in \mathbb{H}_2$ 均可表示为

$$|\psi\rangle = a|0\rangle + b|1\rangle = \begin{bmatrix} a \\ b \end{bmatrix} \tag{Ia.1}$$

其中 a、b 为复数且满足归一化 $|a|^2 + |b|^2 = 1$。而 N 个量子比特形成的希尔伯特空间为 $\mathbb{H} = \mathbb{H}_2^{\otimes N}$，量子态 $|0\cdots0\rangle$、$|0\cdots1\rangle$、$\cdots$、$|1\cdots1\rangle$ 形成 $\mathbb{H}$ 的一组正交完备基（$\mathbb{H}$ 中任意量子态均可由它们展开），我们也常称这组正交完备基为计算基。

2) 观测量公设

按此公设，所有可观测物理量均为希尔伯特空间 $\mathbb{H}$ 中的厄密算符，且厄密算符可保证观测量的实数性[①]。而任意可观测物理量 A 在量子态 $|\psi\rangle$ 上的期望等于 $\langle\psi|A|\psi\rangle$。由于观测物理量 A 为厄密算符，则必存在一组正交完备基 $|i\rangle_A$ 使得

$$A = \sum_i a_i |i\rangle_A \langle i| \tag{Ia.2}$$

其中 a_i 和 $|i\rangle_A$ 分别称为 A 的本征值和本征矢量。特别地，量子系统的哈密顿量 H 为厄密算符且存在一组正交归一的本征能量态。

3) 态演化公设

控制量子态随时间的演化是实现量子计算的核心。封闭系统中量子态的演化满足薛定谔方程（算符的演化满足海森伯方程）即

$$\frac{d}{dt}|\psi(t)\rangle = -iH|\psi(t)\rangle \tag{Ia.3}$$

其中 H 为系统哈密顿量（已采用自然单位制）。显然，薛定谔方程为线性方程（希尔伯特空间为线性空间）。对薛定谔方程（Ia.3）两边求积分可得

$$|\psi(t')\rangle = \exp(-iH(t'-t))|\psi(t\rangle$$

（假设 H 不含时）。由前一条公设可知哈密顿量 H 为厄密算符，因此，算符

$$U(t',t) = \exp(-iH(t'-t))$$

是幺正算符。按希尔伯特空间中幺正算符的几何意义，它是量子态的转动。

量子比特系统的哈密顿量（厄密算符）总可以在 Pauli 算符下展开：

$$H_2 = a_x\sigma^x + a_y\sigma^y + a_z\sigma^z + bI$$

① 若仅要保证观测量的实数性，并不必然导致观测量的厄密性，事实上，观测量 A 满足宇称（$\mathcal{P}$）和时间反演（$\mathcal{T}$）对称（$\mathcal{PAP} = A$ 且 $\mathcal{TAT} = A$）就可保证观测量的实数性。

其中 a_x、a_y、a_z 和 b 均为实数。利用 Pauli 算符的性质，幺正变换 $U(t) = \exp(-iH_2t)$ 也可表示为 Pauli 矩阵的线性组合（系数为复数）。

4) 测量公设

量子力学公设的正确性需通过实验进行检验，也正是测量公设建立了量子力学描述的世界与经典世界间的联系（测量系统为经典世界）。换言之，量子态中的信息需通过量子测量来提取（量子计算的结果也需要通过量子测量来获得）。对一个给定物理量 A，按观测物理量假设，它是希尔伯特空间中的厄密算符且可用一组完备的本征量子态 $|i\rangle_A$ 展开为式 (Ia.2)。设测量前系统的量子态为 $|\psi\rangle$，将此量子态在观测量 A 的完备本征态 $|i\rangle$ 下展开：

$$|\psi\rangle = \sum_i c_i|i\rangle_A \tag{Ia.4}$$

则测量使量子系统随机地坍缩到 A 的某个本征态 $|i\rangle_A$ 上（哥本哈根诠释），且坍缩到此量子态的概率为 $|c_i|^2$。因此，每次测量后系统均处于算符 A 的某个本征态，且每次都可能不一样（相应地，所测得的物理量值也不相同）。若对物理量 A 进行多次测量，得到 A 的期望为 $\langle\psi|A|\psi\rangle$。量子测量结果的离散性导致量子系统上的错误离散化，这也为量子纠错提供了可能。

正是由于量子测量的随机性，当量子计算结果为叠加态时，测量结果不能保证一定为目标解。一般而言，对测量结果的检验是量子计算的必要过程，因此，量子计算特别适合求解 NP 问题。

5) 全同性公设

量子力学认为两个内禀属性全部相同的粒子具有全同性，它们相互不可区分。这种不可区分性将导致粒子具有不同的量子统计，如玻色统计、费米统计以及任意子统计等。量子统计在量子计算中发挥重要作用，利用非阿贝尔任意子的统计特性可以实现拓扑量子计算；利用玻色统计（聚束效应）可以在光量子计算中实现概率性逻辑门。

由此可见，量子力学的上述公设在量子计算中起着关键性作用。

（1）量子态提供了量子信息的编码载体（公设 1）；

（2）量子态叠加提供了量子计算的加速可能性（公设 1）；

（3）量子态演化提供量子比特的操控方式（公设 3）；

（4）量子态坍塌提供量子纠错的可能（公设 4）；

（5）观测物理量给出了量子编码空间中错误的探测形式（公设 2）；

（6）全同性给出了实现某些量子门的方式（公设 5）。

2. 开放系统的描述

前面的 5 条公设都针对封闭量子系统，然而，在实际应用中，量子系统 S 与环境 B 的相互作用不可避免。此时，若将量子系统 S 与环境 B 看作一个整体，则此复合系统仍为封闭系统，依然满足量子力学的基本公设。然而，当我们仅关心量子系统 S 的行为或环境未知时，需将环境 B 从整体系统中平均掉（对环境求迹），此时系统 S 需作为开放系统处理。

1) 密度矩阵

量子系统 S 和环境 B 组成复合系统，其希尔伯特空间为 $\mathbb{H}_S\otimes\mathbb{H}_B$。假设系统 S 上的观测量为 M_S（对应复合系统中的观测量 $M=M_S\otimes I_B$），则根据封闭系统（复合系统）中的观测量公设其在量子态 $|\psi\rangle=\sum_{jn}c_{jn}|j\rangle_S|n\rangle_B$ 上的期望值为

$$
\begin{aligned}
\langle M\rangle &= \langle\psi|M_S\otimes I_B|\psi\rangle \\
&= \sum_{i,m}c_{im}^*\langle i|\langle m|(M_S\otimes I_B)\sum_{j,n}c_{j,n}|j\rangle|n\rangle \\
&= \sum_{i,j,m,n}c_{im}^*c_{jn}\langle i|M_S|j\rangle\langle m|n\rangle \\
&= \sum_{i,j,m}c_{im}^*c_{jm}\langle i|M_S|j\rangle \\
&= \mathrm{Tr}[\rho_S M_S]
\end{aligned}
$$

其中

$$
\rho_S=\sum_{i,j,m}c_{im}^*c_{j,m}|j\rangle\langle i|=\mathrm{Tr}_B[\rho]
$$

称为系统 S 的约化密度矩阵（$\rho=|\psi\rangle\langle\psi|$ 称为复合系统的密度矩阵）；而操作 $\mathrm{Tr}_B[\cdot]$ 定义为

$$
\mathrm{Tr}_B[O]=\sum_n(I_S\otimes\langle n|)O(I_S\otimes|n\rangle) \tag{Ia.5}
$$

表示对环境 B 的求迹。开放系统的密度矩阵 ρ_S 对应于封闭系统的量子态（波函数），它具有如下性质。

(1) 厄密性：$\rho_S=\rho_S^\dagger$；

(2) 半正定性：对任意量子态 $|\phi\rangle$，$\langle\phi|\rho_S|\phi\rangle\geqslant 0$（等价于 ρ_S 的本征值全部大于等于 0）；

(3) 归一性：$\mathrm{Tr}[\rho_S]=1$；

(4) 满足 $\rho_S^2=\rho_S$ 的密度矩阵为纯态，此时系统回到封闭系统；

(5) 密度矩阵的厄密性使 $\rho_S = \sum_a p_a|a\rangle\langle a|$，其中 $\{p_a \geqslant 0\}$ 为一组概率分布（由半正定性保障），因此，密度矩阵可看作一组纯态（$|a\rangle$）的经典混合。

单量子比特的任意密度矩阵均可在 Pauli 矩阵下展开为

$$\rho = \frac{1}{2}[I + \vec{n}\cdot\vec{\sigma}] \tag{Ia.6}$$

其中 $\vec{\sigma} = (\sigma^x, \sigma^y, \sigma^z)$，而 $\vec{n}$ 称为 Bloch 球矢量，它包含了量子比特态的全部信息。当 $|\vec{n}| = 1$ 时，密度矩阵 ρ 为纯态，此时矢量 $\vec{n}$ 在三维空间中形成一个半径为 1 的球面，常称之为 Bloch 球。由于 ρ 的半正定要求，$|\vec{n}| \leqslant 1$，换言之，混态位于 Bloch 球的内部。Bloch 球是量子比特密度矩阵的常用表示方法，在量子计算中有广泛应用。

2）POVM 测量

开放系统的量子测量从正交测量（冯 • 诺伊曼测量，测量结果间相互正交）变为非正交测量（测量结果间可非正交）。这种更为广泛的量子测量（称之为 POVM）可从复合系统（量子系统 S + 环境 B）的正交测量获得。设复合系统 $\mathbb{H}_S \otimes \mathbb{H}_B$，对复合系统量子态 $|\psi\rangle_{SB} = \sum_{ij} c_{ij}|i\rangle_S \otimes |j\rangle_B$ 做标准的正交测量（测量可由一组正交完备的算符 $\{E_\alpha = |\alpha\rangle\langle\alpha|\}$ 描述，其中 $|\alpha\rangle$ 为封闭系统中某个测量算符的一组正交完备本征态），则其测量结果为 α 时，复合系统量子态为

$$\bar{\rho}(\alpha) = \frac{E_\alpha \rho E_\alpha}{\mathrm{Tr}[E_\alpha \rho]} \tag{Ia.7}$$

其中密度矩阵 $\rho = |\psi\rangle_{SB}\langle\psi|$。

若仅关心系统 S 中的量子态，则其测量后的量子态变为

$$\bar{\rho}_S(\alpha) = \frac{\mathrm{Tr}_B[E_\alpha \rho E_\alpha]}{\mathrm{Tr}[E_\alpha \rho]} \tag{Ia.8}$$

且获得此结果的概率为

$$\begin{aligned}
\mathbb{P}(\alpha) &= \mathrm{Tr}[E_\alpha \rho] \\
&= \mathrm{Tr}_S[\mathrm{Tr}_B[|\alpha\rangle\langle\alpha|\rho]] \\
&= \mathrm{Tr}_S\left[\sum_k {}_B\langle k|\alpha\rangle\langle\alpha|\left(\sum_l |l\rangle_B\langle l|\rho|k\rangle_B\right)\right] \\
&= \mathrm{Tr}_S\left[\sum_k {}_B\langle k|\alpha\rangle\langle\alpha|\left(\sum_l |l\rangle_B\langle l|\rho|k\rangle_B\right)\right] \\
&= \mathrm{Tr}_S[\rho_S \tilde{E}_i]
\end{aligned} \tag{Ia.9}$$

其中 $\tilde{E}_i = \mathrm{Tr}_B[E_i I_S \otimes \rho_B]$ 为 POVM 算符且满足 $\sum_i \tilde{E}_i = I_S$。

对量子比特，可构造如下一组含三个 POVM 算符

$$\tilde{E}_i = \frac{1}{3}(I + \vec{n}_i \cdot \vec{\sigma}) \quad (i = 1, 2, 3) \tag{Ia.10}$$

$\left(其中 \sum_i \vec{n}_i = 0\right)$ 的广义测量，可以验证它们满足条件 $\sum_i \tilde{E}_i = I_S$。

3）量子信道

环境 B 对量子系统 S 的影响可通过量子信道的形式表示（信道往往作为量子计算中的错误模型使用）。考虑复合系统（量子系统 S + 环境 B）的初态为直积态 $|\psi\rangle_S \otimes |0\rangle_B$，复合系统在幺正算符 U 作用（演化）下变为

$$\begin{aligned} U(|\psi\rangle_S \otimes |0\rangle_B) &= \sum_{i,j,m,n} U_{im,jn} |i\rangle_S |m\rangle_B \langle n|_S \langle j|\psi\rangle_S |0\rangle_B \\ &= \sum_{i,j,m} U_{im,jn} \delta_{n0} |i\rangle_S \langle j|\psi\rangle |m\rangle_B \\ &= \sum_{i,j,m} U_{im,j0} |i\rangle_S \langle j|\psi\rangle |m\rangle_B \\ &= \sum_m M_m |\psi\rangle_S |m\rangle_B \end{aligned} \tag{Ia.11}$$

其中 $M_m = \sum_{i,j} U_{im,j0} |i\rangle_S \langle j|$ 称为 Kraus 算符。由量子态 $U(|\psi\rangle_S \otimes |0\rangle)$ 的归一性可知

$$\sum_m M_m^\dagger M_m = I_S$$

若将演化前后量子态的环境部分求迹（Tr_B）去除掉，则系统 S 的演化可表示为

$$\rho_S = \sum_m M_m |\psi\rangle\langle\psi| M_m^\dagger = \sum_m M_m \rho(0) M_m^\dagger \equiv \mathcal{E}(\rho(0)) \tag{Ia.12}$$

其中 $\rho(0) = |\psi\rangle\langle\psi|$ 是量子系统的初始密度矩阵，而密度矩阵的变换 $\mathcal{E}$ 就称为量子信道。可以证明，物理上合法的量子信道 $\mathcal{E}$ 需满足以下几个条件。

（1）**线性性**　$\mathcal{E}(\alpha\rho_1 + \beta\rho_2) = \alpha\mathcal{E}(\rho_1) + \beta\mathcal{E}(\rho_2)$；

（2）**保厄密性**　若 $\rho = \rho^\dagger$，则 $\mathcal{E}(\rho) = \mathcal{E}(\rho)^\dagger$；

（3）**保半正定性**　若 $\rho \geqslant 0$，则 $\mathcal{E}(\rho) \geqslant 0$；

（4）**保迹性**　$\mathrm{Tr}[\rho] = \mathrm{Tr}[\mathcal{E}(\rho)]$。

满足这些条件的量子信道 $\mathcal{E}$ 将量子系统的一个密度矩阵物理地变换为另一个密度矩阵。下面我们介绍量子比特系统上的三个典型量子信道（量子计算中的典型错误模型）。

- **退极化信道**（depolarizing channel）

退极化信道中量子态发生 σ^x、σ^y 和 σ^z 错误的概率相同，其 Kraus 算符为

$$M_0=\sqrt{1-p}I,\quad M_1=\sqrt{\frac{p}{3}}\sigma_x,\quad M_2=\sqrt{\frac{p}{3}}\sigma_y,\quad M_3=\sqrt{\frac{p}{3}}\sigma_z \tag{Ia.13}$$

其中参数 $1\geqslant p\geqslant 0$。量子比特上的量子态 $\rho=\frac{1}{2}[I+\vec{n}\cdot\vec{\sigma}]$ 经此信道后变为

$$\rho'=\frac{1}{2}\left[I+\left(1-\frac{4}{3}p\right)\vec{n}\cdot\vec{\sigma}\right] \tag{Ia.14}$$

显然，此信道使量子态的 Bloch 矢量方向保持不变，但其长度缩短了（缩短幅度与 p 相关）。

- **退相位信道**（dephasing channel）

此信道的 Kraus 算符为

$$M_0=\sqrt{1-p}I,\quad M_1=\sqrt{p}\begin{bmatrix}1&0\\0&0\end{bmatrix},\quad M_2=\sqrt{p}\begin{bmatrix}0&0\\0&1\end{bmatrix} \tag{Ia.15}$$

其中参数 $1\geqslant p\geqslant 0$。密度矩阵 $\rho_0=\begin{bmatrix}\rho_{00}&\rho_{01}\\\rho_{10}&\rho_{11}\end{bmatrix}$ 经此信道后变为

$$\mathcal{E}(\rho_0)=\begin{bmatrix}\rho_{00}&(1-p)\rho_{01}\\(1-p)\rho_{10}&\rho_{11}\end{bmatrix} \tag{Ia.16}$$

由此可见，此信道将导致量子态（密度矩阵）非对角项（相干项）的衰减，进而降低系统的相干性。

- **振幅衰减信道**（damping channel）

此信道对应于量子比特系统从上能级自发辐射到下能级的过程，其 Kraus 算符表示为

$$M_0=\begin{bmatrix}1&0\\0&\sqrt{1-p}\end{bmatrix},\quad M_1=\sqrt{p}\begin{bmatrix}0&1\\0&0\end{bmatrix} \tag{Ia.17}$$

则经过此信道后，量子态变为

$$\mathcal{E}\begin{bmatrix}\rho_{00}&\rho_{01}\\\rho_{10}&\rho_{11}\end{bmatrix}=\begin{bmatrix}\rho_{00}+p\rho_{11}&\sqrt{1-p}\rho_{01}\\\sqrt{1-p}\rho_{10}&(1-p)\rho_{11}\end{bmatrix} \tag{Ia.18}$$

4）Lindblad 方程

前面的量子信道表示中都不含动力学过程，事实上，开放系统的密度矩阵演化需用 Lindblad 方程表示（对应于封闭系统中的薛定谔方程）。

为简单计，令复合系统（量子系统 S + 环境 B）的哈密顿量不含时，则在马

尔可夫近似下有

$$\rho(t+dt)=\mathcal{E}_{dt}(\rho(t)) \tag{Ia.19}$$

其中 $\mathcal{E}_{dt}(\cdot)=I+\mathcal{L}(\cdot)$ 表示由时长 dt 演化形成的信道。由于量子信道可用 Kraus 算符表示，因此，式（Ia.19）可形式地表示为

$$\rho(t+dt)=\sum_{a=0} M_a\rho(t)M_a^\dagger \tag{Ia.20}$$

其中 M_a 为此信道的 Kraus 算符，且满足 $\sum_a M_a^\dagger M_a=I$。将 $\rho(t+dt)$ 近似到 dt 的一次项（马尔可夫近似），则有

$$\begin{cases} M_0=I+(-iH+K)dt \\ M_{a>0}=\sqrt{dt}L_a \end{cases} \tag{Ia.21}$$

其中 H 是系统 S 的哈密顿量①，K 是环境的额外作用项，而 L_a 一般被称为 Lindblad 算符。由条件 $\sum_a M_a^\dagger M_a=I$ 可得

$$K=-\frac{1}{2}\sum_{a>0} L_a^\dagger L_a \tag{Ia.22}$$

因此，最终得到 Lindblad 方程为

$$\dot{\rho}=-i[H,\rho]+\sum_{a>0}\left(L_a\rho L_a^\dagger-\frac{1}{2}L_a^\dagger L_a\rho-\frac{1}{2}\rho L_a^\dagger L_a\right) \tag{Ia.23}$$

Ib 线性代数及矩阵分析基础

量子力学公设 1 表明任意封闭量子系统的量子态形成希尔伯特空间，而希尔伯特空间是典型的线性空间，而线性代数是研究它的基本工具。下面我们将不加证明地罗列一些线性代数的基本定义和性质。

定义 域 F 上的线性空间中，一组非零矢量 $\{\vec{v}_1,\vec{v}_2,\cdots,\vec{v}_n\}$ 线性相关的充要条件是：存在一组不全为零的数 $\{a_1,a_2,\cdots,a_n\}\in F$ 使得

$$a_1\vec{v}_1+a_2\vec{v}_2+\cdots+a_n\vec{v}_n=0$$

希尔伯特空间中的域 F 为复数域；而在量子编码、辛表示等应用中，线性空间也常定义在 $F=F_{2^n}$ 域上。对 n 维的线性空间，最多可有 n 个线性无关的矢量。

① 无外环境时，方程需退化到薛定谔方程。

线性空间中两个矢量 $\vec{v}'$、$\vec{v}$ 之间的内积定义为

$$\vec{v}'\cdot\vec{v}=\begin{bmatrix} z_1' & z_2' & \cdots & z_n' \end{bmatrix}^*\begin{bmatrix} z_1 \\ z_2 \\ \vdots \\ z_n \end{bmatrix}=\sum_{a=1}^{n} z_a'^* z_a \tag{Ib.1}$$

特别地，若两个矢量间的内积为零，则称这两个矢量正交。若一组完备矢量间还两两正交，则称这组矢量为正交完备基。对任意给定的 n 个线性无关矢量 $\{\vec{v}_1,\vec{v}_2,\cdots,\vec{v}_n\}$ 总可以通过 Schmidt 正交化的方法得到一组正交完备基 $\{\vec{\bar{v}}_1,\vec{\bar{v}}_2,\cdots,\vec{\bar{v}}_n\}$，且线性空间中的任意矢量 $\vec{v}$ 均可由它们展开，即

$$\vec{v}=a_1\vec{\bar{v}}_1+a_2\vec{\bar{v}}_2+\cdots+a_n\vec{\bar{v}}_n$$

两组不同的正交完备（归一）基之间可通过一个幺正矩阵 U 相互变换，即

$$\begin{bmatrix} \vec{v}_1' \\ \vec{v}_2' \\ \vdots \\ \vec{v}_n' \end{bmatrix}=\begin{bmatrix} z_{11} & z_{12} & \cdots & z_{1n} \\ z_{21} & z_{22} & \cdots & z_{2n} \\ \vdots & \vdots & & \vdots \\ z_{n1} & z_{n2} & \cdots & z_{nn} \end{bmatrix}\begin{bmatrix} \vec{v}_1 \\ \vec{v}_2 \\ \vdots \\ \vec{v}_n \end{bmatrix}$$

其中 $U=\begin{bmatrix} z_{11} & z_{12} & \cdots & z_{1n} \\ z_{21} & z_{22} & \cdots & z_{2n} \\ \vdots & \vdots & & \vdots \\ z_{n1} & z_{n2} & \cdots & z_{nn} \end{bmatrix}$ 满足条件 $UU^\dagger=U^\dagger U=I$。n 维线性空间中的所有幺正变换在乘法运算下形成一个连续群（unitary group），记为 $U(n)$。特别地，若对幺正矩阵 U 进一步要求 $\det(U)=1$，则这些特殊的幺正矩阵在乘法下也形成群，称特殊幺正群（special unitary group），记为 $\mathrm{SU}(n)$。

厄密矩阵在量子力学和量子计算中起着重要作用，按量子力学公设 2，可观测物理量都对应于厄密矩阵。矩阵 H 称为厄密矩阵是指它满足条件：

$$H=H^\dagger$$

任意厄密矩阵 H 都存在一组正交完备的基矢量 $|i\rangle$，使得

$$H=\sum_i E_i|i\rangle\langle i| \tag{Ib.2}$$

且 E_i 为实数。表示（Ib.2）也称为厄密矩阵 H 的谱分解。

在实际应用中，常需对矩阵做奇异值分解，即如下命题。

命题 Ib.1 对任意 $m\times n$ 矩阵 A，存在 $m\times m$ 的幺正矩阵 U 和 $n\times n$ 幺

正矩阵 V，以及对角阵 $D=\{d_1,d_2,\cdots,d_{\min(m,n)}\}$（按从大到小排列），使得

$$A=UDV$$

其中 D 的对角元 d_i 称为 A 的奇异值。

奇异值分解在矩阵近似中起着重要作用，也称作主成分分析（参见第二章中相关量子算法）。通过选取 k（$k<\min(m,n)$）个最大的奇异值 $\{d_1,d_2,\cdots,d_k\}$ 及其对应的奇异矢量 u_i、v_i 可对矩阵 A 进行有效近似：

$$A\simeq\begin{bmatrix}u_1\\u_2\\\vdots\\u_k\end{bmatrix}\begin{bmatrix}d_1&&&\\&d_2&&\\&&\ddots&\\&&&d_k\end{bmatrix}\begin{bmatrix}v_1&v_2&\cdots&v_k\end{bmatrix}\tag{Ib.3}$$

IIa 群论基础

量子计算的不同部分都会使用群论的一些基本性质，特别是在量子傅里叶变换、量子编码等部分。此处我们将正文中可能会用到的一些群论知识做一个简单的介绍。

1. 群论基本概念

数学上的群 (group) $\mathcal{G}$ 由集合 G 及其上的二元运算 $\circ$①：$\mathcal{G}\times\mathcal{G}\to\mathcal{G}$ 组成，运算满足如下条件：

（1）**单位元** 存在 $e\in\mathcal{G}$，使得对 $\forall g\in\mathcal{G}$ 均有 $g\circ e=e\circ g=g$，e 称为 $\mathcal{G}$ 中的单位元；

（2）**结合律** $\forall g,h,s\in\mathcal{G}|(g\circ h)\circ s=g\circ(h\circ s)$；

（3）**可逆性** $\forall g\in\mathcal{G}$，存在 $g^{-1}\in\mathcal{G}$ 使得 $g\circ g^{-1}=g^{-1}\circ g=e$，而 g^{-1} 称为群元 g 的逆。

按群的定义，群中元素在运算 $\circ$ 下具有封闭性。

在群 $\mathcal{G}$ 基础上，可定义其子群（subgroup）$\mathcal{H}$：$\mathcal{G}$ 中包含元素 e 且在 $\circ$ 和求逆运算下保持封闭的子集。设集合 S 由群 $\mathcal{G}$ 中的群元组成，则 $\mathcal{G}$ 中包含 S 的所有子群之交称为 S 生成的子群，记作 $\langle S\rangle$。事实上，$\langle S\rangle$ 由集合 $S\cup S^{-1}$ 中元素的有限运算构成。若 $\langle S\rangle=\mathcal{G}$，则称 $\mathcal{G}$ 由 S 生成。若 $\mathcal{G}$ 由某个有限集合生成，则

① 我们也常记为乘积或加法。

称其为有限生成群。特别地，图态中的稳定子群 $\mathcal{S}$ 就由式（3.2）中的稳定子生成元 K_a 生成。

群 $\mathcal{G}$ 的阶（order）定义为群中元素的个数[①]，常记为 $|\mathcal{G}|$。阶为有限的群称为有限群，阶为无穷的群称为无限群。

我们通常将群元素 a 的多次运算

$$\underbrace{a \circ a \circ \cdots \circ a}_{n\text{个}}$$

简记为 a^n，而将

$$\underbrace{a^{-1} \circ a^{-1} \circ \cdots \circ a^{-1}}_{n\text{个}}$$

简写作 a^{-n}，并定义 $a^0 = e$。对群 $\mathcal{G}$ 中任意元素 a，定义由 a 生成的循环子群（cylic subgroup）为 $\langle a \rangle = \{a^n | n \in \mathbb{Z}\}$，而元素 a 的阶定义为 $|\langle a \rangle|$。

若群 $\mathcal{G}$ 中元素均满足如下交换律：

$$\forall g_1, g_2 \in G : g_1 \circ g_2 = g_2 \circ g_1 \tag{IIa.1}$$

则称其为阿贝尔群（Abelian group）。否则，就称其为非阿贝尔群（non-Abelian group）。按此定义，循环子群均为阿贝尔群。

从两个已知群 $\mathcal{G}_1$ 和 $\mathcal{G}_2$ 出发，可以构造它们的直积（direct product）$\mathcal{G}_1 \otimes \mathcal{G}_2$。若 $\mathcal{G}_1 \otimes \mathcal{G}_2$ 的元素定义为两个群元素的笛卡儿积，且 $\mathcal{G}_1 \otimes \mathcal{G}_2$ 上的乘法定义为

$$(g_1, g_2) \circ (g_1', g_2') = (g_1 \circ g_1', g_2 \circ g_2') \tag{IIa.2}$$

则直积 $\mathcal{G}_1 \otimes \mathcal{G}_2$ 仍是一个群。

1）陪集和商群

设 $\mathcal{H}$ 为群 $\mathcal{G}$ 的一个子群，定义 $\mathcal{G}$ 上的等价关系如下：

$$g_1 \sim g_2 \iff \exists h \in \mathcal{H} : g_1 = g_2 h \tag{IIa.3}$$

此等价关系确定的等价类称作 $\mathcal{G}$ 关于 $\mathcal{H}$ 的左陪集（left coset），而包含元素 g 的左陪集写作 $[g]_{\mathcal{H}} = g\mathcal{H}$。子群 $\mathcal{H}$ 在群 $\mathcal{G}$ 中的左陪集数目记作 $[\mathcal{G} : \mathcal{H}]$。类似地，可定义 $\mathcal{G}$ 关于 $\mathcal{H}$ 的右陪集（right coset）。

若在左陪集上定义运算：$[g_1] \circ [g_2] = [g_1 \circ g_2]$，则左陪集也构成一个群，其中单位元为 $[e] = \mathcal{H}$，$[g]$ 的逆为 $[g^{-1}]$。此群称为 $\mathcal{G}$ 关于 $\mathcal{H}$ 的（左）商群（quotient

① 当元素有无穷多时，定义为元素集合的势 (cardinality)。

group)，写作 $\mathcal{G}/\mathcal{H}$。类似地，在右陪集上也可定义类似的运算并形成（右）商群。当 $\mathcal{H}$ 为正规子群时，即 $\mathcal{H}$ 为群 $\mathcal{G}$ 子群且满足 $\forall g \in \mathcal{G} : g^{-1}\mathcal{H}g = \mathcal{H}$，其左陪集同时也是右陪集，此时我们无需区分（左）商群和（右）商群。上面的情况我们都统称为商群，其具体含义需通过上下文确定。

定理 IIa.1 (Lagrange)　*设 $\mathcal{G}$ 为有限群且 $\mathcal{H}$ 为其有限子群，则*

$$|\mathcal{G}| = |\mathcal{H}|[\mathcal{G} : \mathcal{H}]$$

此定理表明不同的陪集间无交集。通过此定理可自然获得如下推论。

推论 IIa.2　*群 $\mathcal{G}$ 的阶整除任意群元素 a 的阶 $|\langle a\rangle|$。*

群元素 a 的阶就是它生成的循环群 $\langle a\rangle$（$\mathcal{G}$ 的子群）的阶。因此，$|\langle a\rangle|$ 为 $|\mathcal{G}|$ 的因子。

2）中心化子和正规化子

设 $\mathcal{H}$ 为群 $\mathcal{G}$ 中元素的集合，$\mathcal{H}$ 的中心化子（centralizer）由 $\mathcal{G}$ 与 $\mathcal{H}$ 中每个元素均对易的群元组成，记作 $\mathcal{C}(\mathcal{H})$。易知，$\mathcal{C}(\mathcal{H})$ 为 $\mathcal{G}$ 的子群。而集合 $\mathcal{H}$ 在 $\mathcal{G}$ 中的正规化子 $\mathcal{N}_{\mathcal{G}}(\mathcal{H})$ 由 $\mathcal{G}$ 中满足条件：$\{g \in \mathcal{G} | g\mathcal{H} = \mathcal{H}g\}$ 的群元组成，它也形成一个子群。中心化子要求与 $\mathcal{H}$ 中每个元素都对易，而正规化子则只要求与集合 $\mathcal{H}$ 作为整体的对易性，显然，前者的要求强于后者。

3）同态和同构

设 f 为从群 $\mathcal{G}_1$ 到群 $\mathcal{G}_2$ 的映射，若 f 满足

(1) $\forall g, h \in \mathcal{G}_1 : f(g) \circ f(h) = f(g \circ h)$；

(2) $f(e) = e$，

则称 f 为从 $\mathcal{G}_1$ 到 $\mathcal{G}_2$ 的同态（homomorphism）。显然，若 f 为群同态，则 $f(g)^{-1} = f(g^{-1})$。一个双射的群同态称为同构（isomorphism），因此，同构的逆也是同构。若存在从群 $\mathcal{G}_1$ 到群 $\mathcal{G}_2$ 的同构映射，则称群 $\mathcal{G}_1$ 与 $\mathcal{G}_2$ 同构，记作 $\mathcal{G}_1 \simeq \mathcal{G}_2$。设 f 为从群 $\mathcal{G}_1$ 到群 $\mathcal{G}_2$ 的同态，则 f 的核（kernel）定义为 $\ker(f) = f^{-1}(e)$，而 f 的像（image）定义为 $\mathrm{im}(f) = f(\mathcal{G}_1)$。显然，$\ker(f)$ 是 $\mathcal{G}_1$ 的正规子群，而 $\mathrm{im}(f)$ 是 $\mathcal{G}_2$ 的子群。它们之间有如下关系。

定理 IIa.3　*设 f 为从群 $\mathcal{G}_1$ 到群 $\mathcal{G}_2$ 的同态，则 $\mathcal{G}_1/\ker(f) \simeq \mathrm{im}(f)$。*

一个群到自身的同态称为自同态（endomorphism）；而群到自身的同构称为自同构（automorphism）。群 $\mathcal{G}$ 的所有自同构（以函数的复合为乘法，恒等函数为单位元）构成一个群，记作 $\mathrm{Aut}(\mathcal{G})$。

例 A.1　一些典型的群

1. **循环群** (cyclic group)

$\mathcal{C}_n$ 为元素 a 生成的阶为 n 的有限群，即 $\langle a\rangle = \{e, a, a^2, \cdots, a^{n-1}\}$，

其中 $a^n = e$ 为单位元。$\mathcal{C}_n$ 为阿贝尔群。显然，同阶的循环群之间相互同构。特别地，$\{0, \cdots, n-1\}$ 在模 n 加法下构成一个循环群，记作 $\mathbb{Z}_n$。设 p 为素数，则 $\{1, \cdots, p-1\}$ 在模 p 的乘法下构成有限群，记作 $\mathbb{Z}_p^*$。

2. 矩阵群

域 $\mathbb{F}$ 上的 $N \times N$ 可逆矩阵在矩阵乘法下构成一般线性群 (general linear group)，记作 $GL(N, \mathbb{F})$。$GL(N, \mathbb{F})$ 中行列式为 1 的元素构成其子群，称作特殊线性群（special linear group），记作 $SL(N, \mathbb{F})$。设 M 为域 $\mathbb{F}$ 上的 $N \times N$ 矩阵且 f 为 $GL(N, \mathbb{F})$ 上的反自同构映射，则 $GL(N, \mathbb{F})$ 中满足关系

$$f(A)MA = M \tag{IIa.4}$$

的矩阵 A 构成一个群。

(1) 当 $f(A) = A^{\mathrm{T}}$（A 的转置）且 $M = I_N$（单位阵）时，所有 A 构成正交群 $O(N, \mathbb{F})$。

(2) 当 $f(A) = A^{\dagger}$ 且 $M = I_N$ 时，所有 A 构成幺正群 $U(N, \mathbb{F})$；若进一步要求 A 的行列式为 1，则 A 构成特殊幺正群 $SU(N, \mathbb{F})$。

(3) 当 $f(A) = A^{\mathrm{T}}$ 且

$$M = \begin{bmatrix} 0 & I_{N/2} \\ -I_{N/2} & 0 \end{bmatrix}$$

（N 为偶数），则 A 构成辛群 $Sp(N, \mathbb{F})$。

3. 置换群 (permutation group)

置换群 S_N 由集合 $\{1, 2, \cdots, N\}$ 到自身的所有双射构成。对 S_N 中元素 g，若存在含 m 个数 $a_i \in \{1, 2, \cdots, N\}$ 的集合 $A = \{a_0, a_1, \cdots, a_{m-1}\}$ 使得

(1) $g(a_i) = a_{i+1 \bmod m}$；

(2) $g(x) = x$, 若 $x \notin \{a_0, \cdots, a_{m-1}\}$，

则称 g 为长度为 m 的回路 (cycle)，写作 $(a_0, \cdots, a_{m-1})$。显然，长度为 1 的回路是单位元 e，而长度为 2 的回路称为对换 (transposition)。若集合 $\{i_0, \cdots, i_{m-1}\}$ 与集合 $\{j_0, \cdots, j_{n-1}\}$ 交集为空，则称回路 $(i_0, \cdots, i_{m-1})$ 与 $(j_0, \cdots, j_{n-1})$ 无交。显然，两个无交的回路对易。S_N 中的任何元素均可分解为无交回路的乘积，特别地，可分解为对换的乘积。若集合 X 为有限集，且 $|X| = N$，则 X 上的置换群 S_X 与 S_N 同构。

2. 有限群线性表示基础

在第二章中的量子傅里叶变换中需用到有限群（阿贝尔和非阿贝尔）的表示理论，我们下面介绍表示论的基础知识。

群 $\mathcal{G}$ 的线性表示 (linear representation) 是它在一般线性群 $GL(V)$ 上的同态 $T:\mathcal{G}\to GL(V)$。特别地，若群 $\mathcal{G}$ 与 $GL(V)$ 间的同态为 $T(g)=I$[①]，则称 T 为群 $\mathcal{G}$ 的平凡表示。

群表示 $T_1:\mathcal{G}\to GL(V_1)$ 和 $T_2:\mathcal{G}\to GL(V_2)$ 等价（记为 $T_1\sim T_2$）是指存在线性变换 $S:V_2\to V_1$ 使得

$$\forall g\in\mathcal{G}: T_1(g)=ST_2(g)S^{-1} \tag{IIa.5}$$

对群 $\mathcal{G}$ 的线性表示有如下命题成立。

命题 IIa.4 对群 $\mathcal{G}$ 的任意线性表示 T，总存在线性空间 V 中的一个内积使得每个 $T(g)$ 均为该内积下的幺正变换。

证明 设 $H_0(u,v)$ 为定义在线性空间 V 上的任一内积，定义新内积 $H(u,v)$ 为

$$H(u,v)=\sum_{g\in\mathcal{G}}H_0(T(g)u,T(g)v)$$

验证可知此内积满足条件 $\forall g\in\mathcal{G}: H(u,v)=H(T(g)u,T(g)v)$。由此可见，$V$ 中任意两个矢量的内积在变换 $T(g)$ 下均保持不变，因而，$T(g)$ 一定是幺正表示。 □

因此，我们总使用 V 上使线性表示 T 为幺正表示的内积。

1）可约性

线性变换 $T:V\mapsto V$ 可约（reducible）是指：存在子空间 $0\neq V_0\subsetneq V$ 使得 $TV_0\subset V_0$。而线性变换 $T:V\mapsto V$ 完全可约（complete reducible）是指：V 可分解为 $V_1\oplus V_2$（$V_1,V_2\neq 0$）使得 $TV_1\subset V_1$ 且 $TV_2\subset V_2$。因此，对非奇异的线性变换 T，其可约的充要条件是存在 $0\neq V_0\subsetneq V$ 使得 $TV_0=V_0$；而 T 完全可约的充要条件是 V 可分解为 $V_1\oplus V_2$（$V_1,V_2\neq 0$）使得 $TV_1=V_1$ 且 $TV_2=V_2$。

而对幺正变换的可约性，我们有如下更强的结论。

命题 IIa.5 若幺正变换 $T:V\mapsto V$ 可约，则它完全可约，且 $T^\dagger$ 也完全可约。

在此命题和命题 IIa.4 基础上可得如下结论。

命题 IIa.6 若群 $\mathcal{G}$ 的线性表示 $T:\mathcal{G}\to GL(V)$ 可约，则它完全可约，$\{T^\dagger(g)|\}$

① 将群 $\mathcal{G}$ 中所有群元均映射为 $GL(V)$ 中的单位矩阵。

且 $\{g \in G\}$ 也完全可约。

若群 $\mathcal{G}$ 的线性表示 $T : \mathcal{G} \to GL(V)$ 可约，则线性空间 V 可分解为 $V = V_1 \oplus V_2$。此时，只需分别考虑群 $\mathcal{G}$ 限制在线性空间 V_1 和 V_2 上的表示即可。若它们还继续可约，则空间还可进一步分解，直至不可约为止。因此，我们得到如下命题。

命题 IIa.7 设 $T : \mathcal{G} \to GL(V)$ 为群 $\mathcal{G}$ 的线性表示，则存在线性空间 V 的分解 $V = \oplus_i V_i$ 使得 $T = \oplus_i T|_{V_i}$ 且 $T|_{V_i}$ 为 V_i 上的不可约表示。

2）Schur 引理

Schur 引理是群表示中的基本定理，它可以导出一系列重要的结论。

命题 IIa.8 (Schur) 若 $T : \mathcal{G} \to GL(V)$ 为不可约表示且 P 为 V 上的线性变换，则 $\forall g : T(g)P = PT(g)$ 成立的充要条件是 $P = \lambda I$（λ 为某个常数）。

证明 定义 $P_\lambda = P - \lambda I$ 并选取 λ 使 P_λ 奇异①。将 P_λ 满足的条件

$$\forall g : T(g)P_\lambda = P_\lambda T(g) \tag{IIa.6}$$

两边都作用到线性空间 V 上，得到

$$\forall g : T(g)P_\lambda V = P_\lambda T(g)V = P_\lambda V \tag{IIa.7}$$

这表明 $P_\lambda V$ 是表示 T 的一个不变子空间（第一个等号使用了 V 为 T 的不变空间）。利用 $T(g)$ 的不可约条件得到 $P_\lambda V = V$ 或 $\varnothing$。按 P_λ 的构造，它为奇异矩阵，因此必有 $P_\lambda V = \varnothing$。于是 $P_\lambda = 0$，$P = \lambda I$。 □

根据 Schur 引理，直接可得如下重要结论。

推论 IIa.9 有限阿贝尔群只有一维不可约表示。

命题 IIa.10 (Schur) 若 $T : \mathcal{G} \to GL(V)$ 和 $T' : \mathcal{G} \to GL(V')$ 是 $\mathcal{G}$ 的两个不等价不可约表示，$P : V' \to V$ 是两个线性空间上的线性映射，则 $\forall g : T(g)P = PT'(g)$ 成立的充要条件是 $P = 0$。

证明 用反证法证明此引理。设 $P \neq 0$，则 $P^\dagger \neq 0$，因此，$\forall g : P^\dagger T^\dagger(g) = T'^\dagger(g)P^\dagger$。

由 $T(g)$ 在 V 上的不可约性，以及由 $T'(g)$ 在 V' 上的不可约性可得

$$\forall g : T(g)PV' = PT'(g)V' = PV'$$
$$\forall g : T'^\dagger(g)P^\dagger V = P^\dagger T^\dagger(g)V = P^\dagger V$$

① 由于 $\det P_\lambda = \det(P - \lambda I)$ 在 $\mathbb{C}$ 中总有根，总存在 λ 使 P_λ 奇异。

由 $P \neq 0$ 可知 $PV' = V$ 且 $P^\dagger V = V'$。这表明 P 是可逆的，因此，$\forall g$: $P^{-1}T(g)P = T'(g)$ 也成立，而这与两个表示不等价相矛盾。 □

我们常用上角标来区分不等价的不可约表示，如 T^a。由 Schur 引理，不同的不可约表示有如下关系。

命题 IIa.11 在线性空间 V 一组正交归一基下，不同的不可约表示 T^a 和 T^b 之间有如下正交关系：

$$\frac{d_a}{|\mathcal{G}|}\sum_g T^{a*}_{ls}(g)T^b_{mt}(g) = \delta_{ab}\delta_{lm}\delta_{st} \tag{IIa.8}$$

其中 d_a 为不可约表示 T^a 的维数。

证明 设 $T^a : \mathcal{G} \to GL(V^a)$ 和 $T^b : \mathcal{G} \to GL(V^b)$ 为 $\mathcal{G}$ 的两个不可约表示，$D : V^b \to V^a$ 为线性映射，则有

$$\begin{aligned}\underbrace{\left(\sum_g T^{a\dagger}(g)DT^b(g)\right)}_{P}T^b(g') &= \sum_g T^{a\dagger}(g)DT^b(g\circ g')\\ &= \sum_g T^{a\dagger}(g\circ g'^{-1})DT^b(g)\\ &= T^a(g')\underbrace{\sum_g T^{a\dagger}(g)DT^b(g)}_{P}\end{aligned} \tag{IIa.9}$$

由 Schur 引理可知

$$\frac{1}{|\mathcal{G}|}\sum_g T^{a\dagger}(g)DT^b(g) = \lambda\delta_{ab}I \tag{IIa.10}$$

两边求迹，得到 $\lambda = \dfrac{\mathrm{Tr}[D]}{d_a}$，其中 d_a 是 T^a 的维度。在矩阵形式中，取 D_{ij} 为 $\delta_{il}\delta_{jm}$（l, m 为自由指标）即可得正交关系。 □

3）正则表示

设 $\mathcal{G}$ 为有限群，定义 $\mathcal{G}$ 的群空间 (group space) $V_{\mathcal{G}}$ 为以 $\mathcal{G}$ 中元素为基矢量的线性空间（其维数为群的阶数）。$\mathcal{G}$ 在其群空间的表示可给出群 $\mathcal{G}$ 的不可约表示的众多信息。

有限群 $\mathcal{G}$ 在其群空间 $V_{\mathcal{G}}$ 上可定义两个自然的线性表示：右/左正则表示 (right/left regular representation)。左正则表示定义为

$$L(g')c_g|g\rangle = c_g|g'\circ g\rangle \tag{IIa.11}$$

其中 $|g\rangle$ 表示 $V_{\mathcal{G}}$ 中群元素 g 对应的基矢量。同理，右正则表示定义为

$$R(g')c_g|g\rangle = c_g|g \circ g'^{-1}\rangle \tag{IIa.12}$$

群空间 $V_{\mathcal{G}}$ 中的内积定义为

$$\langle h|g\rangle = \delta_{gh} \tag{IIa.13}$$

在此内积下，左/右正则表示均为幺正表示。

为使用方便，$\mathcal{G}$ 中的不可约表示（取矩阵形式）记为 $\{T^a_{ij}\}$，其中 a 用于区分不等价的不可约表示，而 i,j 用于区分矩阵表示中的矩阵元。对每个表示 T^a_{ij} 可在 $V_{\mathcal{G}}$ 中定义一组（共 d_a^2 个）矢量：

$$|T^a_{ij}\rangle = \sum_g T^a_{ij}(g)|g\rangle \tag{IIa.14}$$

根据正交关系：

$$\langle T^b_{kl}|T^a_{ij}\rangle = \sum_g T^{b*}_{kl}(g)T^a_{ij}(g) = \frac{|\mathcal{G}|}{d_a}\delta_{ab}\delta_{ik}\delta_{jl} \tag{IIa.15}$$

可知不同参数 (a,i,j) 对应的矢量 $|T^a_{ij}\rangle$ 相互正交。下面我们来进一步证明。

定理 IIa.12 当 $|T^a_{ij}\rangle$ 遍历所有不可约表示时，它组成群空间 $V_{\mathcal{G}}$ 的一组正交完备基。

证明 设 $|v\rangle$ 为群空间 $V_{\mathcal{G}}$ 中的任意矢量，它可表示为 $|v\rangle = \sum|v_a\rangle$，其中 $|v_a\rangle$ 为右正则表示 $R(g)$ 的某个不可约的不变子空间 V_a 中的矢量。因此，若将群的右正则表示 $R(g)$ 限定在不变子空间 V_a 中，其作用与某个不可约表示 T^a 相同。对每个不变子空间 V_a 都可找到其一组基 $|e_k\rangle$ 使得

$$R(g)|e_j\rangle = T^a_{ij}(g)|e_i\rangle \tag{IIa.16}$$

将 $|e_j\rangle$ 展开成 $\sum\limits_h e_{jh}|h\rangle$（$h\in\mathcal{G}$），则

$$R(g)|e_j\rangle = \sum_h e_{jh}|h\circ g^{-1}\rangle = \sum_h T^a_{ij}(g)e_{ih}|h\rangle \tag{IIa.17}$$

比较等式两边的系数可得

$$\forall h,g: e_{j(h\circ g)} = T^a_{ij}(g)e_{ih} \tag{IIa.18}$$

$$\forall g: e_{jg} = T^a_{ij}(g)e_{ie} \tag{IIa.19}$$

因此

$$|e_j\rangle = \sum_h e_{jg}|g\rangle = \sum_h T^a_{ij}(g)e_{ie}|g\rangle = e_{ie}|T^a_{ij}\rangle \tag{IIa.20}$$

即 $|e_j\rangle$ 可在 $|T^a_{ij}\rangle$ 下展开。因此

$$|v_a\rangle = v_j|e_j\rangle = v_j e_{ie}|T^a_{ij}\rangle \tag{IIa.21}$$

也可在 $|T^a_{ij}\rangle$ 下展开。这就表明了 $|T^a_{ij}\rangle$ 是 $V_{\mathcal{G}}$ 的一组正交完备基。 □

在基矢量 $|T^a_{ij}\rangle$ 下，我们来研究 $R(g)$ 的结构。由

$$\begin{aligned} R(g)|T^a_{ij}\rangle &= \sum_h T^a_{ij}(h)|h\circ g^{-1}\rangle \\ &= \sum_h T^a_{ij}(h\circ g)|h\rangle \\ &= \sum_h T^a_{ik}(h)T^a_{kj}(g)|h\rangle \\ &= T^a_{kj}(g)|T^a_{ik}\rangle \end{aligned} \tag{IIa.22}$$

可知 $|T^a_{i\cdot}\rangle$（固定 a,i）是 $R(g)$ 的不可约不变子空间，$R(g)$ 在此子空间中的作用与 T^a 相似。

因此，右正则表示可约化为

$$R = \oplus_a (T^a)^{\oplus d_a} \tag{IIa.23}$$

上式两侧的维度满足关系：

推论 IIa.13 (Burnside 定理)　$|\mathcal{G}| = \sum_a d_a^2$。

对左正则表示有类似的结论。

4) 特征标

群的表示是对群的精细刻画，当然，要获得群表示的所有信息也是比较困难的；群的特征标刻画比群表示更粗略，但它的获得相对容易。群表示 T 的特征标 (characters) 定义为

$$\chi(g) = \mathrm{Tr}[T(g)] \tag{IIa.24}$$

显然，若两个群元素处于同一个共轭类中（若存在 $g\in\mathcal{G}$ 使得 $h_b = g h_a g^{-1}$，则称 h_a 与 h_b 在 $\mathcal{G}$ 中共轭)，它们的特征标将相等（由 Tr 操作的轮换性决定)。因此，特征标是群共轭类的函数。我们将共轭类 C_i 的特征标写作 $\chi(C_i)$。

若群 $\mathcal{G}$ 的不等价不可约表示记为 $\{T^a\}$，则它们的特征标记作 χ^a。由不可约表示之间的正交关系可得到特征标之间的正交关系：设 χ^a 和 χ^b 为两个不可约表示的特征标，正交关系（IIa.8）两边求迹就得到其特征标之间的正交关系①：

① 特征标 χ 看作一个 $|\mathcal{G}|$ 维矢量。

$$(\chi^a, \chi^b) = \frac{1}{|\mathcal{G}|}\sum_g \chi^{a*}(g)\chi^b(g) = \delta_{ab} \tag{IIa.25}$$

两个表示直和的特征标等于两个表示的特征标之和，即

命题 IIa.14 若表示 T 可约化为 $T^a \oplus \cdots \oplus T^z$，则其特征标 $\chi(g) = \chi^a(g) + \cdots + \chi^z(g)$。

证明

$$\begin{aligned}
\chi(g) &= \mathrm{Tr}[T(g)] \\
&= \mathrm{Tr}\left(\begin{bmatrix} T^a(g) & \cdots & 0 \\ \vdots & & \vdots \\ 0 & \cdots & T^z(g) \end{bmatrix}\right) \\
&= \mathrm{Tr}[T^a(g)] + \cdots + \mathrm{Tr}[T^z(g)] \\
&= \chi^a(g) + \cdots + \chi^z(g)
\end{aligned} \tag{IIa.26}$$

□

特别地，任意表示的特征标可展开成不等价不可约表示特征标的整系数线性组合 $\chi = \sum_a n_a \chi^a$（n_i 为整数）。在此基础上，我们可以证明式（IIa.25）的逆定理。

推论 IIa.15 设群 $\mathcal{G}$ 一组表示 $\{T^a\}$ 的特征标为 $\{\chi^a\}$，若它们满足

$$\frac{1}{|\mathcal{G}|}\sum_g \chi^{a*}(g)\chi^b(g) = \delta_{ab} \tag{IIa.27}$$

则 $\{T^a\}$ 均为不等价不可约表示。

证明 将 χ^a 用不等价不可约表示特征标展开：$\chi^a = \sum_i n_i \chi_i^a$，则

$$\frac{1}{|\mathcal{G}|}\sum_g \chi^{a*}(g)\chi^a(g) = \sum_i n_i^2 \tag{IIa.28}$$

故当展开只含一项且 $n_i = 1$ 时，χ^a 是不可约表示。而不同表示间的正交性保证了它们的不等价性。 □

5) 直积群的表示

设 $T_{\mathcal{G}}: \mathcal{G} \mapsto GL(V)$ 与 $T_{\mathcal{H}}: H \mapsto GL(W)$ 分别是群 $\mathcal{G}$ 和 $\mathcal{H}$ 的线性表示，则群 $\mathcal{G} \times \mathcal{H}$ 的线性表示 $T_{\mathcal{G}} \otimes T_{\mathcal{H}}: \mathcal{G} \otimes H \mapsto GL(V \otimes W)$ 定义为

$$T_{\mathcal{G}} \otimes T_{\mathcal{H}}(g, h) = T_{\mathcal{G}}(g) \otimes T_{\mathcal{H}}(h) \tag{IIa.29}$$

利用表示的张量积可得到直积群的所有不等价不可约表示。

命题 IIa.16 设 $\{T_{\mathcal{G}}^a\}$ 和 $\{T_{\mathcal{H}}^b\}$ 分别为群 $\mathcal{G}$ 和 $\mathcal{H}$ 的所有不等价不可约表示，则 $\{T_{\mathcal{G}}^a \otimes T_{\mathcal{H}}^b\}$ 是 $\mathcal{G}\otimes\mathcal{H}$ 的所有不等价不可约表示。

证明 设 $\{T_{\mathcal{G}}^a\}$ 与 $\{T_{\mathcal{H}}^b\}$ 的特征标分别为 $\{\chi_{\mathcal{G}}^a\}$ 与 $\{\chi_{\mathcal{H}}^b\}$。考虑表示 $\{T_{\mathcal{G}}^a\otimes T_{\mathcal{H}}^b\}$ 的特征标

$$\chi_{\mathcal{G}\otimes\mathcal{H}}^{ab}(g,h) = \mathrm{Tr}[T_{\mathcal{G}}^a(g)\otimes T_{\mathcal{H}}^b(h)] = \chi_{\mathcal{G}}^a(g)\cdot\chi_{\mathcal{H}}^b(h) \tag{IIa.30}$$

而 $\chi_{\mathcal{G}\otimes\mathcal{H}}^{ab}(g,h)$ 的正交归一关系表示为

$$\frac{1}{|\mathcal{G}||\mathcal{H}|}\sum_{(g,h)\in\mathcal{G}\otimes\mathcal{H}}\chi_{\mathcal{G}\otimes\mathcal{H}}^{ab*}(g,h)\chi_{\mathcal{G}\otimes\mathcal{H}}^{cd}(g,h) \tag{IIa.31}$$

$$=\frac{1}{|\mathcal{G}|}\sum_{g\in\mathcal{G}}\chi_{\mathcal{G}}^{a*}(g)\chi_{\mathcal{G}}^{c}(g)\frac{1}{|\mathcal{H}|}\sum_{h\in\mathcal{H}}\chi_{\mathcal{H}}^{b*}(h)\chi_{\mathcal{H}}^{d}(h) \tag{IIa.32}$$

$$=\delta_{ac}\delta_{bd} \tag{IIa.33}$$

因此，$\{T_{\mathcal{G}}^a\otimes T_{\mathcal{H}}^b\}$ 是 $\mathcal{G}\otimes\mathcal{H}$ 的不等价不可约表示。由 Burnside 定理（推论 IIa.13）可知 $\{T_{\mathcal{G}}^a\otimes T_{\mathcal{H}}^b\}$ 是 $\mathcal{G}\otimes\mathcal{H}$ 的所有不等价不可约表示。 □

3. 李群、李代数的基本性质

在书中不同部分都需用到李群和李代数的基本性质，我们将它们罗列于此。

李群（也称之为连续群）是将群运算（乘法）定义于微分流形上形成的群①，其群元素 $g(\alpha)$ 一般由实参数 α 来刻画②，而李群的结构则由结合函数 φ: $g(\alpha)g(\beta) = g(\varphi(\alpha,\beta))$ 确定。

李代数由线性空间 $\mathfrak{g}$ 及其上的李括号（Lie bracket）$[\cdot,\cdot]:\mathfrak{g}\times\mathfrak{g}\to\mathfrak{g}, (x,y)\mapsto [x,y]$ 构成。李括号满足双线性、反对称性以及 Jacobi 恒等式，即

(1) 双线性: $\forall a,b\in\mathbb{K}, x,y,z\in\mathfrak{g}$，满足 $[ax+bz,y]=a[x,y]+b[z,y], [x,ay+bz]=a[x,y]+b[x,z]$，其中 $\mathbb{K}$ 为数域，如 $\mathbb{R}$。

(2) 反对称: $[x,y]=-[y,x]$。这意味着 $[x,x]=0$。

(3) Jacobi 恒等式: $\forall x,y,z\in\mathfrak{g}$，满足 $[x,[y,z]]+[y,[z,x]]+[z,[x,y]]=0$。

李群和李代数密切相关，下面的三个李氏定理及其逆定理给出了李群与李代数间的关系。

定理 IIa.17 连通李群的线性表示完全由其无穷小生成元决定，即群元素在单位元附近的 Taylor 展开，$X_i \equiv \left.\dfrac{\partial g(\alpha)}{\partial\alpha_i}\right|_{\alpha=0}$。

---

① 本书中幺正算符组成的群 $U(2^n)$ 以及 $SU(2^n)$ 均为李群，且它们紧致连通（其线性表示也可通过自然的方式获得）。

② 当李群元素需要多个参数刻画时，α 可看作矢量。

定理 IIa.18 在李群的无穷小生成元 X_i 张成的线性空间中，若定义为李括号为对易子 $[X_i, X_j] = X_iX_j - X_jX_i$，则李群的封闭性将使这些生成元形成的李代数也封闭，即

$$[X_i, X_j] = f_{ij}^k X_k$$

其中结构常数 f_{ij}^k 由结合函数 $\varphi_i(\alpha, \beta)$ 确定:

$$f_{ij}^k = \left(\frac{\partial S_{kj}(\alpha)}{\partial \alpha_i} - \frac{\partial S_{ki}(\alpha)}{\partial \alpha_j}\right)\bigg|_{\alpha=0}, \quad \text{其中 } S_{kq}(\alpha) = \frac{\partial \varphi_k(\alpha, \beta)}{\partial \alpha_q}\bigg|_{g(\beta)=g(\alpha)^{-1}} \quad (q = i, j)$$

反之，若存在一组矩阵 X_i 满足上述对易关系，则它们可作为李群表示的一组生成元，并确定单连通李群的一个单值或多值表示。

定理 IIa.19 李群的结构常数 f_{ij}^k 一定满足条件:

(1) 反对称：$f_{ij}^k = -f_{ji}^k$;

(2) Jacobi 恒等式：$\sum_l f_{il}^m f_{jk}^l + f_{jl}^m f_{ki}^l + f_{kl}^m f_{ij}^l = 0$,

且其逆命题也成立，即对满足这两个关系的一组常数 f_{ij}^k，一定存在一个李群以此为结构常数。

一般而言，李群与李代数一一对应：对单位元附近的李群元素做无穷小展开获得生成元，并通过对易子可生成对应李代数；而对给定的李代数，将其指数化 $\exp\left(i\sum_j \alpha_j X_j\right)$，则可得到相应的李群。值得注意，这样简单的指数化只能得到李群中包含单位元 I 的连通分支。

例 3.17　$U(2)$ 群及其李代数

由于任意 $U(2)$ 群可表示为

$$U(\theta_0, \theta_1, \theta_2, \theta_3) = \exp\left(i\theta_0 I + i\theta_1 \sigma^x + i\theta_2 \sigma^y + i\theta_3 \sigma^z\right)$$

因此其无穷小生成元为 $\{I, \sigma^x, \sigma^y, \sigma^z\}$，且它们满足对易关系

$$[I, \sigma^i] = 0, \quad [\sigma^i, \sigma^j] = 2i\epsilon_{ijk}\sigma^k$$

由对易关系可直接得到结构常数。

第五章证明横向门不能构成普适门集合时，需用到一个结论：紧致李群 $\mathcal{G}$（幺正变换形成的群）仅有有限个连通分支。紧致性是拓扑空间的一个性质，即任意

开覆盖总存在有限子覆盖[1]。而李群的一个连通分支是指群流形上满足任意两点均可通过集合内的连续路径相连的点集合。

命题 IIa.20 紧致李群 $\mathcal{G}$ 中包含单位元的连通分支 $\mathcal{G}_0$ 也是李群，且商群 $\mathcal{G}/\mathcal{G}_0$ 包含有限个元素。

根据此命题，由于商群 $\mathcal{G}/\mathcal{G}_0$ 中每个群元都对应一个连通分支，因此，$\mathcal{G}$ 中只有有限个连通分支。

证明 利用反证法证明此命题。假设 $\mathcal{G}$ 有无穷多个连通分支，考虑一无穷序列 $\{A_i\}_{i=1}^{\infty}$，其中每个 A_i 都处于不同的连通分支，则由列紧性定理（Bolzano-Weierstrass 定理）及 $\mathcal{G}$ 的紧致性可知序列 $\{A_i\}_{i=1}^{\infty}$ 中一定存在一个收敛的子列 $\{B_k = A_{i_k}\}_{k=1}^{\infty}$。由收敛条件得到 $\lim\limits_{k\to\infty} B_k^{-1}B_{k+1} = I$，而这与任意两个 A_i 都处于不同连通分支相矛盾。 □

IIb 单量子比特最优量子控制

在第二章的量子信号处理算法中，不断使用单比特的最优控制理论，此处我们将介绍其主要结论[2]。

单量子比特的控制问题是指：

问题 IIb.1 给定单量子比特的幺正变换 $\hat{U}(\theta)$,求 L 个相位 $\{\phi_1,\phi_2,\cdots,\phi_L\}$，使得 $R_{\phi_L}(\theta)\cdot R_{\phi_{L-1}}(\theta)\cdot\cdots\cdot R_{\phi_1}(\theta)$ 是幺正变换 $\hat{U}(\theta)$ 的最佳近似，即

$$\hat{U}(\theta) \simeq R_{\phi_L}(\theta)R_{\phi_{L-1}}(\theta)\cdots R_{\phi_1}(\theta) \tag{IIb.1}$$

其中 $R_{\phi_i}(\theta) = e^{-i\frac{\theta}{2}(\cos\phi_i\sigma^x+\sin\phi_i\sigma^y)}(i=1,2,\cdots,L)$。

这是一个利用给定 Ansatz（$R_\phi(\theta)$ 序列）来最优近似另一个函数 $\hat{U}(\theta)$ 的问题。为获得此最优近似，需对 Ansatz 函数本身的特性进行研究。我们有如下定理。

定理 IIb.2 $R_{\phi_L}(\theta)R_{\phi_{L-1}}(\theta)\cdots R_{\phi_1}(\theta)$ 形式的幺正变换 $\hat{V}_L(\theta)$ 可表示为

$$\begin{aligned}\hat{V}_L(\theta) &= R_{\phi_L}(\theta)R_{\phi_{L-1}}(\theta)\cdots R_{\phi_1}(\theta)\\ &= \sum_{k=0}^{L}(-i)^k\left(\sin\frac{\theta}{2}\right)^k\left(\cos\frac{\theta}{2}\right)^{L-k}\sigma_k^x[\Re(\Phi_{L,k})+i\Im(\Phi_{L,k})\sigma^z]\end{aligned} \tag{IIb.2}$$

其中 $\Re(\Phi_{L,k})$ 和 $\Im(\Phi_{L,k})$ 分别为参数 $\Phi_{L,k}$ 的实部和虚部，而参数 $\Phi_{L,k}$ 通过递归

[1] 李群的紧致性可通过其参数空间中的紧致性理解。

[2] 该部分参考 N. Khaneja, R. Brockett, and S. J. Glaser, Phys. Rev. A **63**, 032308 (2001); G. H. Low, T. J. Yoder, and I. L. Chuang, Phys. Rev. X **6**, 041067 (2016).

方式定义为

$$\begin{aligned}&\Phi_{0,0}=1, \qquad \Phi_{0,j\neq 0}=0\\&\Phi_{L,k}=\Phi_{L-1,k}+\Phi_{L-1,k-1}e^{i(-1)^{k+1}\phi_k}\end{aligned} \tag{IIb.3}$$

证明 我们用归纳法来证明前面的定理。

(1) 当 $L=1$ 时, 等式（IIb.2）左边为

$$\hat{V}_1(\theta)=\cos\frac{\theta}{2}-i\sin\frac{\theta}{2}(\cos\phi_1\sigma^x+\sin\phi_1\sigma^y)$$

而将 $L=1$ 代入等式（IIb.2）右边得到

$$\hat{V}_1(\theta)=\cos\frac{\theta}{2}[\Re(\Phi_{1,0})+i\Im(\Phi_{1,0})\sigma^z]+(-i)\sin\frac{\theta}{2}\sigma^x[\Re(\Phi_{1,1})+i\Im(\Phi_{1,1})\sigma^z]$$

按参数 $\Phi_{k,j}$ 的定义：

$$\Phi_{0,0}=1, \quad \Phi_{1,0}=\Phi_{0,0}=1, \quad \Phi_{1,1}=\Phi_{0,0}e^{i\phi_1}=e^{i\phi_1}$$

代入得到

$$\begin{aligned}&\cos\frac{\theta}{2}+(-i)\sin\frac{\theta}{2}\sigma^x\cdot[\cos\phi_1+i\sin\phi_1\sigma^z]\\=&\cos\frac{\theta}{2}-i\sin\frac{\theta}{2}[\cos\phi_1\sigma^x+\sin\phi_1\sigma^y]\end{aligned}$$

因此，当 $L=1$ 时，等式成立。

(2) 假设 $L=m$ 时等式仍成立，则当 $L=m+1$ 时，

$$\begin{aligned}&\left[\cos\frac{\theta}{2}-i\sin\frac{\theta}{2}(\cos\phi_{m+1}\sigma^x+\sin\phi_{m+1}\sigma^y)\right]\hat{V}_m(\theta)\\=&\sum_{k=0}^{m}(-i)^k\left(\sin\frac{\theta}{2}\right)^k\left(\cos\frac{\theta}{2}\right)^{m+1-k}\sigma_k^x[\Re(\Phi_{m,k})+i\Im(\Phi_{m,k})\sigma^z]\\&+\sum_{k=0}^{m}(-i)^{k+1}\left(\sin\frac{\theta}{2}\right)^{k+1}\left(\cos\frac{\theta}{2}\right)^{(m+1)-(k+1)}\sigma_{k+1}^x[\Re(\cos\phi_{m+1}\Phi_{m,k})\\&+i\Im(\cos\phi_{m+1}\Phi_{m,k})\sigma^z+\Im((-1)^{k+1}\sin\phi_{m+1}\Phi_{m,k})\\&-i\Re((-1)^{k+1}\sin\phi_{m+1}\Phi_{m,k})\sigma^z]\end{aligned}$$

注意到

$$\begin{aligned}&\Re(\cos\phi_{m+1}\Phi_{m,k})+i\Im(\cos\phi_1\Phi_{m,k})\sigma^z\\&+\Im((-1)^{k+1}\sin\phi_{m+1}\Phi_{m,k})-i\Re((-1)^{k+1}\sin\phi_{m+1}\Phi_{m,k})\sigma^z\\=&\Re(\cos\phi_1\Phi_{m,k}-i(-1)^{k+1}\sin\phi_{m+1}\Phi_{m,k})\end{aligned}$$

$$+ i\Im(\cos\phi_{m+1}\Phi_{m,k} - i(-1)^{k+1}\sin\phi_{m+1}\Phi_{m,k})\sigma^z$$
$$= \Re(e^{-i(-1)^{k+1}\phi_{m+1}}\Phi_{m,k}) + i\Im(e^{-i(-1)^{k+1}\phi_{m+1}}\Phi_{m,k})\sigma^z$$

将此结论代入前面的表达式并调整求和指标：

$$\left[\cos\frac{\theta}{2} - i\sin\frac{\theta}{2}(\cos\phi_{m+1}\sigma_x + \sin\phi_{m+1}\sigma_y)\right]\hat{V}_m(\theta)$$
$$= \sum_{k=0}^{L-1}(-i)^k\left(\sin\frac{\theta}{2}\right)^k\left(\cos\frac{\theta}{2}\right)^{L-k}\sigma_k^x[\Re(\Phi_{L-1,k}) + i\Im(\Phi_{L-1,k})\sigma^z]$$
$$+ \sum_{j=1}^{L}(-i)^j\left(\sin\frac{\theta}{2}\right)^j\left(\cos\frac{\theta}{2}\right)^{L-j}\sigma_j^x[\Re(e^{-i(-1)^j\phi_L}\Phi_{L-1,j-1})$$
$$+ i\Im(e^{-i(-1)^j\phi_L}\Phi_{L-1,j-1})\sigma^z]$$

其中 $L = m+1$。按 $\cos\left(\frac{\theta}{2}\right)$ 和 $\sin\left(\frac{\theta}{2}\right)$ 合并同类项就可得到 $L = m+1$ 时，公式仍成立。

□

若令 $x \equiv \cos\frac{\theta}{2}$，$y \equiv \sin\frac{\theta}{2}$（$x$ 和 y 满足条件 $x^2 + y^2 = 1$），则前面的结论可改写为下面的定理。

定理 IIb.3 若单比特幺正变换 $\hat{V}_L(\theta)$ 可表示为式 (IIb.2) 的形式，则 $\hat{V}_L(\theta)$ 可按 Pauli 矩阵展开为

$$\hat{V}(\theta) = \begin{cases} A(x)I + iB(x)\sigma^z + iC(y)\sigma^x + iD(y)\sigma^y & (L\text{为奇数}) \\ A(x)I + iB(x)\sigma^z + ixC(y)\sigma^x + ixD(y)\sigma^y & (L\text{为偶数}) \end{cases} \tag{IIb.4}$$

其中 $A(x)$, $B(x)$, $C(y)$ 和 $D(y)$ 均为不超过 L 次的多项式。

证明 我们以 $L = 2l$（偶数）为例。将 x 和 y 的定义代入表达式 (IIb.2) 得到

$$\hat{V}_L(\theta) = \sum_{k=0}^{L}(-i)^k y^k x^{L-k}\sigma_x^k[\Re(\Phi_{L,k}) + i\Im(\Phi_{L,k})\sigma^z]$$
$$= \sum_{k=0}^{l}(-1)^k y^{2k}x^{2l-2k}[\Re(\Phi_{2l,2k}) + i\Im(\Phi_{2l,2k})\sigma^z]$$
$$+ \sum_{k=0}^{l-1}(-i)(-1)^k y^{2k+1}x^{2l-2k-1}\sigma_x[\Re(\Phi_{2l,2k+1}) + i\Im(\Phi_{2l,2k+1})\sigma^z]$$
$$= \left[\sum_{k=0}^{l}(-1)^k(1-x^2)^k x^{2l-2k}\Re(\Phi_{2l,2k})\right]$$

$$
\begin{aligned}
&+ i\left[\sum_{k=0}^{l}(-1)^k(1-x^2)^k x^{2l-2k}\Im(\Phi_{2l,2k})\right]\sigma^z\\
&+ ix\left[\sum_{k=0}^{l-1}(-1)^{k+1}y^{2k+1}(1-y^2)^{l-k-1}\Re(\Phi_{2l,2k+1})\right]\sigma^x\\
&+ ix\left[\sum_{k=0}^{l-1}(-1)^{k+1}y^{2k+1}(1-y^2)^{l-k-1}\Im(\Phi_{2l,2k+1})\right]\sigma^y\\
=\,& A(x)I + iB(x)\sigma^z + ixC(y)\sigma^x + ixD(y)\sigma^y
\end{aligned}
$$

由函数 $A(x)$，$B(x)$，$C(y)$，$D(y)$ 的表达式可知，它们均为不超过 L 次的实函数。L 为奇数的情况可类似证明。 □

由 Pauli 矩阵的完备性，任意幺正变换 $\hat{U}(\theta)$ 均可按 Pauli 矩阵展开，进而表示成类似定理 IIb.4 的形式。显然，只有当 Pauli 矩阵前的多项式 $A(x)$, $B(x)$, $C(y)$ 和 $D(y)$ 满足一定的条件时，它才可被表示成 $\hat{V}_L(\theta)$ 的形式。事实上，我们有如下定理。

定理 IIb.4 设幺正变换 $\hat{U}(\theta)$ 有形如式 (IIb.4) 的 Pauli 展开，且函数 $A(x)$, $B(x)$，$C(y)$ 和 $D(y)$ $\left(其中\ x=\cos\dfrac{\theta}{2},\ y=\sin\dfrac{\theta}{2}\right)$ 满足条件：

(1) $A(x)$，$B(x)$，$C(y)$ 和 $D(y)$ 均是最多为 L 次的实多项式；

(2) $A(1)=1$ 或 $B(1)=0$；

(3)

$$
\begin{cases}
L\text{为奇数时，}A(x)\text{、}B(x)\text{、}C(y)\text{ 和 }D(y)\text{为奇函数}\\
L\text{为偶数时，}A(x)\text{和}B(x)\text{为偶函数，}C(y)\text{和}D(y)\text{为奇函数}
\end{cases}
$$

(4)

$$
\begin{cases}
L\text{为奇数时，}A(x)^2+B(x)^2+C(y)^2+D(y)^2=1\\
L\text{为偶数时，}A(x)^2+B(x)^2+x^2C(y)^2+x^2D(y)^2=1
\end{cases}
$$

则存在 L 个幺正变换 $R_{\phi_i}(\theta)$ 使得

$$
\hat{U}(\theta)=R_{\phi_L}(\theta)R_{\phi_{L-1}}(\theta)\cdots R_{\phi_1}(\theta) \tag{IIb.5}
$$

我们称满足条件 (1)—(4) 的多项式组 $[A(x), B(x), C(y), D(y)]$ 为可实现四元组。对于一个给定的可实现四元组（对应于某个给定幺正变换 $\hat{U}(\theta)$），如何将其分解为 L 个算符 $R_{\phi_i}(\theta)$ 的乘积呢？换言之，如何获得 L 个相位 ϕ_i 呢？我们有下面的定理。

定理 IIb.5 给定最多为 L 次的一个可实现四元组 $[A(x), B(x), C(y), D(y)]$,

其对应幺正变换 $\hat{U}(\theta)$ 可在 $\mathcal{O}(\text{poly}(L))$ 时间内分解为 L 个幺正变换 $R_{\phi_i}(\theta)$ 之积(找到对应相位)。

证明 假设对应于 $[A(x), B(x), C(y), D(y)]$ 的幺正变换为 $\hat{U}(\theta)$，它可表示为 L 个原始转动 $R_{\phi_i}(\theta)$ 之积。根据式（IIb.4）中函数 $A(x), B(x), C(y), D(y)$ 的定义，相位 $\Phi_{L,j}$ 可显式地表示为函数 $A(x), B(x), C(y), D(y)$ 中系数 a_k，b_k，c_k，d_k 的函数。例如，当 $L=2l$ 时，

$$
\begin{aligned}
A(x)+iB(x) &= \sum_{n=0}^{L}(a_n+ib_n)x^n \\
&= \sum_{0\leqslant j\leqslant L\text{且为偶数}} (-1)^{j/2}(1-x^2)^{j/2}x^{L-j}\Phi_{L,j} \\
&= \sum_{0\leqslant j\leqslant L\text{且为偶数}} \sum_{k=0}^{j/2}(-1)^{j/2}\mathrm{C}_{j/2}^{k}(-x^2)^k x^{L-j}\Phi_{L,j} \\
&= \sum_{0\leqslant j\leqslant L\text{且为偶数}} \sum_{k=0}^{j/2}(-1)^{j/2+k}\mathrm{C}_{j/2}^{k}x^{2k+L-j}\Phi_{L,j}
\end{aligned}
$$

令 $n=L+2k-j$，则 $k=(n+j-L)/2$, 代入上式最后一个表达式，得到

$$
\sum_{n=0}^{L}\sum_{0\leqslant j\leqslant L\text{且为偶数}} (-1)^{j+n/2-L/2}\mathrm{C}_{j/2}^{(n+j-L)/2}x^n\Phi_{L,j}
$$

对比同类项，求解可得关系:

$$
\Phi_{L,j} = i^j\sum_{n=0}^{L}\begin{cases} (ic_n-d_n)\begin{pmatrix} \lfloor (L-n)/2 \rfloor \\ (j-n)/2 \end{pmatrix}, & j\text{是奇数} \\ (a_n+ib_n)\begin{pmatrix} (L-n)/2 \\ (j-n)/2 \end{pmatrix}, & j\text{是偶数} \end{cases}
$$

如果令 $\hat{U}(\theta)=R_{\phi_L}\hat{V}(\theta)$，那么，幺正算符 $\hat{V}(\theta)$ 对应的相位 $\Phi_{L-1,j}$ 与幺正算符 $\hat{U}(\theta)$ 对应的相位 $\Phi_{L,j}$ 之间有如下关系:

$$
\Phi_{L-1,j} = \sum_{k=0}^{j}\Phi_{L,k}\begin{cases} -e^{-i(-1)^j\phi_L}, & j+k\ \text{是奇数} \\ 1, & j+k\ \text{是偶数} \end{cases}
$$

其中 ϕ_L 定义为

$$
e^{i\phi_L} = \frac{\sum_{0\leqslant j\leqslant L\text{且为奇数}}\Phi_{L,j}}{\sum_{0\leqslant j\leqslant L\text{且为偶数}}\Phi_{L,j}} = \frac{c_{2\lceil L/2\rceil-1}+id_{2\lceil L/2\rceil-1}}{(-1)^{\lceil L/2\rceil}(a_L+ib_L)}
$$

这样定义的相位 ϕ_L 为实数。利用 $\hat{U}(\theta)=R_{\phi_L}\hat{V}(\theta)$ 可以不断地降低幺正算符的阶数，进而, 得到所有的相位 ϕ_i $(i=L,L-1,\cdots,1)$。整个计算的复杂度为

$\mathcal{O}(\text{poly}(L))$。 □

换言之，只要给定幺正变换 $\hat{U}(\theta)$ 对应的函数 $A(x)$，$B(x)$，$C(y)$ 和 $D(y)$ 满足条件 (1)—(4)，就存在高效的算法实现幺正变换 $\hat{U}(\theta)$ 的分解。因此，求一个给定幺正变换 $\hat{U}(\theta)$①的 L 阶近似，就转化为寻找一组最佳的可实现多项式四元组 $(A(x), B(x), C(y), D(y))$。

在多数情况下，并不知道（或不需要知道）幺正矩阵 $\hat{U}$ 的全部信息，只知道它的部分信息（对应于部分多项式 $A(x)$, $B(x)$, $C(y)$, $D(y)$），如仅知道函数 $A(x)$ 和 $B(x)$。那么，什么样的部分函数（比如函数 $A(x)$ 和 $B(x)$）可通过形如 $\hat{V}_L(\theta) = R_{\phi_L}(\theta)R_{\phi_{L-1}}(\theta)\cdots R_{\phi_1}(\theta)$ 的变换实现呢？若存在 $\hat{V}_L(\theta)$ 的函数 $A(x)$、$B(x)$ 与给定的函数一致，则称多项式 $A(x)$ 和 $B(x)$ 为可实现二元组。对可实现二元组需满足的条件，我们有如下定理。

定理 IIb.6 对满足定理 IIb.4 中条件 (1) — (3) 的四元组函数 $[A(x), B(x), C(y), D(y)]$，我们有如下结论：

(1) $[A(x), \bullet, C(y), \bullet]$ 和 $[A(x), \bullet, \bullet, C(y)]$ 为可实现二元组，当且仅当对任意 θ 有

$$\begin{cases} A(x)^2 + C(y)^2 \leqslant 1 & (L \text{ 是奇数}) \\ A(x)^2 + x^2C(y)^2 \leqslant 1 & (L \text{ 是偶数}) \end{cases}$$

(2) $[\bullet, B(x), C(y), \bullet]$ 和 $[\bullet, B(x), \bullet, C(y)]$ 为可实现二元组的充要条件是：对任意 θ 有

$$\begin{cases} B(x)^2 + C(y)^2 \leqslant 1 & (L \text{ 是奇数}) \\ B(x)^2 + x^2C(y)^2 \leqslant 1 & (L \text{ 是偶数}) \end{cases}$$

(3) $[A(x), B(x), \bullet, \bullet]$ 为可实现二元组的充要条件是

□ 对任意 θ, 有 $A(x)^2 + B(x)^2 \leqslant 1$;

□ 对任意 $x \geqslant 1$, 有 $A(x)^2 + B(x)^2 \geqslant 1$;

□ 对任意偶数 L，对任意 $x \geqslant 0$, 有 $A(ix)^2 + B(ix)^2 \geqslant 1$。

(4) $[\bullet, \bullet, C(y), D(y)]$ 为可实现二元组的充要条件是：对任意 θ,

$$\begin{cases} C(y)^2 + D(y)^2 \leqslant 1 & (L \text{ 是奇数}) \\ x^2C(y)^2 + x^2D(y)^2 \leqslant 1 & (L \text{ 是偶数}) \end{cases}$$

且对任意奇数 L，$y \geqslant 1$，有 $C(y)^2 + D(y)^2 \geqslant 1$。

如果一个给定的二元组满足前面的可实现条件，则存在时间复杂度为 $\mathcal{O}(\text{poly}(L))$ 的算法找到可实现的四元组 $[A(x), B(x), C(y), D(y)]$，进而利用定理 IIb.5 就可以找到 L 个相位，实现分解 $\hat{V}(\theta) = R_{\phi_L}(\theta)R_{\phi_{L-1}}(\theta)\cdots R_{\phi_1}(\theta)$。

① 对应函数 $A(x)$, $B(x)$, $C(y)$，$D(y)$ 并不完全满足条件 (1)—(4)。

那么，如何通过可实现二元组快速找到可实现四元组呢？我们有如下定理。

定理 IIb.7　对一个可实现二元组 $[A(x), B(x), \bullet, \bullet]$（$A(x), B(x)$ 为最多 L（L 为奇数）次的实多项式奇函数，且满足条件 $A(1)=1$ 或 $B(1)=0$），则存在可实现四元组 $[A(x), B(x), C(y), D(y)]$ 且能在 $\mathcal{O}(\log(L))$ 时间内获得。

证明　为构造可实现的四元组，只需通过 $A(x)$ 和 $B(x)$ 来构造合适的函数 $C(y)$ 和 $D(y)$ 使四元组 $[A(x), B(x), C(y), D(y)]$ 满足定理 IIb.4 中的条件 (1)—(4) 即可。

函数 $A(x)$ 和 $B(x)$ 中的变量为 $x=\cos\dfrac{\theta}{2}$，而函数 $C(y)$ 和 $D(y)$ 的变量应为 $y=\sin\dfrac{\theta}{2}=\sqrt{1-x^2}$，因此，为构造函数 $C(y)$ 和 $D(y)$（通过函数 $A(x)$ 和 $B(x)$）的方便，令

$$f(x)=1-A^2(\sqrt{1-x})-B^2(\sqrt{1-x})$$

显然，$f(x)$ 是最多为 L 次的实函数（$A(x)$，$B(x)$ 均为实函数），其复数根 s 和复共轭 s^* 须成对出现。换言之，函数 $f(x)$ 的根可分为如下三类：

(1) S_0：0 根；

(2) S_r：实数根；

(3) S_c：复数根 $s=\Re(s)+i\Im(s)(\Im(s)\neq 0)$ 与 $s=\Re(s)-i\Im(s)$ 成对出现。

因此，函数 $f(x)$ 在实数域内的因式分解可表示为

$$f(x)=K^2x^{|S_0|}\prod_{s\in S_r}(x-s)\prod_{s\in S_c}((x-\mathrm{Re}(s))^2+\mathrm{Im}(s)^2)$$

其中 $|S_0|$ 表示 0 根的重数，K 是常数。

下面我们根据函数 $A(x)$，$B(x)$ 的性质来讨论函数 $f(x)$ 的性质：

(1) 当 $x\leqslant 0$ 时，$\sqrt{1-x}\geqslant 1$。由可实现二元组的条件[①]可得 $f(x)\leqslant 0$。这表明 $f(x)$ 的负根的重数为偶数。

(2) 当 $1\geqslant x>0$ 时，$0\leqslant\sqrt{1-x}\leqslant 1$。由可实现二元组条件[②]可得 $f(x)\geqslant 0$。与前一个结论对比可知函数 $f(x)$ 在 $x=0$ 处改变符号，因此可判定 $|S_0|$ 必为奇数。

(3) 由 $A(x)$，$B(x)$ 的奇函数条件可知当 $x\geqslant 1$ 时，有 $f(x)\geqslant 1$。与 (1) 中的结论合并得知，对任意 $x\geqslant 0$ 有 $f(x)\geqslant 0$。因此，$f(x)$ 的所有正根的重数也必为偶数。

---

① 当 $z\geqslant 1$ 时，由 $A(z)^2+B(z)^2\geqslant 1$ 得到 $A^2(\sqrt{1-x})+B^2(\sqrt{1-x})\geqslant 1$。

② 当 $-1\leqslant z\leqslant 1$ 时，有 $A(z)^2+B(z)^2\leqslant 1$。

(4) 利用恒等式

$$(r_1^2+s_1^2)(r_2^2+s_2^2)=(r_1r_2\pm s_1s_2)^2+(r_1s_2\mp s_1r_2)^2 \tag{IIb.6}$$

可将复数根部分改写为

$$\prod_{s\in S_c}((x-\mathrm{Re}(s))^2+\mathrm{Im}(s)^2)=g^2(x)+h^2(x)$$

其中 g 和 h 均是 x 的实多项式。

根据以上信息，函数 $C(y)$ 和 $D(y)$ 可构造如下：

$$f(x)=C^2(\sqrt{x})+D^2(\sqrt{x})$$

即

$$\begin{aligned}C(y)&=Ky|s_0|\prod_{s\in S_r}(y^2-s)^{\frac{1}{2}}g(y^2)\\D(y)&=Ky|s_0|\prod_{s\in S_r}(y^2-s)^{\frac{1}{2}}h(y^2)\end{aligned}$$

可以证明，四元组 $[A(x), B(x), C(y), D(y)]$ 满足条件：

(1) $A(x)$、$B(x)$、$C(y)$、$D(y)$ 为不超过 L 次的实多项式；

(2) $A(1)=1$ 或 $B(1)=0$；

(3) L 为奇数，$A(x)$、$B(x)$、$C(y)$、$D(y)$ 均为奇函数；

(4) L 为奇数且 $A^2(x)+B^2(x)+C^2(y)+D^2(y)=1$，

它们是可实现四元组。整个过程的主要计算是求函数 $f(x)$ 的根，它可以在 $\mathcal{O}(\mathrm{poly}(L))$ 时间内完成。 □

类似的方法可以证明在 L 为偶数时也可以在 $\mathcal{O}(\mathrm{poly}(L))$ 时间内得到可实现四元组。

而对可实现二元组 $[A(x), \bullet, C(y), \bullet]$，也有如下定理。

定理 IIb.8 对可实现二元组 $[A(x), \bullet, C(y), \bullet]$，$L$ 为奇数。函数 $A(x)$ 和 $C(y)$ 满足定理 IIb.4 和定理 IIb.6 中的条件，则在 $\mathcal{O}(\mathrm{poly}(L))$ 时间内可得到最高为 L 次的可实现四元组 $[A(x), B(x), C(y), D(y)]$。

证明 为证明方便，引入变换

$$x=\frac{1-t^2}{1+t^2},\qquad y=\frac{2t}{1+t^2}$$

及与其具有良好对称性的四元组函数 $[\hat{A}(t), \hat{B}(t), \hat{C}(t), \hat{D}(t)]$，它们与待求的可实现四元组 $[A(x), B(x), C(y), D(y)]$ 满足关系：

$$[\hat{A}(t),\hat{B}(t),\hat{C}(t),\hat{D}(t)]=(1+t^2)^L[A(x),B(x),C(y),D(y)]$$

为表述方便，引入如下符号来标记函数的对称性：

- 函数 $K(t)$ 具有偶函数对称性，记为 $\langle K(t)\rangle=\langle E\rangle$；
- 函数 $K(t)$ 具有奇函数对称性，记为 $\langle K(t)\rangle=\langle O\rangle$；
- 若函数 $K(t)$ 满足条件：$K(t)=t^{2L}K(t^{-1})$，则称函数具有回文对称性，记为 $\langle K(t)\rangle=\langle P\rangle$；
- 若函数 $K(t)$ 满足条件：$K(t)=-t^{2L}K(t^{-1})$，则称函数具有反回文对称性，记为 $\langle K(t)\rangle=\langle N\rangle$。

而 $\langle K(t)\rangle=\langle EN\rangle$ 则表示函数既是偶函数又满足反回文对称[①]。按前面定义的记号，可实现四元组对应的新函数满足对称性 $\langle\hat{A}(t)\rangle=\langle\hat{B}(t)\rangle=\langle EN\rangle$，$\langle\hat{C}(t)\rangle=\langle\hat{D}(t)\rangle=\langle OP\rangle$。

因函数 $A(x)$ 和 $C(y)$ 已知，它们对应的新函数 $\hat{A}(t)$ 和 $\hat{C}(t)$ 也已知。为从 $\hat{A}(t)$ 和 $\hat{C}(t)$ 出发来构造函数 $\hat{B}(t)$ 和 $\hat{D}(t)$，我们引入下面的函数：

$$\hat{f}(t)=(1+t^2)^{2L}-\hat{A}^2(t)-\hat{C}^2(t)=K^2\prod_{s\in S}(t-s)$$

其中 S 为函数 $\hat{f}(t)$ 的根集合。显然，函数 $\hat{f}(t)$ 具有对称性 $\langle EP\rangle$，因此，若 $s\neq 0$ 为函数 $\hat{f}(t)$ 的根，则 $-s$, s^* 和 s^{-1} 也都是它的根。根据对称性，可将函数 $\hat{f}(t)$ 的根分为以下几类：

$$\begin{aligned}
&S_0=s\in S|s=0;\qquad S_1=s\in S|s=1\\
&S_r=s\in S|\mathrm{Re}(s)>1,\ \mathrm{Im}(s)=0\\
&S_i=s\in S|\mathrm{Re}(s)=0,\ \mathrm{Im}(s)=1\\
&S_t=s\in S|\mathrm{Re}(s)=0,\ \mathrm{Im}(s)>1\\
&S_u=s\in S||s|=1,\ 0<\arg(s)<\pi/2\\
&S_c=s\in S||s|>1,\ 0<\arg(s)<\pi/2
\end{aligned}$$

通过 $\hat{f}(t)$ 的实数根可进一步构造函数：

$$f_r(t)=t^{|S_0|/2}(t^2-1)^{|S_1|/2}\prod_{s\in S_r}(t^4-(s^2+s^{-2})t^2+1)^{\frac{1}{2}}$$

其中 $|S_j|$ 表示集合 $S_j(j=0,1)$ 中元素的数目。由函数 $\hat{f}(t)$ 的正定性可知其实根

① 显然，函数乘积的奇偶性（偶函数对应 0，奇函数对应 1）和回文性（回文函数对应 0，反回文函数对应 1）分别对应于二进制加法。

重数为偶数，这意味着函数 $f_r(t)$ 为多项式函数且具有对称性

$$\langle f_r(t)\rangle = \langle OP\rangle^{|S_0|/2}\langle EN\rangle^{|S_1|/2}\langle EP\rangle^{\frac{|S_r|}{2}}$$

相似地，通过函数 $\hat{f}(t)$ 的复数根可以定义函数：

$$\begin{aligned}
f_i &= [(t-1)^2+(2t)^2]^{\frac{|S_i|}{2}} \\
f_t &= \prod_{s\in S_t}[(t^2-1)^2+(t(\mathrm{Im}(s)+\mathrm{Im}(s)^{-1}))^2] \\
f_u &= \prod_{s\in S_u}[(t^2-1)^2+(2t\sin(\arg(s)))^2] \\
f_c &= \prod_{s\in S_c}[(t^4-t^2(|s|^{-2}-4\sin^2(\arg(s))+|s|^2)+1)^2 \\
&\quad +(2(t^3+t)\,\mathrm{Im}(s)(1-|s|^{-2}))^2]
\end{aligned}$$

利用公式（IIb.6），可将上面四个函数的乘积表示为

$$f_i f_t f_u f_c = g^2(t)+h^2(t)$$

其中函数 $g(t)$ 和 $h(t)$ 具有对称性：

$$\begin{aligned}
\langle g(t)\rangle &= \langle EN\rangle^{|S_i|/2+|S_u|+|S_t|} \\
\langle h(t)\rangle &= \langle OP\rangle^{|S_i|/2+|S_u|+|S_t|}
\end{aligned}$$

综合可得

$$\hat{f}(t) = (Kf_r g)^2+(Kf_r h)^2 = \hat{B}(t)+\hat{D}(t)$$

据此分解，函数 $B(x)$ 和 $D(y)$ 可以分别通过 $\hat{B}(t)$ 和 $\hat{D}(t)$ 的系数来构造：

$$\begin{aligned}
b_k &= \frac{1}{2^L}\sum_{n=0}^{L}\hat{b}_{2n}\left[\sum_{m=0}^{n}(-1)^m\begin{pmatrix} n \\ m\end{pmatrix}\begin{pmatrix} L-n \\ k-m\end{pmatrix}\right] \\
d_{2k+1} &= \frac{(-1)^k}{2^L}\sum_{n=0}^{L-1}\hat{d}_{2n+1}\left[\sum_{m=0}^{n}\sum_{p=0}^{\lfloor L/2\rfloor}(-1)^m\begin{pmatrix} p \\ k\end{pmatrix}\begin{pmatrix} L-n-1 \\ 2p-m\end{pmatrix}\begin{pmatrix} n \\ m\end{pmatrix}\right]
\end{aligned}$$

其中 $\hat{b}_k(\hat{d}_{2k+1})$ 是函数 $\hat{B}(t)(\hat{D}(t))$ 中 t^k 前的系数。

可以验证，按此定义的四元组 $[A(x), B(x), C(y), D(y)]$ 满足可实现条件。整个构造过程中的主要部分是求函数 $\hat{f}(t)$ 的根，它可以在 $\mathcal{O}(\mathrm{poly}(L))$ 时间内完成。 □

IIc 量子 Metropolis-Hastings 算法

为证明量子 Metropolis-Hastings 算法（2.4.4.3 节）的确是 Metropolis 过程且能渐近地产生哈密顿量 H 对应的吉布斯态①，还需证明：

(1) 当新构型被拒绝时，寄存器 1 的确可通过反复测量回到前一个构型；

(2) 吉布斯态的确是量子 Metropolis 过程（马尔可夫链）的不动点。

我们先来说明第二个问题。为此我们需定义量子版本的精细平衡。

定义 (量子精细平衡) 设 $\mathcal{T}$ 为完全正定映射，σ 为密度矩阵，我们称映射 $\mathcal{T}$ 满足 σ 诱导的量子精细平衡条件是指

$$\text{Tr}[\rho_1^\dagger \mathcal{T}_\sigma[\rho_2]] = \text{Tr}[\rho_2^\dagger \mathcal{T}_\sigma[\rho_1]]$$

对所有密度矩阵 ρ_1 和 ρ_2 成立，其中 $\mathcal{T}_\sigma[\rho] \equiv \mathcal{T}(\sqrt{\sigma}\rho\sqrt{\sigma})$。

可以证明，对密度矩阵 σ，如果完全正定映射 $\mathcal{T}[\rho] = \sum_\mu A_\mu^\dagger \rho A_\mu$ 满足 σ 诱导的量子精细平衡条件，则密度矩阵 σ 是映射 $\mathcal{T}$ 的稳态（不动点）。特别地，有如下命题。

命题 设 $\{|\psi_i\rangle\}$ 是希尔伯特空间中的一组完备基，且 σ 对应的概率分布为 $\{P_i\}$。若完全正定映射 $\mathcal{T}[\rho] = \sum_\mu A_\mu^\dagger \rho A_\mu$ 对任意 i，j，m，n 满足条件：

$$\sqrt{P_n P_m}\langle\psi_i|\mathcal{T}[|\psi_n\rangle\langle\psi_m|]|\psi_j\rangle = \sqrt{P_i P_j}\langle\psi_m|\mathcal{T}[|\psi_j\rangle\langle\psi_i|]|\psi_n\rangle$$

则 σ 是映射 $\mathcal{T}$ 的不动点。

利用此命题就可证明 Metropolis 过程的不动点的确为对应哈密顿量 H 的吉布斯态。

下面我们来说明第一个问题。首先，我们来证明量子 Metropolis-Hastings 算法（2.4.4.3 节）第 3 步中描述的过程的确形成一个 Metropolis 规则。

证明 按投影算符 P（式（2.110））和 Q（式（2.111））的定义，我们来计算从本征态 $|\psi_i\rangle$ 出发，重复 QP 操作 n 次后仍未成功一次（所有 P 测量的结果均为 P_0，而 Q 测量中 Q_0 和 Q_1 均可出现）的概率：

$$\begin{aligned}
\mathbb{P}_{\text{fail}}(n) = & \sum_{m=0}^{n} \text{C}_n^m \text{Tr}[(P_0Q_0P_0)^{n-m}(P_0Q_1P_0)^m P_0Q_0\tilde{E} \\
& \cdot (|\psi_i\rangle\langle\psi_i| \otimes |0^{2r+1}\rangle\langle 0^{2r+1}|) \cdot \tilde{E}^\dagger Q_0P_0(P_0Q_1P_0)^m(P_0Q_0P_0)^{n-m}] \\
= & \langle\psi_i|\langle 0^{2r+1}|\tilde{E}^\dagger Q_0P_0[P_0(Q_0P_0Q_0 + Q_1P_0Q_1)P_0]^n
\end{aligned}$$

① 该部分参考 K. Temme, T. J. Osborne, K. G. Vollbrecht, D. Poulin, and et al, Nature, **471,** 87-90 (2011); M. H. Yung, and A. Aspuru-Guzik, P. Natl. Acad. Sci. **109,** 754-759 (2012).

$$\cdot P_0 Q_0 \tilde{E}|\psi_i\rangle|0^{2r+1}\rangle \tag{IIc.1}$$

其中使用了性质 $[P_0Q_0P_0, P_0Q_1P_0]=0$，算符 $\tilde{E}$ 表示对初始量子态 $|\psi_i\rangle$ 的相位估计操作。为计算 $\mathbb{P}_{\text{fail}}(n)$ 中算符 P_0，Q_0，Q_1 的高次方，需将它们同时对角化。

投影算符的块对角形式

我们先来说明投影算符 P_1 和 Q_1 可被同时块对角化。设 P_1 的秩为 p，则存在合适的基使投影算符 P_1 表示为

$$P_1 = \begin{bmatrix} I_p & 0_{n-p,p} \\ 0_{p,n-p} & 0_{n-p,n-p} \end{bmatrix} \tag{IIc.2}$$

秩为 q（不妨设 $q>p$）的投影算符 Q_1 在 P_1 的对角基下可表示为

$$Q_1 = \begin{bmatrix} A_{p,q} \\ B_{n-p,q} \end{bmatrix} \begin{bmatrix} A_{p,q}^\dagger & B_{n-p,q}^\dagger \end{bmatrix}$$

其中考虑了 Q_1 的厄密性。由投影算符的性质 $Q_1^2 = Q_1$ 可得

$$A_{p,q}^\dagger A_{p,q} + B_{n-p,q}^\dagger B_{n-p,q} = I_q \tag{IIc.3}$$

对矩阵 $A_{p,q}$，$B_{n-p,q}$ 分别作奇异值分解，得到

$$A_{p,q} = U_A \Sigma_A V_A^\dagger, \qquad B_{n-p,q} = U_B \Sigma_B V_B^\dagger$$

若将这两个奇异值分解代入条件（IIc.3）可得

$$\Sigma_A^\dagger \Sigma_A = V(I_q - \Sigma_B^\dagger \Sigma_B)V^\dagger$$

其中 $V = V_A^\dagger V_B$。显然，等式左边为对角矩阵，右边 $I_q - \Sigma_B^\dagger \Sigma_B$ 也是对角矩阵。因此，此等式表明算符 V 在不考虑简并的情况下就是一个排列操作。

将 $A_{p,q}$，$B_{n-p,q}$ 的奇异值分解代入 Q_1 的表达式可得

$$Q_1 = \begin{bmatrix} U_A & 0 \\ 0 & U_B \end{bmatrix} \begin{bmatrix} \Sigma_A^\dagger \Sigma_A & \Sigma_A V \Sigma_B \\ \Sigma_B V^\dagger \Sigma_A & \Sigma_B^\dagger \Sigma_B \end{bmatrix} \begin{bmatrix} U_A^\dagger & 0 \\ 0 & U_B^\dagger \end{bmatrix}$$

这意味着，在幺正变换 $U_D = \text{diag}(U_A, U_B)$ 作用下 Q_1 变为

$$Q_1 = \begin{bmatrix} \Sigma_A^\dagger \Sigma_A & \Sigma_A V \Sigma_B \\ \Sigma_B V^\dagger \Sigma_A & \Sigma_B^\dagger \Sigma_B \end{bmatrix}$$

令 $D = \Sigma_A^\dagger \Sigma_A$，它为对角阵且若对 D 之外的基矢量进行适当排序，Q_1 可

变为如下形式：

$$Q_1 = \begin{bmatrix} D & \sqrt{D(I-D)} & 0_{p,q-p} & 0_{p,n-q-p} \\ \sqrt{D(I-D)} & I-D & 0_{p,q-p} & 0_{p,n-q-p} \\ 0_{q-p,p} & 0_{q-p,p} & I_{q-p} & 0_{q-p,n-q-p} \\ 0_{n-q-p,p} & 0_{n-q-p,p} & 0_{n-q-p,q-p} & 0_{n-q-p,n-q-p} \end{bmatrix}$$

显然，投影算符 P_1 在幺正变换 $U_D = \mathrm{diag}(U_A, U_B)$ 作用以及基矢量交换下保持不变。

由于 $Q_0 = I - Q_1$，$P_0 = I - P_1$，它们具有与 Q_1 和 P_1 相同的块对角结构。

将 P_0，Q_0 和 Q_1 的块对角形式代入表达式（IIc.1）得到

$$\mathbb{P}_{\text{fail}}(n) = \langle\psi_i|\langle 0^{2r+1}|\tilde{E}^\dagger U_D^\dagger D_{\text{fail}}(n) U_D \tilde{E}|\psi_i\rangle|0^{2r+1}\rangle \tag{IIc.4}$$

其中变换 U_D 将投影算符块对角化，$D_{\text{fail}}(n)$ 为一组块对角矩阵的乘积：

$$D_{\text{fail}}(n) = \begin{bmatrix} D(I-D)D_n & -\sqrt{D(1-D)}D_n & 0_{p,q-p} & 0_{p,n-q-p} \\ -\sqrt{D(1-D)}D_n & D^2 D_n & 0_{p,q-p} & 0_{p,n-q-p} \\ 0_{q-p,p} & 0_{q-p,p} & I_{q-p} & 0_{q-p,n-q-p} \\ 0_{n-q-p,p} & 0_{n-q-p,p} & 0_{n-q-p,q-p} & I_{n-q-p,n-q-p} \end{bmatrix}$$

其中，$D_n = (D^2 + (I-D)^2)^n$。由于 $U_D\tilde{E}|\psi_i\rangle|0^{2r+1}\rangle$ 是 P_1 的本征态，因此，它只能作用于矩阵 $D_{\text{fail}}(n)$ 左上方的 $p \times p$ 块 $D(I-D)D_n$ 中。此时，设 D 中最大本征值为 d_m，则

$$\mathbb{P}_{\text{fail}}(n) \leqslant d_m(1-d_m)(d_m^2 + (1-d_m)^2)^n = \frac{1-x}{2}x^n$$

其中 $x = d_m + (1-d_m)^2$。此函数的最大值在 $x = \dfrac{n}{n+1}$ 处获得，即

$$\mathbb{P}_{\text{fail}}(n) \leqslant \frac{1}{2(n+1)}\left(\frac{1}{1+\frac{1}{n}}\right)^n < \frac{1}{2e(n+1)} \tag{IIc.5}$$

综上可知 n 次操作 QP 均失败的概率为 $\mathcal{O}(1/n)$ 量级，因此当重复次数 n 足够大时，可接近 100% 地实现拒绝操作 (回到原构型)。 □

IId　费米系统到比特系统的映射

使用量子线路（量子算法）解决费米系统问题，需将费米系统的信息（包含宇称信息和占据数信息）编码到量子比特系统中。而费米系统的宇称信息与费米子排序方式相关（排序方式不唯一），图 A.1 给出了二维方格系统中两种不同的排序方式。

给定费米子的排序方式后，对应费米 Fock 态的宇称信息就确定。此时，根据费米系统中宇称信息和占据数信息在比特系统中的编码方式不同，有三种不同的映射方法①。

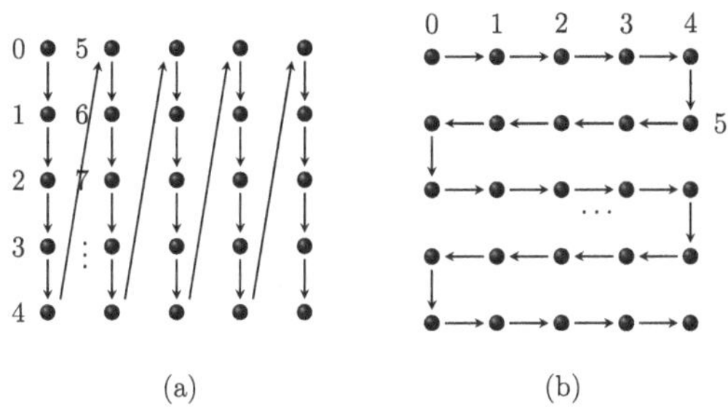

图 A.1　二维方格系统中费米子的两种不同的排序方式

1. Jordon-Wigner (JW) 变换

在 JW 变换中②，费米 Fock 态 $|n_N, n_{N-1}, \cdots, n_0\rangle$ 中的占据数信息编码于量子比特态 $|s_N s_{N-1} \cdots s_0\rangle$（称为占据数态），即

$$(s_N, s_{N-1}, \cdots, s_0)^{\mathrm{T}} = (n_N, n_{N-1}, \cdots, n_0)^{\mathrm{T}}$$

（占据数 1 对应于比特状态 1，而占据数 0 也对应于比特状态 0），而其宇称信息需编码于产生湮灭算符的表示中。据此，费米子的产生、湮灭算符与比特算符间的对应关系如下：

$$\begin{aligned} a_p &= \sigma_p^- \otimes \sigma_{p-1}^z \otimes \cdots \otimes \sigma_0^z = (-1)^{\sum_{i<p} n_i} \sigma_p^- \\ a_p^\dagger &= \sigma_p^+ \otimes \sigma_{p-1}^z \otimes \cdots \otimes \sigma_0^z = (-1)^{\sum_{i<p} n_i} \sigma_p^+ \end{aligned} \tag{IId.1}$$

其中算符 $\sigma^\pm = \sigma^x \pm i\sigma^y$，$n_p = a_p^\dagger a_p = \dfrac{1+\sigma_p^z}{2}$。在 JW 变换中，占据数 n_p（仅与

① 该部分参考 A. Tranter, P. J. Love, F. Mintert, P. V. Coveney, J. Chem. Theory Comput. **14**, 5617-5630 (2018); M. Steudtner and S. Wehner, New J. Phys. **20**, 063010 (2018).

② 参见文献 P. Jordan, and E. Wigner, Z. Physik, **47**, 631-651 (1928).

局域算符 σ_p^z 相关）的局域性得到保持，而与宇称相关的算符 $\sigma_{p-1}^z \otimes \cdots \otimes \sigma_0^z$ 和编号小于 p 的所有比特均相关，它具有非局域性。特别地，一维系统中（排序可采用从左到右的自然排序，如图 A.2），费米系统中的局域相互作用在 JW 变换后仍保持为比特系统中的局域算符。然而，对高维系统，无论排序如何（如图 A.1 中给出的两种排序），费米系统中相互作用的局域性都将被破坏，长程相互作用将不可避免。

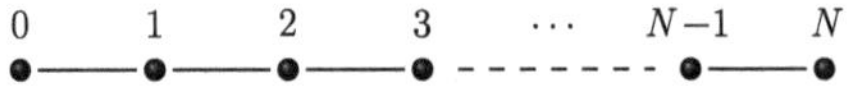

0　1　2　3　···　$N-1$　N

图 A.2　一维费米子链及其编号

例子　表 A.1 给出了一维 N 费米子链与自旋链上算符的对应关系。

表 A.1　JW 变换下一维 N 费米子链与自旋链上算符的对应关系

费米子	自旋
$\alpha\|0\cdots00\rangle_f + \beta\|1\cdots111\rangle_f$	$\alpha\|0\cdots00\rangle_s + \beta\|1\cdots111\rangle_s$
$a_0,\quad a_1,\quad a_i$	$\sigma_0^-,\quad \sigma_1^-\sigma_0^z,\quad \sigma_i^-\sigma_{i-1}^z\cdots\sigma_0^z$
$a_0^\dagger,\quad a_1^\dagger,\quad a_i^\dagger$	$\sigma_0^+,\quad \sigma_1^+\sigma_0^z,\quad \sigma_i^+\sigma_{i-1}^z\cdots\sigma_0^z$
$n_i = a_i^\dagger a_i$	$\dfrac{1+\sigma_i^z}{2} = \|1\rangle\langle 1\|_i$
$a_{i+1}^\dagger a_i$	$-\sigma_{i+1}^+\sigma_i^-$
$a_{i+m}^\dagger a_i$	$(-1)^{\sum_{k=i+1}^{i+m-1} n_k}\sigma_{i+m}^+\sigma_i^-$

2. 基于 **parity** 态的变换

在此变换中①，费米 Fock 态 $|n_N, n_{N-1}, \cdots, n_0\rangle$ 中的宇称信息编码于比特系统的量子态 $|p_N, p_{N-1}, \cdots, p_0\rangle$（称为宇称态）上，即

$$p_k = \left[\sum_{i=0}^{k} n_i\right] \pmod{2} \tag{IId.2}$$

宇称态 $|\boldsymbol{p}\rangle = |p_N, p_{N-1}, \cdots, p_0\rangle$ 与 JW 变换中的占据数态 $|\boldsymbol{s}\rangle = |s_N, s_{N-1}, \cdots, s_0\rangle$ 间有关系 $|\boldsymbol{p}\rangle = \mathcal{P}|\boldsymbol{s}\rangle$，即

$$|\boldsymbol{p}\rangle = \begin{bmatrix} p_N \\ p_{N-1} \\ \vdots \\ p_0 \end{bmatrix} = \begin{bmatrix} 1 & 1 & \cdots & 1 \\ 0 & 1 & \cdots & 1 \\ \vdots & \vdots & & \vdots \\ 0 & 0 & \cdots & 1 \end{bmatrix} \begin{bmatrix} s_N \\ s_{N-1} \\ \vdots \\ s_0 \end{bmatrix} = \mathcal{P}|\boldsymbol{s}\rangle \tag{IId.3}$$

在宇称态中，费米 Fock 态 $|n_N, n_{N-1}, \cdots, n_0\rangle$ 的宇称信息 $(-1)^{\sum_{k=0}^{i-1} n_k}$ 可通

① 参见文献 J. T. Seeley, M. J. Richard, and P. J. Love, J. Chem. Phys. **137**, 224109 (2012).

过算符 σ_{i-1}^z 直接获得（局域）；而费米子的占据数信息需通过费米子的生成和湮灭算符与比特上 Pauli 算符间的关系获得。事实上，位置 j 上费米子的生成、湮灭算符与下面两个事实相关。

(1) 根据宇称态的编码方式，当第 $j-1$ 个比特为 $|0\rangle$ 时，第 j 个比特上的值就是第 j 个费米子的占据数。此时，作用于第 j 个费米子上的算符 $a_j^\dagger$ 与第 j 个比特上的 σ_j^+ 相当。但当第 $j-1$ 个比特上的状态为 $|1\rangle$ 时，第 j 个比特上的状态与第 j 个费米子的占据数宇称相反，此时，作用于第 j 个费米子上的算符 $a_j^\dagger$ 与第 j 个比特上的 σ_j^- 相当。

(2) 生成、湮灭算符作用于第 j 个费米子后，编号大于 j 的费米子对应的宇称都将发生改变，因此，比特 $k \geqslant j$ 上的量子态都将发生反转。

综上可得，费米算符与比特算符间有如下对应关系：

$$
\begin{aligned}
a_p^\dagger &= \sigma_N^x \otimes \cdots \otimes \sigma_{p+1}^x \otimes \left(\sigma_p^+ \otimes |0\rangle\langle 0|_{p-1} - \sigma_p^- \otimes |1\rangle\langle 1|_{p-1}\right) \\
a_p &= \sigma_N^x \otimes \cdots \otimes \sigma_{p+1}^x \otimes \left(\sigma_p^- \otimes |0\rangle\langle 0|_{p-1} - \sigma_p^+ \otimes |1\rangle\langle 1|_{p-1}\right)
\end{aligned}
\tag{IId.4}
$$

此时的生成湮灭算符仍为非局域。

例子 长度为 N 的一维费米子链到一维比特链上的映射（图 A.2）。

表 A.2 BK 变换下一维 N 费米子链与自旋链上算符的对应关系

费米子	自旋
$\alpha\|0\cdots 00\rangle_f + \beta\|1\cdots 111\rangle_f$	$\alpha\|0\cdots 00\rangle_f + \beta\|10101\cdots\rangle_f$
a_0	$\otimes_{i=1}^N \sigma_i^x \sigma_0^-$
a_i	$\otimes_{k=i+1}^N \sigma_k^x (\sigma_i^- \|0\rangle_{i-1}\langle 0\| - \sigma_i^+ \|1\rangle_{i-1}\langle 1\|)$
$n_i = a_i^\dagger a_i$	$\frac{1}{2}(I - \sigma_i^z \sigma_{i-1}^z)$

3. Bravyi-Kitaev（BK）变换

JW 变换和 Parity 变换可看作一组对偶变换，它们的生成、湮灭算符对应的自旋算符平均包含 $N/2$ 个 Pauli 算符（非局域性强）。为降低算符的非局域性，Bravyi-Kitaev 变换（可看作 JW 变换和 Parity 变换的组合）平衡了占据数与宇称的局域性，减少了生成、湮灭算符中 Pauli 算符的数目（减少到 $\mathcal{O}(\log N)$）①。为表示 BK 变换方便, 定义比特串 $(\alpha_t\alpha_{t-1}\cdots\alpha_0)$ 间的一种偏序关系。

定义 (偏序 $\preceq$) *若比特串 $(\alpha_t\alpha_{t-1}\cdots\alpha_0)$ 和 $(\alpha_t'\alpha_{t-1}'\cdots\alpha_0')$ 满足如下条件：存在指标 l_0 使得 $\alpha_l = \alpha_l'$ 对 $l \geqslant l_0$ 均成立且 $\alpha_{l_0-1}' = \cdots = \alpha_1' = \alpha_0' = 1$，则称 $(\alpha_t\alpha_{t-1}\cdots\alpha_0) \preceq (\alpha_t'\alpha_{t-1}'\cdots\alpha_0')$。*

下面给出了长度为 3 的不同比特串间的偏序关系

① 参见文献 S. B. Bravyi, and A. Y. Kitaev, Ann. Phys. **298**, 210-226 (2002).

$$\left.\begin{array}{r}\left.\begin{array}{r}(000) \prec (001)\\ (010)\end{array}\right\} \prec (011)\\ (100) \prec (101)\\ (110)\end{array}\right\} \prec (111) \tag{IId.5}$$

BK 基矢量 $|b_N, b_{N-1}, \cdots, b_0\rangle$ 与 JW 变换中的占据数态 $|s_N, s_{N-1}, \cdots, s_0\rangle$ 间存在如下关系：

$$b_k = \left[\sum_{q \preceq k} s_q\right] \pmod{2} \tag{IId.6}$$

这一关系可写作矩阵形式

$$b_k = \left[\sum_{q=0}^{N} \beta_{kq} s_q\right] \pmod{2} \tag{IId.7}$$

其中 β 矩阵满足如下迭代关系：

$$\beta_{2^0} = [1], \qquad \beta_{2^{x+1}} = \begin{bmatrix} \beta_{2^x} & A \\ 0 & \beta_{2^x} \end{bmatrix} \tag{IId.8}$$

其中方阵 A 中第一行元素全为 1，其他元素均为 0。按此定义，8 比特的 BK 基可表示为

$$|\boldsymbol{b}\rangle = \begin{bmatrix} b_7 \\ b_6 \\ b_5 \\ b_4 \\ b_3 \\ b_2 \\ b_1 \\ b_0 \end{bmatrix} = \begin{bmatrix} 1 & 1 & 1 & 1 & 1 & 1 & 1 & 1 \\ 0 & 1 & 0 & 0 & 0 & 0 & 0 & 0 \\ 0 & 0 & 1 & 1 & 0 & 0 & 0 & 0 \\ 0 & 0 & 0 & 1 & 0 & 0 & 0 & 0 \\ 0 & 0 & 0 & 0 & 1 & 1 & 1 & 1 \\ 0 & 0 & 0 & 0 & 0 & 1 & 0 & 0 \\ 0 & 0 & 0 & 0 & 0 & 0 & 1 & 1 \\ 0 & 0 & 0 & 0 & 0 & 0 & 0 & 1 \end{bmatrix} \begin{bmatrix} s_7 \\ s_6 \\ s_5 \\ s_4 \\ s_3 \\ s_2 \\ s_1 \\ s_0 \end{bmatrix} = \beta|\boldsymbol{s}\rangle$$

可以看到在 BK 变换中，偶数序号（0, 2, 4, 6）上的量子比特编码对应编号费米子的占据数信息；奇数序号上的量子比特，编码序号不大于它的费米子占据数的部分和，以便更快地获取宇称信息。为写出费米算符在 BK 基下的表示，根据比特存储信息受费米算符的影响不同定义比特集合 $P(i)$，$U(i)$ 和 $F(i)$，其具体定义如下。

(i) 集合 $P(i)$。

集合 $P(i)$ 中的量子比特存储了费米子 i 的宇称信息，即当 $P(i)$ 中的比特翻转时，费米子 i 的宇称将发生变化。此集合可通过将 BK 基变换到 Parity 基的变换矩阵（$\mathcal{P}\beta^{-1}$）中第 i 行上的非零元位置给定。在 8 比特系统中

$$\mathcal{P}_8\beta_8^{-1} = \begin{bmatrix} 1 & 1 & 1 & 0 & 1 & 0 & 0 & 0 \\ 0 & 1 & 1 & 0 & 1 & 0 & 0 & 0 \\ 0 & 0 & 1 & 1 & 1 & 0 & 0 & 0 \\ 0 & 0 & 0 & 1 & 1 & 0 & 0 & 0 \\ 0 & 0 & 0 & 0 & 1 & 1 & 1 & 0 \\ 0 & 0 & 0 & 0 & 0 & 1 & 1 & 0 \\ 0 & 0 & 0 & 0 & 0 & 0 & 1 & 1 \\ 0 & 0 & 0 & 0 & 0 & 0 & 0 & 1 \end{bmatrix}$$

因此，

$$\begin{array}{llll} P(7) = \{6,5,3\}, & P(6) = \{5,3\}, & P(5) = \{4,3\}, & P(4) = \{3\} \\ P(3) = \{2,1\}, & P(2) = \{1\}, & P(1) = \{0\}, & P(0) = \varnothing \end{array} \tag{IId.9}$$

可以证明，$P(i)$ 中元素个数为 $\mathcal{O}(\log i) < \mathcal{O}(\log N)$。

(ii) 集合 $U(i)$。

集合 $U(i)$ 表示费米子 i 的占据数发生改变后，需更新状态的比特（比特 i 除外）。显然，包含第 i 个费米子信息的比特都在 $U(i)$ 中。$U(i)$ 中元素可直接通过 β 的第 i 个列矢量中非零元所在位置确定（对角元素除外）。对 8 比特情况而言，

$$\beta = \begin{bmatrix} 1 & 1 & 1 & 1 & 1 & 1 & 1 & 1 \\ 0 & 1 & 0 & 0 & 0 & 0 & 0 & 0 \\ 0 & 0 & 1 & 1 & 0 & 0 & 0 & 0 \\ 0 & 0 & 0 & 1 & 0 & 0 & 0 & 0 \\ 0 & 0 & 0 & 0 & 1 & 1 & 1 & 1 \\ 0 & 0 & 0 & 0 & 0 & 1 & 0 & 0 \\ 0 & 0 & 0 & 0 & 0 & 0 & 1 & 1 \\ 0 & 0 & 0 & 0 & 0 & 0 & 0 & 1 \end{bmatrix}$$

则

$$\begin{array}{llll} U(7) = \varnothing, & U(6) = \{7\}, & U(5) = \{7\}, & U(4) = \{5,7\} \\ U(3) = \{7\}, & U(2) = \{3,7\}, & U(1) = \{3,7\}, & U(0) = \{1,3,7\} \end{array} \tag{IId.10}$$

可以证明，$U(i)$ 中元素个数为 $\mathcal{O}(\log i) < \mathcal{O}(\log N)$。

(iii) 集合 $F(i)$。

集合 $F(i)$ 中的量子比特存储了费米子 i 的占据信息，即当 $F(i)$ 中的比特翻转时，费米子 i 的占据数情况便发生变化。此集合可由矩阵 β^{-1} 中第 i 行中的非零元所在位置确定。对 8 比特系统

$$\beta^{-1} = \begin{bmatrix} 1 & 1 & 1 & 0 & 1 & 0 & 0 & 0 \\ 0 & 1 & 0 & 0 & 0 & 0 & 0 & 0 \\ 0 & 0 & 1 & 1 & 0 & 0 & 0 & 0 \\ 0 & 0 & 0 & 1 & 0 & 0 & 0 & 0 \\ 0 & 0 & 0 & 0 & 1 & 1 & 1 & 0 \\ 0 & 0 & 0 & 0 & 0 & 1 & 0 & 0 \\ 0 & 0 & 0 & 0 & 0 & 0 & 1 & 1 \\ 0 & 0 & 0 & 0 & 0 & 0 & 0 & 1 \end{bmatrix}$$

则

$$\begin{aligned} &F(7) = \{6,5,3\}, \quad F(6) = \varnothing, \quad F(5) = \{4\}, \quad F(4) = \varnothing \\ &F(3) = \{2,1\}, \quad\ \ F(2) = \varnothing, \quad F(1) = \{1\}, \quad F(0) = \varnothing \end{aligned} \tag{IId.11}$$

在 BK 基和集合 P、U 和 F 的基础上，费米子生成、湮灭算符与比特系统的算符关系可以类比之前两种变换产生。

(1) 类比 Parity 变换中的推导，当 $F(j)$ 中的比特有偶数个 $|1\rangle$ 时，第 j 个费米子上的算符 $a_j^\dagger$ 与第 j 个比特上的 σ_j^+ 相当。但当 $F(j)$ 中的比特有奇数个 $|1\rangle$ 时，第 j 个费米子上的算符 $a_j^\dagger$ 与第 j 个比特上的 σ_j^- 相当。

(2) 生成、湮灭算符作用于第 j 个费米子后, 集合 $U(j)$ 中的比特均会翻转，因此需作用算符 $\otimes_{k\in U(i)}\sigma_k^x$。另一方面，与 JW 变换相似，还需作用宇称算符，但由于（1）中已考虑了 $F(j)$ 中比特对宇称的影响（这部分需从宇称算符中扣除），宇称算符将变为 $\otimes_{k\in P(j)-F(j)}\sigma_k^z$。

综上，当 i 为偶数时，$F = \varnothing$。综上，费米子生成、湮灭算符与比特系统的算符关系可以写为

当 i 为偶数时

$$\begin{aligned} a_i^\dagger &= \otimes_{k\in U(i)}\sigma_k^x \cdot \sigma_i^+ \cdot \otimes_{k\in P(i)}\sigma_k^z \\ a_i &= \otimes_{k\in U(i)}\sigma_k^x \cdot \sigma_i^- \cdot \otimes_{k\in P(i)}\sigma_k^z \end{aligned} \tag{IId.12}$$

当 i 为奇数时

$$a_i^\dagger = \otimes_{k\in U(i)}\sigma_k^x \cdot \Pi_i^+ \cdot \otimes_{k\in P(i)-F(i)}\sigma_k^z$$
$$a_i = \otimes_{k\in U(i)}\sigma_k^x \cdot \Pi_i^- \cdot \otimes_{k\in P(i)-F(i)}\sigma_k^z \tag{IId.13}$$

其中算符

$$\Pi_i^\pm = \frac{1}{2}(\sigma_i^\pm \otimes (1+\otimes_{k\in F(i)}\sigma_k^z) - \sigma_i^\mp \otimes (1-\otimes_{k\in F(i)}\sigma_k^z))$$

例子 在 4 电子系统中

$$\beta_4 = \begin{bmatrix} 1 & 1 & 1 & 1 \\ 0 & 1 & 0 & 0 \\ 0 & 0 & 1 & 1 \\ 0 & 0 & 0 & 1 \end{bmatrix}, \quad \beta_4^{-1} = \begin{bmatrix} 1 & 1 & 1 & 0 \\ 0 & 1 & 0 & 0 \\ 0 & 0 & 1 & 1 \\ 0 & 0 & 0 & 1 \end{bmatrix}$$

其对应变换如表 A.3 所示。

表 A.3 4 电子系统中 Bravyi-Kitaev 变换前后的对应

费米子	Bravyi-Kitaev
$a\|0001\rangle_f + b\|0010\rangle_f$	$a\|1011\rangle_s + b\|1010\rangle_s$
$+c\|0100\rangle_f + d\|1000\rangle_f$	$+c\|1100\rangle_s + d\|1000\rangle_s$
a_0	$\sigma_3^x\sigma_1^x\sigma_0^-$
a_1	$\sigma_3^x(\sigma_1^-\|0\rangle_0\langle 0\| - \sigma_1^+\|1\rangle_0\langle 1\|)$
a_2	$\sigma_3^x\sigma_2^-\sigma_1^z$
a_3	$\frac{1}{2}(\sigma_3^-(1+\sigma_2^z\sigma_1^z) - \sigma_3^+(1-\sigma_2^z\sigma_1^z))$
$n_i = a_i^\dagger a_i$	$\frac{1}{4}\|1\rangle\langle 1\|_{i=0,2}(1-\sigma_1^z\sigma_0^z)_{i=1}(1-\sigma_3^z\sigma_2^z\sigma_1^z)_{i=3}$

IIIa 绝热哈密顿量 $H(s)$ 的能隙估计

在证明第三章中绝热量子计算的普适性时，我们还有一个重要的命题没有证明，即

命题 IIIa.1 哈密顿量 $H(s)$（式 (3.80)）的能隙最多随 M 多项式减小。

此命题的成立才能保证绝热计算的有效性。本附录中，我们将给出它的详细证明①。

由正文中的历史态构造（式（3.81）—式（3.84））可知，等式

$$H_C|\psi(k)\rangle_S \otimes |1^k 0^{M-k}\rangle_C = 0$$

① 该部分参考 D. Aharonov, W. van Dam, J. Kempe, Z. Landau, and et al, SIAM J. Comput. **37**, 166-194 (2007).

$$H_{S\text{-input}}|\psi(k)\rangle_S \otimes |1^k 0^{M-k}\rangle_C = 0 \tag{IIIa.1}$$

$$H_{C_0}|\psi(k)\rangle_S \otimes |1^k 0^{M-k}\rangle_C = \begin{cases} 0, & k=0 \\ |\psi(k)\rangle_S \otimes |1^k 0^{M-k}\rangle_C, & k \neq 0 \end{cases}$$

和

$$\begin{aligned} &\tilde{H}_k|\psi(k')\rangle_S \otimes |1^k 0^{M-k}\rangle_C \\ =& \delta_{k,k'}[|\psi(k)\rangle_S \otimes |1^k 0^{M-k}\rangle_C - |\psi(k-1)\rangle_S \otimes |1^{k-1} 0^{M-k+1}\rangle_C] \\ &+ \delta_{k-1,k'}[|\psi(k-1)\rangle_S \otimes |1^{k-1} 0^{M-k+1}\rangle_C - |\psi(k)\rangle_S \otimes |1^k 0^{M-k}\rangle_C] \end{aligned}$$

对任意时间 k 都成立。这表明子空间

$$S_0 = \mathrm{span}\{|\psi(k)\rangle_S \otimes |1^k 0^{M-k}\rangle_C, k = 0, 1, \cdots, M\}$$

在哈密顿量 $H(s)$ 的作用下保持不变（绝热演化的末态 $|\varphi\rangle$ 也在此空间中）。因此，我们仅需考虑绝热量子计算在此子空间中的演化。在子空间 S_0 中，哈密顿量 $H(s)$ 可表示为矩阵形式:

$$H_{S_0}(s) = (1-s)\begin{bmatrix} 0 & 0 & 0 & \cdots & 0 & 0 \\ 0 & 1 & 0 & \cdots & 0 & 0 \\ 0 & 0 & 1 & \cdots & 0 & 0 \\ \vdots & \vdots & \vdots & \ddots & \vdots & \vdots \\ 0 & 0 & 0 & \cdots & 1 & 0 \\ 0 & 0 & 0 & \cdots & 0 & 1 \end{bmatrix}$$

$$+s\begin{bmatrix} \frac{1}{2} & -\frac{1}{2} & 0 & 0 & \cdots & 0 \\ -\frac{1}{2} & 1 & -\frac{1}{2} & 0 & \cdots & 0 \\ 0 & -\frac{1}{2} & 1 & -\frac{1}{2} & \cdots & 0 \\ \vdots & \vdots & \ddots & \ddots & \ddots & \vdots \\ 0 & 0 & 0 & -\frac{1}{2} & 1 & -\frac{1}{2} \\ 0 & 0 & 0 & 0 & -\frac{1}{2} & \frac{1}{2} \end{bmatrix}$$

根据 s 的不同取值，$H_{S_0}(s)$ 的能隙界限需分类讨论。

(1) 参数 $s<1/3$。

在此情况中，我们将使用 Gerschgorin 圆盘定理①，其表述如下：

定理 (Gerschgorin 圆盘定理)　对任意 $n\times n$ 矩阵 A，它的本征值均位于 n 个圆 $D_i=\left\{z\middle||z-a_{ii}|\leqslant\sum_{j\neq i}|a_{ij}|\right\}$（$i=1,2,\cdots,n$ 且 a_{ij} 为 A 的矩阵元）组成的并集中②。若有 m 个圆相互连通，则此连通区域中有 m 个 A 的本征值。

对子空间 S_0 上的哈密顿量 $H_{S_0}(s)$，其元素 a_{ij} 在 $s<1/3$ 时满足条件：

$$a_{ii}=\begin{cases}\dfrac{s}{2}<\dfrac{1}{6}, & i=1\\ 1-\dfrac{s}{2}>\dfrac{5}{6}, & i=M+1\\ 1, & i\ \text{为其他}\end{cases}\tag{IIIa.2}$$

$$\sum_{j\neq i}|a_{ij}|=\begin{cases}\dfrac{s}{2}<\dfrac{1}{6}, & i=1\\ \dfrac{s}{2}<\dfrac{1}{6}, & i=M+1\\ \sum\limits_{j\neq i}|a_{ij}|=s<\dfrac{1}{3}, & i\ \text{为其他}\end{cases}\tag{IIIa.3}$$

将 Gerschgorin 圆盘定理应用于哈密顿量 $H_{S_0}(s)$ 上，得到 $M+1$ 个圆 D_i：

$$\begin{cases}D_1: & \left|z-\dfrac{s}{2}\right|\leqslant\dfrac{s}{2}\\ D_{2\leqslant i\leqslant M}: & |z-1|\leqslant s\\ D_{M+1}: & \left|z-1+\dfrac{s}{2}\right|\leqslant\dfrac{s}{2}\end{cases}\tag{IIIa.4}$$

根据式（IIIa.2）和式（IIIa.3）中的数量关系，这些圆的相对位置满足图 A.3 所示的关系。

由 Gerschgorin 圆盘定理可知圆 D_1 中含一个本征值（基态能量），其余本征值在 D_{M+1} 与 D_i 的并集中。这两部分图形中点的最小距离就是能隙的下限，即

① 参见 S. Gerschgorin, Izv. Akad. Nauk. USSR Otd. Fiz.-Mat. Nauk, **6**, 749-754 (1931).

② z 在复平面上。

能隙不小于 1/6（此时式（IIIa.2）和式（IIIa.3）中都取等号）。

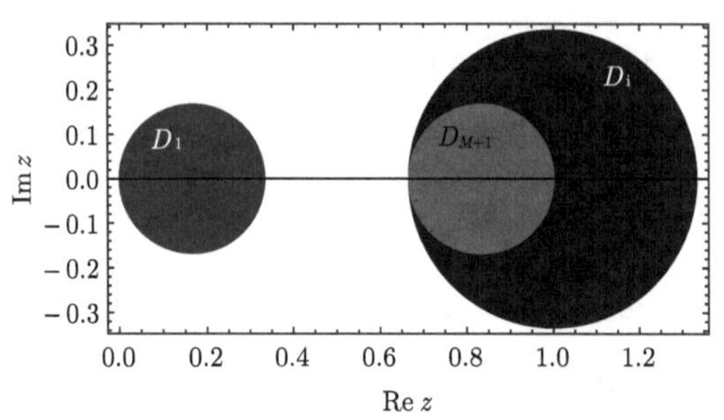

图 A.3 依据 Gerschgorin 圆盘定理给出的哈密顿量 $H_{S_0}(s)$ 的本征值在复平面上的取值范围。红色圆为基态能量取值范围，而蓝色和绿色区域的并集为第一激发态能量的取值范围。哈密顿量能隙的下限是这两部分图形中点的最小距离

(2) 参数 $s \geqslant 1/3$。

在此情形下，构造矩阵

$$G(s) = I - H_{S_0}(s) = \begin{bmatrix} 1-\frac{s}{2} & \frac{s}{2} & 0 & 0 & 0 \\ \frac{s}{2} & 0 & \frac{s}{2} & 0 & 0 \\ \vdots & \ddots & \ddots & \ddots & \vdots \\ 0 & 0 & \frac{s}{2} & 0 & \frac{s}{2} \\ 0 & 0 & 0 & \frac{s}{2} & \frac{s}{2} \end{bmatrix} \tag{IIIa.5}$$

它具有厄密性且所有矩阵元均为非负实数①。显然，$H_{S_0}(s)$ 的本征矢量 $\vec{v}$（对应本征值为 E）也是 $G(s)$ 本征值为 $1-E$ 的本征态。矩阵元均非负的厄密矩阵有一系列优良性质。

矩阵元非负的厄密矩阵性质

对矩阵元非负的厄密矩阵，可利用 Perron 定理对其本征值进行估计。

定理 (Perron 定理⑧) 设厄密矩阵 G 的矩阵元均非负，则它唯一的最大本征值 μ 必为正数且所有其他本征值的绝对值都比它小。最大本征值从对应本征矢 $\vec{\alpha}$ 的所有分量也均为正数。

① 它的幂次 $G^k(s)$ 也有厄密性且矩阵元为非负实数。

利用矩阵元非负的厄密矩阵 G 的最大本征值 μ 及其本征矢 $\vec{\alpha}$ 可对矩阵 G 进行行归一化，并得到行归一化矩阵 P：

$$P_{ij} = \frac{\alpha_j}{\mu\alpha_i} G_{ij}$$

可以验证

$$\sum_j P_{ij} = \frac{1}{\mu\alpha_i} \sum_j G_{ij}\alpha_j = 1 \tag{IIIa.6}$$

且矩阵 P 中所有元素仍非负。矩阵 G 与 P 的本征矢（本征值）间有如下关系。

命题　*设 $\vec{\alpha}$ 和 $\vec{\beta}$ 分别为矩阵 G 的对应于本征值 μ（最大本征值）和 ν 的本征矢量，则 $[\alpha_1\beta_1, \cdots, \alpha_{M+1}\beta_{M+1}]$ 是 P 的左本征矢且本征值为 ν/μ。*

利用本征值、本征矢以及 P 的定义，直接计算就可得此结论。特别地，由于 $\vec{\alpha}$ 是矩阵 G 的本征值为 μ 的本征矢，若令 $\vec{\beta} = \vec{\alpha}$，则 $\vec{\alpha}^2 = [\alpha_1^2, \cdots, \alpha_{M+1}^2]$ 是矩阵 P 的本征值为 1[b] 的左本征矢。

设 δ 为矩阵 G 的第二大本征值，则矩阵 P 中最大和第二大本征值之差 $\Delta_{\text{largest}}(P)$ 满足如下关系：

$$\Delta_{\text{largest}}(P) = 1 - \frac{\delta}{\mu} = \frac{\mu - \delta}{\mu} = \frac{\Delta(G)}{1 - \lambda} \tag{IIIa.7}$$

其中 $\Delta(G)$ 为 G 中第一和第二大本征值之差（按定义，它即对应于 $H_{S_0}(s)$ 的能隙）；λ 为 $H_{S_0}(s)$ 的基态能量。我们通过求 $\Delta_{\text{largest}}(P)$ 的界限来估计 $\Delta(G)$ 的大小。

事实上，$\Delta_{\text{largest}}(P)$ 的下界可由如下不等式确定[c]：

$$\Delta_{\text{largest}}(P) \geqslant \frac{1}{2}\psi(P)^2 \tag{IIIa.8}$$

函数 $\psi(P)$ 定义为

$$\psi(P) = \min_S \frac{F(S)}{A(S)} \tag{IIIa.9}$$

其中

- 指标集 $S \subseteq \{1, 2, \cdots, M+1\}$ 满足

$$A(S) = \sum_{i \in S} \alpha_i^2 \leqslant \frac{1}{2}, \quad \text{假设 } P \text{ 的本征矢 } \vec{\alpha}^2 \text{ 已归一化}$$

- $F(S)$ 定义为

$$F(S) = \sum_{i \in S} \sum_{j \notin S} \alpha_i^2 P_{ij}$$

其中 P_{ij} 为 P 的矩阵元。

因此，确定 $\Delta_{\text{largest}}(P)$ 的下界就变成了确定函数 $\psi(P)$ 的上界。

ⓐ 参见文献 O. Perron, Mathematische Annalen, **64**, 248-263 (1907).

ⓑ 这也是其最大本征值。

ⓒ 参见文献 B. Apolloni, C. Carvalho, and D. de Falco, Stoch. Proc. Appl. **33**, 233-244 (1989); D. Aharonov, W. van Dam, J. Kempe, Z. Landau, and et al, SIAM J. Comput. **37**, 166-194 (2007).

为获得式（IIIa.9）中 $\psi(P)$ 的上界，需要如下的预备知识。

定理 若 $G(s)$ 的最大本征值 μ 对应的本征矢为 $\vec{\alpha} = [\alpha_1, \alpha_2, \cdots, \alpha_{M+1}]$，则其分量 $\alpha_1, \alpha_2, \cdots, \alpha_{M+1}$ 具有单调性。

矢量 $\vec{\alpha}$ 的单调性定义为 $\alpha_1 \geqslant \alpha_2 \geqslant \cdots \geqslant \alpha_{M+1}$。

证明 证明分为两部分：首先说明矩阵 $G(s)$ 在单调矢量上的作用保持其单调性；然后说明矢量 $\vec{\alpha}$ 可通过矩阵 $G(s)$ 作用于一个已知的单调矢量来获得。

(1) $G(s)$ 的保单调性。

将矩阵 $G(s)$ 作用于单调矢量 $\vec{v}$，则直接计算新矢量 $\vec{w} = G(s)\vec{v}$ 得到

$$\begin{aligned} w_1 &= \left(1 - \frac{s}{2}\right) v_1 + \frac{s}{2} v_2 \\ w_k &= \frac{s}{2} v_{k-1} + \frac{s}{2} v_{k+1} \\ w_{M+1} &= \frac{s}{2} v_M + \frac{s}{2} v_{M+1} \end{aligned} \tag{IIIa.10}$$

利用 $\vec{v}$ 的单调性和 $s \leqslant 1$ 可知 $\vec{w}$ 也具有单调性。换言之，矩阵 $G(s)$ 保持了矢量的单调性。

(2) $\vec{\alpha}$ 的单调性。

由 $G(s)$ 的厄密性可知其本征矢 $\{\vec{a}_1, \cdots, \vec{a}_{M+1}\}$ 构成一组完备正交基（其中本征矢 $\vec{a}_1 = \vec{\alpha}$ 且对应最大本征值 μ），因此，具有单调性的矢量 [1, 1, $\cdots$, 1] 可在这组基下展开：

$$\sum_i c_i \vec{a}_i = [1, 1, \cdots, 1] \tag{IIIa.11}$$

其中 c_i 为展开系数。

将算符 $G(s)/\mu$ 反复作用于单调矢量 $[1, 1, \cdots, 1]$，得到

$$\left(\frac{G(s)}{\mu}\right)^k \sum_i c_i\vec{a}_i = \sum_i \left(\frac{\mu_i}{\mu}\right)^k c_i\vec{a}_i \tag{IIIa.12}$$

其中 μ_i 是矩阵 $G(s)$ 的本征值且 $\mu_1 \equiv \mu$。由 Perron 定理可知 $|\mu_i| < \mu$，则

$$\lim_{k\to\infty} \left(\frac{G(s)}{\mu_1}\right)^k \sum_i c_i\vec{a}_i = c_1\vec{a}_1 \tag{IIIa.13}$$

由于矩阵 $G(s)$ 保持单调性，故 $c_1\vec{a}_1$ 具有单调性。又由于 $c_1 > 0$，因此，$\vec{a}_1$ 具有单调性，即 $\vec{\alpha}$ 具有单调性。 □

现在我们分两种情况来讨论 $\psi(P)$ 的上界。

(1) 当 $1 \in S$ 时，按定义 $F(S)$ 满足关系：

$$\begin{aligned}
F(S) &= \sum_{i\in S, i\neq k} \sum_{j\notin S} \alpha_i^2 P_{ij} + \alpha_k^2 P_{k,k+1} \geqslant \alpha_k^2 P_{k,k+1} \\
&= \alpha_k^2 \frac{\alpha_{k+1}}{\mu\alpha_k [G(s)]_{k,k+1}} \qquad (P_{k,k+1}\text{ 的定义}) \\
&= \frac{\alpha_{k+1}\alpha_k}{1-\lambda}[G(s)]_{k,k+1} \qquad (\mu = 1-\lambda) \\
&\geqslant \frac{\alpha_{k+1}^2}{1-\lambda}[G(s)]_{k,k+1} \qquad (\alpha_i\text{ 的单调性})
\end{aligned} \tag{IIIa.14}$$

其中 k 是满足 $k \in S$ 且 $k+1 \notin S$ 的最小指标。由于 $0 < 1-\lambda \leqslant 1$ 且 $[G(s)]_{k,k+1} = s/2 \geqslant 1/6$，则

$$F(S) \geqslant \frac{\alpha_{k+1}^2}{6} \tag{IIIa.15}$$

进一步，由于 $A(S) \leqslant 1/2$，则 $A(\bar{S}) \geqslant 1/2$（$\bar{S}$ 为 S 的补集）。又因 $\bar{S}$ 最多有 M 个元素（S 中至少含一个元素），且 $\alpha_{i\in\bar{S}}^2$ 中的最大值为 α_{k+1}^2（由 k 所满足的条件确定），故 $A(\bar{S}) \leqslant M\alpha_{k+1}^2$。于是，我们得到 $\alpha_{k+1}^2 \geqslant \dfrac{A(\bar{S})}{M} \geqslant \dfrac{1}{2M}$。因此，得到结论：

$$\frac{F(S)}{A(S)} \geqslant \frac{1}{6M} \tag{IIIa.16}$$

(2) 当 $1 \notin S$ 时，按 $F(S)$ 的定义

$$\begin{aligned}
F(S) &= \sum_{i\in S, i\neq k+1} \sum_{j\notin S} \alpha_i^2 P_{ij} + \alpha_{k+1}^2 P_{k+1,k} \\
&\geqslant \alpha_{k+1}^2 P_{k+1,k} \geqslant \frac{\alpha_{k+1}^2}{6}
\end{aligned} \tag{IIIa.17}$$

其中 k 为满足 $k \notin S$ 且 $k+1 \in S$ 的最大数。基于与情况（1）类似的讨论，有 $A(S) \leqslant M\alpha_{k+1}^2$ 和结论：

$$\frac{F(S)}{A(S)} \geqslant \frac{1}{6M}$$

综上可得 $\psi(P)$ 的界限为

$$\psi(P) \geqslant \frac{1}{6M}$$

这等价于哈密顿量 $H_{S_0}(s)$ 的能隙界限为

$$\Delta(H_{S_0}) \geqslant \frac{1-\lambda}{2}\left(\frac{1}{6M}\right)^2 \tag{IIIa.18}$$

因 λ 为基态能量，子空间 S_0 中的任意量子态 $|v\rangle$ 都满足 $\langle v|H_{S_0}|v\rangle \geqslant \lambda$。特别地，令 $|v\rangle = |00\cdots 0\rangle_S|00\cdots 0\rangle_C$，则有

$$_C\langle 00\cdots 0|_S\langle 00\cdots 0|H_{S_0}|00\cdots 0\rangle_S|00\cdots 0\rangle_C = \frac{s}{2} \geqslant \lambda \tag{IIIa.19}$$

这表明 $\lambda \leqslant 1/2$。将其代入前面的表达式，得到哈密顿量 $H(s)$ 在子空间 S_0 中能隙界限的最终结果

$$\Delta(H_{S_0}(s)) \geqslant \frac{1}{4}\left(\frac{1}{6M}\right)^2$$

即能隙随系统规模最多多项式减小。

索 引